*A quanti non giungono alla nascita
perché portatori
di anomalie cromosomiche*

Springer
Milano
Berlin
Heidelberg
New York
Barcelona
Hong Kong
London
Paris
Singapore
Tokyo

Valerio Ventruto • Gianfranco Sacco • Fortunato Lonardo

Testo-Atlante di
Citogenetica Umana

*Guida al riconoscimento e alla interpretazione
delle anomalie cromosomiche in età
prenatale e postnatale*

Presentazione di Bruno Dallapiccola

Springer

Prof. Valerio Ventruto
Dr. Gianfranco Sacco
Istituto Internazionale di Genetica e Biofisica
C.N.R.
Via P. Castellino 111
80131 Napoli

Dr. Fortunato Lonardo
Azienda Ospedaliera San Giuseppe Moscati
Centro di Genetica Medica
Via Due Principati
83100 Avellino

Immagini in copertina:
Isocromosoma 9p alla FISH (per gentile concessione Prof. Mariano Rocchi) (in alto)
Scambi cromatidici alla BrdU (in basso a sinistra)
Possibili modelli di segregazione meiotica in portatore di inserzione intracromosomica (in basso a destra)

Springer-Verlag Italia
una società del gruppo BertelsmannSpringer Science+Business Media GmbH

© Springer-Verlag Italia, Milano 2001

http://www.springer.it

Additional material to this book can be downloaded from http://extras.springer.com.
ISBN 88-470-0127-7

Quest'opera è protetta dalla legge sul diritto d'autore. Tutti i diritti, in particolare quelli relativi alla traduzione, alla ristampa, all'utilizzo di illustrazioni e tabelle, alla citazione orale, alla trasmissione radiofonica o televisiva, alla registrazione su microfilm o in database, o alla riproduzione in qualsiasi altra forma (stampata o elettronica) rimangono riservati anche nel caso di utilizzo parziale. La riproduzione di quest'opera, anche se parziale, è ammessa solo ed esclusivamente nei limiti stabiliti dalla legge sul diritto d'autore ed è soggetta all'autorizzazione dell'editore. La violazione delle norme comporta le sanzioni previste dalla legge.

L'utilizzo in questa pubblicazione di denominazioni generiche, nomi commerciali, marchi registrati, ecc. anche se non specificamente identificati, non implica che tali denominazioni o marchi non siano protetti dalle relative leggi e regolamenti. Responsabilità legale per i prodotti: l'editore non può garantire l'esattezza delle indicazioni sui dosaggi e l'impiego dei prodotti menzionati nella presente opera. Il lettore dovrà di volta in volta verificarne l'esattezza consultando la bibliografia di pertinenza.

Progetto grafico della copertina: Simona Colombo, Milano
Impaginazione e progetto grafico: Graphostudio, Milano
Stampato in Italia: Centro Grafico Ambrosiano, S. Donato Milanese (MI)

SPIN 10782808

Presentazione

Per chi, come me, è diventato Genetista Medico attraverso il passaggio, un tempo obbligato, della citogenetica, costituisce motivo di orgoglio e soddisfazione presentare un'opera monografica, come il *Testo-Atlante di Citogenetica Umana* scritto dagli Autori. L'amico Valerio non è nuovo ad imprese editorialmente monumentali, come il Clinical Database GENUS, che contiene 5200 patologie genetiche e dal quale è stato estratto il 12° Capitolo di questo Testo-Atlante.

L'opera, in due Parti e 14 Capitoli, offre un panorama monografico dei cromosomi umani. La prima parte è dedicata alle caratteristiche generali della organizzazione cromosomica, alla loro filogenesi e morfologia a diversi livelli di risoluzione, alle anomalie di numero e di struttura. La seconda parte illustra le indicazioni all'analisi del cariotipo, il riconoscimento e l'interpretazione delle anomalie cromosomiche nei feti e negli aborti, le cromosomopatie in condizioni di sterilità e di infertilità, le anomalie complesse, la citogenetica oncologica, informazioni ed esercitazioni pratiche volte al riconoscimento delle aberrazioni sulle metafasi. Seguono: il capitolo della mappatura di oltre 1500 geni-malattia, quello sui più moderni strumenti per l'analisi citogenetica molecolare, quello dei protocolli per l'analisi citogenetica prenatale e postnatale. Concludono l'opera un utile Glossario e un Indice analitico.

Il Testo-Atlante di Ventruto, Sacco e Lonardo è un importante contributo alla conoscenza dei cromosomi umani in condizioni fisiologiche e patologiche.

L'opera colma un vuoto nella trattatistica specializzata italiana, che da molti anni non vedeva dare alla luce una monografia interamente dedicata ai cromosomi. Se si considera che ancora oggi lo studio del cariotipo è, tra le indagini genetiche di laboratorio, quella maggiormente richiesta, con circa 150.000 analisi per anno in Italia, ne consegue che questo libro può trovare un'utile collocazione non solo tra i citogenetisti e i genetisti, ma anche tra quegli specialisti, in particolare i pediatri, gli ostetrici, gli andrologi, gli endocrinologi, gli oncologi, che costituiscono i referenti privilegiati dei servizi di diagnosi citogenetica. Il testo offre inoltre numerosi irrinunciabili spunti di approfondimento per gli studenti, soprattutto per quelli che frequentano le Scuole di Specializzazione in Genetica Medica, e per coloro che operano nei Laboratori di Citogenetica e nei Servizi di Consulenza Genetica.

Nella mia veste di Genetista Medico di forte tradizione Citogenetica, da Presidente della Società Italiana di Genetica Umana, ma soprattutto da Medico che lavora a fianco dei pazienti con malattie genetiche, esprimo gratitudine agli Autori per avere felicemente portato a termine quest'opera. In un momento in cui la Genetica nelle sue applicazioni mediche sembra avere accentuato l'interesse verso la biologia molecolare, lo studio dei cromosomi che nel tempo ha saputo rinnovarsi, dapprima con il bandeggiamento, poi con l'alta risoluzione e con la citogenetica molecolare, documenta, attraverso quest'opera, il ruolo che merita di occupare in una Medicina proiettata verso i traguardi del nuovo millennio.

Bruno Dallapiccola

Prefazione

Questo libro vuole essere, come specificato nel sottotitolo, una guida non solo al riconoscimento ma anche alla interpretazione delle anomalie cromosomiche in età prenatale e postnatale.

I trattati di citogenetica dedicano di solito molto spazio alla descrizione delle aberrazioni strutturali e numeriche, ma poco o nulla si legge invece sulla interpretazione dei disordini in cui il citogenetista può imbattersi. E' invece un problema pratico, soprattutto importante nella diagnosi prenatale (Capitolo 7). Può accadere che un'aberrazione nel feto si presenti strutturalmente del tutto diversa da quella del genitore (ad esempio nei casi di inserzione). Il citogenetista è allora costretto a risalire alla fonte di specifiche documetazioni consegnate alla letteratura. Con lo stesso intento sono stati raccolti e presentati alcuni casi con aberrazioni singolari o particolarmente complesse (Capitolo 9).

Una seconda nota di originalità: sono state inserite Tavole in cui, per agevolarne il riconoscimento, i cromosomi sono riprodotti in diverso grado di spiralizzazione (Capitolo 3).

Non manca un capitolo di esercitazioni pratiche, volte al riconoscimento di anomalie strutturali e/o numeriche con osservazione diretta delle piastre in metafase (Capitolo 11).

Nella diagnostica come nella ricerca, la citogenetica e la genetica molecolare seguono oggi indirizzi non solo paralleli ma addirittura convergenti e con spunti di reciproca integrazione. Basti pensare al contributo della citogenetica al riconoscimento di loci di specifici geni; è a questo proposito ben noto quanto avviene in campo oncologico, per quanto attiene gli oncogeni e i geni tumore-soppressori. Nel Capitolo 12 sono riportate più di 1500 malattie genetiche che hanno avuto assegnazione cromosomica; di ogni malattia sono riferiti anche i modelli di eredità, le principali caratteristiche cliniche e la bibliografia.

Nel Trattato vi sono tabelle che riportano malattie genetiche associate a specifiche patologie cromosomiche (malattie da disomia uniparentale, sindromi da geni contigui, sindromi che inducono "sex-reversal", ed altre ancora).

Per non tediare il lettore con una prefazione troppo lunga, rimandiamo all'Indice dei 14 Capitoli, così da avere un'idea dei vari argomenti che, suddivisi in Parte I e Parte II, compongono il libro.

Quest'opera non pretende di essere né perfetta né completa. Forti di questo convincimento, abbiamo ritenuto utile includere un breve questionario per conoscere suggerimenti e critiche. Poiché il numero delle malattie genetiche con assegnazione cromosomica sarà destinato ad aumentare, abbiamo programmato un periodico aggiornamento del Capitolo 12, che sarà inviato a quanti ne faranno richiesta.

Un ringraziamento accompagnato da un pizzico di nostalgia va a Lucia Sebastio e Biagio Festa con i quali, dai lontani anni sessanta, iniziavamo nel Servizio di Genetica Medica dell'Ospedale Antonio Cardarelli di Napoli, tra i primi in Italia, a ricercare le anomalie cromosomiche (allora ancora senza bandeggiamento) nelle emopatie, nell'anemia di Fanconi, nel mieloma multiplo. Ma vi sono stati anche tanti validi frequentatori volontari che sarebbe difficile elencare tutti, ma che ricordiamo con gratitudine: Lucia Perone, Maria Cristina Stanziola, Marisa Colantuoni, Marzia Scognamiglio, Patrizia Olivieri, Matteo della Monica, per ricordarne solo alcuni.

Un grazie particolare va a Giulio Attilio Rossi, il cui notevole talento grafico consentiva di realizzare (inizialmente senza l'ausilio del computer) molte delle Tavole del Testo, e a Salvatore Ruoppo, validissimo Assistente Sanitario, vicino sempre alla persona con handicap e alle famiglie.

Questo libro è stato iniziato nel Servizio di Genetica Medica, ma ha potuto essere completato e dato alle stampe nell'Istituto Internazionale di Genetica e Biofisica-CNR di Napoli, grazie anche al sostegno offerto dal Direttore, Prof. John Guardiola. Un vivo ringraziamento va infine all'amico Michele D'Urso ed ai suoi Collaboratori con cui si è già da tempo instaurata una proficua collaborazione scientifica.

Gli Autori

Indice

Parte I   I cromosomi: generalità e aberrazioni numeriche e strutturali

Capitolo 1   Notizie introduttive sui cromosomi umani 3

- **1.1 Piano organizzativo dei cromosomi** 3
- **1.2 Il ciclo riproduttivo della cellula** 4
   - 1.2.1 - Rappresentazione schematica del ciclo riproduttivo dei linfociti con indicazione dei tempi in cui vanno addizionate ai terreni di coltura sostanze utili allo studio dei cromosomi 4
- **1.3 La divisione meiotica** 4
   - 1.3.1 - Numero medio di chiasmi nei vari gruppi di cromosomi 5
   - 1.3.2 - Il normale processo di divisione meiotica 5
   - 1.3.3 - Scambi di segmenti tra cromatidi non fratelli 6
- **1.4 I cromosomi al microscopio elettronico** 6
- **1.5 Il cariotipo umano normale** 7
   - 1.5.1 - Abbreviazioni e simbologia nella compilazione del cariotipo 8
   - 1.5.2 - Indice brachiale (arm index, a.i.) e indice centromerico (centromeric index, c.i.) 28
   - 1.5.3 - Piastra cromosomica in metafase, senza bandeggio (solid-stained o block-stained) 28
   - 1.5.4 - Distribuzione tra i cromosomi di aree di maggiore addensamento cromatinico 29
   - 1.5.5 - Applicazione di tecniche densitometriche per il riconoscimento dei singoli cromosomi 29
- **1.6 Filogenesi dei cromosomi umani** 29
- **1.7 Bibliografia** 33

Capitolo 2   Metodi speciali di identificazione dei cromosomi 35

- **2.1 I bandeggi** 35
   - 2.1.1 - Simbologia per i diversi tipi di bandeggio 35
- **2.2 Cromatina di Barr e corpo Y** 36
- **2.3 Autoradiografia** 38
- **2.4 Rappresentazione diagrammatica di cariotipo umano con suddivisione dei cromosomi in regioni e bande: bandeggio RHG** 39
   - 2.4.1 - Metafase al bandeggio RHG 40
- **2.5 Bandeggio QFQ** 41
- **2.6 Rappresentazione diagrammatica dei cromosomi umani con suddivisione in regioni, bande, sottobande e bande delle sottobande: bandeggio G** 42
- **2.7 I cromomeri** 56
- **2.8 Eteromorfismi (polimorfismi) e varianti** 59
- **2.9 NOR (Nucleolar Organizer Region)** 66
- **2.10 Bibliografia** 66

Capitolo 3   **Caratteristiche generali e tavole rappresentative dei cromosomi** 67

    3.1   **Caratteristiche generali dei singoli cromosomi** 67
    3.2   **Tavole rappresentative dei cromosomi a differenti livelli di risoluzione: bandeggio GTG** 71
    3.3   **Bibliografia** 93

Capitolo 4   **Le anomalie numeriche dei cromosomi** 95

    4.1   **Le poliploidie** 95
        4.1.1 - Le triploidie 95
        4.1.2 - Le tetraploidie 97
        4.1.3 - Endoreduplicazione 98
    4.2   **Le aneuploidie** 98
    4.3   **I diversi modelli di trisomia 21 nella sindrome di Down** 99
    4.4   **Le principali anomalie numeriche dei cromosomi del sesso** 99
        4.4.1 - Le più frequenti aneuploidie 99
        4.4.2 - I mosaicismi 100
        4.4.3 - Le aberrazioni strutturali più frequenti (spesso a mosaico con altri cloni, normali o aberranti) 100
        4.4.4 - Citogenetica nel fenotipo Turner 100
    4.5   **Chimera, chimerismo** 100
    4.6   **Mosaicismi (mixoploidie) e pseudomosaicismi** 101
    4.7   **Il normale processo di divisione postzigotica e gli errori da non disgiunzione** 103
    4.8   **Cromosoma piccolo metacentrico soprannumerario e cromosoma tetrasatellitato pseudodicentrico** 104
        4.8.1 - Possibili meccanismi di formazione di un cromosoma tetrasatellitato pseudodicentrico o monocentrico 105
    4.9   **"Sex reversal" e anomalie dei cromosomi nelle sindromi con ambiguità dei genitali** 109
        4.9.1 - Le malattie con "sex reversal" 109
    4.10   **Bibliografia** 110

Capitolo 5   **Le aberrazioni strutturali dei cromosomi** 111

    5.1   **Simbologia per l'indicazione delle anomalie strutturali** 111
    5.2   **Le delezioni (del)** 111
        5.2.1 - Le microdelezioni 112
        5.2.2 - Sindromi da microdelezioni e da geni contigui (accertati o presunti) 113
    5.3   **Le duplicazioni (dup)** 117
    5.4   **Le inversioni (inv)** 118
    5.5   **Le inserzioni (ins)** 120
    5.6   **Le traslocazioni reciproche (t) (rcp)** 123
    5.7   **Le traslocazioni robertsoniane (rob)** 124
    5.8   **Cromosomi dicentrici e pseudodicentrici (dic) e (psu dic)** 126
    5.9   **Isocromosoma (i)** 127
    5.10   **Fissione centrica (fis)** 130
    5.11   **Cromosoma ad anello (r)** 131
    5.12   **Rotture (gaps) e fratture (breaks)** 132

5.13 Instabilità cromosomica	133
5.13.1 - Malattie da instabilità cromosomica	134
5.14 Siti fragili (fra)	134
5.15 Double minute chromosomes (dmc)	137
5.16 Prematura divisione centromerica (premature centromere division: pcd)	137
5.17 Bibliografia	138

Parte II Le applicazioni dello studio del cariotipo nella diagnostica medica e nella ricerca

Capitolo 6 Le indicazioni allo studio del cariotipo 141

6.1 Indicazioni allo studio dei cromosomi dalla vita prenatale a quella postnatale	141
6.2 Età materna ed incidenza della sindrome di Down	144
6.3 La citogenetica nel preimpianto	144
6.4 Bibliografia	145

Capitolo 7 Le anomalie dei cromosomi nel feto 147

7.1 Le aneuploidie	147
7.2 Modalità svantaggiose di segregazione meiotica	151
7.2.1 - Conseguenze alla meiosi di una traslocazione reciproca	151
7.3 Trisomia terziaria e trisomia da interscambio (interchange trisomy)	152
7.3.1 - Trisomie terziarie	153
7.3.2 - Interchange trisomy	154
7.4 Le traslocazioni robertsoniane: conseguenze alla meiosi	156
7.5 Inversione paracentrica: conseguenze alla meiosi	156
7.6 Inversione pericentrica: conseguenze alla meiosi	157
7.7 Inserzioni dirette	158
7.7.1 - Inserzione diretta intracromosomica (dal braccio lungo al braccio corto)	158
7.8 Inserzioni inverse	159
7.8.1 - Inserzione inversa intracromosomica (dal braccio lungo al braccio corto)	159
7.8.2 - Duplicazione 11p (da inv ins materna)	159
7.8.3 - Inserzione inversa intracromosomica (dal braccio corto al braccio lungo)	160
7.9 Aneusomia da ricombinazione ("*Aneusomie de recombinaison*", "*Aneusomy by recombination*")	160
7.10 Duplicazione tandem e delezioni: conseguenze alla meiosi	161
7.11 Feto triploide	161
7.12 Imprinting genomico	162
7.12.1 - Malattie da imprinting genomico	163
7.13 Disomia uniparentale (eteroisodisomia e omoisodisomia)	167
7.13.1 - Possibili meccanismi di formazione di una disomia uniparentale	167
7.14 Bibliografia	168

Capitolo 8   Le anomalie dei cromosomi negli aborti spontanei, nella sterilità e nella infertilità 169

- 8.1   Aborti spontanei da cause citogenetiche 169
- 8.2   Sterilità e infertilità da cause citogenetiche 170
  - 8.2.1 - Malattie genetiche che inducono sterilità o infertilità 172
- 8.3   Esempi di aberrazioni cromosomiche in cellule di tessuti abortivi 177
- 8.4   Bibliografia 180

Capitolo 9   Casi complessi e singolari 181

- 9.1   Mosaico: cromosoma ad anello/iso-pseudodicentrico 181
- 9.2   Traslocazione a salto (jumping translocation) 182
- 9.3   Mosaicismo: isocromosoma 21/ring 21 183
- 9.4   Mosaicismo: traslocazione 15/21 e isocromosoma 21 184
- 9.5   Riarrangiamento complesso tra i cromosomi n. 4 e 13 185
- 9.6   Cromosoma ring 21 materno e feto con trisomia 21 da duplicazione tandem 186
- 9.7   Bibliografia 187

Capitolo 10   La citogenetica nei tumori 189

- 10.1   Mielodisplasie (MDS) 189
- 10.2   Leucemia mieloide acuta (AML) 190
- 10.3   Leucemia mieloide cronica (CML) 191
- 10.4   Leucemia cronica mielo-monocitica (CMML) 191
- 10.5   Leucemie acute linfoblastiche (ALL) 191
- 10.6   Disordini mieloproliferativi e trisomia 21 192
- 10.7   Citogenetica dei linfomi 192
- 10.8   Citogenetica della leucemia linfatica cronica 193
- 10.9   Tumori solidi 193
- 10.10   Le più frequenti anomalie cromosomiche nei tumori dell'età pediatrica 194
- 10.11   Bibliografia 194

Capitolo 11   Esercitazioni pratiche 195

- 11.1   Riconoscimento di aberrazioni cromosomiche con l'osservazione diretta delle piastre in metafase 195
  - 11.1.1 - Soluzioni 213
- 11.2   Come formuleresti questo cariotipo? 213
  - 11.2.1 - Soluzioni 215

Capitolo 12   Le malattie genetiche con assegnazione cromosomica 217

- 12.1   Elenco alfabetico per nome della malattia
- 12.2   Elenco delle malattie per distribuzione cromosomica

Capitolo 13 Tecniche di laboratorio 221

- **13.1 Alcune osservazioni preliminari** 221
- **13.2 Tessuti di provenienza per lo studio del cariotipo** 224
- **13.3 Rischi professionali nei laboratori di citogenetica e mezzi di prevenzione** 228
- **13.4 Le tecniche di bandeggio più in uso** 228
- **13.5 Le tecniche di bandeggio meno in uso** 234
- **13.6 I bandeggi ad alta risoluzione** 238
- **13.7 Diagnosi citogenetica postnatale** 240
  - 13.7.1 - Coltura di linfociti 240
  - 13.7.2 - Studio citogenetico da cellule del midollo osseo 241
  - 13.7.3 - Studio citogenetico da versamenti endocavitari 242
- **13.8 Diagnosi citogenetica prenatale** 242
  - 13.8.1 - Colture cellulari da liquido amniotico 243
  - 13.8.2 - Diagnosi citogenetica prenatale dei mosaicismi veri, degli pseudomosaicismi
    e dei mosaicismi confinati alle strutture extra-embrionarie 246
  - 13.8.3 - Colture cellulari da villi corionici 248
  - 13.8.4 - Riconoscimento prenatale del fra(X) da amniociti o villi coriali 250
  - 13.8.5 - Diagnosi prenatale nelle malattie da instabilità cromosomica 250
  - 13.8.6 - Piccoli cromosomi metacentrici soprannumerari 250
- **13.9 Il significato dell'alfa-fetoproteina (AFP) nella diagnosi prenatale** 251
  - 13.9.1 - Malattie con alti livelli di AFP 252
  - 13.9.2 - Malattie con bassi livelli di AFP 257
- **13.10 Colture da tessuti solidi** 259
- **13.11 Colture da tessuti abortivi** 261
- **13.12 Tecniche per la lunga conservazione e la immortalizzazione delle cellule umane** 261
  - 13.12.1 - Metodo per la conservazione 262
  - 13.12.2 - Metodo di immortalizzazione 262
  - 13.12.3 - "Flow cytometry" e librerie di cromosomi umani 263
- **13.13 Studi meiotici** 263
  - 13.13.1 - "Air-drying technique" per le cellule testicolari 264
  - 13.13.2 - "Air-drying technique" per gli ovociti 265
- **13.14 Le tecniche di citogenetica molecolare** 266
  - 13.14.1 - La FISH (Fluorescence In Situ Hybridization) 266
  - 13.14.2 - La FISH multicolor (M-FISH) ed il cariotipo "spettrale" (Spectral Karyotyping) 270
  - 13.14.3 - La CGH (Comparative Genomic Hybridization) 271
- **13.15 Le tecniche per la evidenziazione del fra(X)(q27.3)** 271
- **13.16 Le tecniche per le sindromi da instabilità cromosomica** 273
  - 13.16.1 - Atassia-teleangectasia (AT) o sindrome di Louis-Bar 273
  - 13.16.2 - Sindrome di Bloom (BS) 274
  - 13.16.3 - Anemia di Fanconi (FA) 274
  - 13.16.4 - Xeroderma pigmentoso (XP) 275
- **13.17 Scambi tra cromatidi fratelli (sister chromatid exchanges, SCE) e colorazione differenziale** ..276
- **13.18 La cromatina sessuale** 278
- **13.19 I dermatoglifi nei disordini citogenetici** 278
- **13.20 Bibliografia** 280

Capitolo 14 Microscopia e analisi di immagini nella citogenetica 283

    14.1 Il microscopio 283
        14.1.1 - I componenti del microscopio 284
        14.1.2 - Condizioni ottimali di lavoro al microscopio 288
        14.1.3 - Gli errori più diffusi nella microscopia 289
        14.1.4 - La manutenzione dell'ottica 290
    14.2 La microscopia in fluorescenza 290
    14.3 La microfotografia 292
    14.4 Analisi di immagini 293
    14.5 Bibliografia 299

Glossario 301

Indice analitico 311

Questionario per il lettore 323

Collaboratori

Vincenzo Aveta (capp. 8 e 11)
Laboratorio di Biodiagnostica Montevergine-
Malzoni - Torrette di Mercogliano (AV)

Maria Pia Castelluccio (cap. 6)
Servizio di Genetica Medica
Ospedale "A. Cardarelli" - Napoli

Maria Luigia Cavaliere (cap. 6)
Servizio di Genetica Medica
Ospedale "A. Cardarelli" - Napoli

Raniero Centrone (cap. 14)
Leica Microsystems - Milano

Mario Chidini (cap. 14)
Leica Microsystems - Milano

Caterina Coletta (capp. 8 e 11)
Laboratorio di Biodiagnostica Montevergine-
Malzoni - Torrette di Mercogliano (AV)

Antonella Di Paolo (capp. 8 e 11)
Laboratorio di Biodiagnostica Montevergine-
Malzoni - Torrette di Mercogliano (AV)

Biagio Festa (cap. 5)
Servizio di Genetica Medica
Ospedale "A. Cardarelli" - Napoli

Gennaro Fioretti (cap. 5)
Servizio di Genetica Medica
Ospedale "A. Cardarelli" - Napoli

Patrizia Friso (cap. 5)
Servizio di Genetica Medica
Ospedale "A. Cardarelli" - Napoli

Antonio Giannattasio (capp. 8 e 11)
Laboratorio di Biodiagnostica Montevergine-
Malzoni - Torrette di Mercogliano (AV)

Luisa Iannazzone (capp. 8 e 11)
Laboratorio di Biodiagnostica Montevergine-
Malzoni - Torrette di Mercogliano (AV)

Maria Marano (capp. 8 e 11)
Laboratorio di Biodiagnostica Montevergine-
Malzoni - Torrette di Mercogliano (AV)

Ilde Pagano (cap. 5)
Servizio di Genetica Medica
Ospedale "A. Cardarelli" - Napoli

Maria Michela Rinaldi (cap. 6)
Servizio di Genetica Medica
Ospedale "A. Cardarelli" - Napoli

Luciano Rossi (cap. 5)
Servizio di Genetica Medica
Ospedale "A. Cardarelli" - Napoli

Lucia Sebastio (cap. 10)
Servizio di Genetica Medica
Ospedale "A. Cardarelli" - Napoli

Mariano Stabile (cap. 6)
Servizio di Genetica Medica
Ospedale "A. Cardarelli" - Napoli

Aminta Varricchio (capp. 8 e 11)
Laboratorio di Biodiagnostica Montevergine-
Malzoni - Torrette di Mercogliano (AV)

Maria Luisa Ventruto (cap. 12)
Servizio di Genetica Medica
Ospedale "A. Cardarelli" - Napoli

Laura Vicari (cap. 5)
Servizio di Genetica Medica
Ospedale "A. Cardarelli" - Napoli

Parte I

I cromosomi: generalità e aberrazioni numeriche e strutturali

CAPITOLO 1

Notizie introduttive sui cromosòmi umani

1.1 Piano organizzativo dei cromosomi

Il cromosoma rappresenta una struttura complessa, il cui piano di organizzazione può essere rappresentato come segue:

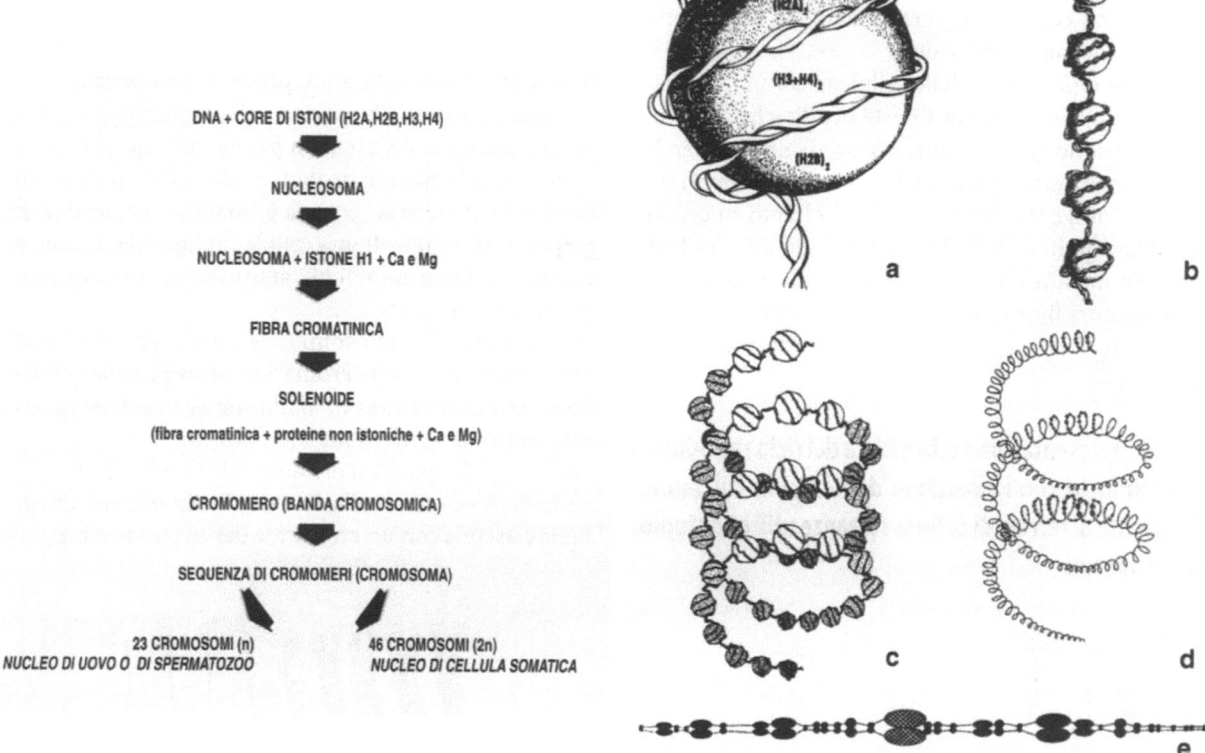

Fig. 1.1. I livello **a**: nucleosoma. La doppia elica del DNA (con circa 150 coppie di basi) forma due giri intorno ad un ottamero di istoni (il tetramero (H3+H4)2 che forma il core e la coppia di dimeri (H2A)2 e (H2B)2 ai poli.
II livello **b**: fibra cromatinica. È costituita dalla sequenza di nucleosomi, tenuti uniti dalla catena continua del DNA. Ciascun tratto intercalare di DNA è costituito da circa 40 paia di basi e da H1.
III livello **c**: solenoide. La fibra cromatinica non è lineare, ma forma una spirale, detta appunto solenoide.
IV livello **d**: cromomero. Il solenoide, a sua volta, forma una superspirale legata a proteine acide. L'insieme costituisce il cromomero. (struttura quaternaria).
V livello **e**: cromosoma. I cromosomi hanno quindi una struttura molto complessa e racchiudono una quantità di DNA 7000 volte maggiore in lunghezza del cromosoma che lo contiene. Il nucleo di una cellula somatica possiede circa 15 milioni di nucleosomi e circa tre miliardi di coppie di basi che formano il DNA.
Poiché la sequenza di 1000 coppie di basi (kilobase, kb) è 0,3m, l'intero genoma di una cellula umana ha una lunghezza di circa due metri.
Considerato che l'uomo ha migliaia di miliardi di cellule, se fosse possibile dispiegare tutto il DNA contenuto nelle cellule di un solo individuo si otterrebbe un filamento lungo molte volte la distanza della terra dalla luna!

1.2 Il ciclo riproduttivo della cellula

La crescita di un tessuto avviene per moltiplicazione delle sue cellule, seguendo una serie di programmate e definite fasi. Ogni cellula ha un *periodo mitotico* (fase M) in cui avviene la divisione in due cellule figlie, ed un *periodo di sintesi* o di *interfase* (fase S) in cui si ha nel nucleo la replicazione del DNA. La fase S a sua volta è preceduta e seguita da due intervalli chiamati rispettivamente G_1 e G_2, in cui non avviene sintesi di DNA. Prima di iniziare un nuovo ciclo, la cellula può rimanere in stato di quiescenza per tempo anche prolungato (fase G_0).

Ogni specie, animale o vegetale, ha un suo ritmo di riproduzione cellulare, diverso anche tra i differenti tessuti di uno stesso individuo.

Il tempo di replicazione delle cellule in coltura è variabile essendo compreso tra 12 e 48 ore. Poiché il periodo di divisione (*mitosi*) dura meno di un'ora, per la maggioranza del tempo il nucleo si trova in *interfase*.

Lo studio citogenetico può avvenire soltanto su cellule che si trovano in un ben definito periodo della mitosi, cioè nella metafase. Le tecniche di ibridazione in situ con marcatori fluorescenti (FISH) consentono oggi di riconoscere i cromosomi anche in interfase (v. paragrafo 13.14).

1.2.1 - Rappresentazione schematica del ciclo riproduttivo dei linfociti con indicazione dei tempi in cui vanno addizionate ai terreni di coltura sostanze utili allo studio dei cromosomi

1.3 La divisione meiotica

La fertilizzazione può avvenire soltanto tra cellule che hanno subito il processo di divisione meiotica, che porta alla riduzione dei cromosomi dal numero diploide 2n(46) a quello aploide 1n(23). Il maschio e la femmina hanno in comune 22 paia di cromosomi che sono detti *autosomi*, mentre differiscono per quanto riguarda i *cromosomi sessuali*, possedendo la femmina due cromosomi X ed il maschio un cromosoma X ed un Y.

La fusione di due nuclei aploidi, provenienti da individui di sesso diverso, riconduce al numero diploide normale per la specie di appartenenza (*zigote*).

Le fasi che sono proprie della divisione mitotica si ritrovano pure in quella meiotica, con l'aggiunta però di comportamenti che sono propri della meiosi.

La meiosi, nel maschio come nella femmina, richiede due consecutive divisioni, la prima delle quali è detta *riduzionale* in quanto porta il numero dei cromosomi da 46 a 23, mentre la seconda è chiamata *equazionale*. La prima divisione di una cellula diploide dà origine a due cellule figlie aploidi (22 autosomi ed un cromosoma sessuale).

Ogni coppia di cromosomi omologhi (ogni cromosoma composto dai due cromatidi) segrega nelle cellule figlie, *indipendentemente dalla sua derivazione paterna o materna* (I divisione meiotica).

Le due cellule aploidi si dividono a loro volta (II divisione meiotica): quindi alla fine originano quattro cellule figlie ciascuna con un cromatide dei 46 cromosomi.

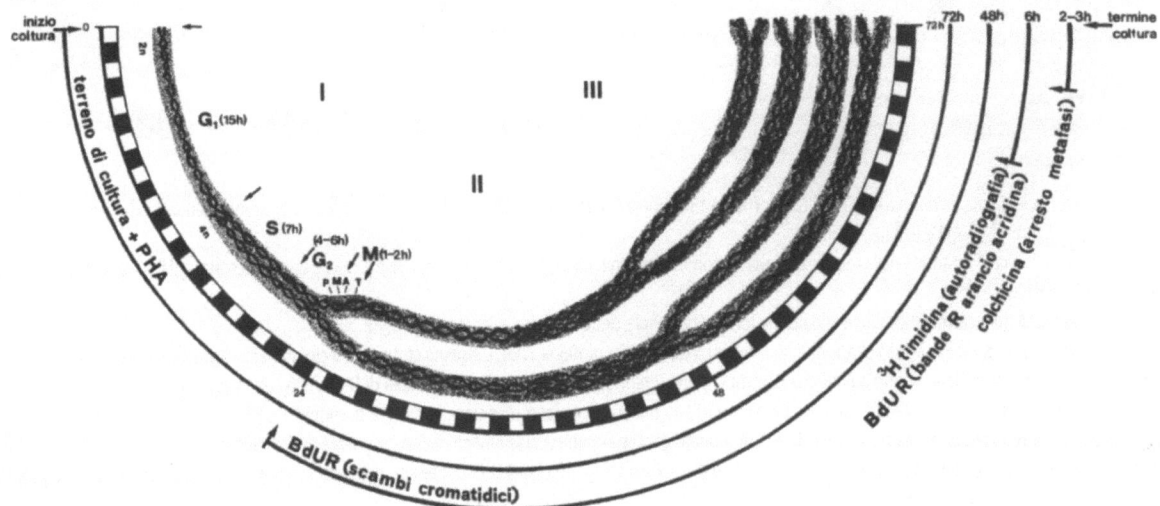

Fig. 1.2. G1-S-G2: periodo interfasico; M: periodo mitotico con le quattro fasi: P (profase), M (metafase), A (anafase), T (telofase). PHA: fitoemoagglutinina; BdUR: bromodeossiuridina

È evidente che già in questo modo si raggiunge la finalità che è implicita nel meccanismo della meiosi, e cioè di *assicurare la variabilità dei caratteri ereditari*. Infatti l'assortimento indipendente delle 23 paia di cromosomi dà luogo a più di otto milioni di diverse possibili combinazioni (2^{23}). Se a queste si aggiungono quelle dovute ai crossing-over, questa cifra raggiunge valori inimmaginabili.

Il processo completo di divisione meiotica porta quindi alla formazione, da una cellula progenitrice, di quattro cellule-nipoti, dette *gameti*.

Nel maschio i quattro gameti maturano in *spermatozoi*; nella femmina invece solo uno diviene *uovo*, mentre gli altri tre costituiscono i *corpi polari*.

In sintesi:

nella femmina la meiosi I comprende il passaggio da un ovocita primario (derivato da un oogonio) a un ovocita secondario ed al primo corpo polare; la meiosi II comprende il passaggio dall'ovocita secondario all'uovo e al secondo corpo polare;

nel maschio la meiosi I porta da uno spermatocita primario (derivato da uno spermatogonio) a due spermatociti secondari; la meiosi II porta da due spermatociti secondari a quattro spermatidi, ciascuno dei quali maturerà in uno spermatozoo.

Le fasi delle divisioni meiotiche sono le seguenti:
1. *profase, metafase I, anafase I, telofase I* (della I divisione meiotica o riduzionale)
2. interfase o intercinesi.
3. *metafase II, anafase II, telofase II* (della II divisione meiotica o equazionale).

Nella <u>profase</u> si distinguono cinque stadi:
leptotene, zigotene, pachitene, diplotene e diacinesi.
Nello stadio di diplotene avvengono crossing-over tra cromatidi di cromosomi omologhi, e non tra cromatidi fratelli.

I punti dove due cromatidi omologhi si congiungono, per lo scambio reciproco di materiale genetico, costituiscono i *chiasmi*.

I crossing-over tra due cromatidi di cromosomi omologhi, specie se di grande taglia, possono essere anche multipli (v. paragrafo 1.3.3).

L'appaiamento comporta normalmente la formazione di *figure bivalenti*: in caso di anomalie strutturali, queste figure prendono come vedremo conformazioni diverse (trivalenti, tetravalenti, formazione di anse anche doppie, ecc).

L'interfase (o *intercinesi*) può anche mancare, per cui alla prima divisione segue immediatamente la seconda.

1.3.1 - Numero medio di chiasmi nei vari gruppi di cromosomi

Gruppo	Cromosomi	Chiasmi
A	1-3	da 2 a 5
B	4-5	da 2 a 4
C	6-12	da 2 a 3
D	13-15	da 1 a 3
E	16-18	da 2 a 3
F	19-20	1 o 2
G	21-22	1 o 2
X		—
Y		—

1.3.2 - Il normale processo di divisione meiotica

IL NORMALE PROCESSO DI DIVISIONE MEIOTICA

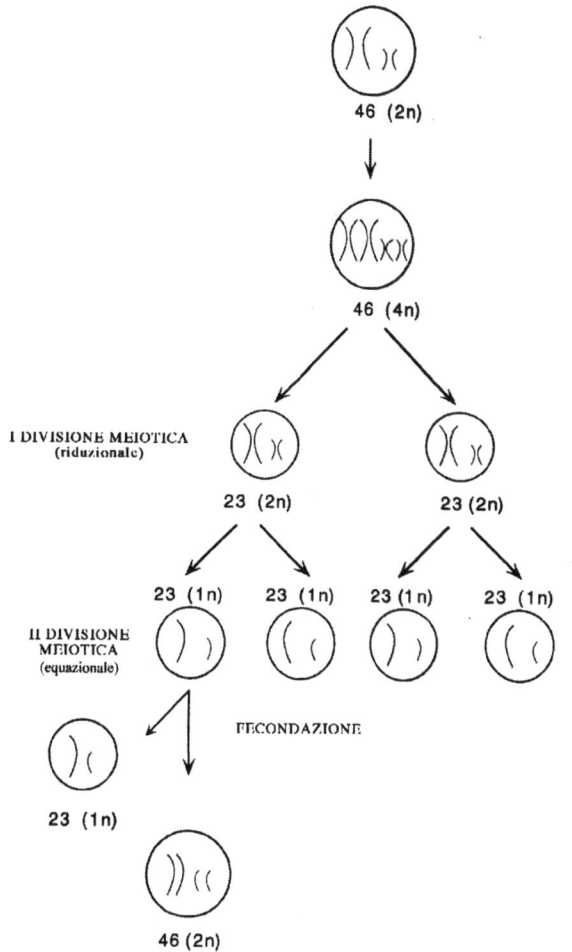

1.3.3 - Scambi di segmenti tra cromatidi non fratelli

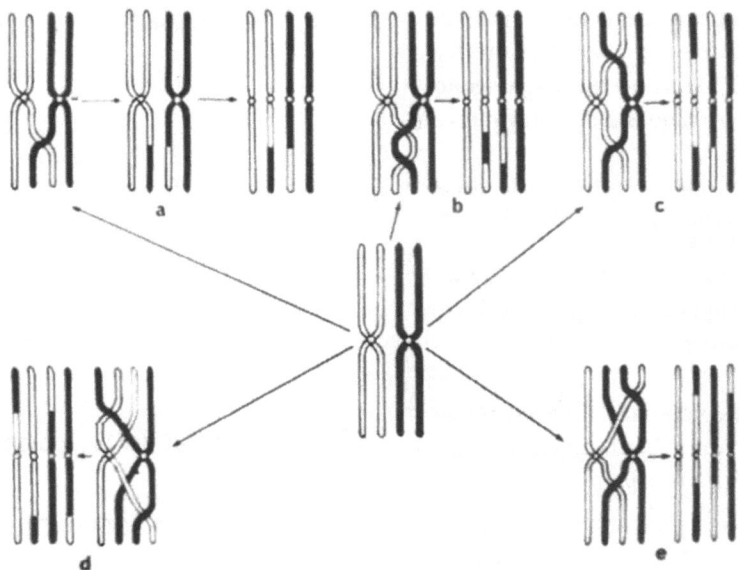

Scambi di segmenti tra cromatidi non fratelli (appartenenti a coppia di cromosomi omologhi).
a) crossing over singolo tra due cromatidi
b) doppio crossing over sul braccio lungo di due cromatidi
c) doppio crossing over, uno sul braccio lungo e uno sul braccio corto di due cromatidi
d) doppio crossing over tra i quattro cromatidi
e) doppio crossing over fra tre cromatidi
(da: Levine H, 1971 p.31, Little Brown and Company, Boston)

1.4 I cromosomi al microscopio elettronico

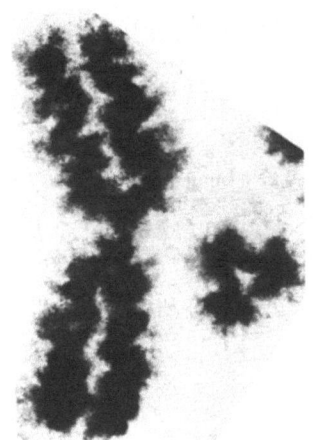

Fig.1.4 a. I cromosomi n.1 e n.21 al microscopio elettronico (x25.000). **b** Sezione trasversale di un cromosoma al microscopio elettronico (x60.000). (da: Ford EHR, Human Chromosomes, 1972 pp.123 e 132, Academic Press Ltd., London)

1.5 Il cariotipo umano normale

I cromosomi dell'uomo sono 46 nelle cellule somatiche (numero diploide) e 23 in quelle germinali mature (numero aploide). La loro classificazione, definita nella convenzione di Denver (Special Articles,1960) è stata perfezionata nelle conferenze successive di: Londra (London Conference,1963), Chicago (Chicago Conference,1966), Parigi (Paris Conference,1971), (Paris Conference Supplement, 1975).
L'*International System for Human Cytogenetic Nomenclature* è periodicamente aggiornato, e rappresenta una guida indispensabile per informare il citogenetista sulle variazioni della nomenclatura da adottare nella descrizione del cariotipo (ISCN, 1978, 1981, 1985, 1995).
È seguita una numerazione progressiva da 1 a 22 per le coppie degli autosomi; i cromosomi sessuali, femminili e maschili, ai quali non è stato attribuito alcun numero, sono indicati rispettivamente con le lettere X e Y. L'ordinata distribuzione delle singole coppie è detta *cariotipo*. La rappresentazione schematica del cariotipo è detta *cariogramma o idiogramma* e si ricava dall'osservazione di una popolazione e non di una singola cellula; i due termini non sono perciò sinonimi. Il termine "mappa cromosomica", talvolta usato per indicare il cariotipo, deve essere evitato, in quanto la mappatura dei cromosomi esprime un concetto del tutto differente, e cioè la localizzazione dei geni sui cromosomi. Per la composizione del cariotipo prima dell'introduzione delle tecniche di bandeggio, i due soli criteri adottati erano la lunghezza del cromosoma e la posizione del centromero. Il centromero divide il cromosoma in due bracci: il braccio corto (p) ed il braccio lungo (q). Il rapporto q/p è definito *indice brachiale (arm index)*, mentre il rapporto percentuale tra p e la lunghezza totale del cromosoma è definito *indice centromerico*.

La lunghezza dei cromosomi decresce progressivamente passando dalla coppia 1 alla coppia 22 (*).

La posizione del centromero, facilmente riconoscibile in metafase, consente di distinguere 4 tipi di cromosomi:
Metacentrici, con centromero a metà del cromosoma; bracci superiori ed inferiori di quasi eguale lunghezza.
Submetacentrici, con centromero più prossimale ad una delle due estremità; bracci superiori più brevi che quelle inferiori.
Acrocentrici, con centromero all'estremità subterminale; bracci superiori molto brevi e forniti di satelliti.
Telocentrici, con centromero terminale per cui il cromosoma è costituito soltanto da un paio di bracci. Essi non fanno parte del corredo umano normale; possono trovarsi solo in condizioni particolari, come ad esempio nel caso di fissione centrica (v. paragrafo 5.10).
Le 22 coppie di autosomi formano 7 gruppi, ciascuno indicato con una lettera maiuscola dell'alfabeto, dalla A alla G.
Per quanto attiene le caratteristiche generali dei cromosomi che compongono il cariotipo umano, si rimanda al Capitolo 3.

(*) *fanno eccezione i cromosomi del gruppo G (coppie 21 e 22) dove l'ordine di grandezza è invertito (la coppia 21 è quella più piccola).*

1.5.1 - Abbreviazioni e simbologia nella compilazione del cariotipo

Terminologia per l'indicazione dei cromosomi e le loro parti.

1-22	numerazione progressiva delle coppie di autosomi
A-G	lettere che indicano i 7 gruppi in cui i 22 autosomi sono distribuiti
cen	centromero
chr	cromosoma
cht	cromatide
h	eterocromatina costitutiva, regione eteromorfica
mat	origine materna
p	braccio corto
pat	origine paterna
pter	fine del braccio corto
q	braccio lungo
qter	fine del braccio lungo
s	satellite
sct	costrizione secondaria
stk	stalk. I peduncoli che nei cromosomi acrocentrici uniscono i satelliti alla regione eterocromatica dei bracci corti.
ter	terminale
v (var)	regione variabile

Simboli in uso nella descrizione del cariotipo

x il segno di moltiplicazione x è usato per indicare il numero di copie di un cromosoma anomalo.

Esempio:
46,XY,dup(5)(p14)x2
indica che i due cromosomi n.5 presentano una duplicazione della banda p14.

Esempio:
47,XY,t(10;14)(p11.2;q12),del(22)(q12.3)x2,+17
indica una traslocazione 10;14, entrambi i cromosomi n.22 hanno delezione q12.3, ed un cromosoma 17 è soprannumerario.

Esempio:
70,XXX,t(8;14)(q24;q32)x2,+1q+?
indica una cellula triploide con due traslocazioni 8;14 e un cromosoma n. 1 soprannumerario con extra-materiale di non riconosciuta origine sul braccio lungo. La cellula, essendo triploide, possiede anche un normale cromosoma n.8 e un normale n.14.

Quando le copie sono tre, le due che sostituiscono i due cromosomi normali sono indicate con il segno x mentre la terza, soprannumeraria, è fatta precedere dal segno +.

Esempio:
47,XX,del(4)(q22q26)x2,+del(4)(q22q26).

| < > | indica il livello di ploidia (2n,3n,4n, ecc.) in relazione al quale vengono espresse tutte le anomalie osservate, nei casi in cui il numero di cromosomi è compreso in più di un livello di ploidia. È posto dopo l'indicazione del range del numero dei cromosomi contati.
Esempio:
46~72<3n>,XXY (tutte le anomalie sono riferite ad un livello triploide).
Il simbolo non si adopera se il range è compreso in una ploidia.
Esempio:
47~49,XXXXY
indica l'intervallo in cui cade il numero dei cromosomi; essendo compreso in un assetto iperdiploide, la descrizione non richiede l'aggiunta <2n>. |
|---|---|
| * | indica i cromosomi che hanno una stessa variante.
Esempio:
46,XY,*1,9,16qh+
significa: cariotipo maschile con variante qh+ dei cromosomi n.1, 9 e 16). |
| , | (colon) separa il numero degli autosomi dai cromosomi del sesso, cui segue la descrizione delle anomalie del cariotipo. |
| ; | (semicolon) si usa nei riarrangiamenti strutturali per separare cromosomi o regioni. |
| / | separa i cloni cellulari (usato per i mosaicismi e per il chimerismo).
Esempio:
45,X/47,XXX/48,XXXX. |
| - | perdita (loss). Indica: cromosoma mancante, se il segno precede il cromosoma. Cromosoma di minore lunghezza, se il segno segue il cromosoma.
Esempi:
45,XX,-21 (monosomia 21).
46,XY,5p- (riduzione del braccio corto del cromosoma n.5). |
| _ | sottolineatura singola. Si usa per distinguere i cromosomi omologhi.
Esempio:
46,XY,der(1)t(1;5)(p36;q34),der(<u>1</u>)t(<u>1</u>;5)(p36;q34)
i cromosomi della coppia n.1 sono entrambi coinvolti in una traslocazione apparentemente identica con un cromosoma n. 5. |
| ( ) | s'includono tra le parentesi i cromosomi con alterazioni strutturali e i punti di rottura. |
| ? | indica un cromosoma, o un suo segmento, non identificato.
Esempio:
46,XY,-?12
il cromosoma mancante potrebbe essere un n.12
Esempio:
46,XX,del(3)(p?14)
il tratto deleto sul braccio corto del cromosoma n.3 potrebbe corrispondere alla banda 14. |

46,XX,del(3)(p1?4)
il tratto deleto nella regione 1 potrebbe corrispondere alla banda 4.
46,XX,ins(3;?)(q13.3;?)
nel cromosoma n.3 è inserito un tratto di derivazione non nota in corrispondenza della banda q13.3. Notare che nel cariotipo non è indicata l'assenza di un 3 normale (-3) come si usava fare in passato.
Il simbolo ? ha significato diverso dal segno ~ o da *or*.

.   (punto decimale) separa la sottobanda dalla banda
Esempio:
2q12.3

::   (colon, double) indica interruzione e riunione (break and reunion)

:   (colon, single) indica interruzione (break).
Nelle delezioni terminali il segno è posto dopo l'indicazione della banda che è sede della rottura.
Esempio:
46,XY,del(2)(pter→q23:)

+   cromosoma soprannumerario, se il segno precede il cromosoma; cromosoma di maggiore lunghezza, se il segno segue il cromosoma (solo nella descrizione del cariotipo, non nella formula dove si usa l'abbreviazione add).
Esempi:
47,XY,+21 indica una trisomia 21.
4q+ indica aumento dei bracci lunghi di un cromosoma n.4.

→   da→ a

~   indica un valore approssimativo e può riferirsi tanto al range in cui cade il numero dei cromosomi che ad uno specifico segmento.
Esempi:
43~49,XY,...
il numero dei cromosomi è in un intervallo compreso tra 43 e 49, entro un livello diploide.
46~72<3n>,XXY,...
il numero dei cromosomi è compreso tra 46 e 72; tutte le anomalie trovate vengono riferite ad un livello di ploidia 3n.
46,XY,del(2)(q14.3~q22)
il punto di rottura può essere nella sottobanda q14.3 oppure nella banda q21 o q22.
Il segno ~ ha significato diverso dal simbolo *or* o ?.

[ ]   indica quante cellule formano il clone (o i cloni) trovati. I cloni sono espressi in ordine al numero delle cellule che li rappresentano, prima quelli con numero maggiore di cellule; il clone diploide normale, se presente, è indicato sempre per ultimo, indipendentemente dal numero di cellule che lo compongono.
Esempio:
45,XY,-5[25]/46,XX,t(9;22)(q34;q11)[20] /47,XY,+21[12]/46,XX[18]
significa: sono stati trovati quattro differenti cloni: 25 cellule rappresentano il

clone con la monosomia 5, 20 cellule quello con la traslocazione 9;22, 12 cellule il clone con la trisomia 21 e 18 cellule il normale clone diploide. La simbologia trova applicazione soprattutto nella citogenetica delle neoplasie, dove sono comuni anomalie numeriche e strutturali molto complesse.

Abbreviazioni in uso per indicare specifiche fasi del processo di divisione cellulare

AI   prima anafase meiotica
AII seconda anafase meiotica
dia diacinesi
dip diplotene
dit dictyotene
lep leptotene
MI   prima metafase meiotica
MII seconda metafase meiotica
oom metafase oogoniale
pac pachitene
PI   prima profase meiotica
spm metafase di spermatogonio
xma chiasma. Il numero di chasmi è indicato tra parentesi, preceduto dal segno =
Esempio:
MI,23,XY(xma=12) indica uno spermatocita in prima metafase con 23 elementi (compreso un bivalente XY) con 12 chiasmi. Quando si vuole indicare la localizzazione di un chiasma, xma va completato indicando il braccio (p e q) e aggiungendo prx, med, dis, ter a seconda che il chiasma sia prossimale, mediale, distale o terminale.
zyg zigotene

Indicazione di specifiche anomalie strutturali

ace frammento acentrico. Quando il frammento è molto piccolo s'indica con *min*

add materiale aggiuntivo d'origine non definita. Del materiale addizionale che si attacca all'estremità p o q di un cromosoma ne aumenta la lunghezza (p+ o q+). Questa formulazione non va tuttavia usata, pur se concettualmente corretta.
Esempi:
46,XY,add(1)(p36)
indica che a 1p36 è attaccato del materiale addizionale di non nota origine. La descrizione dettagliata del cromosoma prende l'avvio da questo materiale ignoto: 46,XY,add(1)(?::p36→qter). È preferibile evitare una formula del tipo: 46,XY,1p+. Quando è aggiunto più di un segmento, ai simboli *add* va fatto precedere anche *der*.
46,XX,der(17)add(17)(p12)add(17)(q22)
il cromosoma n.17 ha l'inserzione di due extrasegmenti d'origine non identificata: uno a p12 e un altro a q22. I due *add* sono preceduti dal simbolo der(17).
Descrizione dettagliata:
46,XX,der(17)(?::p12→q22::?).

b	break, rottura trasversale. Può accadere che il punto di rottura non sia sicuro (ad esempio se occorre in una traslocazione all'interfaccia tra due bande). In questi casi si può usare *or*, ~ oppure *?*. *Esempio:* 46,XX,t(2;9)(p22q21.3 or 22.1) 46,XX,t(2;9)(p22q21~23) 46,XX,t(2;9)(p22q2?)
c	quando sono presenti sia anomalie acquisite sia costituzionali, queste ultime sono indicate facendole seguire dalla lettera c. Trova impiego spesso nella citogenetica dei tumori. *Esempi:* 47,XY,t(9;22)(q34;q11),+21c significa che la traslocazione è stata trovata in un soggetto con sindrome di Down. 45,Xc[10]/46,XY,t(8;21)(q22;q21)[15]/46,XY[32] clone ipodiploide costituzionale (45,X) di 10 cellule, con anomalia cromosomica acquisita in un clone di 15 cellule e con clone diploide normale maschile (46,XY) di 32 cellule. Il clone normale va posto alla fine.
chi	chimera. L'abbreviazione precede la descrizione del cariotipo ed evita la confusione con un mosaico. *Esempio:* chi 46,XX/46,XY.
chrb	rottura cromosomica (chromosome break). Una lesione acromatica che coinvolge entrambi i cromatidi di un cromosoma con spostamento del frammento acentrico. È sinonimo di break isocromatidico
chrg	gap cromosomico (chromosome gap). Una lesione acromatica che coinvolge entrambi i cromatidi di un cromosoma. È sinonimo di gap isocromatidico
chtb	(chromatid break). Indica chiara discontinuità in un singolo cromatide. Se l'allineamento è poco compromesso l'anomalia è un gap e si usa il simbolo chtg. *Esempi:* 46,XY,chtb(X)(q27.2) break cromatidico in un cromosoma X alla banda q27.2. Non confondere con fra(X)(q27.3)! Un cromosoma può anche presentare aberrazioni limitate ad uno dei cromatidi. 46,XY,cht del(5)(q34) uno dei cromatidi del cromosoma n.5 termina alla banda q34
chte	(chromatid exchange). Indica riarrangiamenti tra due o più cromatidi, sia dello stesso cromosoma (intrascambio, intrachange) che tra cromosomi differenti (interscambio, interchange). Interscambi possono generare figure triradiali (tr), quadriradiali (qr) o complesse (cx).
chtg	(chromatid gap). Indica un gap cromatidico (una regione acromatica di un singolo cromatide). L'allineamento è poco compromesso a differenza di quanto avviene per un break.

Esempio:
46,XX,chtg(2)(q36)
gap cromatidico in un cromosoma n.2 alla banda q36.

cp	indica un cariotipo composto (composite karyotype) così definito per la grande eterogeneità d'anomalie. È tipico di molti tumori solidi. Ciascuna anomalia va segnalata se vista in almeno due cellule. Il simbolo precede il numero di cellule con le atipie segnalate, in parentesi quadra. *Esempi:* 44~46,XY,t(9;22)(q34;q11)[5],-8[7],-14[9],[cp21] indica che 21 cellule studiate hanno un cariotipo composto rappresentato oltre che da un numero variabile di cromosomi (tra 44 e 46), da 5 cellule con t(9;22), da 7 cellule con assenza di un cromosoma 8 e da 9 cellule con assenza di un cromosoma 14. Se si trovano in una coltura 5 cellule ciascuna con cariotipo differente: 45,XX,-5, 45XX,-14, 46,XX,+8,-11, 47,XX,+8, 48,XX,+6,+14 il cariotipo composto sarà così formulato: 45~48,XX,-5,+6,+8,-11,-14,+14,[cp5].
csb	rottura cromosomica (v. chrb)
csg	gap cromatidico (v. chrg)
ctb	rottura cromatidica (v. chtb)
cte	scambio intercromatidico (v. chte)
ctg	gap cromatidico (v. chtg)
cx	(complex chromatid interchanges). Segnala che si sono verificati più di quattro scambi tra cromatidi appartenenti a cromosomi differenti
de novo	anomalia numerica o strutturale insorta per nuova mutazione e quindi non riscontrabile nei genitori
del	delezione. Nel sistema dettagliato di descrizione la delezione terminale è indicata dal simbolo : mentre nelle delezioni interstiziali i tratti di rottura-riunione sono indicati dal simbolo :: *Esempi:* 46,XX,del(5)(p14) 46,XX,del(5)(:p14→qter). 46,XX,del(5)(q13) 46,XX,del(5)(pter→q13:). 46,XX,del(5)(q14q21) 46,XX,del(5)(pter→q14::q21→qter). 46,XX,del(1)(q31q31) 46,XX,del(1)(pter→q31::q31→qter). la delezione interstiziale è all'interno della banda q31.

46,XY,del(18)(q?)
vi è una delezione su 18q ma si ignorano i punti di rottura.
Un cromosoma deleto per entrambe le estemità terminali è un *der del*.
46,XY,der(2)del(2)(p24)del(2)(q37)
46,XY,der(2)(:p24→q37:)

---

der derivativo (derivative). Un cromosoma viene definito *der* quando presenta più di un riarrangiamento, oppure quando presenta un riarrangiamento sbilanciato che coinvolge due o più cromosomi. Del cromosoma *der* devono essere indicati i riarrangiamenti che lo caratterizzano. Se l'aberrazione non è *de novo*, va specificata anche l'origine materna o paterna (*mat o pat*).
Esempio:
Cariotipo del probando:
46,XY,der(2)t(2;5)(p22;p14)mat
vi è un normale cromosoma n.2 e l'altro, d'origine materna, è derivato dalla traslocazione del segmento 5p14→5pter su 2p22; i due cromosomi n. 5 sono normali.
Sistema dettagliato:
46,XY,der(2)(2qter→2p22::5p14→5pter)mat.
Il risultato della ricombinazione è una parziale trisomia 5 e una parziale monosomia 2.
La madre ha un cariotipo bilanciato:
46,XX,t(2;5)(p22;p14)
Sistema dettagliato:
46,XX,t(2;5)(2qter→2p22::5p14→5pter;5qter→5p14::2p22→2pter).

Cromosomi *der* possono essere anche più di uno.
Esempio:
46,XX,der(2)dup(2)(p14p22)add(2)(p25),der(8)del(8)(p22)t(3;8)(q26;q23)
Sistema dettagliato:
46,XX,der(2)(?::p25→p14::p22→qter),der(8)(:8p22→8q23::3q26→3qter).

Un cromosoma der può presentarsi ripetuto due volte. È il caso, ad esempio, del cromosoma Ph.
47,XY,t(9;22)(q34;q11),+der(22)t(9;22).
Il der(22) aggiuntivo non porta anche la descrizione dei punti di rottura, che sono già indicati nella traslocazione.

Lo stesso vale per riarrangiamenti complessi che comportano *der* di diversa composizione.
Esempio:
46,XX,der(5)t(5;7)(p14;q35)del(5)(q34)t(5;9)(q32;q34),der(7)t(5;7),der(9)t(5;9).
il cromosoma n.5 è coinvolto in due traslocazioni: con il cromosoma n.7 e con il cromosoma n.9; vi è inoltre una delezione del braccio lungo. I cromosomi n.7 e n.9 sono riportati nella descrizione senza l'indicazione dei punti di rottura, non necessaria in quanto già indicata in precedenza. In questi casi il sistema dettagliato è evitato, divenendo la descrizione troppo lunga.

Se un cromosoma con origine centromerica non nota si riarrangia con tratti cromosomici di nota provenienza, il cromosoma è indicato con il simbolo *der*

seguito, tra parentesi, da *?*.
Esempio:
47,XX,+der(?)t(?;4)(?;q28)
significa che su un cromosoma soprannumerario, il cui centromero non è noto, è traslocato un tratto di un cromosoma n.4.
Sistema dettagliato:
47,XX,+der(?→?cen→?::4q28→4qter).

Se assieme ad un der(?) vi sono altri cromosomi non identificati, questi vanno indicati dopo il der(?).
Esempio:
49,XXY,+der(?)t(?;8)(?;q23),+mar.

dic dicentrico. Si forma a seguito di rottura e unione di due cromosomi, ciascuno dei quali conserva il proprio centromero. I due cromosomi riuniti sono conteggiati come cromosoma unico.
Esempio:
45,XY,dic(13;14)(q33;q31)
45,XY,dic(13pter→13q33::14q31→14pter)
Nella descrizione non appaiono più, come nelle passate formulazioni, -13 e -14 essendo un carattere aggiuntivo non necessario.
Se, oltre al cromosoma dicentrico, sono presenti anche due cromosomi n. 13 normali, uno di essi è considerato sovrannumerario ed è indicato come +13.
Esempio:
46,XY,+13,dic(13;14)(q33;q31).

Il cromosoma aggiuntivo fornito di centromero può anche essere non riconosciuto. In tal caso è indicato col simbolo *?*.
Esempio:
46,XY,dic(18;?)(q22;?)
46,XX,dic(18pter→18q22::?)
indica che il cromosoma 18 è un dicentrico perché alla banda q22 è attaccato un cromosoma non riconosciuto che possiede il centromero.

Se un cromosoma dicentrico ha anche altre anomalie è indicato come derivativo.
Esempio:
46,XX,der(11;17)dir ins(11;2)(q22;p14p22)t(11;17)(q24;p12).
46,XX,der(11pter→11q22::2p14→2p22::11q22→11q24::17p12→17qter)
I due centromeri appartengono rispettivamente ai cromosomi n.11 e n.17; notare che l'inserzione 2p14→2p22, anche se dopo rotazione di 180°, è diretta in quanto, passando da p a q, le bande hanno conservato il loro orientamento rispetto al centromero.

dir diretta

dir ins inserzione diretta

dis distale; indica anche la posizione distale del chiasma

dmin double minute. Sono piccoli frammenti acentrici che vanno segnalati ma non rientrano nel conteggio dei cromosomi. Vanno indicati solo se sono trovati in più di una metafase. Il numero di dmin va indicato prima del simbolo. I dmin non vanno confusi con i piccoli markers. La distinzione con i frammenti acentrici è possibile solo in base alle dimensioni più grandi di questi ultimi.
Esempi:
48,XXY,+mar,2dmin.

Sindrome di Klinefelter con marker soprannumerario e 2 dmin per cellula.
44,XX,-5,-8,~12dmin
cellule ipodiploidi per mancanza di un cromosoma n.5 e n.8 e con circa 12 dmin per cellula.

---

dup duplicazione. Nella formulazione del cariotipo non è necessario indicare con *dir* o *inv* l'orientamento del tratto *dup* poiché si evince dalla indicazione delle bande.
Esempio:
46,XY,dup(2)(q21q24) dup diretta
Sistema dettagliato:
46,XY,dup(2)(pter→q24::q21→qter)

46,XY,dup(2)(q24q21) dup inversa
Nella *inv dup* il sistema dettagliato consente di localizzare sul braccio il segmento duplicato:
46,XY,dup(2)(pter→q24::q24→q21::q24→qter).
46,XY,dup(2)(pter→q21::q24→q21::q21→qter).

---

e scambio (exchange)

---

end endoreduplicazione

---

f frammento

---

fem femminile

---

fis fissione, al centromero. Risultano due cromosomi telocentrici.

---

fra sito fragile

---

g gap (interruzione nella continuità di un cromatide o di un cromosoma senza un marcato disallineamento)

---

hsr Regione omogeneamente colorata (homogeneously staining region) inserita in un tratto (braccio, regione, banda) di un cromosoma. Le hsr possono essere anche multiple.
Esempi:
46,XY,hsr(3)(q26) indica che nella banda q26 del cromosoma n.3 è inserita una regione colorata in modo omogeneo.
46,XY,hsr(3)(pter→q26::hsr::q26→qter).

L'inserzione di un segmento conosciuto non è invece preceduto da hsr ma potrebbe trovarsi contemporaneamente a questa.
46,XX,der(2)ins(2;6)(q12;p12p21.2)hsr(2;6)(q12;p12).
cromosoma derivativo 2 con inserzione del segmento 6p12→p21.2 e hsr tra 6p12 e 2q12.
Sistema dettagliato:
46,XX,der(2)(2pter→2q12::6p12→6p21.2::hsr::2q12→2qter).

---

isocromosoma

---

ider isoderivativo. Indica un isocromosoma per uno dei bracci di un cromosoma derivativo
Esempio:
46,XY,ider(9)(q10)ins(9;10)(q21;q21q22)
isocromosoma 9 per i bracci lunghi originato da un derivativo 9 che ha un'inserzione 10q21q22 a livello q21.
Il sistema dettagliato chiarisce la descrizione:
46,XY,ider(9)(9qter→9q21::10q21→10q22::9q21→9q10::9q10→9q21::10q22→10q21::9q21→9qter).
Notare che nella descrizione appare 9q10 che indica la parte di centromero appartenente ai bracci lunghi del cromosoma n.9. Questa simbologia non appare quasi mai nella composizione di un cariotipo.

---

idic isodicentrico. Indica un isocromosoma con due centromeri. Spesso si tratta di cromosoma dicentromerico pseudodicentrico.
Esempio:
46,X,idic(Y)(q12).
Il sistema dettagliato di descrizione è:
46,X,idic(Y)(pter→q12::q12→pter).
Anche una traslocazione rob, se dicentrica, utilizza la stessa simbologia. Ad esempio un cariotipo 45,XY,der(14;14)(q10;q10) può essere indicato come segue se al bandeggio C risulta dicentrico:
45,XY,idic(14)(p11).

---

inc cariotipo incompleto in quanto contiene una o più anomalie non identificate.
Esempi:
47,XX,+8,inc
il clone contiene un cromosoma 8 soprannumerario, ma anche addizionali aberrazioni non identificate.
47,XX,del(2)(q21),+mar,inc
il clone contiene una delezione del cromosoma n.2, un marcatore, ed altre aberrazioni non identificate.

---

ins inserzione. Si definisce diretta o invertita a seconda che il segmento inserito abbia conservato o no la posizione originale rispetto al centromero. Pertanto un segmento di cromosoma che si inserisce dal braccio *p* a quello *q* dopo una rotazione di 180° induce una *dir ins*; inserendosi senza rotazione darà una *inv ins*.
Esempi:
46,XY,dir ins(3)(q22p14p22)

46,XY,dir ins(3)(pter→p22::p14→q22::p14→p22::q22→qter)
46,XY,inv ins(3)(q22p22p14)
46,XY,inv ins(3)(pter→p22::p14→q22::p22→p14::q22→qter).

Una inserzione può avvenire tra differenti cromosomi. In questo caso il cromosoma che riceve l'inserzione è indicato per primo.
Esempio:
46,XX,inv ins(10;2)(q22;p16p14)
46,XX,inv ins(10;2)(10pter→10q22::p16→2p14::10q22→10qter; 2pter→2p16::2p14→qter).

inv	inversione. Questo evento presuppone la rottura in due punti con rotazione e ricongiungimento del segmento. A seconda del coinvolgimento o meno del centromero, una inversione si definisce pericentrica o paracentrica. La distinzione non è di poco conto, in quanto possono indurre aberrazioni differenti.
inv ins	inserzione invertita
mal	maschile
mar	cromosoma marcatore (marker). È fatto precedere dal segno +. *Esempi:* 47,XX,+mar. Se vi è più di un marker, il loro numero precede il simbolo. 49,XY,+3mar. Nel caso che in presenza di più cloni compaiano marker diversi, questi sono segnalati facendo seguire il simbolo *mar* da un numero (1,2,..). 47,XX,+mar1/48,XX,+mar1,+mar2 significa che vi sono due cloni cellulari: il primo (47 cromosomi) con un marker (mar1); il secondo (48 cromosomi) con due marker: uno uguale a quello del clone precedente (mar 1) ed uno di tipo diverso (mar2). Quando ci sono più copie dello stesso marker, esse sono indicate da un segno di moltiplicazione seguito dal numero di copie. 49,XX,mar1x3/49,XX,mar1x2,+mar2
mat	origine materna. L'indicazione va posta alla fine della descrizione di un cariotipo che ha uno o più cromosomi anomali.
med	indica la posizione mediale del chiasma (v. xma)
min	(v. ace)
mos	mosaico. Il clone normale va segnalato per ultimo. *Esempio:* 47,XY,+21/46,XY.
or	indica interpretazione alternativa. *Esempio:*

46,XY,i(16)(p10) or del(16)(q21:)
il cromosoma è riconosciuto come n.16, ma si presenta metacentrico e più corto: potrebbe essere un isocromosoma per i bracci corti (da p ter fino al centromero) oppure un cromosoma deleto per la parte terminale dei bracci lunghi.

Il simbolo *or* ha un significato diverso dal segno ~ o ?.

pat	origine paterna. L'indicazione va posta alla fine della descrizione del cariotipo che ha uno o più cromosomi anomali.
pcc	condensazione cromosomica prematura. Un nucleo entra anticipatamente in mitosi, in fase G1 o G2. Il fenomeno spesso provoca polverizzazione.
pcd	prematura divisione centromerica. Indica una prematura divisione dei centromeri nella metafase. Di solito interessa solo alcuni cromosomi e non di tutte le cellule.
Ph	cromosoma Philadelphia. È un cromosoma n.22 che deriva dalla traslocazione t(9;22)(q34;q11); nella descrizione del cariotipo va indicato come der(22)t(9;22)(q34;q11). Il cromosoma n.9 coinvolto nella traslocazione è indicato come der(9)t(9;22)(q34;q11).
prx	indica la posizione prossimale del chiasma (v. xma)
pss	satelliti doppi. Il simbolo segue il cromosoma cui si riferisce. *Esempio:* 46,XX,15pss significa: cariotipo femminile con doppi satelliti su uno dei cromosomi n.15.
psu	pseudo
psu dic	pseudodicentrico. Indica che uno solo dei centromeri di un cromosoma dicentrico è attivo (l'altro ha tempo diverso di replicazione e quindi si considera funzionalmente inattivo). Il cromosoma che contiene il centromero attivo è segnalato prima dell'altro. *Esempio:* 45,XY,psu dic(14;13)(q31;q33) 45,XY,psu dic(14pter→14q31::13q33→13pter) il centromero attivo è quello del cromosoma n.14.
pvz	polverizzazione. Indica la presenza nella cellula di una quantità di frammenti così elevata da non essere enumerata. Se si conosce il cromosoma d'appartenenza, questo viene indicato. *Esempio:* 46,XX,pvz(1) polverizzazione di un cromosoma n.1.
qdp	quadruplicazione. Si usa per indicare che un segmento di cromosoma è quadruplicato. *Esempio:*

46,XX,qdp(3)(p14.1p21.2)
Sistema dettagliato:
46,XX,qdp(3)(pter→p14.1::p21.2→p14.1::p21.2→p14.1::p21.2→qter).

Quando un segmento è triplicato si usa il simbolo trp.
Il sistema dettagliato di descrizione specifica l'orientamento dei segmenti.
Esempio:
46,XY,trp(2)(q22q34)
46,XY,trp(2)(pter→q34::q22→q34::q34→q22::q34→qter).

---

qr quadriradiale (v. chte).

---

r cromosoma ad anello (ring). La descrizione di un ring, col sistema dettagliato, è del tutto singolare in quanto inizia e termina col simbolo ::
Esempi:
46,XX,r(2)(p16q24)
46,XX,r(2)(::p16→q24::)

Quando un ring è soprannumerario così come uno o più altri cromosomi, la sua collocazione nella formulazione del cariotipo è diversa a seconda che il ring sia d'origine nota o ignota. Nel primo caso segue l'ordine numerico abituale, nel secondo va indicato per ultimo. Un ring però precede, nella descrizione, i mar o i dmin.
Esempi:
49,XX,+8,+r(12),+22.
49,XX,+8,+22,+r(?).

Un ring può avere più centromeri, nel qual caso è indicato come *dic r* (ring dicentrico), *trc r* (ring tricentrico).
Se si trovano cloni aventi differenti ring, essi vanno distinti con numerazione progressiva che segue il simbolo; se vi sono più copie di un ring non identificato, esse sono indicate facendo precedere il loro numero al simbolo r:
47,XX,+r1/47,XX,+r2
indica che due differenti ring (r1 e r2) si trovano soprannumerari in due cloni cellulari. Notare che 1 e 2 non indicano l'appartenenza del ring ai cromosomi n.1 e n.2, perché altrimenti sarebbero stati indicati r(1) e r(2).
48,XX,+2r
indica che vi sono due ring extranumerari ma si ignora se hanno origine comune.

---

rcp traslocazione reciproca

---

rec ricombinante. Un cromosoma rec deriva da riarrangiamenti strutturali a seguito di crossing-over meiotici. In questo si differenzia dai cromosomi derivati, che segregano alla meiosi senza ulteriori modofiche (v. *der*).

---

rob traslocazione robertsoniana

---

s satellite. Il simbolo è preceduto dal cromosoma acrocentrico cui si riferisce.
Esempio:
46,XY,15s+ significa: cariotipo maschile con satellite gigante su uno dei cromosomi n.15.

sce	Sister chromatid exchange. Scambi di uno o più segmenti omologhi tra i cromatidi di un cromosoma, scopribili con procedure tecniche particolari. ***Esempio:*** 46,XY,sce(1)(q21q24q32) scambio multiplo tra cromatidi di un cromosoma n.1 (a livello q21, q24 e q32).
t	Indica traslocazione. Un cromosoma coinvolto in più traslocazioni va indicato come *derivative "der"*. Se una traslocazione coinvolge uno dei cromosomi sessuali, nel cariotipo non compare, nella indicazione dei cromosomi sessuali, quello interessato nella traslocazione. ***Esempi:*** 46,X,t(X;1)(q25;p34) 46,Y,t(X;1)(q25;p34) Nella traslocazione di un intero braccio, il punto di rottura è sul centromero e indicato quindi con p10 o q10. 46,XX,t(9;10)(p10;q10) 46,XX,t(9;10)(9pter→9p10::10q10→10qter;10pter→10p10::9q10→9qter) Lo scambio reciproco è tra i bracci corti del cromosoma n.9 e quelli lunghi del cromosoma n.10. 46,XX,t(9;10)(p10;p10) 46,XX,t(9;10)(9pter→9p10::10p10→10pter;10qter→10q10::9q10→9qter) Lo scambio reciproco è tra i bracci corti del cromosoma n.9 e quelli del cromosoma n.10.
tan	tandem (tipo di duplicazione)
tas	associazione telomerica (telomeric association). Informa che due o più cromosomi sono uniti tra loro a livello telomerico. Va tenuto presente che i cromosomi associati vanno contati come doppi e non come singolo cromosoma. ***Esempi:*** 46,XY,tas(21;22)(q22;q13) Sistema dettagliato: 46,XY,tas(21;22)(21pter→21qter→22qter→22pter). 46,XY,tas(1;9;16)(p36.3;q34p24;p13.3) indica che a 1pter si è legato un cromosoma n.9 (normalmente orientato) cui a sua volta si è legato un cromosoma 16 (ruotato di 180°). Sistema dettagliato: 46,XY,tas(1;9;16)(1qter→1pter→9qter→9pter→16pter→16qter). Notare che la condizione indicata col simbolo *tas* è diversa dalle traslocazioni dove il punto di riarrangiamento è indicato da ::
ter	terminale; indica anche la posizione terminale del chiasma (v. xma)
ter rea	rottura terminale di due cromosomi con riarrangiamento ai punti di rottura e formazione di un dicentrico.

tr	triradiale (v. chte)
tri	cromosoma tricentrico
trp	triplicazione (v. qdp).
upd	disomia uniparentale

Nota: Quando sono coinvolti i cromosomi sessuali X e Y, è descritto per primo il cromosoma X.
46,inv(X)(q23q25),t(Y;16)(q12;p13)
Nella descrizione di un cariotipo maschile in cui è coinvolto il cromosoma X, il cromosoma Y è quello che precede nella descrizione:
47,Y,inv(X)(p21q25),+21
Se più anomalie strutturali (dup, inv, del) coinvolgono differenti copie di un cromosoma, esse sono indicate in ordine alfabetico:
49,XY,+del(2)(p14),+dup(2)(q21.2q22),+inv(2)(q32.1q34)
Quando sono coinvolti tre cromosomi, il primo cromosoma che si indica è quello con numerazione più bassa (o il cromosoma sessuale), segue quello che riceve il segmento dal primo cromosoma che è stato indicato ed in ultimo il cromosoma che ha donato il frammento al primo.
Esempio:
46,XX,t(X;17;12)(p21;q24;p12.1)
significa che il cromosoma 17 ha ricevuto il segmento Xp21→Xpter a livello 17q24 ed ha trasferito il segmento 17q24→qter su 12p12.1; il segmento 12p12.1→12pter è a sua volta trasferito su Xp21.
Il sistema dettagliato di descrizione chiarisce meglio la successione degli eventi:
46,XX,t(X;17;12)(Xqter→Xp21::12Xp12.1→12pter;17pter→
17q24::Xp21→Xpter;12qter→12p12.1::17q24→17qter)

Descrizione delle varianti (eteromorfismi, polimorfismi)

Nella formulazione del cariotipo la variante viene posta tra parentesi, preceduta dalla abbreviazione *var* e seguita dalla indicazione dell'area eterocromatica (braccio, regione, banda) la cui ampiezza è quantizzata seguendo una scala di valori da 0 a 5 (v. paragrafo 2.8). Lo stesso procedimento è adottato per indicare il grado di intensità della fluorescenza del cromosoma Y. Nell'ideogramma le regioni variabili vengono indicate con linee tratteggiate, verticali o incrociate. Talvolta si possono evidenziare tratti bandeggiati all'interno di una regione variabile. Come però per il centromero (cui è assegnato il numero 10) nell'ideogramma non trovano indicazione.
Quando la derivazione dell'eteromorfismo, materna o paterna, è conosciuta, essa va segnalata con le abbreviazioni *mat* o *pat*.
Possono coesistere nella stessa persona più varianti. Se le varianti sono più di una, ciascuna viene indicata separatamente, seguendo l'ordine progressivo dei cromosomi. La presenza di uno stesso tipo di variante in più cromosomi viene indicata facendo precedere i cromosomi che hanno quel polimorfismo da un asterisco (*).

Esempi:

46,XY,var(1)(qh,CBG4)pat,var(9)(qh,CBG5)mat
cariotipo maschile con 2 varianti della eterocromatina costitutiva, una del cromosoma n.1 (di origine paterna), l'altra del cromosoma n.9 (di origine materna); in entrambe l'ampiezza è superiore alla media: grande la var(1), molto grande la var(9).

46,XX,var(9)(qh,CBG4)var(9)(qh,CBG1)
cariotipo femminile con 2 varianti sui cromosomi della coppia n.9, di derivazione non accertata. La prima è di ampiezza grande, la seconda di ampiezza piccolissima.

46,XX,var(9)(qh,CBG4)*2
cariotipo femminile con 2 varianti dello stesso tipo sui cromosomi della coppia n.9, di derivazione non accertata.

46,XY,var(Y)(q12,QFQ2)
cariotipo maschile con variante del braccio lungo del cromosoma Y, (regione 1, banda 2) di debole intensità di fluorescenza.

47,XYY,var(Y)(q12,CBG4, QFQ5)*2
cariotipo maschile iperdiploide per la presenza di 2 cromosomi Y, entrambi con grande variante sul braccio lungo (regione 1, banda2), molto brillante.

46,XX,21cenh+pat.
cariotipo femminile con aumento dell'eterocromatina centromerica di origine paterna.

46,XY,14pstk+,16qh-,22ps+.
indica un cromosoma n.14 con aumentata lunghezza degli stalks, un cromosoma n.16 con riduzione del segmento eterocromatico sui bracci lunghi, un cromosoma n.22 con aumentata grandezza dei satelliti.

46,X,Yqh-,9qh+,9qh+
il cromosoma Y ha una riduzione dell'eterocromatina dei bracci lunghi, ed entrambi i cromosomi della coppia n.9 hanno aumento del segmento eterocromatico sui bracci lunghi.

46,XX,9ph9qh+(x2),21pss
entrambi i cromosomi della coppia n.9 hanno eterocromatina sui bracci corti ed aumento della stessa sui bracci lunghi; inoltre un cromosoma n.21 ha doppi satelliti.

Simbolismo per i cromosomi meiotici

La terminologia adottata per i cromosomi meiotici è diversa da quella dei cromosomi mitotici.
Il cariotipo inizia con la indicazione dello stadio della meiosi (v. paragrafo 1.5.1):

PI	prima profase meiotica, profase della prima divisione
MI	prima metafase meiotica, inclusa la diacinesi
AI	prima anafase meiotica
MII	seconda metafase meiotica
AII	seconda anafase meiotica

Ai simboli segue l'indicazione del numero dei cromosomi.

I cromosomi sessuali possono trovarsi separati o legati per i bracci corti. Nel primo caso sono indicati separatamente X,Y (univalenti) e nel secondo caso sono indicati XY (bivalenti). Nel conteggio dei chiasmi i bivalenti XY sono conteggiati come un chiasma.

I chiasmi sono indicati tra parentesi, con il simbolo xma seguito dal loro numero. La posizione dei chiasmi, quando nota, va indicata facendo seguire a xma i simboli p (braccio corto) e q (braccio lungo). Ulteriore precisazione può essere fatta utilizzando i simboli prx (proximal), med (medial), ter (terminal), o anche con la descrizione della banda o sottobanda.

Le cifre romane (da I a IV) indicano la valenza (univalenti, bivalenti, trivalenti, quadrivalenti).

I cromosomi che formano bivalenti o multivalenti sono indicati, tra parentesi, dopo il numero romano che indica la valenza.

Esempi:

MI,24,X,Y

spermatocita primario (in diacinesi o in prima metafase) con 24 elementi, inclusi X e Y univalenti.

MI,23,XY

spermatocita primario (in diacinesi o in prima metafase) con 23 elementi, incluso un bivalente XY.

MI,24,X,Y,III(13,13q14q,14),+I(21)

spermatocita primario (in diacinesi o in prima metafase) con 24 elementi, inclusi univalenti X,Y, un univalente n.21 soprannumerario, e un trivalente composto da un cromosoma n.13, da un cromosoma n.14 e un t(13q14q).

MI,24,X,Y,III(21)

spermatocita primario (in diacinesi o in prima metafase) con 24 elementi, inclusi univalenti X,Y e un cromosoma 21 trivalente, da un maschio con trisomia 21.

MI,IV(7,der(7),22,der(22))

indica in prima metafase un quadrivalente formato dalle coppie dei cromosomi n.7 e n.22. Due sono derivativi (der) per traslocazione reciproca (v. Figura al paragrafo 7.2.1).

MI,23,XY,(xma=48)

spermatocito primario (in diacinesi o in prima metafase) con 23 elementi, incluso un bivalente XY e con 48 chiasmi, senza segnalazione della loro sede sui bracci.

MI,24,X,Y,II(3,3)(xma=7)(p=3,q=4)

spermatocita primario (in diacinesi o in prima metafase) con 24 elementi, inclusi gli univalenti X e Y ed un bivalente formato dai due cromosomi n.3, che presenta 7 chiasmi (3 sui bracci corti e 4 sui lunghi).

MI,24,X,Y,II(3,3)(xma=7)(pprx,pmed,pmed,q=4)

spermatocita primario (in diacinesi o in prima metafase) con 24 elementi, inclusi gli univalenti X e Y e un bivalente formato dai due cromosomi n.3, che presenta 7 chiasmi. Tre sono sui bracci corti con indicazione della sede (uno prossimale e due mediali) e 4 sono sui bracci lunghi senza indicazione di sede.

L'origine maschile o femminile delle cellule analizzate può essere, ma non necessariamente, indicata dall'abbreviazione fem o mal.
mal MI,22,XY,III(14,14q21q,21)
spermatocito primario (in diacinesi o in prima metafase) con 22 elementi, incluso un bivalente XY e un cromosoma trivalente composto da un cromosoma n.14, una t(14q21q) e da un cromosoma n.21 (v. Figura al paragrafo 7.4.1).
fem dia,II(5,5)(xma=4q)
diacinesi femminile in cui i bivalenti mostrano 4 chiasmi sui bracci lunghi.
Un cromosoma può essere sostituito dai suoi singoli cromatidi.
MII,22,Y,-7,+7cht,+7cht
seconda metafase maschile in cui un cromosoma n.7 manca ed è sostituito dai suoi due cromatidi.

Simboli in uso nelle ibridazioni in situ

-	assente da uno specifico cromosoma
+	presente su uno specifico cromosoma
++	duplicato su uno specifico cromosoma
x	precede il numero di segnali visti
.	separa le osservazioni citogenetiche dai risultati dell'ibridazione in situ
;	separa le sonde su differenti cromosomi derivativi
amp	amplified signal
con	connected signals (segnali adiacenti)
dim	diminished signal intensity
enh	enhanced signal intensity
fib ish	extended chromatin/DNA fiber in situ hybridization
fish	fluorescence in situ hybridization
ish	in situ hybridization
mv	moved signal
nuc ish	nuclear or interphase in situ hybridization
pcp	partial chromosome paint
rev ish	reverse in situ hybridization
sep	separated signals
sp	split signal
st	stationary signal
wcp	whole chromosome paint

Ibridazione in situ su nuclei in interfase

Si usa il simbolo *nuc ish* (nuclear in situ hybridization) seguito dalla banda del cromosoma, dalla designazione della sonda usata e dal numero dei segnali rilevati.
Esempi:
nuc ish Xcen(DXZ1x2)
su nuclei in interfase, due segnali al locus DXZ1 della regione centromerica del cromosoma X.

nuc ish 22q11.2(D22S75x1)
su nuclei in interfase, un solo segnale al locus D22S75 della banda q11.2 del cromosoma n.22.

nuc ish 21q22(D21S65x3)
su nuclei in interfase, tre segnali al locus D21S65 della banda q22 del cromosoma n.21.

Si può individuare anche più di un locus su una stessa banda, adoperando sonde differenti.
Il cromosoma n.21 possiede sulla banda q22 due loci (D21S65 e D21S64) per i quali possono essere usate specifiche sonde.
Esempio:
nuc ish 21q22(D21S65x2,D21S64x2)
su nuclei in interfase, entrambi i loci danno due segnali di presenza.

Si possono anche usare sonde specifiche di loci assegnati a bande diverse dello stesso cromosoma (ad esempio per i loci D21S65 che mappa su 21q22 e D21S1219 che mappa sul tratto più terminale del cromosoma).
Esempio:
nuc ish 21q22(D21S65x2),21q22.3qter(D21S1219x1)
su nuclei in interfase, due segnali al locus D21S65 della banda q22 del cromosoma n.21 e un segnale al locus D21S1219 del tratto più distale del cromosoma.

Quando si usano sonde per loci assegnati a cromosomi diversi, questi vanno indicati seguendo l'ordine già ricordato (prima i cromosomi sessuali e poi gli autosomi in ordine crescente).
Esempio:
nuc ish Xcen(DXZ1x2),21q22(D21S65x2)
su nuclei in interfase, due segnali al locus DXZ1 della regione centromerica del cromosoma X e due segnali al locus D21S65 della banda q22 del cromosoma n.21.

Nello studio dei nuclei in interfase può spesso accadere di dovere definire se i segnali trovati per due marcatori che indicano cromosomi diversi sono separati oppure giustapposti, nel qual caso esprimono una traslocazione. L'esempio più comune è quello dato dallo studio dei nuclei nella leucemia mieloide cronica per stabilire la presenza o meno del cromosoma Ph' (v. paragrafo 10.1.3). L'uso di sonde specifiche per ABL (su 9q34) e per BCR (su 22q11) danno normalmente due coppie di segnali separati, da cui l'indicazione:
nuc ish 9q34(ABLx2),22q11(BCRx2).
Se invece vi è la t(9;22)(q34;q11) questa sarà indicata dalla sovrapposizione di due segnali (uno di ABL e uno di BCR). La descrizione in questo caso dovrà utilizzare l'abbreviazione *con*.
Esempio:
nuc ish 9q34 (ABLx2),22q11(BCRx2)(ABL con BCRx1)
su nuclei in interfase si rinvengono due segnali per ABL e due per BCR. Uno dei segnali BCR è connesso (giustapposto) ad uno dei segnali ABL.

La FISH può essere applicata, oltre che su nuclei in interfase, anche sulle metafasi. In questo caso le osservazioni provenienti dalla citogenetica standard vengono indicate per prime, seguite da un punto e quindi dal simbolo ish; viene quindi indicata la regione del cromosoma e, tra parentesi, il locus testato con il numero dei segnali individuati.

Esempio:
46,XX.ish 21q22(D21S65x2)
su una piastra in metafase è presente su entrambi i cromosomi n.21 il segnale della sonda per il locus D21S65 che mappa su q22.
Notare che quando il cariotipo è normale, all'indicazione dei cromosomi sessuali segue direttamente ish (preceduto dal punto).

Il segno negativo (-) posto dopo la indicazione del locus indica la sua assenza.
Esempi:
46,XY,del(21)(q22).ish del (21)(q22)(D21S65-)
Su una metafase un cromosoma n.21 presenta una delezione 21q22. La sonda per il locus D21S65 non ibridizza sul cromosoma deleto.

46,XY.ish del(22)(q11.2q11.2)(D22S75-)
Soggetto con sospetta sindrome di DiGeorge ma con cariotipo normale. La sonda per il locus D22S75 (deleto in questa sindrome) mostra un solo segnale positivo. Il reperto conferma il sospetto clinico.

46,XX, del(15)(q11q13).ish del (15)(q11.2q11.2)(SNRPN-,D15S10-)
Cromosoma n.15 con delezione della banda q11q13.
I loci ricercati con le specifiche sonde possono essere deleti in due tipiche sindromi da imprinting genomico, la Prader-Willi e la Angelman (v. paragrafo 7.13). Nell'esempio riportato la delezione cromosomica ha comportato la perdita dei due loci su uno dei cromosomi n.15. Il segno – indica che manca il rispettivo segnale.

Si usa simbologia diversa a seconda che un segnale è doppio oppure duplicato. Nel primo caso il locus è seguito da x2 (ed indica reperto normale, dovendo essere presente sui due cromosomi di una coppia). Il segnale duplicato si indica invece con ++.
Esempi:
46,XX.ish (DXZ1x2)
Normale presenza dei due segnali di DXZ1, che mappa sulla regione centromerica del cromosoma X.
46,XX.ish (DXZ1++)

Doppio segnale che indica la duplicazione di DXZ1 su uno dei due cromosomi X.
Sono disponibili sonde anche per un intero cromosoma (whole chromosome paint, wcp). Nel caso ad esempio di un cromosoma ad anello extranumerario del quale al bandeggio è sospettata ma non dimostrata la origine da un cromosoma X, può essere applicata la colorazione selettiva dell'intero cromosoma.
Esempio:
cariotipo 47,XX,+r?X.
Dopo wcp paint:
47,XX,+r(X).ish r(X)(wcpX+).
Volendo stabilire se il tratto Xp22 è presente nell'anello, si può adoperare una sonda specifica per il marcatore KAL (il gene della sindrome di Kallmann 1 mappa su Xp22.3).
Se il tratto Xp che comprende questo marcatore non è presente nell'extracromosoma X ad anello, il cariotipo verrà così formulato:
47,XX,+r(X).ish r(X)(KAL-).

1.5.2 - Indice brachiale (arm index, a.i.) e indice centromerico (centromeric index, c.i.)

a.i.: si definisce il rapporto di lunghezza tra bracci lunghi e bracci corti, che risulta prossimo all'unità nei cromosomi metacentrici; è elevato (>3) negli acrocentrici, con una serie di valori intermedi per gli altri cromosomi.

c.i.: indica in % lo spostamento del centromero dal piano centrale e si ottiene calcolando il rapporto: braccio corto/lunghezza totale, per cui risulta elevato nei cromosomi metacentrici (circa 50%) e basso negli acrocentrici (circa 20%), con una serie di valori intermedi per gli altri cromosomi.

Come si evince dalla Tabella a lato, a.i. e c.i. sono inversamente proporzionali.

Cromosoma	Indice brachiale (a.i)	Indice centromerico (c.i.)
1 e 3	1	50
2	1,5	40
4 e 5	3	30
X,6,7,9,11	2	35
8,10,12	3	30
13,14,15	3	20
16	1,5	40
17	3	33
18	2	30
19,20	2	45
21,22	3	30
Y	3	25

1.5.3 - Piastra cromosomica in metafase, senza bandeggio (solid-stained o block stained)

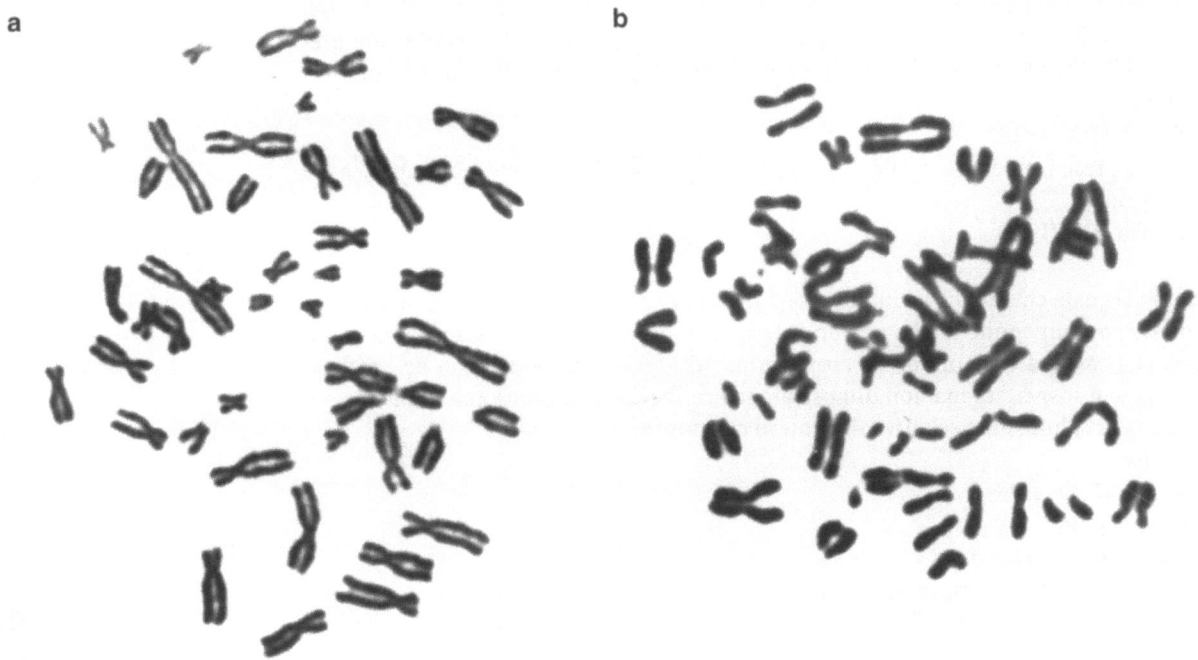

Fig. 1.5.3 a,b. a. Metafase **b.** Metafase tardiva (tele-metafase)

1.5.4 - Distribuzione tra i cromosomi di aree di maggiore addensamento cromatinico

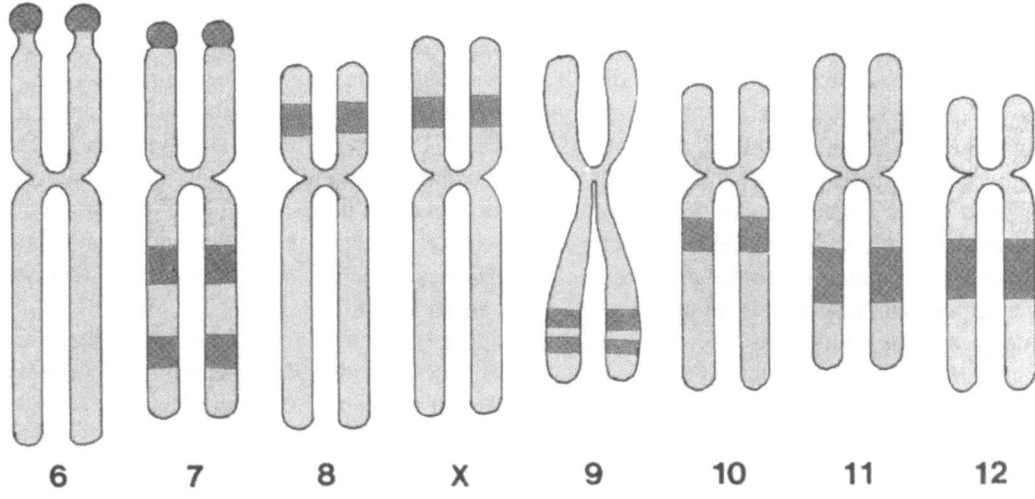

1.5.5 - Applicazione di tecniche densitometriche per il riconoscimento dei singoli cromosomi

La quinacrina induce sui cromosomi una fluorescenza non uniforme, con formazione di porzioni più o meno brillanti (bande Q, v. paragrafo 13.4) distribuite lungo il cromosoma secondo modelli che possono essere graficamente espressi e che, essendo specifici di ciascun cromosoma, ne consentono il riconoscimento (v. Fig. 1.5.5.
Il metodo non ha però trovato molta applicazione, superato da tecniche di più semplice applicabilità e migliore risoluzione.

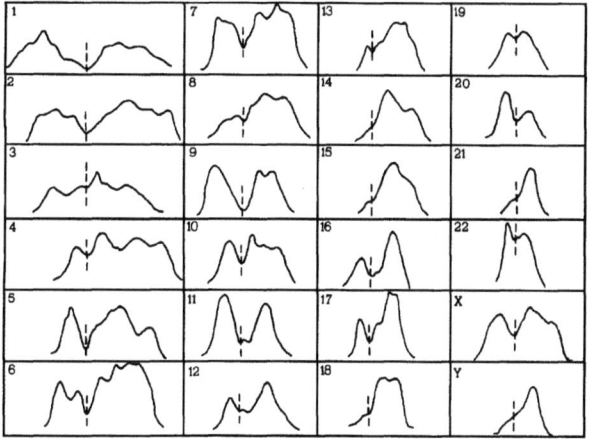

Fig. 1.5.5. (da: Ford EHR, Human Chromosomes, 1972 p.42 Academic Press Ltd, London)

1.6 Filogenesi dei cromosomi umani

Premessa

La distribuzione del DNA in più cromosomi è il modello organizzativo adottato dalla Natura in tutte le specie, in quanto elemento favorente i crossing-over che sono, come si sa, alla base della variabilità e quindi della flessibilità evolutiva delle specie.
Fanno eccezione a questo principio i cromosomi sessuali X e Y. In essi, unitamente a porzioni ricombinanti, vi sono tratti non ricombinanti. Nei mammiferi i cromosomi del sesso si sono evoluti da un paio di autosomi (B. Charlesworth, 1996); in questi cromosomi la soppressione dei processi di ricombinazione ha coinvolto nel tempo regioni sempre più ampie: per quanto riguarda il cromosoma X la porzione non ricombinante ha conservato geni funzionanti, mentre in quella non ricombinante del cromosoma Y i geni contenuti sono quasi del tutto degenerati (B. T. Lahn, 1999), come attesta la non conoscenza di malattie Y-linked. Esistono però nel cromosoma X e Y una decina di geni comuni non ricombinanti che sono omologhi ed espressi ubiquitariamente (B. T. Lahn, 1997). Alcuni di essi però sono espressi nel maschio solo nel tessuto testicolare. Recentemente è stata descritta un'altra famiglia di geni X-Y indicata come *variable charge X/Y* (VCX/Y) che, pur presente in entrambi i sessi, si esprime però solo nelle cellule germinali maschili e che per

alcune proprietà strutturali lascerebbe pensare ad un modello evolutivo non simile a quello ipotizzato per gli altri geni X-Y (B. T. Lahn, 2000).

Non vi è rapporto tra numero di cromosomi e dimensioni o complessità strutturale degli individui di una specie. Ad esempio il numero aploide di cromosomi del cavallo (Equus caballus) è 32, quello del comune pesce rosso (Carassius auratus) 50, del pollo (Gallus domesticus) 39, del bue (Bois taurus) 30. Anche nei Primati si riscontra notevole variabilità nel numero dei cromosomi: 44 nel Mandrillus sphinx, 54 nel Cebus capucinus, 60 nel Lemur fulvus. I mammiferi in genere hanno cromosomi che vanno da un minimo di 6 ad un massimo di 84 (in maggioranza però ne hanno circa 40) ed il loro studio ha dimostrato che il modello di evoluzione dicotomica sembra essere stato meno adottato di quello non dicotomico (B. Dutrillaux, 1975).

L'impiego delle tecniche di colorazione cromosomica reciproca o bidirezionale (*reciprocal chromosome painting, bidirectional chromosome painting*) si è dimostrato un valido mezzo per la ricerca di omologie, consentendo per alcune specie lo studio comparativo dell'intero cariotipo (R. Stanyon et al., 1999) (M. N. Guilly, 1999).

A livello meiotico la frequenza dei chiasmi, che varia da specie a specie, è non tanto proporzionale alla grandezza del genoma quanto al numero dei cromosomi, per un processo evolutivo-adattativo non del tutto chiaro (H.T. Imai, 1999; B. Dutrillaux, 1973).

In ogni specie il numero di possibili segregazioni meiotiche (e quindi di combinazioni gametiche cromosomiche) è proporzionale al numero aploide di cromosomi che essa possiede, secondo la formula 2^n (dove n indica il numero aploide dei cromosomi).

Si è notato che i cromomeri osservati nello stadio di pachitene somigliano in qualche modo ai cromosomi degli ovociti di anfibi, che appaiono come il filamento di una lampada a incandescenza ("lampbrush" chromosomes) (T.G. Baker et al.,1967) (M. W. Strickberger, 1968).

Risultati degli studi comparativi

I primi approcci alle relazioni evoluzionistiche del cariotipo umano si sono avuti qualche decennio fa con il contributo soprattutto di ricercatori francesi (J. de Grouchy, 1972) (B. Dutrillaux, 1973, 1986) (J. Lejeune, 1973). Sappiamo oggi che esiste, come del resto era da attendersi, un notevole grado di omologia tra i cromosomi umani e quelli di altri Primati. Studi comparativi sono stati anche condotti su diverse Famiglie evolutesi dal tronco comune dei Simiformi (Famiglie di Cebidi, Platyrrhini, Catarrhini, Cercopithecidi, Ominidi; quest'ultima con i generi Pan troglodita, Gorilla, Pongo, Orango, Scimpanzé, Homo Sapiens). Uno studio comparativo del cariotipo delle tre principali specie di Bovidi (capra, pecora e mucca) ha dimostrato notevoli omologie delle regioni eucromatiche, dando conferma di un processo evolutivo comune alle tre specie (D. Di Berardino, 1990) (v. Figura 1.6.1).

L'evoluzione citogenetica e quella molecolare hanno seguito, nel corso di milioni di anni, percorsi indipendenti (H. N. Seuanez, 1987) ed il loro confronto ha apportato tasselli nuovi e preziosi alla conoscenza delle nostre origini.

Il mappaggio genico comparativo sui cromosomi dell'uomo e del topo si è rivelato infatti molto utile sia per comprendere il processo evolutivo dei cromosomi umani, sia perché fornisce modelli genetici utilizzati per la comprensione delle malattie genetiche dell'uomo.

Lo studio di cluster di geni conservatisi durante l'evoluzione delle specie e la loro assegnazione cromosomica hanno consentito di scoprire la omologia di regioni cromosomiche appartenenti a specie diverse. Il ritrovamento poi, in specie diverse, di omologie molecolari su cromosomi non omologhi ha consentito di risalire ai processi di riarrangiamento occorsi, e al tempo in cui avvenne la divergenza delle linee evolutive.

Ad esempio, la comparazione del mappaggio fisico tra il cromosoma n.10 del topo e il cromosoma n.21 del-

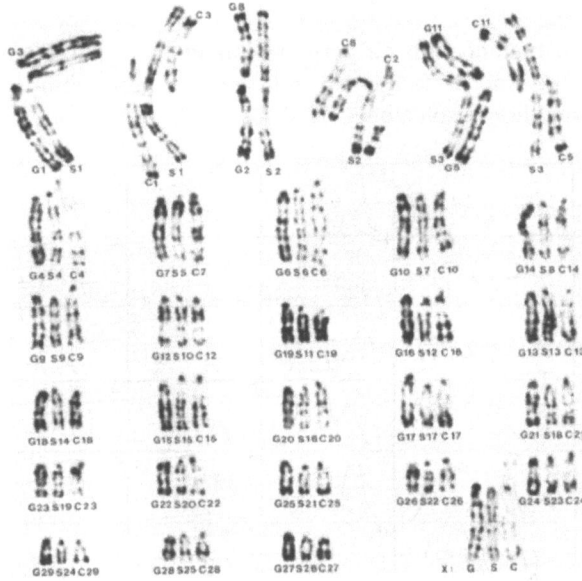

Fig. 1.6.1. Confronto dei cromosomi della capra (a sinistra), della pecora (al centro) e della mucca (a destra), che dimostra le notevoli analogie nella eucromatina di questi tre rappresentanti dei Bovidi. (da: D. Di Berardino et al., 1990)

l'uomo ha dimostrato regioni di omologia (S. E. Cole, 1999). Un cluster di geni S100 localizzati sul cromosoma umano 1q21 si è conservato durante il processo evolutivo nell'uomo come nel topo; alcuni componenti di questo cluster di geni nel topo hanno però subito una separazione per un processo di riarrangiamento cromosomico (K. Ridinger 1998).

Le differenze morfologiche osservate tra cromosomi omologhi di famiglie e specie diverse di simiformi, sono state il risultato di diversi tipi di eventi mutazionali, non necessariamente concatenati tra loro: *inversioni pericentriche, dislocazioni centromeriche, fusioni centriche* tra acrocentrici, *perdita di telomeri e di centromeri, duplicazioni tandem*, ecc. La relazione evoluzionistica tra due specie non è però sempre indicata dalla affinità morfologica dei loro cariotipi.

Ad esempio: Mus musculus (topo), ha 20 cromosomi tutti piccoli e telocentrici (R. A. Buckland, 1971) (v. Fig. 1.6.2), il che lascerebbe supporre una distanza evolutiva di milioni di anni superiore a quella cui ci conducono altri parametri di valutazione. D'altro canto notevoli similitudini con il cariotipo dei Primati sono state osservate nel cariotipo ancestrale di roditori appartenenti ad alcune specie di Sciurinae, distanti da noi diversi milioni di anni in linee evolutive (D. Petit, 1984) (v. Fig. 1.6.3).

La velocità evolutiva con cui procedono i riarrangiamenti non solo varia nelle diverse specie, ma anche tra le diverse regioni di un cromosoma. Si ritiene a questo proposito che i cromosomi siano sede di specifici siti, detti *evolutionary rate units*, formanti specifiche sequenze nucleotidiche (G. Matassi, 1999). Ad esempio, nei 20 milioni di anni di evoluzione che hanno diversificato la specie del topo da quella del ratto, si sono verificate 14 traslocazioni, 10 volte di più di quanto non sia stato trovato tra uomo e gatto, o quanto occorso negli ultimi 6 milioni di anni tra uomo e Scimpanzé (R. Stanyon, 1999).

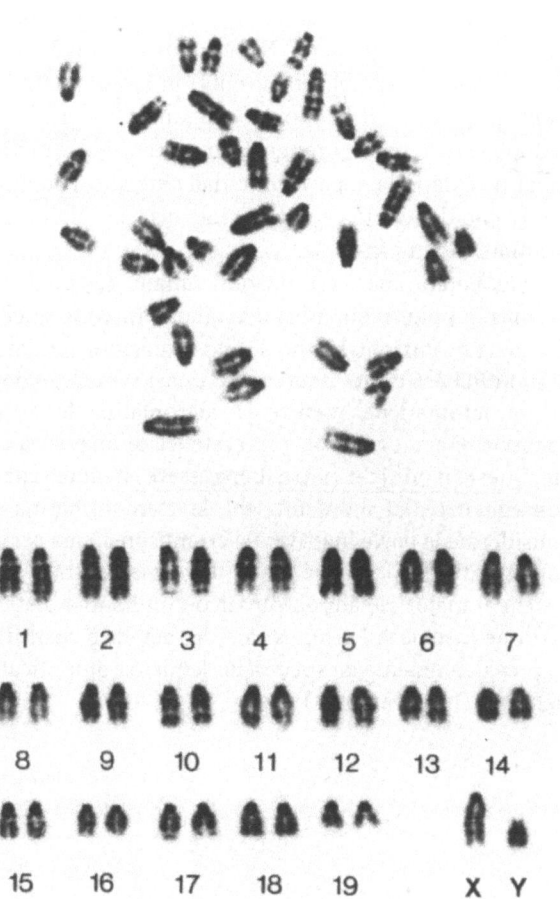

Fig. 1.6.2. Cariotipo di topo (Mus Musculus). Tutte le coppie sono costituite da cromosomi telocentrici. (da: R.A. Buckland . et al.: 1971 pag. 232)

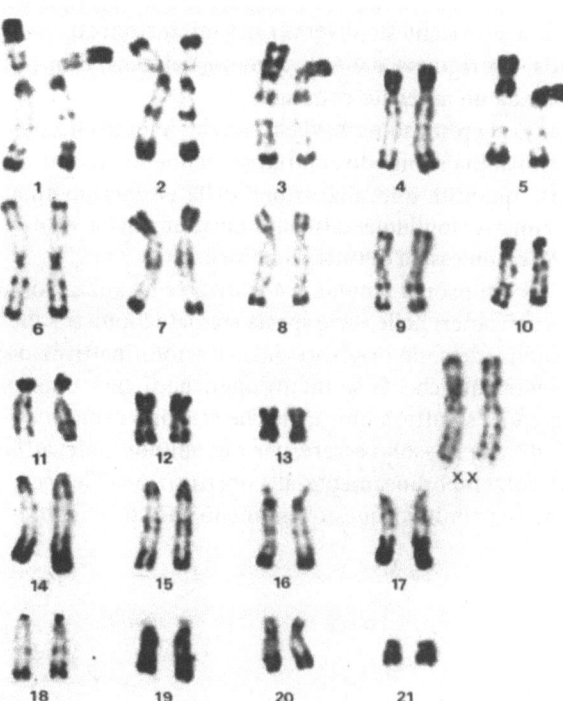

Fig. 1.6.3. Cariotipo, che per le omologie osservate nello studio comparativo di alcune specie di Sciurinae (roditori), può essere considerato il loro modello ancestrale comune. Notevoli le somiglianze con i cromosomi di alcuni Primati e dell'uomo.(da: Petit D et al, Ann. Génét. 27: 201, 1984)

Nei mammiferi il numero di riarrangiamenti stabili varierebbe da un minimo di 1 ad un massimo di 10 per milione di anni; sulla base delle omologie osservate, la organizzazione del genoma umano è più vicina a quella del pollo che a quella del topo (D. W. Burt, 1999).

Il percorso evolutivo di alcuni cromosomi umani

Il cromosoma umano n.1: dalla fusione centrica di due primitivi acrocentrici, propri dei Cebidi, è risultato un unico cromosoma metacentrico come si ritrova oggi nei Cercopitecidi; una successiva inversione pericentrica ha caratterizzato il cromosoma n.1 umano.
Il cromosoma umano n.2 ha avuto invece percorsi evolutivi diversi per il braccio corto e per quello lungo.
Il cromosoma umano n.3 presenta morfologia identica a quella del Pan troglodita e del Gorilla, con un tratto pericentromerico derivato da una inversione pericentrica presente in forme più ancestrali. Anche però questo cromosoma metacentrico ha avuto origine dalla fusione primitiva di due acrocentrici.
La presente morfologia del cromosoma umano n.7, che sembra aver richiesto diverse riorganizzazioni strutturali, si è originata dalla divergenza dei generi Pan e Homo da un antenato comune.
Quanto al cromosoma X, vi è il convincimento che, per quanto abbia subito diversi riarrangiamenti strutturali, per quantità e localizzazione della eterocromatina sia rimasto fondamentalmente invariato nella evoluzione complessiva di tutti i Simiformi.
Per il cromosoma umano n. 4 le diverse localizzazioni dei centromeri nelle varie specie studiate dimostra che le differenze sono originate da attivazioni/inattivazioni centromeriche. Si sa infatti oggi che il centromero non è una struttura unica, ma che esistono *centromeri latenti* che possono essere, per ragioni non note, attivati contemporaneamente alla inattivazione del centromero primitivo; questo fenomeno può spiegare processi di riorganizzazione che non rientrerebbero in altri modelli evolutivi. Centromeri multipli, quasi sempre però non molto distanti l'uno all'altro, sono presenti sui cromosomi di alcune specie di animali e piante molto lontane però dai Simiidi (insetti omotteri, emitteri e lepidotteri; tra le piante, in alcune Juncacee; in un comune verme intestinale del cavallo (Parascaris equorum), ecc. (T. C. Hsu, 1967). Questi cromosomi sono definiti *olocinetici* per differenziarli dai *monocinetici* a centromero unico.
Durante la evoluzione alcuni cromosomi sono stati protetti da riarrangiamenti strutturali, come dimostra la loro alta somiglianza morfologica. Il discorso vale, ad esempio, oltre che per il cromosoma X anche per il cromosoma n.19.
I cromosomi umani n.13, 15, 21 e 22 si sono rivelati tra i più stabili nella evoluzione dei Simiformi. Altri cromosomi invece sotto la spinta evolutiva hanno subito molteplici riarrangiamenti. Nei cromosomi n.1, 3 e 7, i riarrangiamenti sarebbero avvenuti in tempi relativamente più recenti: il cromosoma umano n.3 è originato dopo la divergenza orango-Homo, mentre il cromosoma n. 7 dopo la separazione dall'antenato comune dell'Homo dai Gorilla e dagli Scimpanzé, avvenuta 6-8 milioni di anni fa.
È stato notato che i cromosomi umani nei quali si riscontrano più frequenti riarrangiamenti, sono quelli che nella evoluzione hanno subito il maggior numero di modifiche. Queste interessano quasi sempre regioni eterocromatiche, mentre la eucromatina tende a conservare analogie molto spiccate tra le diverse specie. Queste modifiche potrebbero essere ritenute senza conseguenze, dal momento che la eterocromatina è considerata la parte inattiva del cromosoma; una certa sua attività genica deve essere invece sospettata, sia perché il materiale eterocromatico non ha una distribuzione casuale sul cromosoma, sia perché è costituito prevalentemente da specifiche sequenze amplificate del DNA (N. Sadamory, 1983).

1.7 Bibliografia

Baker TG et al (1967) Chromosoma 22:358
Burt DW et al (1999) Nature 402(6760):411
Buckland RA et al (1971) Exp Cell Res 69:232
Charlesworth B (1966) Curr Biol 6:149
Chicago Conference (1966) Standardization in Human Cytogenetics Birth Defects: Original Article Series Vol 2, No 2 The National Foundation, New York
Cole SE et al (1999) Mamm Genome 10(3):229
Clemente IC et al (1990) Hum Genet 84:493
de Grouchy J et al (1972) Ann Génét 15:79
Denver Conference (1960) A proposed standard system of nomenclature of human mitotic chromosomes. Ann Hum Genet 24:319
Di Berardino D et al (1990) Cytogenetics Cell Genet 53:65
Dutrillaux B (1975) Sur la nature et l'origin des chromosomes humains. Monogr Ann Génét. Expansion Scientifique, Paris
Dutrillaux B (1986) Ann Génét 29:69
Ford EHR (1972) Human Chromosomes Academic Press, p 42
Guilly MN et al (1999) Chromosome Res 7(3):213
Hsu TC, Bennirschke K (1967) Mammalian Chromosome Atlas, 2nd ed. Springer Berlin Heidelberg New York
Imai HT et al (1999) J Theor Biol 198(2):239
ISCN: An International System for Human Cytogenetic Nomenclature (1978) Birth Defects: Original Article Series Vol 14, No 8 The National Foundation, New York
ISCN: An International System for Human Cytogenetic Nomenclature (1981) High Resolution Banding Birth Defects: Original Article Series Vol 17, No 5 The National Foundation, New York
ISCN: An International System for Human Cytogenetic Nomenclature (1985) Cytogenetics and Cell Genetics
ISCN: An International System for Human Cytogenetic Nomenclature (1995) Mitelman F (ed) Cytogenetics and Cell Genetics S Karger, Basel
Lahn BT, Page DC (1997) Science 278:675
Lahn BT, Page DC (1999) Science 286:964
Lahn BT, Page DC (2000) Hum Mol Genet 9(2):311
Lejeune J et al (1973) Chromosoma 43:423
Levine H (1971) Clinical Cytogenetics. Little, Brown & Company, Boston, p 31
London Conference on the Normal Human Karyotype (1963) Cytogenetics 2:264
Matassi G et al (1999) Curr Biol 9(15):786
Paris Conference (1972) Standardization in Human Cytogenetics Birth Defects: Original Article Series Vol 8, No 7 The National Foundation, New York
Paris Conference (1975) Supplement: Standardization in Human Cytogenetics Birth Defects: Original Article Series Vol 11, No 9 The National Foundation, New York
Petit D et al (1984) Ann Génét 27:201
Ridinger K et al (1998) Biochem Biophys Acta 10,1448(2):254
Seuanez HN (1987) The chromosomes of man: evolutionary considerations. In: Obe G, Basler A (eds) Cytogenetics. Springer Berlin Heidelberg New York, p 65-89
Sadamori N, Sandberg A (1983) Cancer Genet Cytogenet 8:235
Stanyon R et al (1999) Cytogenet Cell Genet 84(3-4):150
Strickberger MW (1968) Genetics Macmillan Company, New York p 25

CAPITOLO 2

Metodi speciali di identificazione dei cromosomi

2.1 I bandeggi

La tecnica del bandeggio è stata introdotta da Caspersson (1969, 1971): usando *quinacrina mustard* si produce lungo ciascun cromosoma una serie di bande fluorescenti di intensità variabile secondo un modello costante e riproducibile. Il bandeggio con quinacrina é stato definito *bandeggio Q* e le bande che si evidenziano sono chiamate *bande Q*. Successivamente sono state impiegate numerose altre metodiche, tutte basate sulla diversità di comportamento del DNA verso specifici coloranti o procedimenti di denaturazione. Queste diversità dipendono dalla non uniforme organizzazione del DNA, dove si alternano regioni eucromatiche ad eterocromatiche, tratti ricchi in coppie di *AT* ad altri ricchi in coppie di *GC*, segmenti a replicazione precoce ad altri a replicazione tardiva.

Le bande si presentano allineate lungo l'asse del cromosoma, ciascuna distinguibile da quelle confinanti per differente intensità di colorazione.

Sono numerate progressivamente a partire dal centromero verso l'estremità telomerica e ciascuna è indicata, nella rappresentazione schematica dei cromosomi, da una linea che parte dal centro della banda; i confini superiori ed inferiori delle bande non sono infatti mai molto netti, per cui la indicazione esatta dei limiti sarebbe arbitraria e comunque poco attendibile.

Più bande costituiscono una *regione*, e più regioni formano un *braccio*. I bracci superiori ed inferiori (p e q) sono separati dal centromero, mentre i limiti tra le regioni, conosciuti col nome di *landmarks*, sono definiti da convenzionali punti di riferimento (centromero, estremità telomerica, costrizioni secondarie, etc.) facilmente individuabili lungo il cromosoma.

La Quarta Conferenza Internazionale sulla standardizzazione della Citogenetica Umana (Paris Conference, 1971) indicava più di 200 bande. I successi ottenuti nella preparazione dei cromosomi in prometafase, molto più despiralizzati, hanno successivamente consentito di individuare un numero sempre più elevato di *sottobande e bande delle sottobande* (Yunis, 1978). Oggi preparazioni particolari consentono di visualizzare più di 1000 bande, ma in pratica il numero massimo utilizzabile è di 850 (ISCN, 1981, 1985,1995). Nelle analisi di routine il numero non è superiore a 400 bande per set aploide.

Per avere una idea approssimativa del numero di bande presenti in una preparazione, sono stati proposti vari metodi. Uno dei più semplici consiste nel moltiplicare per un fattore 6 il numero di bande osservate sui cromosomi n.1 e n.2 (J. L. Welborn,1993).

Le sottobande si indicano, nella formulazione del cariotipo, facendole precedere da un punto. Ad esempio 2q32.1 va letto: due q tre due (e non due q trentadue!) punto 1. Significa: cromosoma 2, braccio q, regione 3, banda 2, sottobanda 1.

I diversi tipi di bandeggio che si applicano al riconoscimento dei cromosomi e delle anomalie strutturali, possono raggrupparsi come segue:
a) *bandeggi generali* (G, Q, R, ecc.):
   consentono la identificazione di tutti i cromosomi e spesso di loro frammenti, in quanto in grado di determinare lungo i bracci una serie di bande, secondo modelli diversi da un cromosoma all'altro.
b) *bandeggi particolari* (C, AgNOR,T, ecc):
   limitati ad aree di ogni singolo cromosoma, oppure soltanto ad alcuni gruppi di cromosomi, per cui si rivelano utili nell'evidenziare caratteristiche comuni a tutti o ad alcuni cromosomi, ma non consentono la composizione del cariotipo.
c) *bandeggi sequenziali*:
   lo stesso cromosoma può venire sottoposto ad un bandeggio particolare e ad uno generale. Ciò facilita lo studio delle caratteristiche di un cromosoma identificato in precedenza (ad esempio, bandeggio Q seguito sulla stessa piastra dal bandeggio C o AgNOR). Sono però tecniche che non danno sempre risultati soddisfacenti.

2.1.1 - Simbologia per i diversi tipi di bandeggio

bandeggio	simbolo
Q	Q
	QF (fluorescenza)
	QFQ (fluorescenza, quinacrina)
	QFH (fluorescenza, Hoechst 33258)
G	G
	GTG (Giemsa tripsina)
	GAG (Giemsa acetico salina)
C	C
	CB (idrossido di bario)
	CBG (idrossido di bario Giemsa)
R	R
	RHG (Giemsa calore)
	RF (arancio di acridina, fluorescenza)
	RH (calore)
	RB (BrdU, bromodeossiuridina)
	RBG (BrdU Giemsa)
	RBA (BrdU arancio di acridina)
N	N
T	T
Ag-NOR	Ag-NOR

2.2 Cromatina di Barr e corpo Y

Nella cromatina rarefatta delle cellule in interfase non è possibile il riconoscimento dei cromosomi. Tuttavia lo studio dei nuclei delle cellule provenienti dalla mucosa orale, dalla radice dei capelli, dal tessuto emopoietico, dal liquido amniotico, se opportunamente trattati, consente di ottenere informazioni sui cromosomi del sesso, sia femminile sia maschile.
Nelle cellule femminili normali il cromosoma X a replicazione tardiva(*) è fortemente addensato e può essere facilmente riconosciuto nel contesto del fine reticolo cromatinico; viene indicato come *corpo di Barr* (M. L. Barr, 1949; 1960) ma viene anche conosciuto come *cromatina sessuale* (sex-chromatin) o *X-body*. (v. Fig. 2.2.1).
Nelle cellule maschili il cromosoma Y è facilmente identificato nei nuclei per la intensa fluorescenza della parte distale dei bracci lunghi; prende il nome di *Y-body*) (P. L. Pearson, 1970) (v. Fig. 2.2.4).
La metodica consente di conoscere in tempi brevi, anche in periodo prenatale, sia il sesso genotipico sia le aneuploidie per i cromosomi del sesso (sindrome di Turner, sindrome di Klinefelter, tetraX, ecc.).
Il numero dei corpi di Barr è sempre uguale a quello dei cromosomi X meno 1 (v. Figg. 2.2.2 e 2.2.3). La ricerca offre informazioni sulle anomalie numeriche, ma è poco utile nelle condizioni di mosaicismo ed ancor meno nelle tutt'altro che rare anomalie strutturali dei cromosomi del sesso, per cui è necessario che *segua sempre anche l'esame completo del cariotipo*.
Va aggiunto che oggi l'uso di sonde per specifiche sequenze nucleotidiche dei cromosomi del sesso si è rivelato molto più vantaggioso (v. paragrafo 13.14).

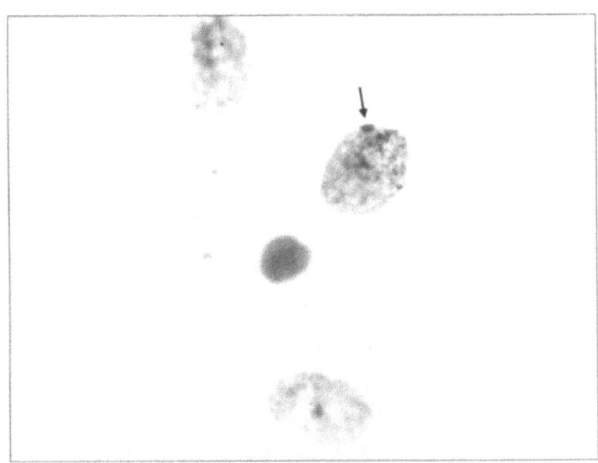

Fig. 2.2.1. Corpo di Barr in nuclei di cellule di sfaldamento della musosa orale. La positività (un solo corpo di Barr) depone per la presenza di due cromosomi X

(*) *nelle cellule dell'embrione femminile, la inattivazione di uno dei due cromosomi X (quello a replicazione tardiva) avviene verso il 16° giorno dello sviluppo. Prima di questa epoca, entrambi gli X replicano in sintonia con gli autosomi. Ogni cromosoma X contiene il centro di inattivazione, nella regione Xq13. Nelle femmine 46,XX il centro della inattivazione opera solo in uno dei due cromosomi X, ed è del tutto casuale in quale dei due ciò avviene* (**random inactivation**). *Nelle femmine invece con alterazioni strutturali di uno dei cromosomi X o con traslocazioni X-autosoma, la inattivazione non è più random ma avviene nel cromosoma X che conserva il centro della inattivazione. Nelle traslocazioni X-autosoma, è il segmento traslocato a rimanere attivo, onde consentire il funzionamento dell'autosoma cui è attaccato, il che tende ad impedire effetti negativi sul fenotipo. Sulle conseguenze di questo disordine cromosomico v. paragrafo 5.6.*
Quanto ai metodi di riconoscimento del cromosoma o delle regioni a replicazione tardiva si rimanda al paragrafo 13.15.

Metodi speciali di identificazione dei cromosomi

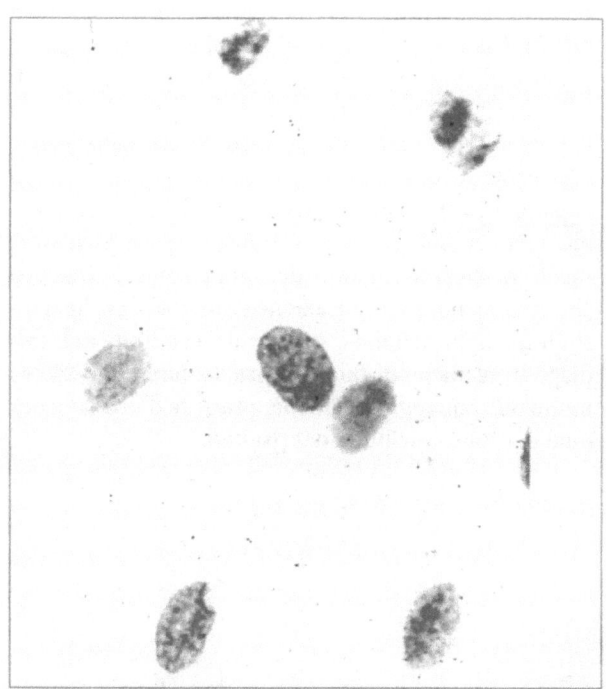

Fig. 2.2.2. Nuclei di cellule di sfaldamento della mucosa orale. Assenza della cromatina di Barr che depone per un solo cromosoma X. Il reperto è proprio del genotipo maschile, ma è indicativo anche della sindrome di Turner (45,X)

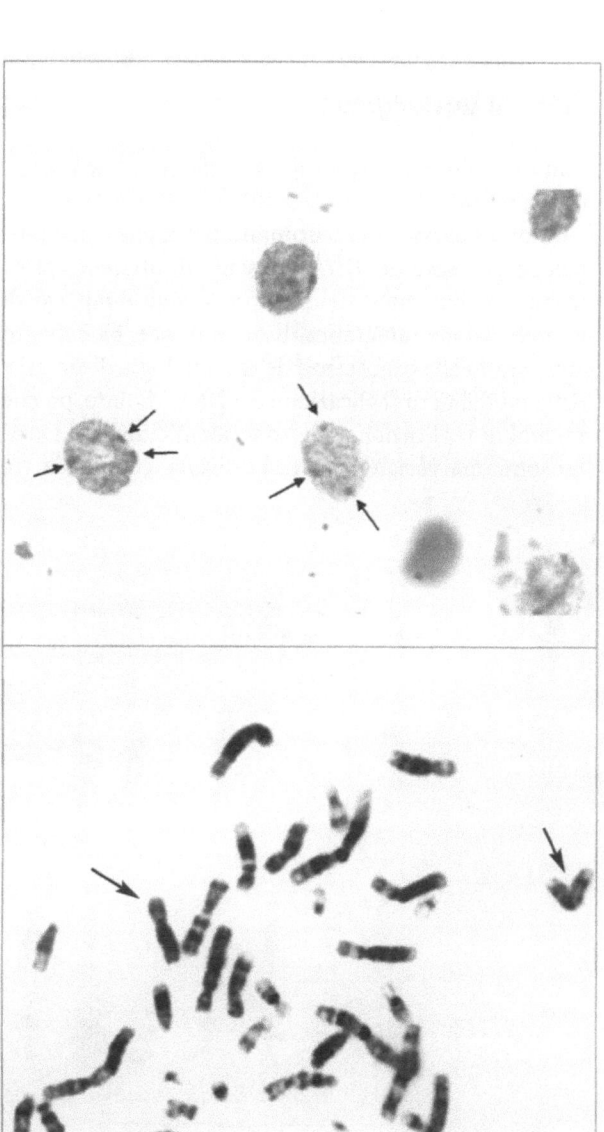

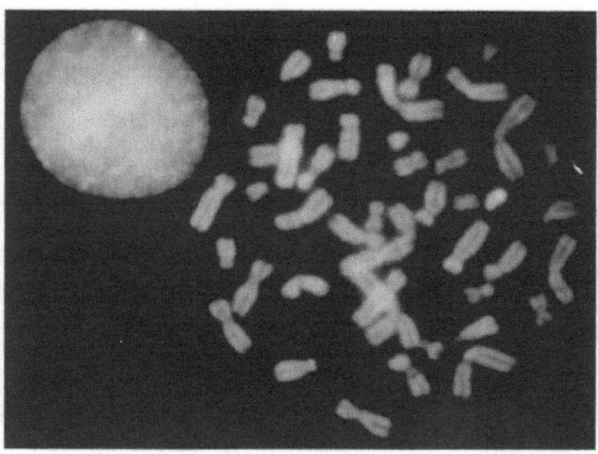

Fig. 2.2.4. Cromosoma Y fluorescente in un nucleo e in una piastra metafasica (colorazione con quinacrina)

Fig. 2.2.3. Tre corpi di Barr nei nuclei di cellule di sfaldamento della mucosa orale; il reperto depone per la presenza di 4 cromosomi X. Potrebbe indicare sia la sindrome tetraX sia la condizione 49,XXXXY. L'esempo si riferisce ad una sindrome da tetraX, come dimostra la piastra in metafase

2.3 Autoradiografia

L'autoradiografia si basa sull'uso della timidina marcata con tritio.

L'isotopo radioattivo, incorporato nell'anello pirimidinico, precursore del DNA, consente di ottenere informazioni sulla sintesi del DNA, mediante l'impiego di una emulsione fotografica. Il metodo non ha soltanto contribuito alla conoscenza della cronologia di sintesi e della modalità di replicazione del DNA: di fatto, poiché i tempi di replicazione non sono identici in tutti i cromosomi, ma variano sia tra le diverse coppie sia tra regioni di uno stesso cromosoma, la tecnica ha reso possibile la identificazione di alcuni cromosomi ancor prima dell'applicazione delle tecniche di bandeggio (J. J. Yunis, 1964), (H. Levine, 1971).

Il procedimento autoradiografico è però laborioso e non privo di difficoltà interpretative, per cui è stato quasi del tutto sostituito dalle metodiche di bandeggiamento. Il suo impiego è limitato quasi esclusivamente al riconoscimento del cromosoma X inattivo che è, come noto, a replicazione tardiva. Ma anche quest'ultima applicazione è stata ormai sostituita dall'impiego di tecniche di fluorescenza, (v. paragrafo 13.14) molto più vantaggiose vuoi per praticità d'uso vuoi per qualità e riproducibilità dei risultati.

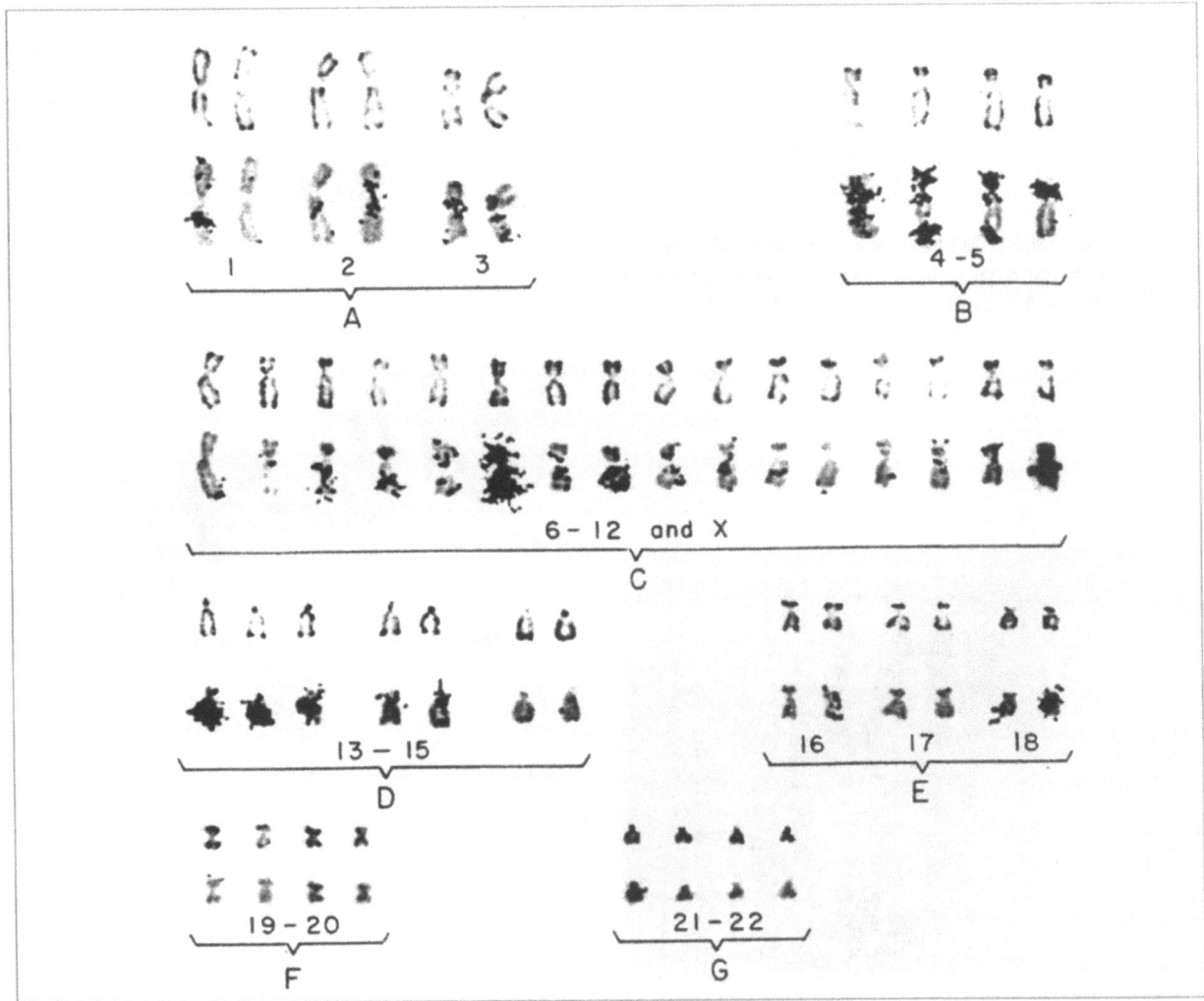

Fig. 2.3. Cellula in metafase cariotipata dopo esposizione autoradiografica. (da: H.Levine: Clinical Cytogenetics pag. 20. Little, Brown and Company, Boston, 1971)

2.4 Rappresentazione diagrammatica di cariotipo umano con suddivisione dei cromosomi in regioni e bande: bandeggio RHG

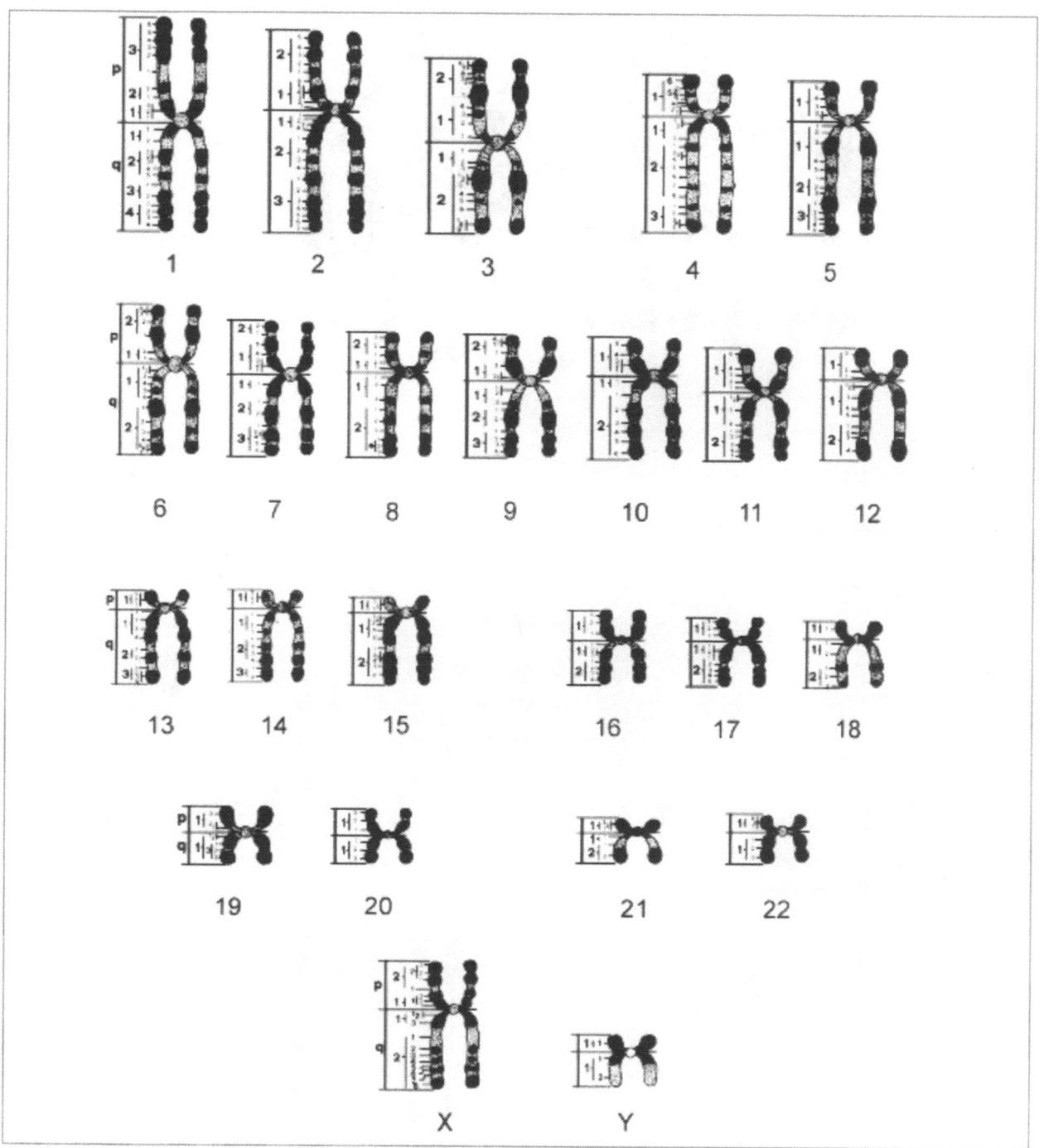

Fig. 2.4

2.4.1 - Metafase al bandeggio RHG

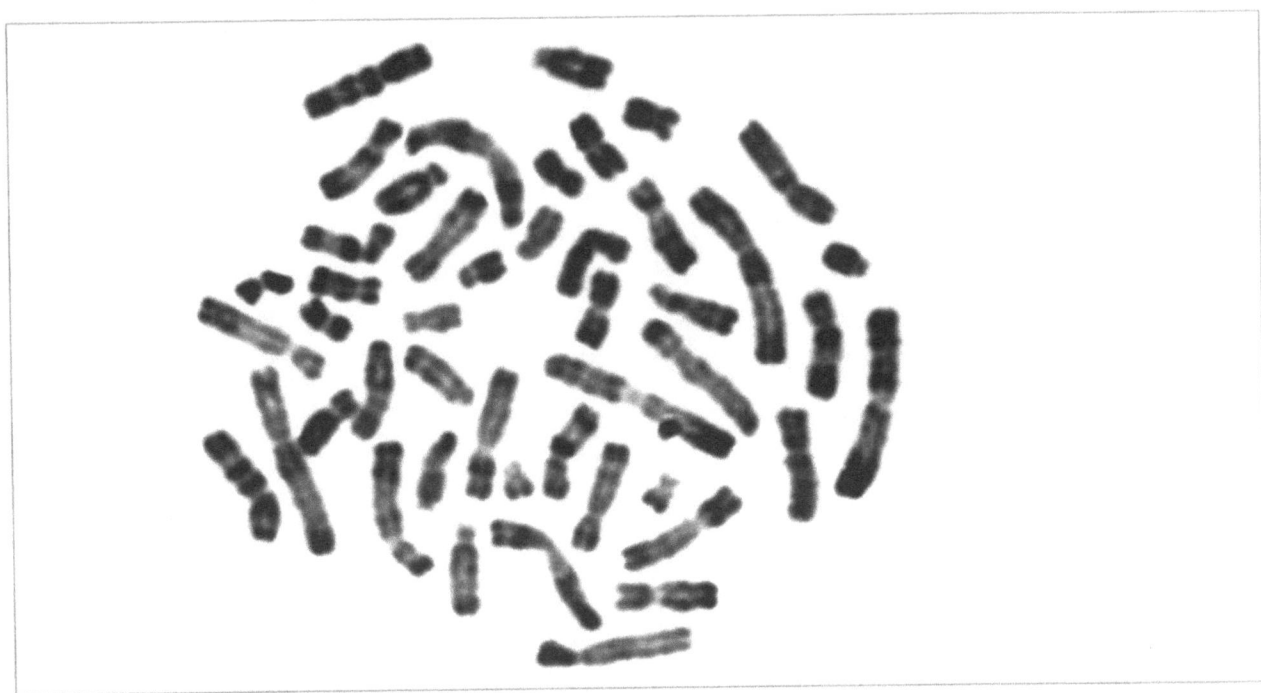

Fig. 2.4.1. Piastra cromosomica femminile in metafase: bandeggio RHG

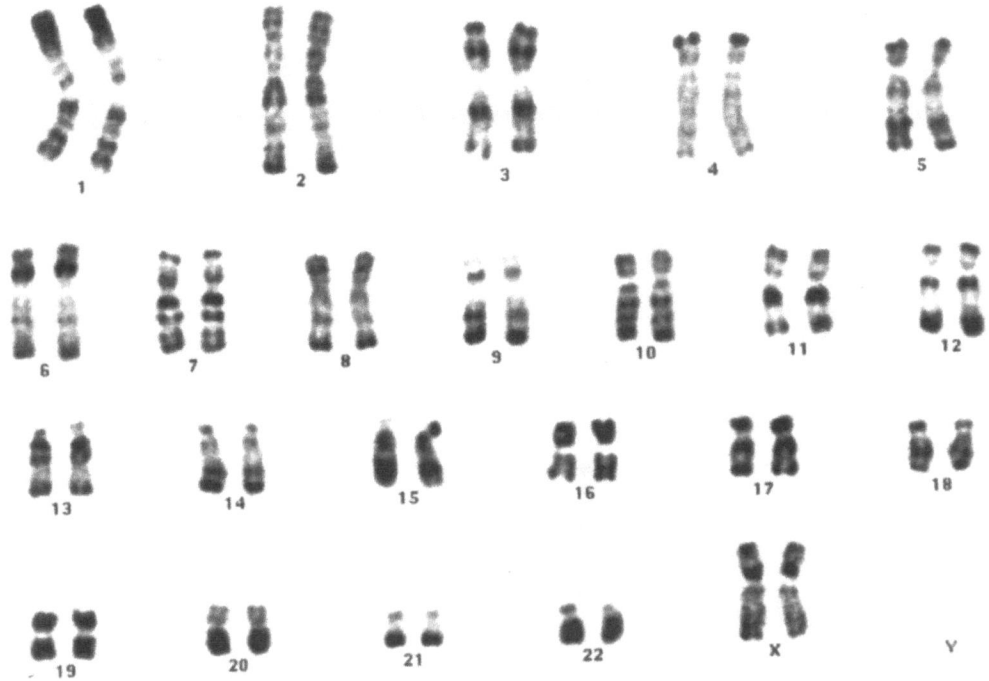

Fig. 2.4.2. Cariotipo femminile al bandeggio RHG

2.5 Bandeggio QFQ

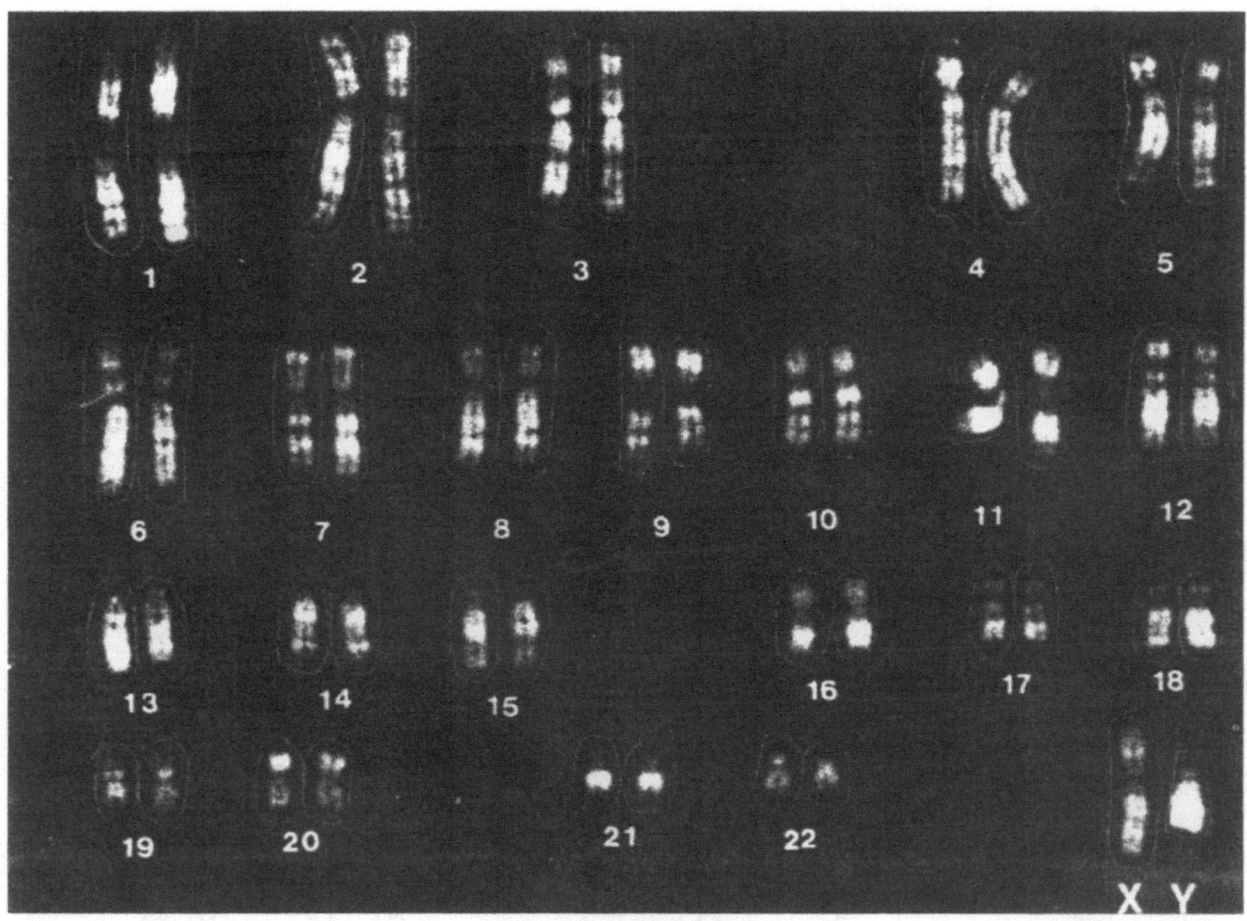

Fig. 2.5. Cariotipo maschile: bandeggio QFQ

2.6 Rappresentazione diagrammatica dei cromosomi umani con suddivisione in regioni, bande, sottobande e bande delle sottobande: bandeggio G

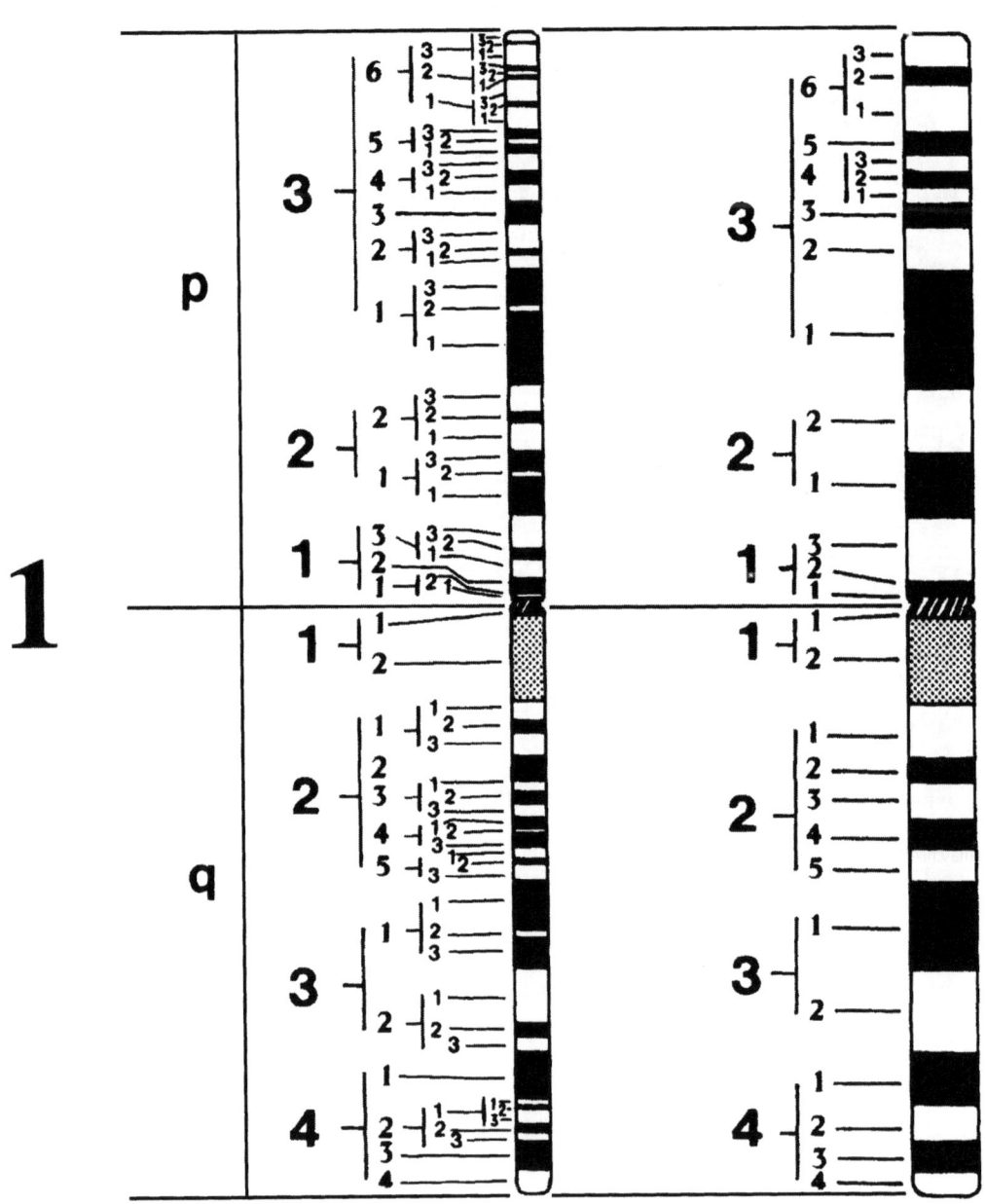

Metodi speciali di identificazione dei cromosomi 43

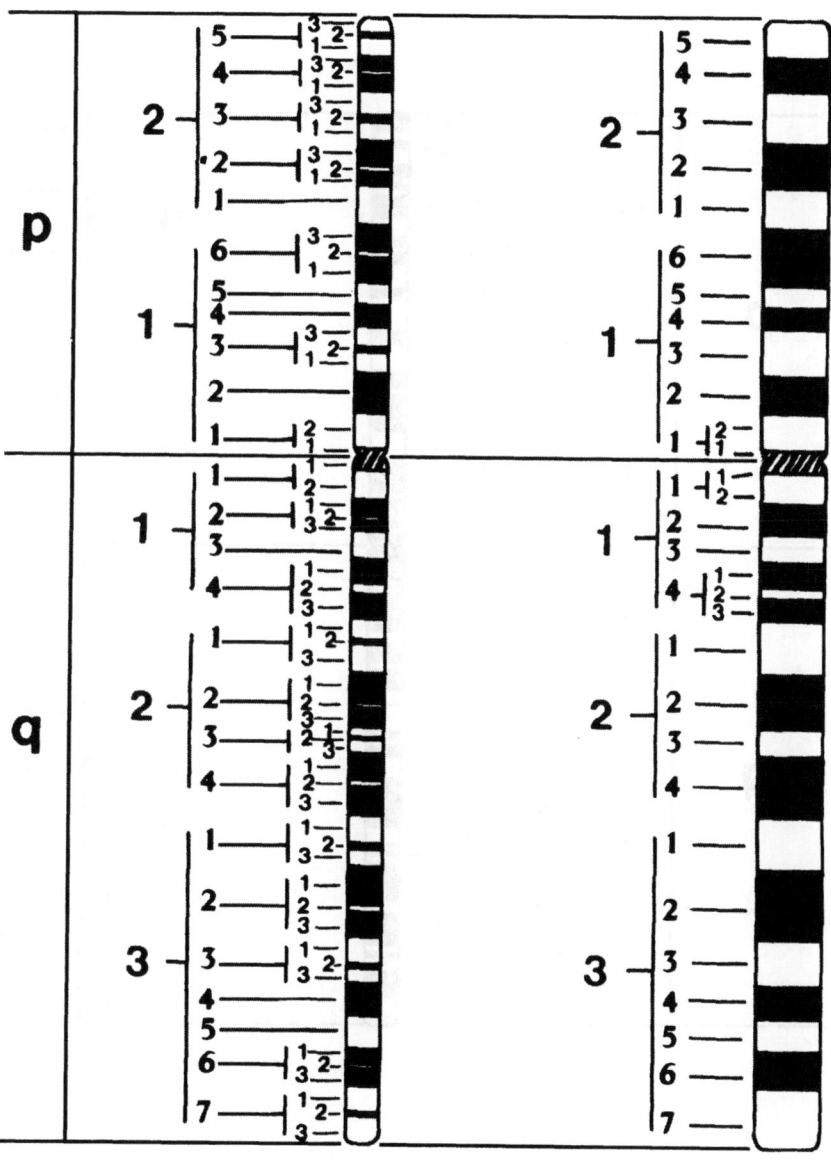

Capitolo 2

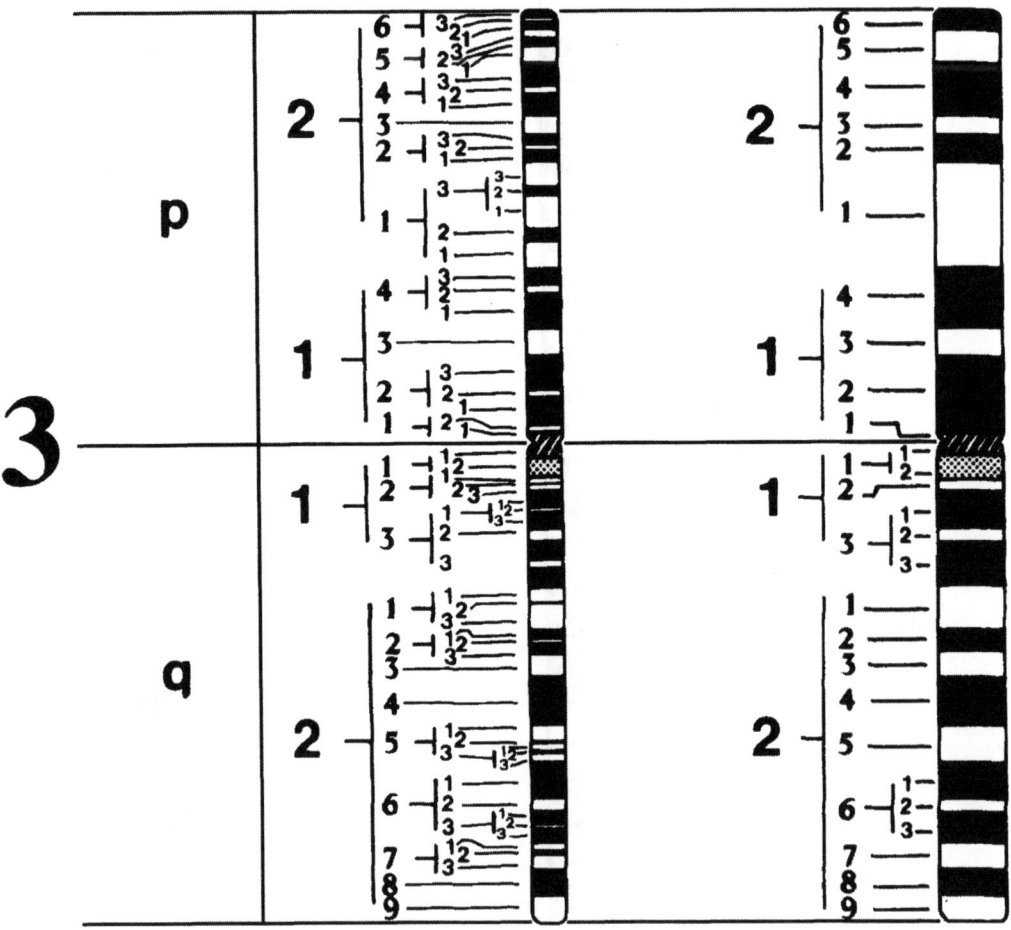

Metodi speciali di identificazione dei cromosomi

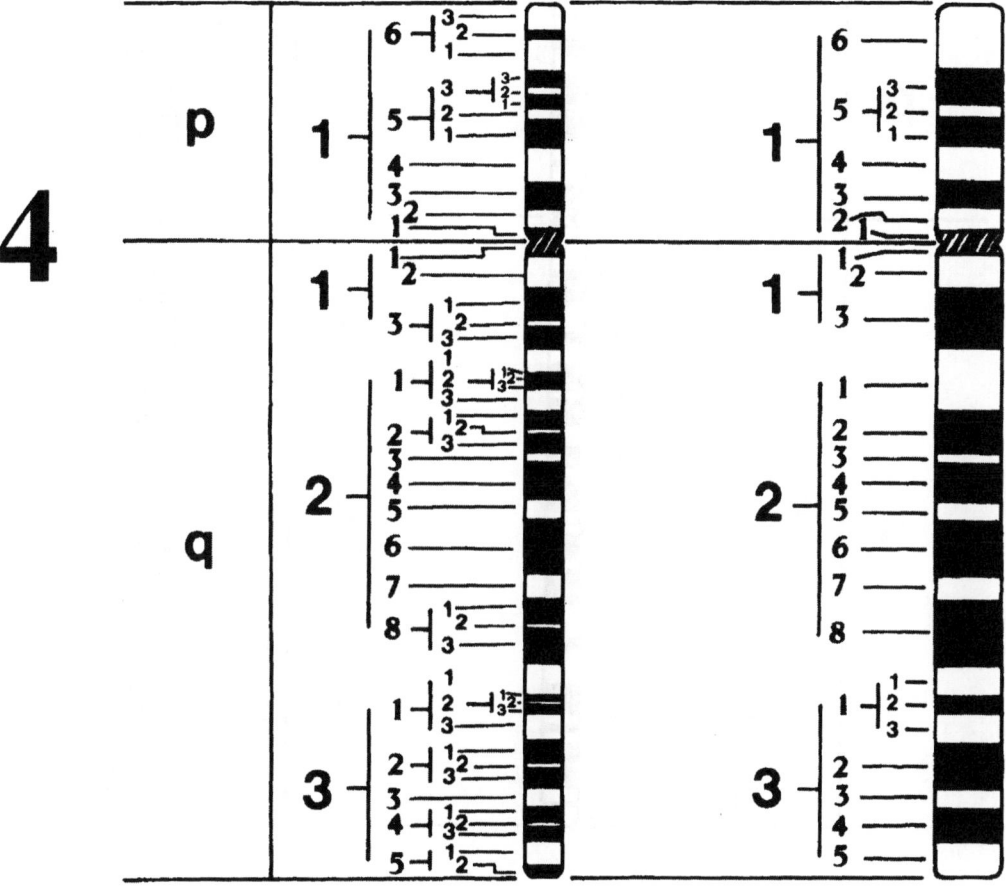

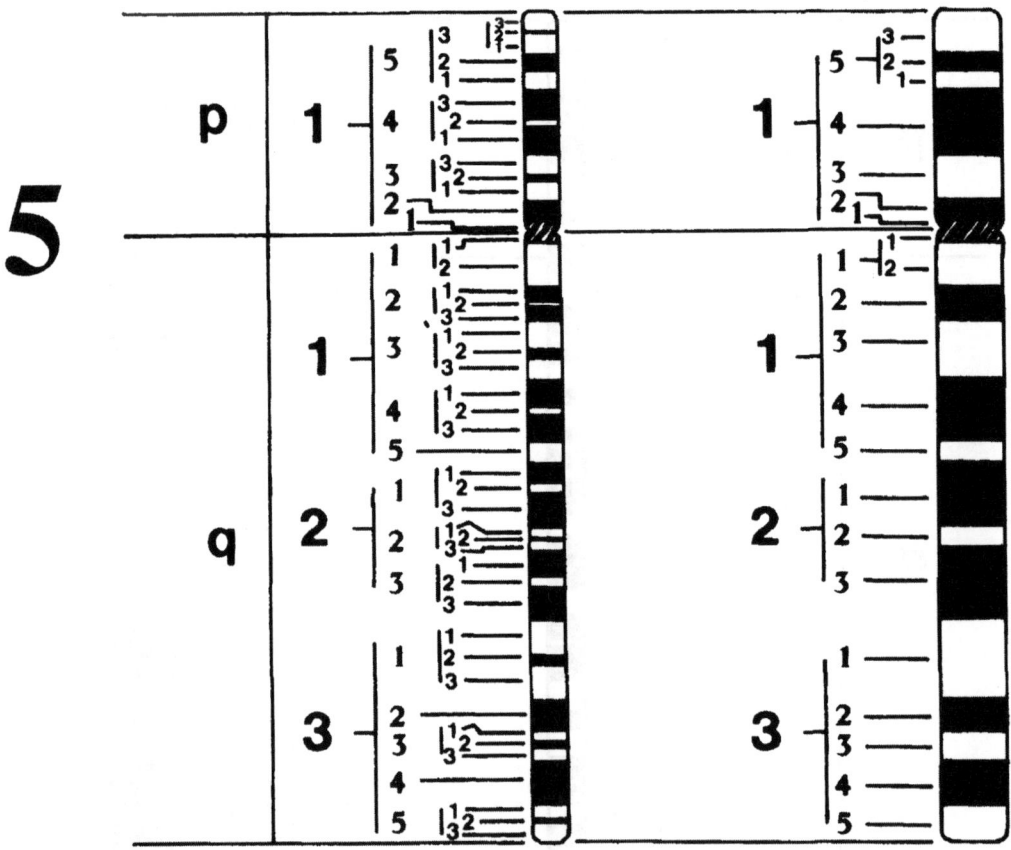

Metodi speciali di identificazione dei cromosomi 47

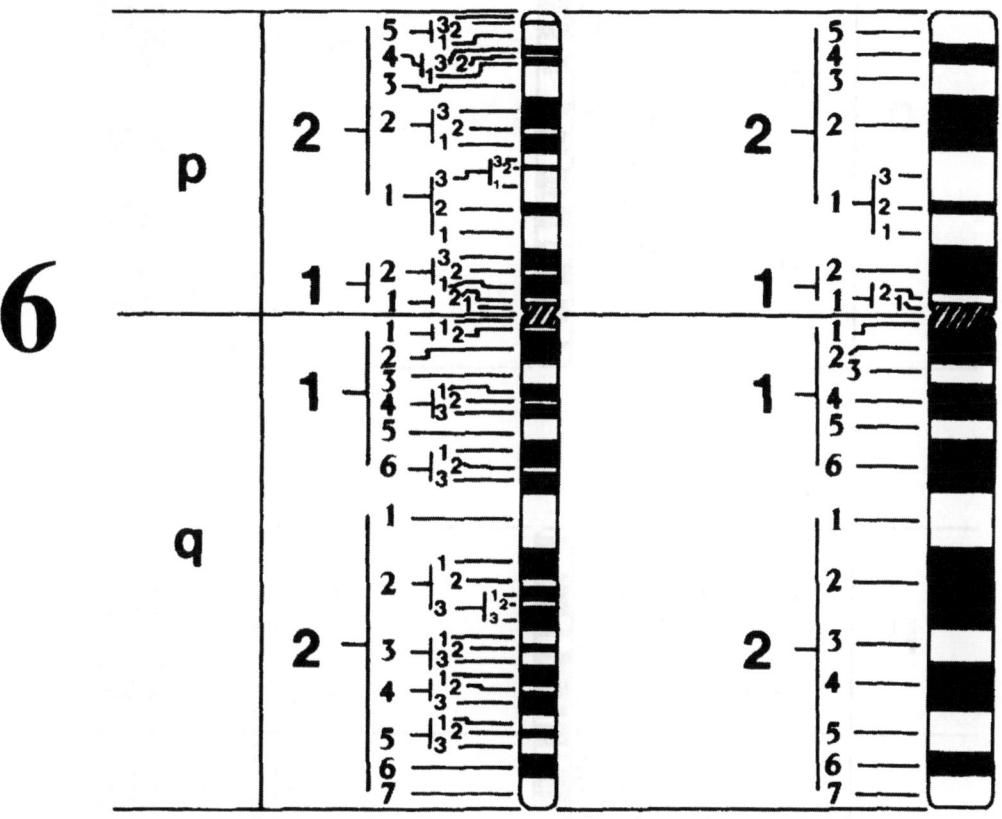

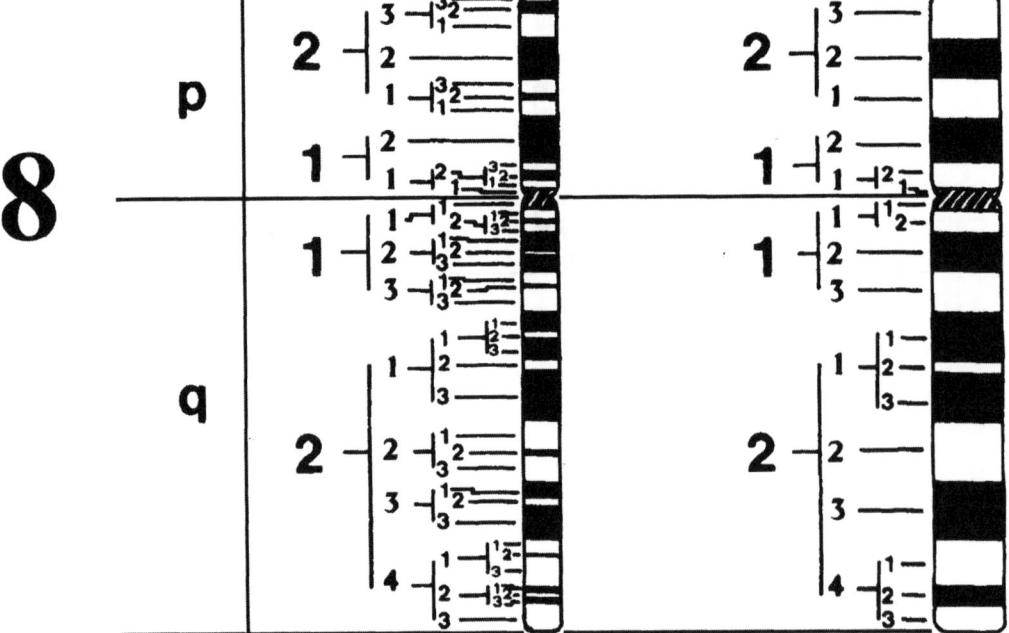

Metodi speciali di identificazione dei cromosomi

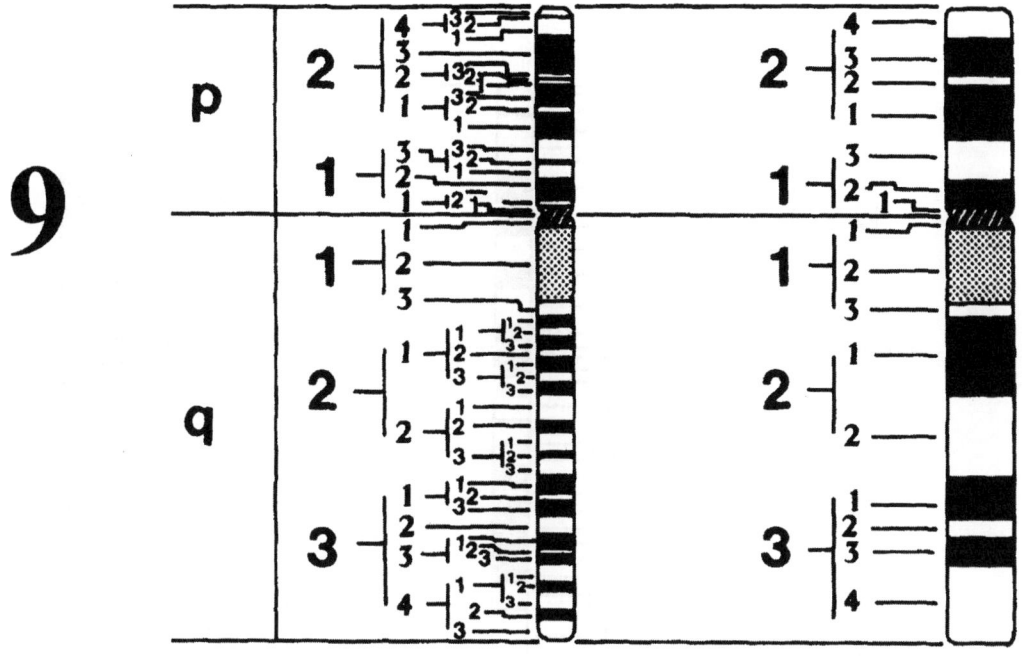

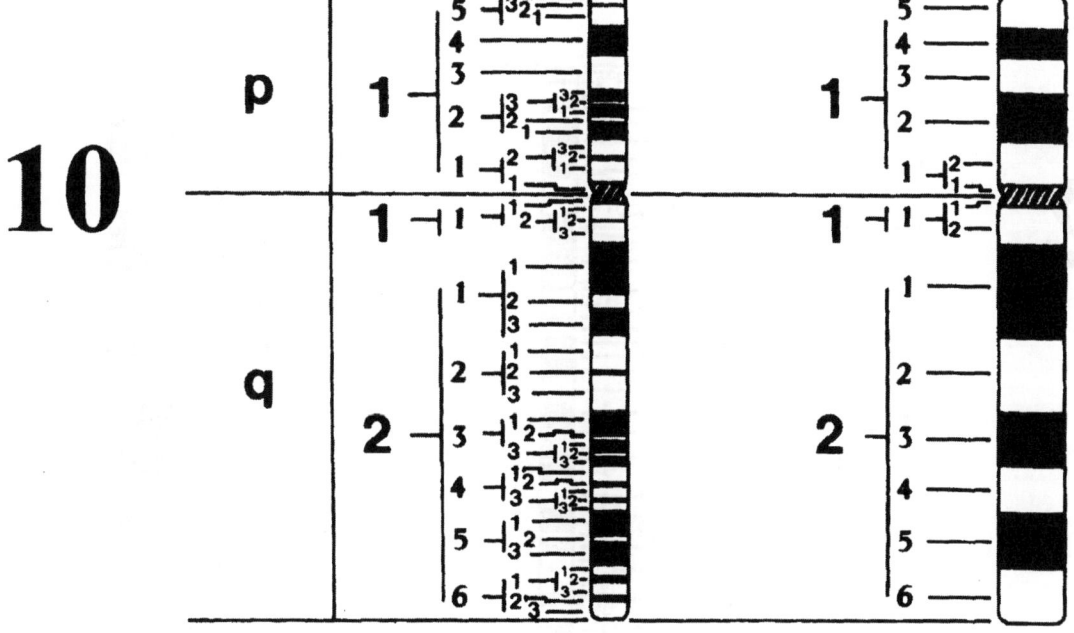

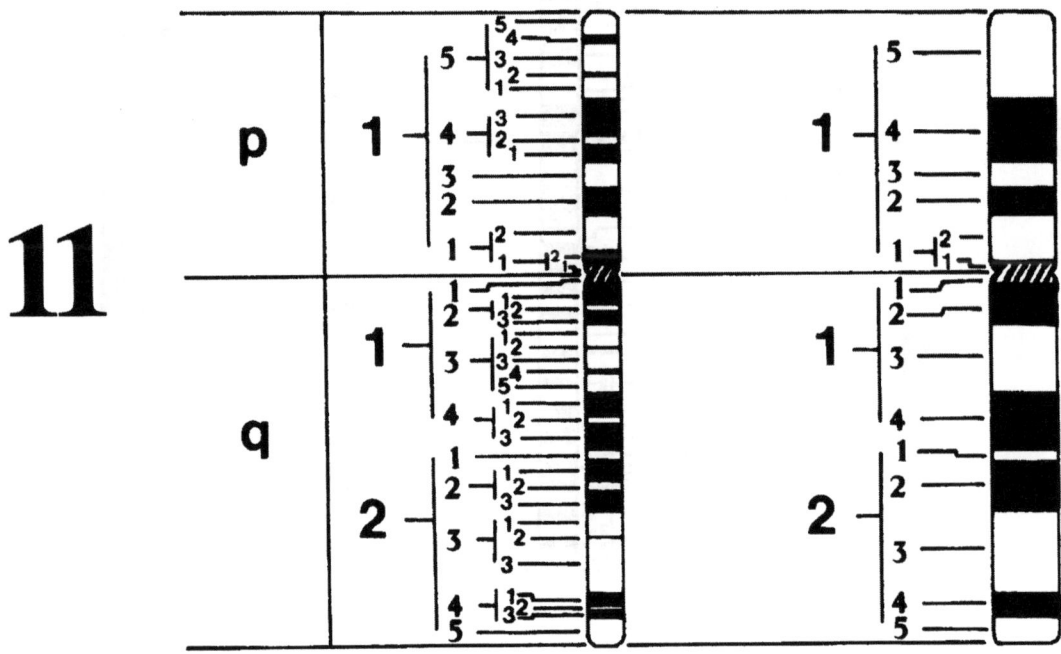
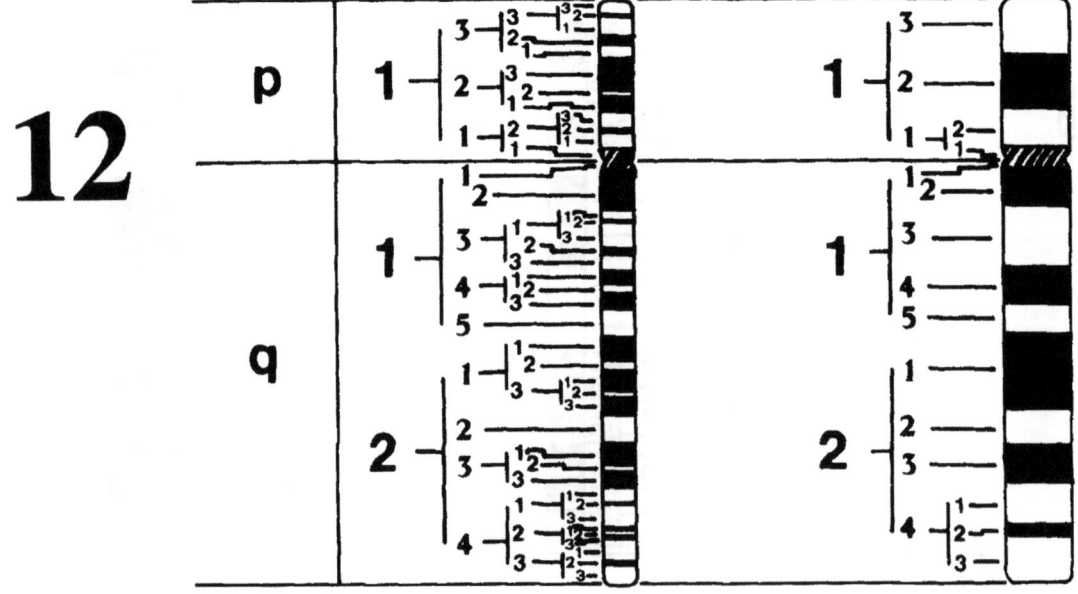

Metodi speciali di identificazione dei cromosomi 51

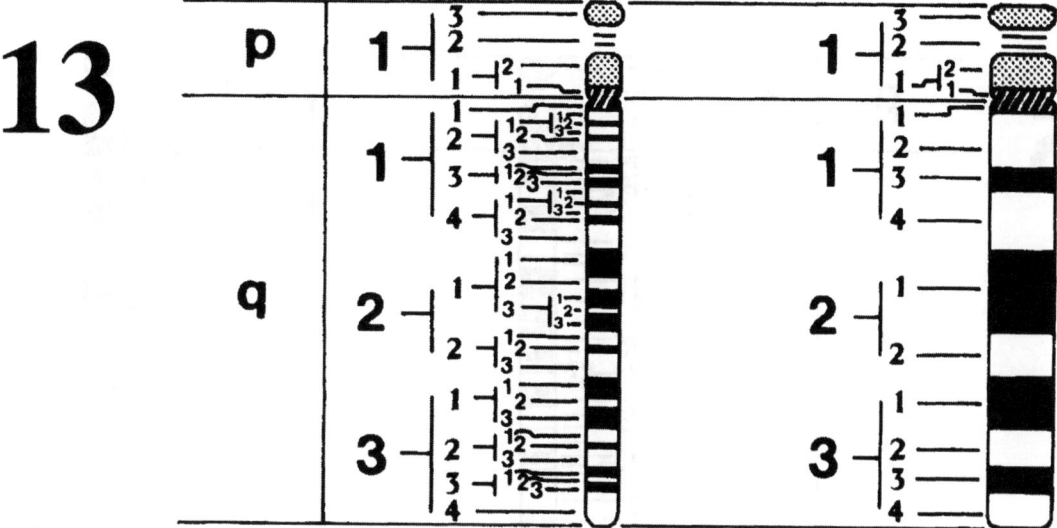

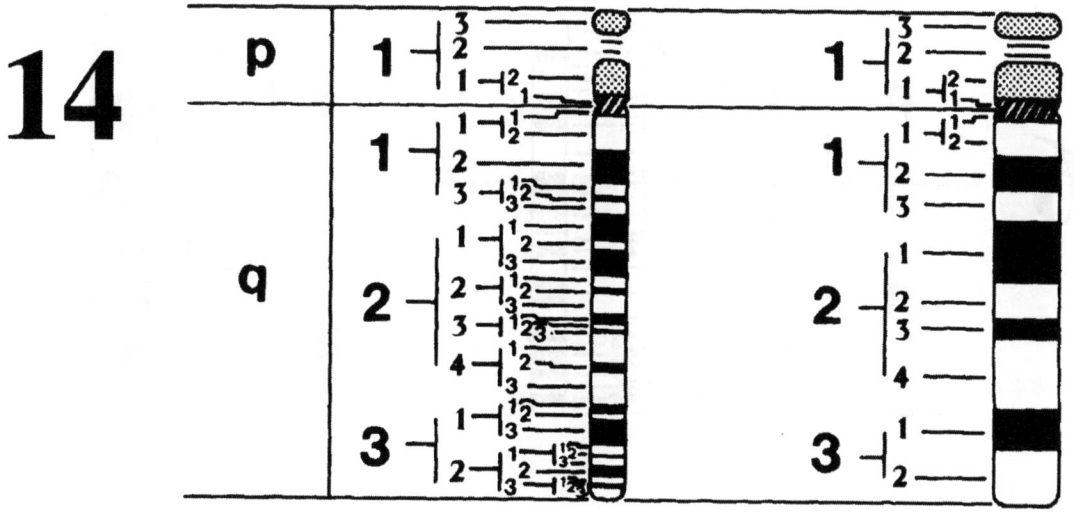

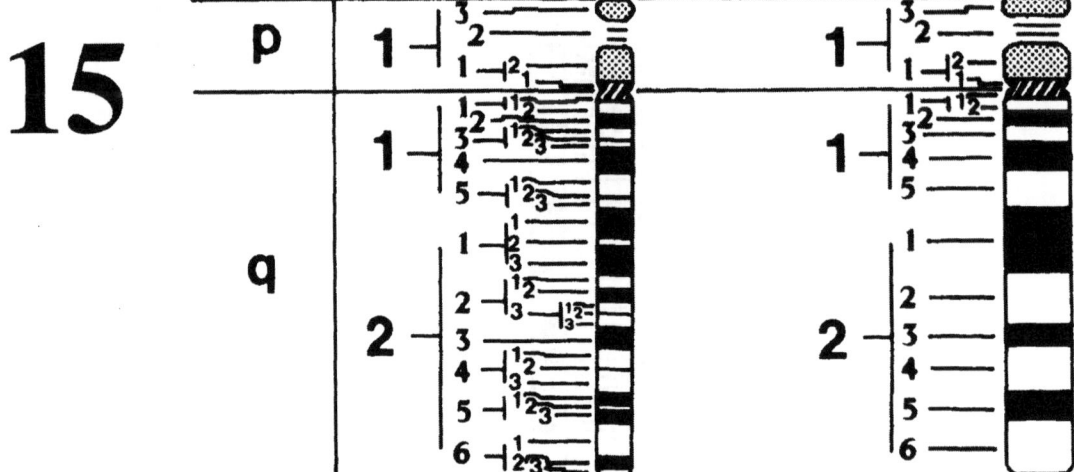
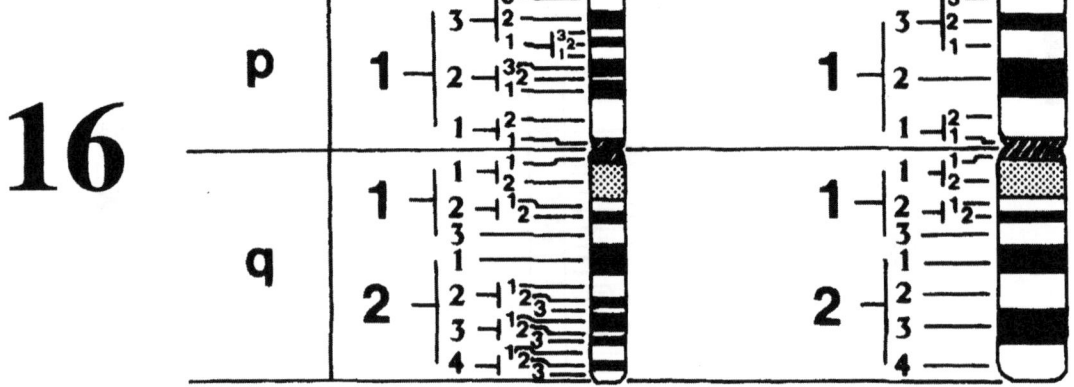

Metodi speciali di identificazione dei cromosomi **53**

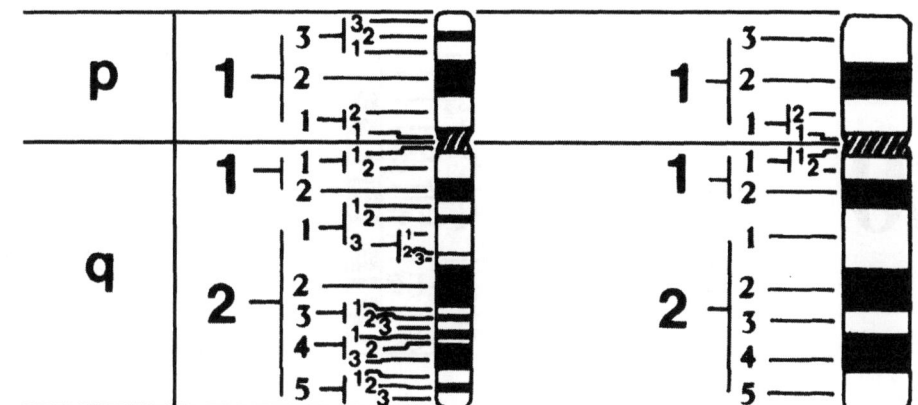

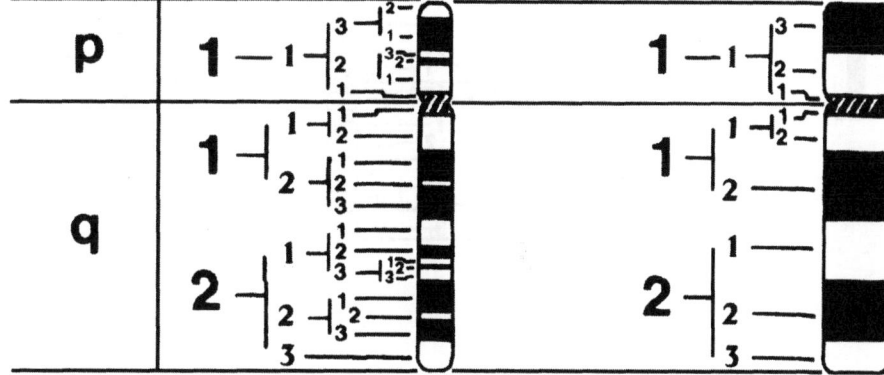

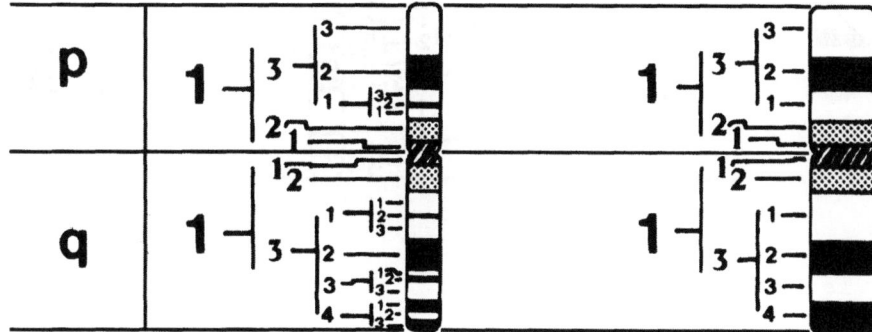

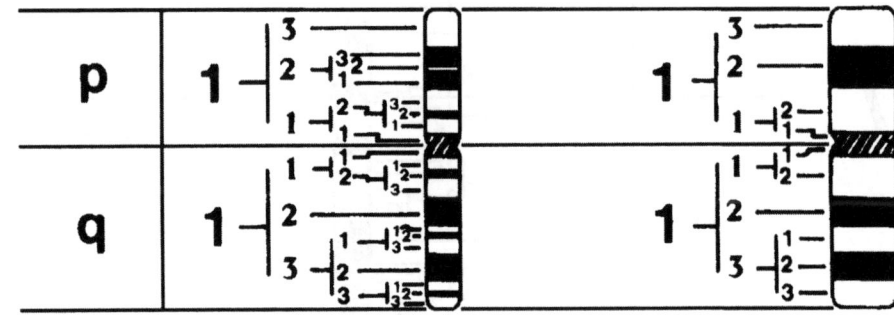

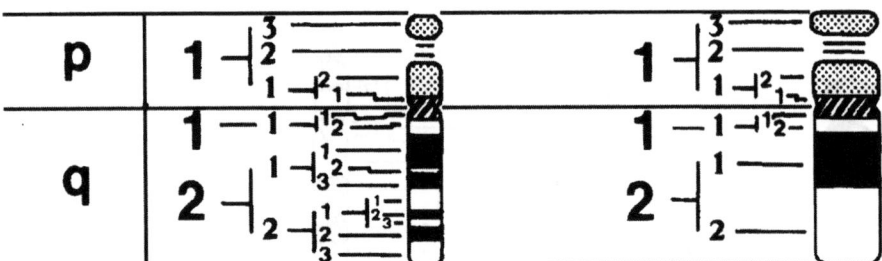

Metodi speciali di identificazione dei cromosomi

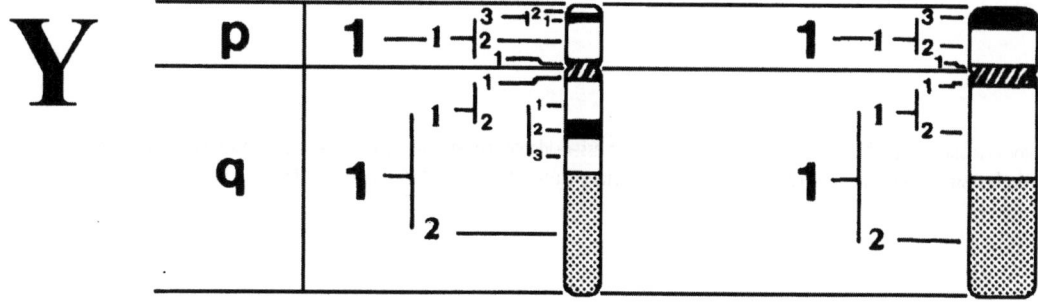

2.7 I cromomeri

Nella fase meiotica di pachitene appare sui cromosomi, esclusi quelli sessuali, una serie di ingrossamenti somiglianti a piccole a biglie (*beads*), che assumono colorazione scura: sono i *cromomeri* (v. Fig. 2.7).

Non vanno confusi con le bande che si ottengono con le tecniche di bandeggiamento, pur se il loro numero è equivalente a quello delle bande G-positive (v. Fig. 2.7.1a,b).

Non è ancora chiaro perché i cromomeri siano più evidenti nella cellula spermatocita che non nell'ovocita.

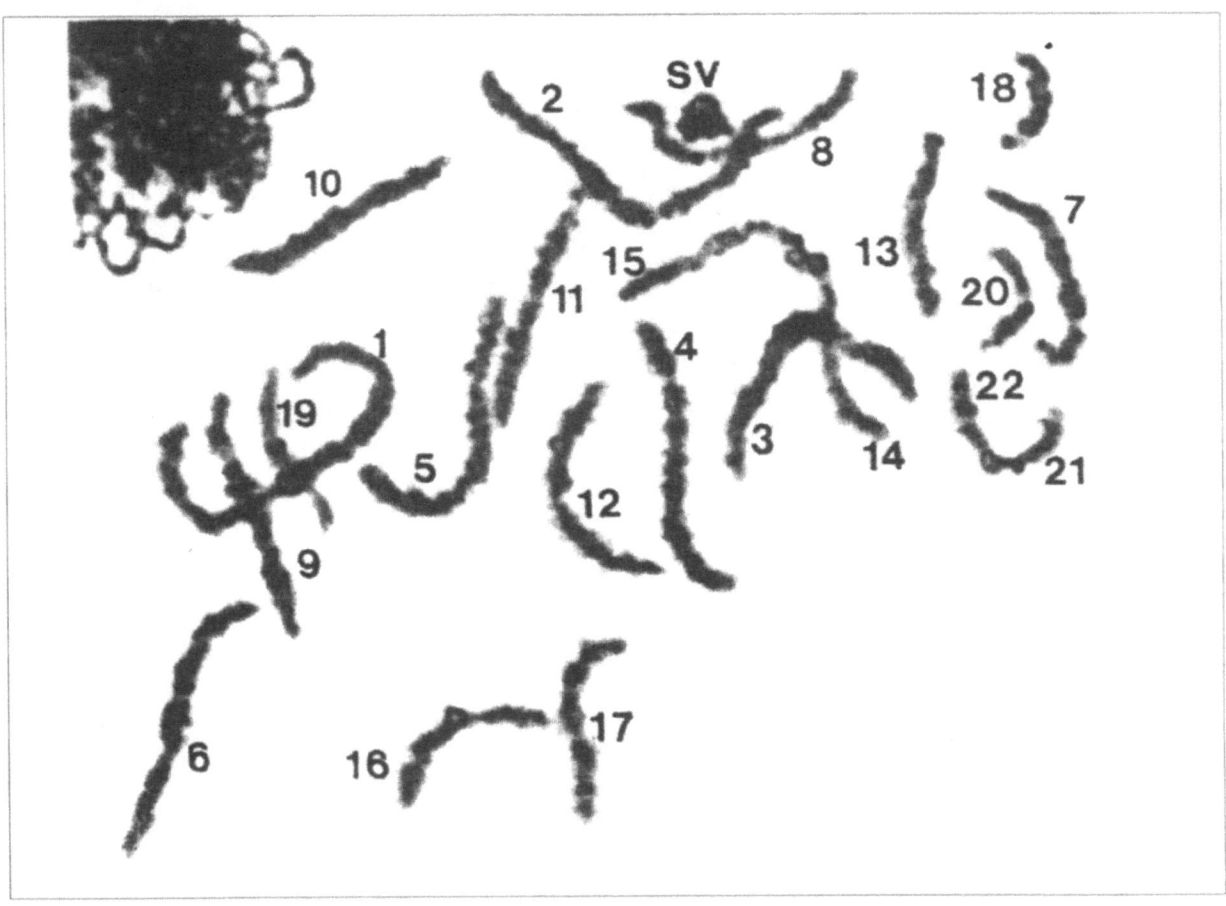

Fig. 2.7. Spermatocita in stadio di pachitene: ciascuno degli autosomi può essere identificato in base ai cromomeri e alla posizione del centromero (con il bandeggiamento C). La vescicola sessuale (sex vesicle) (SV) appare come una formazione scura, rotondeggiante (da: Verma RS, Babu A, p.51, 1995)

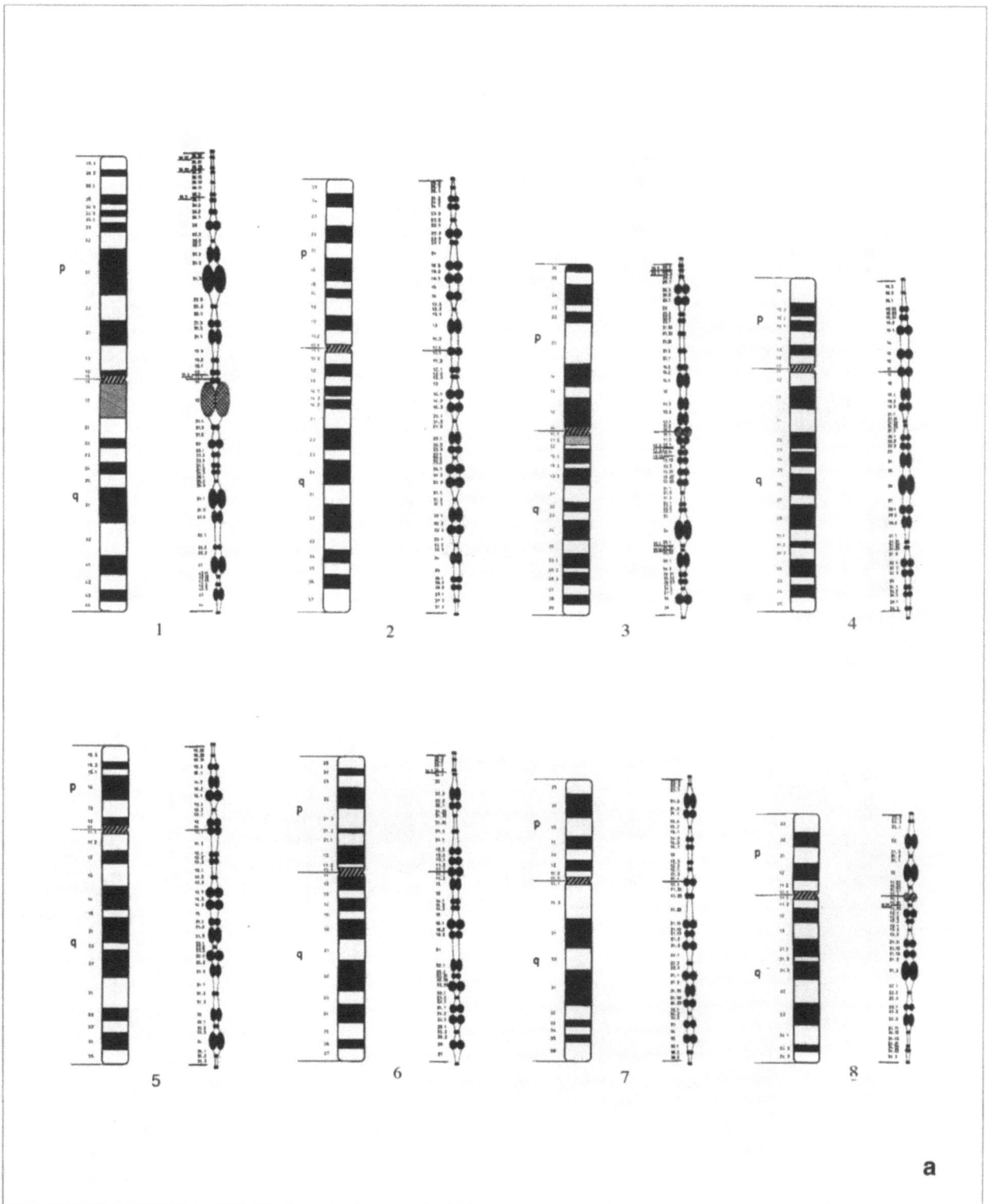

Fig. 2.7.1a, b. Rappresentazione diagrammatica dei cromomeri confrontata con il bandeggio G del cromosoma corrispondente

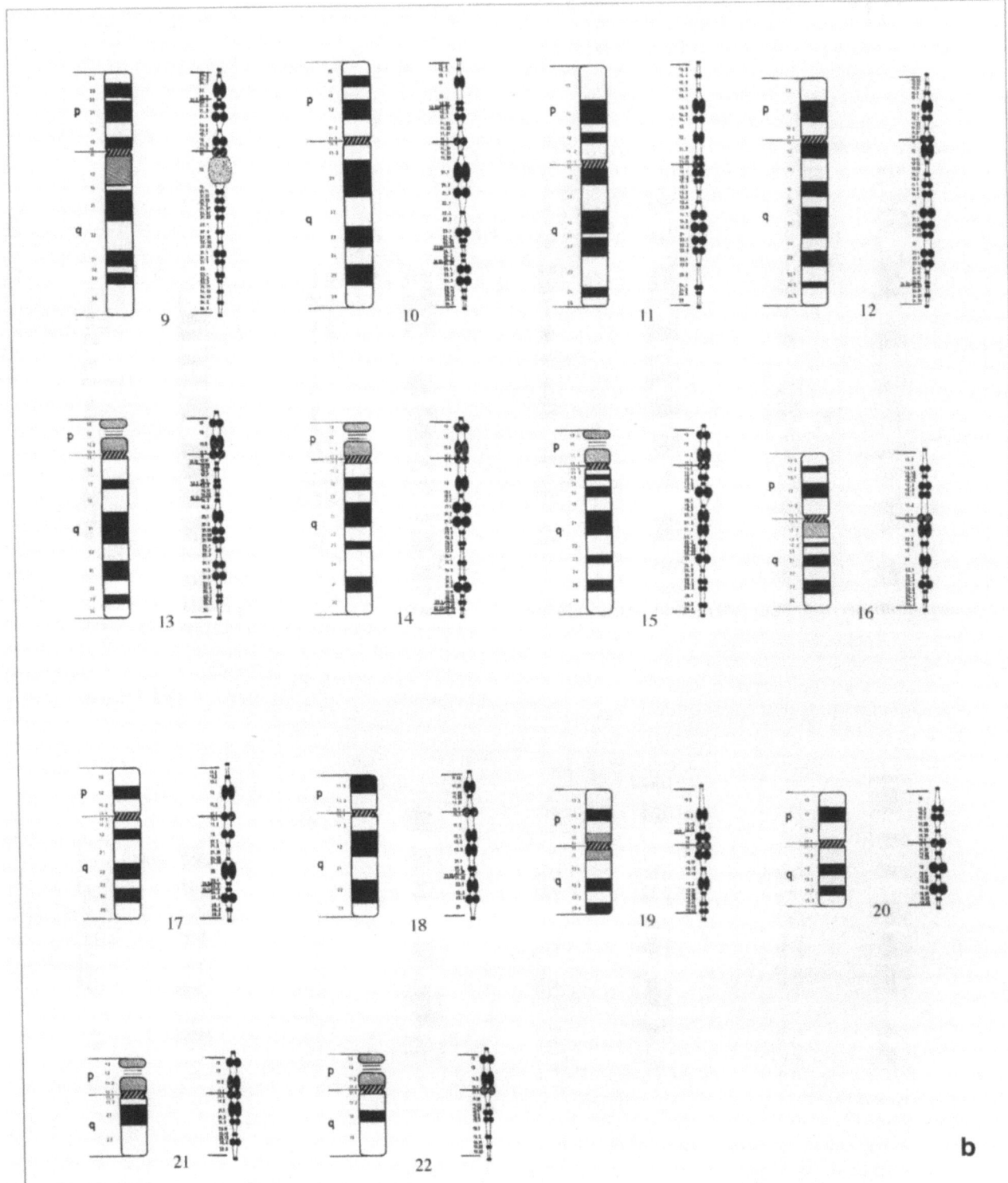

2.8 Eteromorfismi (polimorfismi) e varianti

I cromosomi umani presentano spiccato eteromorfismo.

Gli *eteromorfismi* (chiamati anche *polimorfismi*) rappresentano normali variazioni della morfologia di specifiche aree di alcuni cromosomi e sono perciò definiti *varianti*. Queste sono:
a) la cromatina pericentromerica di tutti i cromosomi;
b) i bracci corti degli acrocentrici;
c) le regioni 1q12, 3q11.2, 9q12, 16q11.2, 19p12, 19q12, Yq12.

Sarebbe preferibile indicarle, nelle annotazioni che accompagnano la descrizione di un cariotipo, come *normali variazioni* per non indurre ingiustificate preoccupazioni in chi ne è portatore. Costituiscono utili *markers citologici,* che si trasmettono inalterati come caratteri mendeliani semplici e per questo adoperati talvolta in passato in medicina legale per il riconoscimento di paternità. A parte la scarsa attendibilità dovuta alla loro alta frequenza nella popolazione, va ricordato che queste regioni sono ipermutabili e quindi il principio secondo cui segregano immodificate non rappresenta una regola certa. La loro identificazione è spesso possibile soltanto con l'applicazione di speciali tecniche di colorazione.

I più comuni eteromorfismi sono rappresentati da:
- *l'ampiezza delle costrizioni secondarie*
- *regioni con particolare intensità di fluorescenza*
- *la grandezza ed il numero dei satelliti.*

In alcuni cromosomi la frequenza di eteromorfismo è molto elevata (come è per la costrizione secondaria del cromosoma n.1); in altri la variabilità è presente in un numero limitato di individui (ad esempio la variante Yq-, molto più rara di Yq+).

L'ampiezza e la intensità di fluorescenza di una variante qh sono state classificate in categorie (v. Tabella 2.8).

Il bandeggio C ha trovato utile impiego nello studio delle varianti eteromorfiche, in quanto consente di evidenziare le aree di eterocromatina a replicazione tardiva e priva di proprietà trascrizionali (DNA satellite altamente ripetitivo, ricco in coppie A=T e in 5-metilcitosina). Al bandeggio C si evidenzia in tutti i cromosomi una regione, adiacente al centromero, il cui polimorfismo è particolarmente spiccato nelle coppie dei cromosomi n.1, 9 e 16, come pure nella regione distale Yq. Alcune tecniche di introduzione più recente (DA-DAPI, v. paragrafo 13.4) consentono di ottenere gli stessi risultati utilizzando particolari fluorocromi (v. Fig. 2.8.1). Un altro bandeggio selettivo, chiamato C-d (*centromeric dots*), colora i cinetocori nella costrizione primaria dei cromosomi (H. Eiberg,1974). La misurazione del segmento eteromorfico si ottiene facendo il rapporto con la lunghezza dell'intero cromosoma di appartenenza.

Le varianti vengono indicate come qh+ o qh-, in confronto alla grandezza ritenuta normale.

Per la descrizione nel cariotipo v. paragrafo 1.5.1.

Una variante eterocromatica da tenere presente è quella dei bracci corti degli acrocentrici n.15 e n.22, che, quando molto ampia, può fare sospettare una traslocazione cromosomica (v. Figg. 2.8.4 e 2.8.5).

Tabella 2.8

Varianti in base alla ampiezza della regione eterocromatica (bandeggio Q o C)

scala dei valori:

0	non quantizzabile
1	piccolissima
2	piccola
3	media
4	grande
5	molto grande

Varianti in base alla intensità di luminescenza (bandeggio Q)

scala dei valori:

0	non quantizzabile
1	piccolissima
2	piccola, poco intensa
3	media
4	grande, intensa
5	molto grande

Comportamento delle regioni variabili ai diversi bandeggi

bandeggio	Q	G	C
1qh	-	+	++
9qh	-	-	++
16qh	-	+	++
Yq12	++	++	++

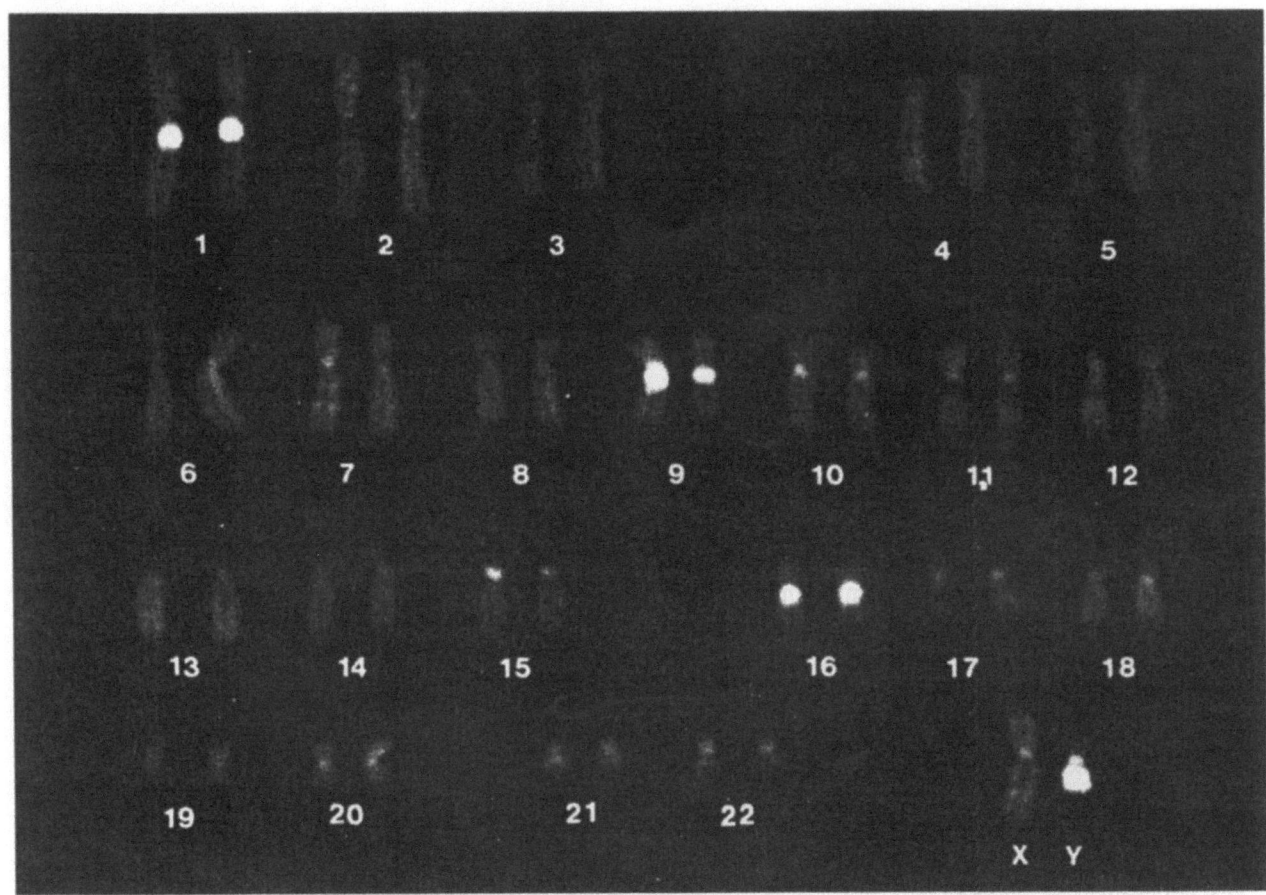

Fig. 2.8.1. Cariotipo di cellula colorata con tecnica DA/DAPI. Intensa la fluorescenza sui cromosomi n.1, 9, 16 e Yq (da: Verma RS, 1995, p.94)

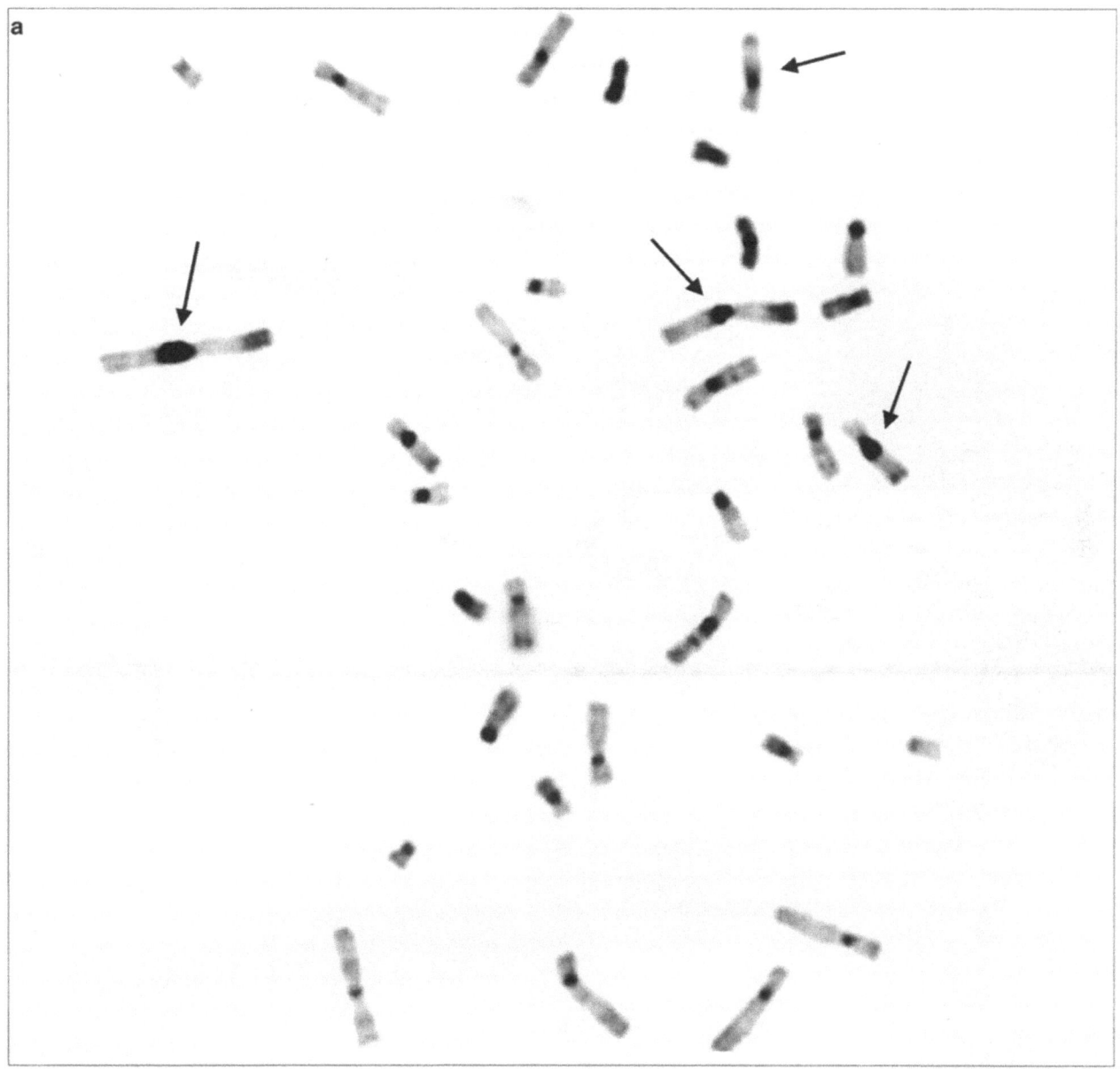

Fig. 2.8.2,a-e. Esempi di varianti:
a) 1qh+ e 9qh+ (bandeggio CBG)

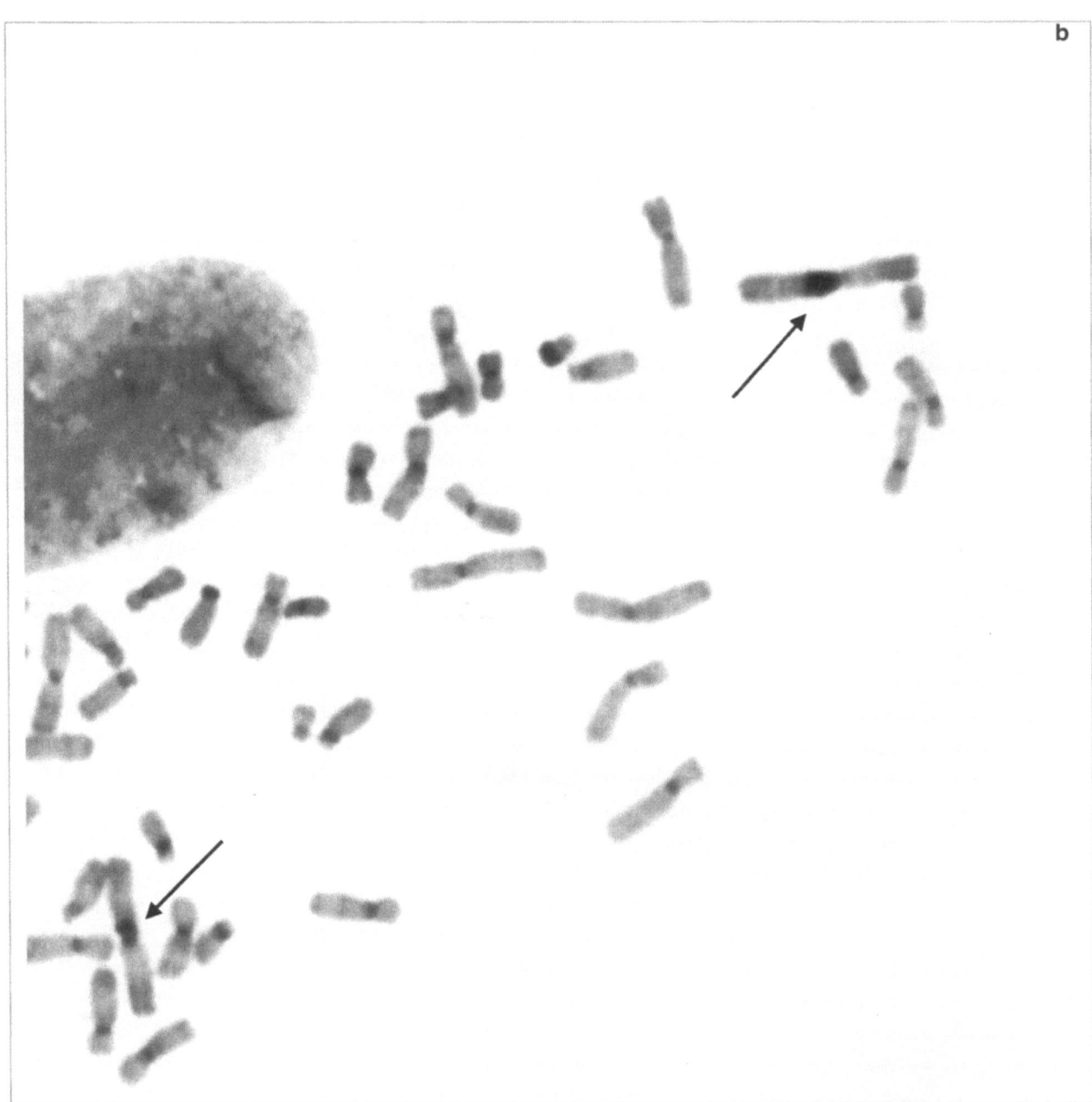

Fig. 2.8.2,b. inv(1qh) (bandeggio CBG)

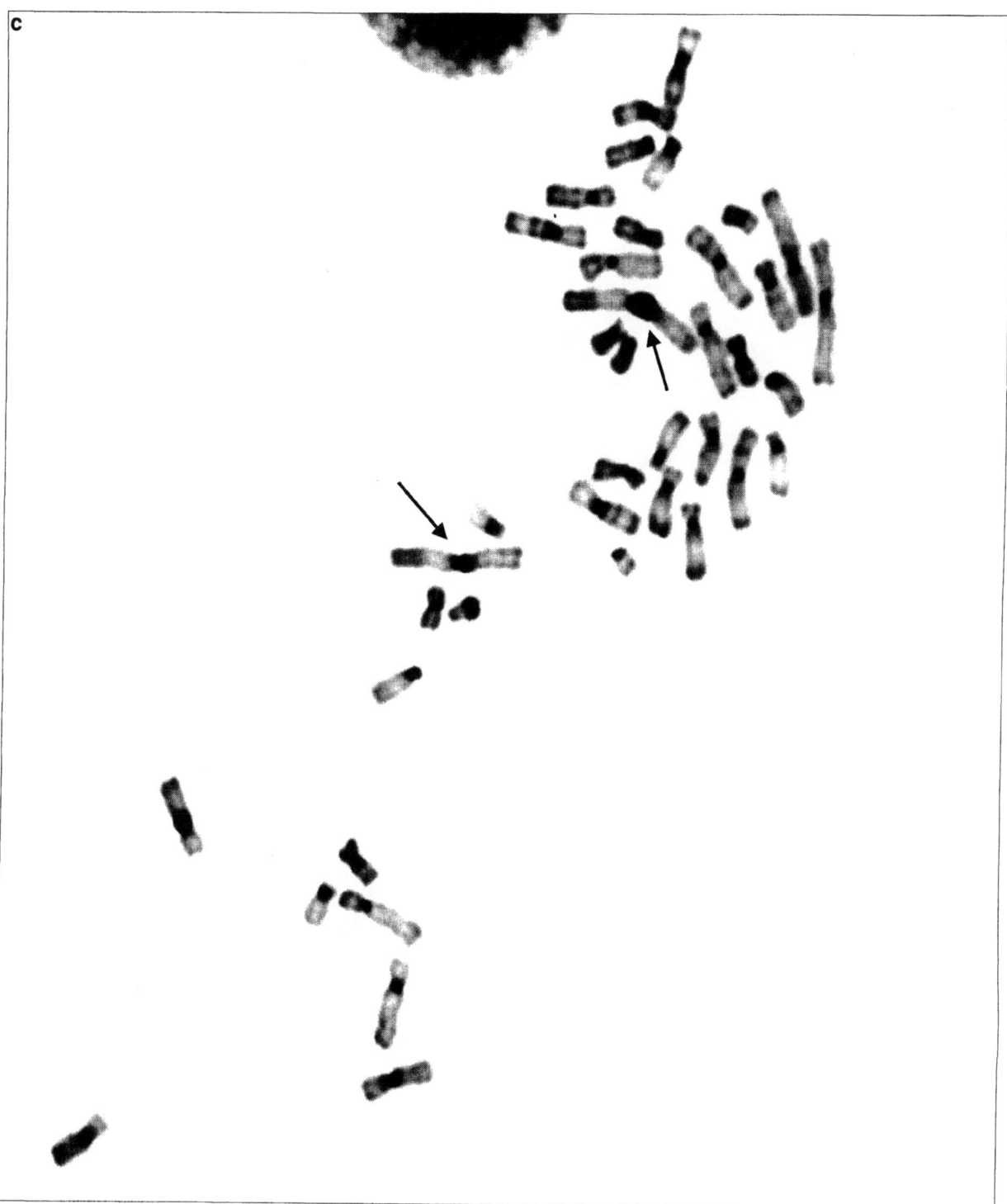

Fig. 2.8.2,c. inv(1qh)/1qh+ (bandeggio CBG)

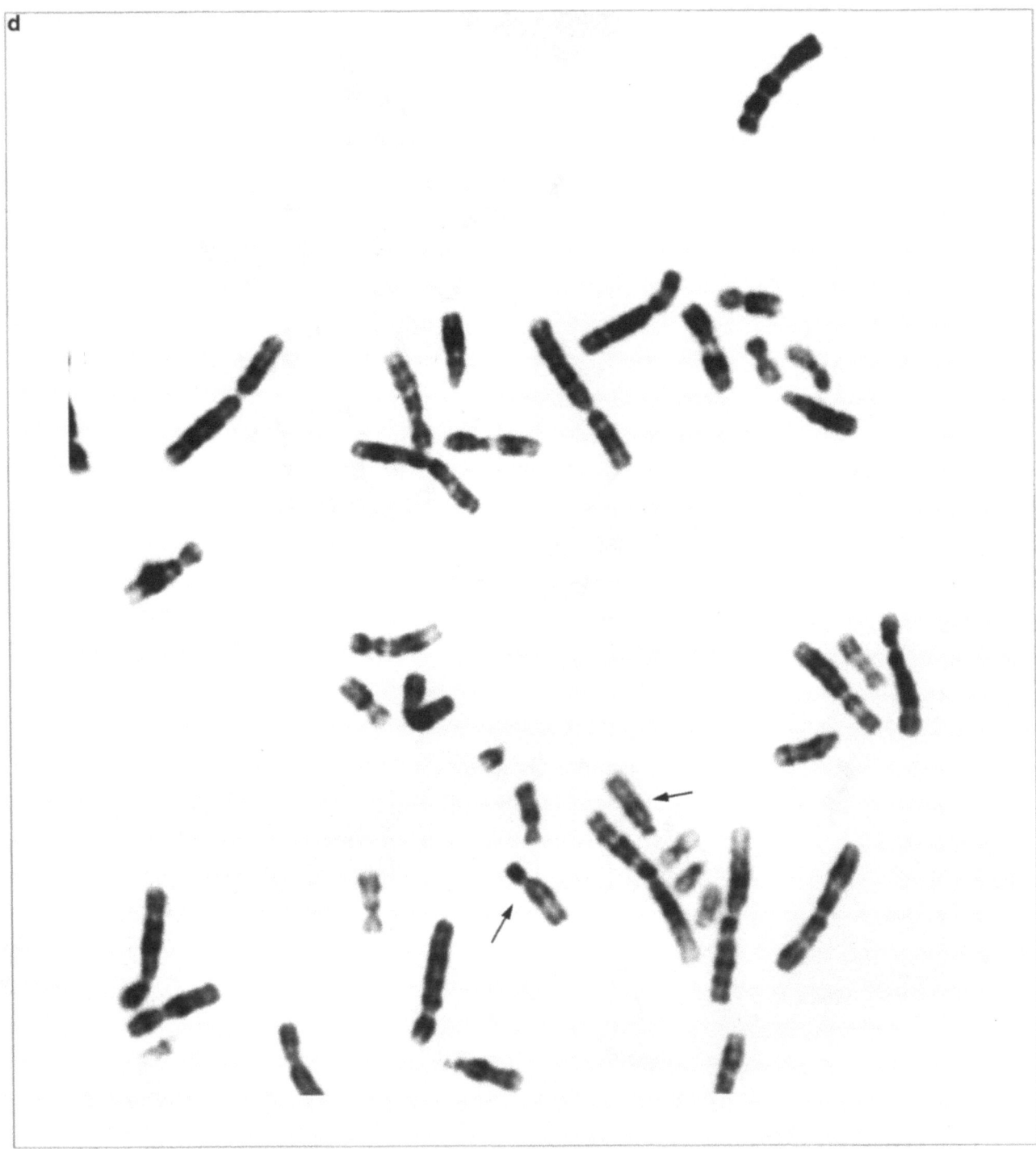

Fig. 2.8.2,d. 15ph+ (bandeggio GTG)

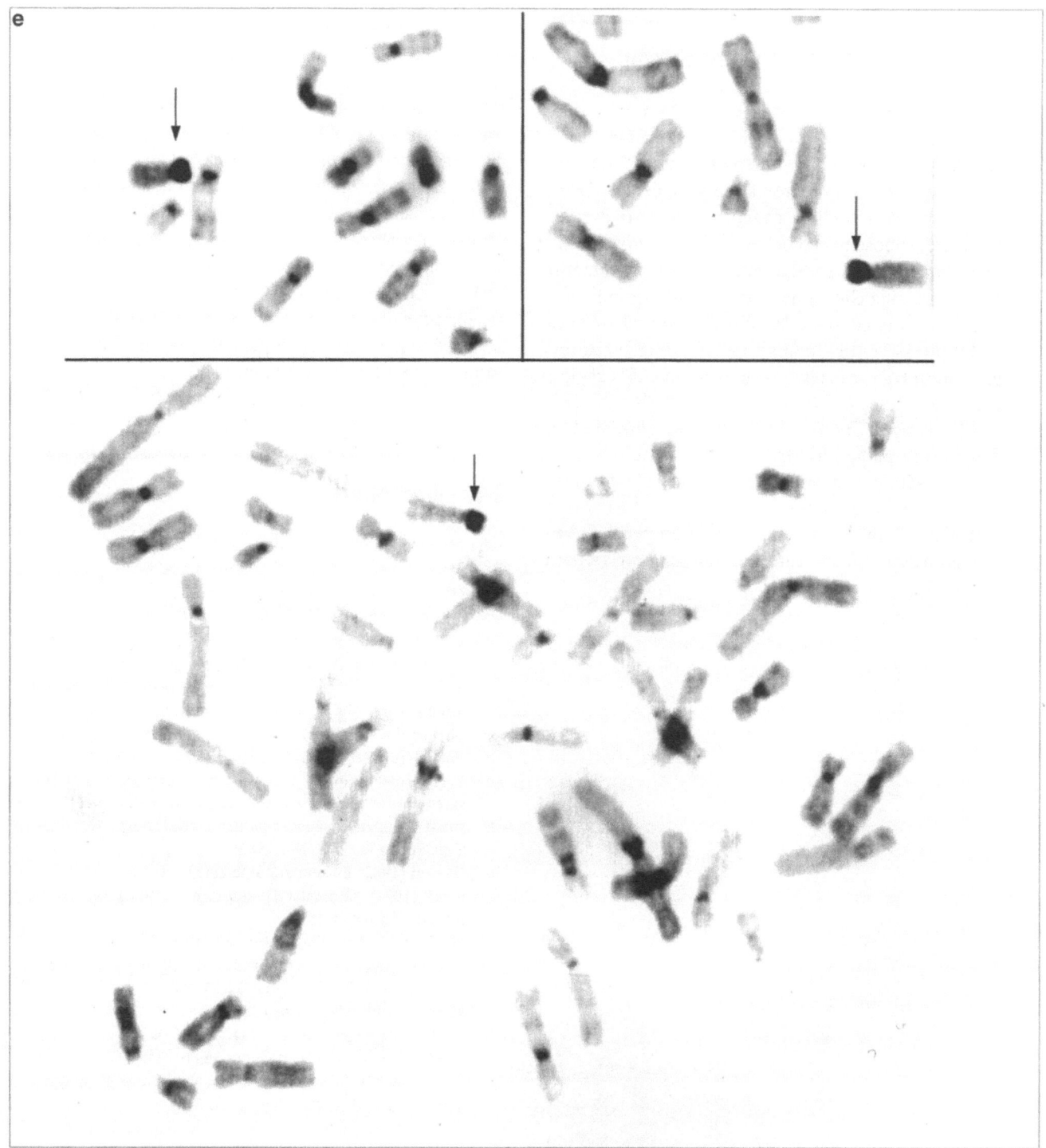

Fig. 2.8.2,e. Stesso caso della Fig. 2.8.2d al bandeggio CBG

2.9 NOR (Nucleolar Organizer Region)

In tutti gli acrocentrici (6 del gruppo D e 4 del gruppo G) vi è una piccola regione dei bracci corti rappresentata dai peduncoli (stalks) che uniscono negli acrocentrici i satelliti alla eterocromatina sopracentromerica. Questa struttura contiene geni per il trascritto di rRNA 18S e 28S, conosciuta come *nucleolar organizer region* (NOR) (S.I. Matsui, 1973). Il nitrato di argento identifica una proteina che è adiacente ai NOR, e quindi, indirettamente, ne consente la individuazione. La colorazione, pur se elettiva, non sempre si evidenzia su tutti gli acrocentrici ma soltanto su quelli in cui la regione era attiva (v. Fig. 2.9) (C. Goodpasture, 1976). Per rivelare la presenza di tutti i NOR si può eseguire un bandeggio N (v. paragrafo 13.5).

Poiché i NOR presentano differente intensità di colorazione e variabile grandezza, vanno considerati normali eteromorfismi. Quanto al loro utilizzo per il riconoscimento di piccoli marcatori soprannumerari (v. paragrafo 4.8).

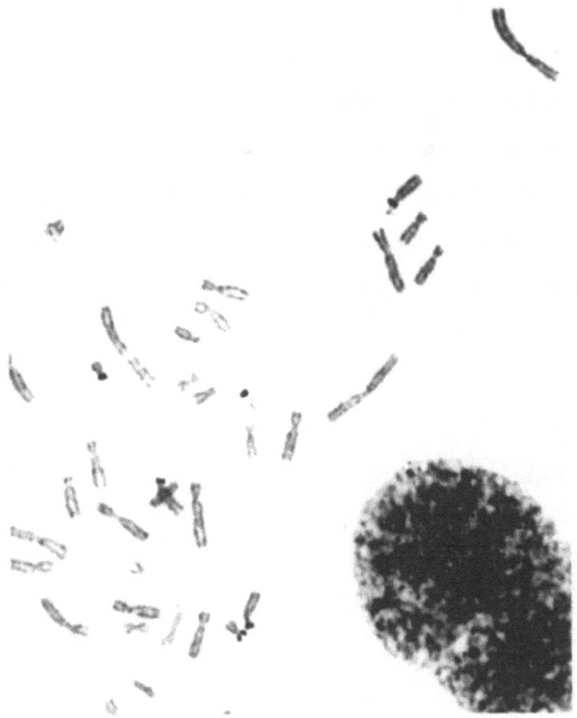

Accade raramente che altri cromosomi, non acrocentrici, risultino NOR positivi (P.D. Storto, 1999). Sono stati segnalati casi di cromosoma n. 17 satellitato e satelliti addizionali sul cromosoma Y. In quest'ultima osservazione i satelliti, traslocati su Yq, provenivano dai bracci corti di un cromosoma n.15 (R.S. Verma, 1997). La presenza di satelliti su cromosomi diversi dagli acrocentrici deve essere considerato un vero e proprio riarrangiamento strutturale e non una normale variante. Per questo motivo è necessario in questi casi, se il riarrangiamento è "de novo", escludere la presenza anche di extra-materiale eucromatico.

È stata anche ipotizzata in passato una possibile relazione con la infertilità (D. Joan, 1982)

2.10 Bibliografia

Barr ML et al (1960) Canad Med Ass J 83:979
Barr ML et al (1949) Nature (London) 163:676
Caspersson T et al (1969) Exp Cell Res 58:128
Caspersson T et al (1970) Chromosoma 30:215
...rg H (1974) Nature 248:55
...dpasture C et al (1976) Am J Hum Genet 28:59
...: An International System for Human Cytogenetic ...menclature-High Resolution Banding ISCN (1981).
...port of the Standing Committee on Human Cytogenetic ...menclature (1981). Cytogenetic Cell Genet 31:5
...: An International System for Human Cytogenetic ...menclature-Report of the Standing Committee on ...man Cytogenetc Nomenclature Birth Defects: Original ...ticle Series Vol XXI, N°1,1985
...D et al (1982) Endocrinologie 20(3):199
...ne H (1971) Clinical Cytogenetics Little, Brown and ...mpany, Boston, p 20
...ui SI, Sasaki M (1973) Nature 246:148
...s Conference (1971): Standardization in Human ...rtogenetics (1972) Cytogenetics 11:317
...son PL et al (1970) Nature 226:78
...to PD et al (1999) Prenat Diagn 19:1088
...na RS et al (1997) J Med Genet 34 (10):817
...na RS, Babu A (1995) Human Chromosomes: Principles ...dTechniques McGraw-Hill Inc, p 51
...orn JL, Welborn R (1993) Am J Med Genet 47:1180
...s JJ et al (1978) International Symposium for ...rtogenetic Nomenclature Chromosoma 67:293
...s JJ et al (1964) Lancet 2:935

Fig. 2.9. Evidenziazione dei cromosomi NOR positivi (Ag-As). Spesso non tutti i 10 acrocentrici prendono la colorazione elettiva. Nell'esempio appaiono positivi 3 cromosomi del gruppo D e 3 del gruppo G

CAPITOLO 3

Caratteristiche generali e tavole rappresentative dei cromosomi

3.1 Caratteristiche generali dei singoli cromosomi

Gruppo A: 1-3

Cromosoma n. 1

È il più grande metacentrico, di pronta identificazione. Indice brachiale intorno ad 1. Indice centromerico: 48-49. Costrizione secondaria paracentromerica sul braccio inferiore, che per questo motivo può apparire più lungo di quello superiore, nel 25% delle metafasi. È composto da 7 regioni, 3 appartenenti al braccio corto e 4 al braccio lungo. Autoradiografia: replicazione sincrona dei due bracci; tardiva della regione paracentromerica.
Polimorfismo per la regione centromerica, che si può presentare grande (qh+), piccola (qh-) o parzialmente invertita.

Cromosoma n. 2

È il più grande submetacentrico, di facile identificazione. Indice brachiale intorno a 1,5. Indice centromerico non superiore a 40. Costrizione secondaria al terzo distale dei bracci lunghi, di riscontro però non frequente. È composto da 5 regioni, due appartenenti al braccio corto e tre al braccio lungo. Autoradiografia: modalità di replicazione di scarsa utilità ai fini del riconoscimento del cromosoma o di sue parti.
Può presentare inversione parziale della regione centromerica.

Cromosoma n. 3

Metacentrico, secondo per lunghezza al cromosoma n.1. Indice brachiale 1,2; indice centromerico 46-47. Costrizione secondaria alla metà dei bracci lunghi, in meno del 10% delle metafasi. È composto da 4 regioni, due del braccio corto e due del braccio lungo. Autoradiografia: modalità di replicazione simile su entrambi i bracci.

Gruppo B: 4-5

Cromosomi n. 4 e n. 5

Sono i più submetacentrici di tutti, con indice, brachiale intorno a 3 ed indice centromerico inferiore a 30. Nessun altro cromosoma submetacentrico presenta questi caratteristici rapporti, per cui non è difficile distinguerli dai submetacentrici del gruppo C. Costrizione secondaria a metà dei bracci lunghi, in non più del 5% delle metafasi. Il cromosoma n.4 ha i bracci superiori leggermente più lunghi di quelli del cromosoma n.5. Sono composti entrambi da 4 regioni, una del braccio corto e tre del braccio lungo. L'autoradiografia si è rivelata utile nel distinguere la coppia 4 dalla 5: tutto il cromosoma n.4 replica tardivamente, mentre nel cromosoma n. 5 la replicazione è tardiva soltanto per i bracci corti. Anche il profilo fotometrico si presenta alquanto diverso nelle due coppie.

Gruppo C: 6-12

Cromosoma n. 6

È il più grande del gruppo. È submetacentrico, non facilmente distinguibile da altri cromosomi del gruppo (cromosoma n. 7) e dal cromosoma X. L'indice centromerico è elevato (circa 40). Sono state osservate costrizioni secondarie sia sul braccio corto sia sul terzo medio del braccio lungo, in bassa percentuale delle mitosi. È composto da 4 regioni, due appartenenti al braccio corto e due al braccio lungo. Un'area di maggiore addensamento cromatinico è talvolta evidenziabile all'estremità telomerica dei bracci corti. L'autoradiografia non si è dimostrata informativa per il suo riconoscimento. Possiede aree d'ipercolorazione elettiva.

Cromosoma n. 7

È submetacentrico, con indice centromerico intorno a 40, come il precedente, con il quale può essere confuso. Non sono descritte costrizioni secondarie. Ha 5 regioni, due sul braccio corto e tre sul braccio lungo. Possono evidenziarsi aree d'ipercolorazione elettiva, tanto sui bracci lunghi che all'estremità telomerica dei bracci corti.
L'autoradiografia non è informativa ai fini del suo riconoscimento.

Cromosoma n. 8

È più corto dei due precedenti, ma come questi relativamente submetacentrico (indice centrometrico intorno a 34).
Non sono descritte costrizioni secondarie. Possiede 4 regioni, due per ciascun braccio. La sua identificazione sulle piastre non bandeggiate si presenta non agevole. Possiede, come i due precedenti, aree d'ipercolorazione elettiva (nel tratto intermedio dei bracci corti).
L'autoradiografia non è d'utilità ai fini del suo riconoscimento.

Cromosoma n. 9

È relativamente submetacentrico, con indice centromerico intorno a 35. Presenta sul braccio lungo una tipica costrizione secondaria paracentromerica, molto polimorfa, in quasi la metà delle mitosi. I due omologhi della coppia possono pertanto non presentare eguale lunghezza. È composto di 5 regioni, due del braccio corto e tre del braccio lungo. La sua identificazione sulle piastre non bandeggiate è agevole quando è riconoscibile la costrizione secondaria. Il cromosoma possiede aree d'ipercolorazione elettiva sui bracci lunghi.

Esiste polimorfismo della regione centromerica che può essere grande (qh+), ridotta (qh-) o invertita. Quest'ultima è presente nell'1% della popolazione, e non riveste alcun significato patologico.
L'autoradiografia non si è rivelata utile al suo riconoscimento.

Cromosoma n. 10

È submetacentrico, con indice centromerico basso (intorno a 33). Non presenta costrizioni secondarie. Ha 3 regioni, una del braccio corto e due del braccio lungo. Non è facile la sua identificazione sulle piastre non bandeggiate. Possiede aree d'ipercolorazione elettiva nel tratto prossimale dei bracci lunghi.
L'autoradiografia non si è rivelata informativa ai fini del suo riconoscimento.

Cromosoma n.11

È submetacentrico, con indice centromerico elevato (circa 40). Può presentare una costrizione secondaria in area paracentromerica sui bracci lunghi. Ha 3 regioni, una del braccio corto e due del braccio lungo. L'identificazione senza il bandeggio non è sempre agevole; si differenzia dal cromosoma n.12 principalmente per i bracci corti, che in quest'ultimo si presentano più brevi. Ha aree d'ipercolorazione elettiva nel tratto intermedio dei bracci lunghi.
L'autoradiografia non è utile al suo riconoscimento.

Cromosoma n.12

È submetacentrico, con basso indice centromerico (circa 30). Non presenta costrizioni secondarie. Ha 3 regioni: una appartiene al braccio corto e due al braccio lungo. Il suo riconoscimento in assenza di bandeggio, non è agevole: può essere confuso con il cromosoma n. 10; in confronto ai cromosomi n. 8 e n. 11, ad esso molto simili, si presenta più submetacentrico (indice centromerico più basso). Possiede aree d'ipercolorazione elettiva nel tratto intermedio dei bracci lunghi.
L'autoradiografia, come del resto in tutti i precedenti del gruppo, non si è rivelata d'utilità ai fini del suo riconoscimento.

Gruppo D: 13-15

Cromosomi n.13, 14 e 15

Sono cromosomi facilmente riconoscibili, essendo tutti grandi acrocentrici. Hanno un indice centromerico particolarmente basso (inferiore a 20). Sono forniti (come quelli del gruppo G) di satelliti e di costrizioni secondarie (stalks) che l'impregnazione argentica consente di riconoscere sui bracci corti come sferette circolari di varia grandezza. Queste strutture sono specifiche degli acrocentrici, anche se talvolta possono vedersi anche su altri cromosomi.

Il numero, l'intensità e la grandezza di queste formazioni ("dotlike structures" NOR positive), variano da una coltura all'altra, e perfino, in una stessa coltura da una cellula all'altra; non sono quindi sempre visibili su tutti i 6 cromosomi del gruppo.

Un'applicazione comune dei NOR è volta al riconoscimento dell'origine dei piccoli metacentrici soprannumerari (bisatellitati o tetrasetellitati) (v. paragrafo 4.8).

I cromosomi n. 13 e n. 14 si dividono in 4 regioni di cui una appartiene al braccio corto e tre al braccio lungo. Il cromosoma n. 15 ha soltanto 3 regioni, una del braccio corto e due del braccio lungo. La distinzione tra le coppie del gruppo non è facile senza il bandeggio. Va tenuto presente che la lunghezza va decrescendo dal n. 13 al n. 15 e che il cromosoma n. 13 dimostra spesso satelliti più prominenti. Inoltre su questo cromosoma è presente talvolta una costrizione secondaria sui bracci lunghi.

L'autoradiografia consente la distinzione delle 3 coppie del gruppo, in quanto il cromosoma n. 13 replica più tardivamente nel suo tratto distale, il n. 14 ha replicazione tardiva nell'area paracentromerica, mentre il n.15 non mostra aree di replicazione tardiva, per cui non appare marcato.

Esistono polimorfismi per variazioni della regione centromerica, dello stelo e dei satelliti. Va tenuto presente che il cromosoma n.15 presenta talvolta i bracci p molto ampi, che possono simulare anche una traslocazione (v. Fig. 2.8.2d).

Gruppo E: 16-18

Cromosomi n.16, 17 e 18

I cromosomi di questo gruppo sono facilmente distinguibili da tutti gli altri ed anche, nelle buone preparazioni, tra di loro. Presentano tre regioni: una del braccio corto e due del braccio lungo. Il cromosoma n. 16 è quasi metacentrico, con indice centromerico intorno a 41 e rapporto brachiale di circa 1,5.

I cromosomi n. 17 e 18 sono entrambi submetacentrici, ma il primo è più grande e con bracci corti più pronunziati del secondo: infatti, il cromosoma n.17 ha indice centromerico intorno a 33 ed indice brachiale 3, mentre il cromosoma n.18, che ha bracci corti molto brevi, ha indice centromerico intorno a 30 ed indice brachiale intorno a 2. Il cromosoma n.16 ha una costrizione secondaria in area paracentromerica; quando molto ampia, questa ne fa aumentare la lunghezza rispetto all'omologo corrispondente. Anche sul braccio lungo del cromosoma n.17 è visibile talvolta una costrizione secondaria. L'autoradiografia è utile al riconoscimento delle 3 coppie del gruppo: il n.16 replica tardivamente nell'area paracentromerica dei bracci lunghi; analogamente il cromosoma n.18, che appare però marcato su tutta la sua lunghezza, mentre il cromosoma n.17, avendo replicazione più precoce, non mostra segni di marcatura. Il cromosoma n.16 possiede un'area centromerica che è sede di polimorfismi sia come qh+ sia come qh-.

Gruppo F: 19-20

Cromosomi n.19 e 20

Sono piccoli metacentrici, facilmente riconoscibili come gruppo, ma non distinguibili tra di loro senza bandeggio. Il cromosoma n. 20 può apparire più metacentrico del n. 19.

Hanno entrambi indice centromerico di circa 45, mentre l'indice brachiale è inferiore a 2. Sono costituiti da 2 sole regioni, una per ciascun braccio. Il cromosoma n.19 presenta, in una bassa percentuale delle mitosi, una costrizione secondaria sui bracci lunghi. L'autoradiografia non è utile a distinguere le 2 coppie.

Gruppo G: 21-22

Cromosomi n. 21 e 22

Costituiscono il gruppo dalle dimensioni più piccole. Sono acrocentrici, con satelliti che non sono però sempre evidenti.

L'indice centromerico è intorno a 30. Sono state assegnate 3 regioni al cromosoma n. 21 (una al braccio corto e due a quello lungo) e 2 regioni al cromosoma n. 22, una per ciascun braccio. Facendo un'eccezione al principio generale della classificazione, la coppia 21 è più piccola di quella successiva. All'autoradiografia il cromosoma n. 21 replica più tardivamente del n. 22. Entrambi possono dimostrare variazioni polimorfiche per lo stelo, i satelliti, e i bracci p nel loro tratto prossimale.

Cromosoma X

Ha taglia corrispondente a quella di un cromosoma n. 7, con il quale può essere confuso. È submetacentrico, con indice centromerico di circa 40. Non presenta costrizioni secondarie. Ha 4 regioni, due per ciascun braccio. L'autoradiografia consente di evidenziare nella femmina il cromosoma X inattivo, a replicazione tardiva che dà origine, nei nuclei in interfase, al corpo di Barr. Il cromosoma X possiede aree d'ipercolorazione elettiva.

Possiede sequenze geniche, nel tratto p ter, che hanno omologia con quelle presenti nel tratto distale del braccio corto del cromosoma Y (regione pseudoautosomale).

Cromosoma Y

È di taglia corrispondente a quella dei cromosomi del gruppo G ma non ha satelliti ed inoltre i bracci lunghi sono più frequentemente paralleli. L'indice centromerico è intorno a 27. Non è raro un polimorfismo nella lunghezza dei bracci lunghi, al punto che si distinguono 5 diverse taglie: *very small, small, average, large, very large*. In realtà la lunghezza del cromosoma Y non segue nella popolazione una curva di distribuzione normale: la varietà *large* è più frequente della *small*. Essendo ereditato con modalità di trasmissione mendeliana, il suo polimorfismo è stato utilizzato in Medicina Legale, specialmente in passato, per l'esclusione di paternità.

Il tratto distale del braccio lungo è costituito da eterocromatina costitutiva geneticamente inattiva, intensamente fluorescente e responsabile nei nuclei in interfase del Y-body. È composto da due regioni, una per ciascun braccio. Ha pochi geni attivi. Sui bracci corti mappano geni coinvolti nel determinismo del fenotipo maschile. Come già detto nella parte più distale, sempre dei bracci corti, sono state dimostrate sequenze geniche che hanno omologia con il tratto p ter del cromosoma X. Sono definite, per questa caratteristica, regioni pseudoautosomiche o X-Y pairing.

3.2 Tavole rappresentative dei cromosomi a differenti livelli di risoluzione: bandeggio GTG

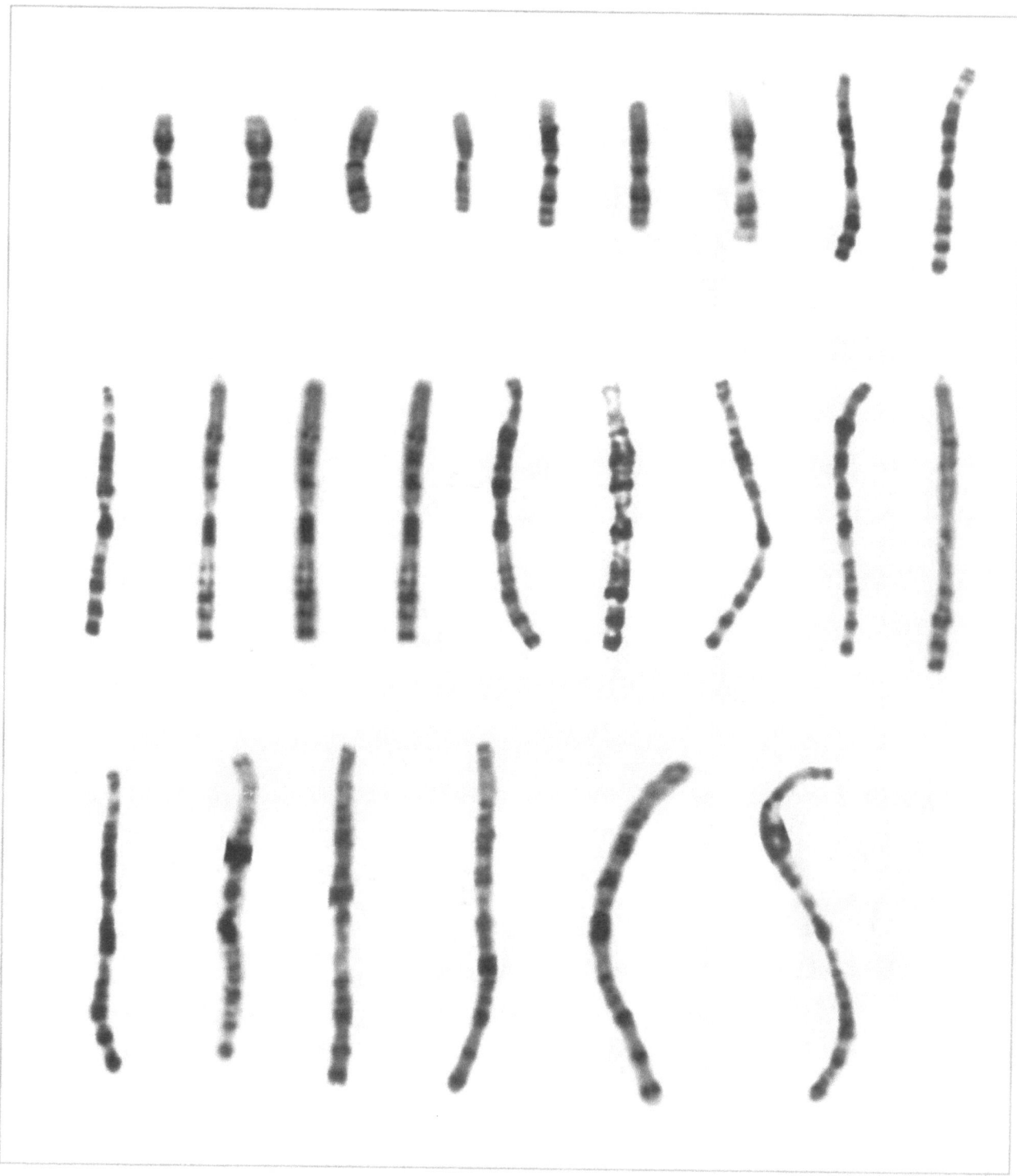

Cromosoma n. 1

Capitolo 3

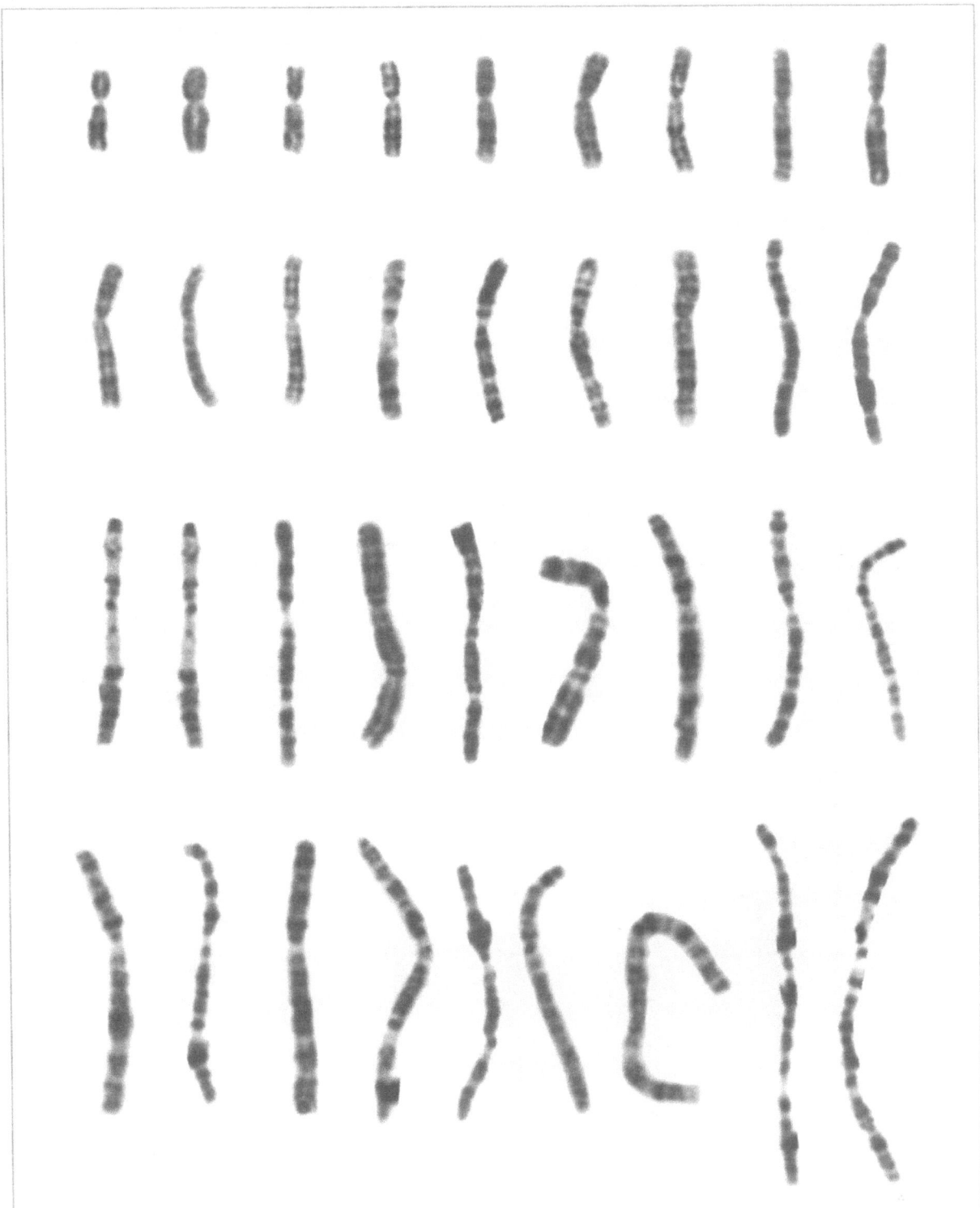

Cromosoma n. 2

Caratteristiche generali e tavole rappresentative dei cromosomi

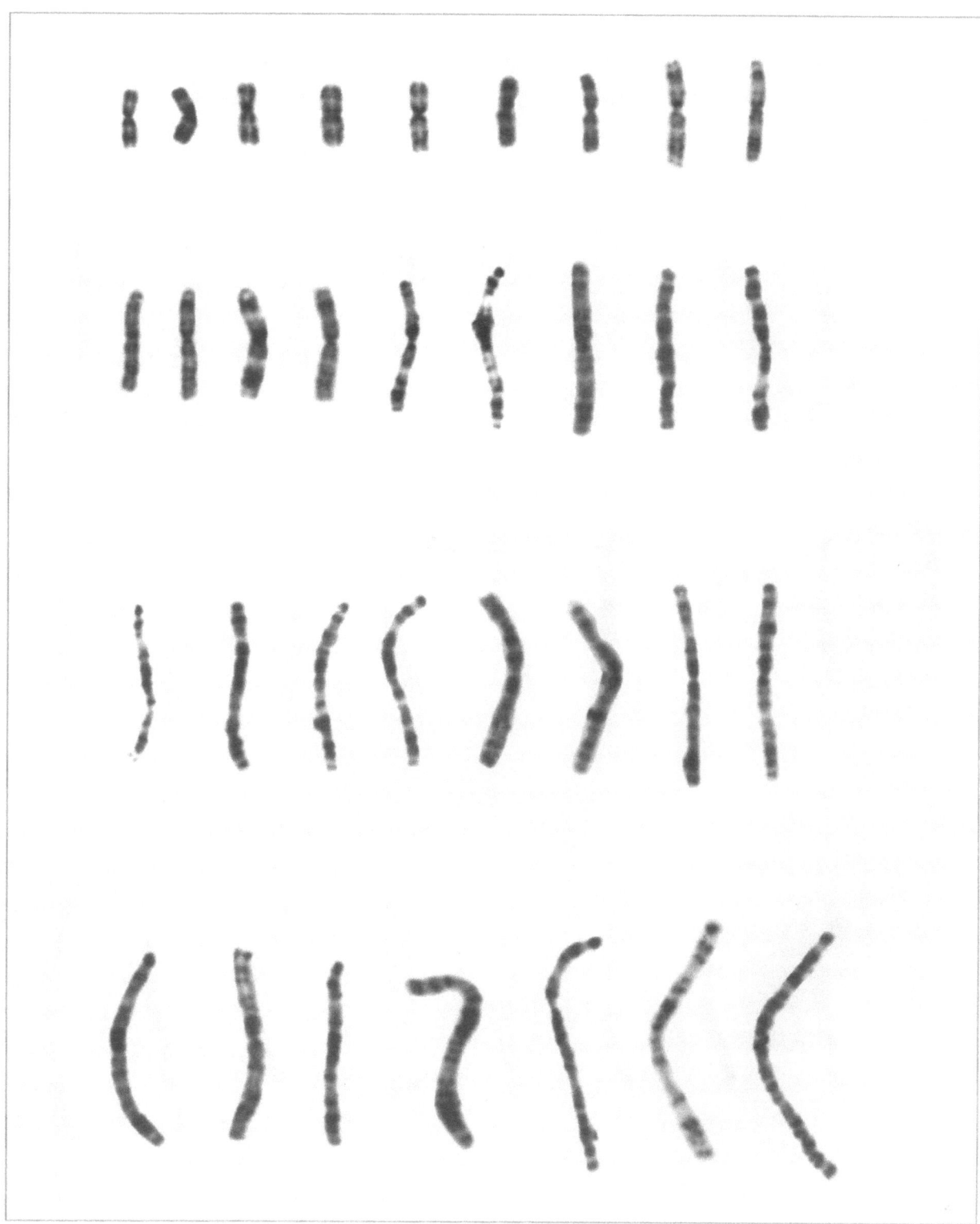

Cromosoma n. 3

74 Capitolo 3

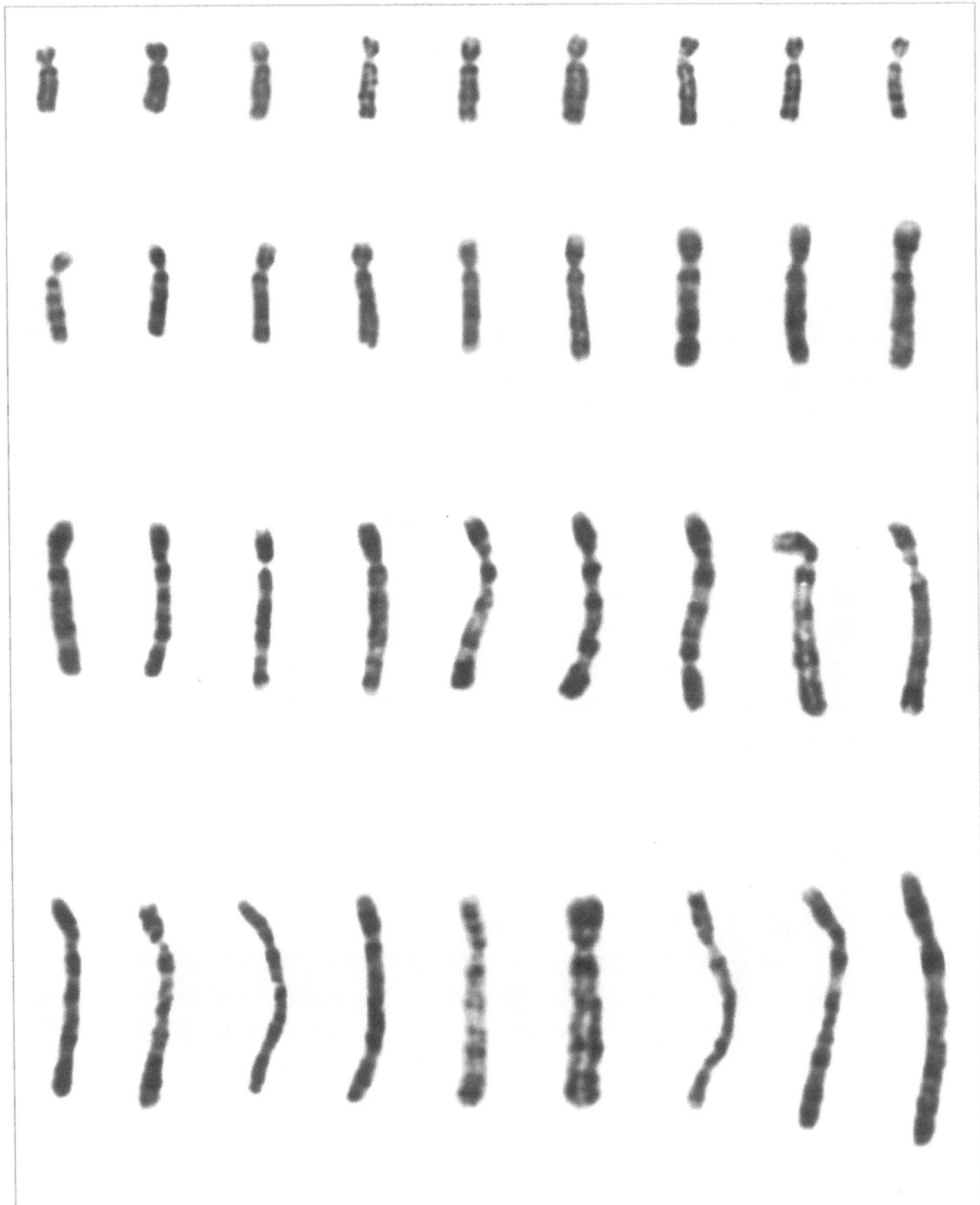

Cromosoma n. 4

Caratteristiche generali e tavole rappresentative dei cromosomi **75**

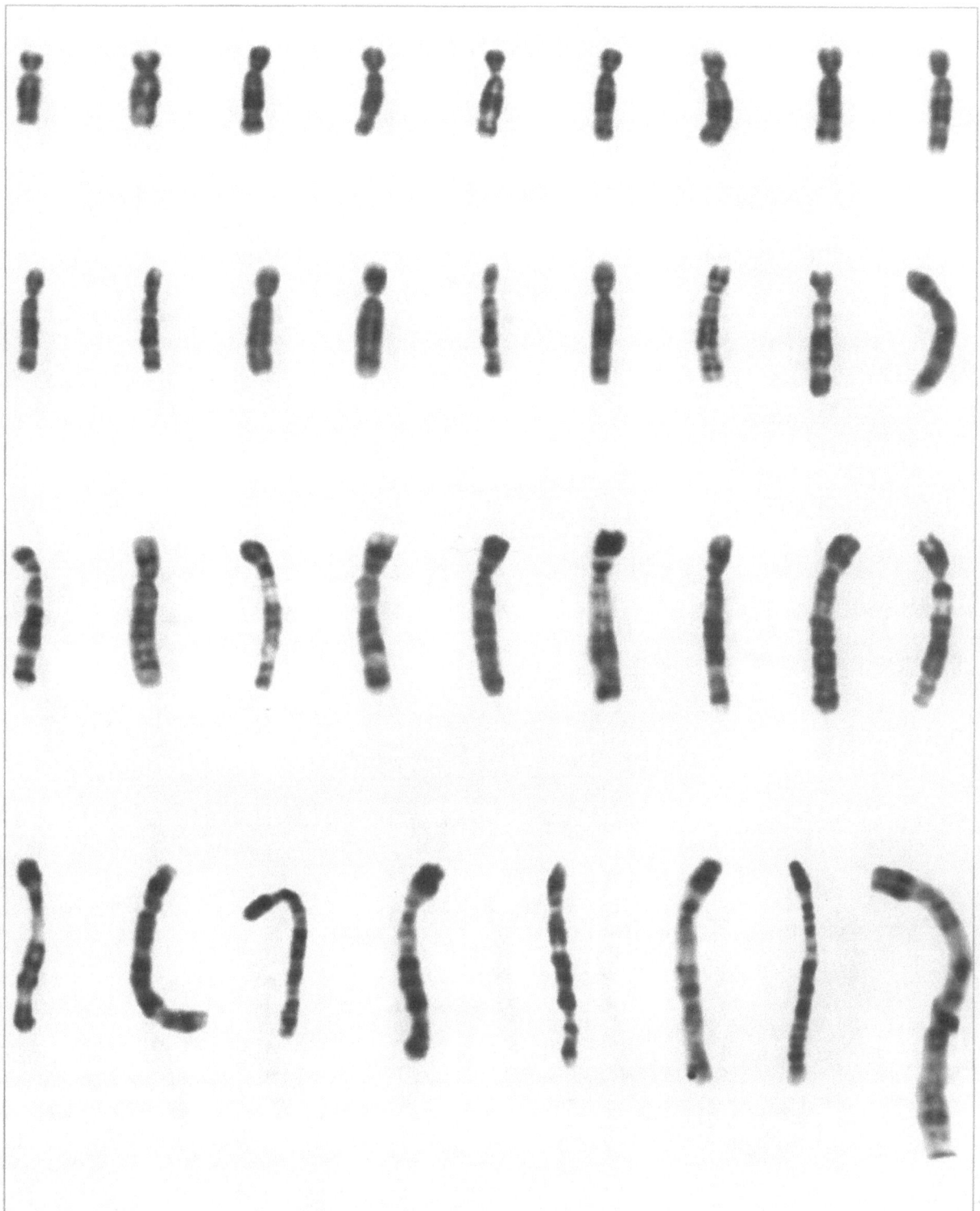

Cromosoma n. 5

Capitolo 3

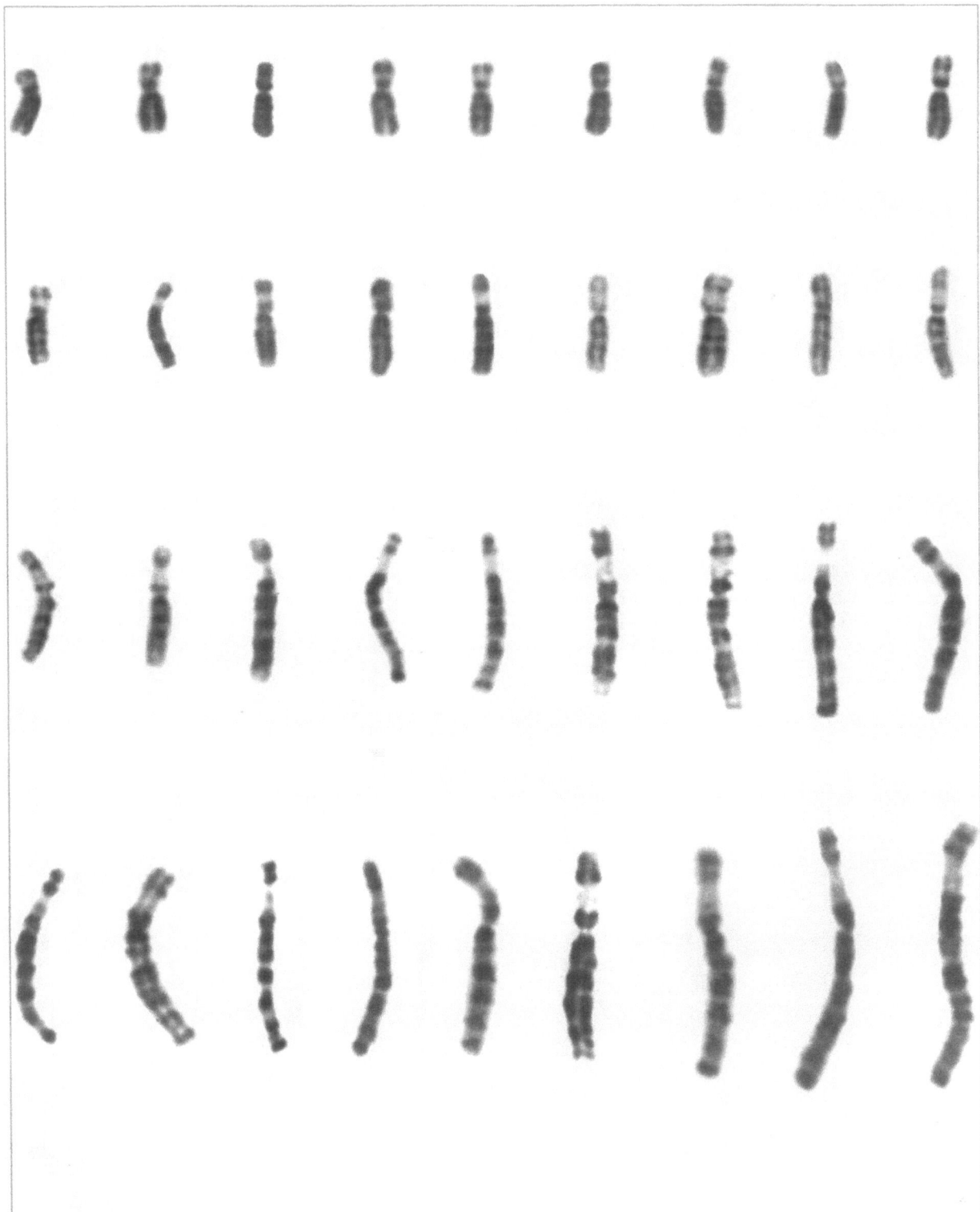

Cromosoma n. 6

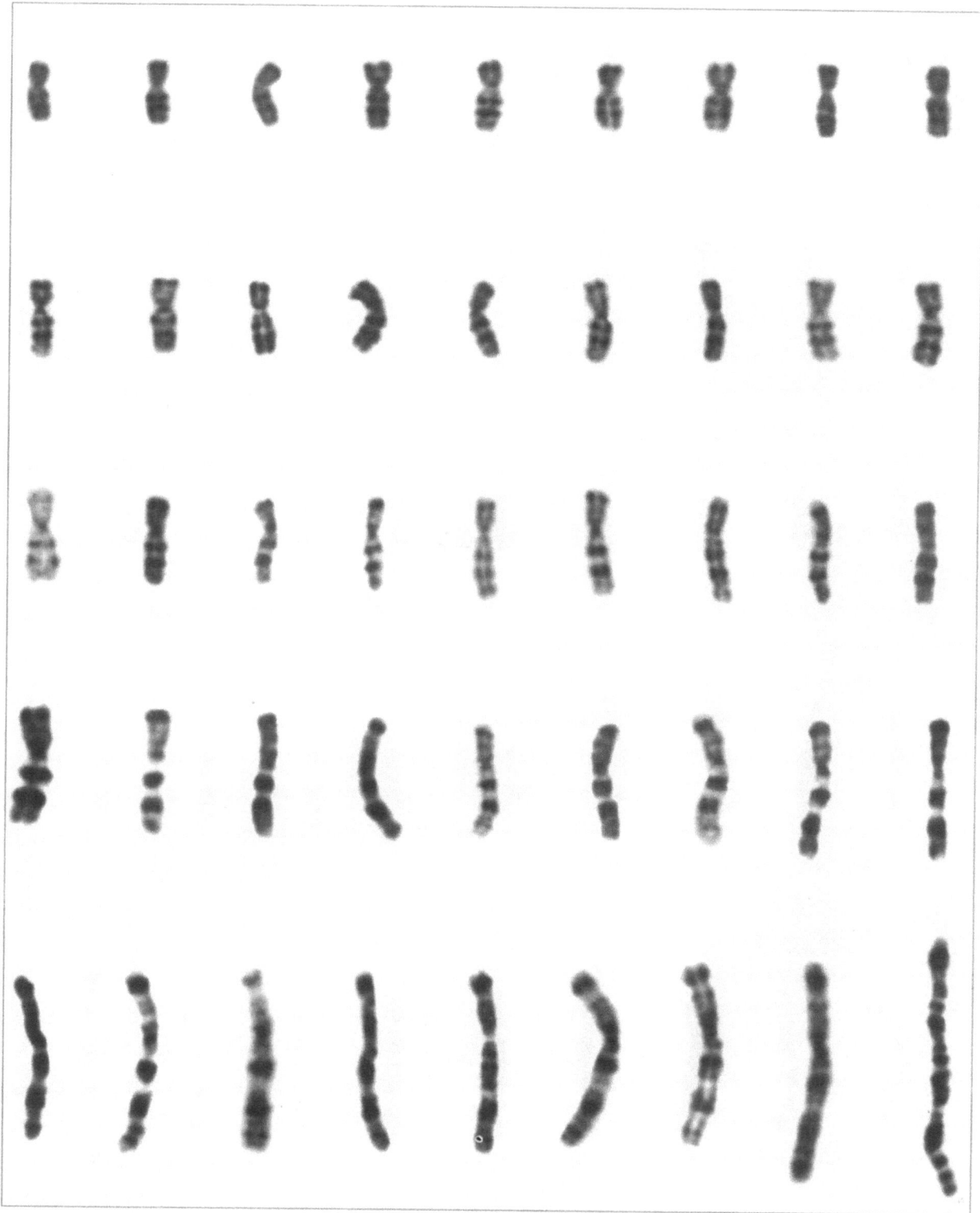

Cromosoma n. 7

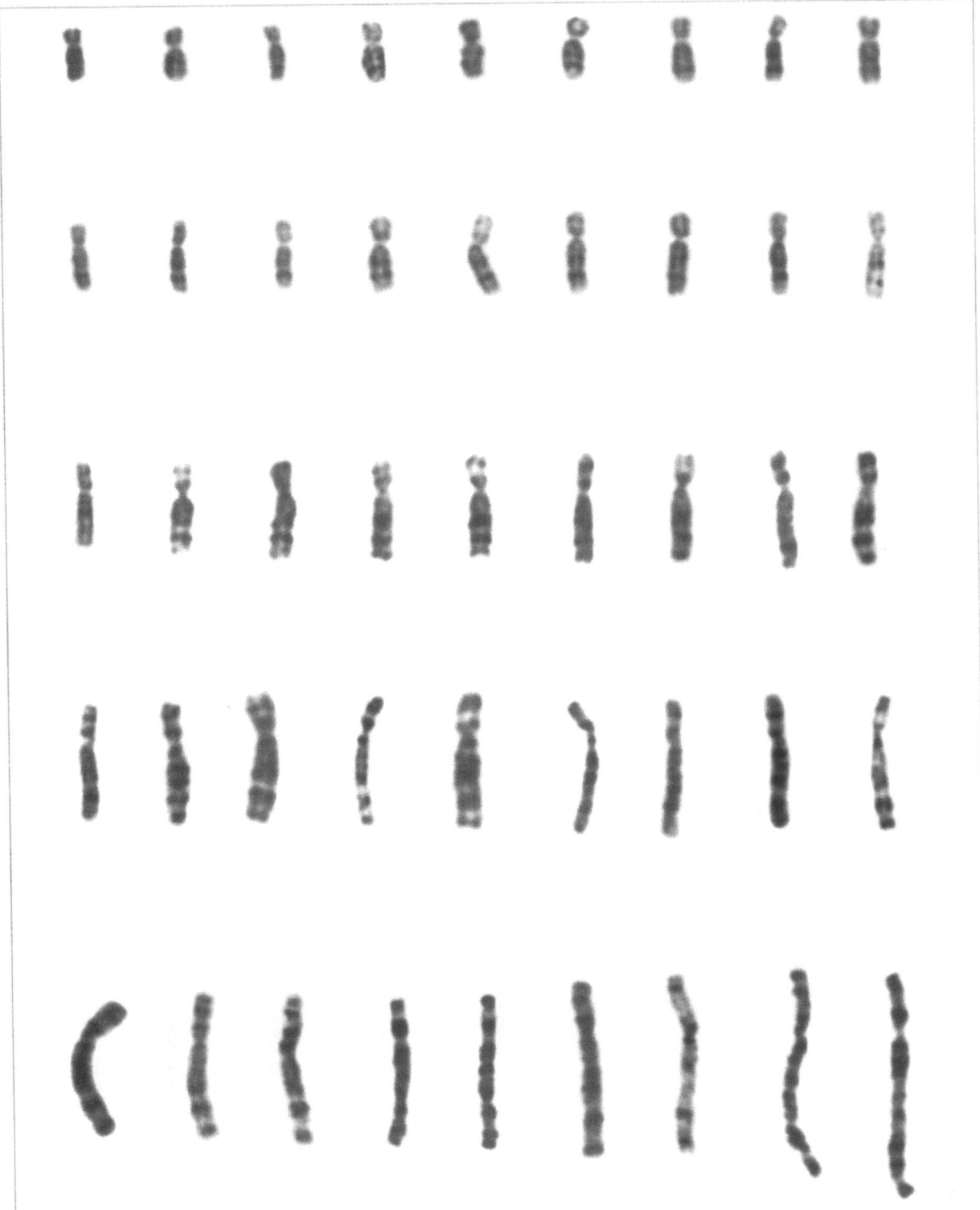

Cromosoma n. 8

Caratteristiche generali e tavole rappresentative dei cromosomi **79**

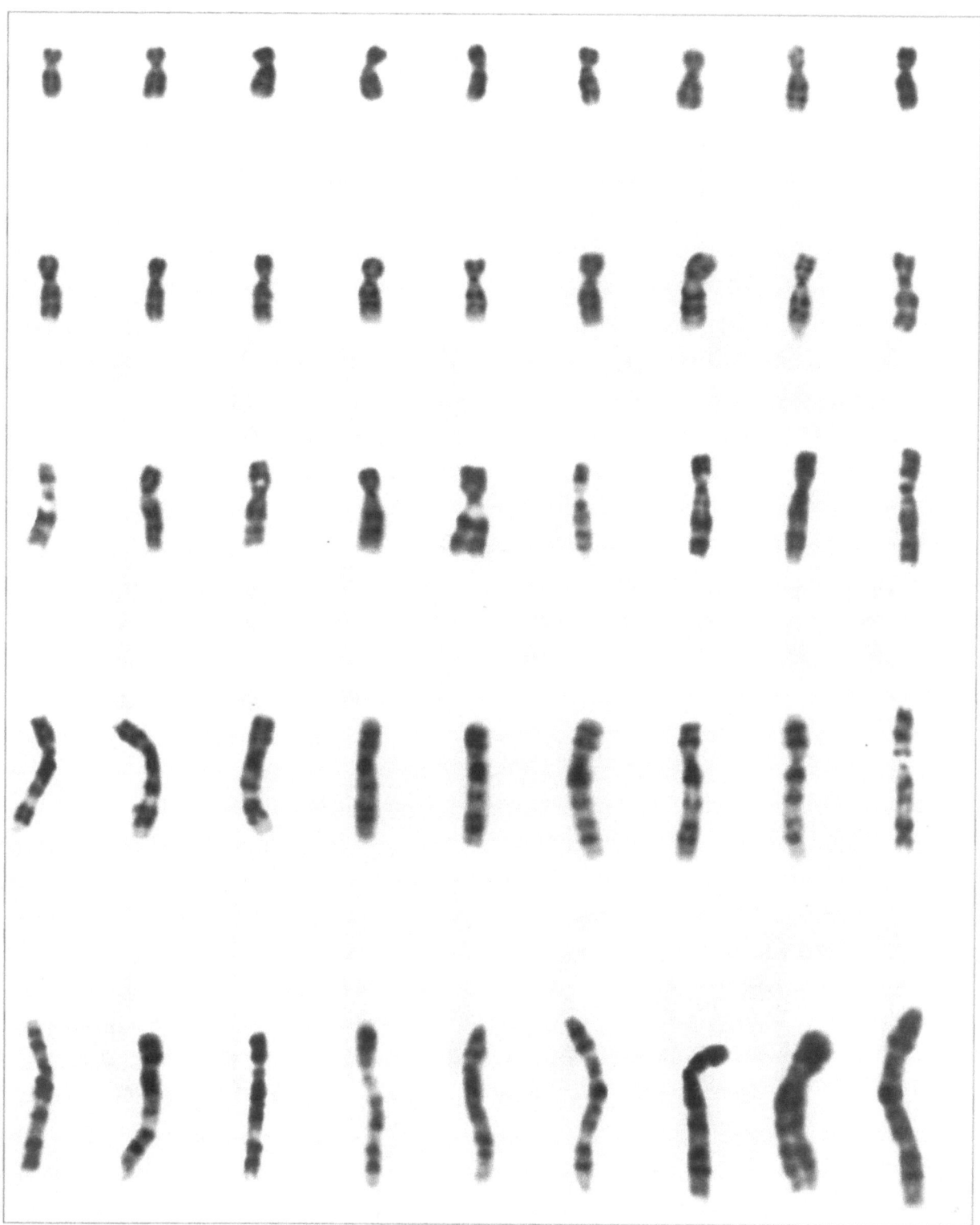

Cromosoma n. 9

Capitolo 3

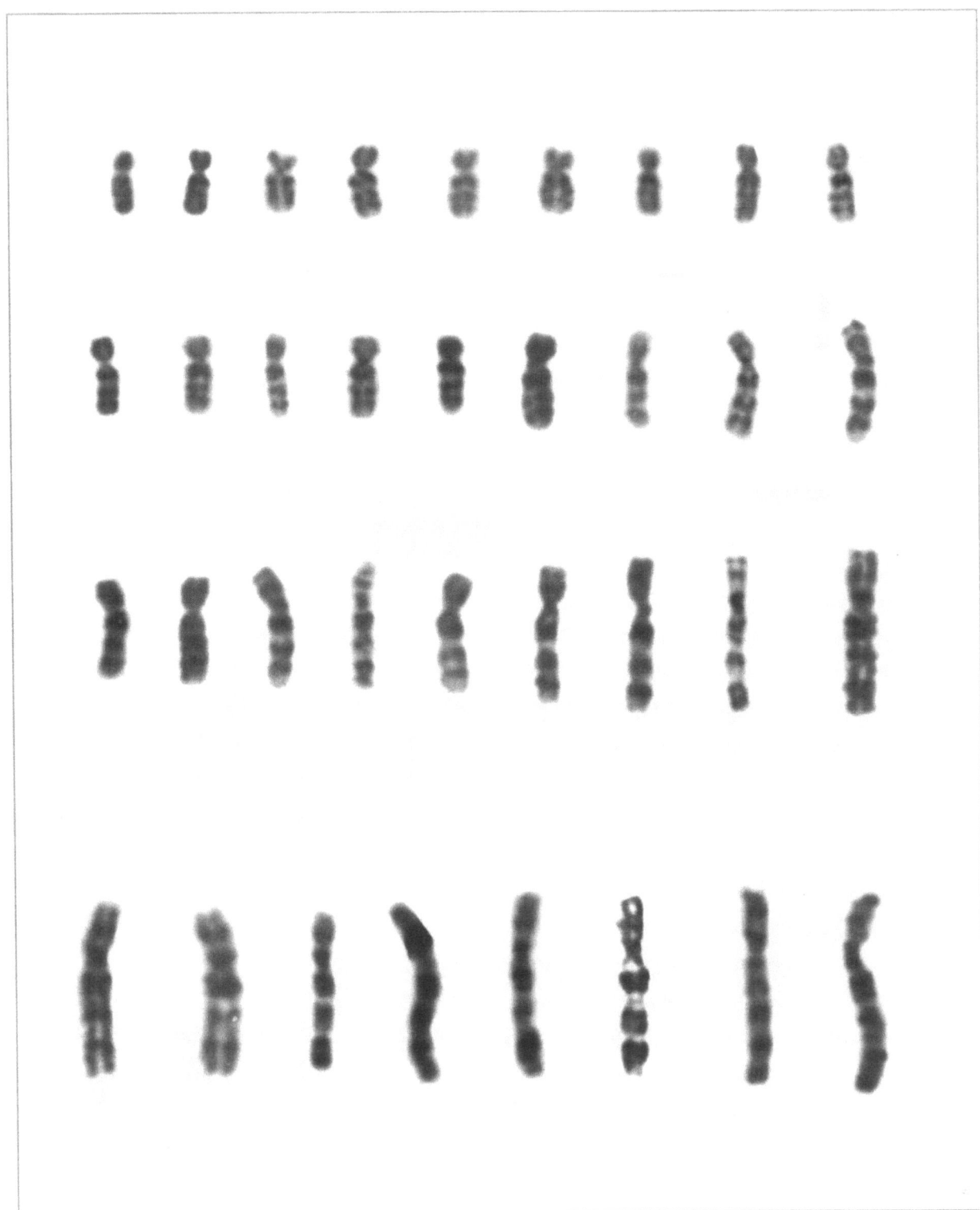

Cromosoma n. 10

Caratteristiche generali e tavole rappresentative dei cromosomi

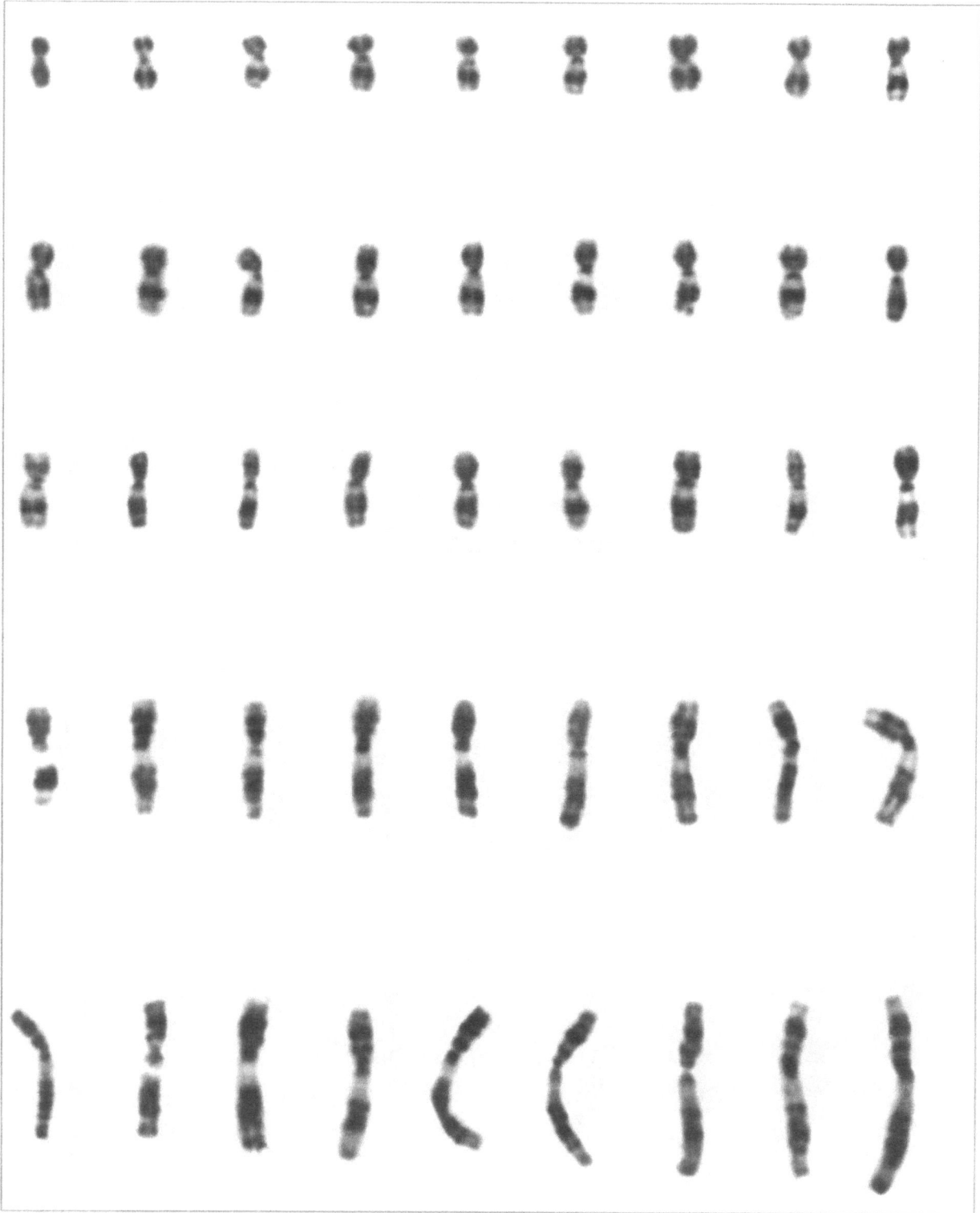

Cromosoma n. 11

82 Capitolo 3

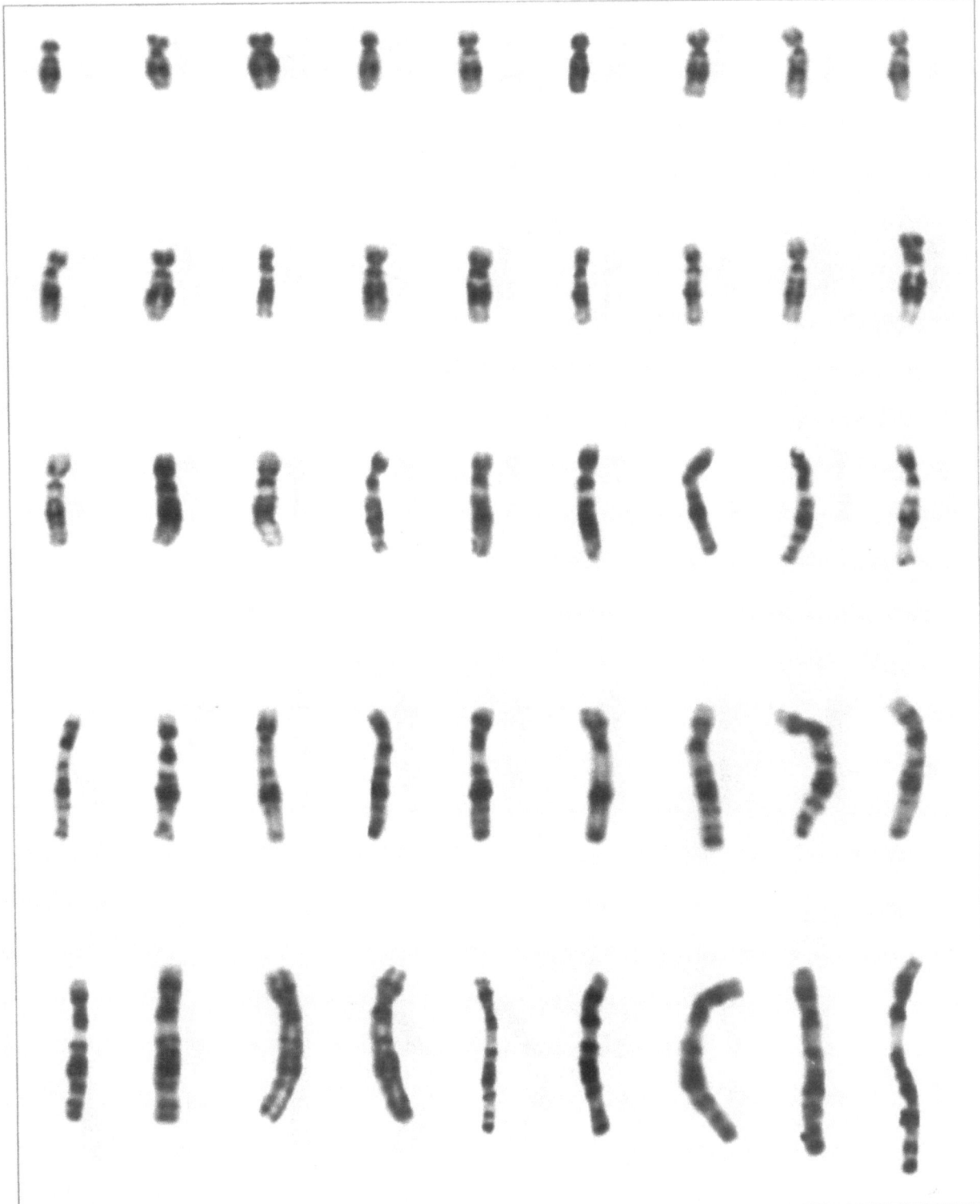

Cromosoma n. 12

Cromosoma n. 13

84   Capitolo 3

Cromosoma n. 14

Caratteristiche generali e tavole rappresentative dei cromosomi **85**

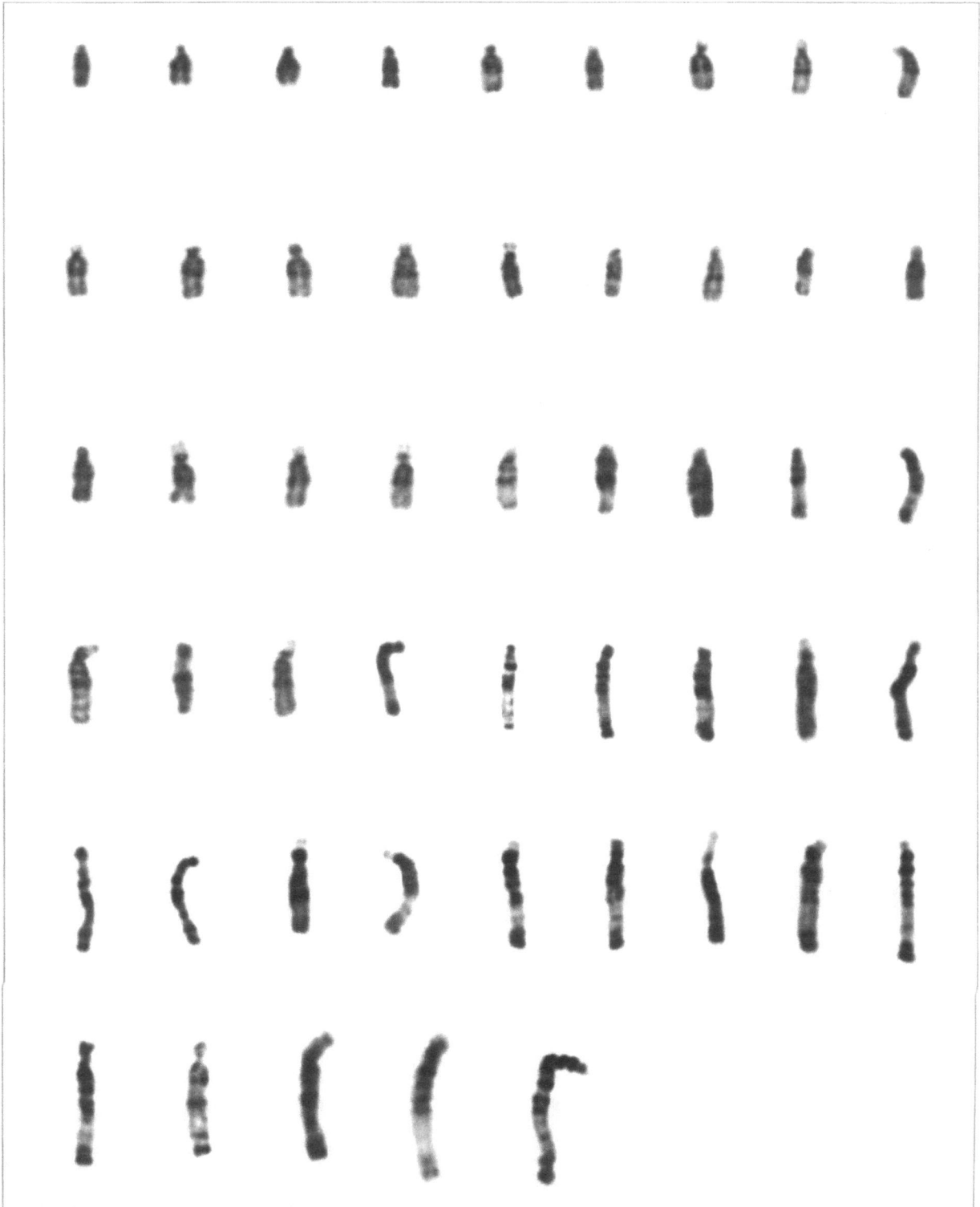

Cromosoma n. 15

86 Capitolo 3

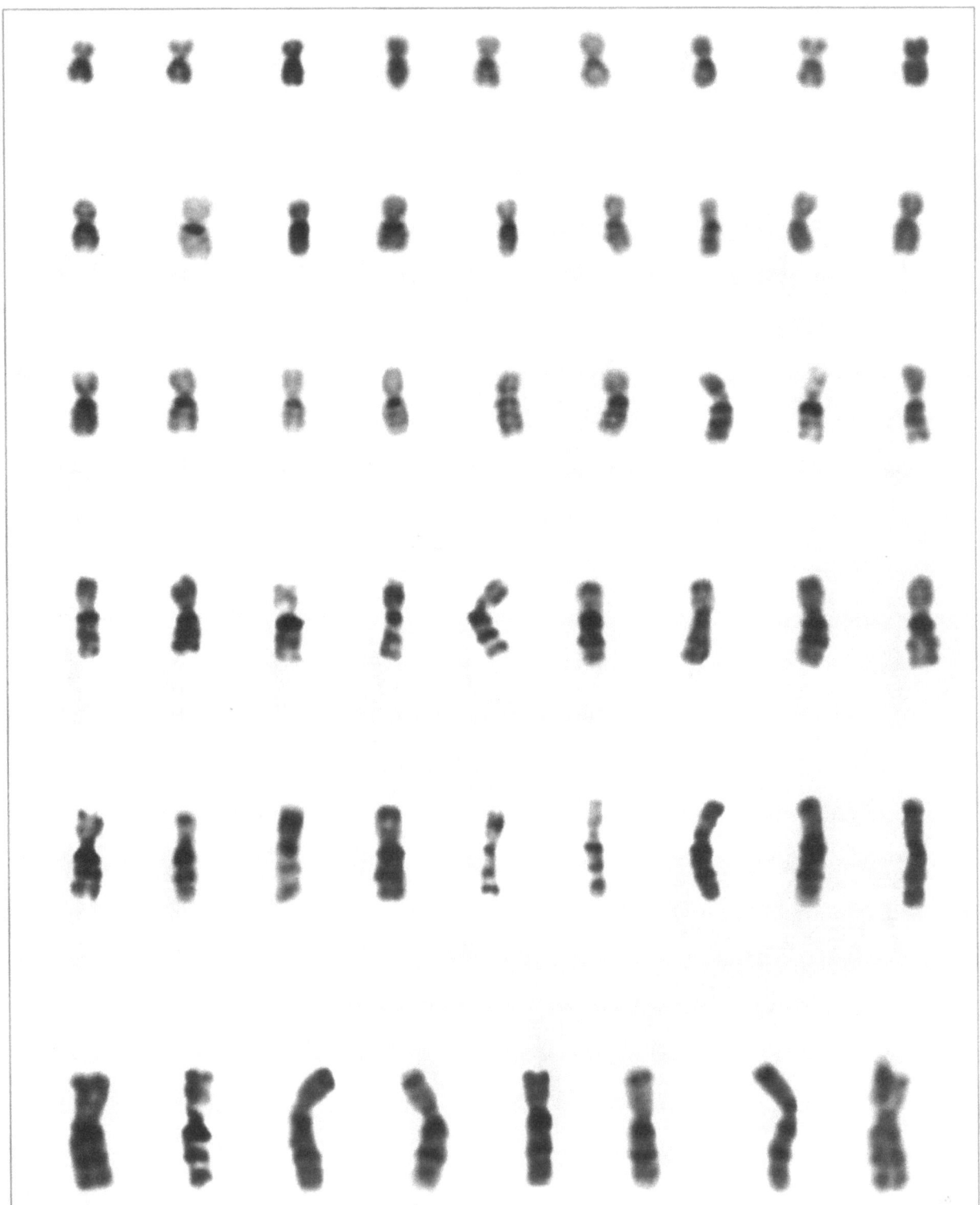

Cromosoma n. 16

Caratteristiche generali e tavole rappresentative dei cromosomi

Cromosoma n. 17

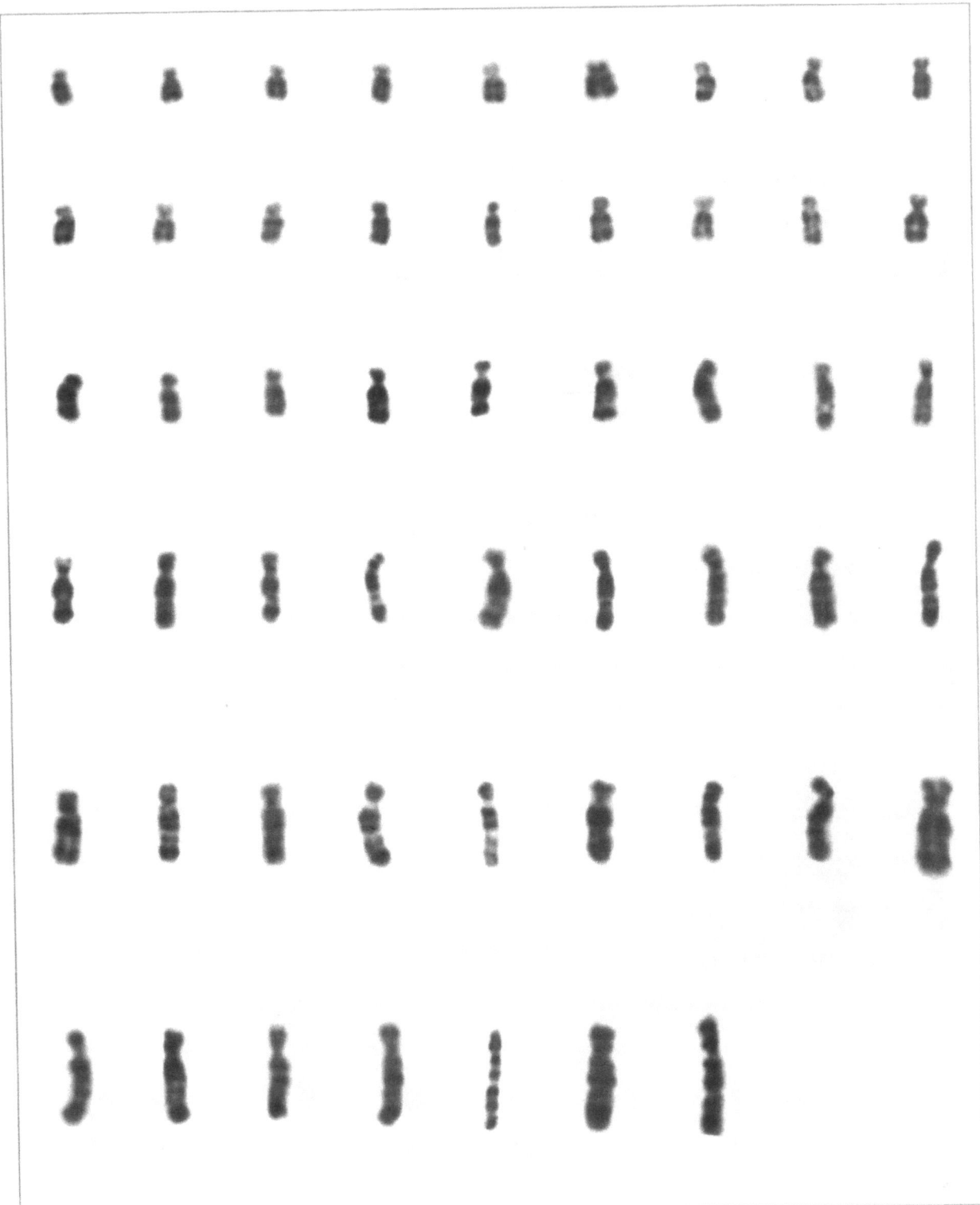

Cromosoma n. 18

Caratteristiche generali e tavole rappresentative dei cromosomi 89

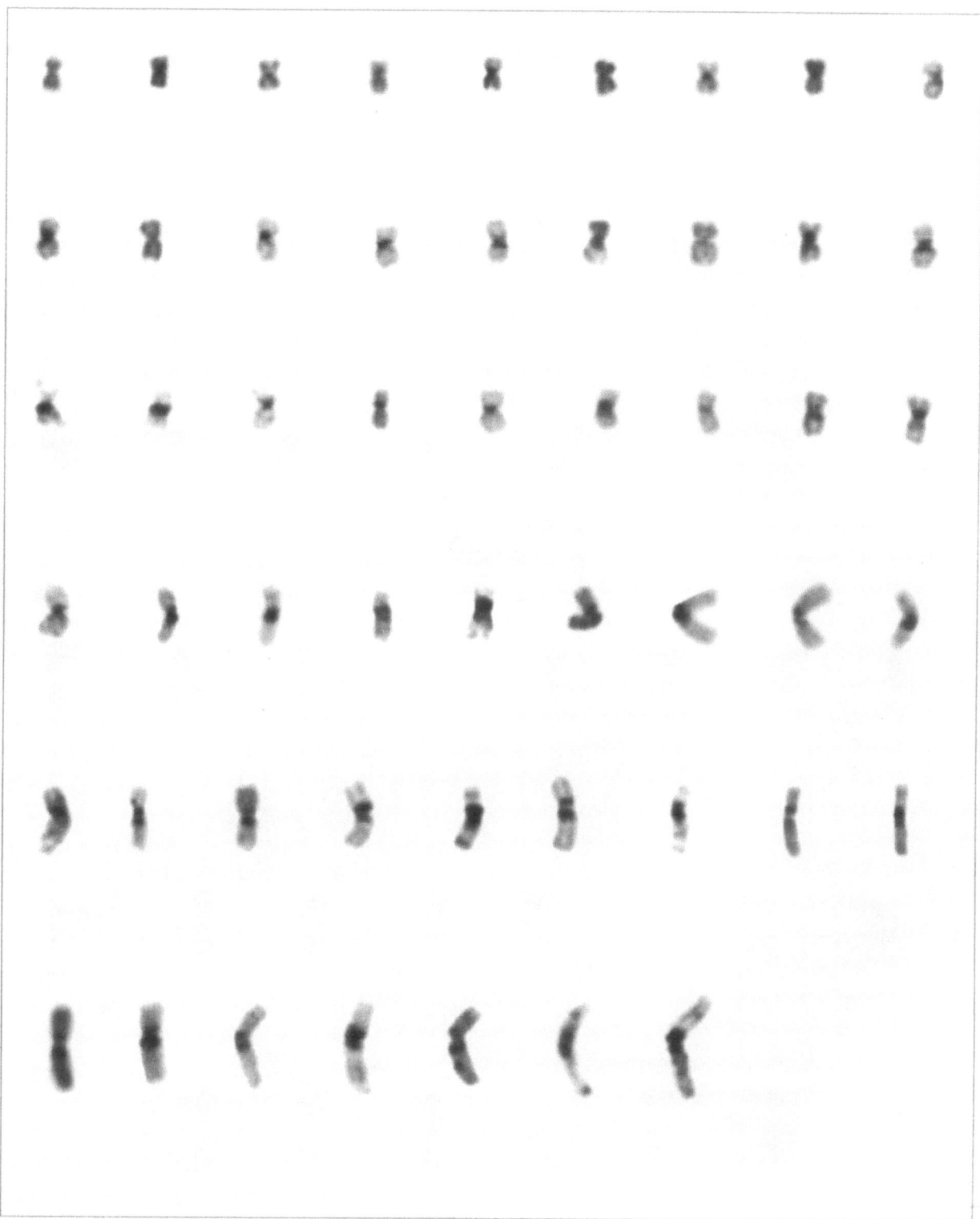

Cromosoma n. 19

Cromosoma n. 20

Caratteristiche generali e tavole rappresentative dei cromosomi **91**

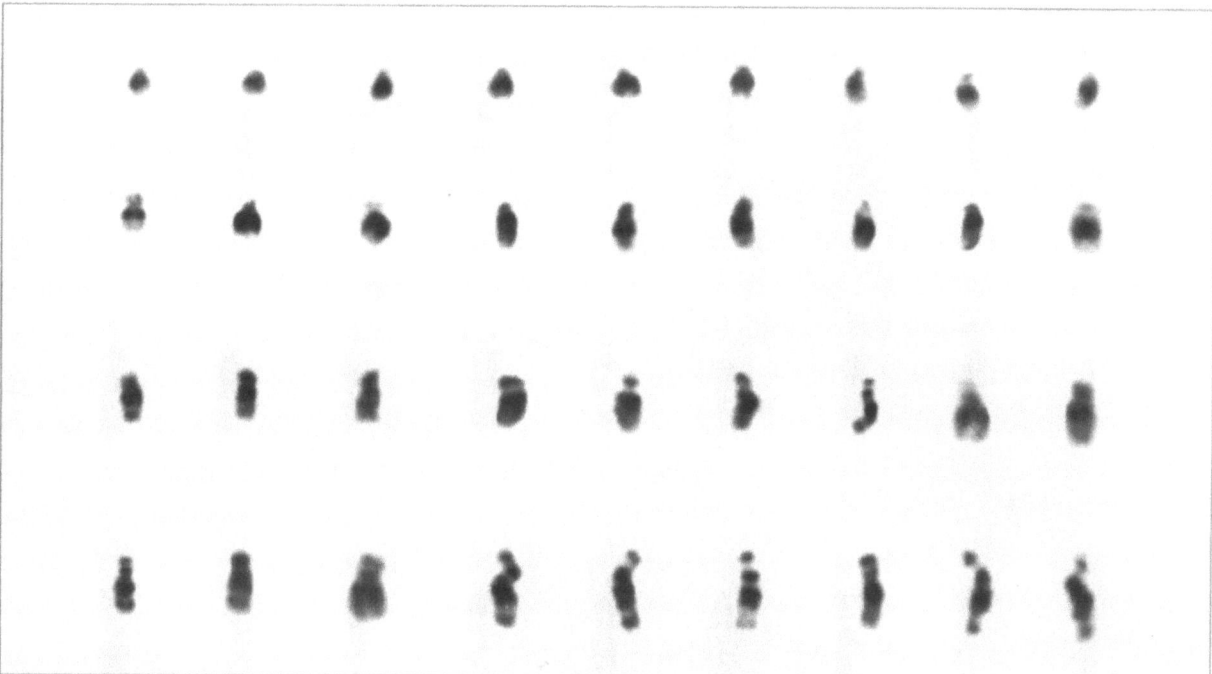

Cromosoma n. 21

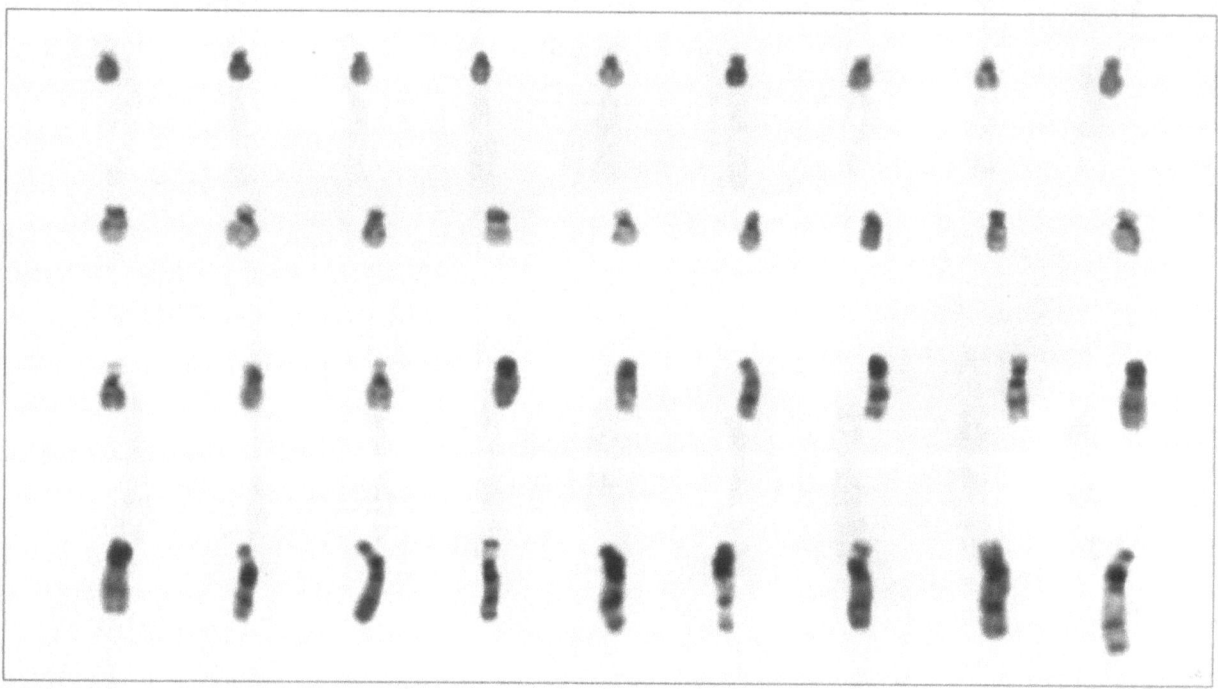

Cromosoma n. 22

Capitolo 3

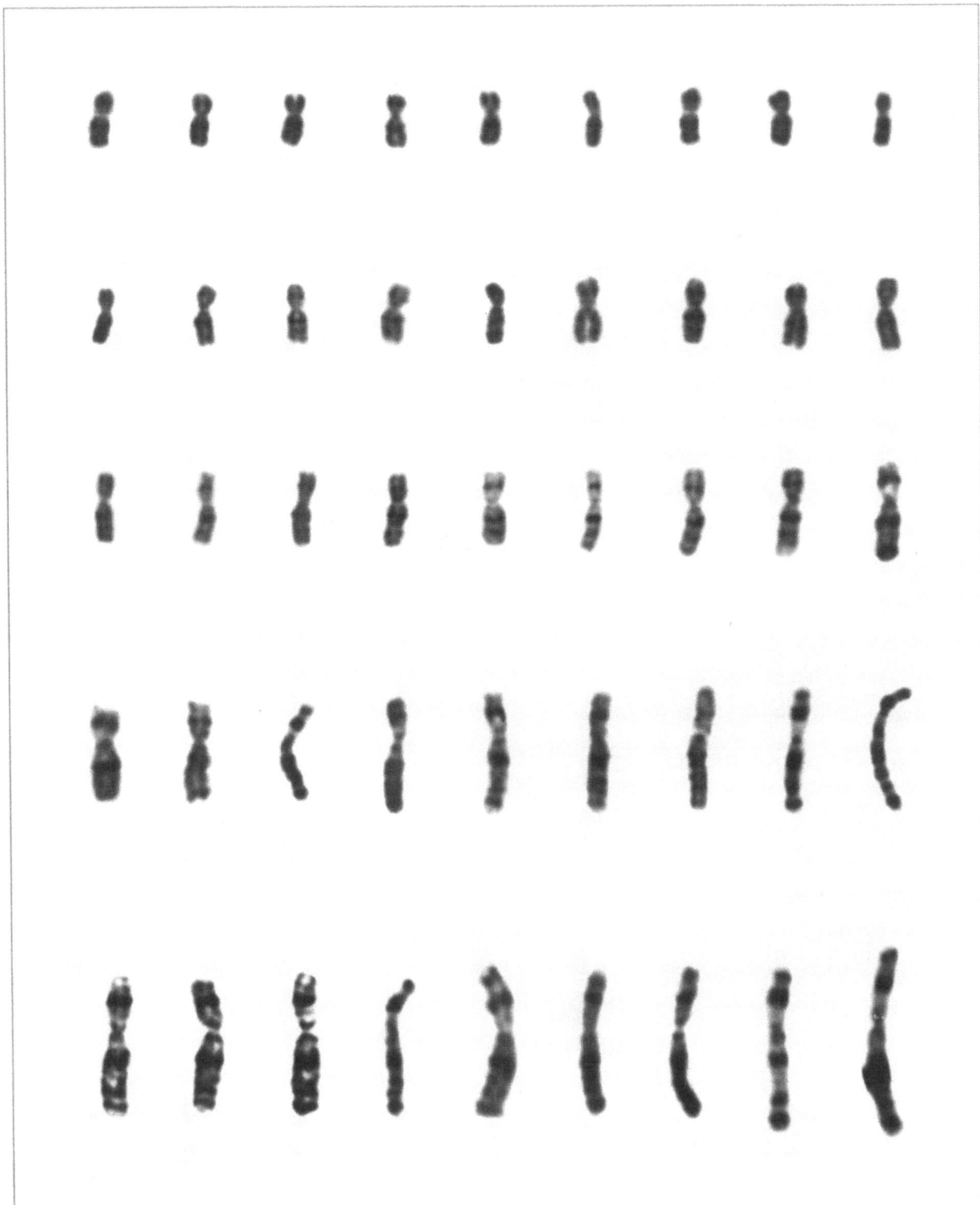

Cromosoma X

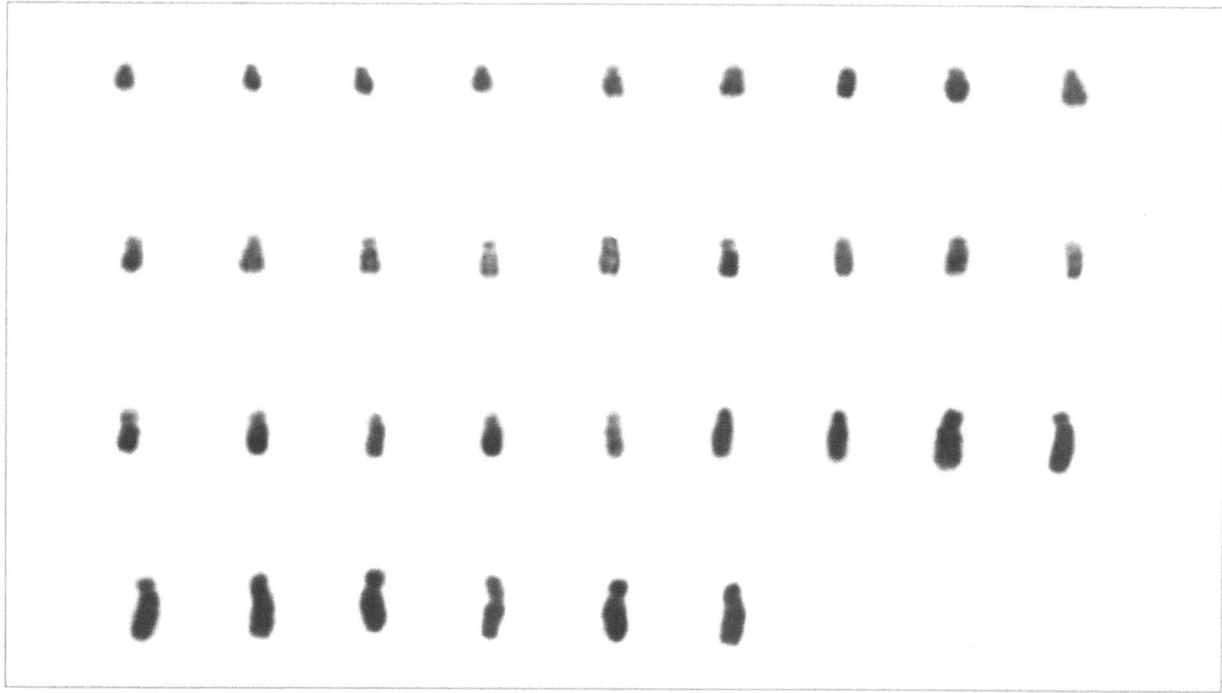

Cromosoma Y

3.3 Bibliografia

ISCN: An International System for Human Cytogentic Nomenclature. Cytogenetics and Cell Genetics (1995) Mitelman F (ed). S. Karger, Basel

Levine H (1971) Clinical Cytogenetics. Little, Brown and Company, Boston

CAPITOLO 4

Le anomalie numeriche dei cromosomi

4.1 Le poliploidie

Si definisce poliploide la cellula che, rispetto al corredo aploide (1n) e a quello diploide (2n), ha un numero di cromosomi multiplo (di solito 3n o 4n). La cellula aploide umana ha 23 cromosomi e quella somatica diploide ha 46 cromosomi; una cellula triploide ha 69 cromosomi (3n) ed una tetraploide 92 (4n).

Il range in cui il numero di cromosomi può variare per l'assetto diploide è 35~57; per quelle triploidi è 58~80; per le tetraploidi è 81~103.

Per l'uso del simbolo < > nelle poliploidie, v. paragrafo 1.5.1

Cellule poliploidi si possono trovare nelle seguenti condizioni:
- tumori solidi
- infezioni virali
- esposizione a radiazioni e sostanze chimiche
- corionepitelioma
- mola idatidiforme
- aborti spontanei
- feti plurimalformati.

Una doppia fertilizzazione, come pure la ritenzione del 2° corpo polare, può indurre poliploidia.

La poliploidia non riveste significato patologico se osservata nelle seguenti condizioni:
- in normali colture di linfociti, indotta dall'azione della fitoemoagglutinina (in percentuale però molto bassa);
- nelle cellule del midollo, dove rappresenta i megacariociti in divisione mitotica;
- in colture di cellule del liquido amniotico, dove spesso è espressione di mutazioni in vitro (pseudomosaicismi).

Da alcuni anni le ploidie sono riconosciute con la *flow cytometry analysis*, tecnica che consiste nel misurare la quantità del DNA contenuto nelle cellule. Questa tecnica è stata utilizzata anche per il riconoscimento di poliploidie e aneuploidie negli aborti spontanei, nella mola idatidiforme e per il confronto di popolazioni di cellule euploidi con cellule iperploidi. (C.T. Erel, 1996) (M. Hirose, 1999).

4.1.1 - Le triploidie

Si definisce triploide un cariotipo costituito da 69 cromosomi e (69,XXX; 69,XXY; 69XYY) (v. Fig. 4.1.1). Quando la triploidia avviene al momento della fertilizzazione, può originare con meccanismi diversi (v. paragrafo 7.11).

La dispermia. si ritiene essere la più frequente causa di triploidia (40%). La fertilizzazione dispermica di un uovo diploide produce zigoti tetraploidi (92 cromosomi).

Un cariotipo è definito ipotriploide se il numero dei cromosomi è >57<69; è invece ipertriploide se il numero è >69<81.

Esempio:
67,XXX,-8,-22
è una cellula ipotriploide con due copie dei cromosomi n.8 e 22.

Esempio:
72,XXX,+6,+12,+21
è una cellula ipertriploide con quattro copie dei cromosomi n.6,12 e 21.

Tra la 10° e la 14° settimana di gestazione, l'errore cromosomico può essere sospettato se è riscontrato aumento della traslucenza nucale (nuchal translucency), unitamente ad aumento di beta-hCG e di AFP, con riduzione invece di PAPP-A (pregnancy associated plasma protein A). Questo screening, utile anche per le trisomie 21, 18 e 13, consente di identificare il 90% di feti con triploidia (K. Spencer, 2000).

Si stima che l'1% dei concepimenti sia triploide (P. A. Jacobs, 1978). Una triploidia può essere classificata in due fenotipi, in base alla caratteristiche della placenta e dal modo come appare alla ultrasonografia (E. Jauniaux, 1996):
- il tipo I, più raro, con placenta multicistica e feto normalmente sviluppato; il set cromosomico aggiunto è di origine paterna (diandria)

Capitolo 4

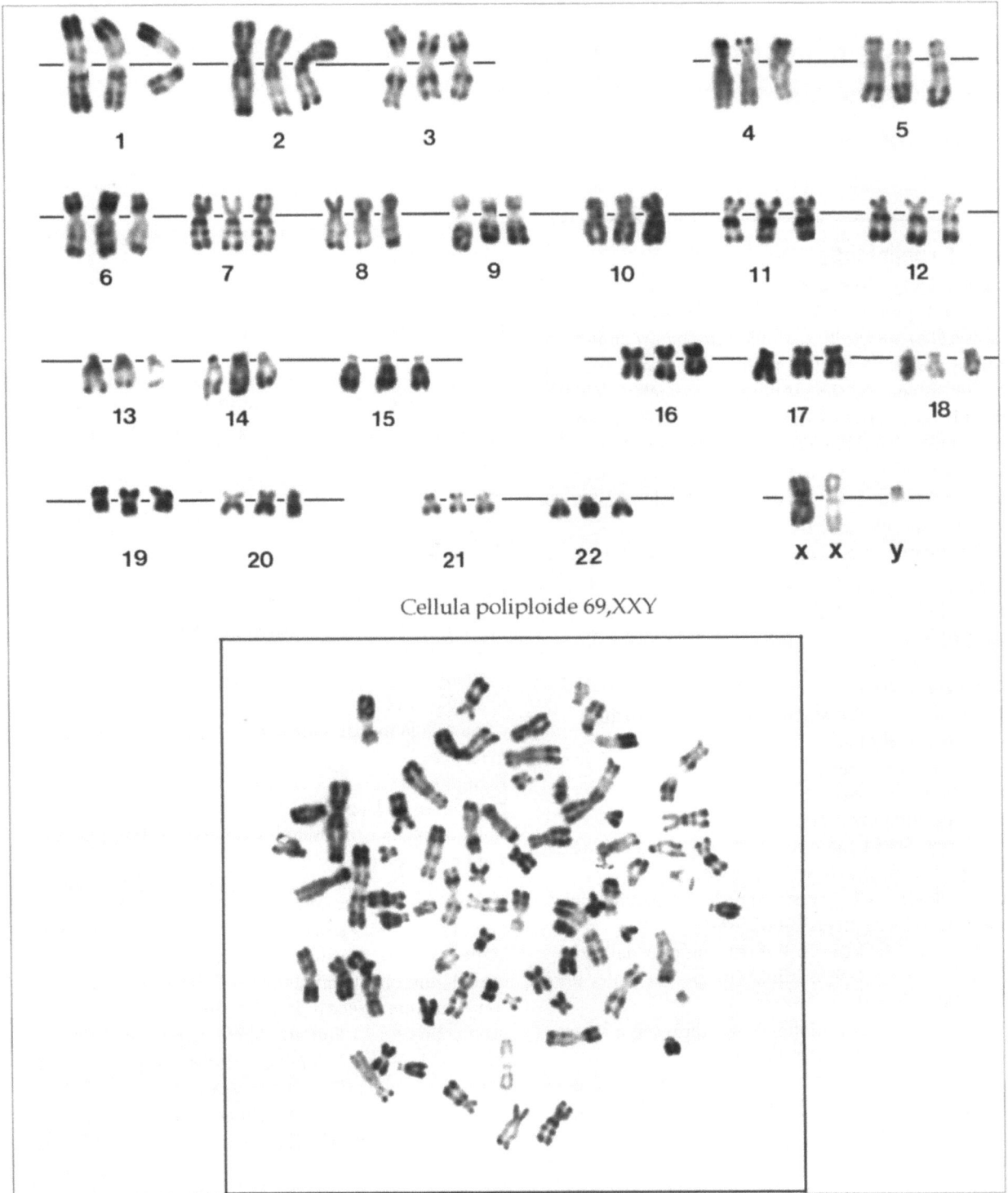

Fig. 4.1.1. Cariotipo 69,XXY (bandeggio RHG). Cariotipo e piastra metafasica triploide da neonato plurimalformato, deceduto in prima giornata (osservazione personale)

- il tipo II, più frequente, con placenta piccola e grave ritardo di crescita fetale; il set cromosomico aggiunto è di origine materna (diginia).

Una triploidia può essere alla origine di una mola idatidiforme incompleta (v. oltre).

Nella Ipomelanosi di Ito (malattia che ha notevoli somiglianze con la Incontinentia pigmenti) sono stati segnalati casi di mosaicismo cutaneo diploidia/triploidia.

Mola idatidiforme incompleta

Aborti triploidi (69,XXX o 69,XXY e più raramente 69,XYY) si trovano in più dell'80% di mola idatidiforme incompleta. È una malattia del trofoblasto, e si definisce incompleta o parziale per distinguerla da quella completa, dove il cariotipo è diploide ed è di esclusiva origine paterna (R. E. Bristow, 1996). La mola incompleta è formata sia da tessuto placentare cistico sia da tessuto embrionario o fetale; il feto presenta molto spesso anomalie strutturali e ritardo nella crescita (P. Vassilakos, 1997). La triploidia può essere causata da dispermia, per fertilizzazione cioè di un uovo (23,X) da parte di due spermi (23,X+23Y o 23,X+23,X); in passato si riteneva che il set aploide soprannumerario fosse sempre di derivazione paterna. Oggi sembra invece dimostrato che alla origine della triploidia la diginia sia ancor più frequente della diandria (D.E. McFadden, 1996)

Mola idatidiforme completa o totale

È caratterizzata da un assetto cromosomico diploide normale (46,XX o 46,XY) di derivazione esclusivamente paterna. Origina per fertilizzazione di un'ovocellula anucleata da parte di due spermatozoi (23,X+23,Y oppure 23,X+23,X). È quindi una disomia uniparentale paterna (v. paragrafo 7.13).

All'ecografia si ha un caratteristico quadro iperecogeno con all'interno molteplici aree lacunari.

Vi è possibilità d'evoluzione in coriocarcinoma fetale, rischio che è più elevato nella mola eterozigote (23,XX+23,XY) che in quella omozigote (23,XX+23,XX).

4.1.2 - Le tetraploidie

A differenza delle triploidie, le tetraploidie rappresentano quasi sempre eventi mitotici e risultano dalla non corretta divisione di una cellula diploide. Il numero dei cromosomi è 92,XXXX oppure 92,XXYY a seconda che l'origine sia da una cellula 46,XX o 46,XY (v. Fig. 4.1.2). Esistono anche poliploidie 92,XXXY o 92,XYYY: in

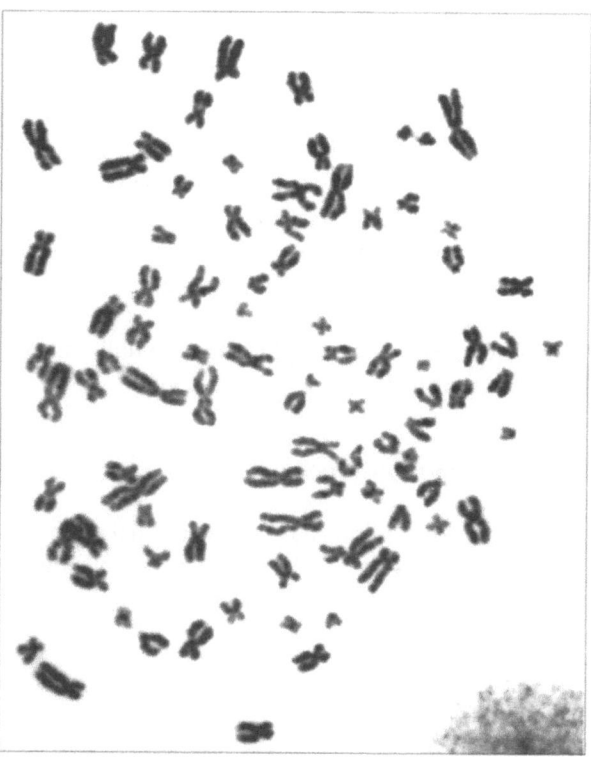

Fig. 4.1.2. Tetraploidia 92,XXYY (prodotto abortivo)

questi casi, piuttosto rari, l'origine non dipende da errore mitotico ma di fertilizzazione.

Il riscontro di qualche cellula tetraploide può avvenire anche in colture normali di linfociti, senza che il ritrovamento rivesta significato patologico se la percentuale non supera 1-2%.

Un cariotipo è definito ipotetraploide se il numero dei cromosomi è >80<92; è invece ipertetraploide se il numero è >92<103.

Esempi:
90,XXYY,-8,-22
ipotetraploidia con tre copie dei cromosomi n.8 e 22.
94,XXXX,+6,+12,+21,-22
ipertetraploidia con cinque copie dei cromosomi n.6,12,21 e con tre copie del cromosoma n.22.

Mosaicismo diploidia/tetraploidia.

Mentre una completa tetraploidia si osserva quasi esclusivamente in feti con sviluppo non superiore a tre mesi, sono stati segnalati casi di neonati plurimalformati, di entrambi i sessi, con mosaicismo 46/92.

Questo particolare quanto insolito mosaicismo si verifica quando, durante le prime divisioni mitotiche, una cellula di blastomero replica senza che segua la divisione della cellula stessa.

La valutazione di rischio per il feto non è sempre agevole, in quanto i dati riportati in letteratura sono scarsi e discordanti: alcune volte il mosaicismo era associato a malformazioni del feto (E. Quiroz, 1985); in altri casi invece il neonato aveva fenotipo normale. La diversità d'espressione fenotipica dipende dalla percentuale delle cellule tetraploidi che può essere variabile, dipendendo dall'epoca d'insorgenza dell'errore: più è precoce, maggiore è la presenza nei tessuti del clone anomalo. Se tardivo, il mosaicismo può trovarsi solo in qualche tessuto (ad esempio midollo osseo), e mancare negli altri (D. J. Aughton, 1988).

4.1.3 - Endoreduplicazione

È la condizione in cui alla duplicazione dei cromosomi non fa seguito la migrazione degli stessi nelle due cellule figlie. La cellula risulterà pertanto poliploide (v. Fig. 4.1.3).

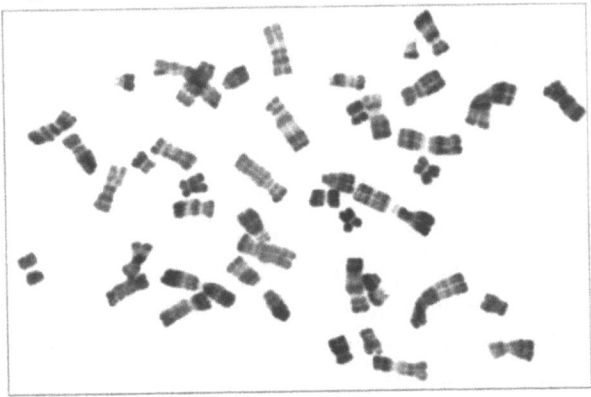

Fig. 4.1.3. Cellula con endoduplicazione. La condizione è definita polisomia o endomitosi. Il numero dei cromosomi è 46, ma ogni cromosoma è costituito da 4 cromatidi, per cui il DNA della cellula è 4n

Può riscontrarsi con bassa frequenza nelle colture di sangue periferico (da 1:200 a 1:1000 divisioni) senza rivestire alcun significato patologico. Una incidenza più elevata d'endoreduplicazioni si osserva nelle sindromi da instabilità cromosomica (v. paragrafo 5.13).

4.2 Le aneuploidie

Le aneuploidie rappresentano le più frequenti aberrazioni cromosomiche numeriche. Sono provocate, in corso di divisione della cellula, dalla anomala distribuzione dei cromosomi per non avvenuta disgiunzione. Ciò può accadere tanto in fase di riduzione meiotica (v. paragrafo 7.1) che in postzigosi (v. paragrafo 4.7). Ne deriva che delle due cellule figlie, una riceve entrambi i cromosomi di una coppia (cellula iperdiploide), mentre l'altra nessuno (cellula ipodiploide).

L'evento di non disgiunzione può verificarsi in prima o in seconda divisione meiotica o anche, più raramente, in entrambe le fasi riduzionali.

Una cellula con aberrazioni numeriche, se fecondata, può dare zigoti monosomici, trisomici, tetrasomici, pentasomici, ecc.

Le monosomie degli autosomi sono quasi sempre incompatibili con la vita, per cui si trovano solo su prodotti abortivi. Le trisomie di alcuni autosomi (n.21, 13, 18, 8) possono invece consentire sopravvivenza pur se a volte limitata.

La trisomia del cromosoma n.21 comporta la sindrome di Down. La trisomia 13 (sindrome di Patau) e la trisomia 18 (sindrome di Edwards) essendo associate a gravi malformazioni, inducono morte precoce.

La trisomia del cromosoma n.8 induce una ben definita sindrome clinica, spesso compatibile con la sopravvivenza.

A differenza di quelle autosomiche, le aberrazioni numeriche dei cromosomi del sesso, tutt'altro che rare (2,1 su 1000 nati maschi e 1,6 su 1000 nate femmine), sono compatibili quasi sempre con una normale sopravvivenza; le ripercussioni sul fenotipo sono variabili ma mai gravi, mentre la capacità riproduttiva è quasi costantemente compromessa.

Nella formulazione di un cariotipo aneuploide per acquisite anomalie numeriche dei cromosomi sessuali, l'anomalia è indicata col segno + o con quello -.

Esempi:
46,XX/47,XXX

indica femmina con mosaicismo. Una linea cellulare ha triplo X. Il disordine è costituzionale.

46,XX/47,XX,+X

indica un mosaicismo. Un clone cellulare ha un cromosoma X addizionale acquisito; il disordine non è dunque costituzionale (ad esempio, cellula da tessuto tumorale).

In una femmina un tessuto tumorale con cariotipo ipodiploide per perdita di un cromosoma X non è formulato 45,X bensì 45X,-X. Se il soggetto è un maschio il cariotipo del tessuto tumorale sarà indicato 45,Y,-X. Per evitare confusioni, le anomalie costituzionali sono fatte seguire dalla lettera c (costituzionale).

Esempi:
48,XXXc,+X
cromosoma X acquisito aggiunto in paziente con triplo X.
La lettera c è ugualmente impiegata nelle aneuploidie acquisite degli autosomi.
48,XY,+21c,+8
cromosoma acquisito n.8 extranumerario in paziente con sindrome di Down.
48,XX,+marc,+mar
cromosoma marcatore acquisito in paziente che possiede già un marker costituzionale.

4.3 I diversi modelli di trisomia 21 nella sindrome di Down

La trisomia libera è osservata nel 95% dei casi; le fusioni centriche, per traslocazione robertsoniana in meno del 4% mentre i mosaicismi sono il 2% (Fig. 4.3 a).
La più frequente traslocazione robertsoniana che coinvolge il cromosoma n.21 e che può dare origine alla trisomia 21 è la 14q21q (un terzo di tutte le fusioni centriche); nel 40% dei casi uno dei due genitori è portatore della traslocazione in forma bilanciata (Fig. 4.3 b).
L'osservazione di un Down con trisomia 21 da traslocazione 21q21q deve indurre all'esame del cariotipo dei genitori; se uno è portatore di traslocazione bilanciata 21q21q, può avere solo concepimenti trisomici

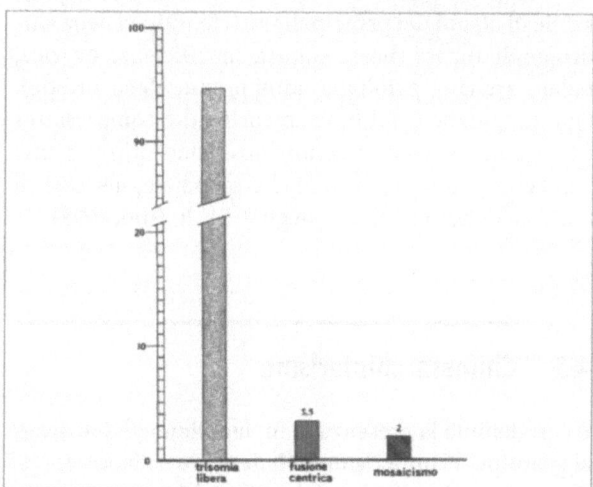

Fig. 4.3 a. La più frequente aberrazione cromosomica nelle sindrome di Down è la trisomia libera (95%); seguono le traslocazioni robertsoniane (3.5%) ed i mosaicismi (2%). Riarrangiamenti di altro tipo sono molto rari

(sindrome di Down) o monosomici (aborti).
Sul rapporto tra l'età materna e frequenza della sindrome di Down vedi paragrafo 6.2.
Si ritiene che non meno del 3% di Down con trisomia 21 libera siano generati da portatori di un mosaicismo asintomatico (46/47,+21) (v. paragrafo 4.6).

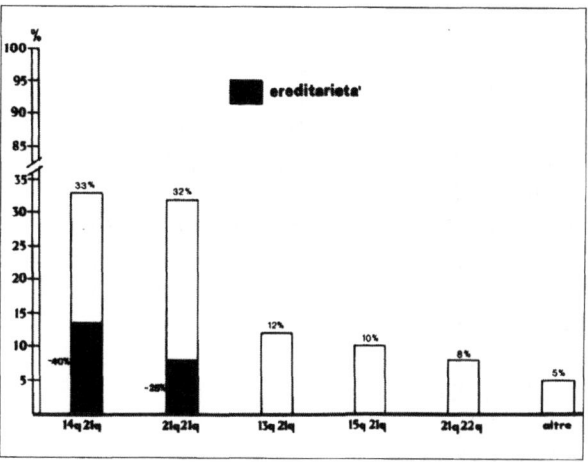

Fig. 4.3 b. Le trisomie del cromosoma n.21 per traslocazioni robertsoniane sbilanciate rappresentano circa il 4% di tutte le sindromi di Down. Le più frequenti sono dovute a traslocazione 14;21 che, in più di un terzo dei casi, risulta familiare

4.4 Le principali anomalie numeriche dei cromosomi del sesso

Vengono qui riportate le seguenti patologie:
1) aneuploidie;
2) mosaicismi;
3) aberrazioni strutturali.

4.4.1 - Le più frequenti aneuploidie

monosomie:
45,X (la monosomia 45,Y è letale)

trisomie:
    47,XXX
    47,XXY
    47,XYY

tetrasomie:
    48,XXXX
    48,XXXY
    48,XXYY
    48,XYYY
    48,XYYY

pentasomie:
    49,XXXXX
    49,XXXXY
    49,XXXXY

4.4.2 - I mosaicismi

Due linee cellulari:
45,X/46,XX   47,XXY/47,XYY
45,X/46,XY   47,XXY/48,XXXY
45,X/47,XXX   47,XXY/48,XXYY
45,X/47,XXY   47,XYY/48,XXYY
45,X/48,XXXY   47,XYY/48,XYYY
45,X/48,XYYY   48,XXXY/49,XXXXX
45,X/49,XYYYY   48,XXXY/49,XXXXY
46,XX/46,XY   48,XXXX/49,XXXXX
46,XX/47,XXY
46,XX/47,XXX
46,XX/47,XXY
46,XX/47,XYY
46,XY/48,XXXY
46,XX/48,XXYY

Tre linee cellulari:
45,X/46,XX/47,XXX
45,X/46,XX/47,XXY
45,X/46,XY/47,XXY
45,X/46,XY/47,XYY
46,XX/46,XY/47,XXY
46,XY/47,XXY/48,XXXY
46,XY/47,XXY/48,XXYY
46,XX/47,XXY/49,XXYYY
48,XXXY/49,XXXXY/50,XXXXXY
48,XXXY/49,XXXXY/50,XXXXYY

Quattro linee cellulari:
45,X/46,XX/47,XXX/48,XXXX
45,X/46,XX/46,XY/47,XXY
45,X/46,XY/47,XXY/47,XYY

4.4.3 - Le aberrazioni strutturali più frequenti (spesso a mosaico con altri cloni, normali o aberranti)

1) Delezioni
2) Traslocazioni del tipo X/X, X/Y, X/autosoma
3) Cromosoma ad anello
4) Cromosoma dicentrico
5) Debole fluorescenza (limitatamente al cromosoma Y)

4.4.4 - Citogenetica nel fenotipo Turner

45,X (più del 50% dei casi?)
45,X/46,XX
46,X,i(Xq)
45,X/46,X,r(X)
45,X/46,XY
46,X,Xp- (rare)
46,X,t(X;autosoma) (rare).

I quadri clinici sono variabili, a seconda del numero e del tipo dei cromosomi interessati; si possono pertanto avere sindromi Turner-simile (Turner-like) o Klinefelter-simile, pseudoermafroditismi maschili o femminili, oltre a costante o quasi costante sterilità.
La condizione di mosaicismo 45,X/46,XY dà luogo a disgenesia gonadica. Se associata ad ambiguità dei genitali o a fenotipo femminile, comporta alto rischio di degenerazione tumorale della ghiandola disgenetica.
Quanto alla sindrome di Turner con cariotipo 45,X, è stato dimostrato che ad un esame più approfondito oltre la metà dei casi risultano mosaicismi 45,X/46,XX o più di rado 45,X/46,XY. Queste nuove acquisizioni non sono prive di significato pratico, e spiegherebbero i casi noti già in passato di fertilità in donne con la sindrome (A. Mavel, 1980) (M. M. Baudier, 1985) (L. Meyer, 1989).
Nella sindrome di Turner è stato possibile stabilire, con lo studio dei polimorfismi molecolari, che l'errore di divisione è nell'80% dei casi di origine paterna. Nel caso della sindrome di Klinefelter prevale invece l'errore materno (60% dei casi).
Sul cromosoma X è stata riconosciuta una regione critica comprendente uno o forse più loci genici, responsabile di alcuni dei principali tratti fenotipici della sindrome di Turner (bassa statura, insufficienza ovarica, palato arcuato, patologia autoimmune della tiroide). Questa regione è sul braccio corto ed è compresa tra p11.2 e p22.1. Queste conoscenze sono utili per una valutazione prognostica, anche prenatale, nei casi di parziale delezione di uno degli X (A. R Zinn, 1998)

4.5 Chimera, chimerismo

È così definita la presenza in un individuo di due diversi genotipi. Il chimerismo può derivare dalla fusione di due zigoti, nel qual caso si definisce chimerismo zigotico, oppure dalla fusione di due embrioni (gemelli dizigoti) in fase però precocissima dello sviluppo, e si definisce chimerismo post-zigotico.

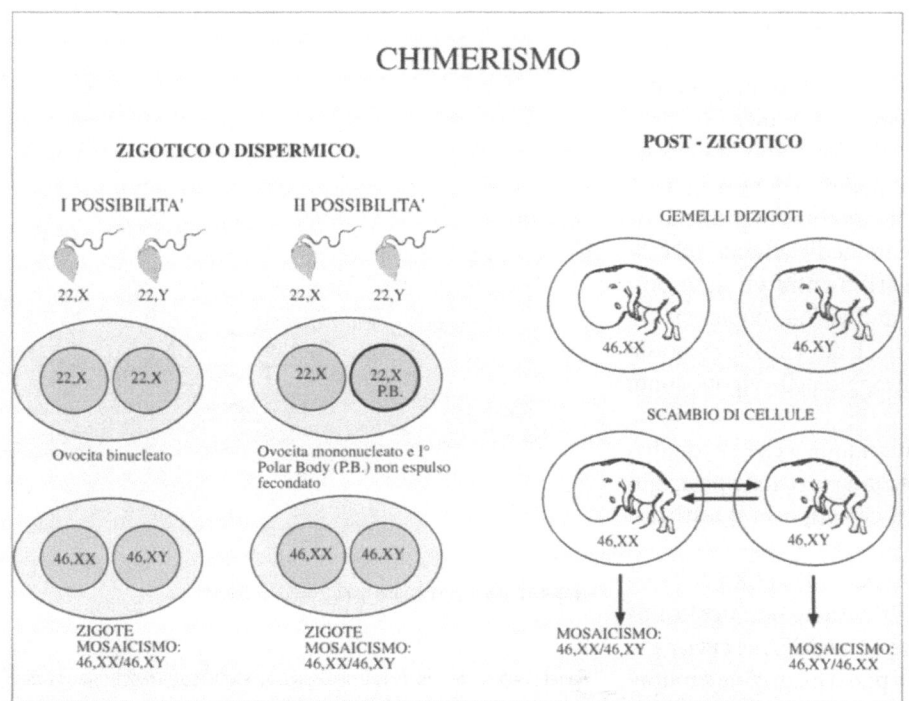

Fig. 4.5. Modelli di chimerismo zigotico e post-zigotico

Un tipo di transitorio chimerismo si ha nelle trasfusioni postnatali, per trasfusione materno-fetale e nei trapianti midollari.

L'ermafroditismo vero con cariotipo 46,XX/46,XY costituisce un modello di chimerismo per anomalo concepimento, per cui è zigotico o dispermico.

Quando il chimerismo non interessa tutte le cellule, ma si limita ad un solo tessuto (per esempio quello emopoietico), è post-zigotico in quanto dovuto a mutuo scambio di cellule staminali emopoietiche circolanti tra gemelli dizigoti, attraverso anastomosi placentari (v. Fig. 4.5).

4.6 Mosaicismi (mixoploidie) e pseudomosaicismi

Definizione ed origine

Si definisce mosaicismo la presenza contemporanea di due o più linee cellulari, differenti tra loro per numero o per struttura dei cromosomi, che discendono da una comune cellula zigote. Nel paragrafo 4.7 sono schematizzati gli errori di percorso nella divisione postzigotica e che sono alla base dei mosaicismi.

L'evento o gli eventi che inducono un mosaicismo sono infatti sempre postzigotici, in quanto occorrono nelle prime fasi di divisione dell'uovo fertilizzato, per non disgiunzione mitotica o per anafase tardiva.

Lo pseudomosaicismo indica invece la presenza nelle colture cellulari d'anomalie strutturali o numeriche occorse per mutazioni in vitro, e che quindi non trovano riscontro nelle cellule della persona cui appartengono le cellule coltivate.

Lo studio citogenetico può dimostrare, in tessuti differenti (ad esempio linfociti del sangue periferico e fibroblasti) proporzioni diverse delle due o più popolazioni cellulari. Anche i tempi di coltivazione (48 h o 72 h) e le condizioni di crescita (terreni differenti) possono essere alla base delle diverse percentuali riscontrate su uno stesso tessuto studiato.

La diagnosi differenziale tra un mosaicismo vero e uno pseudomosaicismo è molto importante in gravidanza, in quanto il primo può indurre anomalie del fenotipo nel feto, laddove uno pseudomosaicismo non riveste alcun significato patologico.

Il mosaicismo più frequente tra gli autosomi, è quello del cromosoma n. 21. Di fatto circa il 2% delle sindromi di Down presenta un corredo cromosomico a mosaico 46/47+21 (v. Fig. 4.3a). I mosaicismi per il cromosoma n. 21 potrebbero essere anche più numerosi del previsto, poiché non è improbabile che diversi casi sfuggano al riconoscimento, se nel tessuto in esame la linea cellulare anomala è in percentuale molto bassa. Il fenotipo indotto dai mosaicismi è variabile, ma di solito presenta espressività clinica minore.

È stato ipotizzato che nel 3% delle coppie con un figlio Down, uno dei genitori abbia un mosaicismo, indipendentemente dalla loro età al concepimento (D. J. Harris, 1982; Diagnostica Citogenetica. Consensus 1995). Il dato, se confermato, non sarebbe senza significato e suggerirebbe un accurato esame delle coppie che hanno generato un figlio Down. L'opportunità dell'esame dei genitori viene anche dalla maggiore incidenza di traslocazioni robertsoniane nei genitori di Down con trisomia 21 libera.

A differenza dei mosaicismi degli autosomi, quelli dei cromosomi sessuali (che rappresentano quasi la metà di tutti i mosaicismi) di solito non arrecano importanti anomalie nel fenotipo. Essi possono dare origine, a seconda che la non disgiunzione avvenga in prima divisione postzigotica o in quelle immediatamente successive, a due o tre linee cellulari, mentre gli autosomi seguono il normale processo di divisione euploide.

Le più comuni forme di mosaicismo che derivano da non disgiunzione al primo clivaggio dello zigote, sono: 45,X/47,XXX e 45,X/47,XYY.

Un riscontro di tre linee cellulari indica che la non disgiunzione è avvenuta nella seconda divisione postzigotica o in quella successiva; il cariotipo in questi casi può essere:

45,X/46,XX/47,XXX oppure 45,X/46,XY/47,XYY.

Un'anafase ritardata in prima divisione postzigotica dà un mosaico 45X/46,XX oppure 45,X/46,XY; se avviene in seconda divisione postzigotica può dare origine a mosaicismi del seguente tipo: 45,X/46,XX/47,XXX oppure 45,X/46,XY/47,XYY, a seconda che lo zigote sia 46,XX o 46,XY.

Il chimerismo può essere considerato una forma particolare di mosaicismo.

Poiché la percentuale rappresentativa di una linea cellulare anomala può essere variabile, è importante nelle mixoploidie considerare il rischio che un clone cellulare minore possa sfuggire all'analisi. Bisogna perciò conoscere quale è il numero minimo di cellule che va esaminato affinché possa essere escluso un mosaicismo. A tale scopo sono stati applicati metodi statistici basati sulla distribuzione binomiale e sulla distribuzione di Poisson. Nella Tabella 4.6 e nella Fig. 4.6b è riportato il numero minimo di cellule che si devono analizzare per essere sicuri che non sfuggano mosaicismi anche con bassa rappresentatività cellulare: quanto più il mosaicismo è basso, tanto più deve essere elevato il numero di cellule da analizzare; ad esempio, la probabilità di non riconoscere una linea cellulare rappresentativa del 15% del totale, è trascurabile (indice fiduciario=0,99) se sono contate almeno 30 cellule, laddove occorre contarne circa 150 per escludere che sia sfuggito al controllo un mosaicismo (E.B. Hook, 1977) (A. Milunsky, 1992).

Va tenuto presente che la percentuale di un clone anomalo può diminuire con gli anni.

Il ciclo cellulare di una linea abnorme può essere più lento delle corrispondenti linee normali; è opportuno,

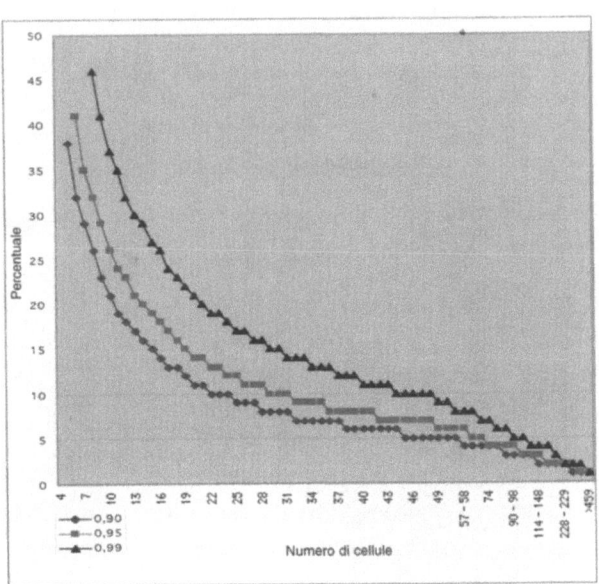

Fig. 4.6b. Rappresentazione grafica della Tabella 4.6

Tabella. 4.6. Numero di cellule necessario ad escludere un mosaicismo (ai diversi livelli di confidenza). Da A. Milunsky, 1992

n. Cellule	0,90	0,95	0,99	n. Cellule	0,90	0,95	0,99
4				36	7	8	13
5	38			37	7	8	12
6	32	41		38	6	8	12
7	29	35		39	6	8	12
8	26	32	46	40	6	8	11
9	23	29	41	41	6	8	11
10	21	26	37	42	6	7	11
11	19	24	35	43	6	7	11
12	18	23	32	44	6	7	10
13	17	21	30	45	5	7	10
14	16	20	29	46	5	7	10
15	15	19	27	47	5	7	10
16	14	18	26	48	5	7	10
17	13	17	24	49	5	6	9
18	13	16	23	50 55	5	6	9
19	12	15	22	56	5	6	8
20	11	14	21	57 - 58	4	6	8
21	11	14	20	59 - 63	4	5	8
22	10	13	19	64 - 73	4	5	7
23	10	13	19	74	4	4	7
24	10	12	18	75	4	4	6
25	9	12	17	76 - 89	3	4	6
26	9	11	17	90 - 98	3	4	5
27	9	11	16	99 - 112	3	3	5
28	8	11	16	113	3	3	4
29	8	10	15	114 - 148	2	3	4
30	8	10	15	149 - 151	2	2	4
31	8	10	14	152 - 227	2	2	3
32	7	9	14	228 - 229	2	2	2
33	7	9	14	230 - 298	1	2	2
34	7	9	13	199 - 458	1	1	2
35	7	9	13	>459	1	1	1

quando si sospetta un mosaicismo, condurre colture a 48-h e 72-h.

Per il riconoscimento dei mosaicismi e degli pseudo-mosaicismi in età prenatale v. paragrafo 13.8.2.

4.7 Il normale processo di divisione postzigotica e gli errori da non disgiunzione

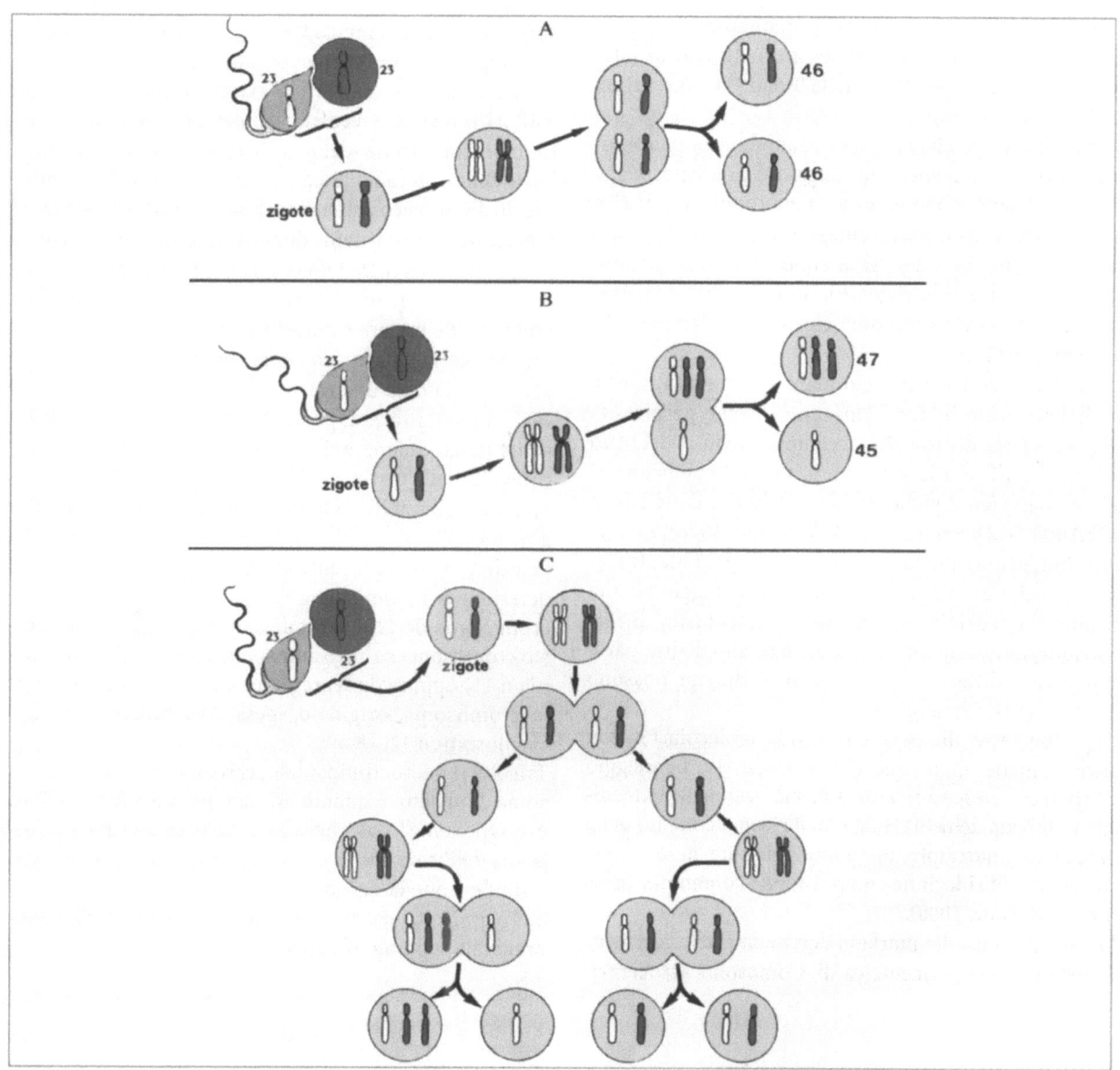

Fig. 4.7. A) Da una cellula con 46 cromosomi (2n) originano due cellule figlie, ciascuna 2n
B) Mosaicismo 45/47.
Errore da non disgiunzione in prima divisione postzigotica:
risultano due cellule figlie: una trisomica (47 cromosomi) e l'altra monosomica (45 cromosomi). Ciascuna può dare origine ad un clone cellulare.
C) Mosaicismo 45/46/47.
Errore da non disgiunzione in seconda divisione postzigotica:
possono derivare, da 4 linee cellulari, tre diversi cloni cellulari: uno a 45 cromosomi, due a 46 e uno a 47 cromosomi.

4.8 Cromosoma piccolo metacentrico soprannumerario e cromosoma tetrasatellitato pseudodicentrico

Definizione ed origine

L'incidenza di un cromosoma soprannumerario metacentrico, della taglia di un cromosoma n.21 o anche inferiore, è stimata superiore a 1:2000 nati (D. Warburton, 1991) (S. Kaffe, 1988).

È stato ipotizzato che i portatori sani di questo cromosoma marker, abbiano una maggiore predisposizione alla non disgiunzione meiotica del cromosoma n.21 e quindi sarebbero a rischio maggiore di concepire figli con la trisomia 21. L'ipotesi sarebbe avvalorata dal fatto che la sua incidenza nei genitori di Down è stata trovata significativamente più elevata dell'atteso (G. Anneren, 1984).

L'osservazione di un piccolo marcatore suscita, specie se diagnosticato in gravidanza, non poche perplessità (Fig. 4.8.2). Sta di fatto che, accanto a riscontri del tutto privi di significato, la sua presenza può accompagnarsi ad anomalie fenotipiche, ed essere talvolta associato ad infertilità (K.D. Smith, 1965; V. Ventruto, 1976). Le piccole dimensioni non ne consentono sempre l'identificazione, anche utilizzando tecniche di bandeggio ad alta risoluzione; l'origine, come pure i meccanismi di formazione, non sono univoci, come lasciano d'altra parte supporre i differenti quadri clinici che ne possono derivare (S. V. Cheung, 1990).

Oggi con l'uso di specifiche sonde molecolari e con altre tecniche opportune (NOR, DA-DAPI, bandeggio C) spesso si riesce a risalire alla sua origine. Una tecnica modificata della FISH facilita il riconoscimento della origine del marcatore, in quanto consente su uno stesso vetrino l'ibridazione con più sonde contemporaneamente (R. Sanz, 2000).

La maggioranza dei markers deriva da riarrangiamenti nella regione pericentrica di cromosomi acrocentrici, per cui i componenti più probabili sono: materiale centromerico, eterocromatina costitutiva e satelliti. Limitati a queste strutture, si è autorizzati a non prevedere conseguenze fenotipiche. In casi però non rari, nel cromosoma marker è anche presente una piccola percentuale di eucromatina, con implicazioni quindi sul fenotipo. Frequente è l'origine da un cromosoma n.15, nel qual caso il ritrovamento deve fare prevedere un'associata patologia clinica. L'extracromosoma marcatore può apparire in questi casi pseudodicentrico e tetrasatellitato, con due satelliti a ciascuna estremità (Fig. 4.8.1). L'impiego di tecniche per evidenziare il contenuto nel cromosoma della 5-metilcitidina, come pure l'uso della colorazione con distamicina/DAPI e sonde specifiche molecolari, hanno potuto dimostrare che il marcatore origina dalla duplicazione dei bracci corti del cromosoma n.15. I meccanismi di formazione sono complessi, in quanto richiedono due serie di eventi mutazionali: rotture e non-disgiunzioni.

Un piccolo metacentrico soprannumerario si può trovare associato ad una traslocazione robertsoniana, nei casi, piuttosto rari, di persistenza del frammento derivante dalla fusione dei bracci corti degli acrocentrici coinvolti nella traslocazione (v. paragrafo 5.7).

Marcatori, bisatellitati o no, possono trarre inoltre origine da:

delezione di un acrocentrico (marker bisatellitato)
delezione del cromosoma Y;
cromosoma der(22), a seguito di traslocazione di questo cromosoma su altro autosoma (spesso sul cromosoma n.11) oppure da segregazione 3:1 (v. paragrafo 7.3);
isocromosoma, originato spesso dai bracci corti dei cromosomi n.12, 18 o Y.

Talvolta il microcromosoma deriva da un extra cromosoma 22 deleto. È quanto ad esempio accade nella "cat eye syndrome", così definita a causa di un tipico coloboma dell'iride che fa apparire la pupilla verticalizzata e simile a quella del gatto.

Sul significato prognostico di un marker in diagnosi prenatale v. paragrafo 13.8.6.

4.8.1 - Possibili meccanismi di formazione di un cromosoma tetrasatellitato pseudodicentrico o monocentrico

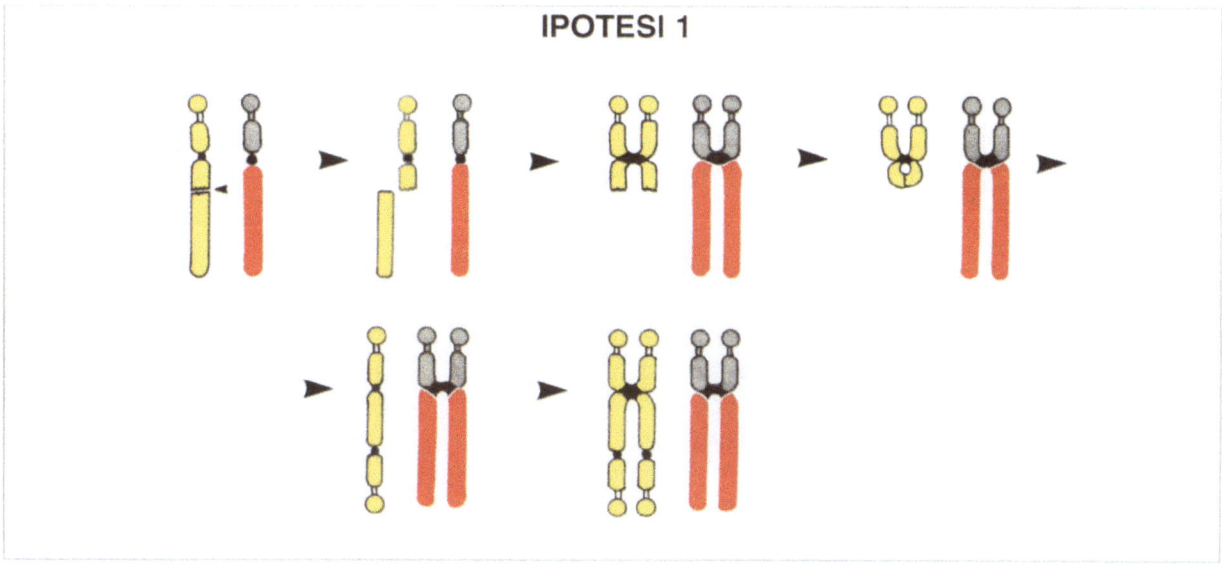

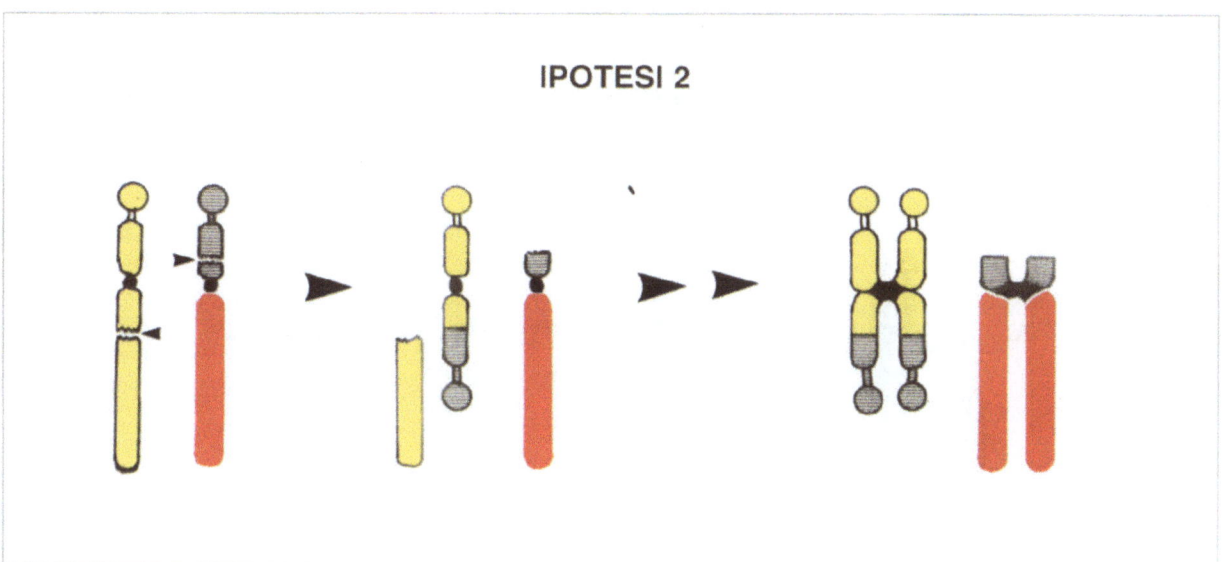

Fig. 4.8.1. Isocromosoma marker pseudodicentrico originato da coppia di acrocentrici omologhi
Ipotesi 1. Frattura di un cromosoma:
- frattura isocromatidica con perdita del frammento acentrico;
- ricongiunzione nei punti di rottura;
- pseudodicentrico tetrasatellitato.

Ipotesi 2. Frattura dei due cromosomi, rispettivamente sottocentromerica e sopracentromerica:
- ricongiunzione dei punti di rottura con formazione di tetrasatellitato monocentrico derivato da entrambi i cromosomi e perdita del frammento acentrico.

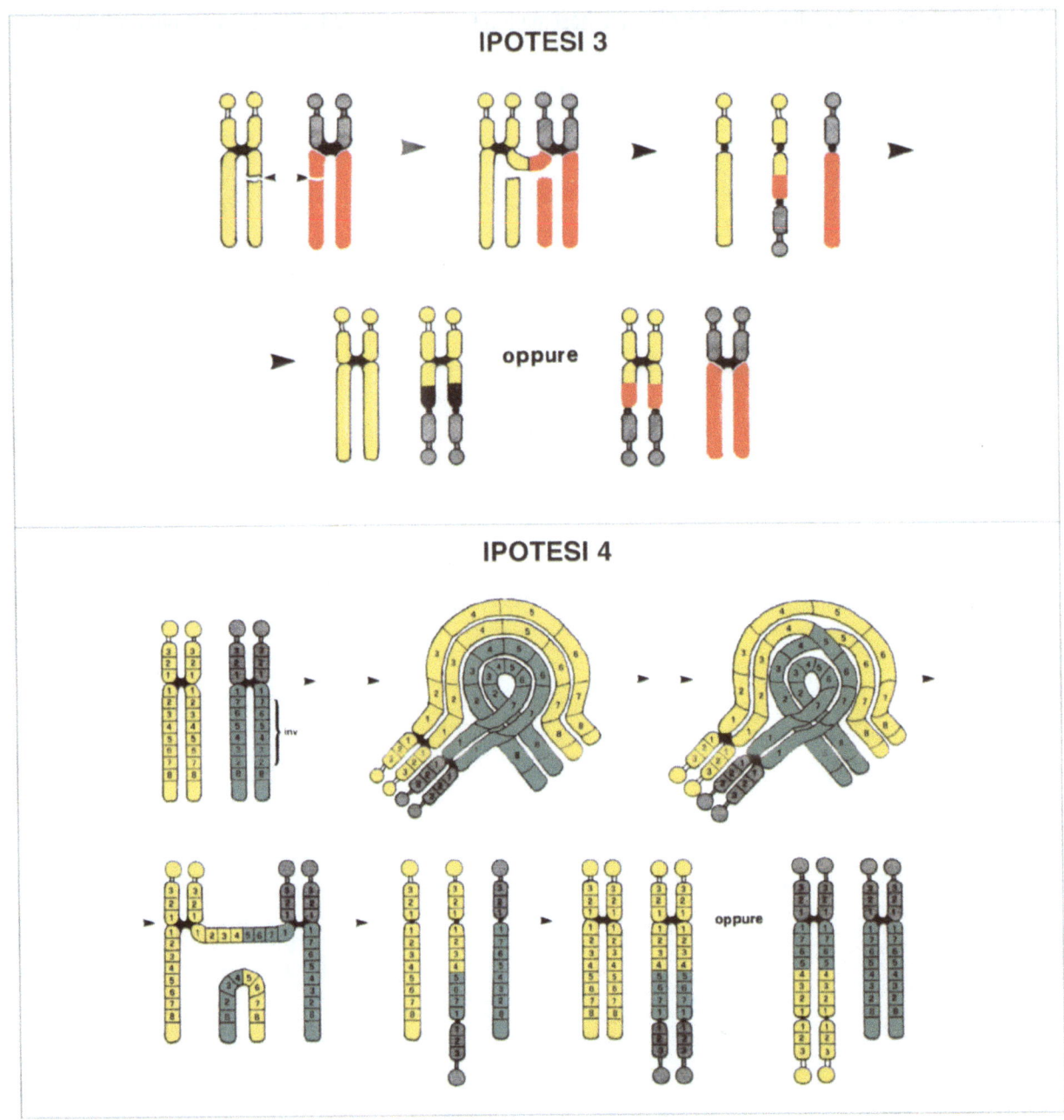

Ipotesi 3. Frattura cromatidica dei due cromosomi omologhi e ricongiungimento ai punti di rottura con perdita dei due frammenti:
- tetrasatellitato pseudodicentrico derivato da entrambi i cromosomi;
- segregazione del cromosoma marker con l'uno o l'altro acrocentrico della coppia.

Ipotesi 4. Inversione paracentrica in uno dei cromosomi:
- sinapsi meiotica: figura di bivalente con ansa;
- crossing-over;
- tetrasetellitato pseudodicentrico derivato da entrambi i cromosomi con perdita del frammento acentrico;
- segregazione del cromosoma marker con l'uno o l'altro acrocentrico della coppia.

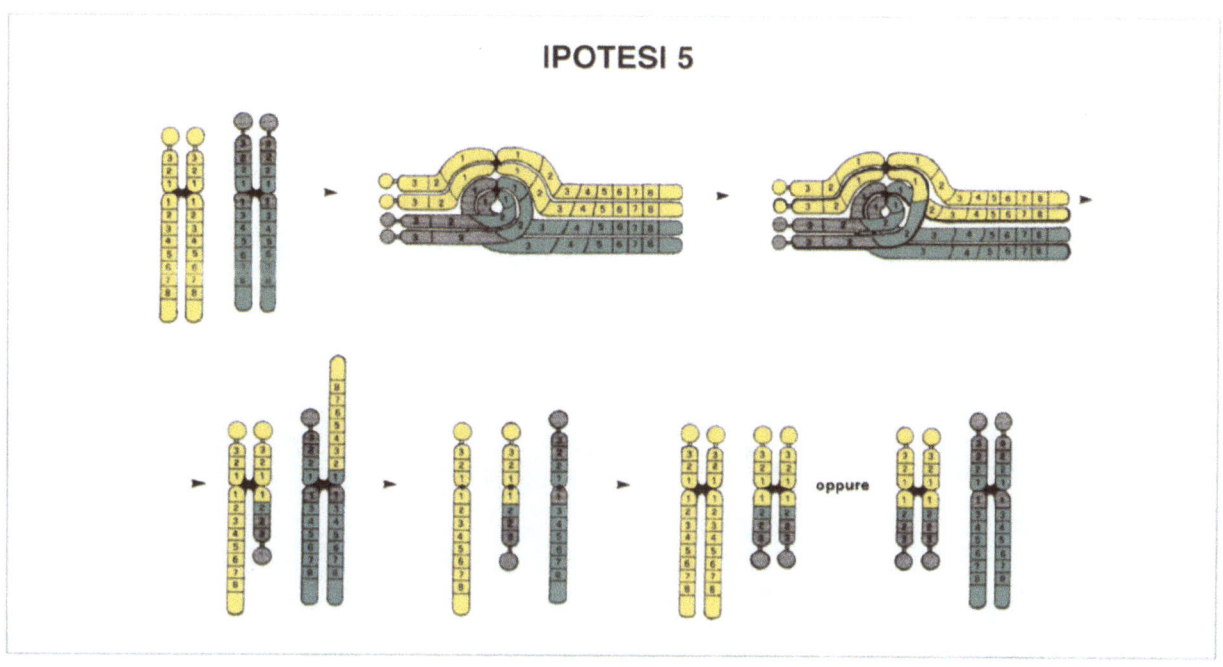

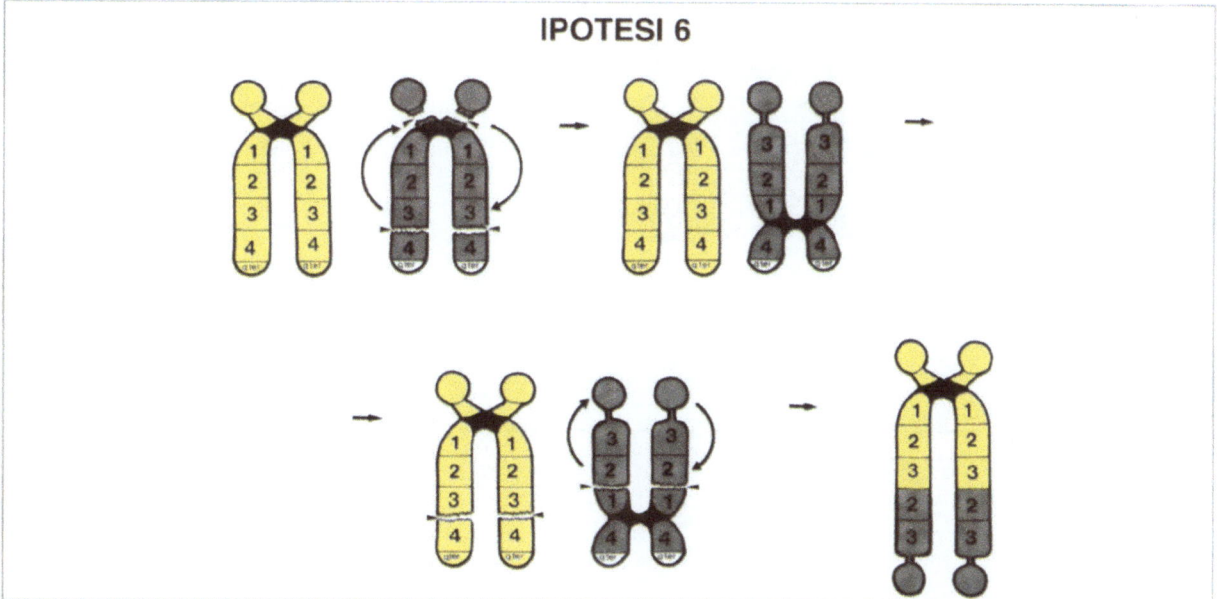

Ipotesi 5. Inversione pericentrica in uno dei cromosomi:
- sinapsi meiotica: figura di bivalente con ansa
- crossing-over
- cromosoma trisatellitato e cromosoma monosatellitato
- tetrasatellitato monocentrico derivato da entrambi i cromosomi con diversi possibili modelli di segregazione.

Ipotesi 6. Frattura q-isocromatidica e sopracentromerica di un cromosoma con inversione; frattura q-isocromatidica del cromosoma invertito e dell'omologo, con riarrangiamento terminale:
- origina un unico cromosoma dup tandem, tetrasatellitato monocentrico.

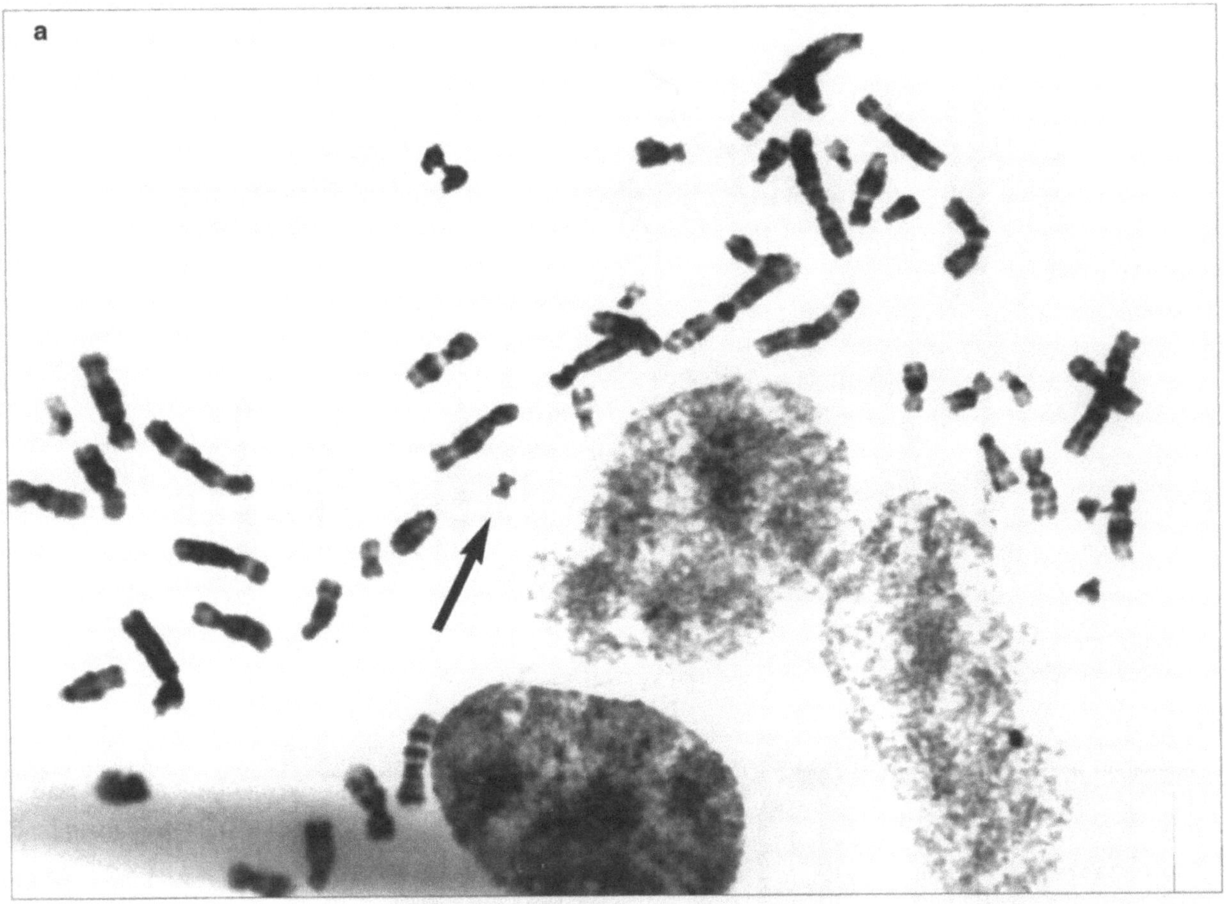

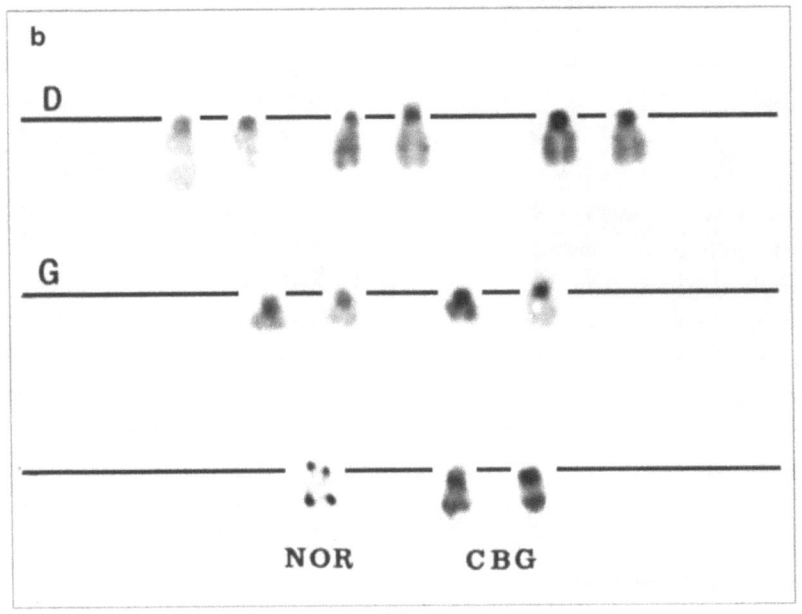

Fig. 4.8.2a,b. Piccolo metacentrico tetrasatellitato, come appare in una piastra metafasica con bandeggio GTG (**a**) e con colorazioni specifiche AgNOR e CBG (**b**). Per confronto sono riportati i cromosomi dei gruppi D e G al bandeggio CBG

4.9 "Sex reversal" e anomalie dei cromosomi nelle sindromi con ambiguità dei genitali

Il termine sex reversal indica la condizione patologica in cui il sesso fenotipico non corrisponde a quello genotipico. Le forme di sex reversal maschile (fenotipo femminile con cariotipo 46,XY) sono molto più frequenti dei casi di sex reversal femminile (fenotipo maschile con cariotipo 46,XX).
Le sindromi genetiche che comportano sex reversal sono riportate in Tabella.
La conoscenza di queste patologie è importante anche perché in epoca prenatale inducono discordanza diagnostica nel feto tra riscontri ecografici (fenotipo femminile) e il cariotipo ottenuto dalla cultura degli amniociti (genotipo maschile 46,XY).
Le sindromi con sex reversal non vanno accomunate a quelle che comportano ambiguità dei genitali, che sono più frequenti e dove il cariotipo talvolta è normale e concordante con il fenotipo, altre volte è anomalo (mosaicismo XX/XY o X/XY; anomalie strutturali del cromosoma Y, ecc.).

4.9.1 - Le malattie con "sex reversal"
da Genus: Clinical Database for over 5,000 Genetic Disorders

Malattia:	Eredità:	Sintesi semeiologica:	Bibliografia [OMIM]:
adrenal hyperplasia I	autosomal recessive	hypospadias, external genitalia failure, undergo masculine development, error in adrenal metabolism. in adrenal metabolism.	201710 600617
Brosnan syndrome	supposed autosomal recessive	short stature, cardio-renal musculo-skeletal anomalies, peculiar facies, cleft lip/palate, acromelia, broad hands/feet, hypermuscular appearance, streak gonads.	233430
campomelic dysplasia dominant type	autosomal dominant germinal mosaicism supposed autosomal recessive supposed genetic heterogeneity	short-limb dwarfism, bones bowing, dysmorphic face, lung hypoplasia, sex reversal, other defects.	114290
chondrodysplasia-pseudoherma phroditism syndrome	autosomal recessive	antenatal dwarfism, chondrodysplasia, microcephaly; phenotipic female with 46, XY karyotype.	600092 Clin.Dysmorph. 1,221-227,1992
Colavita syndrome	sporadic	polyhydramnios, prenatal growth deficiency, short stature, pseudohermaphroditism, skeletal dysplasia, ectopic calcifications.	Pediatr.Radiol. 14,451-452,1984
gonadal agenesis Mendonca	autosomal recessive	agonadism in normal female external genitalia, and normal karyotype 46, XY or 46, XX, hypoplastic mullerian derivatives	600171 Am.J.Med.Genet. 52,39-43,1994
gonadal dysgenesis XY	supposed autosomal recessive	female external genitalia, normal mullerian derivatives such as uterus and falloppian tubes, minimal clitoral hypertrophy, streak gonads resembling Turner syndrome, hypogenitalism, gonadoblastoma dysgerminoma tendency, 46,XY chromosome or X/XY mosaicism.	233420 48000
gonadoblastoma	sporadic Y-limited	phenotypic female with gonadal dysgenesis and presence of Y-chromosome material.	424500
Kennerknecht syndrome	autosomal recessive	sex reversal XY, agonadism, mental retardation, omphalocele, retarded bone age, other defects.	Am.J.Med.Genet. 59,62-67,1995 600908 202660
Leydig cell hypoplasia	supposed autosomal recessive	sex reversal, 46,XY with female/ambiguous external genitalia, without female internal organs, occasionally labial fusion and urogenital sinus, palpable testes in inguinal canal.	233440

male-determining factor defect autosomal dominant	autosomal dominant	sex reversal male 46,XX, with phenotype resembling Klinefelter syndrome.	154230
male-determining factor defect autosomal recessive	autosomal recessive	sex reversal male 46,XX, resembling Klinefelter syndrome. 46,XY karyotype or Y-X translocation or Y-autosome translocation.	278850
pseudohermaphroditism male-gynecomastia	autosomal recessive	males 46,XY, with ambiguous genitalia/sex reversal at birth, and normal masculinization at puberty, cryptorchidism, carcinoma tendency in cryptorchid testes.	264300
Rutledge syndrome	supposed autosomal recessive	prenatal growth retardation, breech presentation, dysmorphism, cleft palate, cataract, pulmonary/renal hypoplasia, male pseudohermaphroditism, postaxial polydactyly, heart defects, redundant sublingual tissue, megacolon, other defects.	268670
Swyer syndrome	supposed X-linked recessive undefinable	sex reversal 46,XY female, without secondary sexual characteristics at puberty, amenorrhea, streak gonads, presence of small uterus and falloppian tubes; gonadoblastoma tendency, no Turner appearance.	306100
testicular feminization complete	X-linked recessive	sex reversal syndrome, inguinal herniae, containing testes, in infant female 46,XY; absent/rudimentary uterus, blind vagina, breast development/female fat deposition, occurring before pubarche; no menses, absent/scanty pubic and axillary hair, peculiar laboratory dat; breast cancer susceptibility	313700 300068
testis-determining factor mutation	supposed autosomal recessive	sex reversal, 46,XY, female external genitalia and uterus, immature testicular tissue containing Sertoli cells but not germinal cells, due to postulated failure of a recessive gene on chromosome region 9p24.	273350

4.10 Bibliografia

Annerén G et al (1984) Clinical Genet 25:144
Aughton DJ et al (1988) Clinical Genet 33:299-307
Baudier MM et al (1985) Obstet Gynecol 65(Suppl 3)S60-S64
Bristow RE et al (1996) Obstet Gynecol Survey 51:705
Cheung SV et al (1990) Pren Diagn 10:717
Diagnostica Citogenetica Consensus 1995 (a cura della Segreteria A I C M)
Erel CT et al (1996) Acta Obstet Gynecol Scand 75(10):881
Harris DJ et al (1982) Am J Hum Genet 34:125
Hirose M et al (1999) J Assist Reprod Genet 16(5):263
Hook EB (1977) Am J Hum Genet 29:94
Jacobs PA et al (1978) Ann Hum Genet 42:49-57
Jauniaux E et al (1996) Obstet Gynecol 83:983-989
Kaffe S and Hsu LYF (1988) Am J Hum Genet 43:A237, Abstract 0944
Mavel A et al (1980) J Gynecol Obstet Biol Reprod 9:875

McFadden DE, Pantzar JT (1996) Hum Pathol 27(10):1018
Meyer L et al (1989) Geburtshilfe Frauenheilkunde 49:825
Milunsky A (1992) Genetic Disorders and the Fetus. Diagnosis, Prevention, and Treatment. The Johns Hopkins University Press Baltimore and London, p 177
Quiroz E (1985) Clinical Genet 27:183
Sanz R et al (2000) Prenat Diagn 20:63
Smith KD et al (1965) Cytogenetics 4:219
Smith GF (1976) Down's Anomaly. Churchill Livingstone Edinburgh London New York
Spencer K et al (2000) Prenat Diagn 20:495-499
Vassilakos P et al (1997) Am J Obstet Gynecol 127:167
Ventruto V et al (1976) J Med Genet 13:71
Ventruto V, Diluccio A (in prep) Genus: A Clinical Database for over 5000 Genetic Disorders
Warburton D (1991) Am J Hum Genet 49:995
Zinn AR et al (1998) Am J Hum Genet 63(6):1757

CAPITOLO 5

Le aberrazioni strutturali dei cromosomi

5.1 Simbologia per l'indicazione delle anomalie strutturali

Al paragrafo 1.5.1 sono riportati i simboli in uso per la formulazione del cariotipo.

5.2 Le delezioni (del)

Definizione ed origine

Si definisce deleto un cromosoma che ha perso una sua parte, terminale o interstiziale. Il tratto deleto può essere di grandezza variabile e non comprende la regione centromerica.

La delezione del tratto terminale di un cromosoma è più frequente che quella interstiziale, perché la prima richiede un solo evento mutazionale (rottura singola) mentre per la seconda sono necessari più eventi (interruzione su due tratti di un braccio e successivo riarrangiamento del tratto distale al resto del cromosoma). Il frammento deleto, terminale o interstiziale, è perduto nelle successive divisioni cellulari, perché non provvisto di unità centromerica. Una delezione terminale isocromatidica può essere all'origine di un isocromosoma, mentre dalla rottura delle estremità telomeriche può originare un cromosoma ad anello. Una delezione può originare da crossing-over ineguale come pure da inserzione inter- o intracromatidica.

Sistemi di descrizione

Sistema abbreviato

Nelle delezioni terminali si indica tra parentesi il cromosoma con la delezione, preceduto dalla abbreviazione "del" e seguito, tra parentesi, dalla indicazione del punto di rottura.

Nelle delezioni interstiziali si indica tra parentesi il cromosoma con la delezione, preceduto dalla abbreviazione "del" e seguito, tra parentesi, dalla descrizione del tratto deleto.

Sistema dettagliato

nelle delezioni terminali si indica la costituzione del cromosoma deleto, dalla estremità terminale al punto di rottura, cui seguono due punti che indicano il livello dove la rottura è avvenuta.

Nelle delezioni interstiziali si indica prima il tratto del cromosoma a monte del segmento deleto, poi doppi due punti, quindi il restante cromosoma.

Esempi:
delezione terminale:
46,XX,del(10)(q25) (sistema abbreviato)
46,XX,del(10)(pter→q25:) (sistema dettagliato).
delezione interstiziale:
46,XY,del(5)(p13→14) (sistema abbreviato)
46,XY,del(5)(pter→p13::p14→qter) (sistema dettagliato).

Le conseguenze di una delezione

La delezione di un cromosoma comporta sempre anomalie nel fenotipo; la gravità del quadro clinico dipende dalla quantità e dall'importanza funzionale del materiale perduto con la delezione. Una delle più note sindromi da delezione autosomica è quella dei bracci corti del cromosoma n.5. Era nota già prima dell'introduzione delle tecniche di bandeggio; è conosciuta come sindrome di "cri-du-chat" (pianto di gatto) per il pianto singolare molto simile al miagolio di un gattino; comporta malformazioni multiple e grave ritardo psicomotorio, con sopravvivenza talvolta discreta. La diagnosi di questa sindrome impone lo studio anche parentale, poiché in più del 10% dei casi uno dei genitori ha una traslocazione bilanciata che coinvolge 5p o è portatore di una inversione pericentrica di questo cromosoma.

Conseguenze alla meiosi: v. paragrafo 7.10

5.2.1 - Le microdelezioni

Definizione ed origine

Sono piccole delezioni interstiziali, ai limiti della risoluzione ottica, per cui è talvolta impossibile scoprirle, anche con bandeggi ad alta risoluzione. Alcune malattie genetiche considerate in passato malattie da difetto a livello molecolare, sono invece dovute a piccole delezioni cromosomiche interstiziali.
Si tratta di patologie riconosciute solo di recente e la cui scoperta è stata resa possibile con l'applicazione delle tecniche di citogenetica molecolare.

Sistema di descrizione

Se non comporta la perdita di una visibile sottobanda (o banda della sottobanda), il tratto microdeleto non può naturalmente essere indicato nella formulazione del cariotipo. La descrizione si avvarrà, in questi casi, di una formula che indica, nell'ambito di una banda cromosomica, il difetto molecolare.

Le conseguenze di una microdelezione

Una microdelezione può comportare la perdita di uno o più geni, dando luogo a quelle patologie conosciute come malattie da geni contigui (v. Tabella). È giustificato ritenere che diverse altre malattie genetiche, considerate da difetto molecolare, siano in realtà il risultato di microdelezioni. Una perdita interstiziale può verificarsi a seguito di una mutazione "de novo" ma anche per un riarrangiamento cromosomico a seguito di traslocazioni che per altro appaiono apparentemente bilanciate.
È opportuno quindi che ricerche molecolari indirizzate in tal senso siano sempre effettuate in presenza di sindromi genetiche delle quali è stata dimostrata o ipotizzata la localizzazione in una banda o sottobanda cromosomica.
Le malattie genetiche con accertata o presunta mappatura cromosomica sono più di 1500 (v. Capitolo 12). Le due malattie genetiche da microdelezione meglio conosciute sono la sindrome di Angelman e quella di Prader-Willi: hanno espressione fenotipica completamente diversa ma identica è la microdelezione 15p12.

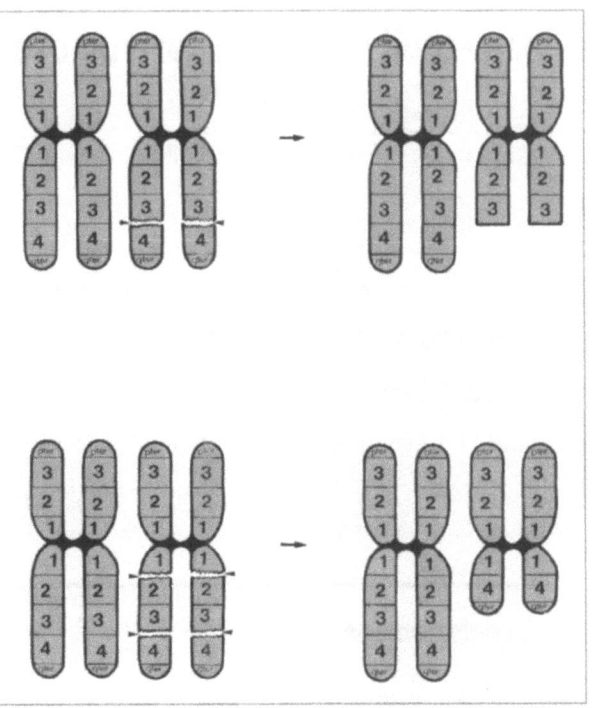

Fig. 5.2.1a. Delezioni terminali e delezioni interstiziali. Perdita del tratto terminale di un braccio (delezione terminale) a seguito di una singola rottura (in alto). Perdita di un tratto intermedio di un braccio (delezione interstiziale) a seguito di due contemporanee fratture (in basso)

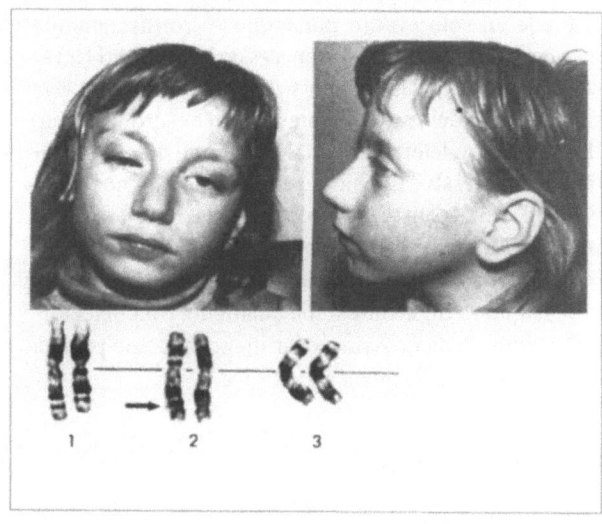

Fig. 5.2.1b. Esempio di delezione interstiziale di un cromosoma della coppia n.2. Cariotipo 46,XX,del(2)(q31q33).
46,XX,del(2)(pter→q31::q33→qter) (sistema dettagliato). (da: K. Taysi: Ann. Génét., Vol 24, pag. 245, 1981)

Le aberrazioni strutturali dei cromosomi

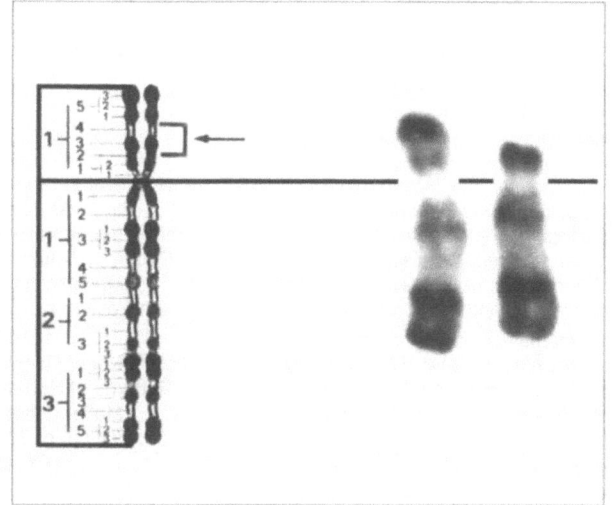

Fig. 5.2.1c. Esempio di delezione interstiziale di un cromosoma della coppia n.5. Descrizione del cariotipo: 46,XY,del(5)(p13p14).
46,XY,del(5)(pter→p14::p13→qter (sistema dettagliato). (osservazione personale)

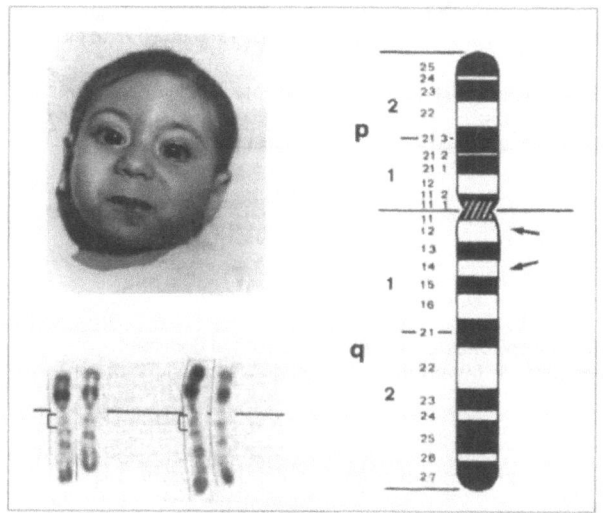

Fig. 5.2.1d. Esempio di delezione interstiziale di un cromosoma della coppia n.6. Cariotipo: 46,XY,del(6)(q12q14). 46,XY,del(6)(pter→q12::q14→qter) (sistema dettagliato). Bandeggio RBG. (da: F. Lonardo: Ann. Génét.,1988 vol. 31 pag. 37)

5.2.2 - Sindromi da microdelezioni e da geni contigui (accertati o presunti)

da Genus: Clinical Database for over 5,000 Genetic Disorders

Malattia:	Eredità:	Sintesi semeiologica:	Bibliografia[OMIM]:
Alagille syndrome	autosomal dominant supposed contiguous genes	cholestasis intrahepatic, peripheral pulmonary artery stenosis, triangular shaped facies, anomalies of the eye anterior chamber of the eye, choroidoretinal defects, ocular cyst, nephronophthisis.	118450 Smith's Recognizable Patterns of Human Malformation. 5th Edition, p. 586
alpha-thalassemia/mental retardation syndrome	contiguous genes supposed X-linked recessive	mental retardation associated with alpha-thalassemia.	301040 Smith's Recognizable Patterns of Human Malformation. 5th Edition, p. 278
Alport-leiomyomatosis syndrome	supposed autosomal dominant sex-limited, sex influence supposed contiguous genes X-linked dominant	sensorineural deafness, hematuria, proteinuria, ocular changes including anterior lenticonus, diffuse leiomyomatosis involving esophagus, genital and thoracal structures.	308940 303631 Am.J.Kidney Dis. 22(5),641-648,1993
Alport syndrome X-linked	supposed contiguous genes supposed X-linked recessive	hematuria, proteinuria, renal failure, ocular defects including anterior lenticonus, high-tone sensorineural deafness, other clinical findings.	301050 303630
anemia macrocytic refractory	contiguous genes supposed autosomal dominant	refractory macrocytic anemia associated with chromosome 5q- in erythropoietic system.	153550
Angelman syndrome	genomic imprinting supposed autosomal recessive supposed contiguous genes	mental retardation, microcephaly, prognatism, happy disposition, choroidoretinal changes, optic atrophy, iridal changes, paroxysms laughter. Potentially maternal imprinting.	234400 601623 105830 Smith's Recognizable Patterns of Human Malformation. 5th Edition, p. 200 Prenat.Diagn. 20,300-306,2000

Capitolo 5

ataxia Friedreich type-Charcot Marie Tooth-peroneal muscular atrophy	supposed contiguous genes supposed X-linked recessive	juvenile onset. Deafness, peroneal muscular atrophy, sensory ataxia, cardiomyopathy, other clinical signs.	302900
ataxia spinocerebellar-anemia sideroblastic	supposed contiguous genes supposed X-linked recessive	first year onset; hypochromic microcytic anemia, ataxia.	301310
Beckwith-Wiedemann	autosomal dominant genomic imprinting supposed contiguous genes	macroglossia, omphalocele, visceromegaly, gigantism, hypospadias, mental retardation, occasionally mild microcephaly, other defects, hypoglycemia, hyperinsulinemia. Adrenal carcinoma, Wilms tumor, neuro-hepatoblastoma pancreatoblastoma tendency.	130650 600856 Prenat.Diagn. 21,96-98,2001 Smith's Recognizable Patterns of Human Malformation. 5th Edition ,p. 164
blepharophimosis-ptosis-epicanthus inversus 1	autosomal dominant supposed contiguous genes	lid anomalies, blepharophimosis, ptosis, epicanthus inversus, distopia canthorum, other ocular defects, mild mental retardation, cardiac defects, hypotonia.	110100 Smith's Recognizable Patterns of Human Malformation. 5th Edition, p. 232
blepharophimosis-ovarian failure	autosomal dominant autosomal dominant sex-limited, sex influence supposed contiguous genes supposed genetic heterogeneity	blepharophimosis, epicanthus inversus, ptosis, premature ovarian failure	110100
BOR-Duane-hydrocephalus contiguous gene syndrome	contiguous genes	hydrocephalus associated with branchio-oto-renal and Duane syndrome, due to deletion of 8q12.2-q21.2	Hum.Molec.Genet. 3,1859-1866,1994 600257 600256
Brook-Carter syndrome	contiguous genes	severe infantile polycystic kidney associated with tuberous sclerosis.	Nature Genet. 8,328-332,1994 600273
Charcot-Marie-Tooth neuropathy deafness-mental retardation syndrome	supposed contiguous genes X-linked recessive	infancy onset; males with severe muscle weakness,deafness, mental retardation.	310490
choroideremia-hypopituitarism syndrome	contiguous genes supposed X-linked dominant	choroideremia, short stature, hypopituitarism, neurological abnormalities.	Am.J.Med.Genet. 34,511-513,1989
Cox syndrome	supposed autosomal dominant supposed contiguous genes	colonic polyps, severe digital clubbing, pulmonary arteriovenous malformation, cutaneous telangiectasia resembling Rendu-Osler disease, respiratory distress; tumor susceptibility.	175050
DEFECT 11	chromosomic contiguous genes	acrocephalosyndactyly, mental retardation, multiple exostoses, parietal foramina, cutaneous syndactyly, interstitial deletion 11p11.12p12.	601224 Am.J.Hum.Genet. 58,734-742,1996
DiGeorge 1 syndrome	contiguous genes supposed autosomal dominant	neonatal hypocalcemic tetany, dysmorphic face, cardiac defects, hypoparathyroidism, thymic agenesis, cortical areas lymph nodes depletion, infections susceptibility, weackness, 22q11 del. Included in CATCH 22 spectrum of malformations (cardiac, abnormal face, thimic hypoplasia cleft palate, hypocalcaemia, 22 chromosoma defect).	188400 601362 Prenat.Diagn. 18,507-510,1998 Smith's Recognizable Patterns of Human Malformation. 5th Edition ,p. 616
DiGeorge 2 syndrome	autosomal dominant supposed contiguous genes	neonatal hypocalcemic tetany, dysmorphic face, cardiac defects, hypoparathyroidism, thymic agenesis, cortical area lymph nodes depletion, infections susceptibility, weakness. Chromosome 10 assignment.	188400 601362 600594
Drash syndrome	supposed autosomal dominant supposed contiguous genes	sexual ambiguity, male pseudoermaphroditism, glomerulopathy due to diffuse mesangial sclerosis,	194080 Hum.Mut.9(3), 209-225, 1997

		hypertension, Wilms tumor. May be part of the WAGR syndrome.	
Fleisher syndrome	contiguous genes X-linked recessive	short stature, retarded bone age, delayed puberty, recurrent infections, immunoglobulin/B cells deficiency.	307200
Fryns-Chrzanowska-Van den Berghe syndrome	contiguous genes supposed autosomal recessive	macrocephaly, reduced sweating, sparse hair-eyelashes, small teeth, primary hypothyroidism, corpus callosum agenesis, mental retardation.	225040
Goonewardena syndrome	contiguous genes	mental retardation, adrenal hypoplasia, glycerol kinase deficiency, hypogonadotropic hypogonadism, suggesting contiguous gene syndrome.	Clin.Genet. 35,5-12,1989
Hallermann-Streiff syndrome	supposed autosomal recessive supposed contiguous genes	short stature, small face, narrow/small/beaked nose, small mandible, cataract, choroidoretinal changes, dental anomalies.	234100 Smith's Recognizable Patterns of Human Malformation. 5th Edition ,p. 110
ichthyosis follicularis- atrichia- photophobia	supposed contiguous genes supposed X-linked recessive	atrichia, baldness, ichthyosis follicularis, photophobia.	308205
ichthyosis-male hypogonadism syndrome	contiguous genes X-linked recessive	male hypogonadotropic hypogonadism, with congenital ichthyosis, ocular defects.	308200
Klein-Waardenburg syndrome	supposed autosomal dominant supposed contiguous genes	hypoplasia of musculoskeletal system, flexion contractures, carpal bones fusion, syndactyly, facial/ocular anomalies of Waardenburg syndrome including iridal dyschromia.	148820
Langer-Giedion syndrome	autosomal dominant supposed contiguous genes	dysmorphism, bulbous/pear-shaped nose, protruding ear, spars hair, exostoses multiple cartilaginous, joint laxity, mental retardation, cone epiphyses, ocular changes.	150230 Smith's Recognizable Patterns of Human Malformation. 5th Edition ,p. 290
Miller-Diker lissencephaly syndrome	autosomal recessive supposed contiguous genes undefinable	brain without convolutions or gyri, microcephaly, small mandible, bizarre facies with wrinkling of the forehead, failure to thrive, dysphagia, ocular defects, decerebrate postures.	247200 Smith's Recognizable Patterns of Human Malformation. 5th Edition ,p. 194
microphthalmos-linear skin defects	supposed contiguous genes supposed X-dominant lethal in male X-linked dominant	irregular linear skin defects involving head/neck; ocular defects, occasionally other clinical findings. Deletion Xp22.3.	309801 J.Med.Genet. 27,59-63,1990 J.Med.Genet. 28,143-144,1991
multiple exostoses-spastic tetraparesis syndrome	autosomal dominant supposed contiguous genes	multiple exostoses and spastic tetraparesis.	158345 J.Med.Genet. 29,494-496,1992
oculo-dento-digital syndrome	autosomal dominant autosomal recessive genetic heterogeneity supposed contiguous genes	hypoplastic alae nasi, narrow nostrils, microcornea, cataract, primary glaucoma, other ocular defects, microdontia, hypoplastic enamel, IV-V syndactyly, other skeletal defects. Occasionally reported in oculo-dento-digital, oculo-palato-cerebral , protein C deficiency. More severe ocular affection in the recessive form.	164200 Hum.Molec.Genet. 6,123-127,1997 Smith's Recognizable Patterns of Human Malformation. 5th Edition, p. 268 257850
osteopetrosis-infantile neuroaxonal dystrophy	supposed autosomal recessive supposed contiguous genes	lethal infantile osteopetrosis associated with cerebral atrophy and neuroaxonal spheroids in the CNS and peripheral nerves. May be the same as osteopetrosis-neuronal storage	Pediat.Neurosurg. 1995 600329

panhypopituitarism X-linked	supposed contiguous genes X-linked recessive	non dysmorphism, short stature due to growth hormone deficiency.	312000
Prader-Willi syndrome	autosomal dominant genomic imprinting supposed contiguous genes	decreased fetal movements, breech delivery, almond-shaped eyes, full cheeks, severe hypotonia, hypogenitalism, polyphagia, obesity, short stature, hypopigmentation, iridal changes. Potentially paternal imprinting.	176270 Smith's Recognizable Patterns of Human Malformation. 5th Edition, p. 202
retinitis pigmentosa —mental retardation syndrome	supposed contiguous genes X-linked recessive	mental handicap and retinitis pigmentosa	Am.J.Hum.Genet. 55,916-922, 1994
Rubinstein-Taybi syndrome	autosomal dominant supposed contiguous genes supposed genetic heterogeneity	thumbs/halluces broad, deviated terminal phalanges, forehead angioma, dysmorphism with beaked/straight nose, mental/growth defects, microcephaly, sleep apnea, ocular anomalies including cataract, primary glaucoma.	180849 Smith'sRecognizable Patterns of Human Malformation. 5th Edition, p. 92
Smith-Magenis syndrome	chromosomic supposed contiguous genes	brachycephaly, midface hypoplasia, deafness, growth/mental retardation, other clinical findings; chromosome 17p deletion.	182290
syndactyly III	autosomal dominant supposed contiguous genes	complete 4th/5th fingers syndactyly, short 5th finger, normal toes. Contiguous genes syndrome along with Hallermann-Streiff and oculo-dento digital syndrome (?)	186100
thrombocytopenia X-linked	supposed contiguous genes X-linked recessive	only affected male, with hemorrhagic diathesis, due to essential thrombocytopenia, occasionally tendency to infections and eczema.	313900
van den Bosch syndrome	supposed contiguous genes X-linked recessive	anhidrosis, mental retardation, choroideremia, acrokeratosis verruciformis, winged scapulae.	314500
velocardiofacial syndrome	autosomal dominant supposed contiguous genes	submucous cleft, hypernasal speech, cardiac anomalies, other ocular defects, short stature, mental retardation, microcephaly, prominent nose with squared root. Chromosome 22q11 deletion. Included in CATCH 22 spectrum of malformations (cardiac, abnormal fa	192430 601362 Prenat.Diagn. 18,507-510,1998 Smith's Recognizable Patterns of Human Malformation. 5th Edition ,p. 266
WAGR syndrome	autosomal dominant supposed contiguous genes	*Wilms tumor, mental deficiency, hydrocephaly, ambiguous genitalia, dysmorphism, aniridia, congenital cataract/other ocular defects.*	19407.0001 194072
Williams syndrome	contiguous genes supposed autosomal dominant	*short stature, mild mental retardation, loquacious behaviour, elfin facies, supravalvular aortic stenosis, other cardiac defects, stellate pattern of irides, bladder diverticula.*	194050 Smith's Recognizable Patterns of Human Malformation. 5th Edition ,p. 118
Wilms tumor I	autosomal dominant supposed contiguous genes	*fixed abdominal mass in an upper quadrant, hematuria, hypertension, fever, abdominal pain. Occasionally congenital form.*	194070
Wilms tumor II	autosomal dominant supposed contiguous genes	*nephroblastoma producing a nonmobile mass in an upper abdominal quadrant, abdominal pain hematuria, hypertension, other clinical findings. Occasionally congenital form.*	194071
Wilms tumor III	autosomal dominant supposed contiguous genes	*Wilms tumor that does not map on chromosome 11p. Occasionally congenital form.*	194090

5.3 Le duplicazioni (dup)

Definizione ed origine

La duplicazione di un segmento di cromosoma è un'aberrazione strutturale piuttosto rara.
Si definisce diretta o inversa a seconda che il segmento aggiunto conservi l'originale disposizione rispetto al centromero o ruoti di 180° (v. Figg. 5.3.1 e 5.3.2); quando si trova adiacente al segmento d'origine, la duplicazione viene anche definita "tandem".
I meccanismi che portano ad una duplicazione sono diversi:
- crossing-over ineguale tra due cromosomi omologhi (Fig. 5.3.3);
- inserzione intracromatidica di un segmento di cromosoma da un cromatide a quello fratello: la successiva divisione della cellula darà origine ad un cromosoma duplicato e uno deleto;
- crossing-over meiotico in portatori d'inversione pericentrica, d'inserzione, di traslocazioni reciproche, di cromosoma ad anello.

Anche un cromosoma tetrasatellitato monocentrico o pseudodicentrico può essere definito cromosoma duplicato tandem.

Sistemi di descrizione

Sistema abbreviato

Si indica, tra parentesi, il cromosoma con la duplicazione, preceduto dalla abbreviazione "dir dup" o "inv dup", "tan dup" a seconda che si tratti di duplicazione diretta, inversa o tandem, seguito tra parentesi dalla indicazione del tratto duplicato.

Sistema dettagliato

Si indica dapprima il tratto di cromosoma che precede quello duplicato; segue il tratto duplicato, compreso tra doppi due punti; infine il segmento di cromosoma che segue al tratto duplicato.
Esempi:
Duplicazione diretta:
46,XX,dir dup(1)(q31→q43) (sistema abbreviato).
46,XX,dir dup (1)(pter→q43::q31→q43::q43→qter) (sistema dettagliato).

Duplicazione inversa

46,XY,inv dup(1)(q41→q31) (sistema abbreviato).
46,XY,inv dup(1)(pter→q43::q43→q31::q43→qter) (sistema dettagliato).

Duplicazione diretta tandem

46,XX,tan dup(13)(q12→qter) (sistema abbreviato).
46,XX,tan dup(13)(pter→qter::q12→qter)(sistema dettagliato).

Conseguenze di una duplicazione

La duplicazione di un segmento di un autosoma comporta trisomia parziale per quel cromosoma. Conseguono sempre anomalie del fenotipo, spesso però compatibili con la sopravvivenza (Fig. 5.3.4).

Conseguenze alla meiosi: v. paragrafo 7.10

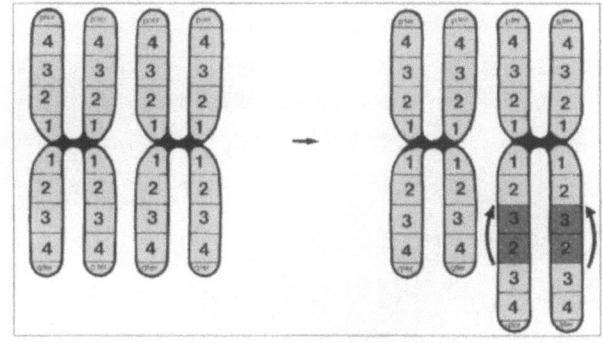

Fig. 5.3.1. Duplicazione diretta di un segmento dei bracci lunghi. È conservata la normale disposizione sequenziale delle parti costituenti il segmento rispetto alla posizione del centromero

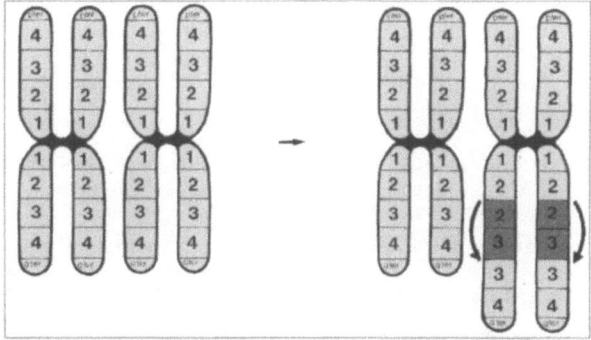

Fig. 5.3.2. Duplicazione inversa di un segmento dei bracci lunghi. La rotazione di 180° comporta una disposizione sequenziale inversa delle parti costituenti il segmento, rispetto alla posizione del centromero

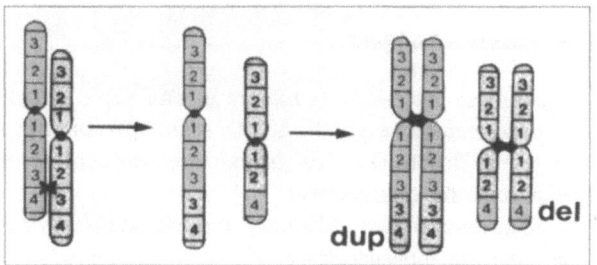

Fig. 5.3.3. Origine di un cromosoma duplicato e di uno deleto per crossing-over ineguale tra cromosomi omologhi

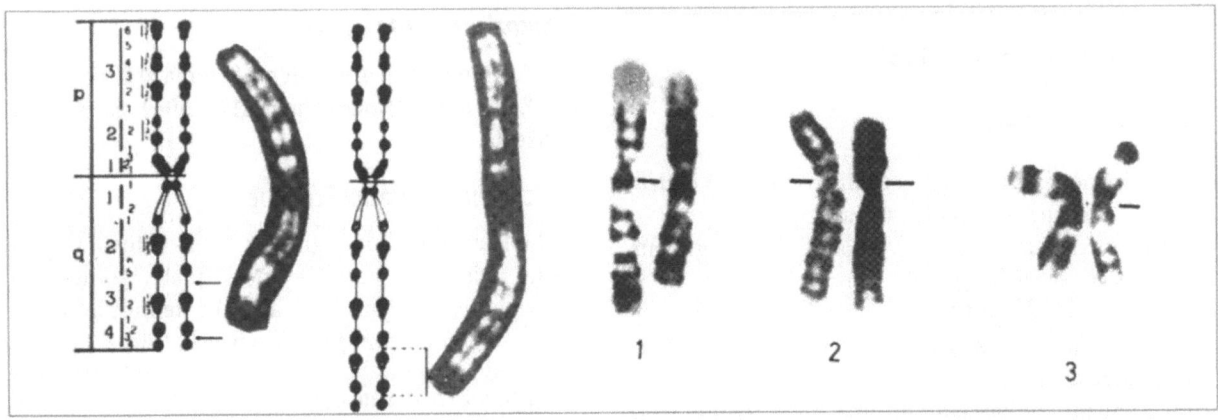

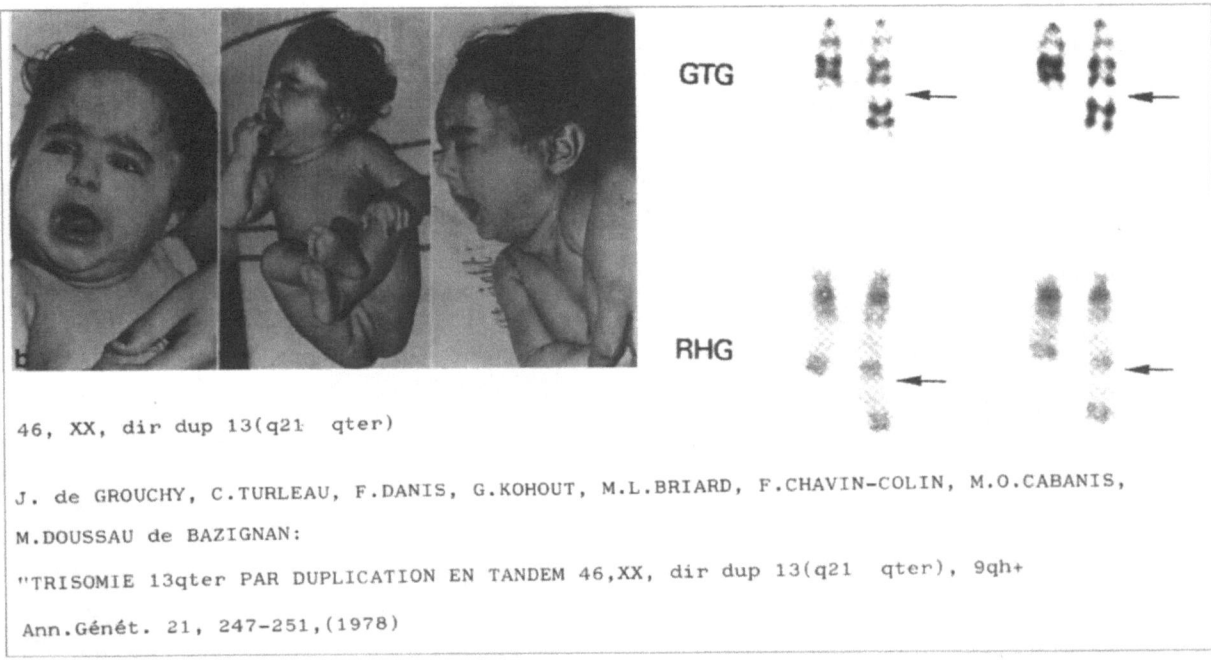

Fig. 5.3.4. Trisomie parziali da duplicazioni dirette. a) trisomia parziale (1q+); b) trisomia parziale (13q+) (da: de Grouchy J, Ann Génét 21, p.247, 1978)

5.4 Le inversioni (inv)

Definizione ed origine

Si definisce inversione la rottura di una parte di cromosoma con rotazione di 180° del segmento compreso tra i punti di rottura e ricongiungimento dei suoi estremi al resto del cromosoma.
Si distinguono due differenti modelli d'inversione: pericentrica e paracentrica.

Inversioni pericentriche

Conseguono a due rotture e successiva rotazione di 180°, una sul braccio corto e l'altra sul braccio lungo di uno stesso cromosoma. La regione centromerica è pertanto sempre compresa nel tratto invertito, ma la morfologia del cromosoma può anche essere modificata se i due punti di rottura si trovano a distanze differenti rispetto al centromero. L'ordine dei geni naturalmente verrà a trovarsi invertito rispetto al resto del cromosoma; ciò può comportare, pur se non costantemente, effetti svantaggiosi sul fenotipo, non per deficienza o eccesso di materiale cromosomico, ma per effetto di posizione: è un dato da tenere nel dovuto conto nella diagnosi prenatale.

Inversioni paracentriche

Conseguono a due rotture e successiva rotazione di 180° di un tratto di cromosoma compreso su un solo braccio. Il centromero non è pertanto mai compreso nel tratto invertito. Ne consegue che la morfologia iniziale del cromosoma, come pure l'indice brachiale e quello centromerico, non sono alterati. Al pari della inversione pericentrica, l'ordine dei geni si troverà invertito nel tratto ruotato, ed i geni che prima si trovavano più prossimi al centromero si trovano ora più distanti, e viceversa.

Sistemi di descrizione

Sistema abbreviato

Si indica, tra parentesi, il cromosoma con l'inversione, preceduto dalla abbreviazione "inv" e seguito, tra parentesi, dalla descrizione del tratto invertito.

Sistema dettagliato

Si indica dapprima il tratto di cromosoma a monte della inversione, quindi il segmento invertito compreso tra doppi due punti, infine il tratto di cromosoma che segue alla inversione.
Nelle inversioni paracentriche il segmento invertito è sempre delimitato tra p...p oppure tra q...q, mentre nelle inversioni pericentriche è sempre compreso tra p..q.
Esempi:
inversione pericentrica:
46,XX,inv(4)(p15q34) (sistema abbreviato).
46,XY,inv(4)(pter→p15::q34p15::q34→qter) (sistema dettagliato).
inversione paracentrica:
46,XX,inv(12)(q12q21) (sistema abbreviato).
46,XX,inv(12)(pter→q12::q21q12::q21→qter) (sistema dettagliato).

Conseguenze di una inversione

Le inversioni hanno, tra le aberrazioni strutturali, rilevante interesse pratico in quanto, non essendo associate nella maggioranza dei casi ad anomalie del fenotipo, sfuggono al sospetto diagnostico. Il loro riconoscimento avviene infatti molto spesso solo dopo la nascita di un plurimalformato oppure a seguito dell'esame citogenetico indicato per la ricorrenza d'aborti spontanei.

Conseguenze alla meiosi: v. paragrafi 7.8 e 7.9

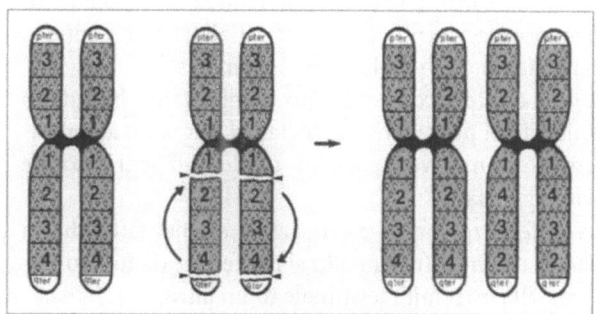

Fig. 5.4.1. Inversione paracentrica: Rotazione di 180° di un segmento cromosomico appartenente ad uno dei bracci. Il centromero non è incluso nella inversione

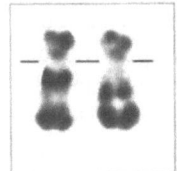

Fig. 5.4.1a. Inversione paracentrica di un cromosoma della coppia n.12

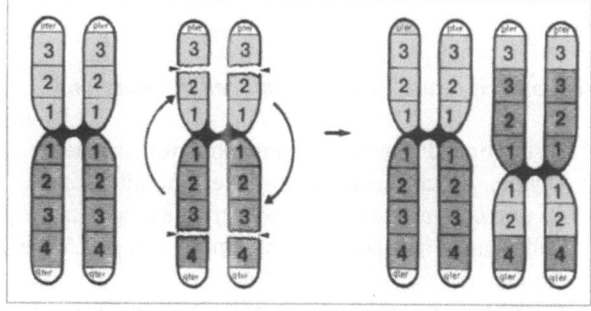

Fig. 5.4.2. Inversione pericentrica: Rotazione di 180° di un segmento cromosomico comprendente parte di entrambi i bracci del cromosoma; il centromero è incluso nella inversione

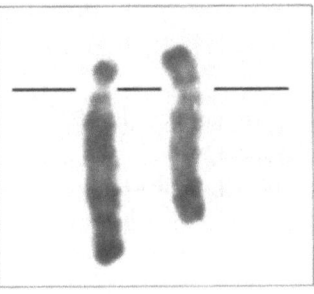

Fig. 5.4.2a. Inversione pericentrica di un cromosoma della coppia n.4

5.5 Le inserzioni (ins)

Definizione ed origine

Si definisce inserzione l'inserimento di un segmento di cromosoma, terminale o interstiziale, nel contesto dello stesso o di un altro cromosoma.

Il loro esatto riconoscimento è importante in quanto consente di prevedere nei portatori, che sono apparentemente sani, i vari possibili modelli di segregazione svantaggiosa.

La differenza con le traslocazioni sta nel fatto che in queste ultime il frammento si trasferisce da un cromosoma alla estremità terminale di un altro.

Una inserzione è diretta o inversa a seconda che il segmento inserito conservi o no, rispetto al centromero, l'orientamento originale. Nel passaggio su braccio diverso da quello d'origine (per esempio da un braccio p ad un braccio q, o viceversa), se il frammento ruota di 180° la inserzione è di tipo diretto; la mancata rotazione comporta invece una inserzione di tipo inverso.

Il trasferimento di un frammento di un cromosoma in altra sede richiede, se il frammento è interstiziale, tre rotture: due sul cromosoma da cui il frammento proviene ed una sul cromosoma che lo riceve. In caso di frammento di tipo terminale però avvengono due sole rotture.

Vengono riportati 7 differenti modelli d'inserzione:

1) Inserzione diretta tra cromosomi non omologhi. Origina un cromosoma con delezione interstiziale ed uno con inserzione che conserva la disposizione delle bande rispetto al centromero (Figg. 5.5.1 e 5.5.1a)
2) Scambio isocromatidico intercromosomico: inserzione da un cromosoma all'omologo corrispondente (Fig. 5.5.2).
3) Inserzione isocromatidica tra non omologhi: inserzione da un cromosoma di una coppia a quello di un'altra coppia. Origina un cromosoma deleto in una coppia ed uno con inserzione nell'altra (Fig. 5.5.3).
4) Shift cromatidico o monocromatidico (Fig. 5.5.4 a).
5) Shift isocromatidico (Fig. 5.5.4 b).
6) Scambio intracromatidico: (Fig. 5.5.5 a).
7) Scambio intercromatidico (Fig. 5.5.5 b).

Sistemi di descrizione

dir ins o inv ins di un frammento nello stesso cromosoma d'origine.

Sistema abbreviato

Il cromosoma, indicato tra parentesi, viene preceduto dai simboli "dir ins" o "inv ins"; seguono, tra parentesi, i punti di rottura e gli estremi del segmento inserito.

Sistema dettagliato

Si indica la costituzione del cromosoma con la inserzione, dalla estremità terminale al punto di rottura-riunione; segue il segmento inserito preceduto e seguito dai doppi due punti (::), quindi il restante cromosoma; i terzi doppi due punti indicano il punto di ricongiunzione sul cromosoma del tratto rimanente.

Esempi:

inserzione di un frammento del braccio corto di un cromosoma nel braccio lungo dello stesso cromosoma:
46,XX,dir ins(1)(p12q22q31) (sistema abbreviato).
46,XX,dir ins(1)(pter→p12::q31→q22::p12→q22::q31→qter) (sistema dettagliato).
46,XY,inv ins(3)(p14q13q22) (sistema abbreviato).
46,XY,inv ins(3)(pter→p14::q13→q22::p14→q13::q22→qter) (sistema dettagliato).

Nella inserzione (diretta o inversa) di un frammento di cromosoma in altro cromosoma si adotta lo stesso procedimento sopra descritto. Poiché sono due i cromosomi coinvolti nel riarrangiamento, viene nella descrizione indicato prima il cromosoma che riceve la inserzione e poi quello che cede il segmento, contravvenendo alla regola riportata a proposito delle traslocazioni (v. paragrafo 5.6).

Esempi:

46,XX,dir ins(3;2)(p14;q22q31) (sistema abbreviato).
46,XX,dir ins(3;2)(3pter→3p14::2q31→2q22::3p14→3qter;2pter→2q22::2q31→2qter) (sistema dettagliato).
46,XY,inv ins(1;2)(p24;q31q22) (sistema abbreviato).
46,XY,inv ins(1;2)(1pter→1p24::2q22→2q31::1p24→1qter; 2pter→2q22::2q31→2qter) (sistema dettagliato).

Conseguenze alla meiosi: v. paragrafi 7.7 e 7.8

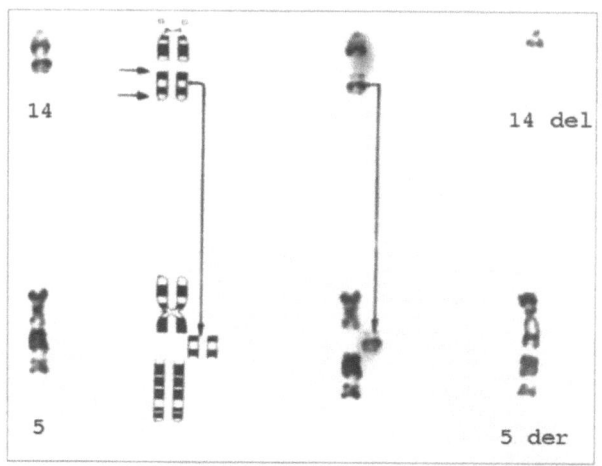

Fig. 5.5.1a. Inserzione diretta isocromatidica intercromosomica tra cromosomi non omologhi. Il segmento 14q23q32 si inserisce, senza ruotare, in 5q13. Ne risulta un cromosoma n. 14 deleto e un cromosoma n. 5 con braccio q più lungo a causa della inserzione. Descrizione del cariotipo: 46,XX,dir ins(5;14)(q13;q23q32) (sistema abbreviato). 46,XX,dir ins(5;14)(pter→q13::q23→q32::q13→qter); (sistema dettagliato). (da: Geormaneanum, Ann. Génét., 1981 p.176)

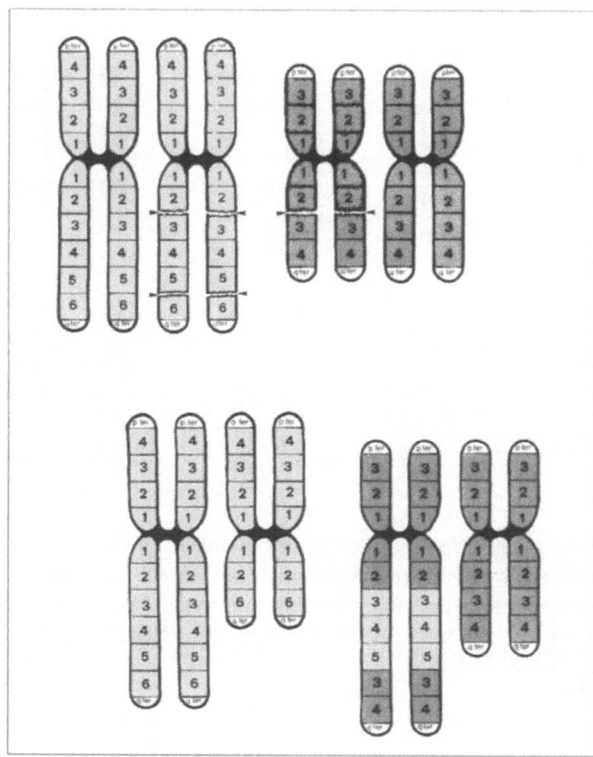

Fig. 5.5.1. Inserzione diretta tra cromosomi non omologhi. Frattura isocromatidica all'interno di un cromosoma ed inserzione del frammento in un cromosoma non omologo. La disposizione delle bande è conservata rispetto alla posizione del centromero. Risultato: delezione interstiziale in un cromosoma e inserzione del frammento nel cromosoma non omologo

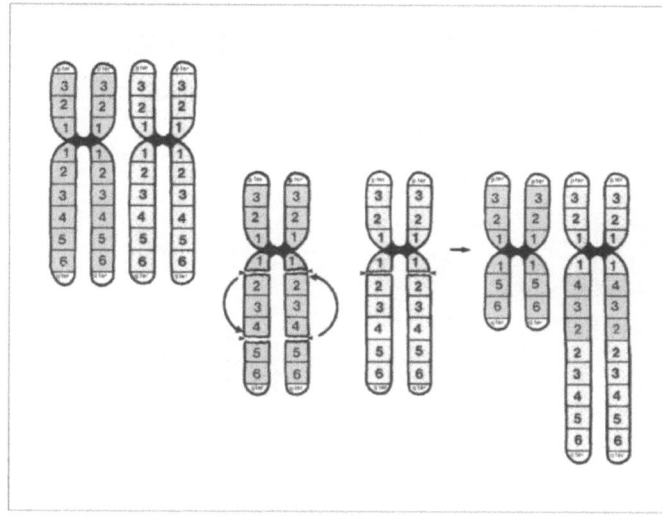

Fig. 5.5.2. Inserzione inversa tra cromosomi omologhi. Frattura isocromatidica all'interno di un cromosoma e inserzione del frammento, con rotazione di 180°, nel cromosoma omologo corrispondente. La disposizione delle bande del frammento si troverà invertita rispetto al centromero. Risultato: delezione interstiziale di un cromosoma e duplicazione per quel frammento nel cromosoma omologo corrispondente

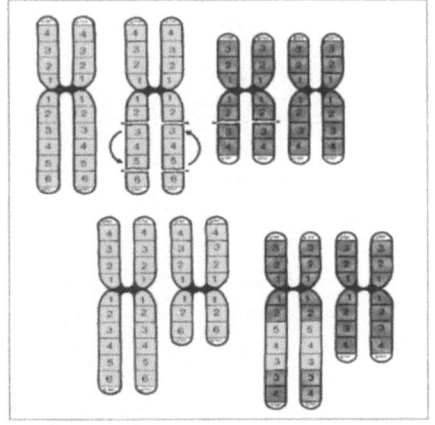

Fig. 5.5.3. Inserzione inversa tra cromosomi non omologhi. Frattura isocromatidica all'interno di un cromosoma ed inserzione del frammento, ruotato di 180°, in un cromosoma non omologo. La disposizione delle bande nel frammento inserito si trova invertita rispetto al centromero. Risultato: delezione interstiziale di un cromosoma e inserzione del frammento in uno dei bracci del cromosoma non omologo

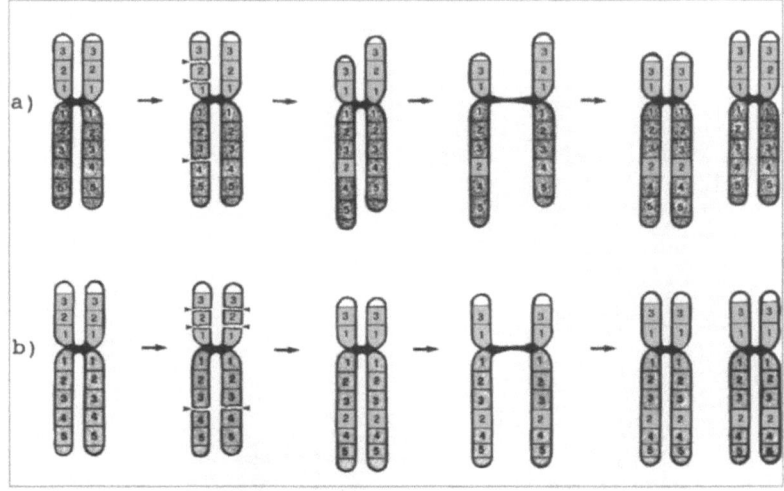

Fig. 5.5.4. Shift cromatidico e isocromatidico. a: Inserzione da un braccio all'altro di un tratto dello stesso cromatide (shift cromatidico o monocromatidico). Risultato: un cromosoma normale ed uno d'eguale lunghezza, ma con rapporto diverso dei due bracci. b: Inserzione da un braccio all'altro di un frammento di entrambi i cromatidi (shift isocromatidico). Risultato: due cromosomi, entrambi d'eguale lunghezza, ma con rapporto diverso dei due bracci

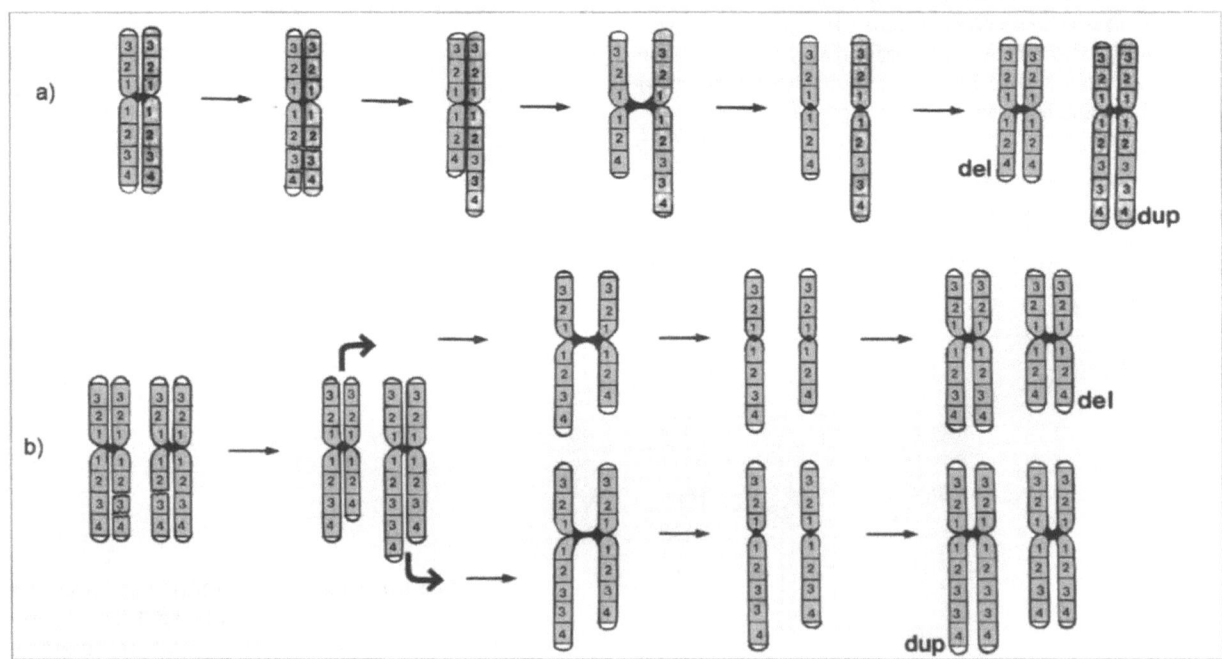

Fig. 5.5.5. Scambio intracromatidico e scambio intercromatidico. **a:** Inserzione di un frammento di un cromatide nel cromatide fratello (scambio intracromatidico). Risultato: originano due cromosomi, uno deleto ed uno duplicato. **b:** Inserzione di un frammento di un cromatide in un cromatide del cromosoma omologo corrispondente (scambio intercromatidico). Risultato: coppia di omologhi, uno normale e uno deleto, oppure: uno normale e uno duplicato

5.6 Le traslocazioni reciproche (t) (rcp)

Definizione ed origine

Una traslocazione reciproca consiste nel riarrangiamento strutturale di due cromosomi della stessa coppia o di coppie diverse, con trasferimento reciproco di una parte dell'uno sull'altro cromosoma. Lo scambio dei frammenti fa seguito ad una rottura singola di due cromosomi, per cui ciascuno porta attaccato al punto di rottura il frammento dell'altro (v. Fig. 5.6.1a).
Le traslocazioni rappresentano uno degli eventi più frequenti di aberrazioni strutturali cromosomiche dell'uomo. Quando il riarrangiamento coinvolge due acrocentrici con fusione dei centromeri, la traslocazione viene definita robertsoniana.
Le traslocazioni reciproche possono comportare variazioni nella lunghezza dei due cromosomi, che restano sempre monocentrici. Solo di rado nella traslocazione possono essere coinvolti anche più cromosomi (traslocazioni complesse e "jumping translocations") (v. paragrafo 9.2).
Nella traslocazione si può verificare uno scambio reciproco dell'intero braccio (v. Fig. 5.6.1b), con due possibilità: scambio dei bracci corti dell'uno con quelli lunghi dell'altro; oppure scambio dei rispettivi bracci, corti o lunghi.
Il centromero apparterrà, in questi casi, all'uno o all'altro dei cromosomi coinvolti nella traslocazione.
Se due cromosomi subiscono una frattura alla estremità terminale con successivo riarrangiamento a livello dei punti di frattura, si ha la formazione di un cromosoma dicentrico o pseudodicentrico. Questo evento viene indicato nella definizione del cariotipo con l'abbreviazione ter rea (che sta per "riarrangiamento terminale").

Sistemi di descrizione

Sistema abbreviato

I cromosomi riarrangiati, in parentesi, sono preceduti dalla abbreviazione rcp (che sta per "reciproco"); per primo viene designato il cromosoma che, tra i due, precede nella classificazione; se la traslocazione coinvolge un autosoma ed un cromosoma del sesso (X o Y) è quest'ultimo che precede nella formula. Questa regola non viene invece seguita nel caso delle inserzioni. Alla indicazione dei cromosomi seguono, tra parentesi, i punti di rottura.

Sistema dettagliato

Dopo la indicazione dei cromosomi coinvolti, si riporta la costituzione di ciascun cromosoma con la traslocazione. I doppi due punti (::) indicano la sede di rottura-riunione. Il segno (;) indica la separazione tra i due cromosomi.
Esempi:
46,XX,t(9;10)(p24;q23) (sistema abbreviato).
46,XX,t(9;10)(9qter→9p24::10q23→10qter;10qter→10q23::9p24→9pter) (sistema dettagliato).
46,X,t(X;16)(p22;p12) (sistema abbreviato).
46,X,t(X;16)(Xqter→Xp22::16p12→16pter;16pter→16p12::Xp22→Xpter) (sistema dettagliato).
Nella descrizione t può essere sostituita da rcp.

Conseguenze di una traslocazione reciproca

Le traslocazioni reciproche, quando bilanciate e familiari, non comportano di solito anomalie del fenotipo. Non si può tuttavia escludere che ciò possa verificarsi per effetto negativo di posizione. Può anche accadere che, pur avendo lo stesso riarrangiamento di un genitore con fenotipo normale, il figlio portatore presenti una patologia riconducibile ad una condizione di emizigosi per un carattere recessivo (se l'allele corrispondente normale è assente in lui ma presente nel genitore). Ciò può accadere con una frequenza che non supera però 1% dei casi. Se non è familiare, un disordine apparentemente bilanciato "de novo" lascia prevedere un rischio di anomalie del fenotipo più elevato (circa 10%). Le patologie associate possono essere rappresentate da ritardo psicomotorio, di solito medio-lieve, associato ad anomalie che, talvolta ma non sempre, possono essere riscontrate già ad un attento esame ecografico prenatale. La mancata osservazione di questi segni ecografici (cardiopatia o malformazioni di altri organi interni, ritardo lieve della crescita, sindattilia, segni dismorfologici facciali, ecc.) riduce ma non esclude il rischio di danno confinato al solo ritardo mentale.
Un cenno particolare meritano le traslocazioni tra un cromosoma X e un autosoma. Come risaputo (v. paragrafo 2.2), nella femmina uno dei due cromosomi X è inattivato, e la inattivazione è random (cioè senza preferenza per l'uno o l'altro). Nei casi però di traslocazione X/autosoma, la inattivazione non è random ma è preferenziale per il cromosoma X non coinvolto nella traslocazione. Altrimenti il cromosoma X tras-

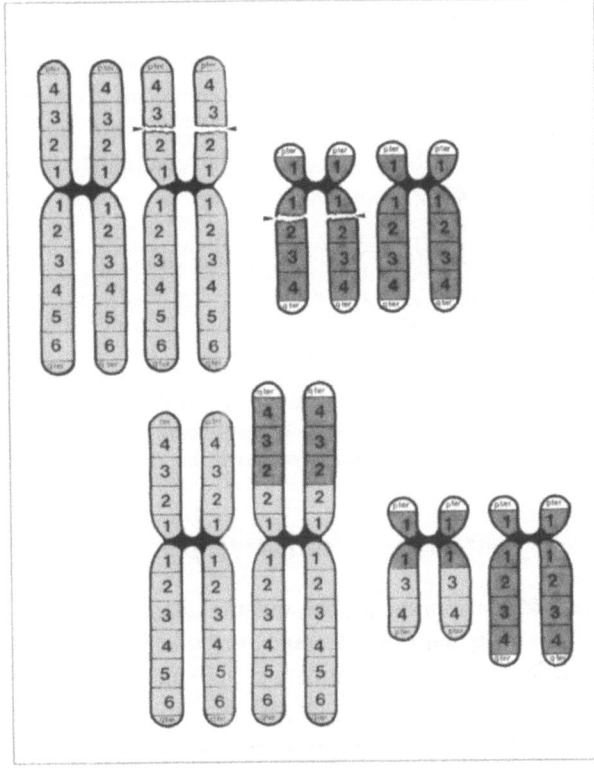

Fig. 5.6.1a. Traslocazione reciproca tra cromosomi non omologhi: scambio di frammenti tra due cromosomi non omologhi

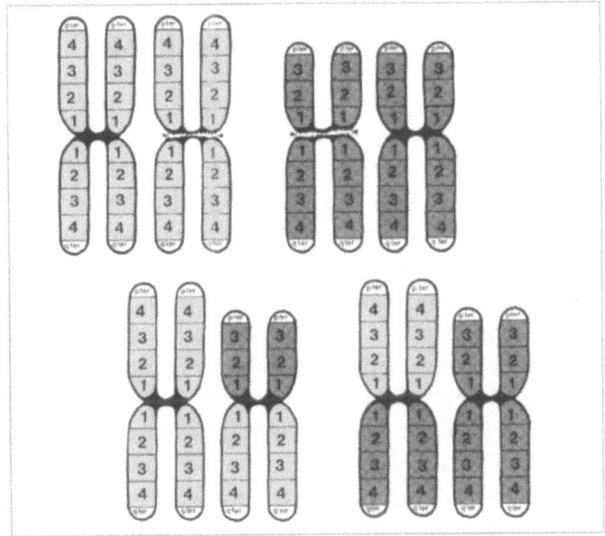

Fig. 5.6.1b. Traslocazione reciproca tra cromosomi non omologhi: scambio dell'intero braccio tra due cromosomi non omologhi

5.7 Le traslocazioni robertsoniane (rob)

Definizione ed origine

È un particolare tipo di traslocazione reciproca in cui la rottura avviene, su entrambi i cromosomi, in prossimità del centromero

Il riarrangiamento impegna, per definizione, gli acrocentrici con fusione dei centromeri (fusione centrica): interessa pertanto esclusivamente i cromosomi dei gruppi D e G. L'anomalia ha origine da una rottura, centromerica o paracentromerica, con successiva fusione dei bracci lunghi. Ne risulta un cromosoma anomalo che è metacentrico se la traslocazione avviene tra cromosomi dello stesso gruppo (Dq/Dq o Gq/Gq), oppure submetacentrico se la traslocazione coinvolge cromosomi di gruppo diverso (Dq/Gq) (v. Fig. 5.7.2). Il cromosoma minuto metacentrico, che origina dalla fusione dei bracci corti, di solito si perde, per cui le cellule dei portatori bilanciati sono quasi sempre ipodiploidi (45 cromosomi). Esistono però non poche eccezioni (V. Ventruto, 1976). Poiché sui bracci corti di questi cromosomi non sono codificate sequenze geniche, la perdita del minuto metacentrico non comporta effetti fenotipici. Come si dirà in seguito (v. paragrafo 8.2) il 10% dei maschi con t(13;14) sono oligospermici; la t(15;15) conducendo a disomia uniparentale è responsabile di malattie genetiche (v. paragrafo 7.13).

locato potrebbe trascinare nella inattivazione anche l'autosoma, ciò che avrebbe ripercussioni sul fenotipo, per parziale monosomia dell'autosoma traslocato. Una traslocazione Xp, senza perdita di materiale, non comporta anomalie fenotipiche. Le traslocazioni Xq/autosoma che coinvolgono la regione Xq21-Xq26 si possono accompagnare ad amenorrea secondaria. Va tenuto presente che il centro di inattivazione, che è nella regione Xq13, viene spento nel cromosoma X traslocato. Se nel cromosoma Xq traslocato si inattiva solo il segmento q13, restano attivi segmenti del braccio q di entrambi i cromosomi X, il che può comportare conseguenze sul fenotipo (anomalie congenite, disfunzione gonadica, fino a ritardo mentale). Non mancano però esempi che si discostano da questi modelli di previsioni. Con tecniche idonee è possibile riconoscere quale dei due cromosomi X è rimasto attivo (v. paragrafo 13.15).

Conseguenze alla meiosi: v. paragrafo 7.2

In base a quanto avviene nella regione centromerica, si riconoscono tre varietà di traslocazioni robertsoniane:
1. centromero singolo, di non identificata origine;
2. centromero singolo, di origine riconosciuta;
3. centromero doppio (cromosoma dicentrico) (v. Fig. 5.7.1).

Sistemi di descrizione

La descrizione è diversa a seconda che l'origine del centromero sia stata individuata oppure no.

Sistema abbreviato

Nel caso che la provenienza del centromero sia sconosciuta, si indicano, tra parentesi, i due cromosomi riarrangiati, preceduti dal simbolo der e quindi, ancora tra parentesi, i punti di rottura centrometrici dei rispettivi cromosomi.

Sistema dettagliato

Nel caso più frequente in cui la provenienza del centromero non sia nota, si indica l'estremità terminale dei bracci lunghi del primo cromosoma, il centromero comune, e quindi l'estremità terminale dei bracci lunghi del secondo cromosoma coinvolto nella traslocazione: la descrizione quindi inizia e termina con q.
Se è nota la provenienza del centromero (ad esempio der(13/14) con centromero appartenente al cromosoma n.13), la descrizione inizia dall'estremità terminale dei bracci lunghi del primo cromosoma, segue il tratto p di questo, quindi i doppi due punti (che indicano rottura-riarrangiamento), ed infine i bracci lunghi del cromosoma n.14.
Se ciascuno degli acrocentrici conserva il proprio centromero, il riarrangiamento è preceduto dalla abbreviazione dic (dicentrico).

Esempi:
traslocazione rob con incerta provenienza del centromero:
45,XX,der(13;14)(q10;q10) (sistema abbreviato).
45,XX,der(13qter→13q10::14q10→14qter)(sistema dettagliato).
traslocazione rob con definita provenienza del centromero:
45,XY,rob(13;14)(p11;q11)(sistema abbreviato).
45,XY,rob(13;14)(13qter→13p11::14q11→14qter)(sistema dettagliato).
traslocazione rob con conservazione dei due centromeri:
45,XY,dic(13;14)(sistema abbreviato).
45,XY,dic(13;14)(13qter→13p11::14p11→14qter) (sistema dettagliato).

Conseguenze di una traslocazione robertsoniana

Le traslocazioni robertsoniane sono il più frequente riarrangiamento cromosomico umano, con una frequenza superiore a 1:1000 nati (Gardner e Sutherland, 1997). Costituiscono inoltre, pur se raramente, uno dei meccanismi con cui originano le disomie uniparentali, (v. paragrafo 7.13). Di solito accompagnano, se bilanciate, un fenotipo normale. Le condizioni sbilanciate per monosomia o trisomia sono letali. Alcune sindromi di Down sono dovute a traslocazioni robertsoniane che coinvolgono il cromosoma n.21. I portatori di traslocazione robertsoniane tra cromosomi omologhi possono concepire solo zigoti monosomici o trisomici (v. Fig. 5.7.3).

Conseguenze alla meiosi: v. paragrafo 7.4

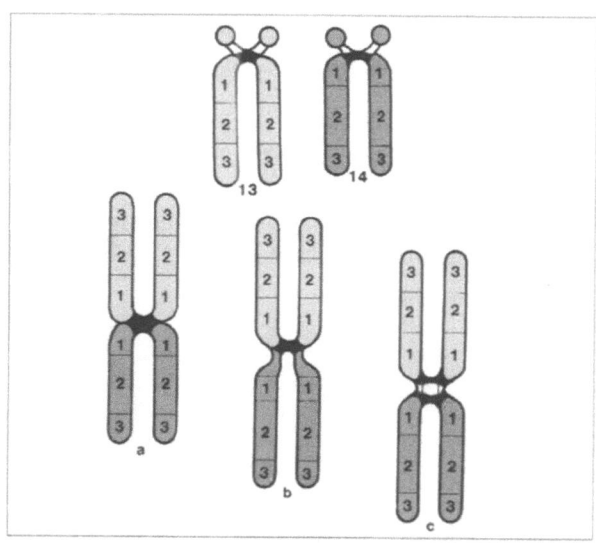

Fig. 5.7.1. Vari modelli di traslocazioni robertsoniane: **a)** monocentrica, con centromero in comune, di non riconosciuta appartenenza; **b)** monocentrica con centromero di riconosciuta appartenenza; **c)** dicentrico

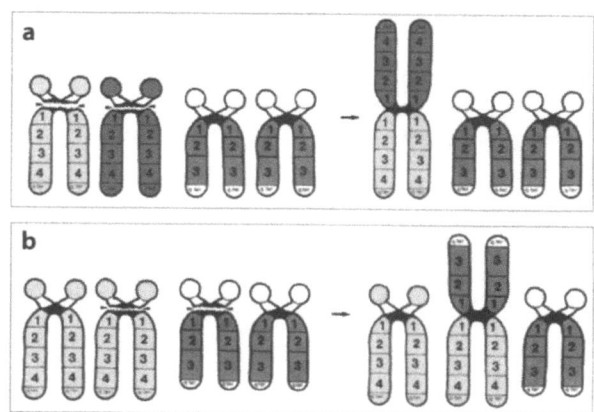

Fig. 5.7.2. Traslocazioni robertsoniane tra acrocentrici omologhi (**a**) e non omologhi (**b**): origina un cromosoma non satellitato che è metacentrico se i cromosomi appartengono allo stesso gruppo (**a**), o submetacentrico se appartengono a gruppi differenti (**b**). La cellula, nell'uno e nell'altro caso, è ipodiploide (45 cromosomi)

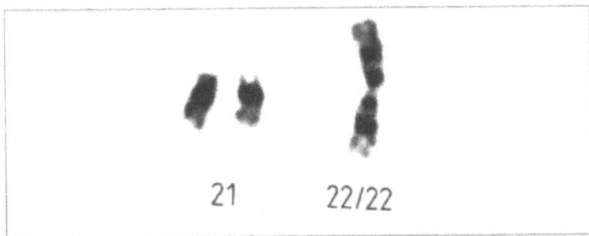

Fig. 5.7.3. Traslocazione robertsoniana 22; 22. I portatori di questo tipo di traslocazione possono concepire solo zigoti monosomici o trisomici

5.8 Cromosomi dicentrici e pseudodicentrici (dic) e (psu dic)

Definizione ed origine

La presenza di due centromeri (cromosoma dicentrico) è compatibile con la stabilità del cromosoma soltanto se uno dei due rimane inattivo.
Pertanto si tratta in realtà di pseudodicentrici, cioè dicentromerici monocentrici (v. Fig. 5.8.1). Solo a queste condizioni è possibile il corretto allineamento del cromosoma sulla piastra equatoriale, seguito dalla normale separazione dei cromatidi nell'anafase. Le metodiche specifiche di colorazione per l'area centromerica (bandeggio C) mettono bene in evidenza questo comportamento funzionale dei centromeri (v. Figg. 5.8.3a e 5.8.3b). In alcuni casi di traslocazione robertsoniana può però verificarsi che il cromosoma traslocato abbia due centromeri molto ravvicinati, che funzionano in realtà come singolo e quindi, pur rimanendo entrambi attivi, consentono tuttavia una normale replicazione.

Il meccanismo di formazione di un dic non è univoco potendo dipendere da:
1) traslocazione tra due cromosomi, ciascuno dei quali conserva il proprio centromero;
2) crossing-over meiotico di un cromosoma con inv paracentrica, se lo scambio avviene nell'ansa.
3) rottura telomerica e riarrangiamento terminale dei due bracci (v. Fig. 5.8.2).

Va ricordato che anche un mar tetrasatellitato può essere psu dic.

Sistemi di descrizione

Sistema abbreviato

Il cromosoma dicentrico si pone tra parentesi, preceduto dal simbolo dic, idic o psu dic (a seconda che si tratti di dicentrico, isodicentrico o pseudodicentrico); seguono, tra parentesi, i punti di rottura.

Sistema dettagliato

Si indica tra parentesi il cromosoma, preceduto dal simbolo dic, idic o psu dic; segue, tra parentesi, la descrizione del cromosoma; il punto di frattura-riunione viene indicato, secondo convenzione, dai doppi due punti.

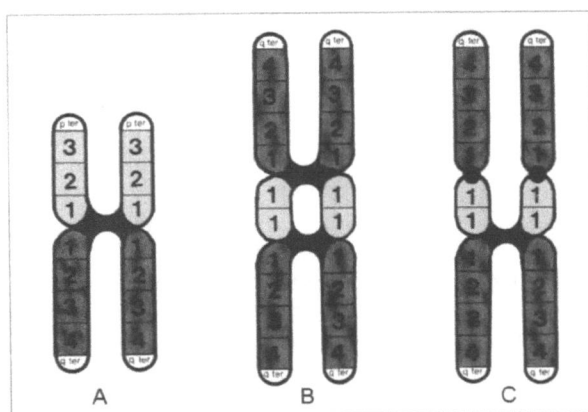

Fig. 5.8.1. Vari modelli di cromosoma in base al comportamento centromerico: (a) monocentromerico monocentrico; (b) dicentromerico dicentrico; (c) dicentromerico pseudodicentrico

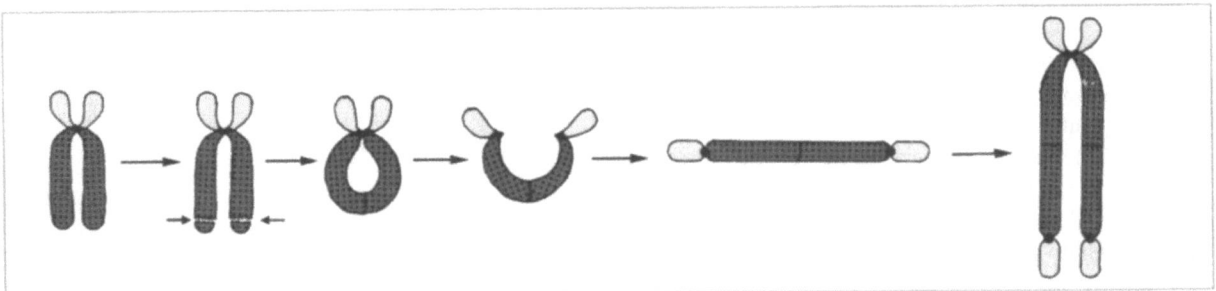

Fig. 5.8.2. Cromosoma isodicentrico originato da rottura telomerica e riarrangiamento terminale dei due bracci. Uno dei centromeri (quello inferiore, nella figura) è inattivo, per cui il cromosoma è pseudodicentrico

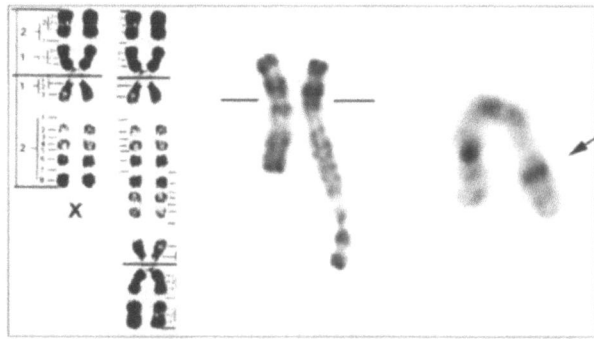

Fig. 5.8.3a. Isocromosoma X pseudodicentrico. Cariotipo: 46,X psu idic(X)(q28) (sistema abbreviato). 46,X, psu idic(X)(pter→q28::q28→pter) (sistema dettagliato). Bandeggio RHG e CBG. Quest'ultimo evidenzia il centromero attivo e quello inattivo (indicato dalla freccia) (da Ventruto V. et al.: Pratica Ostetrica e Ginecologica, 1982 pag. 236)

Esempi:
45,XY,dic(13;14)(p11;p11) (sistema abbreviato).
45,XY,dic(13;14)(13qter→13p11::14p11→14qter) (sistema dettagliato).
46,XX,idic(13)(p11) (sistema abbreviato).
46,XX,idic(13)(qter→p11::p11→qter) (sistema dettagliato).

Se un cromosoma dicentrico (due cromosomi traslocati che conservano il proprio centromero) ha anche altre anomalie, va indicato come derivativo.
Esempio:
46,XX,der(11;2)ins(q22;p14p22)t(11;17)(q24;p12)(sistema abbreviato).
46,XX,der(11)(11pter→11q22::2p14→2p22::11q22→11q24::17p12→17qter) (sistema dettagliato).
I due centromeri appartengono rispettivamente ai cromosomi n.11 e 17; notare che la inserzione 2p14→2p22, avvenuta dopo rotazione di 180°, è diretta in quanto passando da p a q ha conservato la posizione rispetto al centromero.

Conseguenze di un cromosoma dicentrico

Le conseguenze sul fenotipo prodotte da un cromosoma dicentrico dipendono dalla composizione dei cromosomi; quindi sono varie da caso a caso. Di per sé infatti la presenza di due centromeri non avrebbe alcuna ripercussione funzionale, essendo formati da eterocromatina costitutiva.

Conseguenze alla meiosi: v. paragrafo 7.5

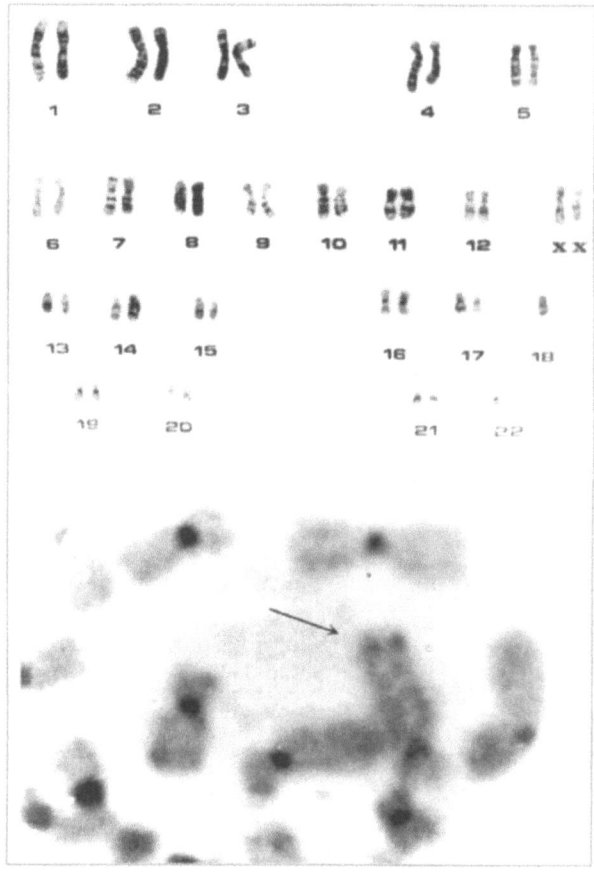

Fig. 5.8.3b. Esempio di cromosoma pseudodicentrico stabile da traslocazione de novo 4;18. Cariotipo della probanda: 45,XX,-18, t (4;18)(4pter→4q35:: 18pter→18q11). (da: Ventruto V et al, Riv Ital Ped, 1978 p. 359)

5.9 Isocromosoma (i)

Definizione ed origine

Un isocromosoma è perfettamente metacentrico, in quanto costituito dall'esatta duplicazione di uno dei bracci (lunghi o corti), che ha conservato l'unità centromerica; i bracci senza centromero si perdono, perché incapaci di replicarsi. Per quest'ultimo aspetto, l'isocromosoma si distingue dalla fissione centrica (v. paragrafo 5.10). Origina quando in anafase la separazione dei due cromatidi che costituiscono il cromosoma, anziché su un piano longitudinale che passa per il centromero, avviene su un piano trasversale. Ne consegue che non si separano i due cromatidi ma i due bracci: di questi, solo uno dei bracci rimarrà con il centromero. La osservazione di isocromosomi dei bracci lunghi è più frequente di quella dei bracci corti, forse perché quest'ultima condizione offre minore capacità replicativa e conservativa. L'isocromosoma non va confuso, per l'aspetto metacentrico, con una traslocazione robertsoniana tra due acrocentrici di una stessa coppia o di stesso gruppo, dove il meccanismo di formazione è del tutto differente.

I più comuni isocromosomi sono quelli sessuali: i(Xq), i(Yq) e i(Yp).

Un isocromosoma può originare da rottura/ricongiungimento telomerico: in questo caso origina un cromosoma isodicentrico che funzionalmente si comporta come pseudodicentrico, rimanendo attivo soltanto uno dei due centromeri (v. paragrafo precedente). Questa aberrazione è stata trovata negli acrocentrici ed anche nel cromosoma Y.

La relativa instabilità degli isocromosomi porta alla loro perdita durante la disgiunzione mitotica, ciò che dà ragione della frequente loro condizione a mosaico (v. Fig. 5.9.2).

È stato visto che alcuni isocromosomi dimostrano espressione tessuto-specifica: è il caso ad esempio di i(12)(p10), un isocromosoma per i bracci corti del cromosoma n.12, che potrebbe non essere presente nel san-

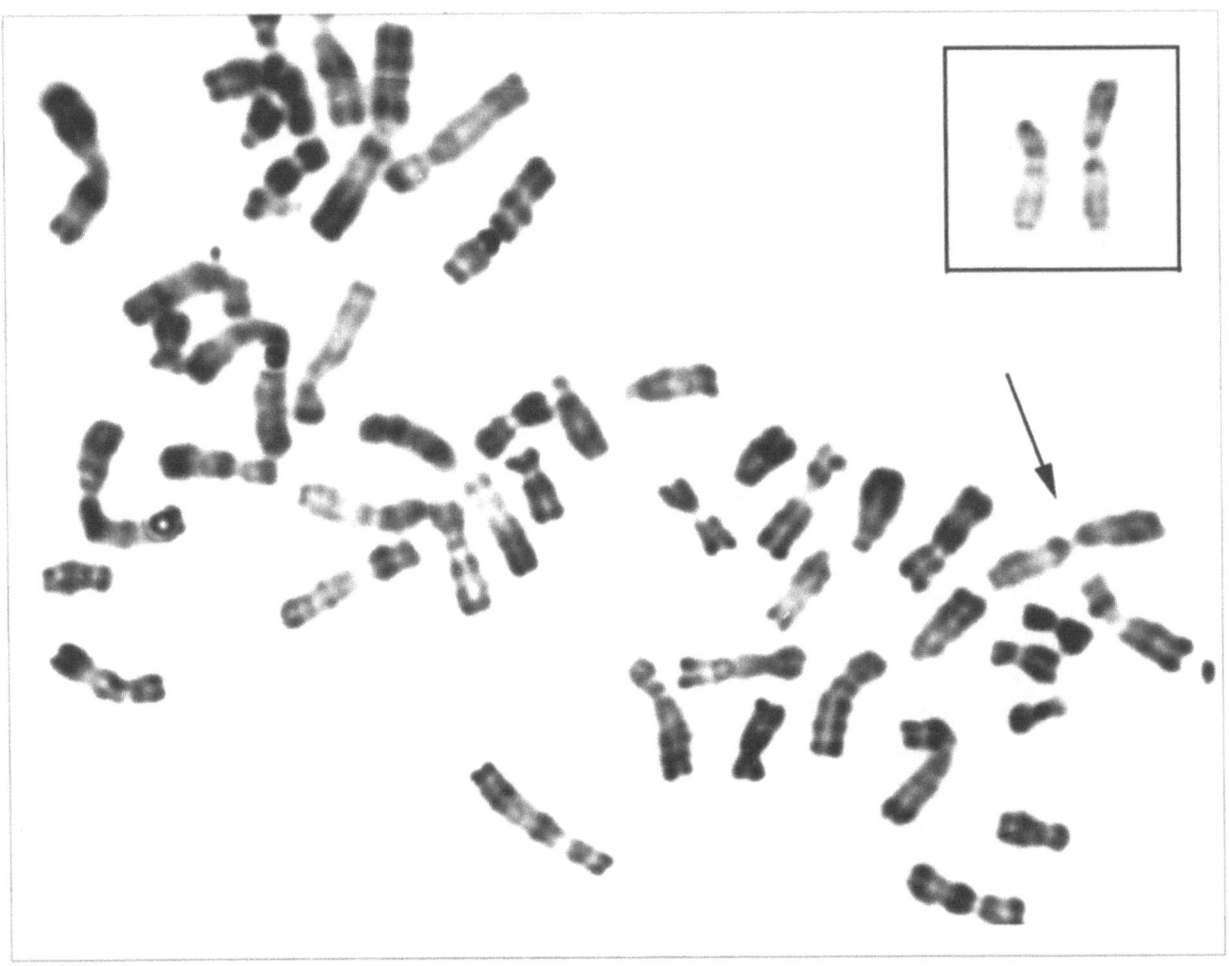

Fig. 5.9.1. Isocromosoma X. Cellula in metafase. Nel riquadro i due cromosomi X. 46,X,i(X)(qter→q10::q10→qter). Bandeggio RHG. (Osservazione personale)

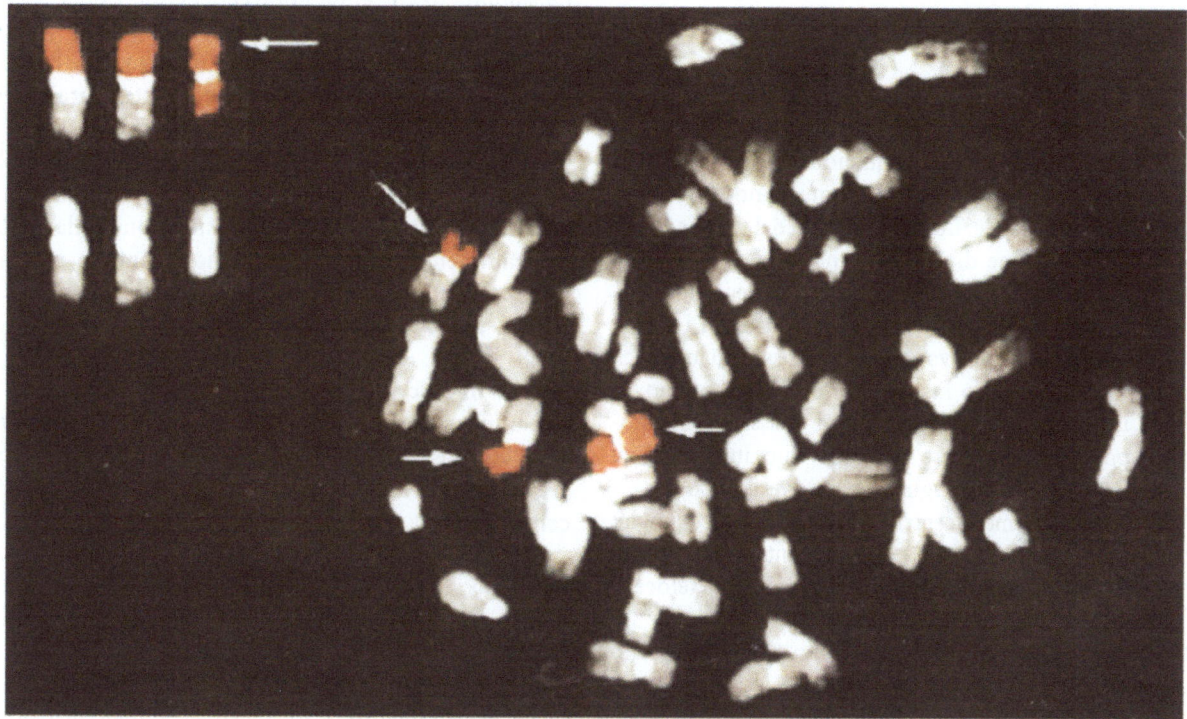

Fig. 5.9.2. Isocromosoma 9p. Mosaicismo osservato in coltura di amniociti (46,XY/47,XY,+i(9p). In base a questo sospetto dopo l'osservazione delle metafasi al bandeggio GTG è stata eseguita la FISH che ha mostrato i segnali specifici per il braccio corto del cromosoma n.9. Quest'ultimo studio si deve alla cortesia del Prof. Mariano Rocchi dell'Istituto di Genetica Dell'Università degli Studi di Bari, che qui ringraziamo anche per la documentazione messaci a disposizione

gue periferico ed esprimersi solo nei fibroblasti. Va tenuta presente questa possibilità quando si ha il sospetto clinico di questa particolare tetrasomia, che induce un quadro clinico ben definito, noto come sindrome di Pallister-Killian (profondo ritardo mentale, tipica dismorfia facciale con fronte prominente, occipite piatto, ipertelorismo, naso breve, talvolta agenesia del pericardio).

Sistema di descrizione

Sistema abbreviato

Si indica, tra parentesi, l'isocromosoma preceduto dal simbolo i.

Sistema dettagliato

Si indica l'estremità terminale di uno dei bracci, il centromero, l'altra estremità terminale. Le due estremità, negli isocromosomi, sono per definizione simili. Va ricordato che i centromeri hanno simbolo p10 e q10 a seconda che facciano parte del braccio corto o lungo del cromosoma.

Esempio:
46,XX,i(16)(q10) (sistema abbreviato).
46,XX,i(16)(qter→q10::q10→qter) (sistema dettagliato).

Conseguenze di un isocromosoma

Un isocromosoma comporta la delezione per uno dei bracci e la duplicazione per l'altro (monosomia/trisomia). Più volte sono stati segnalati casi di isocromosoma per i bracci lunghi dei cromosomi sessuali, del tutto compatibili con la vita ma responsabili di sterilità e/o infertilità (v. Fig. 5.9.1).

Conseguenza alla meiosi

Un isocromosoma, anche se compatibile con la sopravvivenza, induce sterilità.

5.10 Fissione centrica (fis)

Definizione ed origine

Una fissione centrica origina quando in anafase la separazione dei cromatidi avviene su un piano trasversale anzichè longitudinale. L'errore è quindi del tipo osservato nella formazione di un isocromosoma. A differenza però di quest'ultimo, il centromero si divide in due porzioni, ciò che consente la stabilità di entrambi i bracci che si separano: ne derivano due cromosomi telomerici, avvenimento del tutto insolito nel cariotipo umano (v. Fig. 5.10.1). Le conseguenze però di una simile separazione possono non essere univoche. Può, infatti, essere prevista più di una conseguenza (H. Rivera, 1986):
1) isocromosomi monocentrici, per i bracci corti o lunghi;
2) cromosomi telocentrici per uno o entrambi i bracci;
2) isocromosoma per un braccio e cromosoma telocentrico per l'altro braccio;
4) mosaicismo telocentrico/isocromosoma per uno stesso braccio;
5) traslocazione dell'intero braccio.

La stabilità di entrambi i bracci del cromosoma, separati a livello centromerico, dà origine a cellule iperdiploidi (47 cromosomi). È un evento molto raro. È stato segnalato, infatti, solo poche volte in letteratura (A.H. Sinha, 1972; S. Hansen,1975; B. Dallapiccola, 1976; D. Guanti, 1978; N. Niikawa,1983; J. P. Fryns, 1985). Non comporta obbligatoriamente anomalie nel fenotipo; può però indurre, a seguito di trasmissione sbilanciata del frammento prodotto della fissione centrica, parziali trisomie (Dallapiccola, 1976) o parziali delezioni (J. P. Fryns, 1985) (v. Figura 5.10.2).

Sistemi di descrizione

Vi è unico sistema di descrizione: si indica tra parentesi il cromosoma interessato, preceduto da cen fiss; segue, tra parentesi, l'indicazione del punto di rottura centromerica.

Esempio:
47,XY,-17,+fis(17)(p10),+fis(13)(q10) (sistema abbreviato).
47,XY,-17,+fis(17)(pter→p10:),+fis(17)(qter→q10:) (sistema dettagliato).

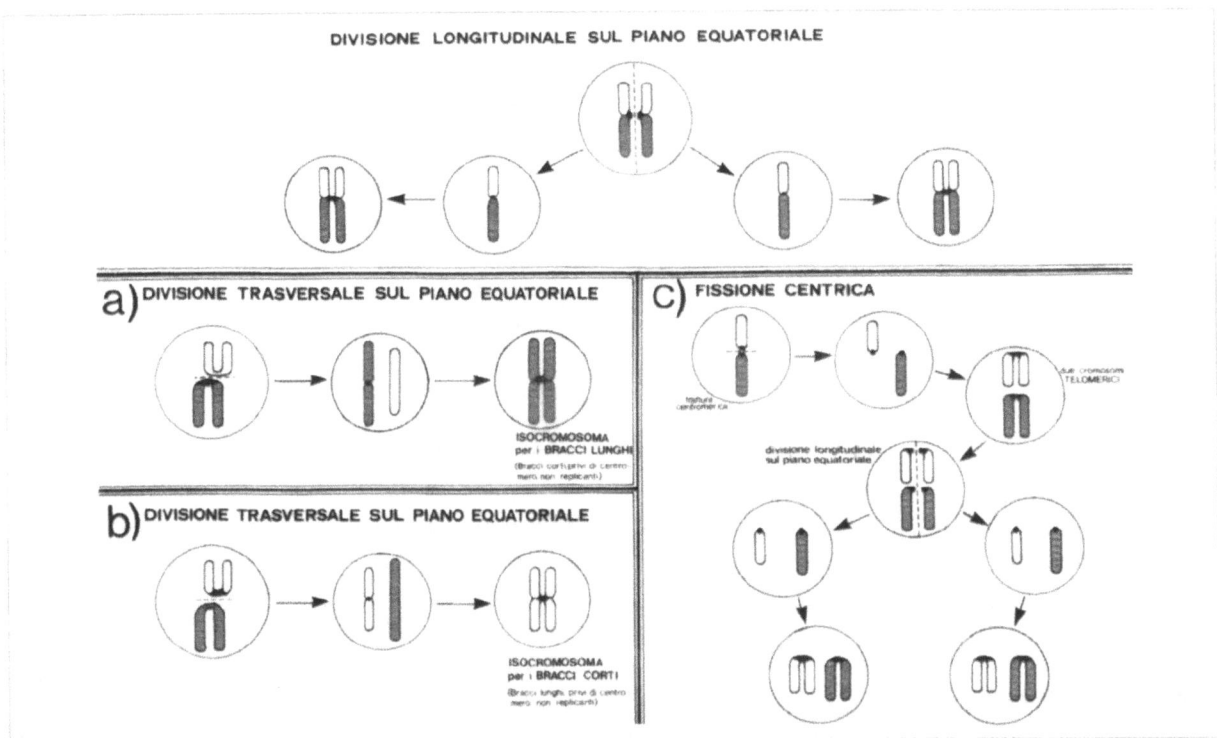

Fig. 5.10.1. Schema che illustra come una divisione trasversale anziché longitudinale, sul piano equatoriale, può dare origine ad isocromosomi (**a,b**) o a cromosomi telomerici (**c**)

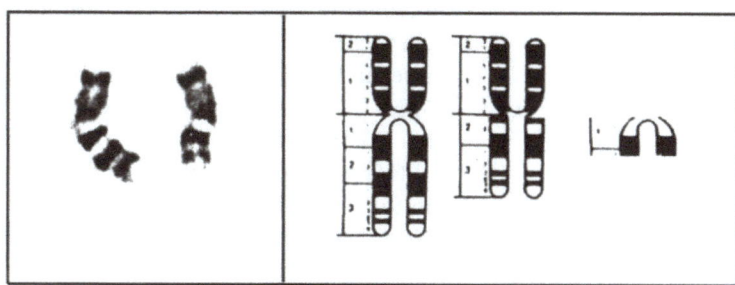

Fig. 5.10.2. Esempio di fissione centrica con sbilanciamento cromosomico. A sinistra il cariotipo parziale di un neonato malformato con delezione interstiziale di un cromosoma 7: 46,XY,del(7)(pter→cen::q21→qter). A destra l'ideogramma dei cromosomi materni, con il frammento telocentrico originato dalla doppia rottura a livello del centromero e della banda q21: 46,XX,del(7)(pter→cen::q21→qter),+cen fr (da J.P. Fryns: Ann. Génét., pag. 248, 1985)

5.11 Cromosoma ad anello (r)

Definizione ed origine.
La forma del tutto singolare giustifica il termine usato per indicare quei cromosomi in cui l'aberrazione strutturale consiste nella rottura alle estremità telomeriche e successivo ricongiungimento dei punti di frattura. La grandezza dell'anello dipende da quella del cromosoma d'origine e dall'entità dei tratti deleti: se infatti la delezione è agli estremi terminali, il cromosoma perde poco della sua originale lunghezza (v. Figg. 5.11.2 e 5.11.3). Un'interessante peculiarità di questi cromosomi è che nello stesso soggetto la morfologia può variare: accanto a cellule con cromosoma ad anello singolo, monocentrico, si possono trovare cellule con anello dicentrico e diametro doppio, o anche cellule con due anelli concatenati (V. paragrafo 9.6). Questi singolari polimorfismi, che determinano condizioni d'instabilità, trovano la loro spiegazione nel fatto che tra i cromatidi fratelli possono avvenire singoli o doppi scambi con il risultato rispettivamente di un anello dicentrico due volte la grandezza originaria o anelli concatenati, ciascuno della grandezza di quello originale (v. Fig. 5.11.1). Un cromosoma ad anello presenta sempre un tratto deleto (che corrisponde alle regioni telomeriche perdute nella rottura) ed una possibile ma non costante duplicazione parziale, a seguito di crossing-over somatico.

Sistemi di descrizione

Viene indicato, tra parentesi, il cromosoma ad anello preceduto dall'abbreviazione r. Nel caso si conoscano i punti di rottura delle estremità telomeriche, questi vengono fatti seguire, tra parentesi, nella formulazione del cariotipo.
Sono stati ritrovati cromosomi ad anello in tutti i gruppi degli autosomi; si conoscono anche casi di cromosoma X ad anello.

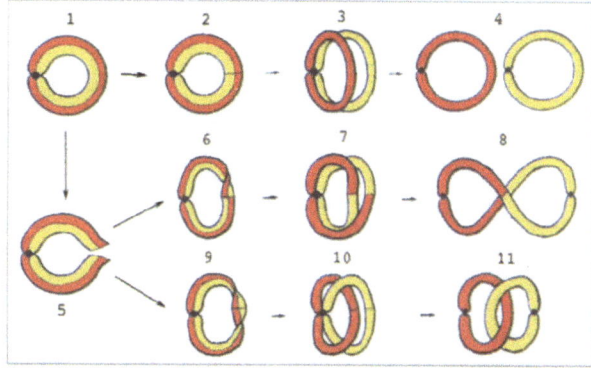

Fig. 5.11.1. Scambio intracromatidico in divisione mitotica. 1-4: divisione di cromosoma ad anello, senza scambi intracromatidici: formazione di due singoli anelli. 5: per rottura isocromatidica possono avere origine: per singolo scambio cromatidico, anello singolo ma di diametro doppio (6-8); per doppio scambio cromatidico, due anelli concatenati d'eguale diametro (9-11)

Esempio:
46,XY,r(2)(p35q41) (sistema abbreviato).
46,XY,r(2)(::p35→q41::) (sistema dettagliato).

Conseguenze di un cromosoma ad anello

Un cromosoma ad anello può essere compatibile con un fenotipo anche apparentemente normale, se la porzione di cromosoma perduta nel riarrangiamento è minima. Di solito però comporta anomalie variabili, a seconda dell'entità della delezione o della duplicazione.

Conseguenze alla meiosi: v. paragrafo 7.10

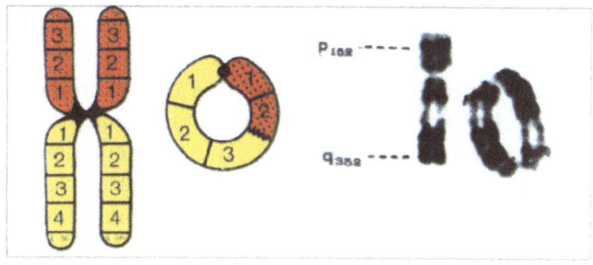

Fig. 5.11.2. Cromosoma n.5 ad anello. (da: Suerinck E et al, Clin Genet 14:125, 1978)

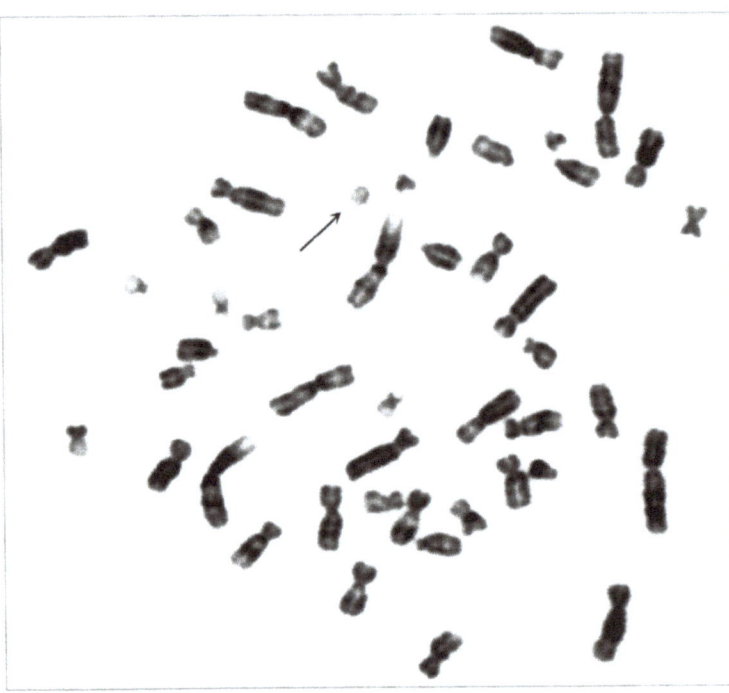

Fig. 5.11.3. Cromosoma n 22 ad anello

sui cromosomi stessi siti specifici di maggiore fragilità.
Cause più frequenti di gaps e di breaks:
AGENTI FISICI: radiazioni ionizzanti, raggi U.V., ultrasuoni (?).
AGENTI CHIMICI: citostatici, alchilanti, inibitori del DNA, antibiotici, droghe, DDT e altre sostanze ad effetto clastogeno.
VIRUS: agenti virali del morbillo, mononucleosi, herpes simplex e herpes zoster.
Non va dimenticato che il riscontro in una coltura di una proporzione elevata di rotture cromosomiche potrebbe derivare anche da artefatti indotti dalla crescita in vitro, e quindi senza alcun significato patologico. Va inoltre ricordato che le rotture cromosomiche sono più facili da evidenziare e da contare su piastre non bandeggiate.
Tipo di danno strutturale indotto: fratture, riarrangiamenti vari (in vivo e in vitro).

5.12 Rotture (gaps) e fratture (breaks)

Definizione ed origine

Le rotture cromatidiche ed isocromatidiche (gaps) come pure le fratture con spostamento dei frammenti (breaks) sono non rare e le condizioni che le provocano sono molteplici. Nei preparati normali il numero di rotture spontanee è limitato (meno di 1%). Valori superiori vanno segnalati in quanto possono essere indicativi di patologie costituzionali o acquisite. Gaps e breaks, a seconda che interessano un cromatidio o entrambi i cromatidi di un braccio, vengono rispettivamente indicati come chromatid gap, chromatid break oppure chromosome gap, chromosome break (v. Fig. 5.12.1). Va tenuto presente che le aberrazioni strutturali che sono causa di riarrangiamenti di diverso tipo, presuppongono spesso una o più rotture dei cromosomi anche con distacco di piccoli frammenti (v. Fig. 5.12.2). I punti di interruzione sui bracci dei cromosomi non sono sempre casuali; è stato infatti possibile verificare che non soltanto alcuni cromosomi sono più suscettibili alle fratture che non altri, ma che esistono

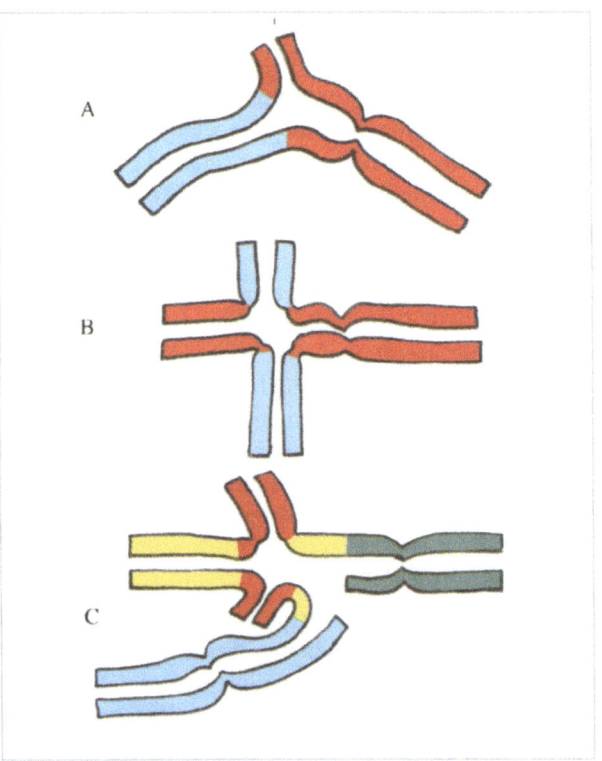

Fig. 5.12.1. Configurazioni insolite da interscambi cromatidici: **a)** figura triradiale, completa; **b)** figura quadriradiale, completa; **c)** figura complessa, incompleta

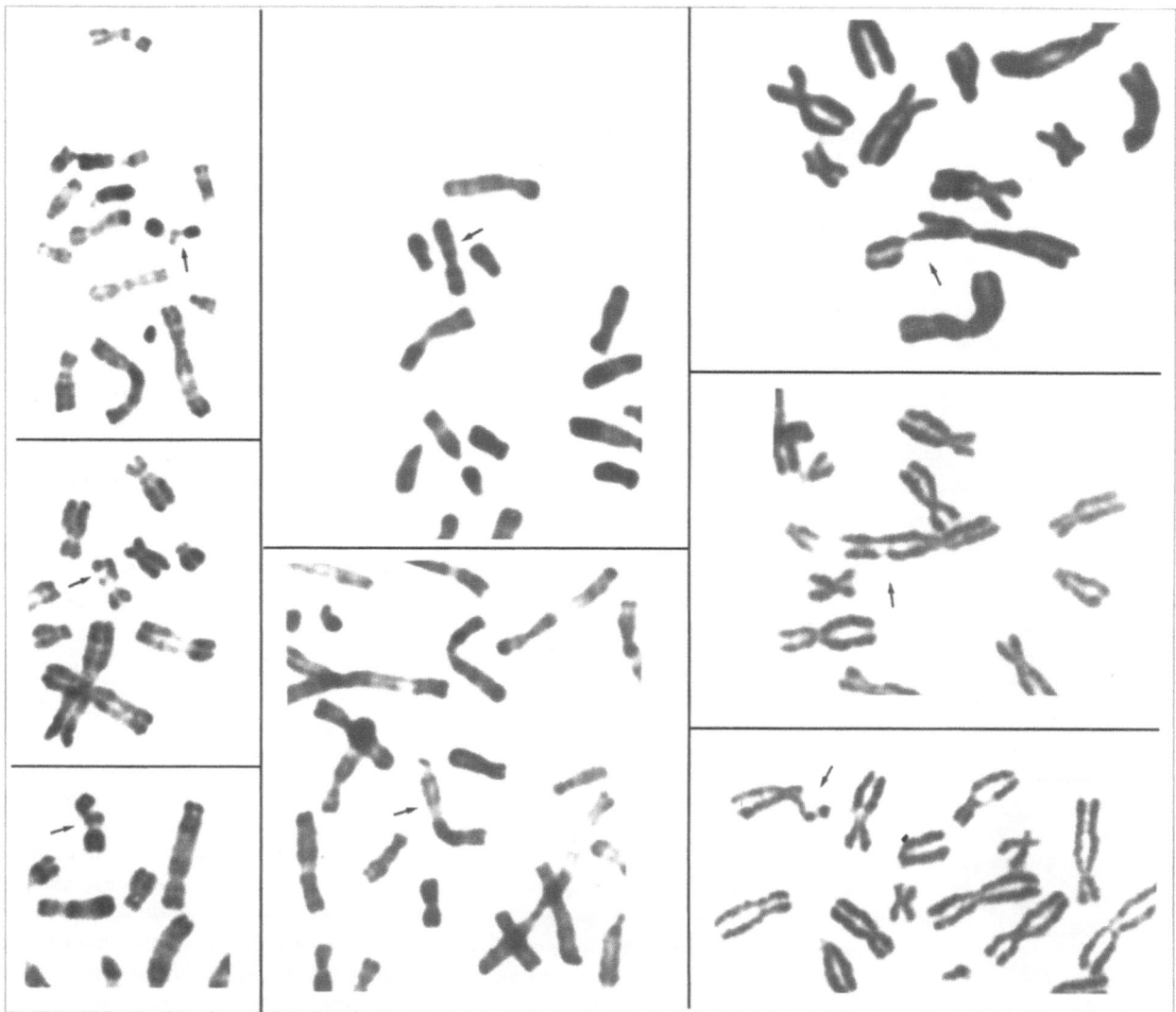

Fig. 5.12.2. Gaps e breaks cromatidici e isocromatidici. Metafasi parziali con rotture e fratture di cromosomi, in differenti situazioni patologiche (indotte o spontanee)

5.13 Instabilità cromosomica

Definizione ed origine

Sono note alcune malattie genetiche, quasi tutte ad eredità autosomica recessiva ma con notevole diversità nel fenotipo, accomunate dal fatto di presentare instabilità cromosomica. Con questo termine s'indica una particolare condizione dei cromosomi che induce negli stessi fratture, riarrangiamenti e scambi cromatidici superiori alla media.

La malattie da instabilità cromosomica hanno in comune anche la forte predisposizione allo sviluppo di tumori, in particolare leucemie e linfomi, e presentano in grado variabile difetti nel sistema immunitario. Prese complessivamente non sono rare: si è ipotizzato che i portatori sani formino una popolazione piuttosto vasta che sarebbe a maggior rischio di sviluppare tumori nel corso della vita; il riconoscimento dei portatori sani può partire dall'individuazione degli affetti, ma potrebbe anche avvalersi di particolari approcci tecnici sia molecolari che citogenetici.

5.13.1 - Malattie da instabilità cromosomica

Malattie Mendeliane

Anemia di Fanconi (**): cromosomi dicentrici; t(14;14); rotture; scambi; fusioni telomeriche; figure quadriradiali asimmetriche tra cromosomi non omologhi. (v. Fig. 5.13.1)
Sindrome di Bloom (**): alto numero di scambi intracromatidici; rotture; fusioni telomeriche; figure quadriradiali simmetriche tra cromosomi omologhi.
Sindrome di Louis-Bar (**): t(14q;14q); cromosomi dicentrici; rotture; scambi; fusioni telomeriche; traslocazioni, con coinvolgimento spesso del cromosoma n.7.
Xeroderma pigmentoso (**): rotture, scambi, cloni pseudodiploidi.
Agammaglobuninemia (*).
Incontinentia pigmenti (*): rotture, scambi, traslocazioni.
Deficit di glutatione-reduttasi (*).
Malattia di Wilson(*).
Agranulocitosi di Kostmann (*).
Sindrome di Roberts (**).

Malattie non Mendeliane

Sclerosi a placche (*).
Sclerodermia (*).
Rettocolite emorragica (*): rotture, scambi, traslocazioni.
Anemia perniciosa (*).

(*) anomalie non costanti.
(**) anomalie quasi costanti.

5.14 Siti fragili (fra)

Descrizione ed origine

I siti fragili costituiscono markers cromosomici che si ereditano come caratteri mendeliani semplici, e come tali potrebbero venire inclusi nel gruppo delle varianti cromosomiche. Sono così detti perché in particolari condizioni create in vitro tendono a manifestare rotture (v. Fig. 5.14.2); non sono mai presenti in tutte le cellule, ma in percentuale molto variabile.

Sono talvolta però espressione di specifiche patologie genetiche: in tal caso non possono essere considerati variazioni normali del cariotipo, come è il caso ad esempio della sindrome di Martin-Bell, che comporta ritardo mentale nei soggetti maschi (J. P. Martin, 1943) e che si associa a un sito fragile sul cromosoma X fra(X)(q27.3). Va ricordato che il sito fragile era già stato riconosciuto diversi anni prima che venisse associato alla malattia (H. A. Lubs, 1969). Vi è una vasta letteratura sui ritardi mentali X-linked e sulla malattia di Martin-Bell in particolare (K. Davies, 1989; W.T Brown, 1991; AJMG vol. 51). La malattia riveste un notevole interesse sia per la incidenza (è la causa infatti di ritardo mentale più frequente nel maschio, dopo la sindrome di Down) sia per gli aspetti citogenetici e genetici. Lo studio citogenetico va non disgiunto dall'analisi molecolare, specie quando è necessario scoprire le femmine eterozigoti, in cui il fra(X)(q27.3) può anche esprimersi in quantità molto basse e sfuggire al riconoscimento. Ai paragrafi 13.15 e 13.8.4 sono riportate le tecniche per lo studio in età post-natale e prenatale.

I più comuni siti fragili espressi sui cromosomi umani, in ordine di frequenza sono:
3p14; 16q23; Xp22; 6q26.
Circa 50 altri siti fragili si esprimono con frequenze minori su diversi altri cromosomi (Fig. 5.14.1).

Il fra(10)(q25) in normali condizioni di coltura è invisibile, ma si esprime in colture trattate con BrdU. Può essere considerato un carattere polimorfico, con una frequenza di 1/30 in eterozigosi e di

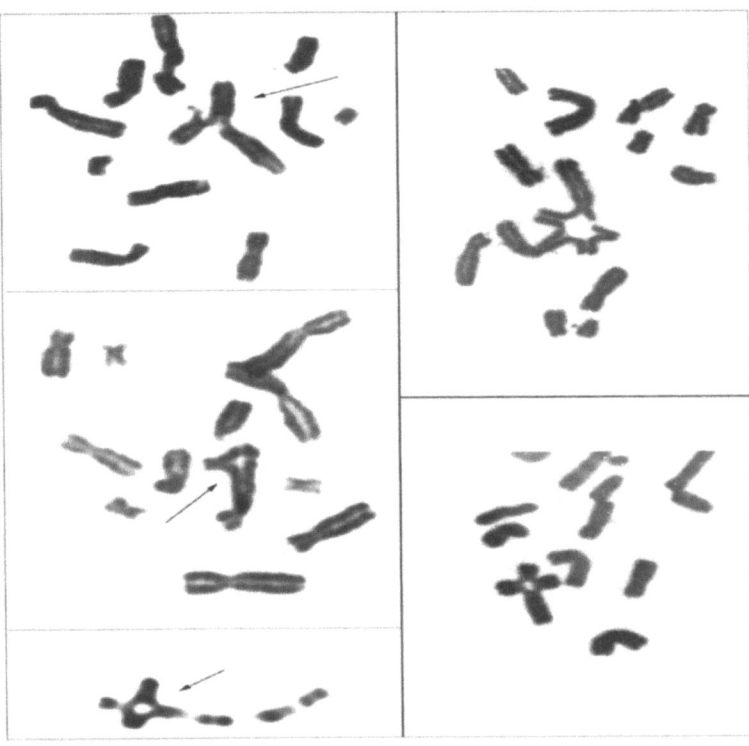

Fig. 5.13.1. Parziali metafasi con riarrangiamenti cromatidici, tipici dell'anemia di Fanconi (da: Ventruto V et al, Il Progresso Medico, 1972)

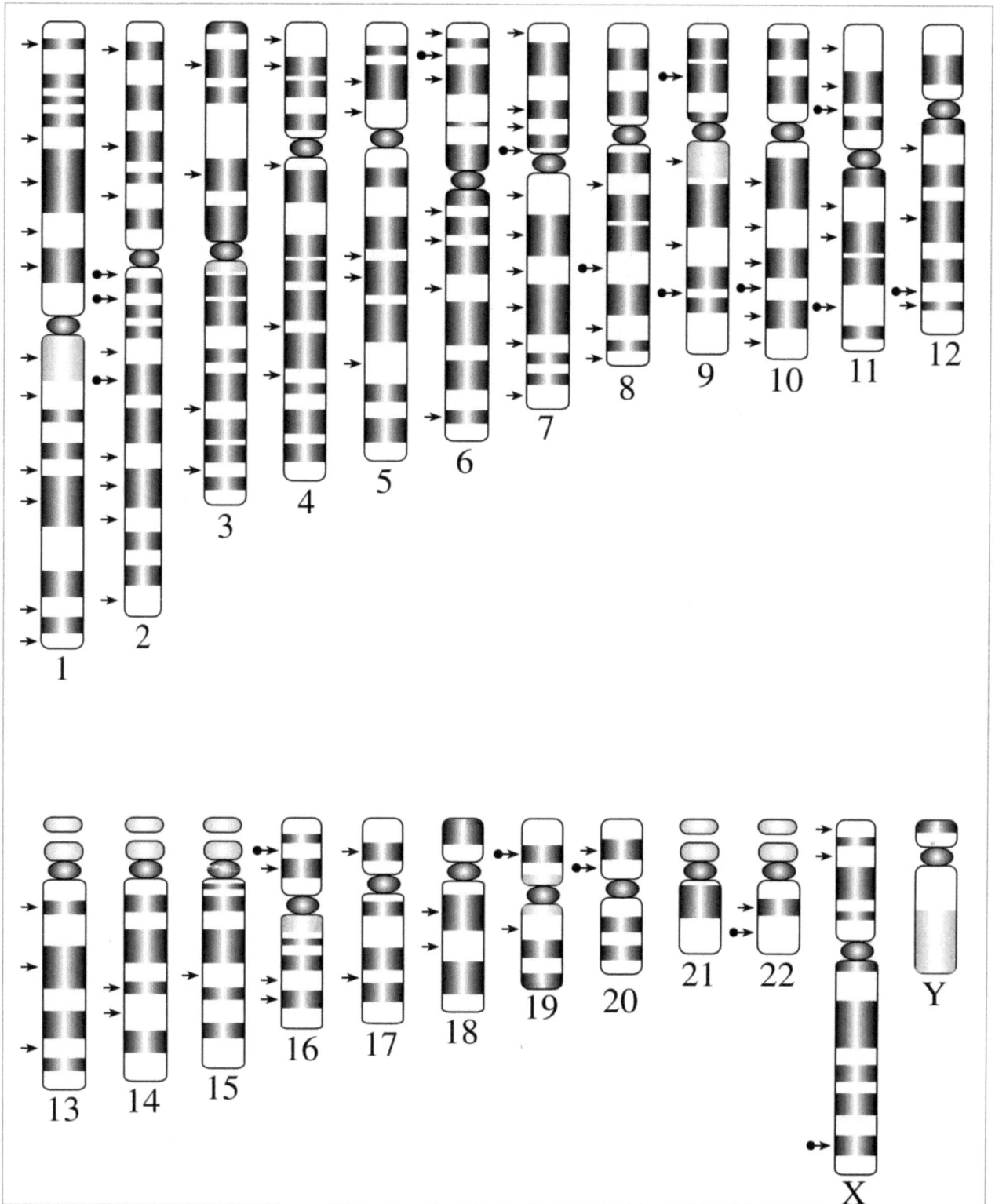

Fig. 5.14.1. Le sedi dei siti fragili: comuni (→) e rari (•→)

1/3600 in omozigosi (*). Si è ipotizzato che lo stato di omozigosi potrebbe essere non privo di significato, al momento però ancora sconosciuto (A. Daniel, 1983).

I siti fragili possono essere distinti in due gruppi: costitutivi o comuni (c-fra) e ereditabili (h-fra).

La distinzione deve essere tenuta in conto, in quanto hanno diverso significato prognostico. Non è escluso che mutazioni a livello di un c-fra possano essere all'origine di un h-fra.

I c-fra possono essere dimostrati in tutti gli individui in quantità che dipende dalle tecniche usate per indurli.

I meccanismi di induzione di c-fra possono essere ricondotti ad antagonismo verso una DNA polimerasi, necesaria ai meccanismi di riparo.

Una deficenza di folati o di timidina (come si usa per la dimostrazione del Xq27 h-fra) induce meno di 10 c-fra, in circa 2% delle cellule coltivate. L'aphidicolin porta a quasi 20 i siti con eccesso di lesioni, e con la caffeina è possibile evidenziare circa 50 siti, che in due terzi delle cellule esprimono una condizione di omozigosi (lo stesso c-fra sui due omologhi della coppia).

È interessante l'osservazione che 4 c-fra (9q32; 10q25.2; 11q23.3; 16q22.1) mappano allo stesso locus di altrettanti h-fra.

I fra sono stati classificati in rari (se presenti solo in pochi individui) e comuni. (se inducibili in tutti i soggetti) (v. Fig. 5.14.1).

I fra comuni possono essere indotti dalla BrdU, da 5-azacitidina o da afidicolina e si esprimono in omozigosi.

Tra i fra rari vi sono:
1) sensibili all'acido folico,
   - bassa concentrazione di acido folico;
   - bassa concentrazione di timidina;
   - inibitori del metabolismo dei folati (metotressato)
   - inibitori della timidilato sintetasi (FUdR, FCdR);
   - alte concentrazioni di timidina;.
2) Indotti da distamicina
   distamicina A; BrdU; BrdC; Netropsina; Hoechst 33258.
3) richiedono
   BrdU, BrdC.

Il fra(16)(q22) è l'unico ad esprimersi anche nei normali terreni di coltura.

Motivo di interesse ha rivestito la ricerca tendente a verificare se i siti fragili possano rappresentare una sede privilegiata nei riarrangiamenti cromosomici. Non è stata però dimostrata alcuna relazione in tal senso.

Sono stati condotti studi anche per verificare eventuale correlazione tra c-fra, h-fra e tumori. Dai numerosi studi condotti è emerso che in tumori in cui occorrono difetti strutturali cromosomici, i punti di rottura corrispondono a quelli dei siti fragili in 84% dei casi; di converso, cloni di cellule tumorali esprimono siti fragili in maniera significativa.

È inoltre da sottolineare il fatto che diversi oncogeni sono stati mappati dove hanno sede tanto c-fra che h-fra.

Si possono talvolta trovare anche più fra sullo stesso

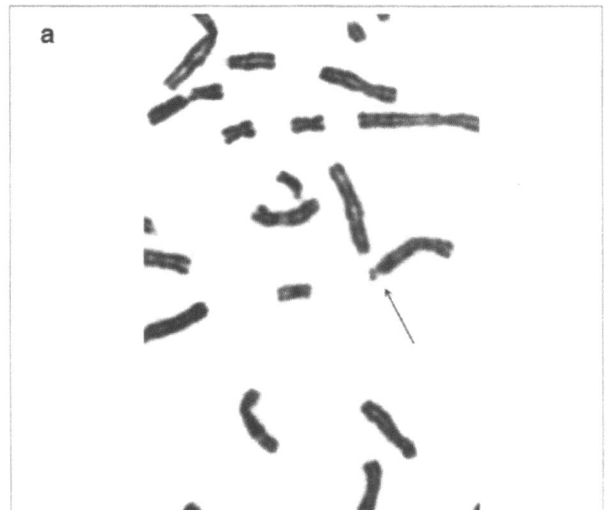

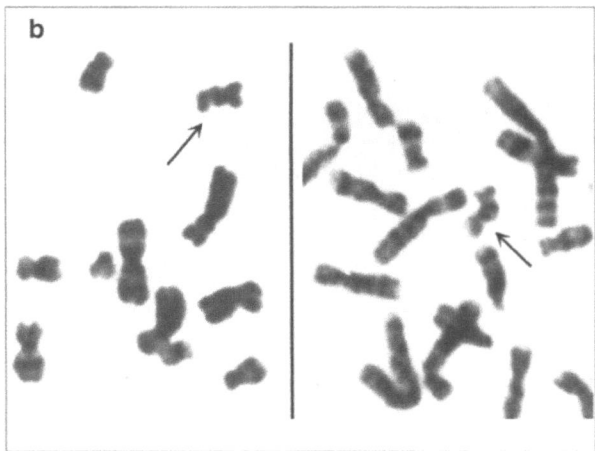

Fig. 5.14.2. Esempi di siti fragili sui cromosomi umani: a) fra(Xq27); b) fra (16q22)

(*) per la legge di Hardy-Weinberg: $2pq=1/30$, $q=1/60$, $q^2 = 1/3600$.

cromosoma o su cromosomi diversi. Nel primo caso il cromosoma non viene indicato una seconda volta.

Esempi:
46,XY,fra(10)(q22.1q25.2).
46,X,fra(X)(q27.3),fra(16)(q22.1).
Al Capitolo 8 si accenna ai rapporti tra aborti spontanei e siti fragili.

5.15 Double minute chromosomes (dmc)

Indicano la presenza di amplificazione genica e si trovano con frequenza elevata in alcuni tumori (v. Fig. 5.15).
Nel glioma maligno, ad esempio, i dmc si trovano in circa la metà dei casi.

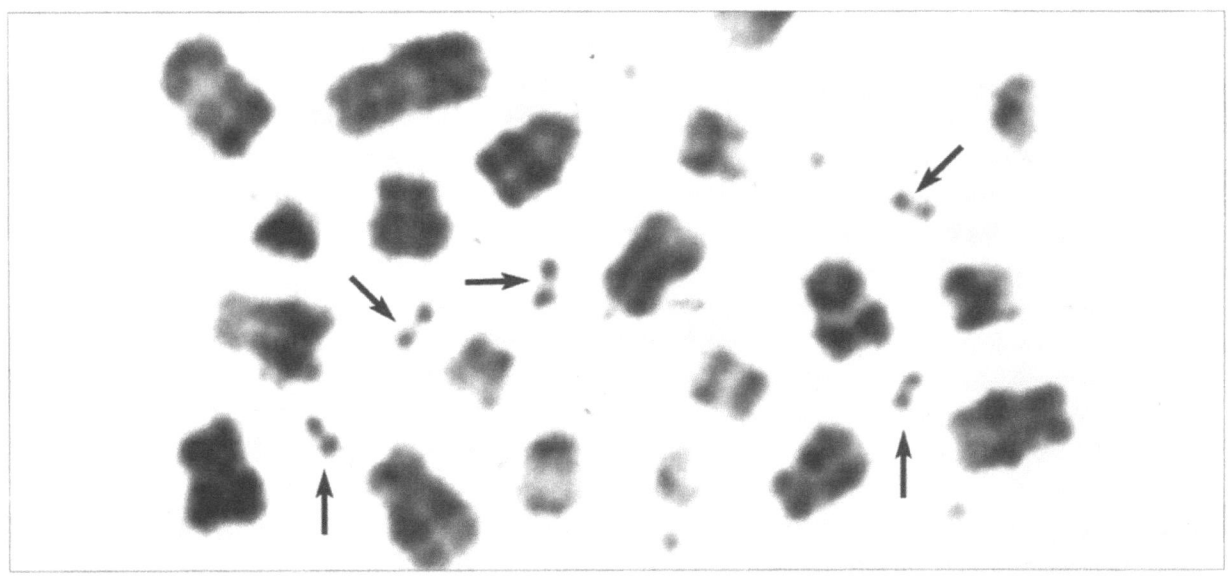

Fig. 5.15. Numerosi double minute chromosomes (indicati dalle frecce) in una cellula tumorale. Notare la presenza anche di elementi singoli, dovuti alla separazione dei cromatidi

5.16 Prematura divisione centromerica (premature centromere division: pcd)

Definizione ed origine

È una rara anomalia dei cromosomi, del tutto caratteristica, dovuta al fatto che nelle piastre in metafase i centromeri appaiono separati, per cui manca la costrizione centromerica. Riferita per la prima volta nel 1983 (N. L. Rudd, 1983) in famiglie dove l'anomalia seguiva un modello di trasmissione autosomico dominante, è stata successivamente ritrovata con lo stesso tipo di eredità sia in individui normali (K. Madan, 1987; I. Keser, 1996) che in malattie genetiche mendeliane e in sporadiche gravi sindromi plurimalformative (T. Kajii, 1998; H. Kawame, 1999).
La malattia meglio studiata sotto questo aspetto è però la sindrome di Roberts (L. Zergollern e V. Hitrec, 1982), un'eredopatia letale che riconosce trasmissione autosomica recessiva (v. Fig. 5.16). Nella sindrome di Roberts si riscontrano anche nella eterocromatina costitutiva dei cromosomi, caratteristiche aree di rigonfiamento (chromatid puffing) che mancano invece in altre malattie con pcd e nei rari portatori sani di pcd. Non è sempre agevole lo studio citogenetico per questa malattia, che presenta una scarsa risposta ai mitogeni.
In un singolare caso di periodica ipersonnia il disordine cromosomico era sovrapponibile a quello della sindrome di Roberts (Y. Hasegawa, 1998). La pcd è stata anche osservata nella sindrome da persistenza dei dotti di Muller (pseudoermafroditismo interno maschile) (G. V. Rangnekar, 1990) ed anche in coppie con aborti spontanei ricorrenti (K. Bajnoczky e S. Gardo, 1993). Il difetto potrebbe predisporre ad errori di non disgiunzione, responsabili di una percentuale non trascurabile di aborti spontanei (v. Cap. 8).

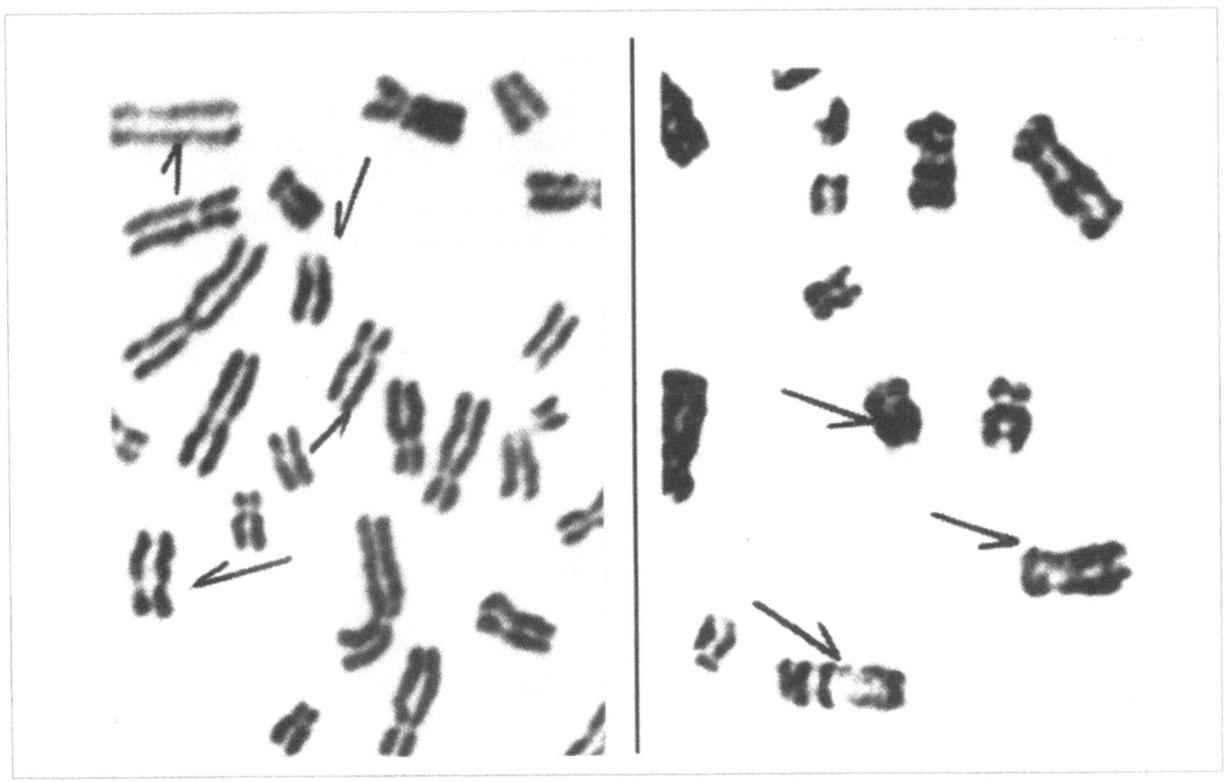

Fig. 5.16. Metafasi appartenenti a due fratelli con sindrome di Roberts. Prematura divisione centromerica, come dimostra la separazione dei cromatidi fratelli in vicinanza del centromero (frecce) che non presenta la normale costrizione primaria. (da L. Zergollern Clin. Genet. 1982 pag. 1)

5.17 Bibliografia

Abnormalities and Genetic Counselling (1997) Oxford University Press New York
Bajnoczky K, Gardo S (1993) Hum Genet 92:388
Brown WT et al (1991) Am J Med Genet 38:158
Dallapiccola B et al (1976) Hum Genet 31:121
Daniel A (1983) Am J Med Genet 23:419-427
Davies K (1989) The Fragile X syndrome Oxford University Press Oxford
Fryns JP et al (1985) Ann Génét 28:248
Gardner RJM, Sutherland GR (1996) Chromosome Abnormalities and Genetic Counseling, 2nd ed. Oxford Monographs on Medical Genetics, vol 29. Oxford University Press, New York Oxford
Geormaneanu M et al (1981) Ann Génét 24:176-178
Guanti D, Maritato F (1978) Hum Genet 45:355
Hansen S (1975) Hum Genet 26:257
Hasegawa Y et al (1998) J Neurol Neurosurg Psychiatry 64(1):113
Kawame H et al (1999) J Hum Genet 44(4):219
Kajii T et al (1998) Am J Med Genet 78:245
Keser I et al (1996) Ann Génét 39(2):87
Lonardo F et al (1988) Ann Génét 31:37
Taysi K (1981) Ann Génét 24:245
Lubs HA (1969) Am J Hum Genet 21:231
Madan K et al (1987) Hum Genet 77(2):193
Martin JP and Bell J (1943) J Neurol Psych 6:154
Martuzzi M, Dallapiccola B (1990) Citologia Diagnostica e Citogenetica. USES Ed
Niikawa N, Ishikawa M (1983) Hum Genet 63:85
Rivera H, Cantù JM (1986) Ann Génét 29:223
Rudd NL et al (1983) Hum Genet 65:117
Rangnekar GV et al (1990) Clin Genet 37:69
Schlegelberger B et al (1989) Am J Hum Genet 32:45-51
Sinha AK et al (1972) Hum Hered 22:423
Suerink E et al (1978) Clin Genet 14:125
Ventruto V et al (1972) Il Progresso Medico 28:79-83
Ventruto V et al (1976) Minerva Pediatrica 28:1795-1800
Ventruto V et al (1978) Riv Ital Ped 4:359
Ventruto V et al (1982) Pratica Ostetrica e Ginecologica, Monduzzi Editore, Bologna, p 236
Ventruto V, Diluccio A (in prep) Genus: A Clinical Database for over 5000 Genetic Disorders
Zergollern L, Hitrec V (1982) Clin Genet 21:1

Parte II

Le applicazioni dello studio del cariotipo nella diagnostica medica e nella ricerca

CAPITOLO 6

Le indicazioni allo studio del cariotipo

6.1 Indicazioni allo studio dei cromosomi dalla vita prenatale a quella postnatale

L'esame del cariotipo ha trovato sempre più numerose indicazioni, che si riportano ai diversi momenti o epoche della vita: preconcezionale o prematrimoniale, prenatale, neonatale, postnatale.

Epoca preconcezionale

Le indicazioni all'esame non sono molto frequenti, anche perchè non rientrano nello screening degli esami di solito suggeriti prima del concepimento.
Le più frequenti indicazioni sono:
1) anamnesi familiare positiva per nascita di plurimalformati o con patologie cromosomiche accertate. Dopo il concepimento di un trisomico, il rischio di ricorrenza per una cromosomopatia (simile o anche dissimile) si considera 1%;
2) componenti della famiglia portatori sani di anomalie strutturali cromosomiche (spesso si tratta di traslocazioni bilanciate o di inversioni);
3) infertilità accertata o sospetta;
4) poliabortività.

Epoca prenatale

La gravidanza è una delle condizioni in cui più di frequente viene richiesto l'esame citogenetico. Nella maggioranza dei casi (>80%) la richiesta è motivata dal timore della trisomia 21. Il rischio di sindrome di Down nella popolazione è in rapporto diretto (ma non solo!) all'età della gestante, seguendo un tipico andamento non rettilineo (v. paragrafo 6.2).
Una frequente richiesta è motivata soltanto dallo stato di ansia della gestante, anche se la donna non rientra nella fascia ritenuta a rischio. L'introduzione del Tritest consente di riconoscere le gestanti a maggiore rischio per la sindrome di Down. Il test prende in considerazione alcuni parametri di valutazione, quali l'età, i valori di hCG, AFP e di uE3. Si rimanda ai numerosi articoli e pubblicazioni scientifiche che trattano questo argomento, per quanto attiene la sua attendibilità e la possibilità di risultati falsi positivi e falsi negativi (G. Liguori, 1996; K. Huderer-Duric, 2000)
Indicazioni all'esame del cariotipo in gravidanza sono inoltre rappresentate da:
1) riscontro ecografico di malformazioni fetali o di feto piccolo per l'età gestazionale;
2) livelli bassi di AFP nel siero materno e/o nel liquido amniotico;
3) oligoidramnios e polidramnios;
4) riconosciuta anomalia cromosomica bilanciata in uno dei genitori;
5) anamnesi genetica familiare positiva per patologie cromosomiche o per malattie mendeliane (per la verità poche) associate ad anomalie cromosomiche.

Nei feti portatori di traslocazioni apparentemente bilanciate la valutazione prognostica del disordine non è sempre facile. È procedura comune a questo riguardo definire anzitutto se il disordine è "de novo" oppure familiare (presente in un genitore). Nel primo caso il rischio di anomalie del fenotipo, incluso il ritardo mentale, è ritenuta possibile in circa 10% dei casi, laddove nelle forme familiari questa possibilità è ritenuta non superiore all'1%) (v. paragrafo 7.2).
È buona norma eseguire il follow-up di tutti i nati con anomalie cromosomiche diagnosticate in utero: andrebbe sempre ripetuto il cariotipo alla nascita accompagnato da attenta valutazione clinica anche a distanza. Non andrebbe inoltre trascurato l'esame citogenetico del tessuto placentare, per le ragioni di seguito esposte (v. paragrafo 13.8.2).

Epoca neonatale

L'esame del cariotipo va richiesto quando il fenotipo di un neonato mostra segni clinici che lasciano sospettare una patologia cromosomica (v. Tab. 6.2).

Va ricordato che le anomalie cromosomiche, strutturali o numeriche, configurano quasi sempre delle sindromi, per la presenza di segni clinici associati: è raro infatti che una cromosomopatia sia responsabile di anomalie limitate ad un singolo organo, pur se di note-

Tabella 6.2. Regioni cromosomiche più frequentemente coinvolte in specifiche malformazioni (mod. da: Hanna JS et al, 1996)

Malformation	No. of Cases	All Significantly Associated Bands ($p<.05, p<.01, p<.001$)	Higly Significantly Associated Bands ($p<.001$)
Craniofacials:			
Cleft palate	269	2q32, 4p16-13, 4q31-35	4p16-14, 4q31-35
Cleft lip	95	1q21-25, 4p16-15, 4q31-35, 7q34-35	1q25, 4q31-35
Micrognathia	653	4p16-14, 4q31-35, 6q25-27, 11q23	4p16-15
Choanal atresia	11	7q11-21, 10p11	
Cardiac:			
Patent ductus arteriosus	94	4q32, 6p25-23, 9q31	
Atrial septal defect	97	4p13, 4p16, 10p12-11, 12q15	
Ventricular septal defect	166	1q42-44, 3q24-25, 4q31-34, 11q23-25, 22q11	4q31, 22q11
Atrioventricular septal defect	16	6q15-21, 6q23, 8p23, 16q13-22	
Pulmonary stenosis	71	7q31, 8p23, 17p13, 20p13-11	20p13-11, 22q11
Hypoplastic left heart	14	11q23-25	11q23-25
Aortic stenosis	23	3p14-11, 11q23-24	11q23-24
Truncus arterosus	15	2q22-23, 11q23, 22q11	2q22, 22q11
Tetralogy of fallot	37	8p22-21, 22p11	
Coarctation	23	4q31-32, 5q23-31	
Skeletal and limb:			
Scoliosis	114		2p15-13, 6q13, 15q12
Pectus excavatum	60		6p23, 18p11
Talipes equina varus	176	2q31-33, 3q23-24, 4p16-14, 7p22-13, 13q33-34	18q22-23
Syndactyly of fingers	38	7p21, 7q33	7p21, 7q33
Postaxial polydactyly	27	3p26-25	3p25
Split hand	7	7q11-22	7q21-22
Absent sacrum	9	7q32-36	7q36
Gastrointestinal:			
Small bowel atresia	14	13q33-34	
Anal atresia	36	13q22-34	13q22-34
Hirschprung's syndrome	11	13q22-32, 17q21	
Intestinal malrotation	29	1p21-13, 1q41, 3p14-13, 13q22-34	
Umbilical hernia	112	6q12-15, 9p22, 9q32-34	
Genitourinary:			
Renal agenesis	19	1q21-32, 5q32-35, 16q22	1q31
Multiple renal cysts	18	5q32-35, 15q24, 17p13	
Hydronephrosis	40	7q36	
Hypospadias	152	1q42-44, 4p16-13, 7q34, 11p13	
Cryptorchidism	267	10p15-13, 10q26, 11p13, 15q11, 15q13	10p15-14, 11p13
Inguinal hernia	115	7q11-21, 9p24-22	7q11-12
Ambiguous genitalia	23	11p13, 13q22-34	11p13, 13q31-34

continua

continuazione Tabella

Malformation	No. of cases	All significantly associated bands ($p<.05, p<.01, p<.001$)	Higly significantly associated bands ($p<.001$)
Ocular:			
Microphthalmia	86	1p32-31, 1q41, 13q21-34, 15q23	13q22-34
Coloboma	81	2p22-21, 4p16-13, 4q25-27, 11q23-25, 13q31-34	4p16-14
Cataract	61	2q23, 4p14, 11p13, 18q11-12	11p13
Aniridia	54	11p13	11p13
Anophthalmia	3	14q22-23	14q22-23
Glaucoma	25	7q31, 11p13, 14q13-22	11p13, 14q13-21
SNC			
Microcephaly (prenatal)	261	1q21-25, 1q32, 1q42-44, 2p21, 4p16-15, 7q35-36, 13q31-34, 21q22	4p16-15
Hydrocephalus	139	1q42-43, 2q31, 6q16, 15q14	
Holoprosencephaly	55	2p22-21, 7q32-36, 13q22-34, 18p11	2p21, 7q32-34, 7q36, 13q33-34, 18p11
Agenesis corpus callosum	64	1q42-43, 4q22	1q42-45
Lissencephaly	12	17p13, 22q13	17p13
Craniosynostosis	30	2q13-14, 6q22-23, 7p22-15	7p21-15
Trigonocephaly	103	7p22-21, 9p24-13, 11q22-25, 13q32-34	9p24-21, 11q23-25
Scalp defect	10	4p16-15, 18q12	

NOTE: All bands for which p<.05 are included in 3rd column: of these, the highly significant associations, for p<.001, are indicated in 4th column.

vole rilievo clinico (come può essere ad esempio la focomelia o l'anencefalia). A questa regola fanno però eccezione le aberrazioni numeriche e strutturali dei cromosomi del sesso, spesso non accompagnate da anomalie del fenotipo.

Epoca post-puberale

Abitualmente l'indicazione proviene dall'osservazione di un'amenorrea primaria o di un ipogenitalismo, sia maschile sia femminile. In questi casi lo studio citogenetico (spesso ma non sempre) dimostra anomalie dei cromosomi del sesso, con una grande varietà di aberrazioni numeriche o strutturali (v. paragrafo 4.4 e capitolo 6).

Altre indicazioni all'esame citogenetico

Alcune malattie mendeliane, per la verità poche, presentano anomalie del cariotipo.

Vi sono eredopatie che hanno in comune la caratteristica di presentare instabilità cromosomica (v. paragrafo 5.13).
Sono state in tempi recenti individuate molte malattie legate ad imprinting genomico e a disomia uniparentale e che rientrano pertanto nelle indicazioni allo studio citogenetico (v. paragrafo 7.13).
Nei tumori, in particolare in quelli ematopoietici, lo studio dei cromosomi costituisce oggi un imprescindibile ausilio sia diagnostico sia prognostico. La prima osservazione di anomalia cromosomica legata a un tumore umano risale al 1959 (P.C. Nowell, 1960): la leucemia mieloide cronica (CML) è stata infatti la prima malattia tumorale dove si riscontra una specifica anomalia citogenetica.
L'esame del cariotipo andrebbe inoltre eseguito in ogni malattia o sindrome genetica, sia già nota sia di nuova osservazione, perché potrebbe talora associarsi ad anomalie strutturali o markers cromosomici utili a sospettare la localizzazione cromosomica del gene (V. Ventruto, 1983).

Va infine ricordato che alcuni agenti fisici e chimici, come pure farmaci chemioterapici, possono indurre danni ai cromosomi delle cellule ematiche circolanti, per cui sono programmati controlli periodici nei soggetti a rischio professionale per esposizione prolungata alle radiazioni o ad altri agenti ritenuti genotossici, anche se però questi provvedimenti sono ancora largamente ignorati.

Va però ricordato che non vi è stata fino ad oggi alcuna prova che un genitore esposto ad agenti ritenuti mutageni abbia rischio maggiore dell'atteso di avere prole con anomalie cromosomiche costituzionali (D.E. McFadden, 1997).

6.2 Età materna ed incidenza della sindrome di Down

6.3 La citogenetica nel preimpianto

È oggi possibile negli embrioni in fase iniziale di accrescimento (8-16 cellule) il riconoscimento di geni responsabili di alcune malattie ereditarie. Anche la diagnosi citogenetica in fase di preimpianto si avvia a più estesa applicazione pratica. Sono interessati a questo approccio diagnostico i portatori sani di anomalie cromosomiche (molto spesso si tratta di traslocazioni bilanciate) che, conoscendo l'elevata probabilità di avere aborti spontanei o feti malformati, desiderano ricorrere alla diagnosi, prima che venga eseguito l'impianto in utero dell'uovo fecondato.

Si tratta di tecniche che hanno trovato fino ad oggi applicazione limitata, anche perché in alcuni Paesi non vengono ancora consentite.

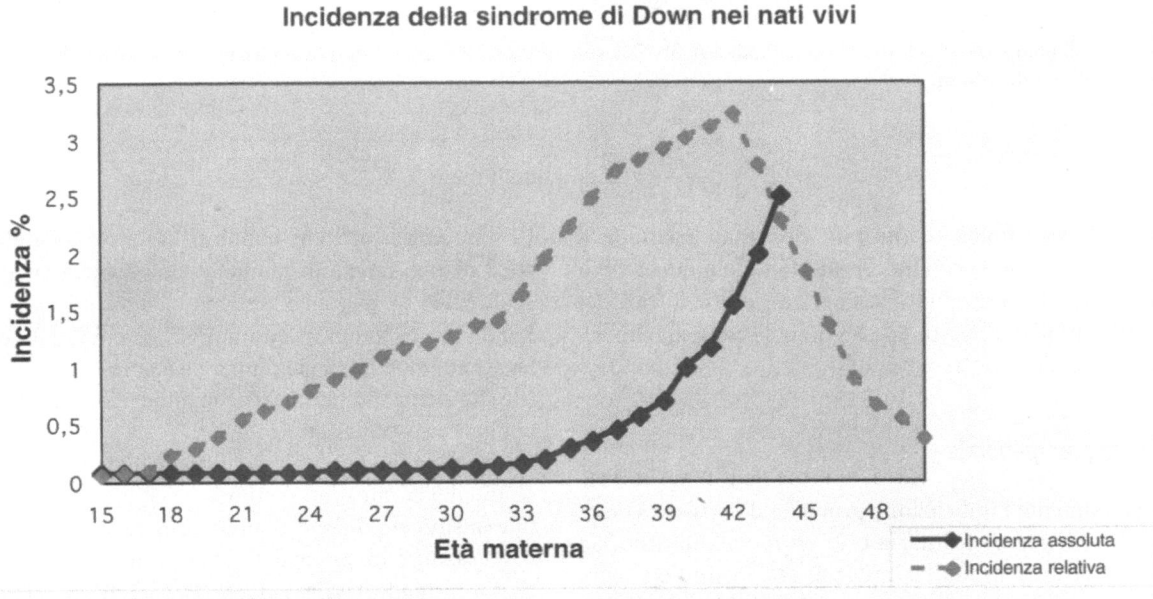

Fig. 6.2. La linea continua indica l'incidenza della sindrome di Down alle varie età materne (n. di Down su 100 nati vivi). La linea tratteggiata indica l'incidenza dei nati Down alle varie età materne, rispetto al totale dei nati Down (n. di Down su 100 nati Down). In più di due terzi delle trisomie 21 le madri hanno età inferiore a 38 anni. (mod. da: Smith GF, 1976)

La tecnica richiede anzitutto un certo numero di embrioni allo stadio di blastula (ottenibili attraverso un ciclo di fertilizzazioni stimolate in vitro); si procede quindi al prelievo di una cellula, su cui si esegue la FISH utilizzando marcatori, come ad esempio regioni polimorfiche di alfa satelliti (alpha-satellite-regions) specifiche per i cromosomi che interessano.

Un portatore di traslocazione bilanciata, accanto ad assetto cromosomico normale (in caso di segregazione alterna), ha rischio di generare zigoti con parziale trisomia o parziale monosomia (per segregazione adiacente-1 o adiacente-2) (v. schemi al paragrafo 7.2.). In queste patologie il segnale di ibridizzazione del segmento coinvolto sarà rispettivamente triplo o singolo e non doppio, come negli stati di normalità (K. E. Pierce, 1998).

Tra le malattie genetiche, non cromosomiche che possono giovarsi della diagnosi prima dell'impianto, hanno trovato applicazione le tecniche volte al riconoscimento soprattutto del gene della fibrosi cistica (Yu Hui Tsai, 1999).

Un approccio del tutto diverso alla diagnosi di preimpianto prevede lo studio molecolare o citogenetico sul primo corpuscolo polare. Con questa tecnica il riconoscimento di eventuali disordini, molecolari o citogenetici, è prezigotico.

Il principio si basa sul fatto che il primo polar body deriva dalla prima divisione riduzionale meiotica (v. paragrafo 7.11). In un individuo eterozigote per una mutazione genica (o per un'anomalia cromosomica), lo studio del polar body consente di verificare se il carattere non desiderato ha segregato con il polar body. In tal caso l'allele corrispondente sano è nell'ovocita aploide, utilizzabile quindi per la fecondazione.

Negli individui oligozoospermici è adottata da alcuni Centri per la riproduzione assistita, la tecnica della iniezione di cellule spermatiche (spermatozoo o spermatide) negli ovociti (intracytoplasmic sperm injection, ICSI). Va però tenuto in conto che con questa tecnica vi è rischio di fecondare l'ovocita con spermatozoi che hanno aberrazioni cromosomiche (trovate nel 6% dei casi di oligospermia e fino a 15% dei soggetti azoospermici). Le anomalie del cariotipo sono infatti da 10 a 20 volte più frequenti nei maschi infertili a confronto dei campioni di controllo (M. de Braeckler, 1991). Molte malattie ereditarie con normale cariotipo, comportano oligo- o azoospermia (la distrofia muscolare miotonica; l'ittiosi X-linked; la sindrome di Kallman; la fibrosi cistica; la sindrome di Kartagener, e diverse altre ancora): superare in questi casi la naturale infertilità, può creare prole con una malattia genetica non desiderata (conseguenze disgenetiche dell'eugenetica!).

6.4 Bibliografia

Am J Med Genet, Vol 51 (1994)
Brewer C et al (1998) Am J Hum Genet 63:1159
Brown W T et al (1991) Am J Hum Genet 38:158
Chromosome Analysis Guidlines Preliminary report (1991) Am J Med Genet 41:566-569
Davies K (1989) The Fragile X syndrome. Oxford University Press Oxford
de Braeckeler M, Dao TN (1991) Hum Reprod 6:245
Hanna JS et al (1996) Prenatal Diagn 16:109
Huderer Duric K et al (2000) Eur J Obstet Gynecol Reprod Biol 88 (1):49-55
Liguori G, Lonardo F, Mele E (1996) Biologi Italiani, n 1
McFadden DE, Friedman JM (1997) Mutat Res 396(1-2):129
Nowell PC, Hungerfold DA (1960) J Natn Cancer Inst 25:89-109
Pierce KE et al (1998) Mol Hum Reprod 4 (2):167
Smith GF, Berg JM (1976) Down's Anomaly, 2nd Ed. Churcill Livingstone, London and New York
Ventruto V et al (1983) Am J Med Genet 16:589-594
Yu Hui Tsai (1999) Prenat Diagn 19:1048

CAPITOLO 7

Le anomalie dei cromosomi nel feto

Nel presente Capitolo sono dapprima esposte le *conseguenze* che derivano da errori da non disgiunzione (anomalie numeriche). Segue la parte dedicata all'*interpretazione* delle anomalie cromosomiche fetali per segregazione meiotica svantaggiosa (anomalie strutturali).

Può accadere che il feto presenti aberrazioni cromosomiche sbilanciate differenti da quelle riscontrate, in forma bilanciata, nel genitore. Quando infatti all'appaiamento sinaptico originano figure complesse, come ad esempio nel caso delle inserzioni, i crossing-over possono dare luogo a cromosomi con anomalie strutturali di non sempre facile interpretazione. Abbiamo voluto perciò inserire, accanto ai modelli più frequenti e di facile comprensione patogenetica, anche quelli di più rara osservazione e maggiore complessità.

Il riscontro ecografico di plurimalformazioni o di ritardo di crescita intrauterina, devono fare sospettare una possibile aberrazione cromosomica. Va però subito detto che numerose sindromi genetiche, ancorché plurimalformative, hanno un cariotipo, almeno in apparenza, del tutto normale (aberrazioni citogenetiche criptiche).

La nascita di plurimalformati per disordini dei cromosomi è dell'ordine di 1:1000 nati.

La crescita disorganizzata che le cromosomopatie comportano nell'embrione non consente però, nella maggioranza dei casi, di risalire al tipo d'aberrazione cromosomica, in quanto le malformazioni molto spesso non sono patognomoniche di una specifica anomalia cromosomica. Poche sono le eccezioni: ad esempio l'oloprosencefalia associata a labio-palatoschisi e a polidattilia post-assiale, forma un complesso malformativo che deve fare sospettare la trisomia 13 (sindrome di Patau).

Nelle cromosomopatie le malformazioni sono, come detto, quasi sempre multiple, per cui il riscontro ecografico di una *malformazione isolata è molto improbabile che possa dipendere da anomalia cromosomica.*

Le triploidie, come pure il cariotipo 45,X, possono invece trovarsi anche in feti apparentemente normali o possono a volte indurre difetti localizzati; nelle triploidie non è raro il riscontro di difetti neurali, dismorfia facciale, cleft facciale, riduzione degli arti, oligoidramnios (T. K. Mittal, 1998).

Va ricordato inoltre che molti riarrangiamenti cromosomici o delezioni submicroscopiche sfuggono ai convenzionali metodi d'analisi citogenetica, e possono essere scoperti solo con l'uso delle tecniche d'ibridazione in situ. I casi di *aberrazioni citogenetiche criptiche*, responsabili di complesse anomalie fetali, sono sicuramente più numerosi di quanto generalmente ritenuto. È questo un nuovo terreno di diagnosi che vede l'incontro proficuo tra citogenetica e analisi molecolare, al punto da costituire un campo del tutto nuovo di studio, definito *citogenetica molecolare*, che trova sempre più estese applicazioni diagnostiche (J. K. Brackley, 1999). Le malattie da geni contigui (v. paragrafo 5.2.1) sono affezioni dovute a aberrazioni citogenetiche criptiche.

Nel 1996 è stato stilato dal *National Insitute of Health and Institute of Molecular Medicine Collaboration* un primo elenco dei riarrangiamenti cromosomici criptici svelabili appunto applicando analisi di citogenetica molecolare.

Non sempre agevole il giudizio prognostico nei casi, tutt'altro che rari, di riarrangiamenti apparentemente bilanciati e "de novo". Si ritiene che in questi casi il rischio di anomalie fenotipiche possano accompagnare il disordine con una frequenza, come già ricordato, del 10% (R. J. M. Gardner, 1989).

7.1 Le aneuploidie

Le aneuploidie nel feto hanno comunemente origine da errori nella disgiunzione meiotica in I, in II o contemporaneamente in I e II divisione meiotica. Raramente sono la conseguenza di una segregazione 3:1 occorsa alla meiosi in un portatore di traslocazione reciproca bilanciata (v. paragrafo 7.3).

A proposito della origine di una aneuploidia fetale, vanno tenuti presenti anche gli effetti intercromosomici negativi che una anomalia parentale (quasi sempre si tratta di traslocazione bilanciata) può avere nella meiosi (ad esempio feto con trisomia 21 da genitore con traslocazione bilanciata tra due cromosomi diversi dal 21).

Nel caso di mosaicismo, l'evento è sempre post-zigotico.
Sono qui considerate le aneuploidie da non disgiunzione:
- in prima divisione meiotica;
- in seconda divisione meiotica;
- in prima e seconda divisione meiotica.

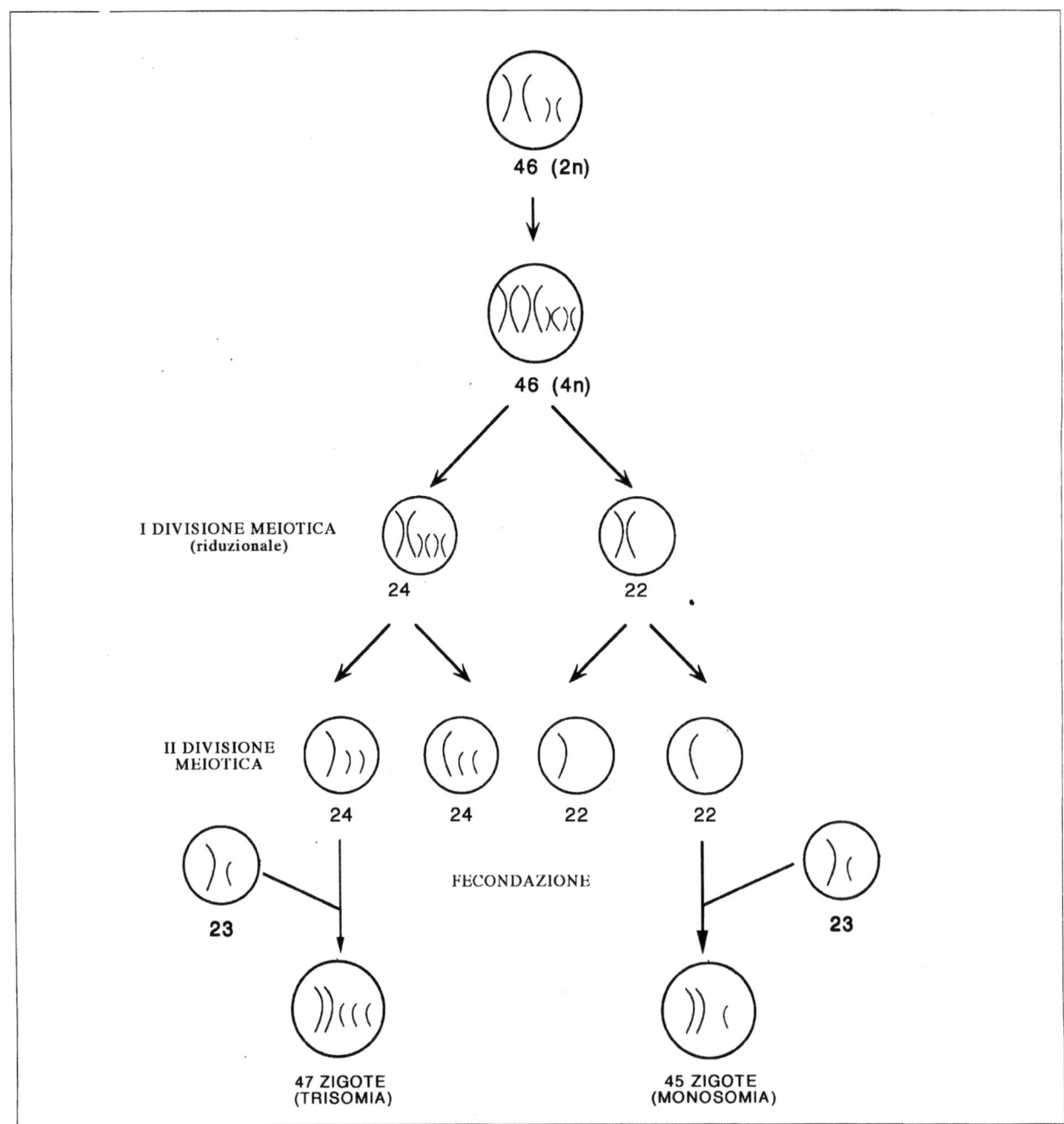

Fig. 7.1.1. Un errore da non disgiunzione in I° divisione meiotica dà origine a zigoti trisomici o monosomici

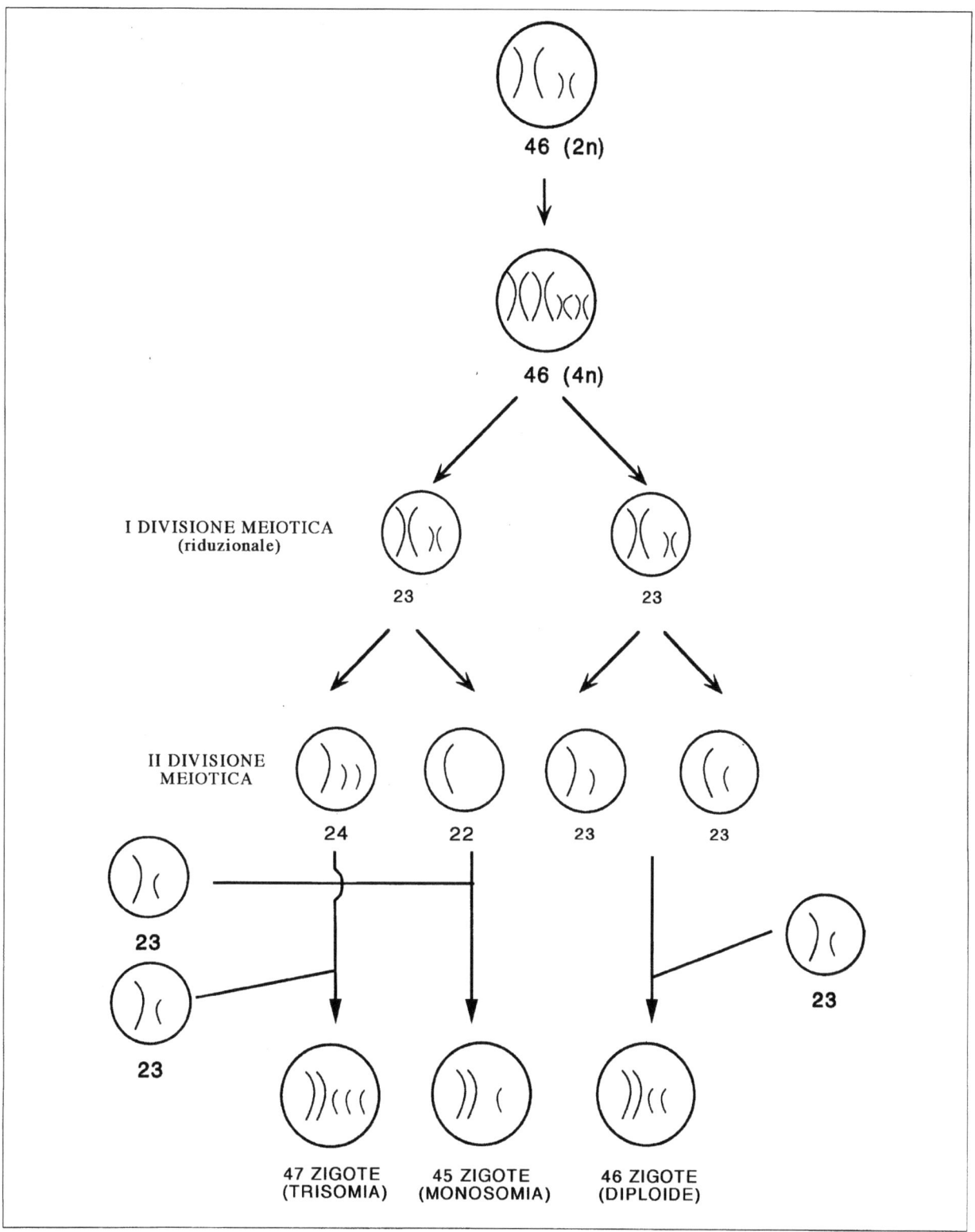

Fig. 7.1.2. Un errore da non disgiunzione in II° divisione meiotica da' origine a zigoti aneuploidi (trisomici o monosomici) o euploidi

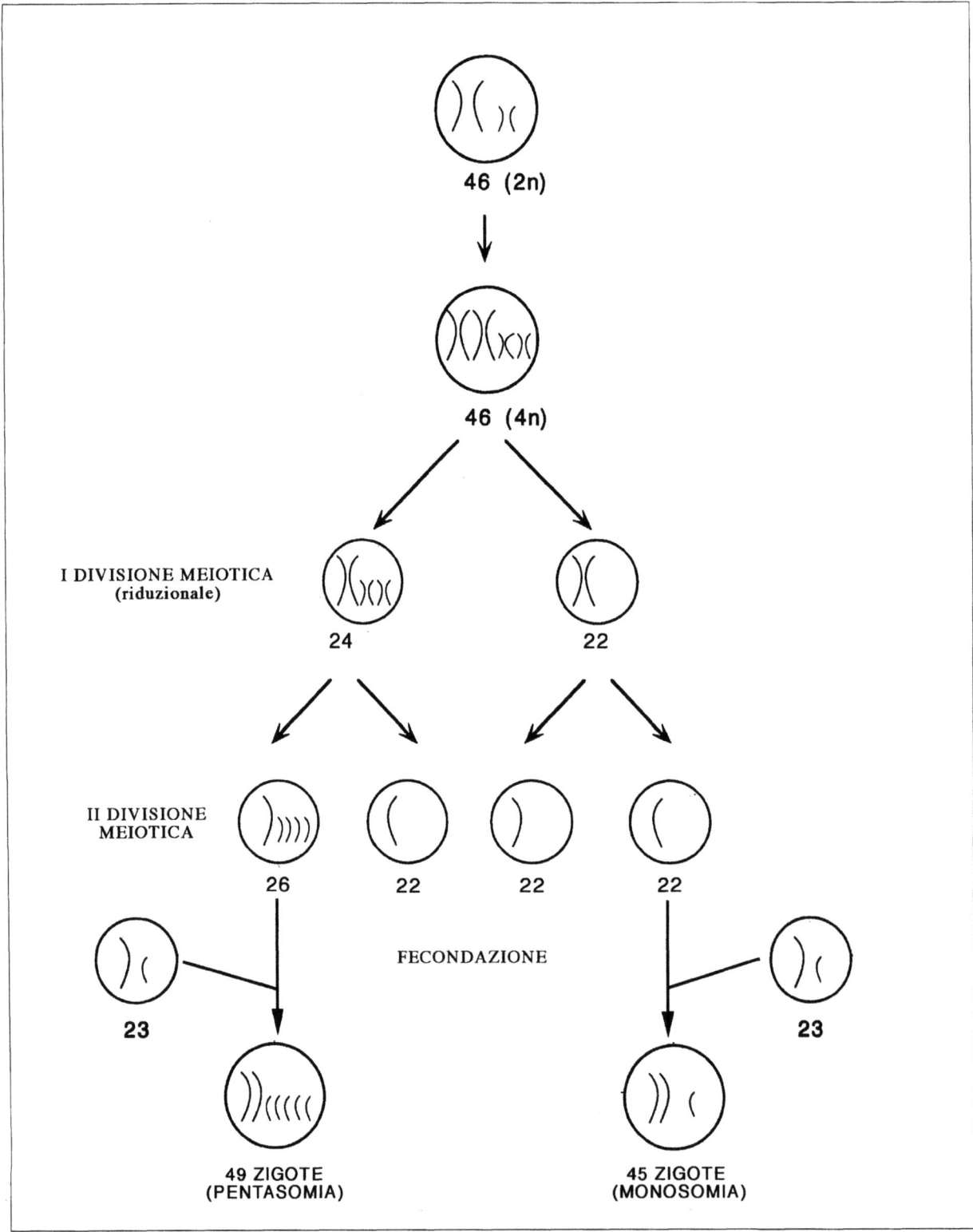

Fig. 7.1.3. Un errore da non disgiunzione in I° e II° divisione meiotica dà origine a zigoti aneuploidi (pentasomici o monosomici

7.2 Modalità svantaggiose di segregazione meiotica

Sono presentati alcuni modelli di aberrazioni cromosomiche fetali, la cui interpretazione, non sempre facile o immediata, diventa possibile solo se si conosce il meccanismo con cui avviene la segregazione meiotica nel genitore portatore dell'anomalia bilanciata.

Diversi modelli di appaiamento sinaptico si discostano dalla normale figura bivalente con formazione di figure spesso complesse: triradiali, quadriradiali, anse singole o doppie con decorso diretto o inverso, ecc.

I modelli riportati spiegano perché i portatori di alcune particolari aberrazioni cromosomiche bilanciate (ad esempio le inserzioni) sono a rischio di generare prole con anomalie cromosomiche anche del tutto diverse da quelle parentali; inoltre consentono, in alcuni casi, di prevedere nella stessa persona più di un modello svantaggioso di segregazione meiotica, con conseguenze non univoche sul fenotipo del nascituro.

Ritorniamo su una considerazione già più volte fatta: il ritrovamento nel feto di anomalie strutturali apparentemente bilanciate (spesso traslocazione tra due cromosomi non omologhi) ha un significato prognostico diverso a seconda che la traslocazione sia *de novo* o familiare. Se è *de novo*, il rischio di anomalie del fenotipo è ritenuto anche superiore a 10%; se è familiare, il rischio è stimato molto inferiore (1%); egualmente basso è il rischio per un feto con traslocazione Robertsoniana, ancorché questa sia *de novo*.

Sulla prognosi legata alla presenza di un piccolo marker soprannumerario vedi paragrafo 4.8.

Sono rare le segnalazioni di traslocazione di satelliti su cromosomi non acrocentrici (v. paragrafo 2.9): se il tratto traslocato si limita solo a queste strutture, non si devono prevedere rischi per il portatore (R. S. Verma, 1997).

7.2.1 - Conseguenze alla meiosi di una traslocazione reciproca

Alla meiosi l'appaiamento degli omologhi dà origine ad una figura tetravalente (v. Fig. 7.2.1), con le seguenti possibilità di segregazione (se non sono avvenuti crossing-over) (v. Figg. 7.2.2 e 7.2.3):

(A) *adiacente 1.*
È la più frequente. Uno dei due cromosomi riarrangiati segrega con quello normale non omologo (3 e 4; 2 e 1). Risulta che uno dei due segmenti traslocati è duplicato e l'altro deficiente (trisomia parziale per un cromosoma e monosomia parziale per il non omologo).

(B) *adiacente 2.*

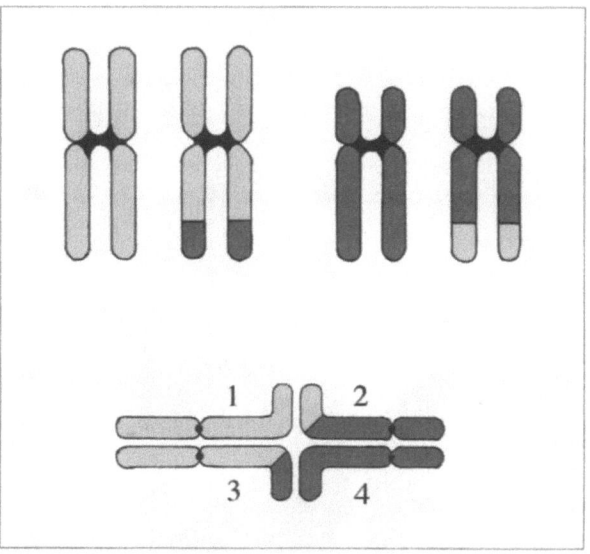

Fig. 7.2.1. Traslocazione reciproca tra coppie di cromosomi non omologhi. Appaiamento alla meiosi: figura tetravalente

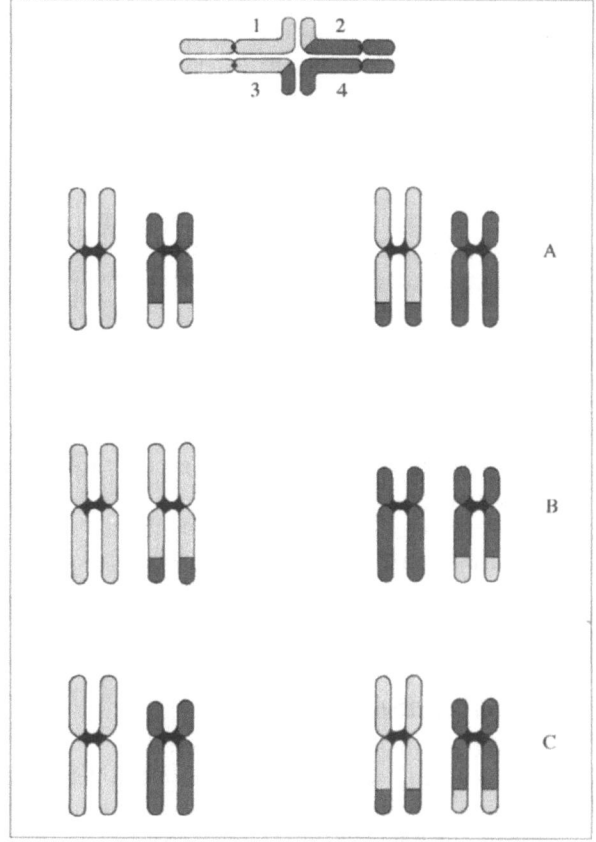

Fig. 7.2.2. Figura tetravalente con segregazione 2:2
A: adiacente 1 (1 e 2; 3 e 4); **B**: adiacente 2 (1 e 3; 4 e 2); **C**: alterna (1 e 4; 2 e 3)

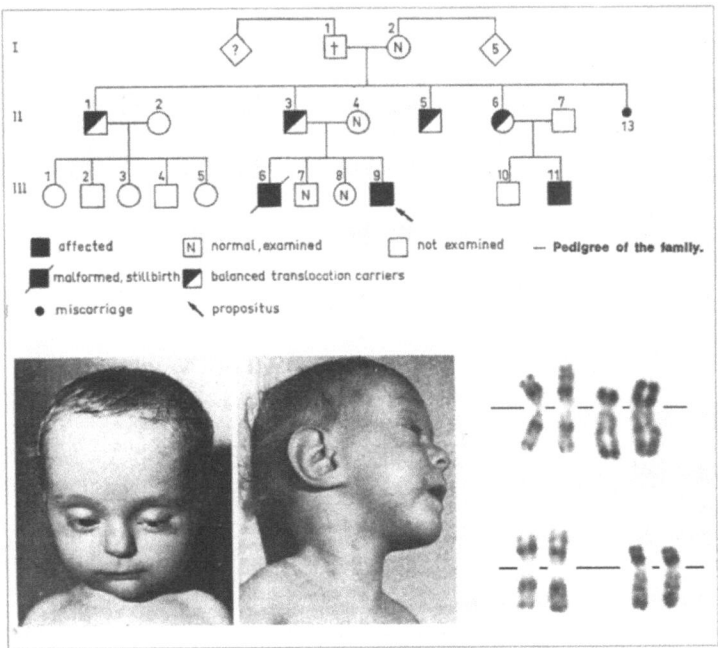

Fig. 7.2.3. Traslocazione bilanciata familiare con segregazione meiotica svantaggiosa. Cariotipo parziale del genitore (sopra) Cariotipo parziale del figlio (sotto). Descrizione: genitore con traslocazione bilanciata: 46,XY,t(3;6)(p26p21) (sistema abbreviato). 46,XY,t(3;6)(6pter→6p21::3p26→3qter;6p21→6qter) (sistema dettagliato). Figlio con parziale trisomia 6p: 46,XY,der(3)t(3;6)(p26p21)pat. (da V. Ventruto et al.: Ann. Génét. 23, 173, 1980)

È la meno frequente. Uno dei due cromosomi riarrangiati segrega con il suo omologo normale (3 e 1; 2 e 4). Risulteranno gameti sbilanciati per duplicazione/deficienza.

(C) *alternata*.

È così definita la segregazione di coppie di non omologhi. Ne risultano gameti con cromosomi normali (1 e 4) e gameti con riarrangiamento bilanciato (2 e 3). Delle tre condizioni, questa rappresenta naturalmente la più vantaggiosa per il feto.

Per un crossing-over all'incrocio di un tetravalente possono originare gameti euploidi ma trisomici per un cromosoma e monosomici per un altro, come pure due omologhi entrambi portatori della stessa traslocazione (v. Figg. 7.3a e 7.3b).

Sistemi di descrizione

Cariotipo parentale: 46,XX,t(1;3)(q21;q31)
alla meiosi una segregazione adiacente 1 determina due differenti condizioni, entrambe sbilanciate, con i seguenti due possibili cariotipi nel feto:
(a) 46,XY,der(1)t(1;3)(q21;q31)mat
(b) 46,XY,der(3)t(1;3)(q21;q31)mat

Il cariotipo (a) descrive una condizione sbilanciata per presenza di un cromosoma n.1 di derivazione materna, costituito da parte del cromosoma n.1 fornita di centromero, e di un tratto q del cromosoma n.3.

Sistema dettagliato di descrizione:
46,XX,der(1)(1pter→1q21::3q31→3qter)mat.
(il feto è trisomico parziale per i bracci lunghi del cromosoma n.3 e monosomico parziale per i bracci lunghi del cromosoma n.1).

Il cariotipo (b) descrive una condizione sbilanciata per presenza di un cromosoma n.3 di derivazione materna, costituito da parte del cromosoma n.3 fornito di centromero, e di un tratto q del cromosoma n.1.

Sistema dettagliato di descrizione:
46,XX,der(3)(3pter→3q31::1q21→1qter)mat.
(il feto è trisomico parziale per i bracci lunghi del cromosoma n.1 e monosomico parziale per i bracci lunghi del cromosoma n.3).

Se il punto di rottura è a livello del centromero, sono gli interi bracci ad essere traslocati:

cariotipo parentale: 46,XY,t(1;2)(p10;q10).
Alla meiosi i cariotipi con cromosoma *der*, in caso di segregazione adiacente 1, si indicano come segue:
(a) 46,XX,+1,der(1;2)(p10;q10)mat.
(b) 46,XX,der(1;2)(p10;q10)mat,+2.

Sistema di descrizione dettagliato:
(a) 46,XX,+1der(1;2)(1pter→1p10::2q10→2qter)mat.
(b) 46,XX,der(1;2)(1pter→1p10::2q10→2qter)mat,+2.

7.3 Trisomia terziaria e trisomia da interscambio (interchange trisomy)

Si può verificare in portatori di traslocazione reciproca bilanciata.

Alla meiosi, in questi casi, si ha una segregazione 3:1 col risultato di zigoti con due particolari assetti cromosomici definiti rispettivamente *trisomia terziaria* e *trisomia da interscambio*. L'evento è raro, poiché, nelle figure tetravalenti, la segregazione 2:2 costituisce la regola. Se a seguito di segregazione 3:1 un gamete porta un cromosoma con la traslocazione e i due omologhi normali si dice che la cellula ha una trisomia terziaria; se un gamete che a seguito dello stesso tipo di segregazione porta i due cromosomi con la traslocazione più uno degli omologhi normali si dice che la cellula ha una trisomia da interscambio.

Nella trisomia terziaria si avrà quindi aneuploidia (47 cromosomi, uno dei quali con la traslocazione) (v. Fig. 7.3.1a-e). Nelle trisomie da interscambio si hanno egualmente 47 cromosomi, ma risulteranno presenti entrambi quelli con la traslocazione, per avvenuto crossing-over (v. Fig. 7.3.2a,c). Un crossing-over 3:2 con segregazione 2:2 o 3:1 dà origine a cromosomi senza tratti traslocati (v. Fig. 7.3.2b).

7.3.1 - Trisomie terziarie

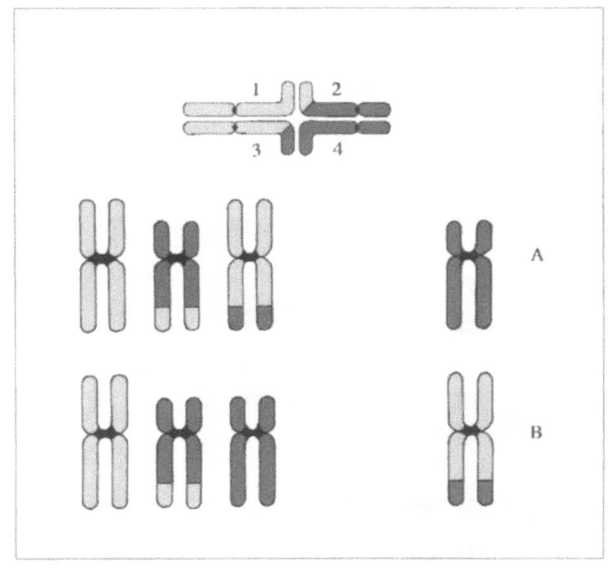

Fig. 7.3.1b. Il genitore ha una traslocazione bilanciata 8;14. Cariotipo: 46,XY,t(8;14)(8pter→8q24::14q21→14qter;14pter→14q21::8q24→8qter) (sistema dettagliato). Il figlio ha trisomia parziale del cromosoma 14 a seguito di segregazione 3:1. Cariotipo: 47,XX,+der(14),t(8;14)(q24;q21)pat. (da Birth Defects O.A.S. Vol.XIV n.6C, 309-315, 1978)

Fig. 7.3.1a. A: trisomia terziaria 1,2,3; 4; B: trisomia terziaria 1,2,4; 3

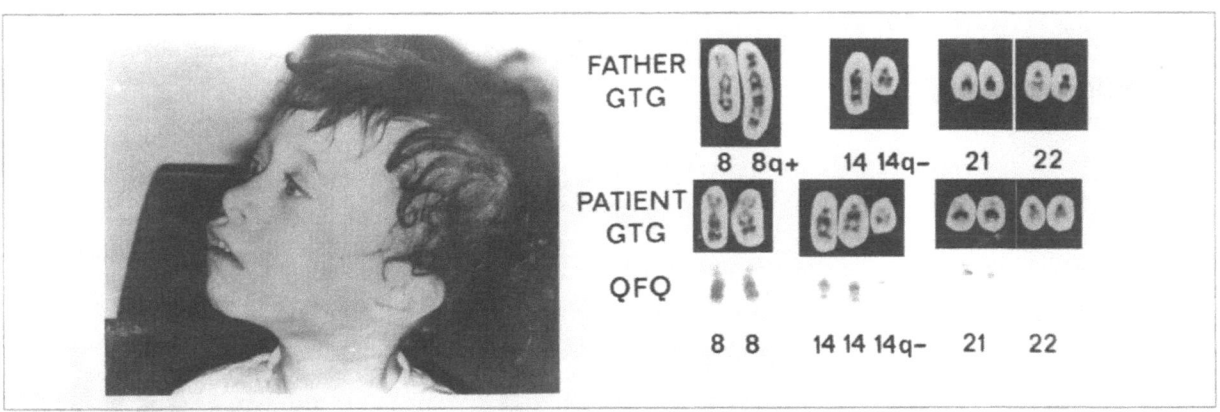

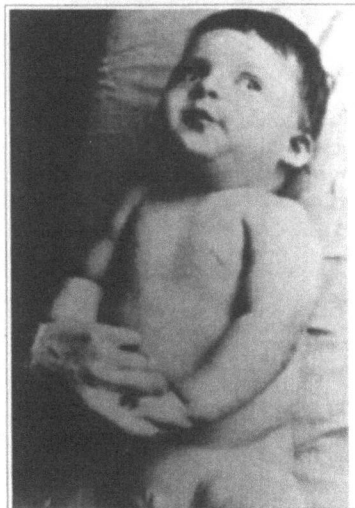

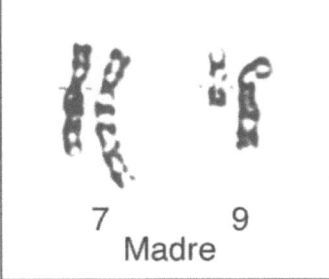
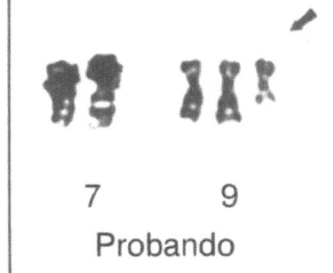

Fig. 7.3.1c. La madre è portatrice di traslocazione bilanciata 7;9. Il figlio ha trisomia parziale del cromosoma 9 a seguito di segregazione 3:1. Cariotipi: madre 46,XX,t(7;9)(q36;q13); probando 47,XY,+der(9),t(7;9)(q36;q13)mat. (mod. da: Penchaszadeh VB, Coco A, J Med Genet 12:304, 1975)

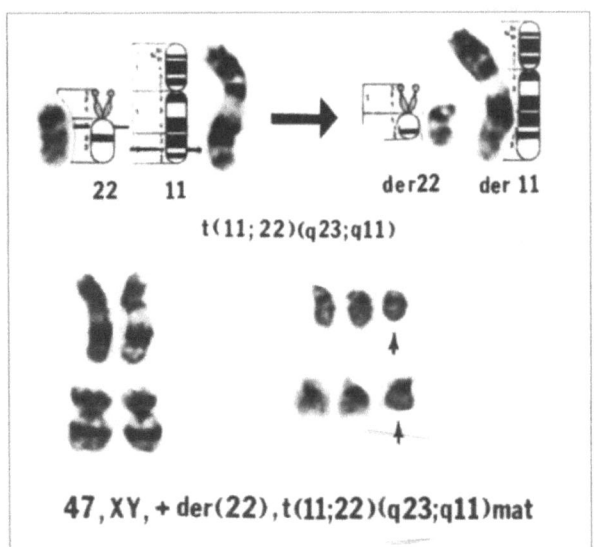

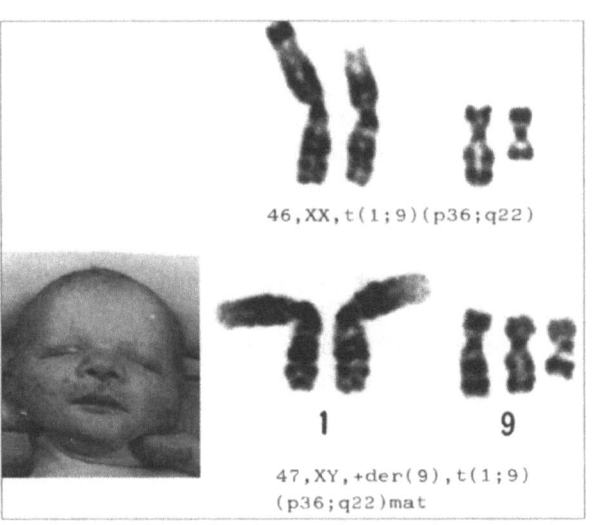

Fig. 7.3.1d. La madre è portatrice di traslocazione 11;22. Cariotipo: 46,XX,t(11;22)(q23;q11). Il figlio ha trisomia parziale del cromosoma 22 a seguito di segregazione 3:1. Cariotipo: 47,XY,+der(22),t(11;22)(q23;q11)mat. (da Zackai and Emanuel: Am J Med Genet 7, 512, 1980)

Fig. 7.3.1e. La madre è portatrice di traslocazione 1;9. Cariotipo: 46,XX,t(1;9)(p36;q22). Il figlio ha trisomia parziale del cromosoma 9 a seguito di segregazione 3:1. Cariotipo: 47,XY,+der(9),t(1;9)(p36;q22)mat. (da R.L. Neu et al.: Ann Génét 22, 151, 1979)

7.3.2 - Interchange trisomy

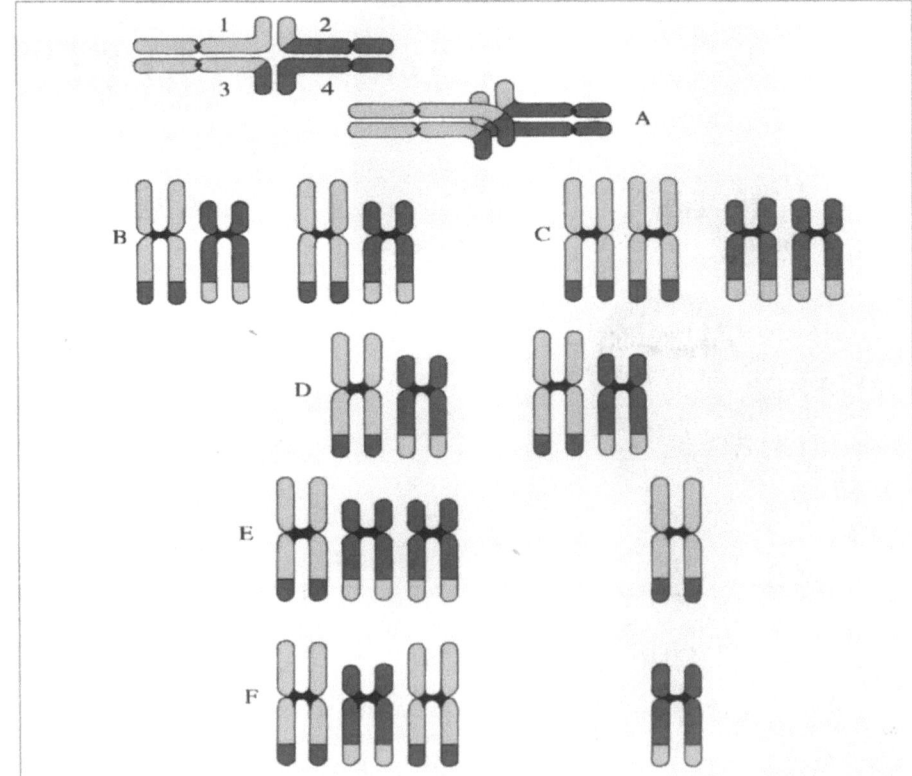

Fig. 7.3.2a. A: Figura tetravalente con segregazione 2:2 e crossing-over 1:4. **B**: adiacente 1; **C**: adiacente 2; **D**: alterna.
Segregazione 3:1 e crossing-over. **E**: interchange trisomy 1,2,3;4; **F**: interchange trisomy 1,4,3;2

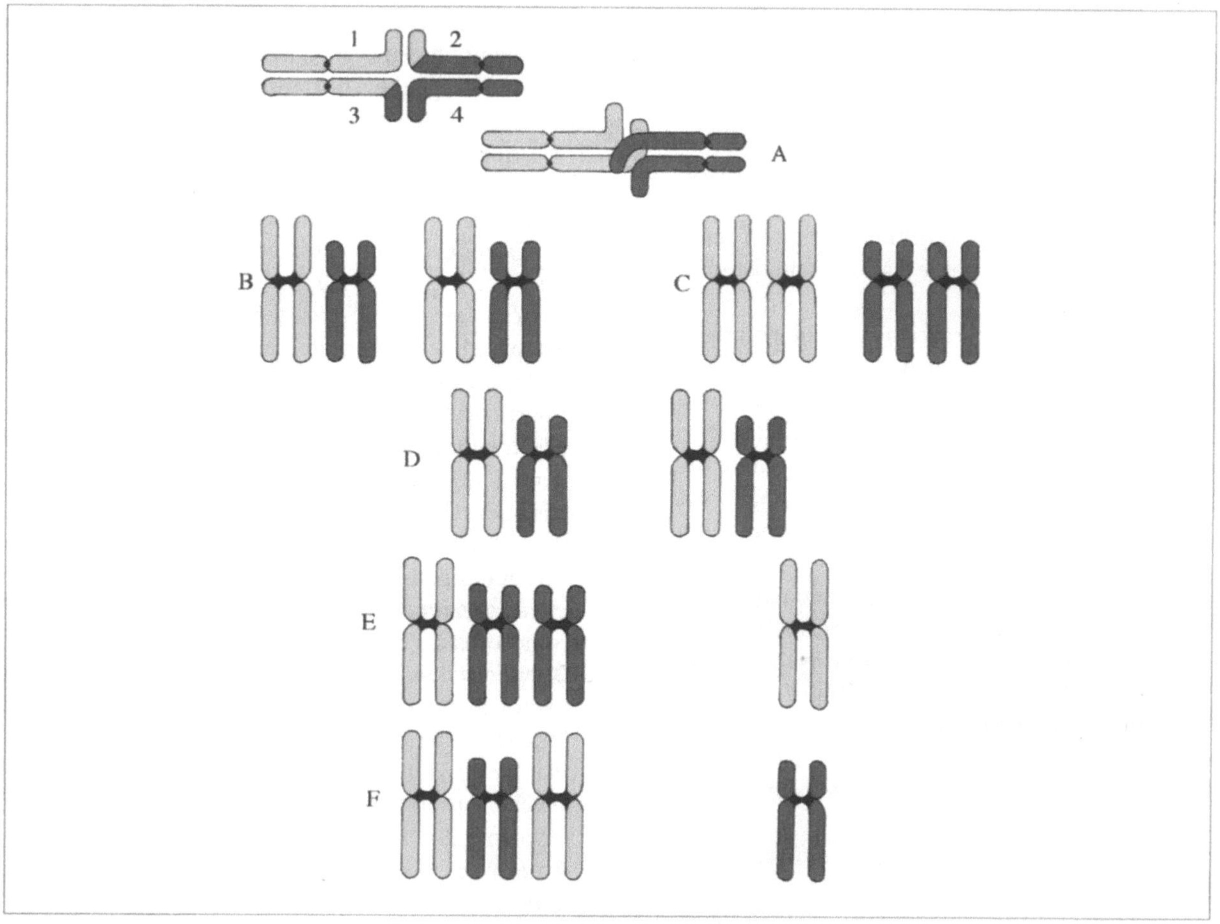

Le anomalie dei cromosomi nel feto **155**

Fig. 7.3.2b. A: Figura tetravalente con segregazione 2:2 e crossing-over 3:2. B: adiacente 1; C: adiacente 2; D: alterna.
Segregazione 3:1 e crossing-over. E: interchange trisomy 1,2,4;3; F: interchange trisomy 1,2,3;4. A differenza del modello precedente, questa segregazione dà origine a trisomie senza traslocazione

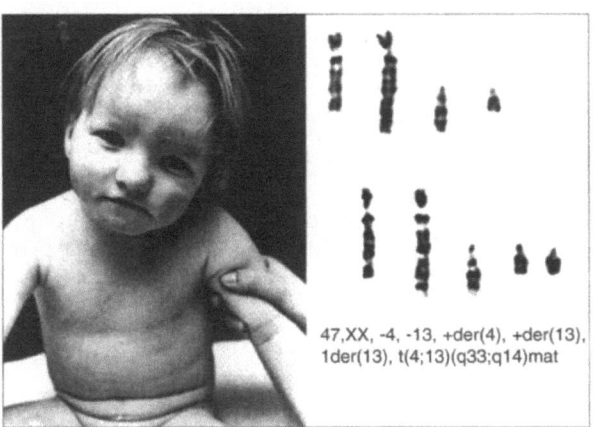

Fig. 7.3.2c. Traslocazione bilanciata 4q13q. Alla meiosi: interchange trisomy per crossing-over 2;4 e successiva segregazione 3:1. Cariotipo del genitore: 46,XX,t(4;13)(q33;q14). Cariotipo della probanda: 47,XX,-4,-13,+der(4),+der(13),+der(13)t(4;13)(q33;q14)mat. in alto: cariotipo parziale parentale che dimostra la traslocazione bilanciata ; in basso: il cariotipo parziale della probanda. (da Ch. Fonatsch et al.: Clin.Genet.15,176,1979)

7.4 Le traslocazioni robertsoniane: conseguenze alla meiosi

L'appaiamento meiotico in caso di traslocazione robertsoniana dà origine a figure trivalenti (v. Figura 7.4.1.).
Valgono, per questo tipo di traslocazione, i modelli di segregazione previsti per le traslocazioni reciproche (v. paragrafo 7.2).
I portatori di una traslocazione che coinvolge *una coppia di cromosomi omologhi* non può avere figli con cariotipo normale o con traslocazione bilanciata (salvo i rari casi di disomia uniparentale). Nel caso di traslocazione 21;21, ad esempio, possono originare dal concepimento o monosomie per il cromosoma 21 e quindi aborti, o trisomie per lo stesso cromosoma, e quindi sindrome di Down.
I portatori di traslocazione robertsoniana bilanciata hanno molto spesso un fenotipo normale; la traslocazione bilanciata 15;15 è stata però trovata associata alla sindrome di Prader-Willi (v. paragrafi 7.13 e 7.13.1).
Il rischio di segregazioni svantaggiose, nei portatori di traslocazioni robertsoniane, non è univoco per tutte le forme. La conoscenza di questo dato è importante nella valutazione di rischio per il feto.
A questo proposito deve essere tenuto presente quanto segue:
le traslocazioni D/D (13;14 o 13;15 o 14;15), sia di derivazione paterna sia materna, *sono le più favorevoli*, in quanto i feti hanno cariotipo normale o bilanciato, verificandosi infatti quasi sempre una segregazione di tipo alterno. Per un portatore di traslocazione bilanciata 13;14 (la più frequente delle forme robertsoniane) il rischio di generare figli trisomici per il cromosoma n.13 è molto basso (<1%). Nessuno di 200 feti che avevano uno dei genitori portatore di t(13;14) risultò avere traslocazione sbilanciata (A. Boué,1984).
Nelle *traslocazioni D;G* non si osservano segregazioni del tipo adiacente1 (non si ha pertanto trisomia per il gruppo D); si può verificare, non però di frequente, una segregazione del tipo adiacente 2, che produce una trisomia per il cromosoma del gruppo G coinvolto nella traslocazione. La più comune forma di segregazione resta però quella *alternata*, che dà origine a zigoti normali o con traslocazione bilanciata.
In particolare:
nelle *traslocazioni 14;21* (ma anche per le meno frequenti 13;21 e 15;21) il rischio di trisomia 21 è diverso a seconda che il portatore sia il padre o la madre. È infatti di circa 15% se la traslocazione è materna, ma non superiore a 1% se è paterna.
Le *traslocazioni 13;22* possono indurre trisomia per il cromosoma n.13 (sindrome di Patau).
Le *traslocazioni 21;22* sono a rischio per sindrome di Down nel 10% dei casi, ed è indifferente che la derivazione sia materna o paterna.
Una *segregazione 3:0* può avere eccezionalmente origine nelle traslocazioni robertsoniane, ed è in questo l'equivalente di una trisomia terziaria (v. paragrafo 7.3). Ne deriva o doppia monosomia o doppia trisomia.
Esempio:
cariotipo parentale 45,XX,rob(14;21)(q10;q10).
Per segregazione 3:0 si hanno zigoti con cariotipo 44,XY,-14,-21 oppure 47,XY,rob(14;21)(q10;q10),+14,+21.

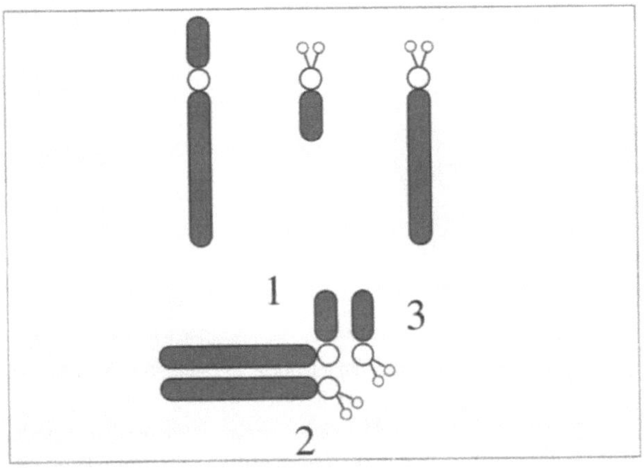

Fig. 7.4.1. L'appaiamento alla meiosi dà origine ad una figura trivalente

7.5 Inversione paracentrica: conseguenze alla meiosi

Esempio: (v. Figura 7.5.1)
cariotipo parentale:
inversione paracentrica del cromosoma n.3: cariotipo 46,XY,inv(3)(p13p22).
Se alla meiosi avviene un crossing-over nell'ansa:
due prodotti ricombinanti (uno dicentrico e l'altro acentrico che si perde):
dic(3;3)(p13;p22)
dic(3;3)(qter→p13::p22→qter) (sistema dettagliato)
ace(pter→p13::p22→pter) (sistema dettagliato).

7.6 Inversione pericentrica: conseguenze alla meiosi

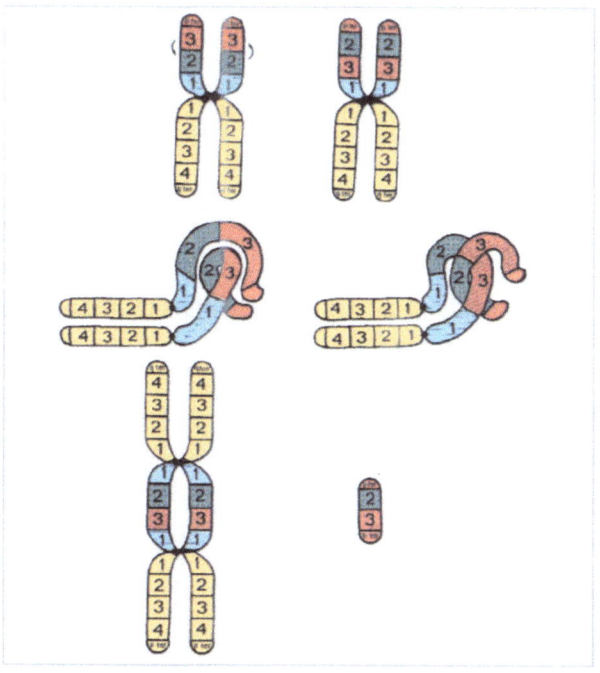

Fig. 7.5.1. All'appaiamento meiotico si configura un bivalente con un'ansa che non comprende il centromero. Se i crossing-over avvengono all'esterno dell'ansa, i cromosomi risultanti conservano la loro configurazione iniziale. Un crossing-over all'interno dell'ansa darà invece origine ad un cromosoma dicentrico e ad un frammento acentrico

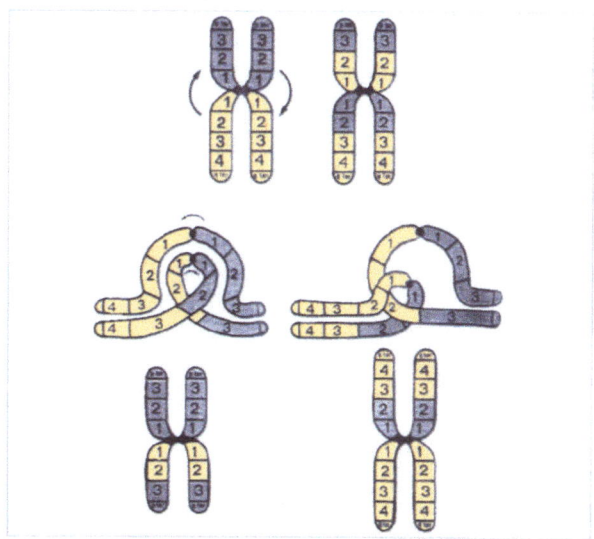

Fig. 7.6. All'appaiamento meiotico si configura un bivalente con un'ansa che comprende il centromero. Se i crossing-over avvengono all'esterno dell'ansa, i cromosomi risultanti conservano la loro configurazione iniziale. Un crossing-over all'interno dell'ansa darà invece origine a cromosomi con duplicazione/deficienza definiti ricombinanti. Va ricordato per le inv(10)(p11q21) e la inv(2)(p11q13) non è segnalato alcun esempio di ricombinanti, nè è stato notato finora aumento di aborti spontanei o infertilità (Collinson MN, 1997)

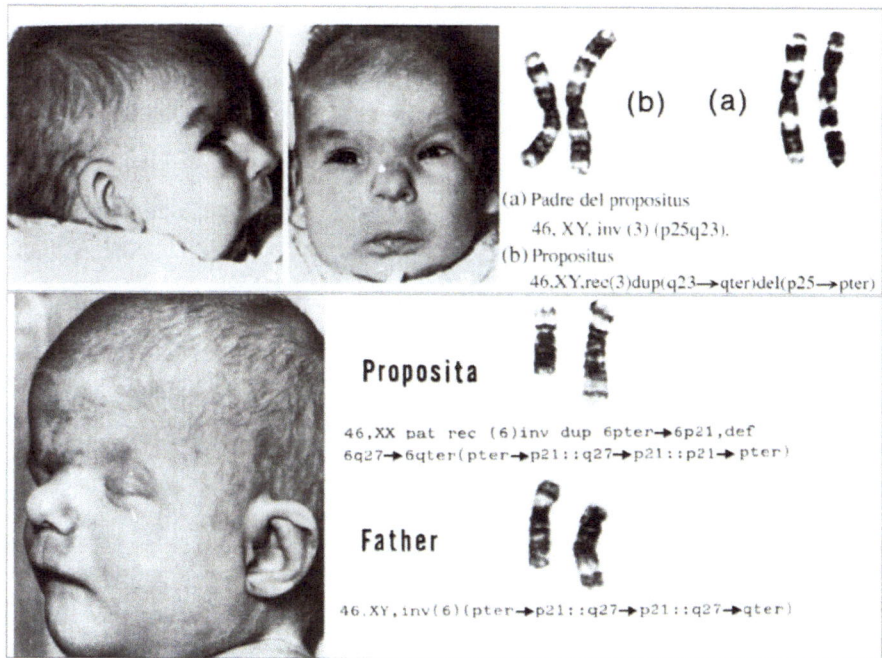

Fig. 7.6.1. Dup/del del cromosoma n.3 per crossing-over meiotico in portatore di inversione pericentrica. (a) cromosomi n.3 del genitore; (b) cromosomi n.3 del probando. Cariotipo parentale: 46,XY,inv(3) (p25q23). Cariotipo del propositus: 46,XY,rec(3)dup (q23→qter)del(p25→pter). (da Sutherland GR et al, Ann Génét 24:202, 1981)

Fig. 7.6.2. Duplicazione da crossing-over meiotico in portatore di inversione pericentrica. (da Pearson G et al, Am J Hum Genet 31:29-34, 1979)

Sistemi di descrizione:

Esempi: (v. Figure 7.6; 7.6.1 e 7.6.2)
cariotipo parentale :
inversione pericentrica del cromosoma n.5:
46,XX,inv(5)(p13q22).
Se alla meiosi avviene un crossing-over nell'ansa:
due prodotti ricombinanti:
a sinistra: dup(5p) e del(5q)
46,XX,rec(5),dup(5p)inv(5)(p13q22)mat
46,XX,rec(5)dup(5p)(pter→q22::p13→pter)mat (sistema dettagliato).
a destra: dup(5q) e del (5p)
46,XX,rec(5),dup(5q)inv(5)(p13q22)mat.
46,XX,rec(5)dup(5q)(qter→p13::q22→qter)mat (sistema dettagliato).

7.7 Inserzioni dirette

7.7.1 - Inserzione diretta intracromosomica (dal braccio lungo al braccio corto)

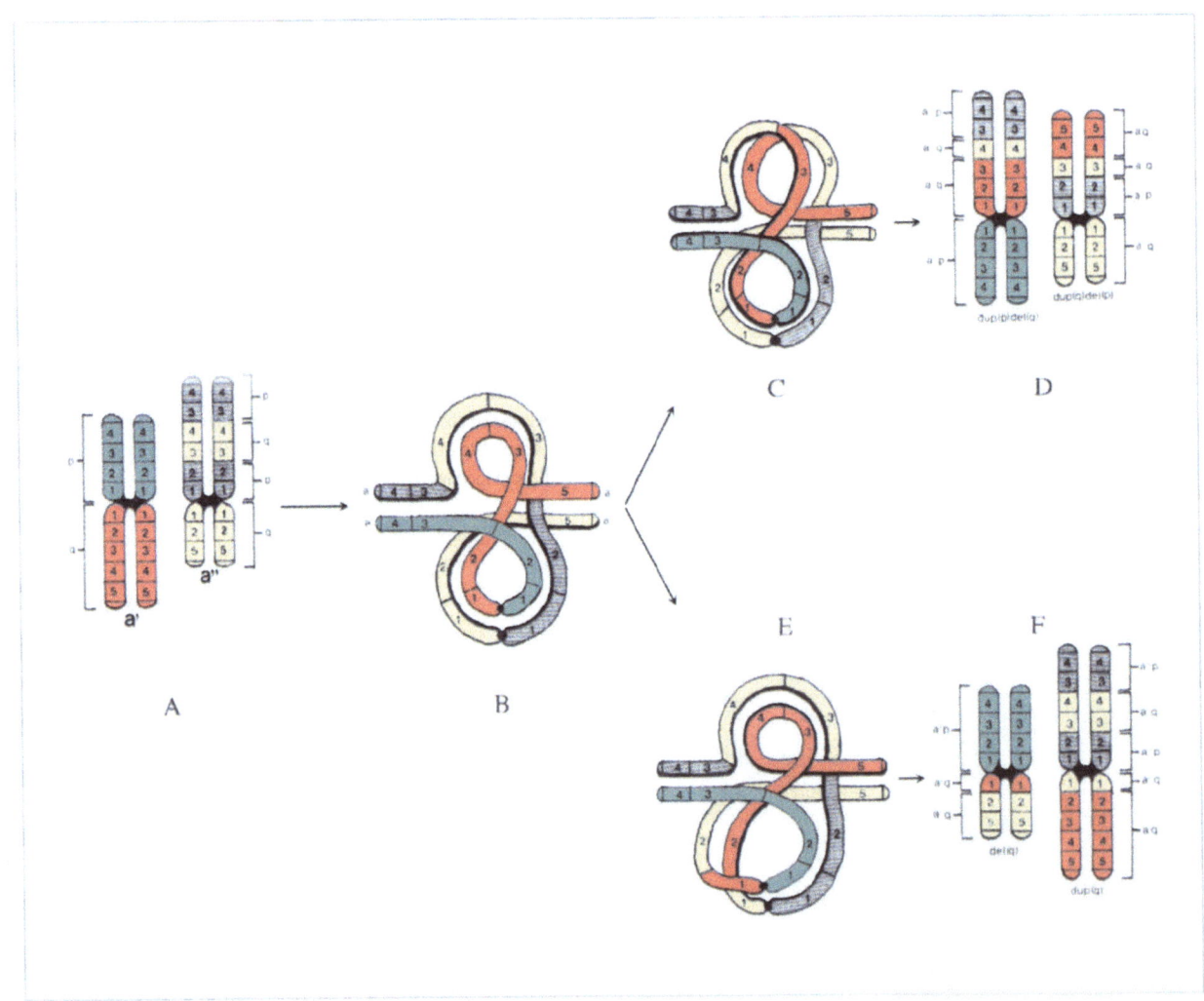

Fig. 7.7.1. **A**: Inserzione di un frammento dal braccio lungo di un cromosoma al braccio corto dello stesso cromosoma, con rotazione. La disposizione delle bande del frammento è conservata rispetto al centromero. **B**: alla meiosi figura di bivalente con doppia ansa. **C**: se crossing-over nell'ansa superiore, cromosomi del/dup. **E**: se crossing-over nell'ansa inferiore, cromosoma deleto e cromosoma duplicato (**F**).

7.8 Inserzioni inverse

7.8.1 - Inserzione inversa intracromosomica (dal braccio lungo al braccio corto)

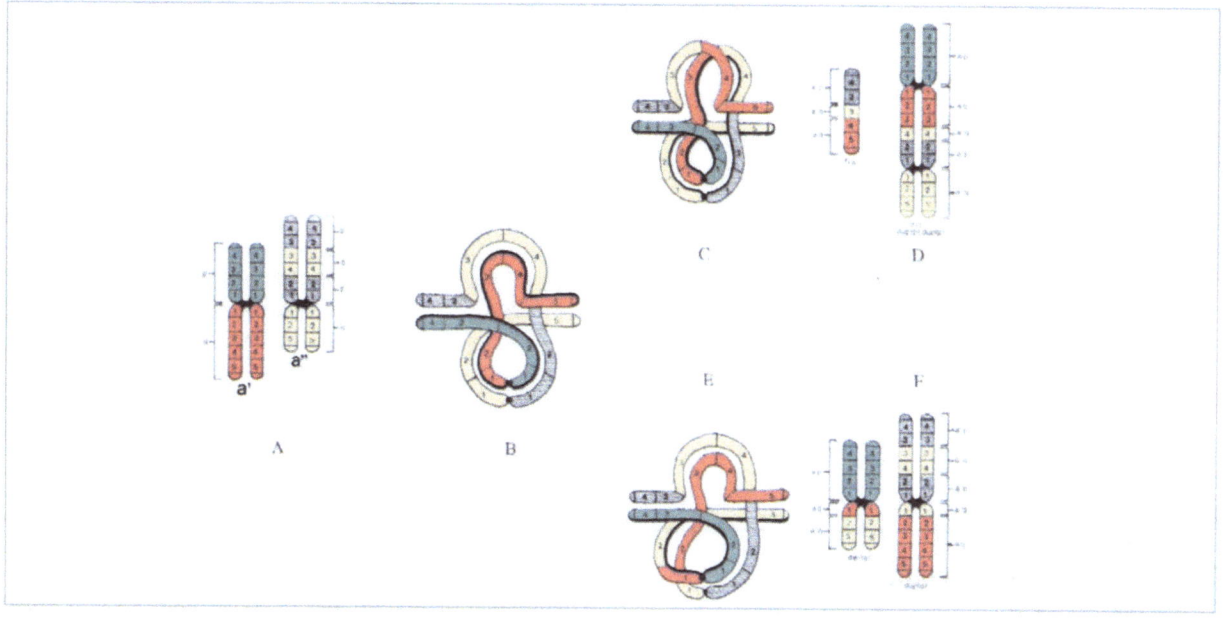

Fig. 7.8.1. A: inserzione di un frammento dal braccio lungo al braccio corto dello stesso cromosoma, senza rotazione di 180°. La disposizione delle bande del frammento non è conservata rispetto al centromero. **B**: alla meiosi figura di bivalente con una doppia ansa. **C**: per crossing-over nell'ansa superiore: cromosoma duplicato dicentrico e frammento acentrico (**D**). **E**: per crossing-over nell'ansa inferiore: cromosoma deleto e cromosoma duplicato (**F**)

7.8.2 - Duplicazione 11p (da inv ins materna)

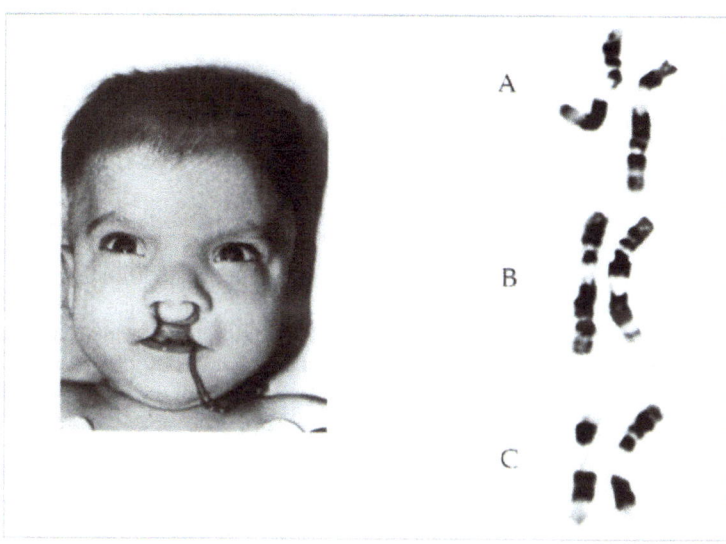

Fig. 7.8.2. Cariotipo materno: 46,XX,inv ins(11)(pter→p14.2::p11.2→q14.5:: p14.1→p11.3::q14.5→qter) (sistema dettagliato). Cariotipo del probando:46,XY,rec(11) (pter→q14.5::p14.1→p11.3::q14.5→qter)mat (Sistema dettagliato) (da: Strobel RJ et al, Am J Med Genet 7:15, 1980)

7.8.3 - Inserzione inversa intracromosomica (dal braccio corto al braccio lungo)

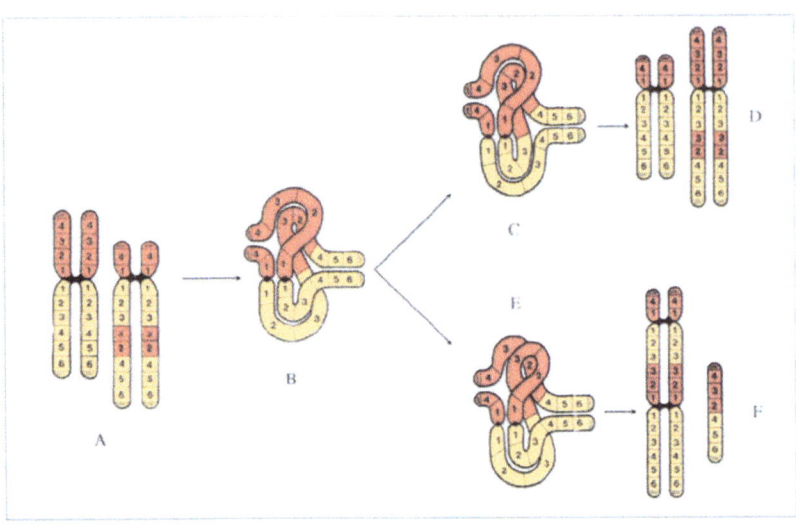

Fig. 7.8.3. A: Inserzione di un frammento dal braccio corto al braccio lungo dello stesso cromosoma, senza rotazione di 180°. La disposizione delle bande del frammento è invertita rispetto al centromero. **B**: alla meiosi figura di bivalente con una doppia ansa. **C**: per crossing-over nell'ansa superiore: cromosoma deleto e cromosoma duplicato (**D**) **E**: per crossing-over nell'ansa inferiore: cromosoma dicentrico e frammento acentrico (**F**)

7.9 Aneusomia da ricombinazione ("Aneusomie de recombinaison", "Aneusomy by recombination")

Si può verificare in portatori di inserzione tra due cromosomi non omologhi.
Anche nella inversione pericentrica, per crossing-over nell'ansa, origina un cromosoma dup/del. Alla meiosi però, in quest'ultimo caso, si forma una figura bivalente e non quadrivalente (v. paragrafo 7.6).

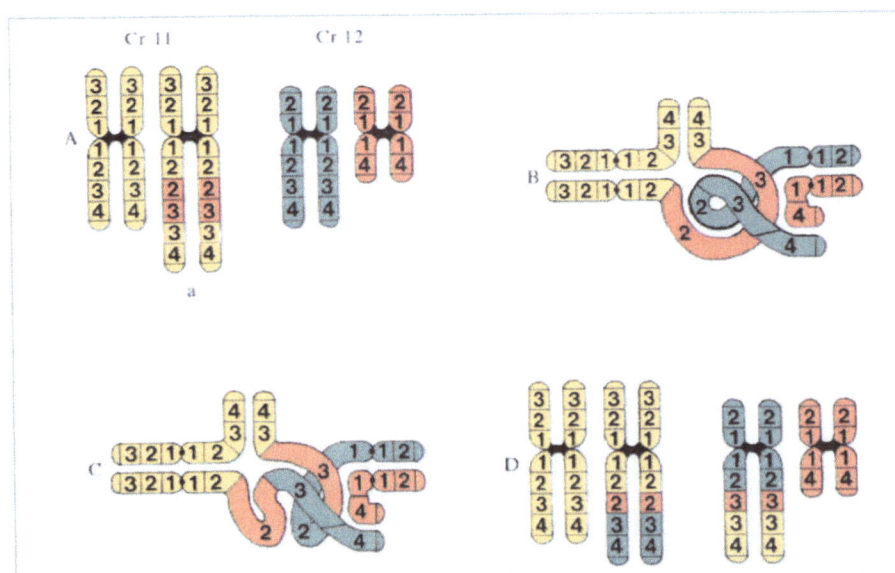

Fig. 7.9. Alla meiosi si forma una figura tatravalente con doppia ansa; un crossing-over nelle anse darà origine a: un cromosoma normale, due cromosomi traslocati ed un cromosoma deleto. Questo fenomeno è stato definito aneusomie de recombinaison. **A**: inserzione diretta tra non omologhi. **B**: all'appaiamento meiotico si forma una figura tetravalente, con due anse. **C**: crossing-over nell'ansa. **D**: cromosomi con duplicazione e deficienza

7.10 Duplicazione tandem e delezioni: conseguenze alla meiosi

Nel caso di duplicazione di una parte di un cromosoma, la figura che può originare all'appaiamento meiotico si deve considerare un modello ipotetico, in quanto le duplicazioni, al pari delle delezioni, non consentono di solito una linea germinale procreativa.

In caso di delezioni alla meiosi, l'appaiamento del cromosoma deleto con l'omologo normale corrispondente darebbe origine ad un bivalente, sia che di tratti di delezione terminale che interstiziale. In quest'ultimo caso origina un'ansa che non dà sinapsi (v. Figura 7.10).

Come nel caso precedente sono eventi che in pratica non si verificano.

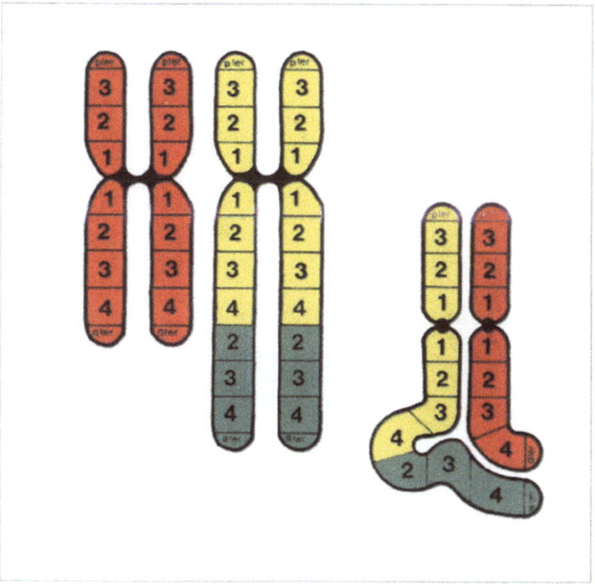

7.11 Feto triploide

La descrizione delle triploidie è al paragrafo 4.1.1.
Eventi che possono dare origine a triploidia nel feto:

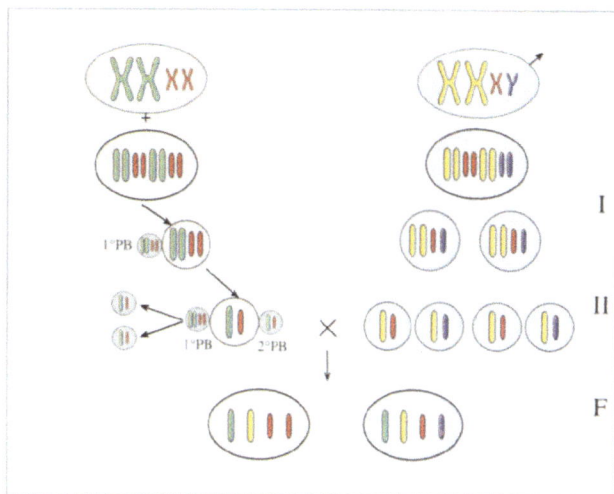

Fig. 7.11a. Il normale processo di fecondazione

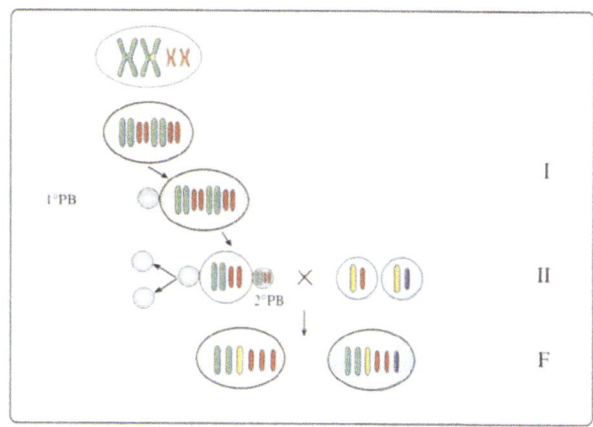

Fig. 7.11b. Triploidia da ritenzione nell'uovo del secondo corpo polare

Fig. 7.10. Possibile modalità di appaiamento in caso di duplicazione

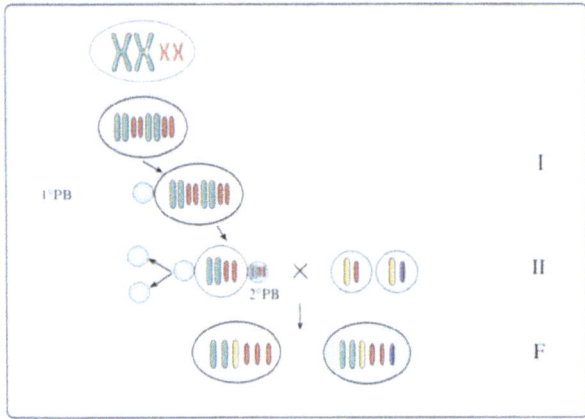

L'imprinting è una sorta di regolazione genica che si è conservata nell'evoluzione di tutte le specie viventi. Se un gene "imprinted" è mutato, deleto o assente, si verificano malattie genetiche che vengono dette appunto *malattie da imprinting genomico*.

Un gene "imprinted" può mancare per microdelezione (a seguito di traslocazione cromosomica o di crossing-over ineguale) o per assenza dell'intero cromosoma (per disomia uniparentale).

Nella Tabella sono riportate alcune delle malattie da imprinting genomico. L'elenco è però destinato ad accrescersi.

In diagnosi prenatale la ipotesi di imprinting pone talvolta difficili problemi anche prognostici.

La disomia uniparentale per il cromosoma n.15 è quella più conosciuta, ed è responsabile della malattia di Angelman e della sindrome di Prader-Willi, per imprinting e/o per omozigosi di alleli mutanti. L'imprinting genomico è materno nella sindrome di Angelman, paterno nella sindrome di Prader-Willi.

Sono state segnalate anche patologie da isodisomia uniparentale del cromosoma n.14, con fenotipi del tutto differenti a seconda che la isodisomia sia materna o paterna (L. Pentao,1992; C.A.Walter, 1996).

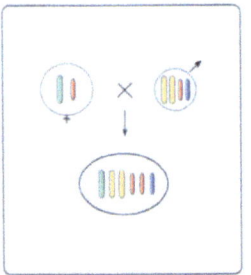 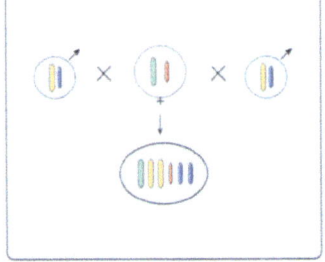

Fig. 7.11c. Triploidia per mancata seconda riduzione meiotica nell'oogenesi (in alto); triploida per fertilizzazione con spematozoo diploide (per mancata divisione equazionale) (in basso a sinistra); triploidia per fertilizzazione da parte di due spermatozoi (in basso a destra)

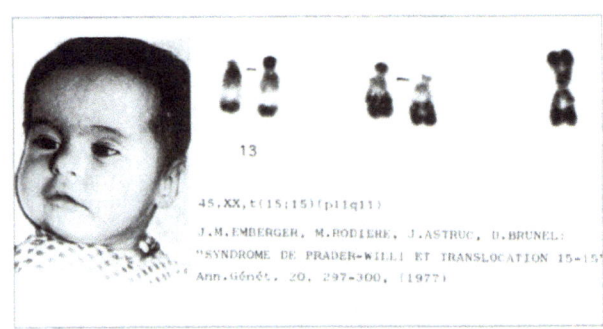

Fig. 7.12.1. Viene riportato uno dei primi esempi di malattia genica da imprinting genomico nella sindrome di Prader-Willi (obesità, ipogonadismo, mani e piedi piccoli, ritardo mentale, iperfagia, ipotonia intrauterina). Si riferisce ad una bambina con traslocazione robertsoniana 15;15. Entrambi i cromosomi n.15 erano di derivazione materna; il gamete maschile, essendo la traslocazione bilanciata, era nullisomico per quel cromosoma (è più probabile però fare risalire il meccanismo di formazione a quanto riportato sulle trisomie limitate ai tessuti extraembrionari v. paragrafo 13.8.2). Perché la sindrome di Prader-Willi non si manifesti è necessaria la presenza del cromosoma n.15 paterno (imprinting genomico paterno). Per altre malattie geniche, quali la sindrome di Beckwith-Wiedemann, la malattia di Angelman, la sindrome di Silver-Russel e diverse altre, l'imprinting genomico è invece materno.

7.12 - Imprinting genomico

Descrizione ed origine

Normalmente per la espressione di un carattere genetico non ha rilevanza se questo viene ereditato dal padre o dalla madre. Accade però che alcuni caratteri per esprimersi devono obbligatoriamente avere provenienza o materna o paterna.

Si definisce "imprinted" *un gene la cui espressione dipende dalla sua origine parentale*. In altre parole l'imprinting fa riferimento agli effetti indotti sul fenotipo dalla diversa origine parentale (materna o paterna). Un fenotipo può quindi, per alcune sequenze primarie nucleotidiche, essere condizionato dalla derivazione parentale.

7.12.1 - Malattie da imprinting genomico

da Genus: Clinical Database for over 5,000 Genetic Disorders

Malattia:	Eredità:	Sintesi semeiologica:	Bibliografia[OMIM]:
Adams-Oliver syndrome	autosomal dominant genomic imprinting	absence of the lower extremities, skull and scalp defects. Potentially maternal imprinting.	100300 Smith's Recognizable Patterns of Human Malformation. 5th Edition, p.314
Albright osteodystrophy-1	autosomal dominant autosomal dominant sex-limited autosomal recessive genetic heterogeneity genomic imprinting supposed X-linked dominant	short stature, obesity, round face, brachydactyly, fourth/fifth short matacarpals, absent 4th knuckles, ectopic calcification/ossification, mental retardation, cataract, iridal changes, hypocalcemia, parathyroid hyperplasia, high PTH levels. Potentially maternal imprinting.	103580 Smith's Recognizable Patterns of Human Malformation. 5th Edition, p.446
Alzheimer type 1	autosomal dominant genomic imprinting multifactorial supposed mitochondrial	dementia with onset before or after age 65. Potentially paternal imprinting.	104300
Alzheimer type 2	autosomal dominant genomic imprinting mitochondrial multifactorial	Alzheimer disease late onset dementia. Potentially paternal imprinting.	104310
Angelman syndrome	genomic imprinting supposed autosomal recessive supposed contiguous genes	mental retardation, microcephaly, prognatism, happy disposition, choroidoretinal changes, optic atrophy, iridal changes, paroxysms laughter. Potentially maternal imprinting.	234400 601623 105803 Smith's Recognizable Patterns of Human Malformation. 5th Edition, p.200 Prenat.Diagn. 20,300-306,2000
aortic stenosis supravalvar	genetic heterogeneity genomic imprinting	congenital narrowing of the ascending aorta, usually at the superior margin of the sinuses of Valsalva, above the level of the coronary arteries; frequently associated pulmonary, other peripheral arteries stenosis. Potentially paternal imprinting.	185500
ataxia Friedreich type	autosomal recessive genomic imprinting	spinocerebellar degeneration before adolescence onset, incoordination, dysarthria, sensory ataxia, nystagmus, tendon reflexes diminished, pes cavus, hammer toe, cardiac dysfunction. Potentially paternal imprinting.	229300
atopic IgE responsiveness	autosomal dominant genomic imprinting multifactorial	increased risk of allergic manifestations, asthma, hay fever, eczema, due to exuberant IgE responses to minute amounts of antigen. Potentially maternal imprinting.	147050 600807 601690

Beckwith-Wiedemann	autosomal dominant genomic imprinting supposed contiguous genes	macroglossia, omphalocele, visceromegaly, gigantism, hypospadias, mental retardation, occasionally mild microcephaly, other defects, hypoglycemia, hyperinsulinemia. Adrenal carcinoma, Wilms tumor, neuro-hepatoblastoma, pancreatoblastoma tendency. Potentially maternal imprinting.	130650 600856
dementia nonspecific type	autosomal dominant	degenerative dementia. Potentially paternal imprinting.	Hum.Mol.Genet. 4,1625-1628,1995 600795
diabetes neonatal transient	genomic imprinting	neonatal diabetes, intrauterin growth retardation, failure to thrive, resolving within the first months of life; often remains permanent; later in life may develop diabete II or even insulin resistant. Paternal imprinting.	Hum.Mol.Genet. 5,1117-1121,1996 601410
glomus tumors multiple	autosomal dominant genomic imprinting	regional/generalized multiple, soft, movable, tender blue nodules resembling cavernous hemangiomas, occasionally involving deeper structures, such as bones; characteristic glomus cells lining the blood-filled cavities. Potentially paternal imprinting.	138000
Goldenhar syndrome	autosomal dominant genetic heterogeneity genomic imprinting	hemifacial microsomia, microtia, preauricular tags/pits, epibulbar dermoids, microphthalmos/anophthalmos, choroidoretinal changes, other ocular anomalies, vertebral anomalies, deafness, other defects. Potentially maternal imprinting. Over 70% are males.	164210 Smith's Recognizable Patterns of Human Malformation. 5th Edition,p.642
Huntington disease	autosomal dominant genomic imprinting	progressive choreic movements, usually 30-40 years onset, dementia,appearing indipendently of the movements disorders, irst manifestations may be paranoia, emotional instability. Potentially paternal imprinting in juvenile form.	143100 Prenat.Diagn. 19,450-457,1999
hyperthermia malignant	autosomal dominant genomic imprinting	Potentially lethal pharmacogenetic disease. Masseter spasm, arrythmia, muscle rigidity, metabolic acidosis, rhabdomyolisis, myoglobinuria, intravascular coagulation, hyperthermia during or shortly after general anesthesia. Caffeine-hallothane contracture. Test anesthesia. Maternal imprinting.	145600
mental retardation X-linked Martin-Bell type	genomic imprinting X-linked recessive	macrocephaly, long face, large prominent ears, macro-orchidia, mental retardation, fingers hyperestention. Potentially maternal imprinting.	309550 Prenat.Diagn. 20,611-614,2000 Smith's Recognizable Patterns of Human Malformation. 5th Edition,p.150

myotonic dystrophy neonatal form	autosomal dominant	severe, congenital muscular hypotonia, facial diplegia, ptosis; severe respiratory insufficiency. Transmitted by mildly affected mothers. Potentially maternal imprinting.	Wiedemann H.R.-Kunze J.Clin.Syndromes 1997,p.588
narcolepsy	autosomal dominant genomic imprinting	infancy or later onset; irresistible sleep episodes, occasionally sleep apnea, attacks of cataplexy, i.e. abrupt reversible loss of muscle tone. Potentially maternal imprinting.	161400
neurofibromatosis 1	autosomal dominant genomic imprinting	café-au-lait spots/axillary freckling at birth, late neurofibromas, optic glioma, segmental hypertrophy, iris Lisch nodules, skeletal changes, other oculo-neuro-visceral involvement. Potentially maternal imprinting.	162200 Smith's Recognizable Patterns of Human Malformation. 5th Edition,p.508
neurofibromatosis 2 syndrome	autosomal dominant genomic imprinting	bilateral acoustic neuromas, spinal/paraspinal signs, café-au-lait spots, occasionally ocular anomalies. Potentially maternal imprinting.	101000
orofacial cleft 1	autosomal dominant genetic heterogeneity genomic imprinting multifactorial	complete or incomplete clefts of the upper lip, unilateral or bilateral, including posterior alveolar processes, and anteriorly alae nasi. Potentially paternal imprinting.	119530 Smith's Recognizable Patterns of Human Malformation. 5th Edition,p.236
orofacial cleft 2	genomic imprinting multifactorial	complete or incomplete clefts of the upper lip, unilateral or bilateral, including posterior alveolar processes, and anteriorly alae nasi. Potentially paternal imprinting .	Genomics 50,299-305, 1998 602966
orofacial cleft 3	genomic imprinting multifactorial	complete or incomplete clefts of the upper lip, unilateral or bilateral, including posterior alveolar processes, and anteriorly alae nasi. Potentially paternal imprinting.	Am.J.Hum.Genet. 57,257-272, 1995 600757
paragangliomas	autosomal dominant genomic imprinting	nonchromaffin paraganglioma; middle ear mass, inducing hearing loss, tinnitus, bleeding, vertigo, cranial nerve palsies, other disturbances. Maternal imprinting (inacivation of the PGL gene). Possibility of genetic anticipation.	168000 601650
polycistic kidney disease 1	autosomal dominant genomic imprinting	late onset; progressive, bilateral medullary cysts enlargment in kidneys, with/without renal failure, liver cysts, occasionally cerebral cysts, ocular anomalies and other organs involvement. Potentially maternal imprinting.	173900 601313
Prader-Willi syndrome	autosomal dominant genomic imprinting supposed contiguous genes	decreased fetal movements, breech delivery, almond-shaped eyes, full cheeks, severe hypotonia, hypogenitalism, polyphagia, obesity, short stature, hypopigmentation, iridal changes. Potentially paternal imprinting.	176270 Smith's Recognizable Patterns of Human Malformation. l5th Edition,p.202 Prenat.Diagn. 20,300-306,2000

psoriasis susceptibility 3	genetic heterogeneity supposed autosomal dominant	erythematous scaling plaques, usually on elbows, kneees, scalp; arthritis, dystrophic nails. Potentially paternal imprinting.	Nature Genetics 14,231-233,1996 601454
psoriasis vulgaris	autosomal dominant genetic heterogeneity genomic imprinting multifactorial	erythematous scaling plaques, usually on elbows, kneees, scalp; arthritis, dystrophic nails. Potentially paternal imprinting.	177900
spina bifida	genetic heterogeneity genomic imprinting supposed autosomal dominant supposed autosomal recessive	transluced skin-covered mass, over the medline of the vertebral column or cranium, usually in the lumbar area, with/without meninges/nerve tissue herniation, and nervous system complication; occasionally Arnold-Chiari malformation. Sacral nervus flammeus and sacral skin tag considered marker for spina bifida occulta. Potentially maternal imprinting.	206500 182940 601634
Steinert disease	autosomal dominant genomic imprinting	weakness, facial/oropharyngeal/distal muscles, expressionless facies, myotonia, cataract, ptosis, other ocular defects, testicular atrophy, mild mental retardation. Potentially maternal imprinting. Linkege to FUT2 gene.	160900 Smith's Recognizable Patterns of Human Malformation 5th Edition, p.216
tuberous sclerosis-1	autosomal dominant genomic imprinting	facial adenoma sebaceum (angiofibroma), epilepsy, mental retardation, vitiligo, ocular changes. Potentially maternal imprinting. Possibility of brain tumor, including astrocytoma. Occasionally detection cranial abnormalities, rabdomyosarcoma in prenatal epoch.	191100 Prenat.Diagn. 19,575-579, 1999 J.Med.Genet. 20,303-312, 1983 Smith's Recognizable Patterns of Human Malformation 5th Edition, p.506

7.13 Disomia uniparentale (eteroisodisomia e omoisodisomia)

La disomia uniparentale indica la condizione per cui un soggetto, indipendentemente dal sesso, eredita un'intera coppia di cromosomi o un tratto di cromosoma *da uno solo dei genitori*.
La disomia presuppone, per definizione, la *contemporanea mancanza del cromosoma dell'altro genitore*, per cui il soggetto con disomia è al tempo stesso nullisomico per il cromosoma che avrebbe dovuto ereditare dall'altro genitore. A seconda che la disomia avvenga in prima o seconda divisione meiotica, si avrà un'*eteroisodisomia* (entrambi i cromosomi di uno dei genitori) od *omoisodisomia* (un solo cromosoma di un genitore, in presenza doppia) (v. Fig. 7.13.1).
Le conseguenze di un'isodisomia sono diverse:
Una omoisodisomia può provocare allo stato omozigote una malattia recessiva, per la quale solo uno dei genitori è eterozigote: ad esempio da un portatore eterozigote di talassemia, coniugato con persona sana, potrebbe nascere un omozigote per la malattia (morbo di Cooley); un affetto da fibrosi cistica potrebbe avere soltanto un genitore portatore sano del gene.
Le isodisomie sono alla base di alcune malattie genetiche dovute ad imprinting genomico materno o paterno. Anche la mola idatidiforme parziale riconosce questo modello (v. paragrafo 4.1.1).
Isodisomia per il cromosoma n.2 di derivazione materna è stata trovata in una donna con normale fenotipo (F. Bernasconi, 1996), ciò che lascia supporre che su questo cromosoma non mappino geni con imprinting materno. L'isodisomia uniparentale del cromosoma n. 14, se paterna, induce gravi sindromi plurimalformative (P. R. Pepenhausen, 1995).
La disomia uniparetale è indicata, nella formulazione del cariotipo, con il simbolo *upd* ed è altresì specificata la provenienza parentale.
I meccanismi che possono indurre una isodisomia, e che sono qui di seguito riportati, devono però considerarsi i meno frequenti, per l'eccezionalità degli eventi che richiedono. La causa più frequente va ricondotta invece ad una trisomia confinata ai tessuti extraembrionari mentre al feto, disomico, vanno entrambi i cromosomi materni o paterni (v. paragrafo 13.8.3).

Esempio:
46,XY,upd(15)mat.
(disomia uniparentale del cromosoma 15 di provenienza materna).
46,XX,upd(11)pat.
(disomia uniparentale del cromosoma 11 di provenienza paterna).

7.13.1 - Possibili meccanismi di formazione di una disomia uniparentale

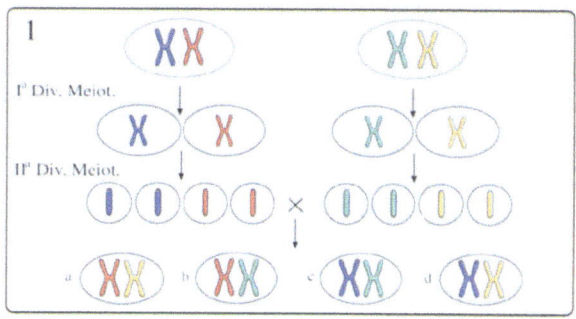

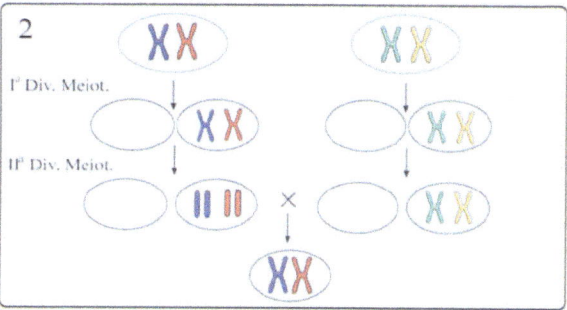

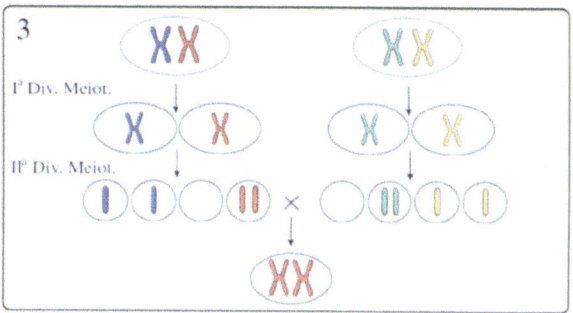

Fig. 7.13.1. 1. Il processo normale di segregazione meiotica. 2. Eteroisodisomia uniparentale (disomia da non disgiunzione in I° divisione meiotica in un genitore e nullisomia nell'altro genitore); sono ereditati entrambi gli alleli (di un genitore) e nessuno dei due alleli dell'altro. 3. Omoisodisomia uniparentale (disomia da non disgiunzione in II° divisione meiotica in un genitore e nullisomia nell'altro genitore); è ereditato, in doppia copia uno dei due alleli (di un genitore) e nessuno dei due alleli dell'altro. Ne deriva una condizione di omozigosi per un carattere presente in eterozigosi solo in uno dei genitori.
Il meccanismo più convincente circa l'origine delle isodisomie è però quello riportato al paragrafo 13.8.2

7.14 Bibliografia

Bernasconi F et al (1996) Am J Hum Genet 59(5):1114
Birth Defects (1978) OAS Vol XIV No 6C,309-315
Boué A, Gallano P (1984) Prenat Diagn 4:45
Brackley KJ et al (1999) Prenat Diagn 19:570
Collinson MN et al (1997) Hum Genet 101(2):175
Gardner RJM et al (1989) Chromosome Abnormalities and Genetic Counseling Oxford University Press, Oxford
Emberger JM et al (1977) Ann Génét 20:297
Fonatsch Ch (1979) Clin Genet 15:176
Mittal TK et al (1998) Pren Diagn 18:1253-1262
National Institutes of Health and Institute of Molecular Medicine Collaboration. A Complete set of Human telomeric probes and their clinical application (1996) Nature Genet 14:86-89
Pearson G et al (1979) Am J Hum Genet 31:29-34
Penchaszadeh VB, Coco A (1975) J Med Genet 12:304
Pentao L et al (1992) Am J Med Genet 50(4):690-699
Pepenhausen PR et al (1995) Am J Med Genet 59(3):271
Strobel RJ et al (1980) Am J Med Genet 7:15-20
Sutherland GR et al (1981) Ann Génét 24:202
Ventruto V et al (1980) Ann Génét 23:173
Ventruto V, Diluccio A (in prep) Genus: A Clinical Database for over 5000 Genetic Disorders
Verma RS et al (1997) J Med Genet 34(10):817
Walter CA et al (1996) Am J Med Genet 65(4):259-265
Zackai EH, Emanuel BS (1980) Am J Med Genet 7:507

CAPITOLO 8

Le anomalie dei cromosomi negli aborti spontanei, nella sterilità e nella infertilità

8.1 Aborti spontanei da cause citogenetiche

Il fallimento di un concepimento occorre con frequenza più elevata di quanto si possa immaginare: quasi nella metà delle fecondazioni (M. Daniely, 1998). Spesso, avvenendo in epoca molto precoce, sfugge a qualunque riscontro diagnostico; in periodo però più avanzato dello sviluppo embrionale o fetale, induce un aborto spontaneo. I molti studi al riguardo hanno consentito di dimostrare che anche in maschi non ritenuti infertili, il 10% degli spermatozoi dimostrano anomalie numeriche e/o strutturali dei cromosomi. Questa percentuale si è rivelata ancor più elevata (30%) negli ovociti di donne considerate peraltro non infertili.

Le cause di mancato sviluppo di un embrione possono essere ricondotte a:
- difetti genici
- cause ambientali
- aberrazioni cromosomiche.

I fattori eziologici possono essere diversi a seconda dell'epoca in cui avviene l'arresto dello sviluppo. Ad esempio, le patologie cromosomiche sono responsabili di circa il 40% degli aborti spontanei (da 20% a oltre 60%, secondo le statistiche) che avvengono *entro il primo trimestre di gestazione*, laddove per le patologie malformative letali, riscontrate nel secondo-terzo trimestre della gravidanza o in epoca neonatale, le cause cromosomiche incidono con una frequenza inferiore al 10%.

Al fine di correlare correttamente la patologia cromosomica col periodo di arresto dello sviluppo fetale, bisogna tenere anche conto dell'eventuale periodo di ritenzione intrauterina, che talora è di alcune settimane prima dell'aborto.

Lo studio citogenetico sugli aborti spontanei andrebbe sempre condotto, potendo consentire di risalire a riarrangiamenti con carattere di familiarità fino a quel momento del tutto ignorati. Lo studio delle coppie dimostra infatti, nel 10% dei casi, anomalie costituzionali rappresentate molto spesso da traslocazioni bilanciate, e più raramente da mosaicismi.

Una costituzionale instabilità cromosomica, tradita dall'aumentata frequenza di siti fragili indotti, potrebbe essere responsabile in alcuni casi di aborti spontanei ricorrenti con cariotipo normale (B. Schlegelberger, 1989).

È stato in passato ipotizzato che l'inversione pericentrica del cromosoma n.9 potesse avere un ruolo predisponente alla ricorrenza di aborti; successivi studi hanno però smentito quest'ipotesi (K. M. Tsui, 1996).

La correlazione tra portatore di aberrazioni cromosomiche e frequenza di aborti spontanei era stata sospettata già in passato, ancor prima che l'esame citogenetico fosse eseguito su un numero significativamente alto di prodotti abortivi. Si era già potuto dimostrare che le anomalie cromosomiche sono circa 20 volte più frequenti tra le coppie che hanno avuto aborti spontanei specie se ricorrenti (due o più) rispetto a un campione di controllo della popolazione.

Sono stati condotti molti studi per verificare se esiste relazione tra quantità di eterocromatina costitutiva dei cromosomi n.1, 9, 16 e Y e rischi nella riproduzione. Un aumento dell'eterocromatina nei cromosomi n. 16 è stato trovato su coppie in cui era significativamente elevato il numero di nati morti o plurimalformati (A. Buretic-Tomljanovic, 1997). Il risultato meriterebbe però ulteriori conferme.

Frequenza attesa di anomalie cromosomiche obsolete

Popolazione generale	coppie con aborti ricorrenti
3:1000	50:1000

Alcune aberrazioni cromosomiche consentono talvolta di riconoscere, per la peculiarità delle anomalie, malattie geniche, come la sindrome di Roberts o la *Nondisjunction syndrome*, ad eredità autosomica recessiva (J. L. Tomie, 1988); il riscontro di anomalie cromosomiche in aborti ricorrenti nella stessa persona, può fare ipotizzare difetti funzionali o strutturali di qualche gene coinvolto nel normale processo di separazione dei cromosomi. Al momento però questa supposizione resta una semplice ipotesi.

Con diverso meccanismo agirebbero le condizioni di *prematura divisione centromerica*, definite anche *anafasi premature*; questo particolare difetto è stato a ragione considerato un fattore predisponente agli errori di divisione cellulare, e di conseguenza ad aberrazioni cromosomiche numeriche (v. paragrafo 5.16).

Negli aborti precoci le più frequenti anomalie cromosomiche sono le trisomie degli autosomi (circa 50%); tra queste, la trisomia del cromosoma n. 16 è di gran lunga la più frequente (rappresentando, infatti, un terzo di tutte); seguono le trisomie dei cromosomi n. 21 e 22. Più rare sono le iperploidie dei cromosomi n. 5, 11, 17, 19. Alle trisomie seguono, come frequenza: il cariotipo 45,X (circa 20%), le triploidie (69,XXX o 69,XXY) (circa 15%), le tetraploidie (92,XXYY) (5%). Più rare sono altre aberrazioni; non vanno trascurate le forme familiari di monosomie e trisomie parziali, dovute a segregazioni meiotiche svantaggiose.

Anche le disomie uniparentali di singoli cromosomi o porzioni di essi potrebbero essere responsabili di aborti spontanei (G. L. Mutter, 1997), ipotesi però finora non confermata (L. G. Shaffer, 1998).

Non è conosciuta la ragione di una così alta incidenza di disordini cromosomici nei prodotti del concepimento, nè della maggiore frequenza di alcune trisomie (come la trisomia n. 16, 21 e 22) rispetto ad altre. Le trisomie 16 e 22, al pari delle trisomie 21, sembrano essere dipendenti dall'età materna (J. H. Ford, 1996). Poco convincente è l'ipotesi, avanzata da qualche Autore, di un gene recessivo che allo stato di omozigosi indurrebbe l'errore di separazione. Su aborti con cariotipo normale euploide si possono ipotizzare alterazioni immunitarie od ormonali, o anche sospettare agenti teratogeni o malattie geniche letali.

Le triploidie e le tetraploidie indicherebbero la sicura accidentalità dell'evento, con rischio quindi minimo di ricorrenza.

Si ritiene che alcuni casi di anomalie strutturali *de novo* possano trovare origine dall'esposizione paterna a fattori mutageni (J. H. Ford, 1996). L'ipotesi merita però maggiore approfondimento.

È sempre comunque opportuno lo studio del cariotipo della coppia, al fine di escludere forme di riarrangiamenti o di mosaicismo passate inosservate. Il limitato interesse per lo studio citogenetico dei prodotti abortivi non trova giustificazione, se si considerano le utili informazioni che ne potrebbero derivare alla coppia.

L'elevata frequenza di anomalie cromosomiche negli aborti contrasta con quello che è il riscontro nei nati morti, dove le anomalie cromosomiche sono presenti in non più del 5% dei casi. Va anche ricordato che uno screening condotto su un campione significativo di neonati farebbe riscontrare anomalie cromosomiche, numeriche o strutturali, in percentuale inferiore a 0.5.

La possibilità di sopravvivenza fetale e neonatale, in caso di parziali trisomie o monosomie, dipende anche dalla quantità del materiale aggiuntivo o mancante. Se la quantità di materiale aggiuntivo è inferiore alla lunghezza di un cromosoma n. 22 (che rappresenta circa 1.5% della lunghezza complessiva di tutto un corredo aploide) il portatore ha probabilità di sopravvivenza; le monosomie parziali, ancorché piccole, sono invece molto meno tollerate (K. E. Davis, 1985).

Il rischio, dopo una gravidanza trisomica, che l'evento possa ripresentarsi in successivi concepimenti (per lo stesso o per altri cromosomi) è valutato inferiore a 1%. Naturalmente la valutazione può però variare (rischio più elevato dell'atteso) in base alla storia anamnestica della famiglia.

8.2 Sterilità e infertilità da cause citogenetiche

Le cause di sterilità e di *infertilità* sono molte e solo in parte dipendono da anomalie dei cromosomi, sia degli autosomi sia dei cromosomi del sesso. *La infertilità non s'identifica necessariamente con la sterilità*. Una sterilità può infatti dipendere anche da cause esclusivamente meccaniche (tube ostruite) oppure da difetti genici, come l'aplasia congenita dei deferenti che riconosce talvolta un modello di eredità autosomica recessiva.

L'esame citogenetico consente talvolta di prevedere prima della nascita una possibile condizione di sterilità o infertilità (nei casi di "sex reversal", o quando il cariotipo rientra nelle anomalie riportate nell'elenco che segue). Non raramente però le anomalie cromosomiche sono ricercate e riconosciute tardivamente dopo il matrimonio.

45,X (sindrome di Turner);
anomalia di uno dei cromosomi X: isocromosoma, delezioni, ecc;
47,XXY (sindrome di Klinefelter);
"sex reversal" (più di frequente con genotipo maschile);
Mosaicismo XX/XY;
Iperploidie del cromosoma X (ad eccezione del triplo X che non si accompagna a sterilità);
Cromosoma Y dicentrico o con altre aberrazioni strutturali;
Delezioni Yq (anche submicroscopiche);
Traslocazioni X;autosoma;
Traslocazioni robertsoniane, in particolare la t(13;14) nei maschi (non costante);
Traslocazione bilanciata di autosomi anche non acrocentrici (non frequente) (v. paragrafo 6.1).

In letteratura sono riportati diversi casi di donne con sindrome di Turner che hanno avuto gravidanze (più della metà però terminate in aborto, morte perinatale o malformazioni multiple). L'evento sarebbe possibile nel 2% dei casi in cui è conservato il tratto Xq13-q26 che contiene i geni che controllano la funzione ovarica (L. Tarani, 1998).

Il numero di coppie infertili, a seconda delle statistiche, varia dal 2% al 7%. I dati della WHO (World Health Organization) indicano inoltre che circa 10% dei maschi sono oligo- o azoospermici. Nella prima condizione le anomalie cromosomiche si trovano nel 6% dei soggetti, fino a raggiungere il 15% nelle azoospermie (A. C. Chandley, 1998).

L'*infertilità* e la sterilità di coppia solo in parte quindi dipendono da anomalie dei cromosomi (M. De Braekleer, 1990). Oltre alle cause ormonali, a quelle immunitarie e a quelle ostruttive (tube occluse per processi flogistici) vi sono anche molte malattie genetiche non cromosomiche (v. Tabella 8.2.2).

In uno studio condotto su più di 1000 maschi infertili (A. Yoshida, 1997) anomalie dei cromosomi del sesso furono trovate in 38 soggetti (3,8%), per la maggioranza erano sindromi di Klinefelter; seguiva l'aneuploidia 47,XYY e le anomalie strutturali del cromosoma Y; i riarrangiamenti tra autosomi furono trovati in 24 casi (2,4%), con significativa presenza di traslocazioni tra cromosomi acrocentrici. La t(13;14) è il più comune difetto cromosomico dei maschi oligospermici (J. Nielsen, 1991). Non è chiaro il perché di quest'associazione, certamente non casuale. Studi sperimentali fanno ritenere che la figura triradiale indotta dalla traslocazione allo stadio meiotico di pachitene (v. paragrafo 7.4) interagirebbe con il bivalente X/Y, con conseguente danno ai fattori della spermatogenesi (C. A. Everett, 1996). In uno studio condotto su più di 1300 soggetti, su 29 traslocazioni quasi la metà erano del tipo robertsoniano; in tre soggetti fu trovata una traslocazione X; autosoma (M. Orozco-Quiyono, 1994).

Il cromosoma Y contiene uno o più geni necessari alla *differenziazione testicolare* (TDF, conosciuto anche come SRY o sex determining region of the Y) (P. Bertha, 1990). Già nel 1976 era stato segnalato che 0.5% di maschi infertili presentano una delezione distale della regione eucromatica Yq, e fu proposta la presenza in quel tratto di fattori di controllo della spermatogenesi, il cui difetto può essere responsabile di alcune azoospermie (azoospermic factor, AZF) (L. Tiepolo, 1976). Questa supposizione trovava conferma in studi successivi, con il ritrovamento di microdelezioni su quel tratto. È stato dimostrato che il fattore AZF mappa su differenti subregioni e che può essere sede di delezioni (P. H. Vogt, 1996). Il numero di maschi (azoospermici con cariotipo normale) portatori di queste mutazioni non sembrerebbe però elevato (S. K. Girardi, 1997).

Non vanno infine trascurate talune aberrazioni cromosomiche in apparenza di scarsa o nessuna rilevanza clinica ma che possono associarsi a infertilità, come il cromosoma n.17 satellitato (D. Ioan, 1982) o il sito fragile fra(16q22) a trasmissione ereditaria autosomica dominante (OMIM 136580) e che può associarsi ad infertilità (F. Shabtai, 1980).

8.2.1 - Malattie genetiche che inducono sterilità o infertilità

da Genus: Clinical Database for over 5,000 Genetic Disorders

Malattia:	Eredità:	Sintesi semeiologica:	Bibliografia[OMIM]:
adrenal hyperplasia III	autosomal recessive	masculinization of the externa genitalia, female pseudohermaphroditism with ovaries and uterus and presence of a prostate, skin pigmentation around genitalia, salt loss, electrolyte disturbances.	201910
adrenal hyperplasia III late onset	autosomal recessive	late childhood/puberty, virilization/somatic advance due to excessive secretion of adrenal androgens.	201910
androgen insensitivity minimal	X-linked recessive	small penis without hypospadias, minimal scrotal bifidity, delayed puberty, gynecomastia, 46,XY karyotype with normal testosterone.	B.D.Encyclopedia 2954,p.116
ataxia-hypogonadotropic hypogonadism syndrome	autosomal recessive genetic heterogeneity undefinable	eunuchoid features, hypogonadism, cerebellar ataxia.	212840
ataxia-telangiectasia	autosomal recessive	cerebellar ataxia, telangiectases, sinopulmonary infections, oculomotor apraxia, immunodeficiency, glucose intolerance, chromosomal anomalies.	208900 Prenat.Diagn. 19,542-545,1999 Smith's Recognizable Patterns of Human Malformation. 5th Edition,p.196
blepharophimosis-ovarian failure	sex influence autosomal dominant sex-limited supposed contiguous genes supposed genetic heterogeneity	blepharophimosis, epicanthus inversus, ptosis, premature ovarian failure. Female-limited disease.	110100
blepharophimosis-ptosis-epicanthus inversus 1	autosomal dominant supposed contiguous genes	lid anomalies, blepharophimosis, ptosis, epicanthus inversus, distopia canthorum, other ocular defects, mild mental retardation, cardiac defects, hypotonia.	110100 Smith's Recognizable Patterns of Human Malformation. 5th Edition,p.232
Bloom syndrome	autosomal recessive	low birth weight, dwarfism, cutaneous rash due to sensitivity to sunlight, hypo/hyperpigmentation spots, severe immunodeficiency, thin face with large nose, chomosome defects, propensity for leukemia.	210900 Smith's Recognizable Patterns of Human Malformation. 5th Edition,p.104
cystic fibrosis	autosomal recessive	malabsorption, failure to thrive, recurrent respiratory infections, nasal polyps, infertility, cirrhosis, pancreatic insufficiency, chronic pulmonary disease, meconium ileus at birth, high levels of the sweet electrolytes sodium/chloride.	219700
deafmutism semilethal	supposed autosomal recessive	congenital deafness, mental retadation, hypogonadism, probable gene semilethal effect on the births.	221000
deferens vas aplasia	supposed autosomal recessive	azoospemia/severe oligozoospermia, due to vasa deferentia aplasia.	277180
diphallia	sporadic	partial/complete penis duplication, associated anomalies involving pelvis structures, occasionally renal failure and reproductive insufficiency.	B.D.Encyclopedia 2910, p.540

Froyshov Larsen-Hansen-Berg syndrome	supposed autosomal recessive	total colorblindness, progressive cone dystrophy, optic atrophy, degenerative liver disease, hypothyroidism, diabetes, elevated levels of the creatine phosphokinase.	268040
gonadotropin deficiency	supposed X-linked recessive	hypogonadism hypogonadotropic.	306190
heritable fragile site 16q22	autosomal dominant	heritable fragile site on chromosome 16. May predispose to cancer.	136580
hirsutism-amenorrhea-polycystic ovarium	autosomal recessive	progressive hirsutism, secondary amenorrhea, polycystic ovarium with ovarian 17-ketosteroid reductase deficiency.	264300
Hunter-Feldman-Miller	autosomal dominant	square forehead, small nose, telecanthus, thin upper lip, marked brachytelephalangy, hypopigmented spots, hypogonadotropic hypogonadism with anosmia.	113480
hypospadias perineoscrotal pseudovaginal syndrome	autosomal recessive	46,XY male, external genitalia esembling feminine in characters, perineal hypospadias with separate urethral and vaginal openings within urogenital sinus. Male-limited disease.	264600
immotile cilia syndrome Polynesian type	autosomal recessive	respiratory infections, bronchiectasis due to defects in the motor mechanism of cilia.	242650
immotile cilia syndrome Sturgess type	autosomal recessive	chronic respiratory disease due to immotile cilia with defective radial spokes.	242670
infertile male due to defective meiosis	autosomal dominant sex-limited supposed X-linked recessive	male infertility due to spermatogenic arrest. X-limited recessive, also autosomal dominant male-limited, autosomal recessive male-limited.	309120
infertile male syndrome	X-linked recessive	46,XY male, cryptorchisidm without genital ambiguity, azoospermia, infertility due to androgen resistance.	308370 415000
infertility oligosynaptic	autosomal recessive	male infertility due to defect in synapsis during meiosis.	258150
infertility-multitailed spermatozoa	supposed autosomal recessive	infertility due to abnormal spermatozoa showing irregularly shaped heads and 4 tails.	243060
Kallmann syndrome 1	X-linked recessive	hypogonadotropic hypogonadism, anosmia, cryptorchidism; occasionally arhinencephaly, other clinical data.	601707
Kallmann syndrome 2	autosomal dominant	hypogonadotropic hypogonadism, deafness, anosmia, vesicoureteral reflux, congenital heart defect.	147950
Kallmann syndrome 3	autosomal recessive genetic heterogeneity	hypogonadotropic hypogonadism, anosmia, cleft lip/palate, midline skull defect, renal agenesis.	244200
Kallmann syndrome-spastic paraplegia	supposed X-linked recessive	anosmia, infertility, other clinical findings of Kallmann syndrome with spastic paraplegia.	308750
Kartagener syndrome	autosomal recessive	partial/complete situs inversus, bronchiectasis, otitis, anosmia, thick nasal secretions, parasinusitis, sterility due to immotile spermatozoa, conductive hearing loss, cilia abnormalities.	244400 Smith's Recognizable Patterns of Human Malformation. 5th Edition, p.604

Klinefelter syndrome	chromosomic	Tendency from childhood toward long limb/tall stature, small penis, and testes, occasionally gynecomastia. Infertility, azoospermia, osteoporosis. Behavior problems, such as insecurity, shyness, decreased ability to spell: intention tremor.	Wiedemann HR, Kunze J Clinical Syndromes, 3rd ed.,p.634. Smith's Recognizable Patterns of Human Malformation. 5th Edition,p.72
Kraus-Ruppert syndrome		hypogonadism, infertility, microcephaly, mental retardation, syndactyly.	241000
Lubani syndrome	autosomal recessive	clinical signs of cystic fibrosis, mental retardation, megaloblastic anemia, helicobacter pylori gastritis, mild dysmorphic face.	219721
Lubinsky syndrome	supposed autosomal recessive	cataract in adolescence, testicular failure with high FSH.	240950
male-determining factor defect autosomal recessive	autosomal recessive	sex reversal male 46,XX, resembling Klinefelter syndrome. 46,XY karyotype or Y-X translocation or Y-autosome translocation.	
mental retardation-male hypogonadism-skeletal anomalies syndrome	X-linked recessive	moderate short stature, mental retardation, infertility, hypogonadism, cervical ribs/cervical vertebral anomalies.	307500
muscular dystrophy Bassoe	supposed autosomal recessive	congenital muscular dystrophy, infantile cataract, gonadal dysgenesis.	254000
muscular dystrophy Duchenne type	genetic heterogeneity X-linked recessive	3-5 years of age onset; pelvic weakness/atrophy, difficulty in squatting/climbing, stairs waddling gait, hyperlordosis, calves pseudohypertrophy, cardiomyopathy, high serum creatine kinase levels. Dystrophin gene defect.	310200 600119
myopathy dystrophin defect	X-linked recessive	myopathy non progressive, cramps, myalgia.	310200
Noonan syndrome	autosomal dominant	short stature, dysmorphism, hypertelorism, webbed neck, pectus deformity, clynodactyly, other skeletal defects, pulmonary stenosis, mild mental retardation, skin pigmentation, hypogenitalism.	163950 Prenat.Diagn. 19,642-647,1999 Smith's Recognizable Patterns of Human Malformation. 5th Edition,p.122
osteomesopycnosis	supposed autosomal dominant	chronic lower back pain, due to axial spine/pelvis and proximal long bones osteosclerosis, dorsal kyphosis.	166450
ovarian failure premature 1	supposed genetic heterogeneity supposed X-linked dominant	premature ovarian failure.	311360
progesterone resistance	autosomal recessive	female infertility due to end-organ resistance to progesterone inducing a costantly proliferative endometrium incompatible with blastocyst implantation.	264080
prolactin deficiency isolated	supposed autosomal recessive	healthy females unable to nurse following parturition.	264110
pseudohermaphroditism male 17,20-desmolase deficiency	supposed X-linked recessive	females with normal genitalia, infertility, failure of pubertal development; males 46,XY with ambiguous genitalia/sex reversal, rudimentary uterus/falloppian tubes; no adrenogenital syndrome.	309150

pseudohermaphroditism male LH molecule defect	autosomal dominant	ambiguous external genitalia resembling a female type with 46,XY karyotype, due to secretion of an abnormal LH molecule.	152780
pseudohermaphroditism male-gynecomastia	autosomal recessive	males 46,XY, with ambiguous genitalia/sex reversal at birth, and normal masculinization at puberty, cryptorchidism, carcinoma tendency in cryptorchid testes.	264300
Reifenstein syndrome	autosomal recessive genetic heterogeneity sex-limited, sex influence X-linked recessive	infertile 46,XY male, hypospadias, hypogonadism, gynecomastia, testicular histologic features resembling Klinefelter syndrome. May be the same of Lubs, Gilbert-Dreyfus, Rosewater syndromes, reported as pseudohermaphroditism male incomplete type I, or allelic forms of the same disorder. X-linked recessive, also autosomal dominant male-limited, autosomal recessive male-limited.	312300 312100
renotubular acidosis with hypomagnesemia	autosomal recessive	neonatal onset; tetany, convulsions, diarrhea, hypocalcemia, vitamin D resistant symptoms.	248250
retinitis pigmentosa-3	X-linked recessive	decreased dim light vision, and constricted visual fields, with typical retinal changes; choroidoretinal degeneration with retinal reflex in heterozygous women. Eye isolated anomaly.	312610
rickets vitamin D-resistant II	X-linked dominant	rachitic deformity, short stature, osteomalacia, high alkaline phosphatase levels, hypophosphatemia, deafness.	307810
Sertoll cell only defect	genetic heterogeneity, germinal mosaicism sex-limited, sex influence supposed X-linked recessive supposed Y-limited	Infertile 46,XY male, with seminiferous tubules lacking in spermatogonia, normal secondary sexual development uncommon transitory pubertal gynecomastia. Yq deletion. Male-limited disease.	305700 400003
sinusitis-infertility syndrome	supposed autosomal recessive	bronchitis, bronchiectasis, azoospermia, infertility, obstruction of the epididymis due to inspissated secretion.	279000
Slotnick-Goldfarb syndrome	multifactorial	phenotypically normal females, secondary amenorrhea, primary/secondary infertility, unilateral streak ovary with controlateral hypoplastic ovary, usually 46,XX karyotype.	Obstet.Gynecol. 39,269,1972
Sohval-Soffer syndrome	autosomal recessive	hyperglycemia, cervical spine/superior ribs anomalies, mental retardation, germinal aplasia or complete fibrosis.	307500
spermatogenesis arrest	autosomal recessive	46,XY male with infertility due to meiotic arrest at first spermatocyte level.	270960
spermatozoa round-headed	supposed autosomal dominant	male infertility due to abnormalities in the caplike compartment of the sperm head (acrosome).	102530

spinal muscular atrophy Kennedy type	X-linked recessive	juvenile onset; facial, bulbar, spinal, late-onset; proximal muscle atrophy with fasiculations, cramps, tremor; sexual dysfunction, impotence, decreased fertility, gynecomastia.	313200
Steinert disease	autosomal dominant genomic imprinting	weakness, facial/oropharyngeal/distal muscles, expressionless facies, myotonia, cataract, ptosis, other ocular defects, testicular atrophy, mild mental retardation. Potentially maternal imprinting. Linkege to FUT2 gene.	160900 Smith's Recognizable Patterns of Human Malformation. 5th Edition, p.216
steroid 17-20 desmolase deficiency	supposed autosomal recessive	ambiguous genitalia in 46,XY male, without adrenogenital syndrome; low excretion of all androgens, and normal glucocorticoids/mineralocorticoids secretion; infertility/delayed puberal development in female, because of estrogen deficiency.	309150
Teebi-Al Awadi syndrome	autosomal recessive	hypergonadotropic hypogonadism, lack of secondary sexual characteristics, rudimentary uterus, with gonadal dysgenesis, male infertility resembling Sertoli-cell-only syndrome, bitemporal alopecia.	241090
torticollis Goeminne type	X-linked dominant	torticollis, facial asymmetry, plagiocephaly, periocular pigmentation, keloids/nevi, pyelonephritis, duodenal ulcer, infertility, cryptorchidism.	314300
Turner syndrome	chromosomic	short stature, congenital lymphsedema of the dorsal hands-feet surfaces, short neck, 4th and 5th metacarpals shortness, cardiac defects, high archepalate, widely spaced nipples, sterility, ovarian failure, other clinical data. Complete or partial monosomy for X-p. Critical region in Xp11.2-p22.1. Possibly f pregnancy and spontaneous menstruations depend on specific karyotype. High maternal levels of inhibin A in Turner with hydrops.	Prenat.Diagn. 20,680-682,2000 Am.J.Hum.Genet. 63,1757-1766,1998
uterus bicornis	multifactorial	two hemiuteri, each of them having a single fallopian tube, due to superior uterine septum or broadening depression; 46,XX karyotype. Associated with adverse obstetric outcomes, occasionally elevated serum AFP during pregnancy. Occasionally kidney agenesis.	192050
Werner syndrome	autosomal recessive	premature aging, short stature, alopecia, diabetes, cataract, other ocular defects, hypotonia, myocardial infarction.	277700 Smith's Recognizable Patterns of Human Malformation. 5th Edition, p.142

8.3 Esempi di aberrazioni cromosomiche in cellule di tessuti abortivi

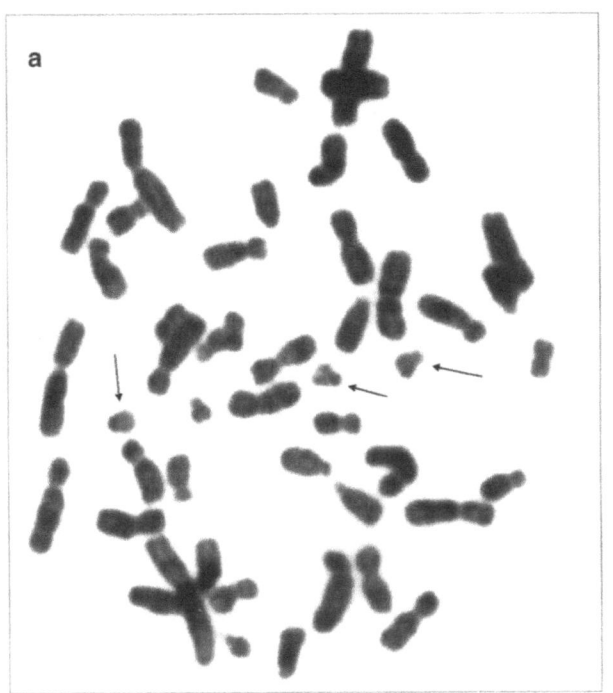
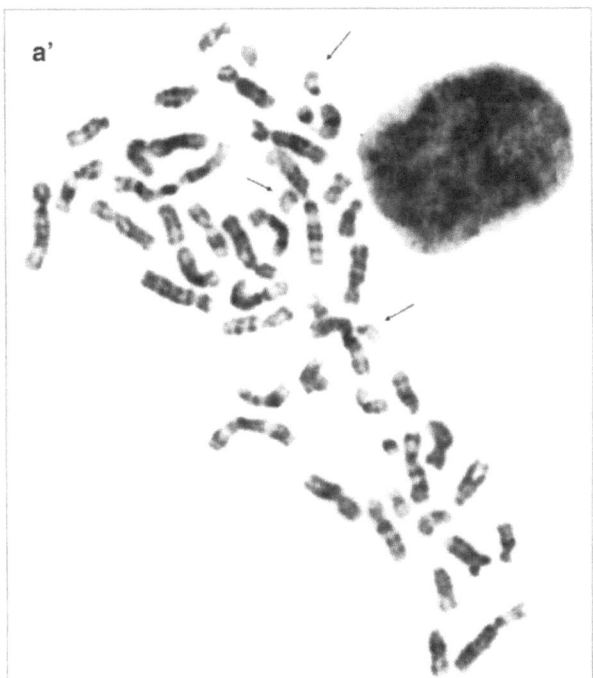

Fig. 8.3a e 8.3.a'. Due piastre metafisiche con cariotipo 47,XX,+22

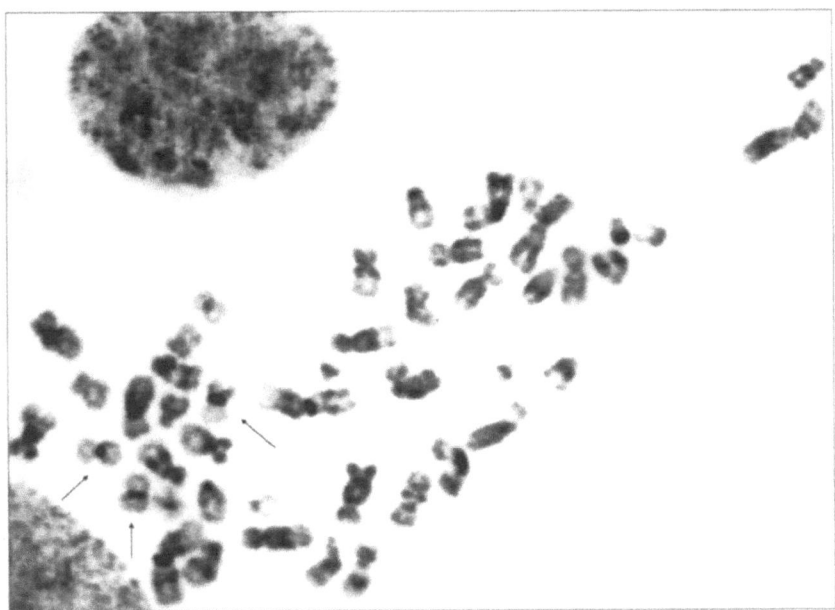

Fig. 8.3b. Cariotipo 47,XY,+16

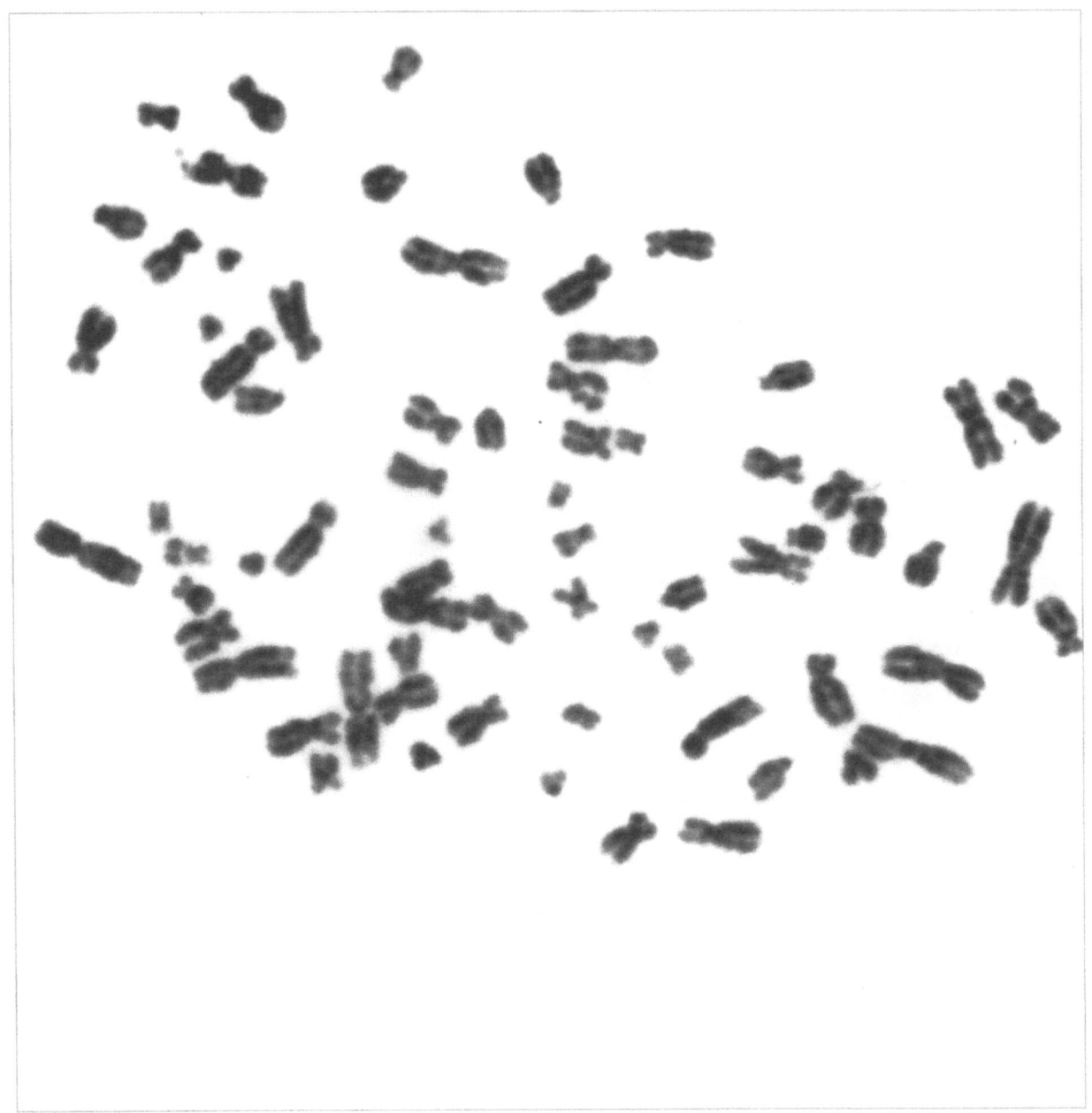

Fig. 8.3c. Cariotipo 69,XXY

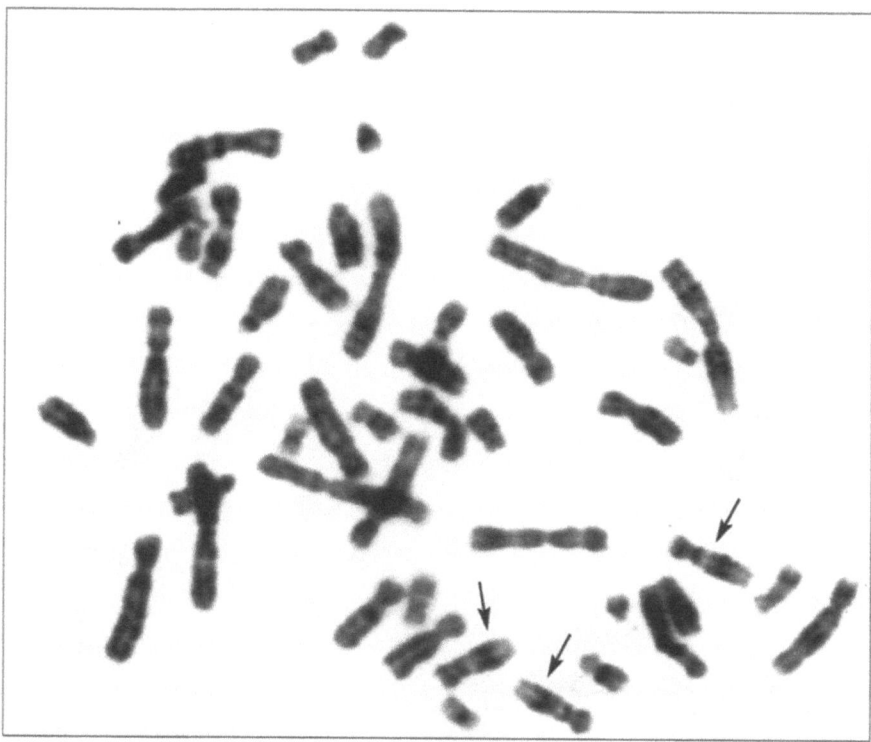

Fig. 8.3d. Cariotipo 47,XX,+12

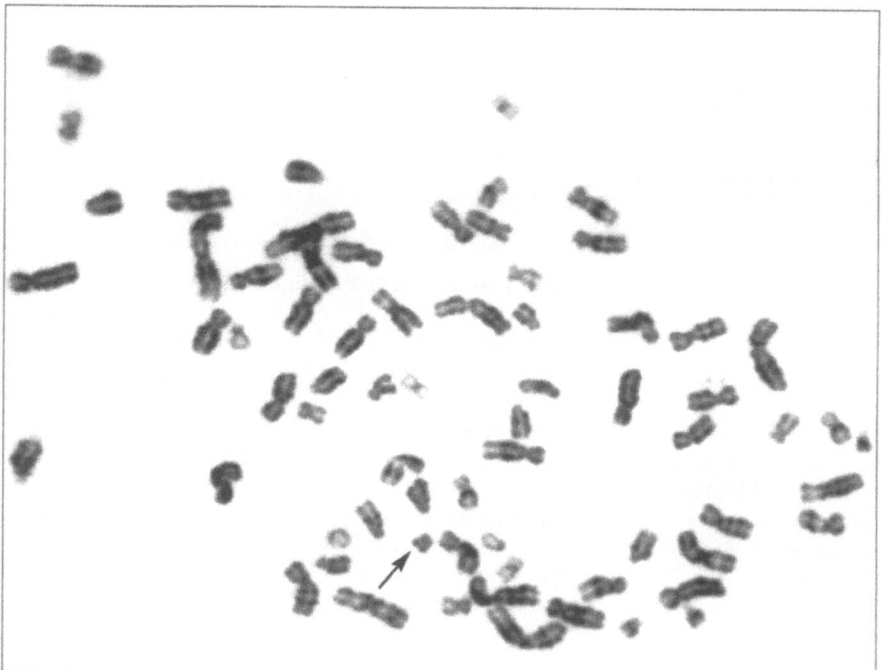

Fig. 8.3e. Cariotipo 69,XXX,-17,+mar

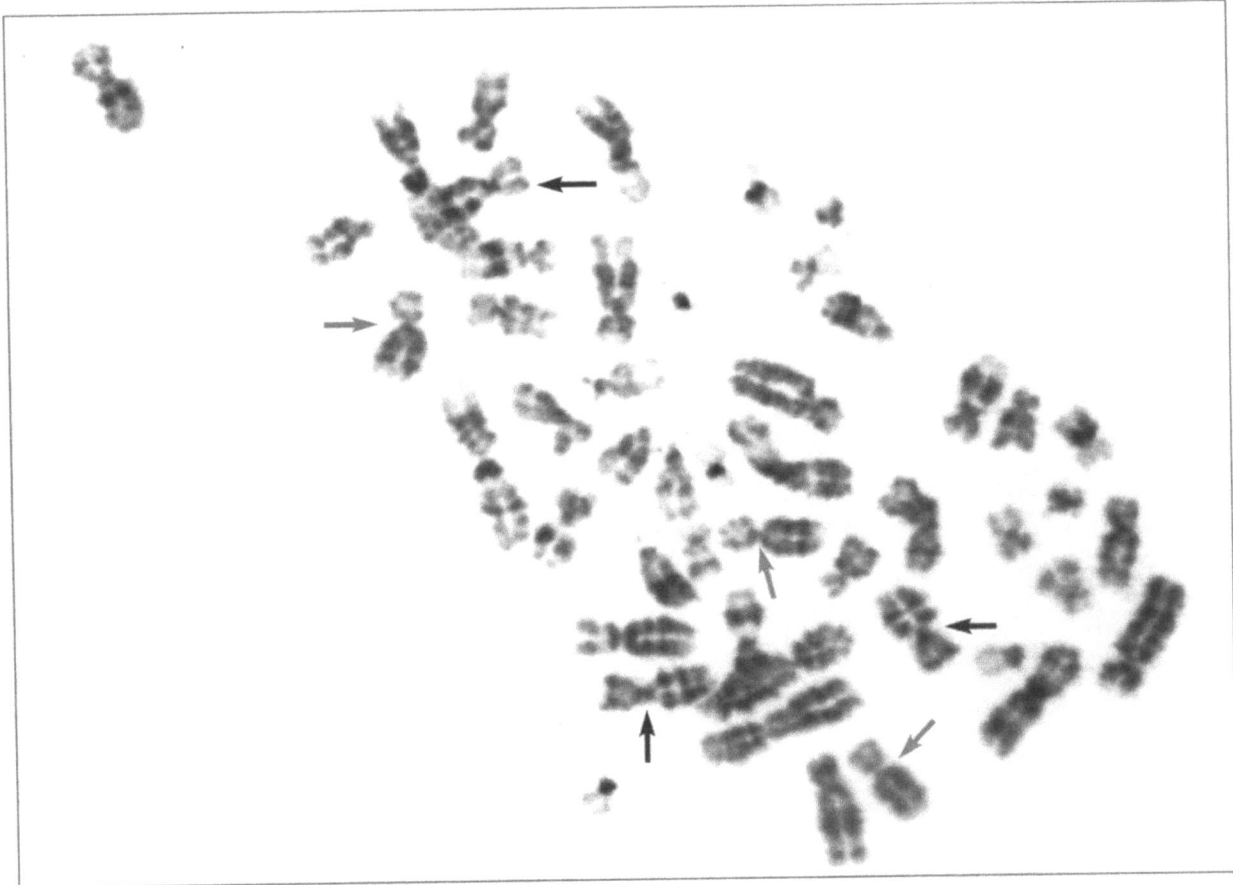

Fig. 8.3f. Cariotipo 48,XX,+7,+8. I cromosomi n. 7 sono indicati dalle frecce nere, i cromosomi n. 8 dalle frecce grige

8.4 Bibliografia

Buretic-Tomljanovic A et al (1997) Am J Reprod Immunol 38(3):201
Bertha P et al (1990) Nature 348:448
Chandley AC (1998) Hum Reprod 13(3):76
Daniely M et al (1998) Hum Reprod 13(4):805
Davis JR et al (1985) Clin Genet 27:1
De Brakleer M, Dao TN (1990) Human Reproduction 5:519
Erel CT et al (1996) Acta Obstet Gynecol Scand 75(10):881
Everett CA et al (1996) Genet Res Camb 67:239
Ford JH et al (1996) Aust N Z J Obstet Gynaecol 36(3):314
Girardi SK et al (1997) Hum Reprod 12:1641
Hasegawa I et al (1996) Fertil Steril 65(1):52
Ioan D et al (1982) Endocrinologie 20(3):199
Mutter GL (1997) Mutat Res 396(1-2):141
Nielsen J, Wohlert M (1991) Hum Genet 87:81
Orozco Quiyono M et al (1994) Ginecol Obstet Mex 62:23
Schlegelberger B et al (1989) Am J Med Genet 32:45
Shaffer LG et al (1998) Am J Med Genet 79(5):366
Shabtai F et al (1980) Hum Genet 55:19
Tsui KM et al (1996) Chin Me J 109(8):635
Tomie JL et al (1988) Hum Genet 80:197
Tarani L et al (1998) Gynecol Endocrinol 12(2):83
Tiepolo L, Zuffardi O (1976) Hum Genet 34:119
Ventruto V, Diluccio A (in prep) Genus: A Clinical Database for over 5000 Genetic Disorders
Vogt PH et al (1996) Hum Mol Genet 5:933
Yoshida A et al (1997) Urol Int 58(3):166

CAPITOLO 9

Casi complessi e singolari

Abbiamo ritenuto utile riportare in questo capitolo alcuni esempi di patologie cromosomiche che ci sono sembrate particolarmente interessanti per complessità o per singolarità e che sono state oggetto di segnalazione in letteratura.
Ciascun caso è accompagnato da schemi che ilustrano l'evento o la serie di eventi causali.

9.1 Mosaico: cromosoma ad anello/iso-pseudodicentrico

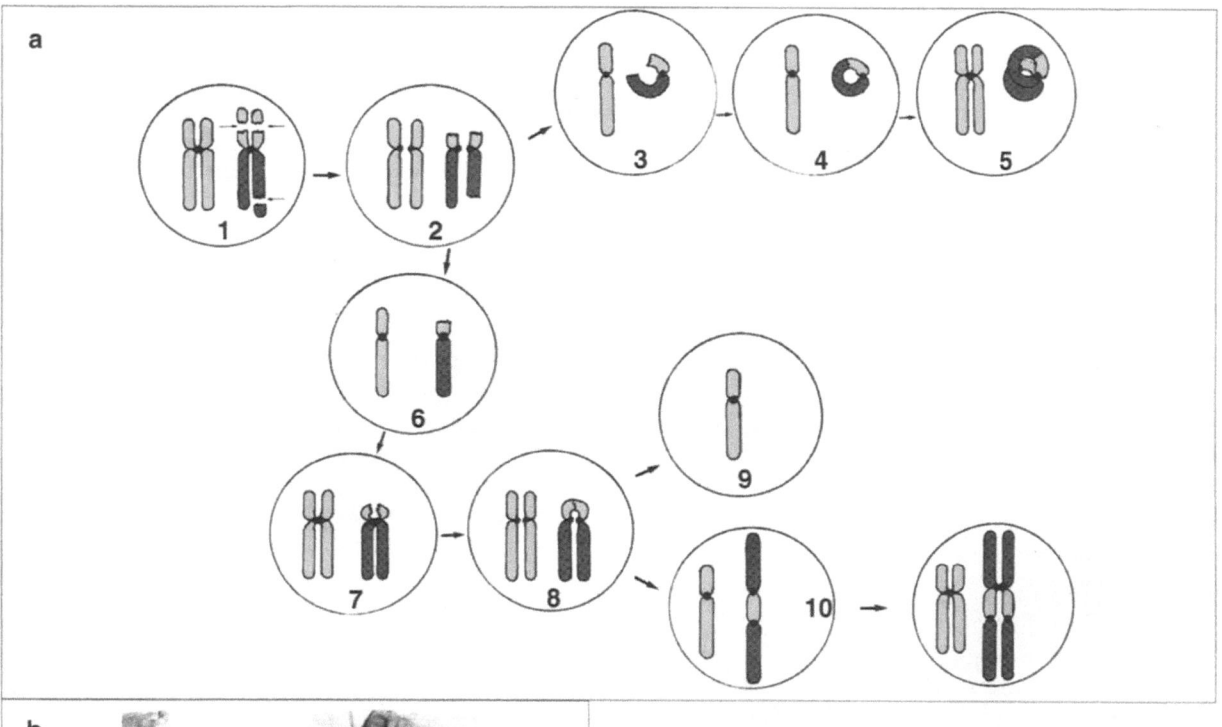

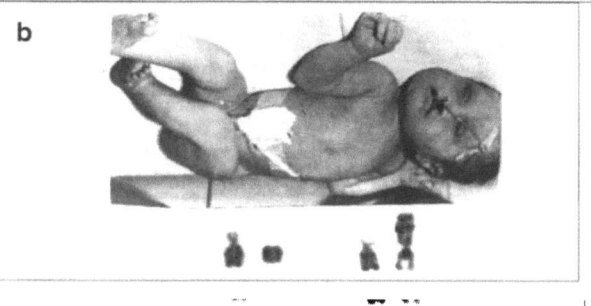

Fig. 9.1. a) 1. Frattura p-isocromatidica e q-cromatidica di un cromosoma. 2. separazione in anafase dei due cromatidi e perdita dei frammenti. 3-5: fusione termino-terminale del cromatide deleto ai due estremi: origine di un anello (I° linea cellulare). 6-10: nel cromosoma con unica p-delezione avviene fusione delle estremità rotte, con origine di un isocromosoma pseudodicentrico (II° linea cellulare). Cariotipo: 46,XX,r(18)/46,XX,dic(18) 46,XX,r(18)(p11→q23)/46,XX,dic(18)(qter→cen→p11::p11→cen→qter) (sistema dettagliato).
b) Fenotipo della neonata e cariotipo parziale (da: Madan K, 1981)

9.2 Traslocazione a salto (jumping translocation)

È un raro e complesso riarrangiamento che richiede contemporaneamente più di un evento mutazionale e che conduce a tre o anche più differenti linee cellulari. È stato ipotizzato che nel meccanismo di origine, tutt'ora sconosciuto, potrebbero essere coinvolte le sequenze telomeriche (J. R. Vermeesch, 1997).

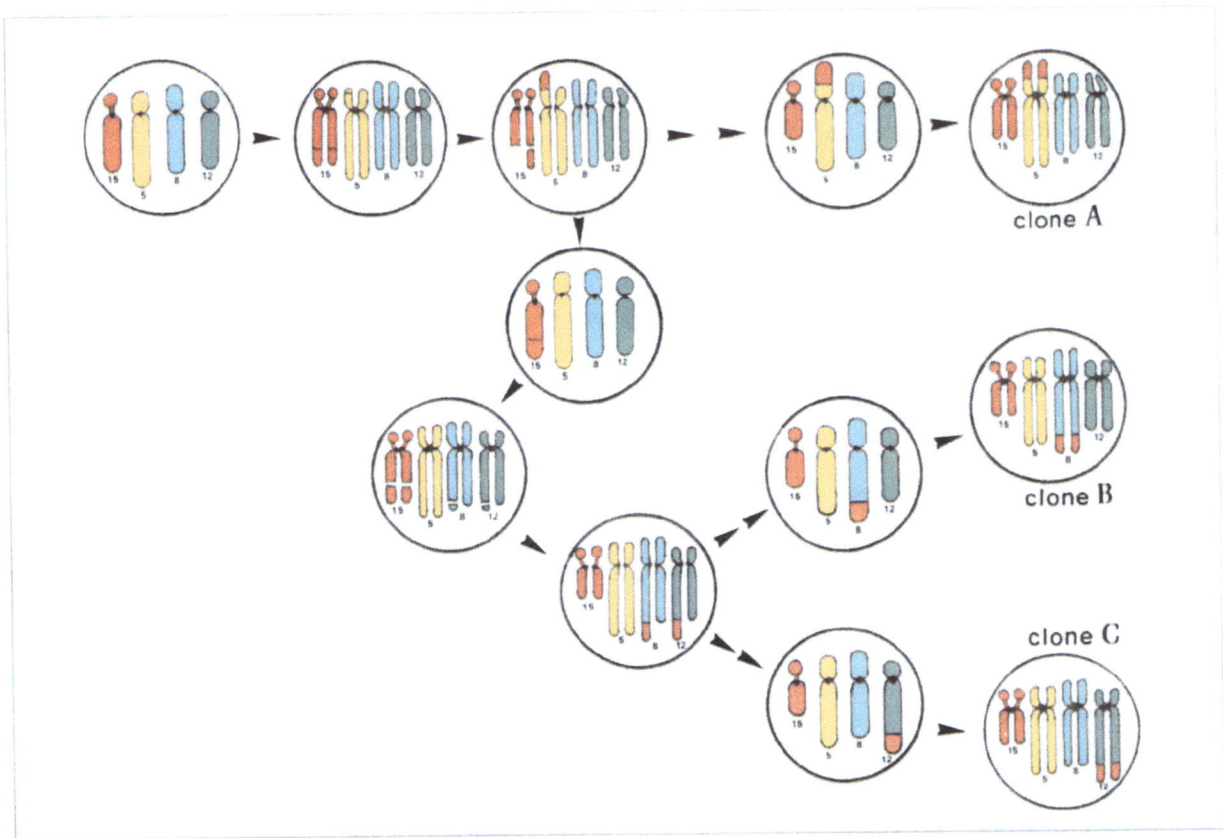

Fig. 9.2. Cariotipo: 46,XY,t(5;15)(pter;q12),t(8;15)(qter;q12),t(12;15)(qter;q12). Nell'esempio tre cloni presentano rispettivamente le seguenti traslocazioni bilanciate: 15;5 (**clone A**); 15;8 (**clone B**); 15;12 (**clone C**). Il probando, nato da genitori con cariotipo normale, aveva la sindrome di Prader-Willi. La sequenza degli eventi può essere così proposta (i cromosomi coinvolti sono n. 5, 8, 12 e 15): 1) rottura isocromatidica di un cromosoma n. 15 e cromatidica di un cromosoma n. 5; 2) un frammento cromatidico del cromosoma n. 15 trasloca su un cromatidio del cromosoma n. 5. Origina una prima linea cellulare con traslocazione bilanciata 5;15 (clone A); 3) il secondo cromatidio del cromosoma n. 15 conserva il frammento, lo duplica e ne trasferisce i componenti rispettivamente su un cromatidio di un cromosoma n. 8 e su uno del cromosoma n. 12. Originano in tal modo altri due cloni: clone B: linea cellulare con traslocazione bilanciata 8;15; clone C: linea cellulare con traslocazione bilanciata 12;15. (da: Lejeune J, Ann Génét 22, 210, 1979)

9.3 Mosaicismo: isocromosoma 21/ring 21

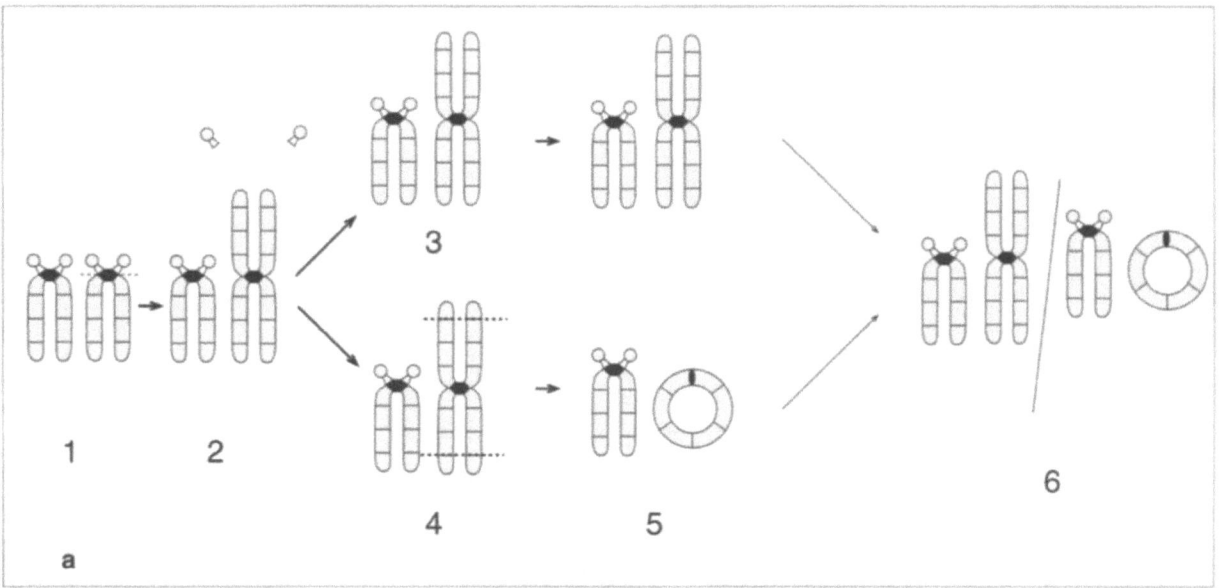

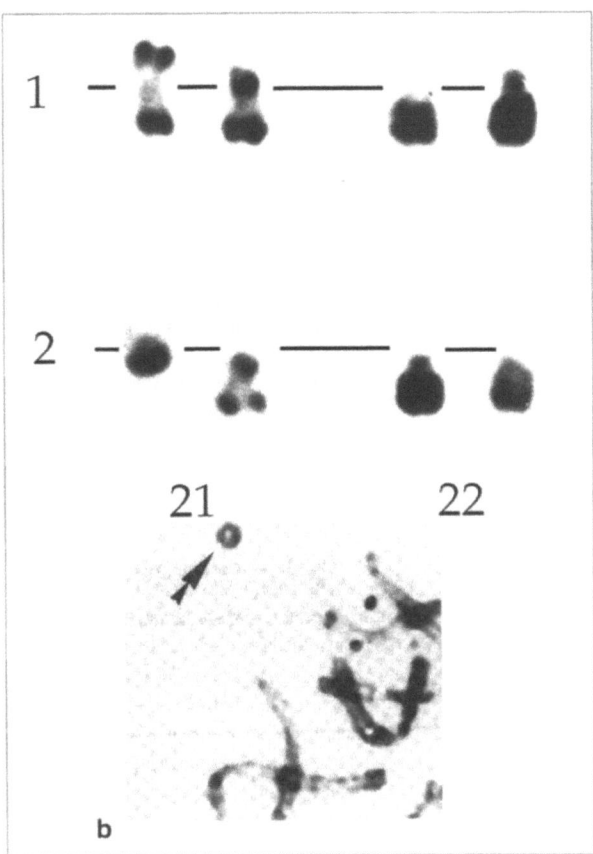

Fig. 9.3 a,b. La presenza contemporanea di due cloni cellulari, uno con un isocromosoma 21 e l'altro con un cromosoma n.21 ad anello, richiede due eventi mutazionali (**a**). La serie di eventi mutazionali occorsi può così essere riassunta: 1. divisione centromerica trasversale di un cromosoma n.21 (primo evento mutazionale); 2. formazione di un isocromosoma 21 (i frammenti si perdono); 3. clone di cellule con isocromosoma 21; 4. in una cellula con isocromosoma 21 si verifica frattura dei telomeri (secondo evento mutazionale); 5. riarrangiamento delle estremità, con formazione di un anello. Risultato: due cloni cellulari, uno con isocromosoma 21 e l'altro con cromosoma n.21 ad anello. Cariotipo: 46,XY,i(21q21q)/r(21) 46,XY,i(21)(qter→cen→qter)/r(21)(p12→q22) (sistema dettagliato). **b**: cariotipo parziale. 1) coppia dei cromosomi n.21 con l'isocromosoma. 2) coppia dei cromosomi n.21 con il ring 21. In basso parziale metafase con il cromosoma ring (freccia) (da: Dallapiccola B, Ann. Génét 25:26, 1982)

9.4 Mosaicismo: traslocazione 15/21 e isocromosoma 21

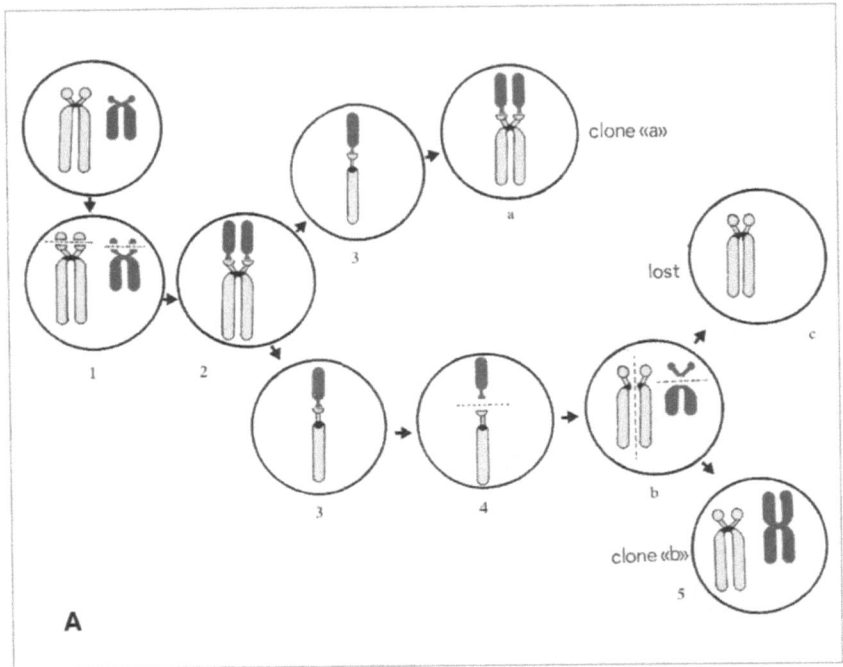

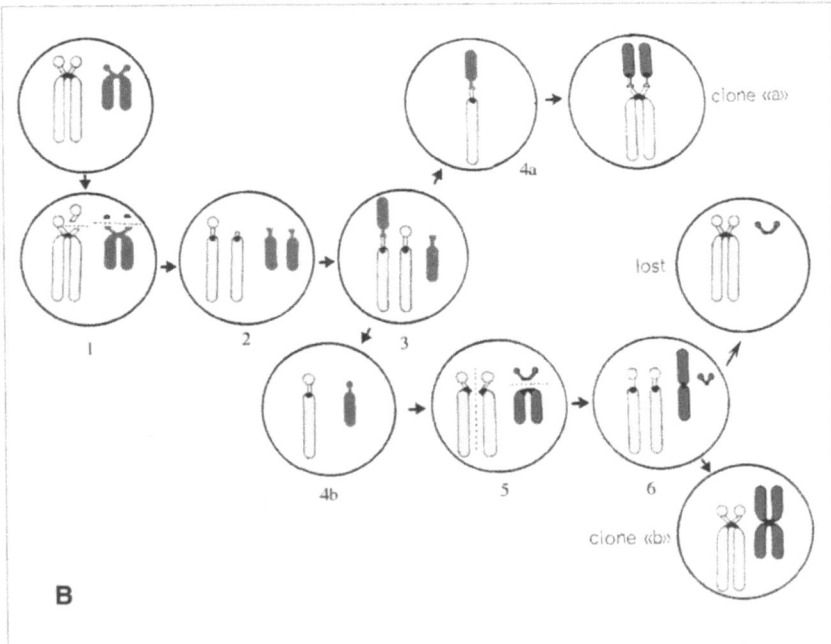

Fig. 9.4A,B. Cariotipo: 45,XY,t(15;21)/46,XY,i(21) 45,XY,t(15;21)(15qter→15p13::21p11→21qte)/ 46,XY,i(21)(qter→cen→qter) (sistema dettagliato). Sono proposte due ipotesi interpretative: **Ipotesi 1(A)**: 1. frattura isocromatidica di un cromosoma n.15 e di un cromosoma n.21 (I° evento mutazionale); 2. riarrangiamento cromosomico che dà origine ad una traslocazione robertsoniana 15;21; 3. formazione di un clone (a) con traslocazione 15;21; 4. frattura centromerica, di un cromosoma riarrangiato (II° evento mutazionale) e separazione centromerica in senso longitudinale del cromosoma n.15 ed orizzontale del cromosoma n.21 (b); 5. formazione di un isocromosoma 21; origina un clone con questo cromosoma anomalo, mentre la cellula nullisomica (c) va perduta.
Ipotesi 2(B): 1. frattura cromatidica di un cromosoma n.15 e isocromatidica di un cromosoma n. 21 (I° evento mutazionale); 2. la cellula ha: un cromatidio 15 normale e uno deleto per il braccio corto; entrambi i cromatidi del cromosoma n.21 sono deleti; 3. riarrangiamento cromatidico 15;21 che dà origine ad una traslocazione robertsoniana 15;21; 4. segregazione nelle due cellule figlie: una con la traslocazione robertsoniana (4a) ed una con un cromosoma n.15 normale e un cromosoma n.21 deleto per i satelliti (4b); 5. separazione centromerica in senso longitudinale del cromosoma n.15 ed orizzontale del cromosoma n.21; 6. formazione di un isocromosoma 21, con origine di un clone con questo cromosoma anomalo. La cellula nullisomica (c) va perduta. (da: Vianna-Morgante AM, 1978)

9.5 Riarrangiamento complesso tra i cromosomi n. 4 e 13

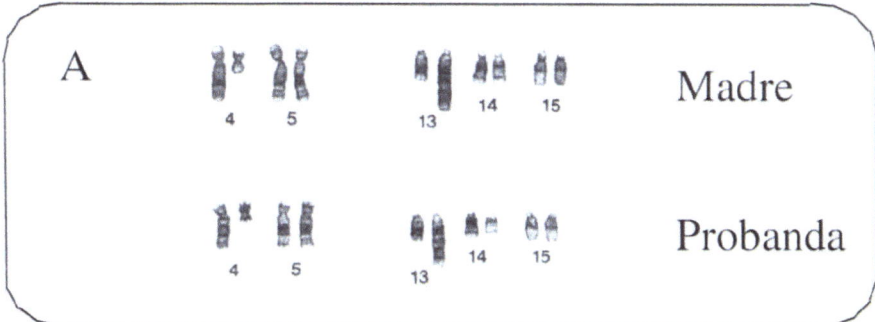

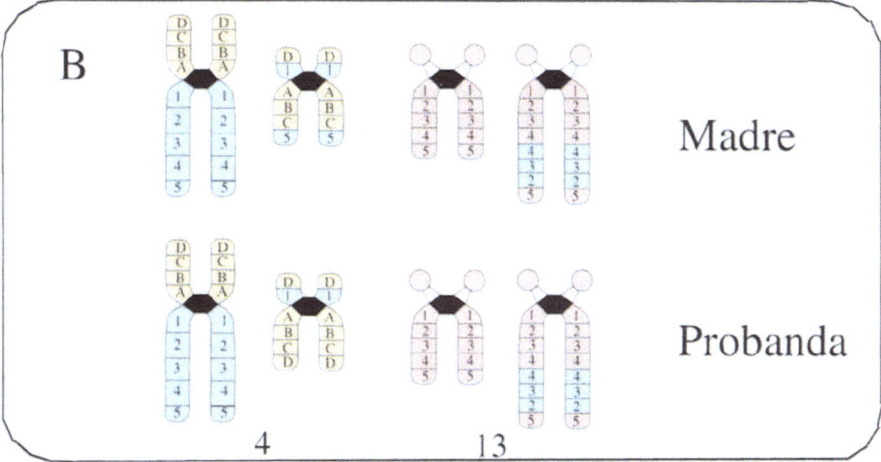

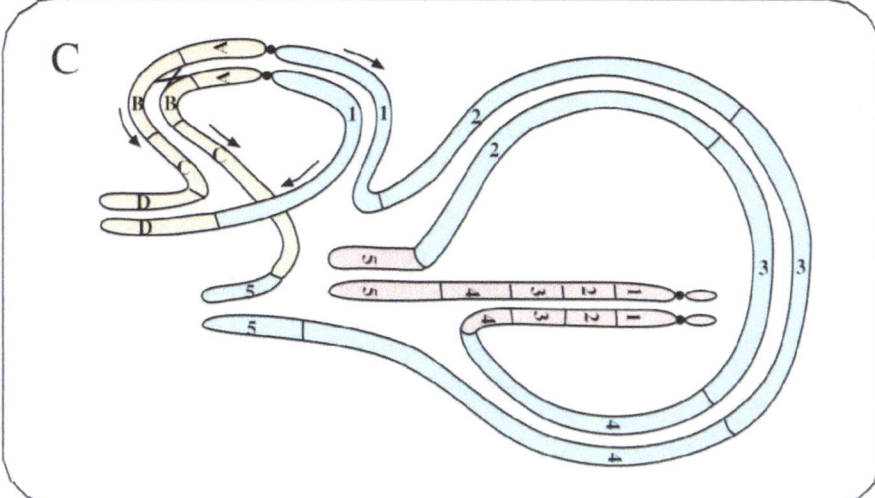

Fig. 9.5A-C. Cariotipo della madre: 46,XX,inv ins (13;4)inv(4) (q32;q35q13)(p15q13),9qh+. 46,XX, inv ins (13;4)inv(4)(13pter→13q32::4q35→4q13::13q32→13qter;4pter→4p15::4q13→4p15::4q35→4qter), 9qh+ (sistema dettagliato). Cariotipo della probanda: 46,XX,-4,-13,+rec(4), dup p, inv(4) (p15q35)+der(13),inv ins(13;4)(q32;q35q13) mat. 46,XX,-4,-13,+rec(4)dup p,inv(4) (4pter→4q13::4p15→4pter),+der(13)inv ins(13;4)(13pter→13q32::4q35→4q13::13q32→13qter)mat (sistema dettagliato)

A: cariotipo parziale; **B**: ideogramma parziale dei cromosomi 4 e 13 coinvolti nel riarrangiamento; **C**: figura a doppia ansa nell'appaiamento meiotico dei due cromosomi, con crossing-over in una delle due anse (indicato nello schema a sinistra) (da: Andersen C, Cytogenet Cell Genet 30:3, 1981)

9.6 Cromosoma ring 21 materno e feto con trisomia 21 da duplicazione tandem

Feto trisomico per duplicazione tandem di un cromosoma n.21 (v. Fig. 9.6.1). La madre ha un cromosoma 21 ad anello in tutte le cellule del sangue periferico (Figura 9.6.2).
Cariotipo fetale:
46,XY,tan dup(21)(pter qter).
46,XY,tan dup(21)pter→qter::pter→qter) (sistema dettagliato).
Cariotipo materno:
46,XX,r(21)(pter qter).
46,XX,r(21)(::pter→qter::) (sistema dettagliato).
L'anomalia faceva prospettare due possibilità:
- crossing-over meiotico (Fig. 9.6.3)
- crossing-over mitotico (Fig. 9.6.4).

L'ipotesi di crossing-over meiotico sembrava la più verosimile, in quanto richiede un solo evento mutazionale.

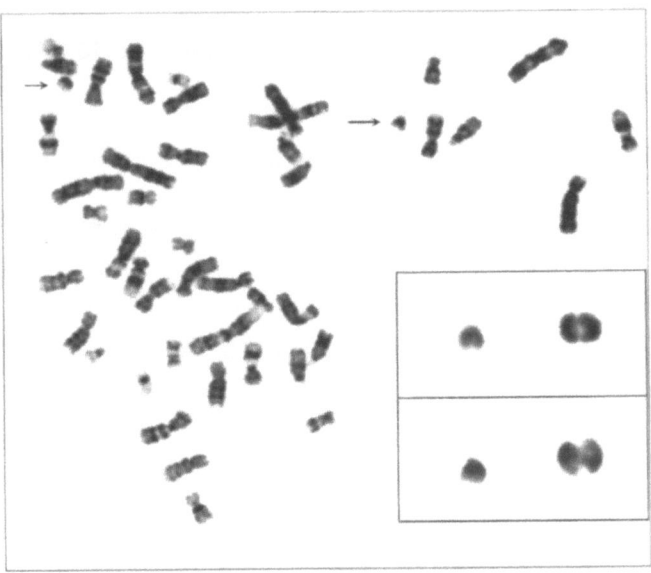

Fig. 9.6.2. Metafase della madre: le facce indicano il cromosoma 21 normale ed il cromosoma 21 ad anello. Nei riquadri cariotipi parziali che mostrano il cromosoma 21 normale (a sinistra) e quello ad anello, che appare concatenato (in alto) e duplicato (in basso)

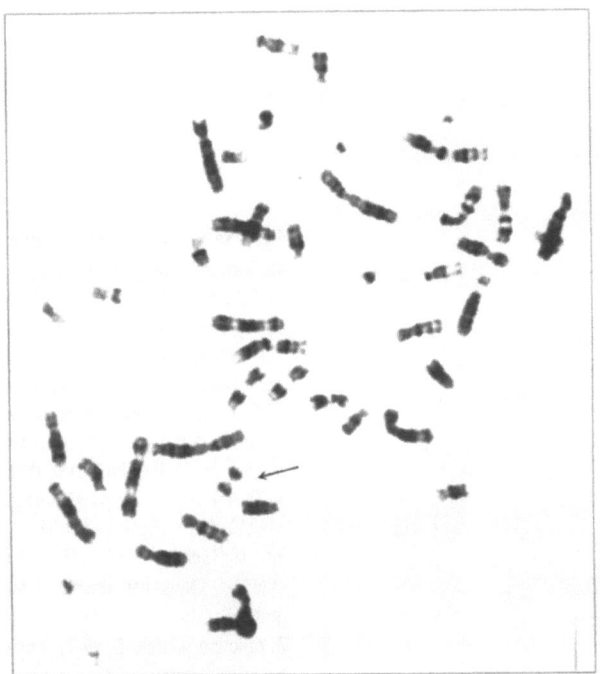

Fig. 9.6.1. Crossing-over meiotico tra il cromosoma n. 21 normale e l'omologo ad anello con il risultato di un unico, doppio cromosoma

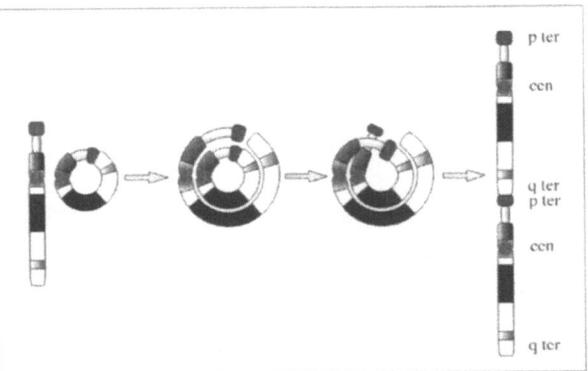

Fig. 9.6.3. Crossing-over meiotico tra il cromosoma n. 21 normale e l'omologo ad anello con il risultato di un unico cromosoma con duplicazione tandem

La conferma poteva venire dall'analisi dei polimorfismi. Questa è risultata informativa per gli STR riconosciuti dalla sonda D21S1411 (Figura 9.6.5.).
La presenza nel feto di tre alleli (due materni ed uno paterno) confermava l'avvenuto crossing-over meiotico tra il cromosoma 21 ring e l'omologo.
Alla luce di questi dati il cariotipo fetale può essere descritto come segue:
46,XY,rec(21)t(21;21)(pter;qter)
46,XY,rec(21)(pter→qter::pter→qter) (sistema dettagliato.

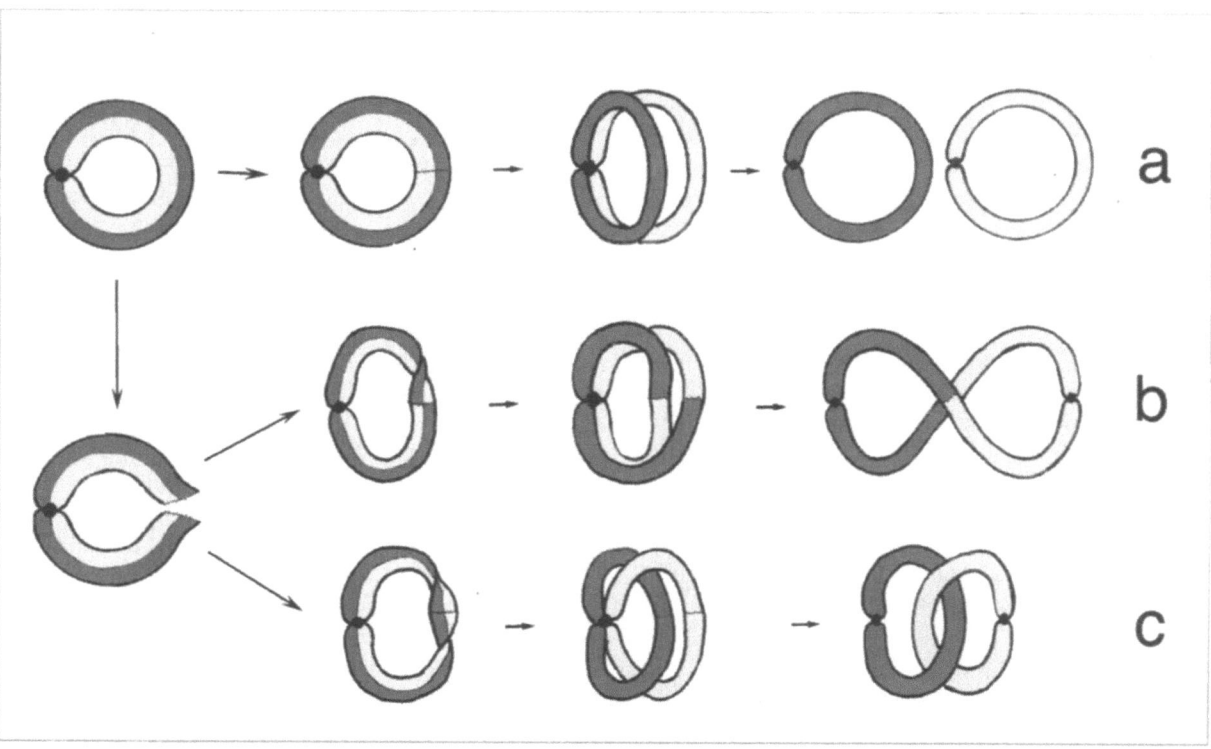

Fig. 9.6.4. Crossing-over mitotico a seguito di scambio unico isocromatidico nel cromosoma ad anello e successiva rottura. Se un anello si rompe, i cromatidi possono risaldarsi con varia modalità: (**a**) mantenendo le posizioni originali; (**b**) dopo aver subito una torsione; (**c**) dopo due torsioni. Risultati: (**a**) due cellule figlie, ciascuna con una copia del cromosoma ring; (**b**) una delle cellule figlie avrà un anello di dimensioni doppie e dicentrico; (**c**) una delle cellule figlie avrà due anelli concatenati, ciascuno monocentrico. La rottura di un anello doppio dicentrico può dare origine ad un cromosoma con duplicazione tandem

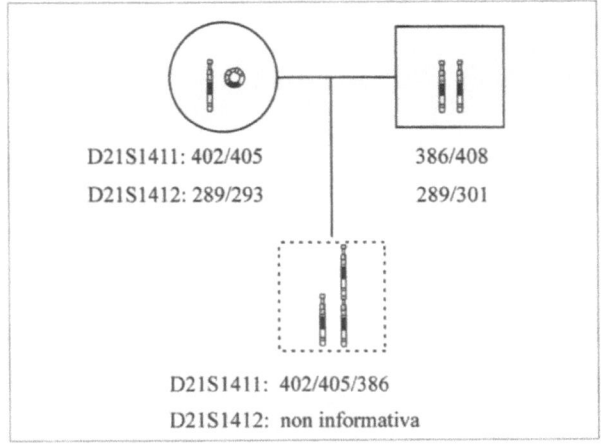

Fig. 9.6.5. Studio dei polimorfismi con l'utilizzo delle sonde D21S1411 e D21S1412. La presenza nel feto di tre alleli (due materni ed uno paterno), conferma l'avvenuto crossing-over meiotico tra il cromosoma 21 ring e l'omologo. Si ringrazia il Prof. M. Adinolfi ed il Dr. V. Cirigliano dello Human Genetic Group dell'University College di Londra per l'esecuzione dell'analisi

9.7 Bibliografia

Andersen C et al (1981) Cytogenet Cell Genet 30:3
Aveta V et al (1997) XII Congresso Nazionale FISME Spoleto
Dallapiccola B et al (1982) Ann Génét 25:56
Lejeune J et al (1979) Ann Génét 22:210
Madan K et al (1981) Ann Génét 24:12
Vermeesch J R et al (1997) Human Genet 99(6):735-737
Vianna-Morgante AM, Gil Numesmaia H (1978) J Med Genet 21:309

CAPITOLO 10

La citogenetica nei tumori

Gli Ematologi si avvalgono molto del contributo della citogenetica per i problemi diagnostici, prognostici e terapeutici delle malattie leucemiche e di altri disordini emopoietici. Dai dati riportati nella quinta Edizione del Catalogo delle aberrazioni dei cromosomi nei tumori (F. Mitelman, 1994), su 22076 casi di tumori sottoposti a studio citogenetico, 73% era costituito da disordini ematologici maligni (inclusi i linfomi), e solo 27% da tumori solidi. Per alcuni importanti tipi di tumori, per altro anche frequenti, quali l'adenocarcinoma della prostata, il carcinoma della cervice uterina, il cancro a cellule transizionali della vescica, ed altri ancora, le informazioni sulla citogenetica sono molto limitate e per alcuni cancri mancano del tutto. Il motivo risiede nella difficoltà che spesso si incontra a trovare mitosi idonee, sia sulle preparazioni dirette sia in quelle dopo coltivazione a breve termine.

Nelle emopatie lo studio dei cromosomi è eseguito sulle cellule del midollo, in contemporanea a quello condotto sul sangue periferico. Il midollo osseo, a differenza di altri tessuti, offre il vantaggio di essere facilmente raggiungibile a mezzo di mielobiopsia e di contenere moltissime cellule allo stato libero ed in attiva moltiplicazione. Pertanto gli esami sono eseguiti senza procedere a coltura, o al massimo sono eseguite colture a breve termine. Una difficoltà è però insita nel fatto che le migliori metafasi appartengono quasi sempre alle linee cellulari normali, mentre i cloni delle cellule tumorali rendono molto spesso cattiva qualità di preparati, con difficoltà interpretative non facilmente superabili.

La prima anomalia cromosomica legata a un tumore dell'uomo è stata riconosciuta in una leucemia mieloide cronica (P.C. Nowell e D.A. Hungerfold, 1960), solo qualche anno dopo che veniva definito il numero esatto diploide dell'uomo (T.C. Hsu, 1952; A. Huges, 1952). Da allora il numero di informazioni sulla citogenetica della malattia e di altre forme di leucemia è enormemente aumentato. Si sono poi di recente avviati studi integrativi e comparativi di genetica molecolare, per riconoscere i geni o i cluster di geni coinvolti nei vari riarrangiamenti cromosomici, spesso tipici di specifiche forme leucemiche.

Sono presentate in questo Capitolo le principali anomalie cromosomiche delle seguenti emopatie:
- mielodisplasie (MDS)
- leucemia mieloide acuta (AML)
- leucemia mieloide cronica (CML)
- leucemia cronica mielomonocitica (CMML)
- leucemie acute linfoblastiche (ALL)
- linfomi
- leucemie linfatiche.

Si rimanda ai trattati specialistici per più complete informazioni.

10.1 Mielodisplasie (MDS)

Sono malattie che si manifestano in genere dopo i 50 anni e comportano l'impoverimento progressivo di una o più linee cellulari del sistema emopoietico. La MDS può con il tempo trasformarsi in AML, divenendo insensibile ai trattamenti terapeutici. Vi è però sempre più il convincimento che le MDS siano vere malattie neoplastiche.

La classificazione delle MDS proposta nel sistema FAB (French-American-British system) si basa sulla percentuale di blasti nel midollo. Sono stati riconosciuti alcuni sottotipi di MDS, quali RAWEB (Refractory Anemia without Excess of Blasts), RARS (Refractory Anemia with Ring Sideroblasts), RAEB (Refractory Anemia with Excess of Blasts), RAEBT (Refractory Anemia with Excess of Blasts in Transformation). La CMML (v. paragrafo 10.1.4) viene considerata un possibile sottotipo di MDS.

Per quanto riguarda la frequenza di anomalie cromosomiche, questa è in rapporto diretto con il numero di blasti presenti nel midollo.

Considerate nel loro complesso, le MDS mostrano disordini citogenetici in poco meno della metà dei casi. Le più comuni anomalie sono:
delezioni: 5q11→5q33.5; 7q22→7q36; 11q14: o 11q23: 20q11:
monosomie: -13; -7; -Y
trisomie: +8
Le anomalie, nell'evoluzione della malattia, non si mantengono costanti. Ad una singola iniziale mutazione ne possono seguire altre, con significato prognostico quasi sempre sfavorevole: il ritrovamento di più anomalie cromosomiche depone infatti per un rischio maggiore di trasformazione in AML. I cromosomi n.7, 13, 20, ed in particolare 5, presentano nelle MDS frequenti delezioni interstiziali, o sono interessati in traslocazioni con altre coppie.

Le forme con delezione isolata di un cromosoma n.5 hanno di solito decorso più benigno; non così quelle con perdita di un cromosoma n.7, anche quando la perdita è isolata.

Va ricordato che la perdita del cromosoma Y, quando isolata, può rappresentare un reperto midollare occasionale, senza significato patologico.

10.2 Leucemia mieloide acuta (AML)

In base alla morfologia delle cellule blastiche, le AML sono classificate in dieci categorie, secondo il sistema FAB (French-American-British system).
Le anomalie citogenetiche non sono costanti nè sempre specifiche di particolari forme clinico-ematologiche. Riportiamo le più comuni:

Le più costanti anomalie sono la t(15;17) presente soprattutto nella M3; segue la t(8;21), più frequente nelle M2.

Si conoscono molte varianti tra gli stessi riarrangiamenti. Altre anomalie addizionali non sono rare. In particolare la trisomia 8 si trova in quasi il 10% di tutte le AML, raramente associata ad altre anomalie, ad esempio trisomia 8 e tetrasomia 21 (Sebastio L., 1995).

Per le M6, M7, M0 i dati citogenetici sono ancora incerti anche nel loro significato prognostico.

Il riconoscimento di una anomalia cromosomica consente molto spesso un più preciso inquadramento di una AML, e contribuisce alla valutazione prognostica e talvolta agli indirizzi terapeutici. Anche nei programmi di trapianto midollare, gli esami citogenetici forniscono all'ematologo informazioni utili sul comportamento terapeutico da seguire.

La t(16;22) si riscontra nel 2% delle AML. Nella M4Eo la prognosi sembra più favorevole in presenza di questo riarrangiamento. La t(8;16) che si osserva in M4 e in M5, comporta prognosi sfavorevole, come pure sfavorevole sembra la prognosi delle AML con interessamento dei cromosomi n. 5 e 7.

La banda q23 del cromosoma n.11 è di frequente coinvolta in riarrangiamenti con altri cromosomi. Il più comune di questi porta a t(9;11) (p22;q23), frequente in M4.

I cromosomi riarrangiati con il cromosoma n.11 possono essere anche diversi dal cromosoma n. 9, essendo conosciute traslocazioni del cromosoma n. 11 con 1q21, 6q27, 10p11, 17q23. Va ricordato che si trova non di rado coinvolto 11q23 anche nelle leucemie acute linfoblastiche e nelle non frequenti AML della infanzia.

AML

M1 (mieloblastica senza maturazione):
    t(8;21)   11q23:   inv(3)   -5   5q-   t(6;9)   -7   7q-   +8   t(9;22)   inv(16)

M2 (mieloblastica con maturazione):
    t(8;21)   11q23:   inv(3)   -5   5q-   t(6;9)   -7   7q-   +8   t(9;11)   t(9;22)

M3 (promielocitica, ipergranulare):
    t(15;17) (specifica di M3)

M4 (mielomonocitica con differenziazione granulo- e monocitica; M4Eo con eosinofilia):
    inv(16)   11q23:   t(8;21)   -5   5q-   -7   7q-   +8   t(9;11)

M5 (a: monoblastica; b: promonocitica-monocitica):
    11q23:   -5   5q-   -7   7q-   +8   t(9;21)(monoblastica a)   inv(16) (monoblastica b)

M6 (eritroblastica):
    -5   5q-   -7   7q-   +8

M7 (megacarioblastica):
    ?

M0 (mieloblastica non differenziata):
    ?

Aberrazioni diverse da quelle sopra riferite si possono trovare in tutte le AML, con frequenze però molto basse. Talvolta in M1 e M2 può riscontrarsi, in fase iniziale della malattia, una transitoria positività per il cromosoma Philadelphia; questo riscontro, che è proprio delle CML, è di significato ancora non chiaro.

Una leucemia mieloide acuta può anche essere iatrogenica, indotta cioè da radioterapia e/o chemioterapia. In questi casi i reperti citogenetici sono spesso complessi e di difficile interpretazione. Sembra non priva di significato l'osservazione che alcune anomalie cromosomiche tipiche delle MDS (come ad esempio quelle dei cromosomi n. 5 e 7) si trovano con frequenza anche nelle AML ritenute secondarie a radioterapia e chemioterapia.

10.3 Leucemia mieloide cronica (CML)

È stata la prima ed anche una delle più studiate dal punto di vista citogenetico.

Per le caratteristiche citologiche vengono distinte due forme: la cronica granulocitica (Chronic granulocyte leukaemia, CGL) e la cronica mielomonocitica (Chronic myelomonocytic leukaemia, CMML)(v. paragrafo 10.4).

La CGL ha decorso più benigno della CMML.

Nella CGL il cromosoma Philadelphia (Ph') rappresenta l'anomalia cromosomica più caratteristica e frequente (90% dei casi). Si riscontra nel midollo, ma talvolta è presente anche nel sangue periferico. È un cromosoma appartenente al gruppo G, più piccolo degli altri del gruppo. Al tempo della sua prima descrizione (P. C. Nowell, 1960; D. A. Hungerfold, 1960) fu ritenuto un cromosoma della coppia 21, e solo successivamente è stato riconosciuto come cromosoma n. 22. Oggi sappiamo con sicurezza che questo cromosoma appare più piccolo per i suoi bracci lunghi perché coinvolto in una traslocazione reciproca con il cromosoma n. 9. Il Ph' quindi è il risultato del coinvolgimento di due cromosomi in una traslocazione che viene così formulata: t(9;22)(q34;q11). È questa la forma più comune e perciò definita *tipica*.

In bassa percentuale di casi si possono però trovare anche altri modelli di traslocazione, definiti:

varianti (coinvolgimento del cromosoma n. 22 con un cromosoma diverso dal n. 9);

complesse (traslocazioni che interessano più cromosomi, oltre il 9 e 22);

mascherate (quando complessi riarrangiamenti rendono possibile la identificazione del Ph' solo con l'analisi molecolare). Le forme mascherate possono essere erroneamente interpretate come LMC Ph' negative.

La t(9;22) porta al riarrangiamento di due specifiche regioni molecolari: c-abl che mappa su 9q e bcr che mappa su 22q, col risultato di un prodotto genico ibrido. Le CML terminano, dopo un periodo anche di diversi anni, con l'aggravamento del quadro clinico dovuto al sopraggiungere della cosiddetta crisi blastica. Durante questa fase della malattia, che coincide con quella terminale, si verificano modifiche oltre che nella citomorfologia anche nel cariotipo, per la comparsa spesso di cromosomi addizionali. Il più frequente cromosoma aggiunto è il n. 8 (nel 60% dei casi); segue il n. 17 (in forma anche di isocromosoma) e il n. 19. Non di rado si rinviene anche un secondo cromosoma Ph'.

Il cromosoma Ph' è presente in tutte le linee cellulari midollari (granuloblastica, eritroblastica, megacarioblastica) e nei linfociti B. Questo spiega il perché lo studio citogenetico deve essere condotto sul midollo osseo (con esame diretto o con colture a breve-medio termine). Essendo spesso presenti blasti circolanti, si possono però studiare i cromosomi anche dal sangue periferico, con tecnica diretta senza l'uso della PHA.

10.4 Leucemia cronica mielo-monocitica (CMML)

È una forma di leucemia ancora poco definita. La più frequente anomalia citogenetica osservata è la trisomia del cromosoma n. 18. Non mancano però anche altre anomalie cromosomiche, come trisomie del n. 21 o del n. 11.

Il cromosoma Philadelphia, tipico delle CML, non si ritrova nelle CMML. La trasformazione in leucemia acuta è più frequente nelle forme di CMML con anomalie numeriche dei cromosomi.

10.5 Leucemie acute linfoblastiche (ALL)

In base al diverso comportamento citochimico, dal Gruppo cooperativo FAB e in base ad una classificazione che considera gli aspetti morfologici, immunologici e citogenetici (MIC), le ALL sono state classificate nei sottogruppi L 1, L 2, L 3. L'uso di anticorpi monoclonali ha inoltre consentito una suddivisione in base alla derivazione delle cellule, se cioè dai linfociti B o T (leucemie acute linfoblastiche a cellule B e leucemie acute linfoblastiche a cellule T).

I linfociti T (così indicati, perché timo-dipendenti) sono responsabili della immunità cellulare e, in base ai marcatori di superficie cellulare, si dividono in tre gruppi: T-helper, T-suppressor e T-cytotoxic. I linfociti B (bursa o bone-marrow dipendenti) sono responsabili della immunità umorale e sono quelli che subiscono la trasformazione con EBV (v. paragrafo 13.12). Nel sangue circolante prevalgono normalmente i linfociti T (circa 70%).

La maggioranza delle ALL (80%) sono a cellule B (B-cell-ALL).

Come accade per le forme mieloblastiche, le analisi molecolari per il riconoscimento di geni responsabili prendono le mosse dai riarrangiamenti citogenetici che caratterizzano i vari tipi.

Nelle ALL a cellule B viene coinvolto l'oncogene c-myc in traslocazioni diverse, ma che includono sempre il cromosoma n. 8. In quelle invece a cellule T i cromosomi coinvolti sono il n. 14 e 7.

Le traslocazioni più frequenti nel sottogruppo L1 sono:

$$t(1;19)\quad t(4;11)\quad t(9;22)\quad t(11;14).$$

Nel sottogruppo L2 sono:

$$t(1;19)\quad t(4;11)\quad del(6)\quad t(9;22)\quad t(11;14).$$

Il sottogruppo L3 presenta di frequente t(8;14).

Il sottogruppo pre-B-cell ha mostrato t(1;19) mentre nel sottogruppo T-cell è frequente t(11;14).

Lo studio del cariotipo acquista spesso un significato prognostico: il più alto indice di remissione della malattia si ritrova nelle ALL con cariotipo non alterato; le percentuali più basse di remissione si riscontrano nelle ALL con t(9;22), t(8;14), 14q+. Quest'ultima dimostra anche durata di remissione molto breve.

10.6 Disordini mieloproliferativi e trisomia 21

La sindrome di Down comporta, come è noto da tempo, un più elevato rischio di insorgenza di leucemia. Le forme più frequenti sono la leucemia acuta mieloblastica e la leucemia linfatica acuta.

Alla nascita non è infrequente nel Down un disordine mieloproliferativo conosciuto come *transient abnormal myelopoiesis* (TAM) che può essere confuso con una leucemia acuta. Nel suo decorso, prima della remissione spontanea, sono talvolta trovate anomalie cromosomiche che possono lasciare sospettare una origine monoclonale neoplastica. Queste anomalie, non univoche, sono quasi sempre traslocazioni, delezioni, iperploidie.

Non è ancora chiaro il significato della TAM, nè lo sono i suoi rapporti con la leucemogenesi. Non è però raro che ad una TAM faccia seguito negli anni la comparsa di una leucemia acuta.

10.7 Citogenetica dei linfomi

I linfomi sono tumori del sistema linfatico, e le strutture più coinvolte sono i linfonodi.

Lo studio citogenetico di questi tumori non è agevole quanto quello delle malattie mieloproliferative, per la difficoltà di ottenere un numero adeguato di metafasi analizzabili. Anche i rapporti tra le anomalie citogenetiche e la prognosi non sono così chiari come per le ALL.

Tutti i linfomi sono classificati in due grandi gruppi, in base ad elementi, clinici, anatomo-patologici, immuno-istochimici.
1. Linfoma di Hodgkin
2. Linfomi non-Hodgkin: a loro volta divisi, per gravità, in tre sottogruppi: *low grade, intermediate grade, high grade.*

Nel linfoma di Hodgkin non si hanno reperti citogenetici nè tipici della malattia, nè significativi come frequenza. Molte anomalie strutturali e/o numeriche segnalate non hanno carattere di specificità. Le poliploidie non sono rare.

Tra i linfomi non-Hodgkin, il linfoma di Burkitt è tra i più studiati, anche per i riconosciuti rapporti con l'infezione da EBV. Appartiene ai linfomi non-Hodgkin *high grade*.

Il reperto citogenetico più frequente, ritenuto specifico della malattia, è la traslocazione t(8;14)(q24;q32). I punti di rottura indicano una compromissione dei geni myc, al locus per le catene leggere delle immunoglobuline (assegnate a un locus su 8q) ed a quello per le catene pesanti (su 14q).

In altre forme di linfomi non-Hodgkin si possono trovare riarrangiamenti di diverso tipo. In particolare: trisomie dei cromosomi: n. 3, 7, 8, 12, 18; traslocazioni t(11;14); t(14;18); t(2;5).
I primi due tipi di traslocazione sono presenti in più della metà dei casi.
Si ritrovano anche anomalie strutturali dei cromosomi: n.1 (molto frequente); n.3 (molto frequente); 6p; 11q; 14q+; n.17; n.22.

10.8 Citogenetica della leucemia linfatica cronica

Le varietà acute di leucemia linfatica sono state trattate al paragrafo 10.5.
Anche per le forme linfoproliferative croniche, è stata adottata una classificazione secondo l' origine delle cellule, per cui si riconoscono disordini a cellule B e disordini a cellule T.
Il primo gruppo include: la leucemia linfatica cronica, il mieloma multiplo e la macroglobulinemia di Waldenstrom.
La leucemia linfatica cronica (CLL) è la più conosciuta e frequente forma di disordine linfoproliferativo cronico. I più comuni riscontri citogenetici (isolati o in associazione con altre anomalie) sono la trisomia del cromosoma n.12 e l'aberrazione 14q+. È anche frequente la t(11;14). Anche il cromosoma n.14 è spesso coinvolto in riarrangiamenti vari, e in traslocazioni su altri cromosomi. Va ricordato che i loci strutturali dei geni per le catene pesanti delle immunoglobuline che sono coinvolti nelle leucemie linfatiche mappano su 14q.
La traslocazione t(14;14) è stata trovata nelle T-CLL, mentre nelle B-CLL sono più frequenti le t(11;14), oltre alla già ricordata trisomia del cromosoma n. 12.
Anomalie meno frequenti sono costituite dalle delezioni 11q; 13q; 6q.
Le anomalie strutturali del cromosoma n.1 sono caratteristiche delle malattie plasmacellulari (mieloma multiplo, leucemia a plasmacellule).
Quanto al significato prognostico, va ricordato che il riscontro di anomalie cromosomiche nelle leucemie linfatiche, sia a cellule B che T, è di solito indice di prognosi sfavorevole.

10.9 Tumori solidi

Lo studio citogenetico dei tumori solidi, come già detto, è reso difficile per molte ragioni. La difficoltà principale risiede nel fatto che le cellule in mitosi non sono numerose e le culture dei tessuti non danno sempre risultati soddisfacenti. A ciò si aggiunga che, nel contesto delle mitosi trovate, le metafasi migliori sono quelle che appartengono ai cloni cellulari normali, mentre quelle appartenenti ai cloni tumorali appaiono spesso di cattiva se non addirittura pessima qualità. Sarebbe un errore limitarsi pertanto soltanto allo studio delle cellule di migliore qualità!
Le anomalie cromosomiche nei tumori sono sia numeriche che strutturali, per cui il cariotipo va interpretato sempre dopo bandeggiamento. Molto spesso si tratta di cellule pseudodiploidi in cui cioè, a dispetto del numero modale di 46 cromosomi, vi sono aberrazioni rappresentate da riarrangiamenti spesso anche multipli. Molto spesso il tumore ha una evoluzione che comporta modifiche del cariotipo iniziale, anche se non è ancora chiaro se queste successive modifiche siano causa, concausa o conseguenza del processo evolutivo stesso (R. Li et al., 2000). Oggi si sa che esistono anomalie cromosomiche dette primitive in quanto presenti all'esordio della malattia, cui si aggiungono nel tempo altre aberrazioni strutturali o numeriche secondarie in relazione forse non casuale con quella primitiva. La pluralità di anomalie cromosomiche osservabili nel corso evolutivo di un tumore, confermano che esse rientrano nella serie di eventi mutazionali a cascata che caratterizzano ogni processo neoplastico.
La citogenetica molecolare, facendo individuare i geni coinvolti nella tumorigenesi, è un mezzo insostituibile per la interpretazione e la comprensione di questi importanti aspetti della malattia.
È stato inoltre ampiamente dimostrato che alcune aberrazioni strutturali sono più frequenti in alcuni tipi di tumore che non in altri (v. Tabella).

Tabella

Polmone								
70%:	n.3p-					**Cute:**		
50%:	riarrangiamenti complessi					Melanoma maligno:	1; 6; 7;	del(1)
30%:	n.17; 11; 8; 9; 12; 7; 2					**Occhio:**		
nei tumori a "non-small cell" i cromosomi più coinvolti sono:	n. 1; 7; 9					retinoblastoma:	del(13)	
nei tumori a "small cell" è stata trovata:	del(3)					**Parotide:**		
						tumore misto:	t(3;8)	
Apparato urinario								
Tumore di Wilm's : del(11)						**Multiple endocrine carcinoma:**	del(20)	
Carcinoma renale familiare :	3p-;	t(3;8).						
Carcinoma renale:		t(5;14); del(14)				**Seminoma, teratoma:**	i(12p)	
Carcinoma della vescica:		8; (8p); (8q+); 9; Y; 7; (+7)				**Osteosarcoma:**	del(13)	
Mammella e ovaio :						**Sarcoma di Ewing:**	t(11;22)	
Carcinoma della mammella:	1;	3;	11;	16;	17			
Carcinoma dell'ovaio:	1;	6q;	11p			**Neuroepitelioma:**	t(11;22)	
Cistadenocarcinoma papillare dell'ovaio:	t(6;14)							
Carcinoma della prostata:	del(10)	7q-				**Tumore di Askin:**	t(11;22)	
Sistema nervoso								
Glioma maligno:	+7;	1p;	9p;	17p;	-10; -22			
Neuroblastoma:	del(1)							
Meningioma:	-22;	22q-						

10.10 Le più frequenti anomalie cromosomiche nei tumori dell'età pediatrica

Tumore	Anomalie citogenetiche
AML	t(3;5) (M2).
	t(15;17) (M3).
	inv(16) (M4).
CML	t(9;22).
Linfoma di Burkitt	t(8;14); t(8;22); t(2;8).
Linfoma follicolare	t(14;18).
Rabdomiosarcoma	t(2;13).
Sarcoma di Ewing	t(11;22).
Retinoblastoma	del(13q14).
Tumore di Wilms	del(11p13).
Epatoblastoma	+18.

10.11 Bibliografia

Bennett JM et al (1989) J Clin Pathol 42:567
Denver Conference (1969) Lancet I:1063-1065
Mitelman F (1994) Catalog of Chromosome Aberrations in Cancer. Wiley-Liss, 5th ed
Hsu TC (1952) J Hered 43:167
Huges A (1952) Quart J Micr Sci 93:207
Kristoffersson U et al (1987) Cancer Genet Cytogenet 25:55
Li R et al (2000) PNAS 97, n 7:3236-3241
Maseki N et al (1987) Cancer Res 47:6767-6775
Meloni AM et al (1992) J Urol 148:253-265
Nowell PC, Hungerfold DA (1960) J Natn Cancer Inst 25:89-109
Rooney DE, Czepulkowski BH (1992) Human Cytogenetics. A practical approach, Vol II, IRL Press
Sebastio L et al (1995) Am J Heamat 50:49-52

CAPITOLO 11

Esercitazioni pratiche

11.1 Riconoscimento di aberrazioni cromosomiche con l'osservazione diretta delle piastre in metafase (Figg. 11.1-11.16b)

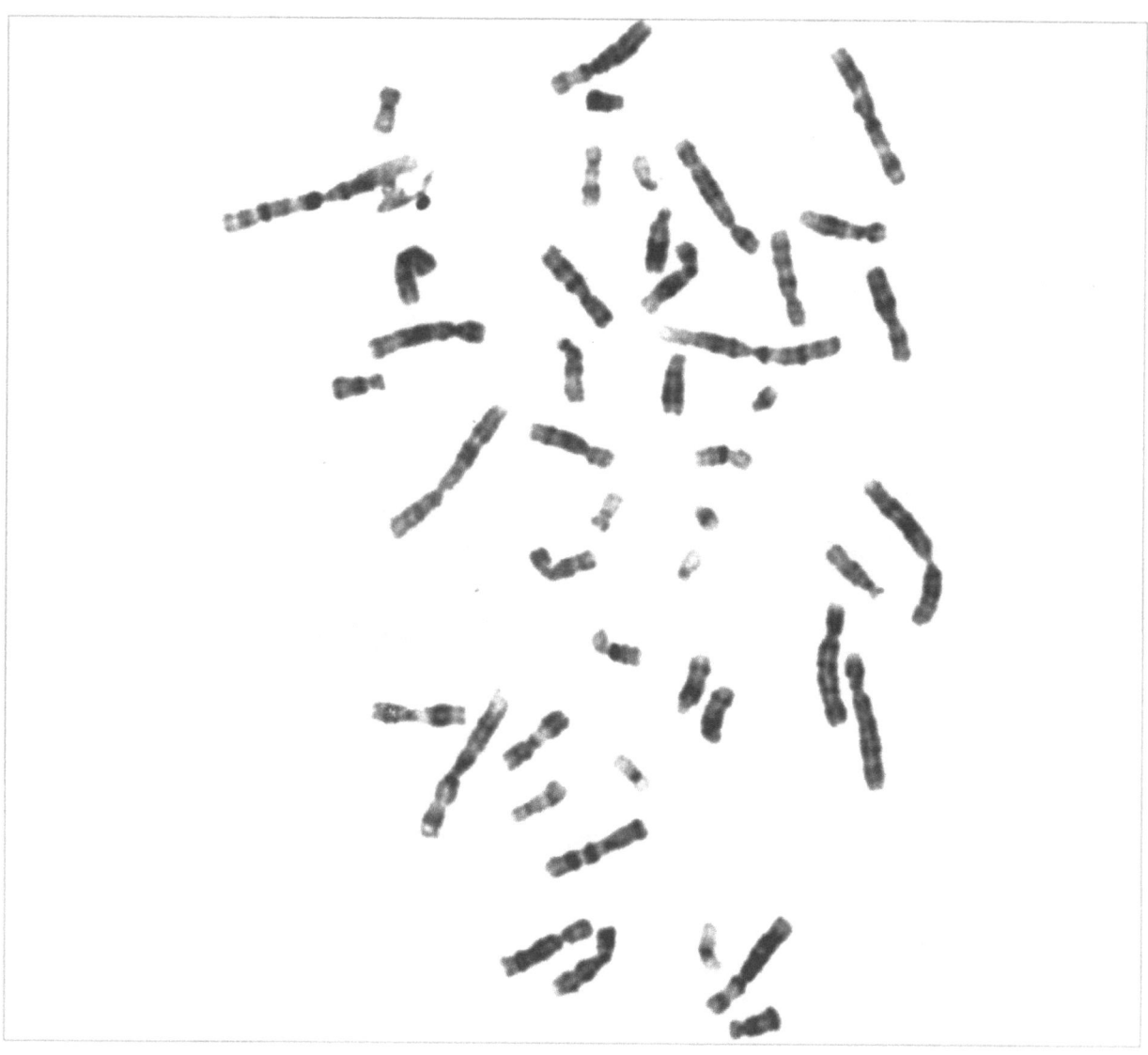

Fig. 11.1

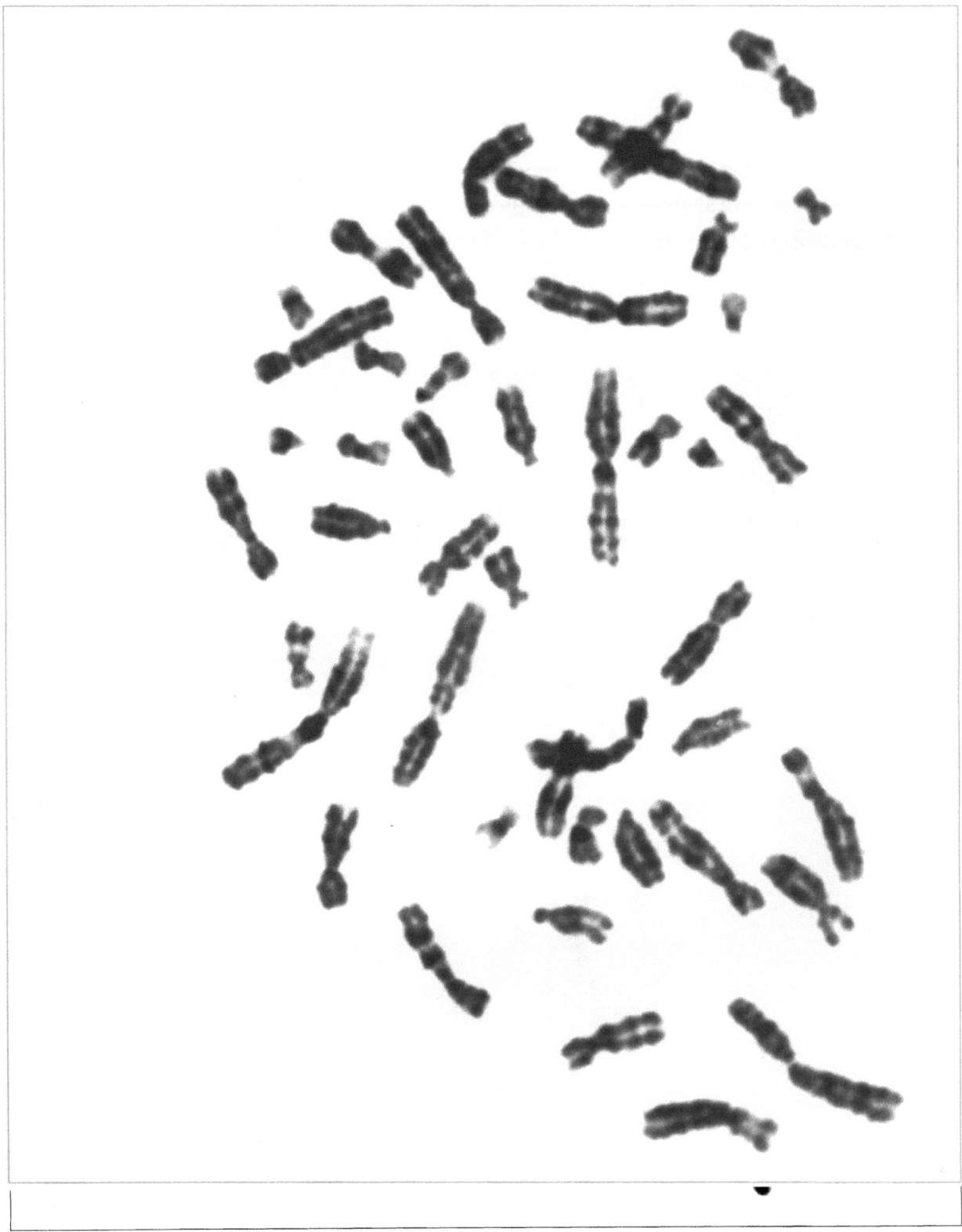

Fig. 11.2

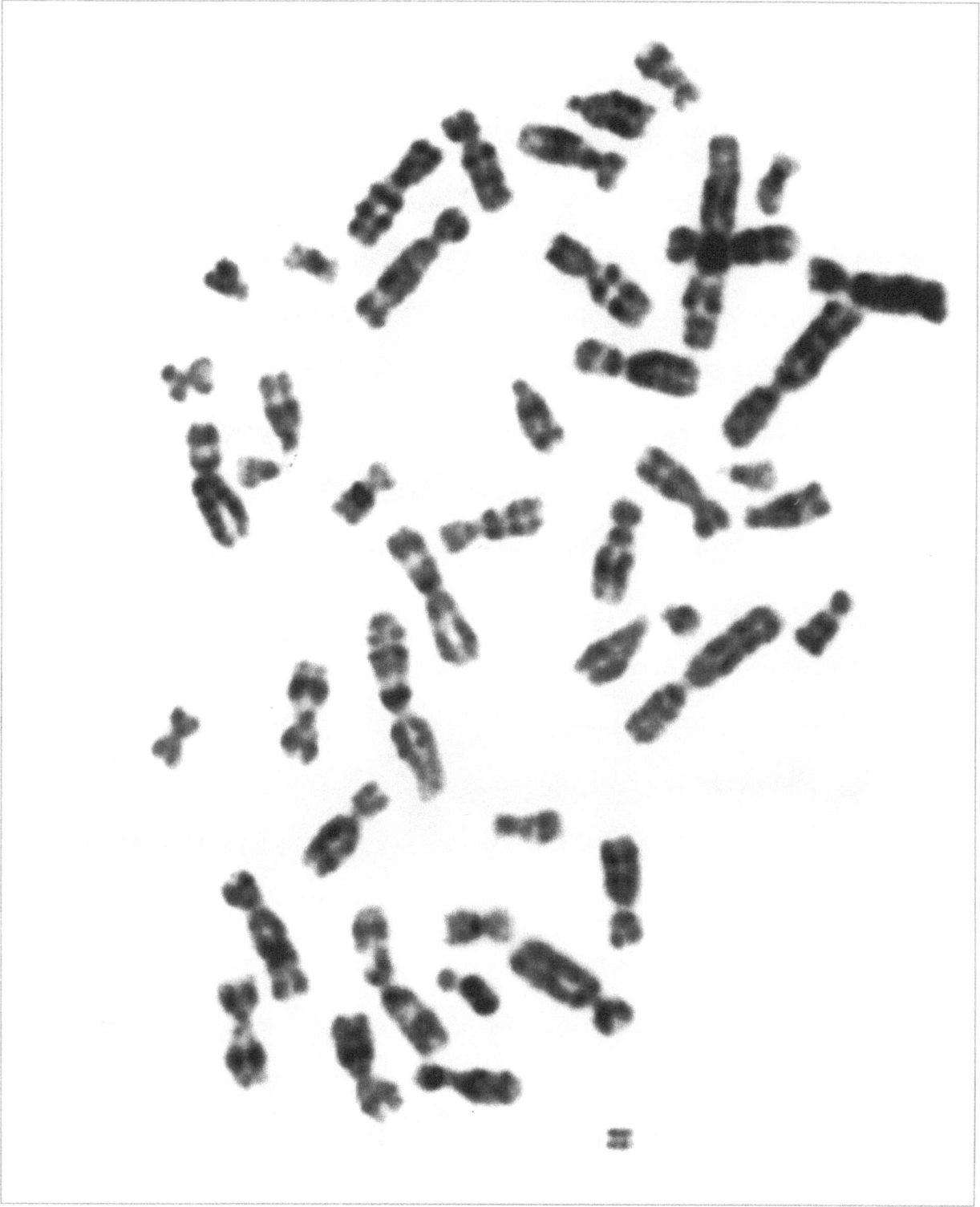
Fig. 11.3

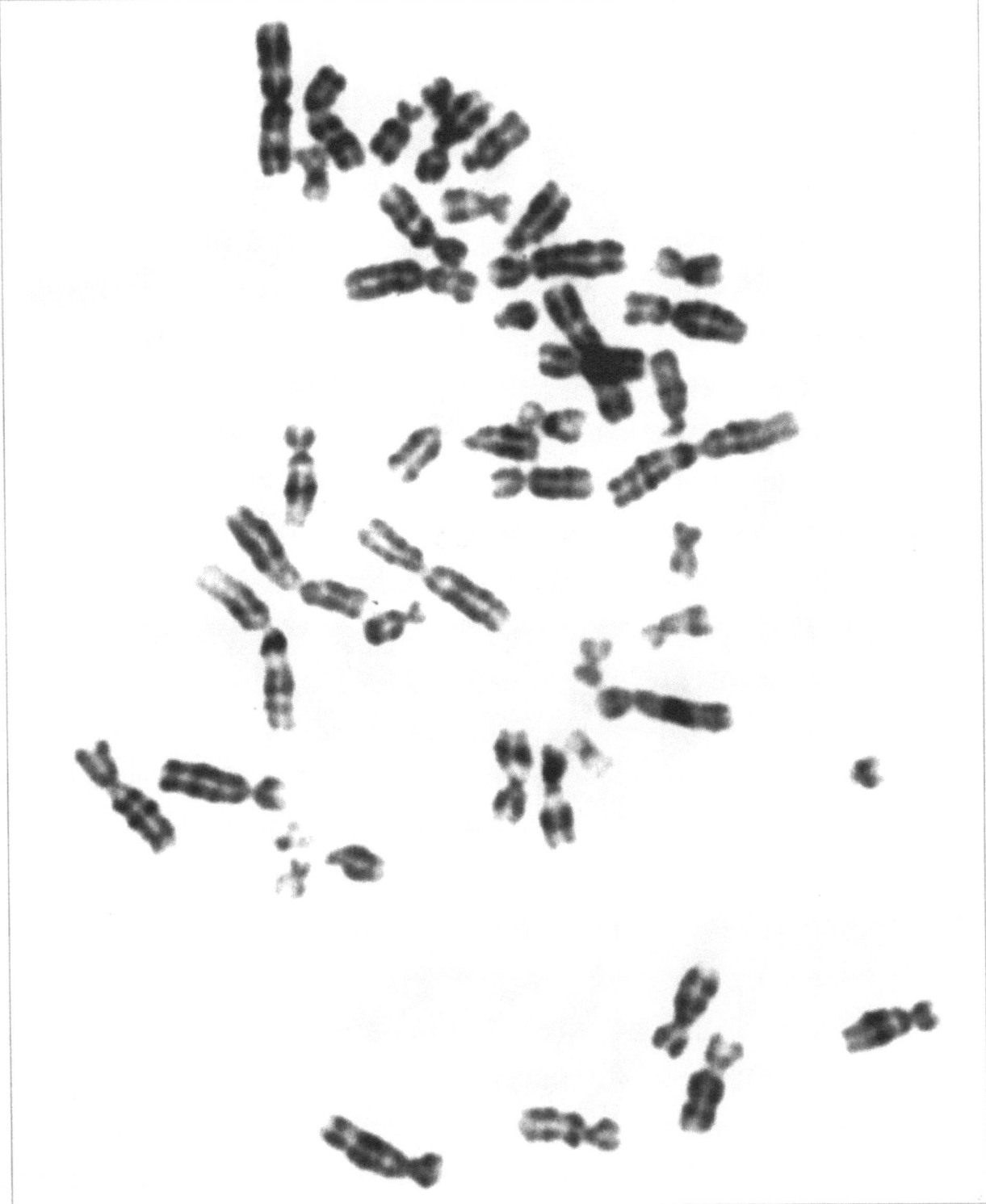

Fig. 11.4

Esercitazioni pratiche

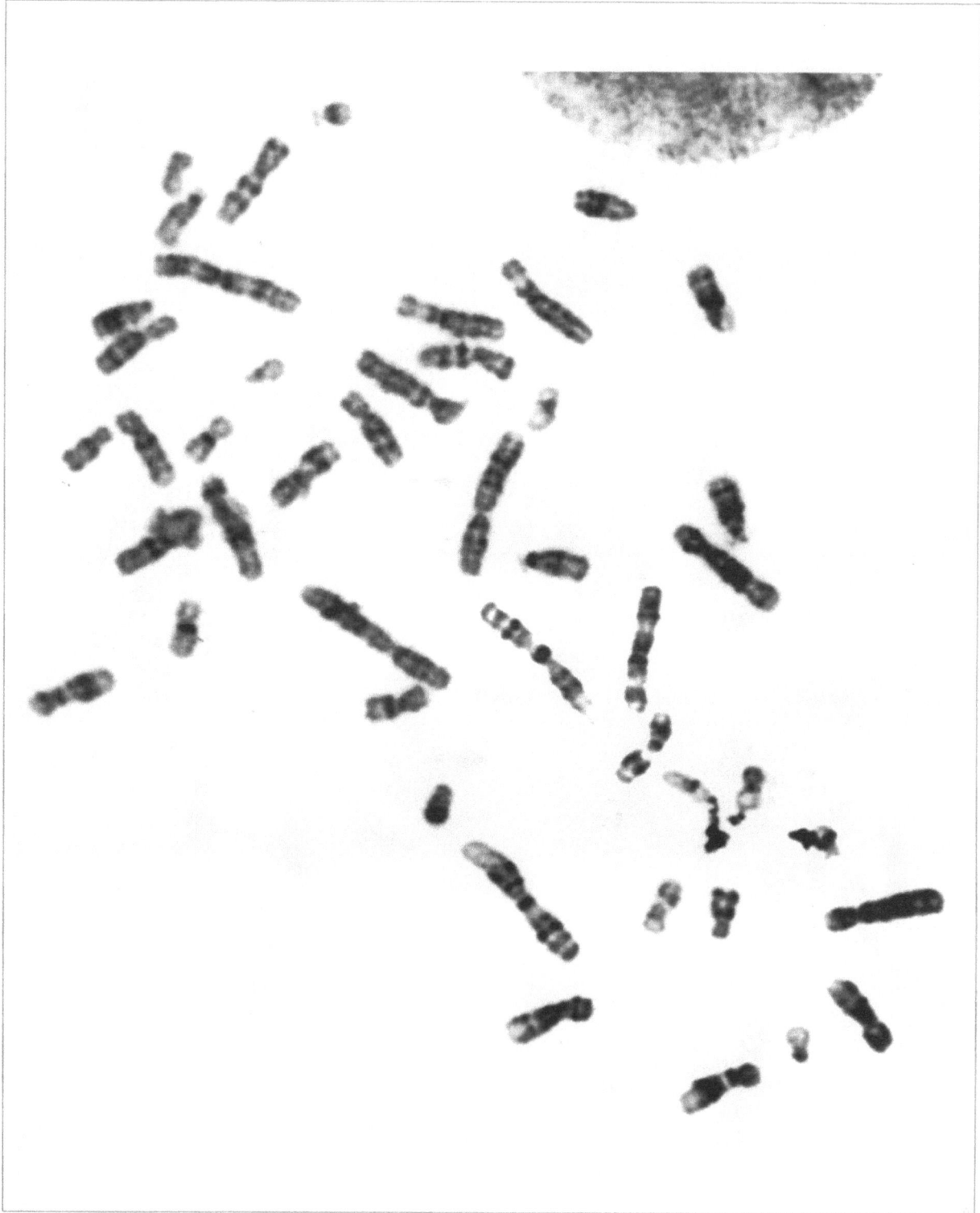

Fig. 11.5

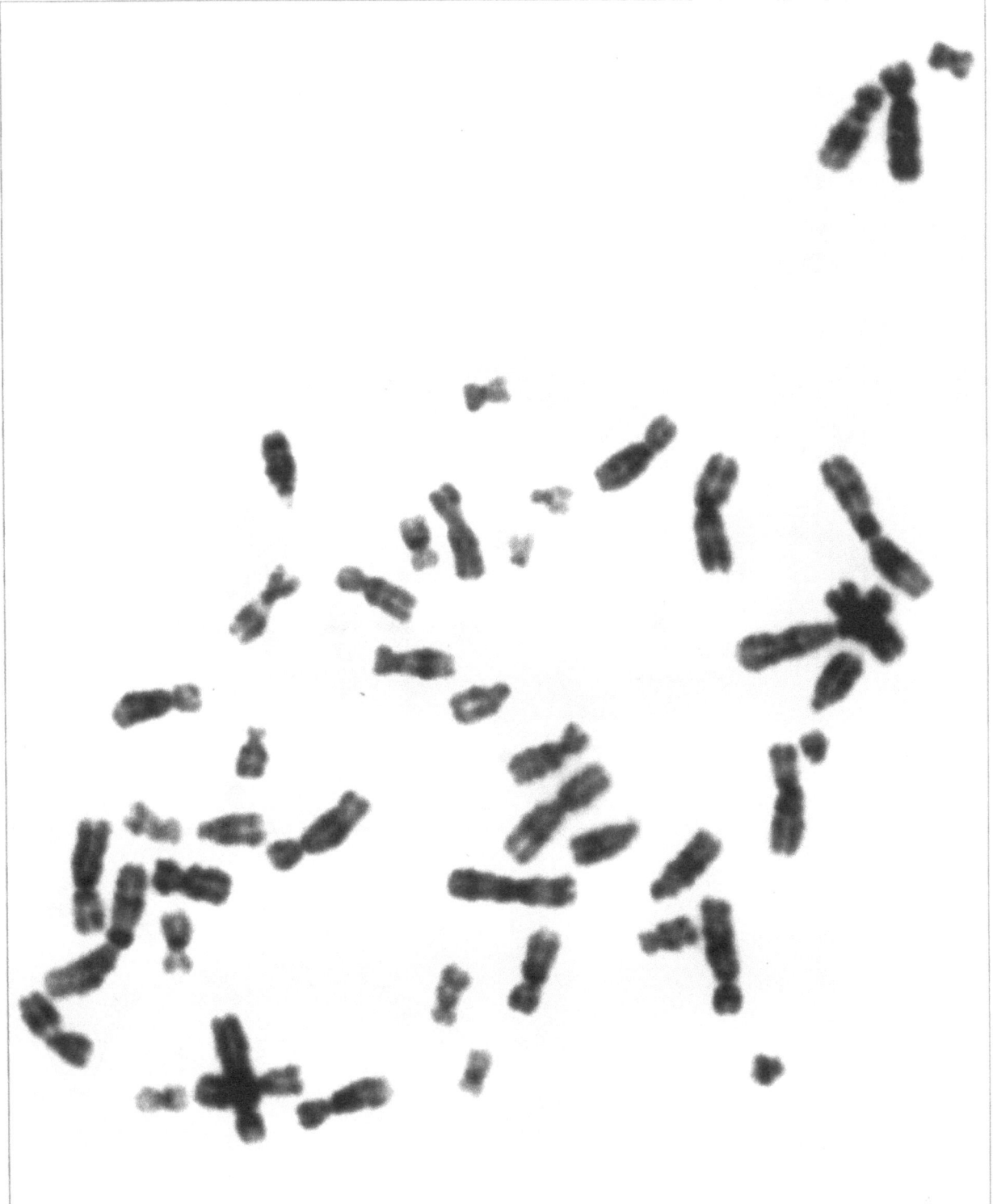

Fig. 11.6

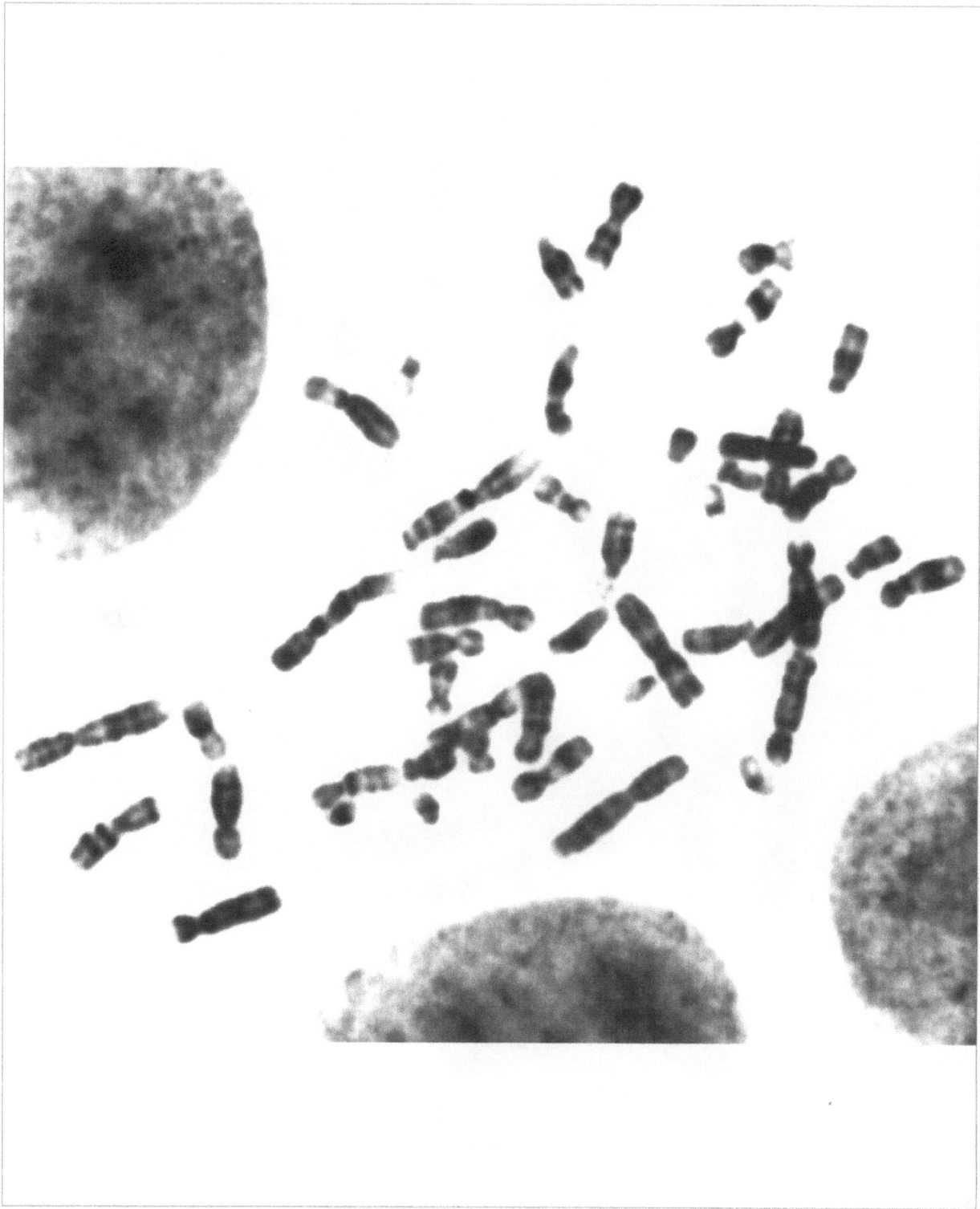

Fig. 11.7

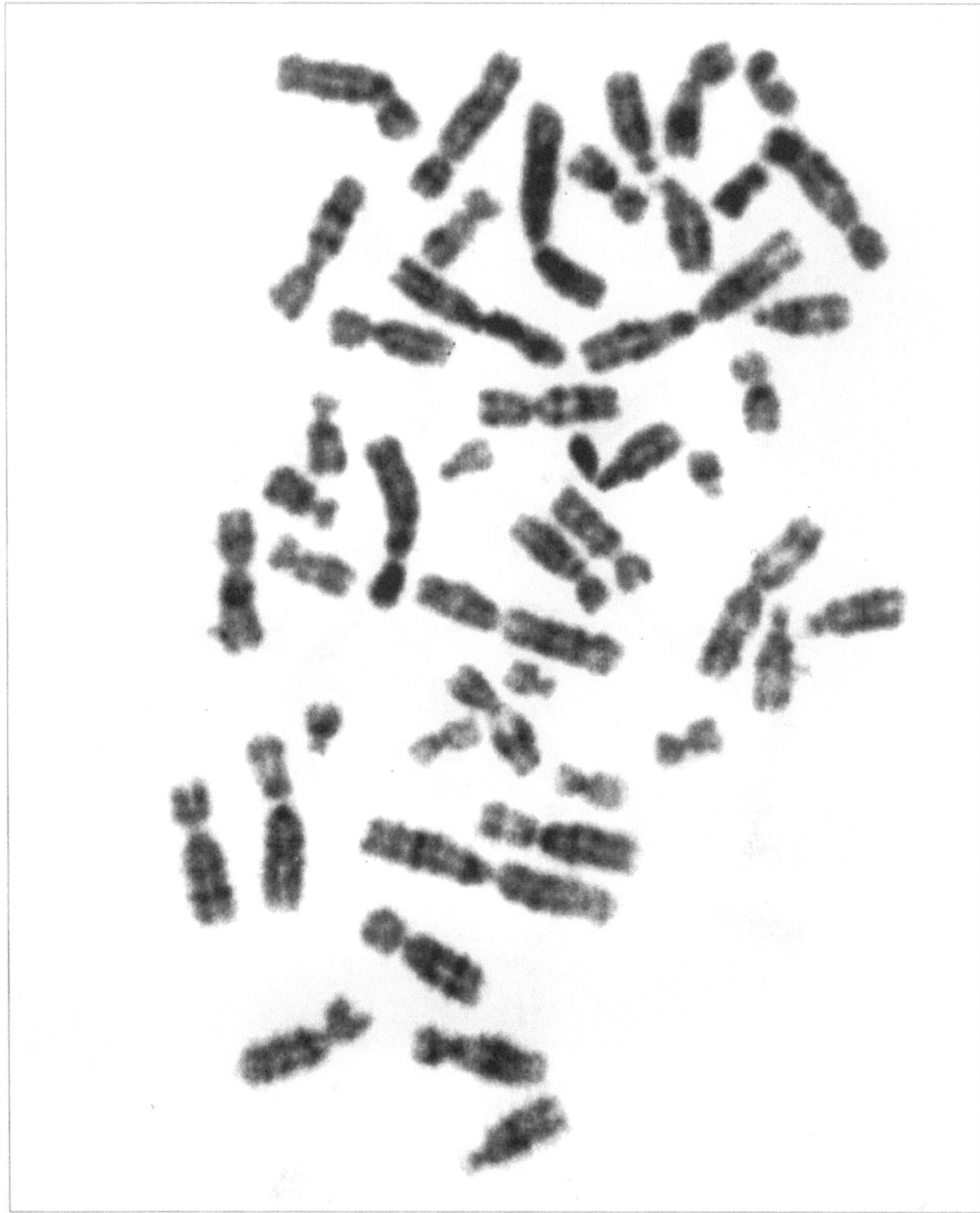

Fig. 11.8

Fig. 11.9

Capitolo 11

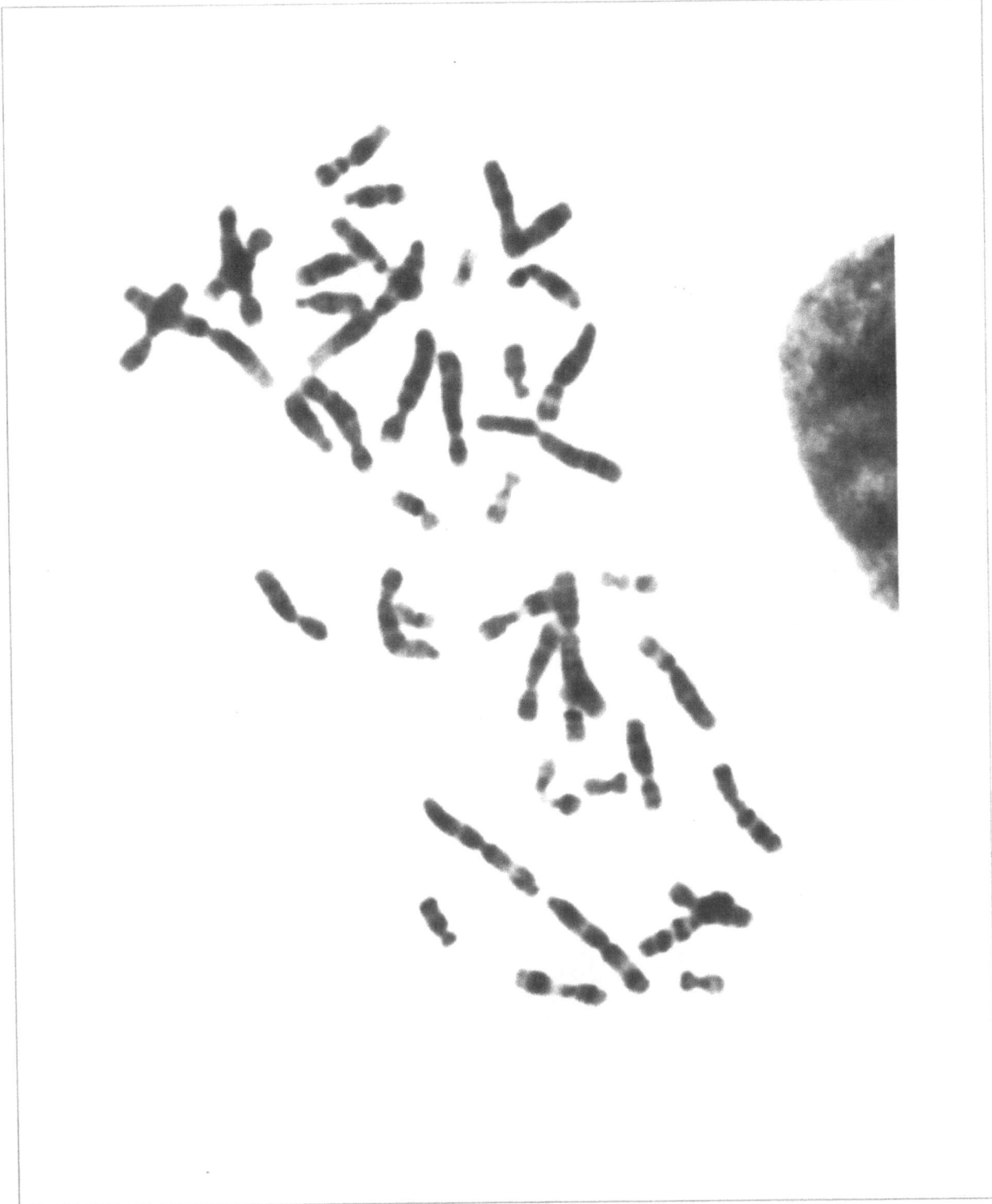

Fig. 11.10

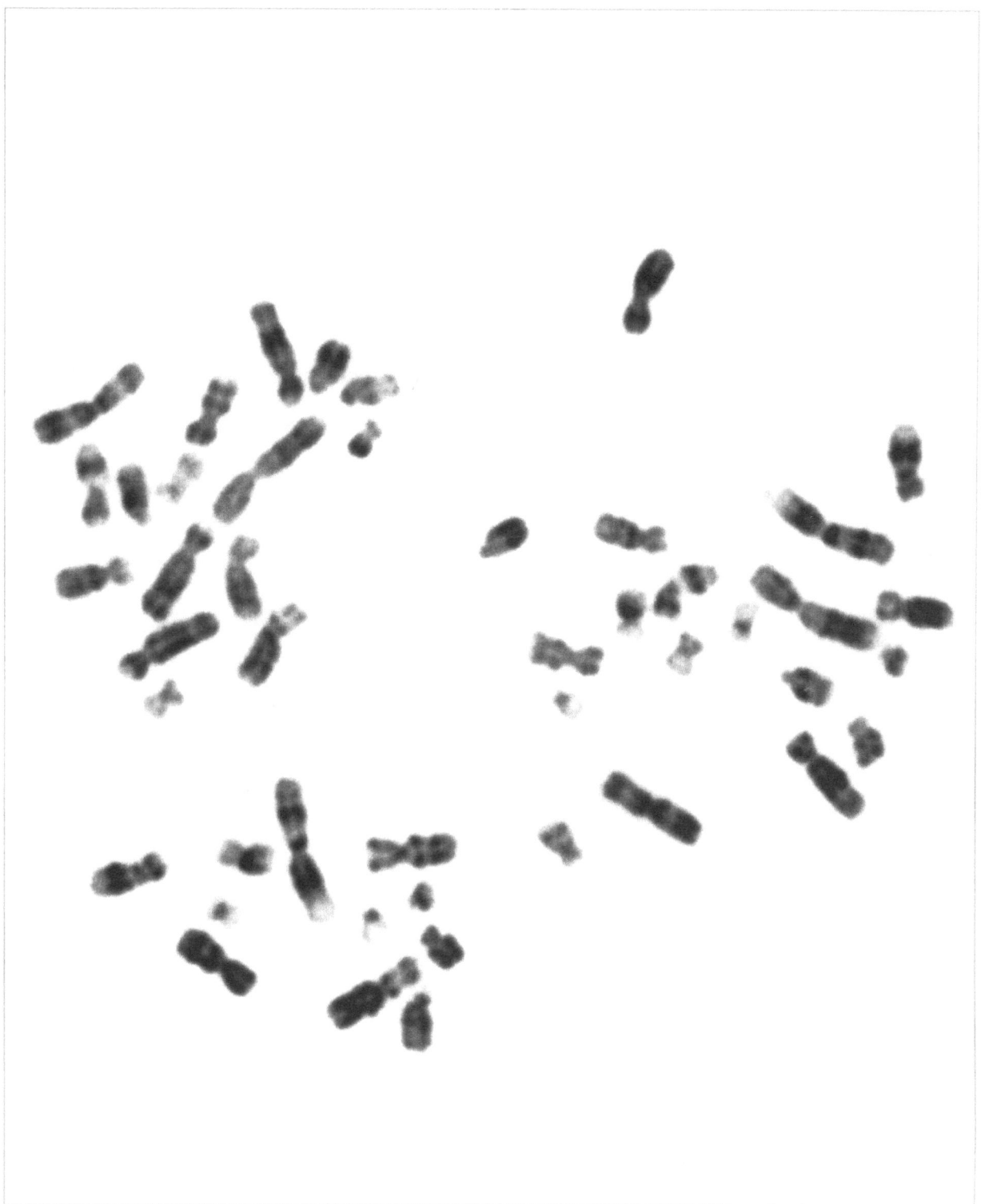

Fig. 11.11

Fig. 11.12

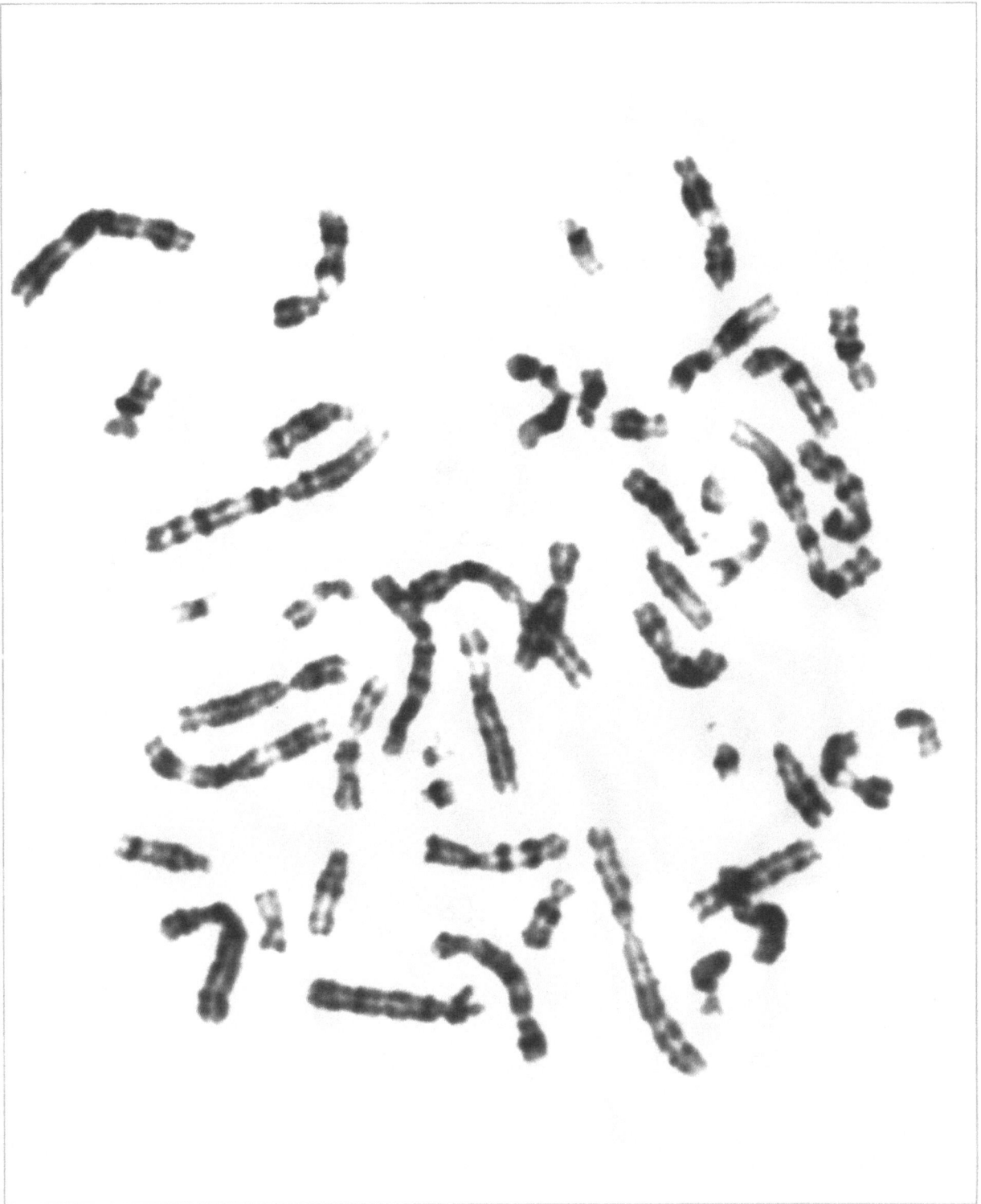

Fig. 11.13

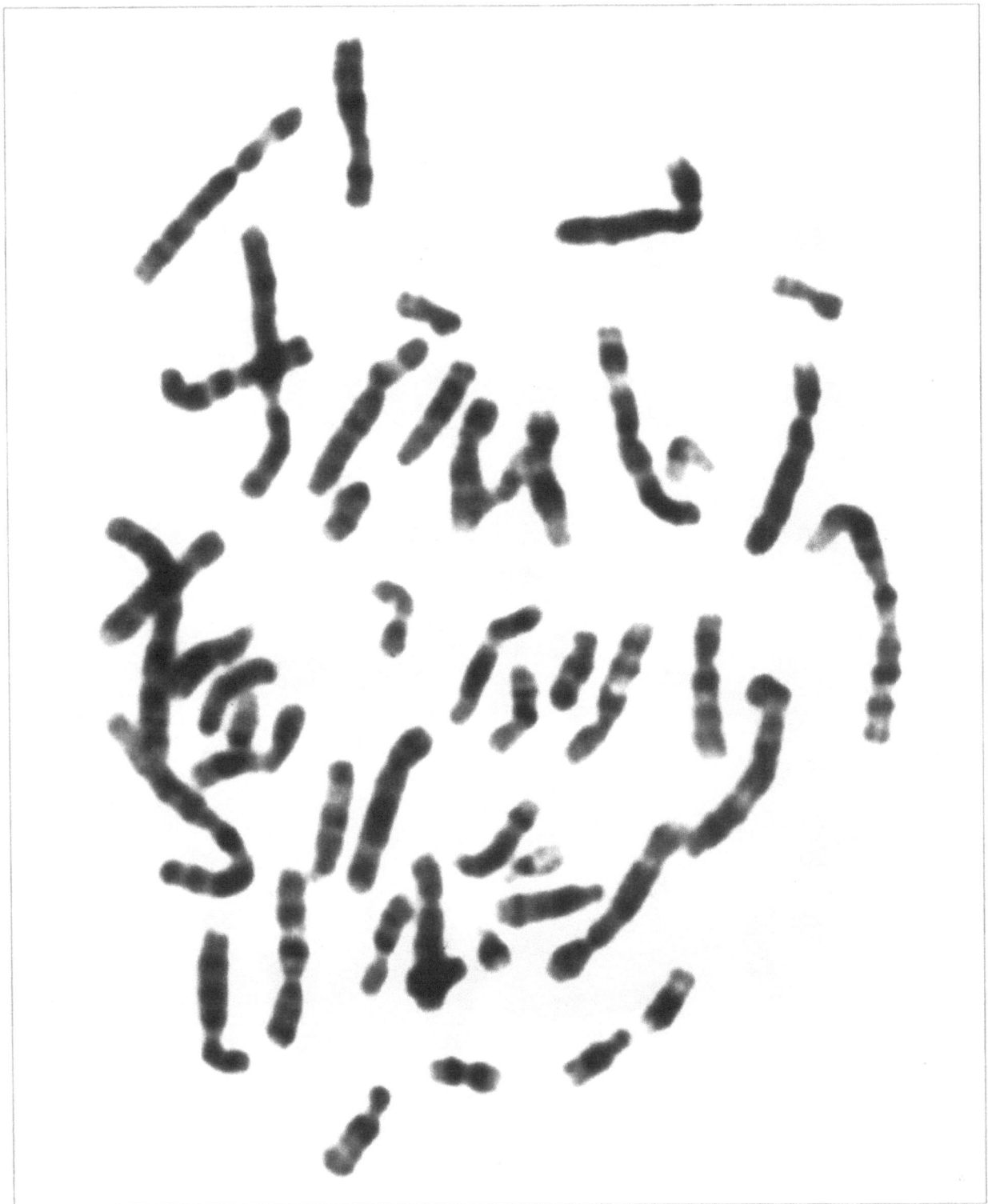

Fig. 11.14a

Fig. 11.14b

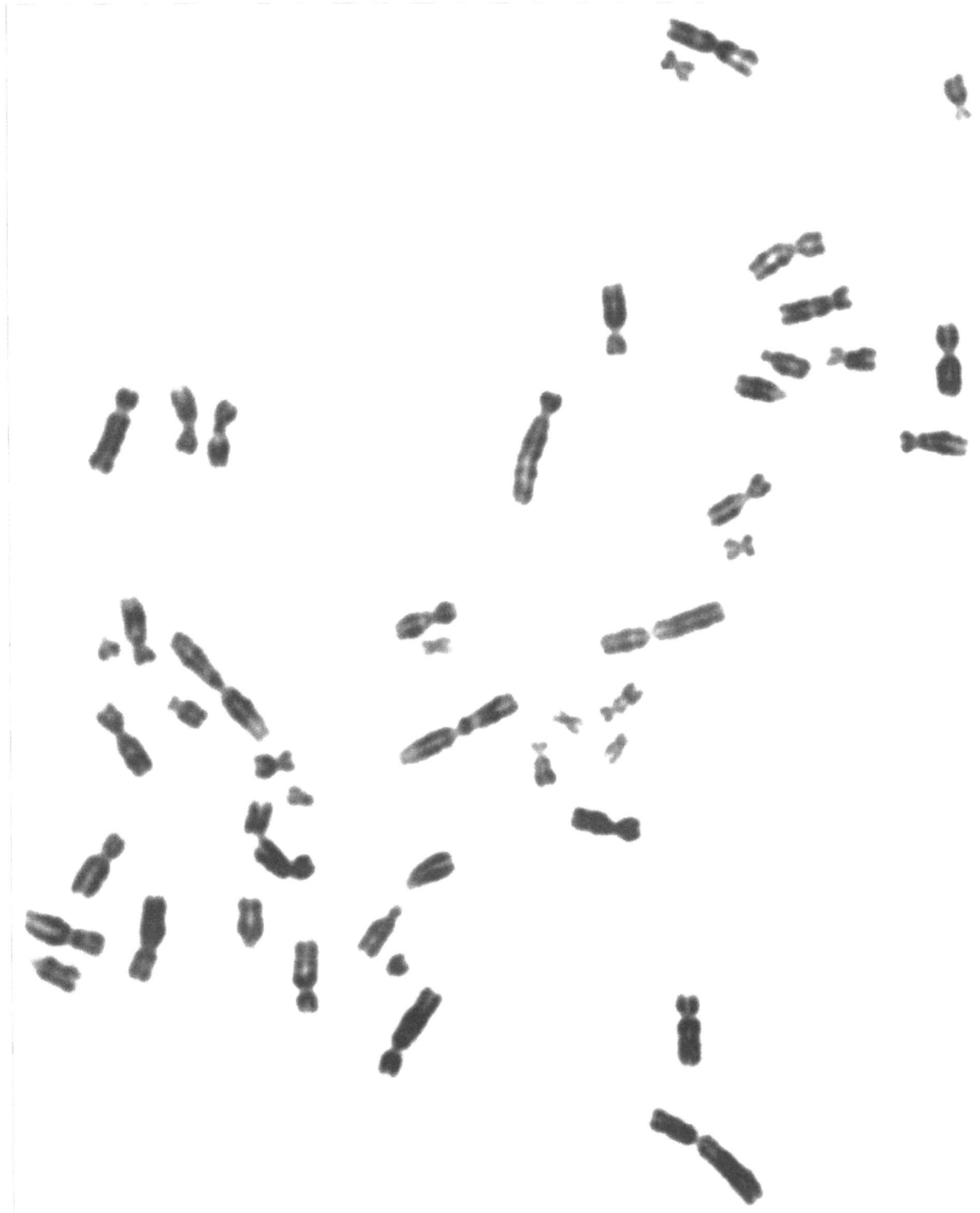

Fig. 11.15

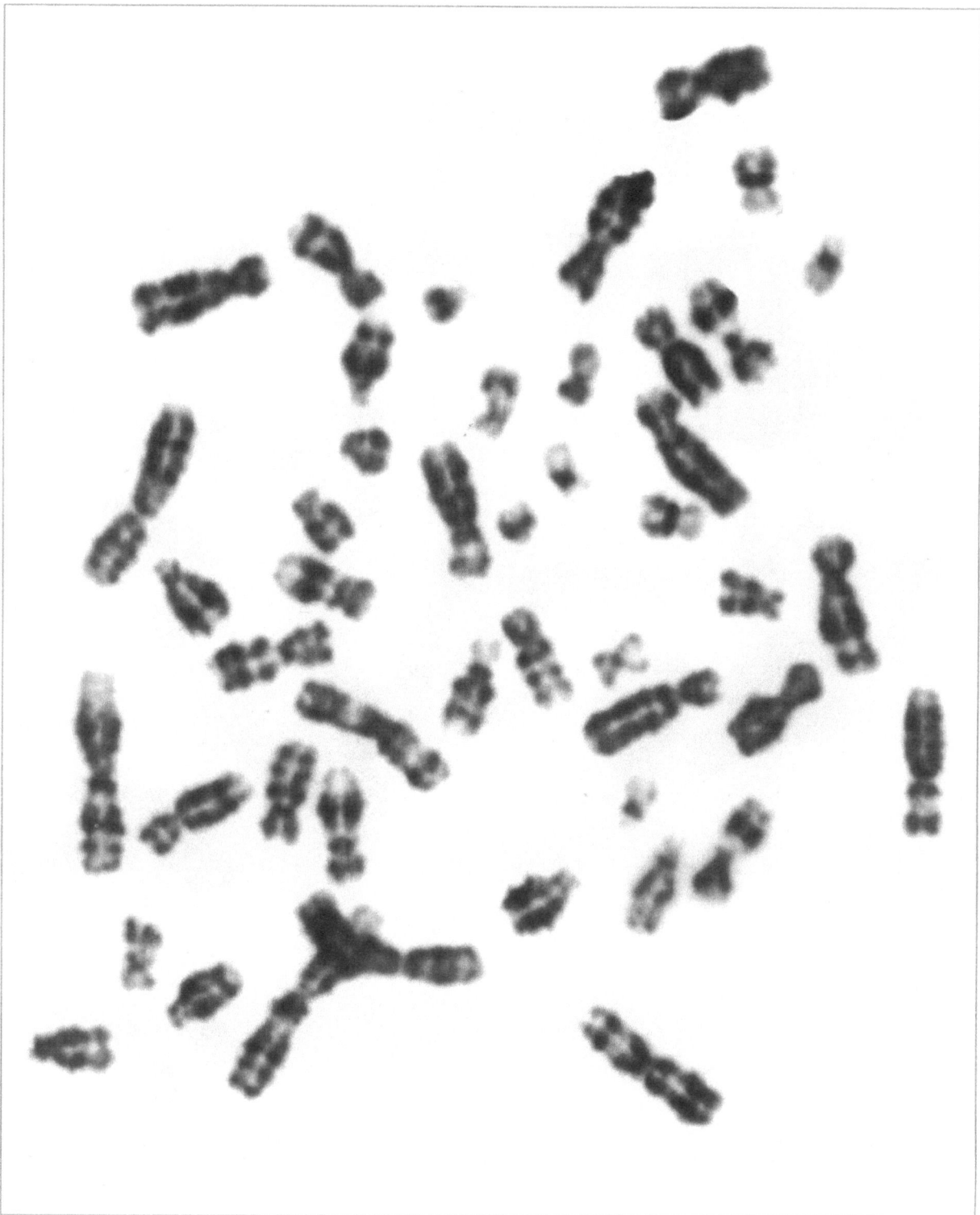

Fig. 11.16a

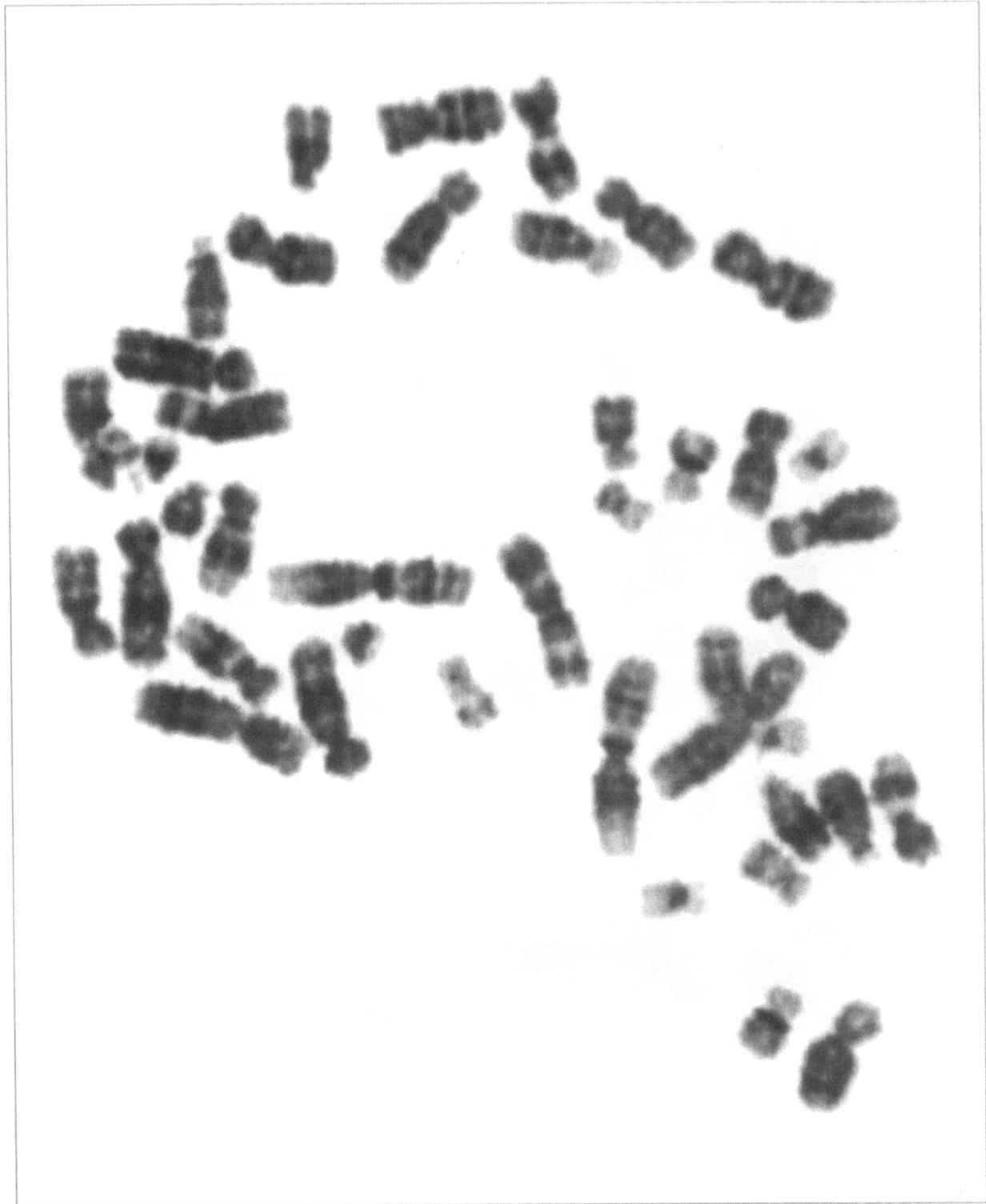

Fig. 11.16b

11.1.1 Soluzioni

1. 46,XY,t(3;11)(q26.3;q22)

2. 46,XX,t(17;22)(q12;q13)

3. 46,XY,der(14;21)(q10;q10),chtb(3)(p14),+mar.
   (il piccolo cromosoma indicato come mar potrebbe essere costituito dai bracci corti dei cromosomi 14 e 21)

4. 46,XY,t(7;14)(q32;q22)

5. 46,XY,t(3;10)(p25;q22)

6. 46,XX,t(2;15)(q22;q15)

7. 46,XY,inv(1)(p31.2;q42)

8. 46,X,invY(p11.2;q11.2)

9. 46,XX,del(5)(p15:)

10. 46,XX inv(12)(p12;q15)

11. 46,inv(Y)(p11.2;q11.2)

12. 47,XY,+21,inv(15)(q15;q24)

13. 46,XX,inv(5)(p15;q33)

14. a,b: 46,XY,der(21;21)(q10;q10),+21

15. 46,XX,t(3;5)(q1;q3),fra(4)(q2)

16. a: 46,XX,t(9;22)(q11;p11).
    b: 43,XX,t(9;22)(q11;p11),-3,-4,-18

11.2 Come formuleresti questo cariotipo?

(La guida alla formulazione del cariotipo è riportata al paragrafo 1.5.1)

1. Cellula maschile. Uno dei cromosomi della coppia n.8 manca; l'altro è anomalo per la presenza di una traslocazione sbilanciata con un cromosoma n.12, con punti di rottura in 8q23 e 12p13.

2. Cellula maschile. Un cromosoma n.11 presenta materiale cromosomico aggiuntivo su p14 di origine non riconosciuta, che sostituisce il segmento compreso fra pter e p14.

3. Cellula femminile. Un cromosoma n.12 ha:
   - un'inversione paracentrica del tratto compreso tra le bande q13 e q21;
   - un'inserzione, subito sotto il segmento invertito, del tratto compreso tra le bande 9q21 e 9q31;
   - una delezione terminale in corrispondenza della banda q23.

4. Cellula femminile. Un cromosoma n.3 ha:
   una delezione interstiziale del tratto compreso tra le bande q22 e q24;
   un'inserzione del tratto compreso tra le bande 1p31 e 1p21 a livello della banda q24.

5. Cellula maschile. Un cromosoma n.5 ha:
   - sul braccio corto (5p13) un'inserzione del tratto compreso tra le bande 14q21 e 14q24;
   - sul braccio lungo (5q34) un'inserzione del tratto compreso tra le bande 7q33 e 7q35;
   - una delezione terminale in corrispondenza della banda 5q35.

6. Cellula femminile. Un cromosoma n.11 ha:
   - sul braccio lungo (11q12) un'inserzione del tratto compreso tra le bande 2p14 e 2p22;
   - una traslocazione con un cromosoma 17 (punti di rottura in 11q24 e 17 p12) che determina la formazione di un cromosoma derivativo dicentrico.

7. Cellula maschile. I due cromosomi n.13 sono uniti per i bracci lunghi a livello della banda q33.

8. Cellula maschile. Un cromosoma n.4 è unito a livello della banda q32 con un cromosoma n.18 (banda p11); si forma un cromosoma con due centromeri, dei quali risulta attivo quello appartenente al cromosoma n.18.

9. Cellula femminile con 47 cromosomi. Manca un cromosoma n.16, sostituito da due cromosomi telocentrici (entrambi forniti di centromero): uno formato dai bracci corti e l'altro dai bracci lunghi del cromosoma n.16.

10. Cellula femminile. Un cromosoma 21 è ad anello con punti di rottura e riunione nelle bande terminali di p e di q; a livello di q21 vi è l'inserzione inversa del tratto compreso tra le bande 12q14 e 12q23.

11. Cellula maschile. È presente un cromosoma ad anello soprannumerario costituito da un cromosoma non noto a cui si unisce il segmento compreso fra le bande 10q22 e 10q25; segue il segmento compreso fra le bande 3q13 e 3q26.

12. Cellula maschile. All'estremità del braccio corto di un cromosoma n.9 è attaccato, per l'estremità del braccio lungo, un cromosoma n.16; all'estremità del braccio corto dello stesso cromosoma n.16 è attaccato, per l'estremità del braccio lungo, un cromosoma n.13. Nessuno dei cromosomi coinvolti mostra un'apparente perdita di materiale.

13. Cellula maschile con traslocazione tra il cromosoma X ed un cromosoma n.17; i punti di rottura sono in Xp21 e 17q24.

14. Cellula maschile con traslocazione tra il cromosoma X ed il cromosoma Y; i punti di rottura sono in Xp21 ed Yq22.

15. Cellula maschile. Il tratto compreso tra le bande q21 e q23 di un cromosoma n.5 è inserito nel braccio corto dello stesso cromosoma, a livello della banda p14; il tratto compreso fra la banda q34 e qter dello stesso cromosoma è coinvolto in una traslocazione reciproca con il braccio lungo del cromosoma X, con punto di rottura in Xq21.

16. Cellula femminile. Un cromosoma n.14 e un cromosoma n.21 sono rotti e riuniti a livello dei centromeri; vi sono inoltre due cromosomi n.21 liberi.

17. Cellule maschili. Vi sono tre cloni cellulari: uno, rappresentato da 15 cellule, ha una traslocazione bilanciata tra un cromosoma n.15 ed un cromosoma n.5, con punti di rottura rispettivamente in 15q12 e 5p14; un secondo clone, di 10 cellule, ha una traslocazione bilanciata tra un cromosoma n.15 ed un cromosoma n.8, con punti di rottura rispettivamente in 15q12 e 8q23; un terzo clone, di 16 cellule, ha una traslocazione bilanciata tra un cromosoma n.15 ed un cromosoma n.12, con punti di rottura rispettivamente in 15q12 e 12q23.

18. Cellula femminile. Sul braccio lungo di un cromosoma n.14 vi è triplicazione del segmento compreso fra le bande q21 e q31; l'ultimo dei tre segmenti è invertito.

19. Cellula femminile. Entrambi i cromosomi della coppia n.6 hanno una delezione del tratto compreso tra le bande q14 e q23; vi è inoltre un cromosoma marker sovrannumerario.

20. Cellula maschile. Il cromosoma X ha una delezione terminale a livello della banda Xq27.

21. Cellula femminile con traslocazioni in cui sono coinvolti un cromosoma X, un cromosoma n.10 ed un cromosoma n.18. Il tratto terminale di un cromosoma X (q27→qter) è traslocato sul braccio corto di un cromosoma

n.18 (p11.2); il tratto terminale del cromosoma n.18 si è trasferito sul braccio lungo di un cromosoma n.10 (q25); il frammento del cromosoma n.10 distale al punto di rottura è traslocato a sua volta sul braccio lungo del cromosoma X (q27).

11.2.1 Soluzioni

1. 45,XY,-8,der(8)t(8;12)(q23;p13) (sistema abbreviato).
   45,XY,-8,der(8)(8pter→8q23::12p13→12pter) (sistema dettagliato).

2. 46,XY,add(11)(p14) (sistema abbreviato).
   46,XY,add(11)(?::p14→qter) (sistema dettagliato).

3. 46,XX,der(12)inv(12)(q13q21)ins(12;9)(q21;q21q31)del(12)(q23) (sistema abbreviato).
   46,XX,der(12)(12pter→12q13::12q21→12q13::9q21→9q31::12q21→12q23:) (sistema dettagliato).
   Da notare che l'inserzione è diretta, in quanto l'orientamento del segmento cromosomico è conservato, quindi può essere indicata anche come "dir ins".

4. 46,XX,der(3)del(3)(q22q24)ins(3;1)(q24;p31p21) (sistema abbreviato).
   46,XX,der(3)(3pter→3q22::3q24::1p31→1p21::3q24→3qter) (sistema dettagliato).
   In questo caso l'orientamento del segmento inserito è cambiato, quindi l'inserzione è inversa, e può essere indicata anche come "inv ins".

5. 46,XY,der(5)ins(5;14)(p13;q21q24)ins(5;7)(q34;q33q35)del(5)(q35) (sistema abbreviato).
   46,XY,der(5)(5pter→5p13::14q21→14q24::5p13→5q34::7q33→7q35::5q34→5q35:) (sistema dettagliato).
   In questo caso la prima inserzione è inversa, la seconda è diretta.

6. 46,XX,der(11;17)ins(11;2)(q12;p14p22)t(11;17)(q24;p12) (sistema abbreviato).
   46,XX,der(11;17)(11pter→11q12::2p14→2p22::11q12→11q24::17p12→17qter) (sistema dettagliato).
   I cromosomi derivativi dicentrici vengono descritti indicando tra parentesi i due cromosomi a cui appartengono i centromeri.
   Da notare che l'inserzione del tratto compreso tra le bande 2p14 e 2p22 è diretta, in quanto, anche se vi è stata una rotazione di 180°, il segmento ha conservato l'orientamento originale rispetto al centromero, essendo passato da un braccio corto ad uno lungo.

7. 45,XY,idic(13)(q33) (sistema abbreviato).
   45,XY,idic(13)(pter→q33::q33→pter) (sistema dettagliato).

8. 45,XY,psu dic(18;4)(p11;q32) (sistema abbreviato).
   45,XY,psu dic(18;4)(18qter→18p11::4q32→4pter) (sistema dettagliato).
   Il cromosoma n.18 è indicato per primo perché porta il centromero attivo.

9. 47,XX,-16,+fis(16)(p10),+fis(16)(q10) (sistema abbreviato).
   47,XX,-16,+fis(16)(pter→p10:),+fis(16)(qter→q10:) (sistema dettagliato).

10. 46,XX,der(21)ins(21;12)(q21;q23q14)r(21)(p13q22) (sistema abbreviato).
    46,XX,der(21)(::21p13→21q21::12q23→12q14::21q21→21q22::) (sistema dettagliato).

11. 47,XY,der(?)r(?;10;3)(?;q22q25;q13q26) (sistema abbreviato).
    47,XY,der(?)(::?→cen→?::10q22→10q25::3q13→3q26::) (sistema dettagliato).

12. 46,XY,tas(9;16;13)(p24;q24p13;q34) (sistema abbreviato).
    46,XY,tas(9;16;13)(9qter→9pter→16qter→16pter→13qter→13pter) (sistema dettagliato).

13. 46,Y,t(X;17)(p21;q24) (sistema abbreviato).
    46,Y,t(X;17)(Xqter→Xp21::17q24→17qter;17pter→17q24::Xp21→Xpter) (sistema dettagliato).

14. 46,t(X;Y)(p21;q22) (sistema abbreviato).
    46,t(X;Y)(Xqter→Xp21::Yq22→Yqter;Ypter→Yq22::Xp21→Xpter) (sistema dettagliato).

15. 46,XY,t(X;5)(q21;q34),der(5)ins(5)(p14q21q23)t(X;5) (sistema abbreviato).
    46,XY,t(X;5)(Xpter→Xq21::5q34→5qter),der(5)(5pter→5p14::5q21→5q23::5p14→5q34::Xq21→Xqter) (sistema dettagliato).
    Nel sistema abbreviato i punti di rottura della traslocazione tra il cromosoma X ed un cromosoma 5, già indicati nella prima parte della formula, non vengono ripetuti nella seconda.
    Da notare che l'inserzione del tratto 5q21→5q23 è inversa (quindi può essere indicata anche come "inv ins"); infatti la banda q21, che normalmente è prossimale rispetto al centromero, è diventata distale, mentre al contrario la banda q23, che normalmente è distale, è diventata prossimale.

16. 46,XX,der(14;21)(q10;q10),+21 (sistema abbreviato).
    46,XX,der(14;21)(14qter→14q10::21q10→21qter) (sistema dettagliato).

17. 46,XY,t(12;15)(q23;q12)[16]/46,XY,t(5;15)(p14;q12)[15]/46,XY,t(8;15)(q23;q12)[10]
    Da notare che si tratta di una "jumping traslocation" in quanto lo stesso segmento cromosomico (15q12→15qter) è traslocato di volta in volta in sedi differenti. I cloni sono stati indicati partendo da quello con un più alto numero di cellule e procedendo con quelli via via più piccoli, indipendentemente dai cromosomi coinvolti nelle traslocazioni.

18. 46,XX,trp(14)(q21q31) (sistema abbreviato).
    46,XX,trp(14)(pter→q31::q21→q31::q31→q21::q31→qter) (sistema dettagliato).
    Da notare che con il sistema abbreviato non è possibile indicare l'orientamento dei segmenti.

19. 47,XX,del(6)(q14q23)x2,+mar (sistema abbreviato).
    47,XX,del(6)(pter→q14::q23→qter)x2,+mar (sistema dettagliato).

20. 46,Y,del(X)(q27) (sistema abbreviato).
    46,Y,del(X)(pter→q27:) (sistema dettagliato).

21. 46,XX,t(X;18;10)(q27;p11.2;q25) (sistema abbreviato).
    46,XX,t(X;18;10)(Xpter→Xq27::10q25→10qter;18qter→18p11.2::Xq27→Xqter;10pter→10q25::18p11.2→18pter) (sistema dettagliato).
    (Il cromosoma X è indicato per primo, segue il cromosoma n.18 perché è quello che ha ricevuto il segmento traslocato dall'X; si descrive infine il cromosoma n.10, che ha trasferito un proprio segmento sul cromosoma X).

CAPITOLO 12

Le malattie genetiche con assegnazione cromosomica

Premessa

Il numero di malattie genetiche che hanno avuto assegnazione cromosomica, accertata o anche solo presunta, è davvero imponente: quasi un terzo delle 5200 patologie genetiche contenute nel **Clinical Database GENUS**.

Conoscere il locus di una eredopatia ha notevole interesse in quanto può consentire il riconoscimento preclinico e prenatale della malattia. Per molte si è iniziato con l'assegnazione su uno (e talvolta anche più) cromosomi, per giungere successivamente alla localizzazione su uno dei bracci, e quindi, restringendo sempre di più il campo, su una banda, sottobanda o banda di sottobanda; il compito è reso possibile con analisi di linkage, utilizzando specifici marcatori molecolari. Talvolta ci si è giovati del fatto che la malattia casualmente segregava con un'aberrazione cromosomica familiare (molto spesso una traslocazione).

Citogenetica tradizionale e genetica molecolare trovano la loro espressione d'intesa più significativa proprio in questo settore della ricerca.

In questo Capitolo sono riportate circa **1550 malattie** genetiche in cui l'assegnazione cromosomica è stata accertata o presunta. I dati sono stati estrapolati da GENUS.

La materia è distribuita in due sezioni: una prima comprende un elenco *per malattia*, che riporta, in ordine alfabetico, le singole malattie e la corrispondente localizzazione cromosomica.

Nella seconda sezione le stesse malattie sono riportate *per distribuzione cromosomica*. Per ogni malattia sono anche riportati il modello di eredità, la bibliografia e una sintesi semiologica.

Alcune malattie trovano assegnazione su più di un cromosoma.

I loci sono stati riferiti al cromosoma o ai singoli bracci.

È stata prevista una serie d'aggiornamenti periodici, in cui, tra l'altro, saranno aggiunti dati particolareggiati per quanto attiene l'assegnazione su ristrette regioni (bande, sottobande) di ciascun cromosoma e l'elenco delle malattie in cui il gene è stato clonato.

Le due sezioni (12.1 "Elenco alfabetico per nome della malattia" e 12.2 "Elenco per distribuzione cromosomica") sono interamente contenute, in formato PDF, nel dischetto che accompagna il volume. A titolo di esempio del contenuto del dischetto, il lettore troverà, qui di seguito, la pagina iniziale di ciascuna delle due sezioni.

12.1 - Elenco alfabetico per nome della malattia
da Genus: Clinical Database for over 5,000 Genetic Disorders

ESEMPIO

Aarskog syndrome
chromosome Xp localization

abetalipoproteinemia
chromosome 4q localization

acanthocytosis band 3 red cell membrane
chromosome 17q localization

acanthosis nigricans Flier type
chromosome 19p localization

acanthosis nigricans-diabetes
chromosome 19p localization

acatalasemia
chromosome 11p localization

acetyl-CoA carboxylase deficiency
chromosome 17q localization

achondrogenesis IB
chromosome 5q localization

achondrogenesis II
chromosome 12q localization

achondroplasia
chromosome 4p localization

achromatopsia
chromosome 2 localization
chromosome 14 localization

achromatopsia incomplete
chromosome Xq localization
chromosome Xq28 localization

acrocallosal syndrome
chromosome 12p localization

acrocephalosyndactyly Pfeiffer type
chromosome 8p localization
chromosome 10q localization

acrofacial dysostosis Nager type
chromosome 9q localization

acrogeria
chromosome 2q localization

acrokeratoelastoidosis
chromosome 2p localization

acromegaly
chromosome 11q localization

ACTH deficiency isolated
chromosome 8q localization
chromosome 2p localization

acute insuline response modified type
chromosome 1p localization

acute myeloid leukemia 1
chromosome 21q localization

acute myeloid leukemia 2
chromosome 1p localization

adenylate kinase deficiency
chromosome 9q localization

adrenal 18-hydroxysteroid dehydrogenase deficiency
chromosome 8q localization

adrenal hyperplasia I
chromosome 15q localization

adrenal hyperplasia II
chromosome 1p localization

adrenal hyperplasia III
chromosome 6p localization

adrenal hyperplasia III late onset
chromosome 6p localization

adrenal hyperplasia IV
chromosome 8q localization

adrenal hyperplasia V
chromosome 6p localization
chromosome 10q localization

adrenal hypoplasia congenital X-linked
chromosome Xp localization

adrenocortical carcinoma
chromosome 11p localization

adrenoleukodystrophy neonatal type
chromosome 7q localization

adrenoleukodystrophy pseudoneonatal
chromosome 17q localization

adrenoleukodystrophy X-linked
chromosome Xq localization
chromosome Xq28 localization

adrenomyeloneuropathy
chromosome Xq localization
chromosome Xq28 localization

adrenomyodystrophy
chromosome X localization

agammaglobulinemia Bruton type
chromosome Xq localization

agammaglobulinemia non-Bruton type
chromosome 14q localization

agammaglobulinemia Swiss type
chromosome Xq localization

agammaglobulinemia X-linked type 2
chromosome Xp localization

aglycogenosis
chromosome 12p localization

agranulocytosis infantile
chromosome 6p localization
chromosome 1p localization

Aicardi syndrome
chromosome Xp localization

12.2 - Elenco delle malattie per distribuzione cromosomica
da Genus: Clinical Database for over 5,000 Genetic Disorders

Disorder:	Inheritance:	Synthesis:	Bibliography [OMIM]:
chromosome 1 localization			
− complement component C1q A chain deficiency	autosomal dominant	clinical findings of systemic lupus erythematous and/or glomerulonephritis.	120550
− complement component C1s deficiency	autosomal dominant	clinical findings of systemic lupus erythematous and/or glomerulonephritis.	120580
− dementia nonspecific type	autosomal dominant	degenerative dementia. Potentially paternal imprinting.	Hum.Mol.Genet. 4,1625-1628,1995 600795
− diphenylhydantoin defect in hydroxylation	autosomal dominant	neurological disturbance, ataxia, nystagmus, mental blunting after administration of diphenylhydantoin due to defect on its hydroxylation.	132810
− fetal hydantoin syndrome	autosomal recessive no genetic	pre-postnatal growth deficiency, trigonocephaly, midface hypoplasia, nail/terminal phalanges hypoplasia, hypospadias, ocular anomalies, single umbilical artery, other defects. Ganglioneuroblastoma lymphoma tendency.	261720 Smith's Recognizable Patterns of Human Malformation. 5th Edition p. 559
− fetal maternal lupus syndrome	autosomal dominant	bradycardia detected in utero, heart block, skin discoid lupus, rash in the newborn.	B.D.Encyclopedia 2112 p.177 Prenat. Diagn. 21, 143-145,2001
− leukemia-associated phosphoprotein p18	sporadic undefinable	acute leukemia of various types with increased cellular levels of an 18-kD cytosolic phosphoprotein (p18) mapping on chromosome 1p.	151442
− lupus erythematosus systemic	supposed autosomal dominant supposed multifactorial	fever, weight loss, cutaneous lesions, erythematous butterfly rash of the face, maculopapular rash after sunlight exposure, alopecia, symmetric arthritis, myalgia, renal disease, peripheral neuropathy, immunological disorders; occasionally fetal myocarditis/heart block.	152700 601690
− methylmalonicacidemia homocystinuria 1	autosomal recessive	first months onset; failure to thrive, neurologic manifestations, spasticity, delirium, seizures, lethargy, megaloblastosis/macrocytic anemia, with normal serum cobalamin and folate concentrations.	277400
− methylmalonicacidemia homocystinuria 2	autosomal recessive	failure to thrive, neurologic manifestations, spasticity, delirium, seizures, lethargy, megaloblastosis/macrocytic anemia with normal serum cobalamin and folate concentration.	277410
− myopathy with lactic acidosis	mitochondrial supposed autosomal recessive	weakness, cramps, severe acidosis, mitochondrial abnormalities, sideroblastic anemia.	255125

CAPITOLO 13

Tecniche di laboratorio

13.1 Alcune osservazioni preliminari

Una raccomandazione preliminare a chi deve allestire colture cellulari: porre in atto tutti gli accorgimenti per evitare ogni sorta di contaminazione e lavorare in condizioni di massima asetticità, così come si fa in una camera operatoria. A questo fine i laboratori devono disporre di adatte attrezzature come *cappe a flusso laminare*, filtri per la circolazione dell'aria, lampade ad UV. Si rimanda alla consultazione di una eccellente raccolta di informazioni al riguardo (Safe working and the Prevention of infection in Clinical Laboratories, 1991). Al paragrafo 13.3 si fa cenno ai rischi professionali legati al lavoro svolto nei laboratori di citogenetica ed i mezzi per la loro prevenzione.

Anticoagulanti

L'anticoagulante di scelta è l'eparina sodica, preferibilmente senza conservanti. Esistono allo scopo provette sterili eparinate e sotto vuoto. È sufficiente, usando una siringa, che le pareti siano appena inumidite di eparina: quantità eccessive dell'anticoagulante possono essere nocive alle cellule. Se il sangue è stato raccolto in EDTA, bisogna eliminarne le tracce lavando sterilmente il campione almeno tre volte in eguale quantità di terreno di coltura e poi trasferirlo in provetta eparinata sterile.

La presenza di qualche coagulo non impedisce di ottenere cellule in quantità sufficiente per l'allestimento di una coltura; i coaguli devono essere posti in terreno eparinato e disaggregati con l'aiuto di una pinzetta.

Per il trasporto e il lavaggio del materiale da porre in coltura si possono utilizzare soluzioni saline isotoniche con idoneo pH, quali ad esempio:
phosphate-buffered salt solution (PBS)
oppure Hank's solution
oppure Earle's solution.

Inquinamenti

Gli inquinamenti non sono purtroppo rari. Quando si sospetta che il materiale pervenuto non sia sterile (come può accadere per i prodotti abortivi) è utile il lavaggio (solo per qualche minuto!) in soluzione salina isotonica arricchita di antibiotici in concentrazione almeno quattro volte superiore a quella che viene usata per i terreni di coltura. Si fa seguire quindi un lavaggio con sola soluzione salina bilanciata (PBS).

La contaminazione di una coltura, quando è batterica, fa virare verso il giallo i terreni di coltura contenenti l'indicatore Rosso fenolo; le infezioni possono essere però anche da funghi, da lieviti, da micoplasmi. In tutti i casi si suggerisce l'invio della fiaschetta o della capsula al laboratorio di batteriologia per caratterizzare l'agente inquinante. Si dovrà altresì tentare di risalire alla fonte dell'inquinamento che potrebbe risiedere nel campione inviato, nelle sostanze adoperate per la coltura (in particolare i sieri!) nell'ambiente non asettico (compresi gli impianti di condizionamento se privi di filtri o con filtri intasati!), nelle manovre poco accorte dell'operatore. Spesso però queste indagini rimangono purtroppo senza esito.

Qualche richiamo ai metodi di coltivazione

Le tecniche riportate in questo capitolo sono state per la maggior parte riprese da due trattati: Verma R.S. and Babu A.: Human Chromosomes. Priciples and Techniques 1995 e Rooney D.E. and Czepulkowski B.H.: Human Cutogenetics: a Practical Approach. Oxford University Press 1992.

I terreni

I terreni sono costituiti da soluzione salina isotonica, aminoacidi essenziali, vitamine, nucleotidi, con aggiunta di rosso fenolo come indicatore del pH (il terreno è giallo-oro in presenza di pH neutro; il colore

vira verso il giallo paglierino se il pH diviene acido).
Le soluzioni saline bilanciate sono alla base di tutti i terreni di coltura, dove agiscono da tampone.
Vi è sempre glucosio con sali inorganici in combinazione per ottenere pressione osmotica e pH ottimali per la crescita. Il pH ottimale per una coltura è tra pH 7,2 e pH 7,4.
Le soluzioni più in uso sono PBS (phosphate-buffered saline), Hanks (HBSS), Earle (EBSS), tampone Hepes. Il terreno tamponato con Hepes, se usato a 37°C, deve avere un pH 7.2-7.35.
I terreni di coltura più comunemente in uso sono: MEM (Eagle); RPMI 1640; McCoy's 5A; Leibovitz L-15; TC199; Ham's nutrient mixtures -F10, F12; Chang. Per le cellule del liquido amniotico e dei villi corionici si è rivelato particolarmente utile il Chang's medium.
La crescita delle cellule in coltura può essere ottenuta in due principali modi: in sospensione nel liquido di coltura, oppure in monostrato (colture monolayer). La prima modalità è preferita per la crescita in vitro dei linfociti e delle cellule midollari. La seconda è impiegata nella coltura dei fibroblasti, degli amniociti e delle cellule provenienti da altri tessuti.
Le colture cellulari possono avvenire in due tipi di sistemi, definiti chiusi ed aperti.
I *sistemi chiusi* di crescita utilizzano incubatori che non richiedono miscela di gas (aria/CO_2) nè umidificazione. Le colture tamponate con Hepes si sviluppano in sospensione in contenitori chiusi. È questo il sistema preferito per le colture dei linfociti. In confronto al sodio bicarbonato, l'Hepes non richiede l'arricchimento con miscela di CO_2.
I *sistemi aperti* sono il metodo di scelta per le colture in situ. Richiedono incubatori a CO_2 e aria (in concentrazioni rispettivamente di 5% e di 95%) umidificati al 97%. Come contenitori sono adoperate le capsule di Petri oppure le fiasche: queste ultime hanno un tappo a vite che va lasciato allentato per tutto il tempo della coltura. La crescita in giare richiede che queste siano gassate con miscela di CO_2.
L'aminoacido essenziale L-glutamina in concentrazione finale di 0.1 mg/mL deve essere aggiunto prima dell'uso al terreno, unitamente ad antibiotico (100U di penicillina e 0.1mg di streptomicina per mL di terreno) e ad un fungicida. I due fungicidi più in uso sono il mycostatin (Nystatin) e l'amphotericin B (Fungizone): si dimostrano equivalenti per efficacia, ma non vanno usati insieme.

Il siero fetale

Per ottenere un'attiva proliferazione cellulare, ai terreni va sempre aggiunto *fetal bovine serum* o *fetal calf serum*. Il siero costituisce di fatto un additivo insostituibile per la crescita delle cellule in coltura, anche se non se ne conoscono a pieno i precisi meccanismi di azione. Viene quasi universalmente adoperato il siero ricavato da feti di vitello (fetal calf serum), ma anche quello di neonati di vitello (NCS) e il siero umano AB (disponibile in commercio) si dimostrano efficaci. La quantità di siero necessario alla coltura è circa 20%. Concentrazioni più basse rendono difficile la crescita, mentre le più elevate si rivelano citotossiche. Il siero può essere ridotto (ma non abolito) con l'uso di sostituti, come ad esempio Ultroser G.

Sostanze mitogeniche

Tanto i linfociti prelevati in epoca post-natale, quanto quelli di provenienza fetale necessitano di sostanze stimolanti in grado di favorire il ciclo mitotico. Queste sostanze sono definite mitogeni e agiscono in quanto trasformano il linfocita in una cellula immatura (blasto) capace di proliferare. Per questa ragione il processo è detto *blastizzazione*. A questo scopo il mitogeno più adoperato è la fitoemoagglutinina (phytohaemagglutinin, *PHA*) una mucoproteina estratta dal *Phaseolus vulgaris* (Moorhead P. S., 1960) che stimola i linfociti T timo-dipendenti (popolazione T).
L'azione mitogenica della PHA si svolge soprattutto attraverso la stimolazione del fattore di crescita interleuchina-2 (interleukin-2) che è uno dei recettori di membrana appartenente alla linfochinesi (lymphokinesis). Le colture da sangue fetale o neonatale, richiedono l'uso di PHA altamente purificata: una delle ragioni del fallimento della coltivazione può essere proprio dovuta alla qualità di PHA adoperata.
Anche altre sostanze hanno dimostrato proprietà mitogeniche in vitro, ma hanno trovato scarsa applicazione pratica: tra quelle che a contatto con i linfociti ne inducono la blastizzazione vanno segnalate: un lipopolisaccaride (LPS), il Pokeweed Mitogen (PWM), il tetradecanoilforbolo (TPA), il soprantatante di colture contenenti il virus di Epstein-Barr, la tubercolina, il siero antilinfocitico.
La stimolazione dei linfociti midollo-dipendenti (popolazione B) richiede invece l'uso di altre sostanze specifiche (v. paragrafo 13.10).

Veleni mitotici

Poiché il ciclo cellulare è asincrono, per ottenere in metafase un numero adeguato di piastre occorre adoperare una sostanza in grado di bloccare in quella determinata fase le cellule che si trovano in divisione. Questa è una proprietà tipica, ma non esclusiva, della colchicina. La durata di trattamento col farmaco varia a seconda che le colture siano sincronizzate oppure no. Per le colture asincrone il trattamento può variare da 1 a 3 ore, mentre per quelle sincronizzate deve essere molto più breve (circa 15 minuti). Va tenuto presente che tempi prolungati rendono i cromosomi contratti e non idonei alla applicazione dei bandeggi.

Trattamento ipotonico

Lo shock ipotonico ha consentito fin dagli anni cinquanta il conteggio corretto dei cromosomi umani. La soluzione ipotonica 0.075M di KCl va preferita ad altre perché altera di meno la struttura dei cromosomi e consente una migliore colorazione degli stessi.

Fissativo

Il fissativo (acido acetico glaciale-metanolo nella proporzione di 1:3) deve essere sempre preparato al momento e usato freddo. Va aggiunto goccia a goccia, agitando le cellule per evitare i precipitati; quando presenti, gli agglomerati vanno *delicatamente* e ripetutamente frantumati in modo da avere una sospensione omogenea delle cellule. Dopo un paio di cicli di lavaggio e centrifugazione, i preparati si lasciano per una notte a +4°C, quindi si effettua un ulteriore cambio di fissativo fresco (oppure una soluzione di acido acetico glaciale al 45%) lasciando la sospensione delle cellule in fissativo; in queste condizioni il materiale può essere conservato anche qualche mese a +4°. Sarebbe comunque buona norma fare dopo qualche settimana la sostituzione con fissativo fresco. Va evitata la preparazione dei vetrini con cellule nelle prime ore che seguono l'aggiunta del fissativo, ma attendere dopo una permanenza di almeno 12 ore a +4°C.

Preparazione dei vetrini

I vetrini devono essere molto puliti, sgrassati e conservati in acqua distillata a +4°.
A questo scopo possono essere pretrattati in miscela di alcohol assoluto con aggiunta di qualche goccia di HCl, oppure con miscela solfocromica e quindi tenuti sotto acqua corrente per non meno di un'ora dopo il trattamento con la miscela (J. de Grouchy, 1984).

La condizione essenziale per studiare i cromosomi è che questi si trovino ben diffusi (spread) nella piastra in modo da poter essere facilmente riconosciuti nella loro interezza: a questo scopo sui vetrini *ancora umidi* si fanno cadere, da una distanza di 30-40 cm, una o due gocce della sospensione delle cellule fissate; si lasciano quindi seccare all'aria prima delle colorazioni e dell'applicazione delle tecniche di bandeggiamento. Per una buona resa dei risultati giocano anche un ruolo non secondario l'umidità e la temperatura dell'ambiente (Lundsteen C, 1985). Le condizioni migliori sono offerte da 20°C con una umidità relativa di poco superiore al 50%.

Osservazione al microscopio

La ricerca sul vetrino delle piastre da utilizzare per il cariotipo va eseguita a piccolo ingrandimento (x10), scegliendo naturalmente le piastre che appaiono più idonee allo studio (colorazione soddisfacente, cromosomi ben distribuiti); si procede quindi all'analisi più particolareggiata usando obiettivo x100.

Chi si accinge per la prima volta allo studio, è necessario che si eserciti alla composizione del cariotipo con i cromosomi tagliati dalle piastre fotografate. È però utile che *fin dall'inizio si cimenti anche a riconoscerli direttamente al microscopio*, aiutandosi con un disegno della piastra che farà su un foglio, cercando di giungere al loro riconoscimento prima del successivo controllo sulla fotografia. È un'operazione che all'inizio potrà sembrare lunga, ma che si rivelerà nel tempo molto utile.

È evidente che le difficoltà aumentano notevolmente quando si studiano i preparati ad alta risoluzione. Nel Capitolo 3 ogni cromosoma è presentato in fasi diverse di spiralizzazione.

Filtri per la sterilizzazione

La disponibilità di materiale sterile monouso ha reso meno frequente l'impiego di filtri. Quelli commerciali per la sterilizzazione di liquidi devono avere porosità di 0.22-0.45 µm, onde garantire la cattura d'organismi contaminanti. La filtrazione va ottenuta per pressione, per evitare che la formazione di CO_2 modifichi il pH (rischio possibile col metodo della suzione) (Martuzzi M, Dallapiccola B, 1990).

Tabella 13.1. Sistema Internazionale per le misure di lunghezza (MKS)

Sottomultipli del metro			
1	m		metro
$1*10^{-1}$	m =	1 dm	(decimetro)
$1*10^{-2}$	m =	1 cm	(centimetro)
$1*10^{-3}$	m =	1 mm	(millimetro)
$1*10^{-6}$	m =	1 µm	(micrometro o micron)
$1*10^{-9}$	m =	1 nm	(nanometro)
$1*10^{-10}$	m =	1 Å	(angstrom)
$1*10^{-12}$	m =	1 pm	(picometro)
$1*10^{-15}$	m =	1 fm	(femtometro)
$1*10^{-18}$	m =	1 am	(attometro)

Mezzi di colorazione

La colorazione più largamente odoperata è quella con il Giemsa, una miscela di eosina e azzurro B, in grado di legarsi al DNA.

Soluzioni:
1) tampone fosfato (KH$_2$PO4 0.025M) 3.4 g/L portato a pH 6.8 con 50% NaOH
2) soluzione Giemsa:
   5 mL di Giemsa in 45 mL di tampone fosfato.

Procedura:
i tempi di colorazione possono variare in base ai bandeggi eseguiti, all'invecchiamento dei vetrini, ecc. È quindi buona regola *seguire sempre al microscopio la colorazione a fresco*, prima cioè di procedere al lavaggio dei vetrini
Abitualmente il tempo di colorazione è di circa 10'. Ritenuta soddisfacente, i vetrini vengono lavati sotto acqua corrente ed essiccati con l'ausilio di un asciugacapelli.
La colorazione con *orceina* (aceto-orcein staining) dà egualmente buoni risultati, ma ha trovato meno impiego della precedente.

Soluzioni:
1) orceina sintetica 4 g;
2) acido acetico glaciale 200 mL (la soluzione aceto-orcein 2% si trova disponibile in commercio).

Procedura:
agitare per 4-5 h a 80°C;
portare a 2 litri con acqua distillata e quindi filtrare su carta Whatman n. 1;
Conservare in bottiglie scure e filtrare prima dell'uso.

13.2 Tessuti di provenienza per lo studio del cariotipo

Per lo studio dei cromosomi è necessario che le cellule siano in attiva proliferazione, in quanto sono idonee solo quelle che si trovano in fase di replicazione. Ciò accade spontaneamente per un numero molto limitato di tessuti (midollo osseo, cellule gonadiche, cellule del trofoblasto, cellule tumorali). In questi casi l'esame è eseguito direttamente (*preparazioni dirette*). In tutti gli altri casi è necessario indurre artificialmente le cellule ad un aumentato ritmo replicativo, e ciò per mezzo di *colture in vitro*, che possono essere a *breve, medio e lungo termine*.

Linfociti

Le cellule che sono più impiegate per lo studio dei cromosomi sono i linfociti del sangue circolante: 5-10 mL di sangue venoso negli adulti; 1mL o più nei neonati.
Possono però essere effettuate microcolture con quantità ancora minori (0.5 mL di sangue intero) usando appositi kit. Ciò è soprattutto utile per il sangue fetale, dove occorre spesso allestire più di due colture sia per avere più mitosi da analizzare, sia per poter impiegare concentrazioni diverse di specifici additivi (ad esempio nella ricerca del fra(X) o anche per usare altri mitogeni (EBV in sostituzione di PHA, nei casi di immunodeficienza da mancanza di linfociti T, come nella malattia di Di George). Per la coltura può essere quindi utilizzato il sangue intero (specialmente quando si dispone di piccoli campioni di sangue), o più di frequente i soli globuli bianchi (in realtà è utile la sola frazione dei linfociti) sospesi nel plasma di provenienza. Come anticoagulante, l'eparina sodica sterile (150 UI/mg) trova impiego quasi universale.
Alcune malattie genetiche comportano naturale difficoltà di crescita delle cellule, come ad esempio le malattie con instabilità cromosomica (v. paragrafo 5.13), ma talvolta anche specifiche patologie cromosomiche del feto. Diversi accorgimenti sono volti a superare questo ostacolo, come ad esempio arrestare la coltura dopo 24h-30h, isolare le cellule dal plasma (nei casi si supponga la presenza di fattori inibitori plasmatici). Si tratta nel complesso di evenienze piuttosto rare, e molte delle malattie in questione possono giovarsi di diagnosi molecolare e dell'applicazione della

FISH sui nuclei cellulari in interfase. In caso di sospetta presenza di fattori plasmatici inibitori della crescita, possono essere efficaci un paio di lavaggi delle cellule in un terreno prima di procedere alla coltura.

Con i linfociti possono essere allestite colture per ottenere linee linfoblastoidi immortalizzate con EBV (Epstein-Barr virus) (Neitzel H., 1986).

Si raccomanda di allestire le colture entro poche ore dal prelievo; se si prevede di utilizzare il sangue a distanza di qualche giorno è opportuno diluirlo con soluzione salina bilanciata sterile.

Va tenuto presente che i linfociti circolanti hanno limitata sopravvivenza dopo la morte, per cui sono inutilizzabili se raccolti dopo 1h-2h dal decesso. Fanno eccezione quelli del distretto splenico, che possono invece essere utilizzati finanche dopo 12 ore dalla morte.

Midollo osseo

La tecnica è limitata quasi esclusivamente alle malattie emopoietiche.

L'aspirato midollare (1-2 ml) va subito messo in provetta sterile eparinata e contenente 10 ml di terreno completo (lo stesso in uso per le colture dei linfociti) arricchito di penicillina e streptomicina. Non va raffreddato ma consegnato in tempi brevi al laboratorio. Le sedi di elezione per il prelievo dei frustoli midollari sono lo sterno e la cresta iliaca. L'indicazione quasi esclusiva è rappresentata dalle emopatie (v. Capitolo 10). Può accadere che l'aspirazione midollare non dia esito a materiale contenente cellule, come ad esempio nelle mielofibrosi primitive o secondarie.

Se le colture non possono essere subito allestite, il campione, conservato in frigo, deve essere comunque utilizzato al massimo entro 2-3 giorni.

Linfonodi e tessuti solidi tumorali

Anche dai *linfonodi* e dai *tessuti solidi tumorali* è possibile ottenere cellule per lo studio citogenetico.

Fibroblasti

I fibroblasti si ottengono per biopsia cutanea e trovano impiego soprattutto quando occorre scoprire o valutare il grado di un mosaicismo; infatti non sempre due linee cellulari, provenienti da tessuti differenti, presentano in eguale percentuale un clone aberrante.

I fibroblasti rappresentano anche il tessuto di scelta quando si sospetta espressione tessuto-specifica, come è il caso della sindrome da tetrasomia 12p (sindrome di Pallister-Killian) dove l'anomalia può non essere ritrovata nei linfociti (Hunter A. G. W., 1985).

I fibroblasti possono essere prelevati da cadavere anche due o tre giorni dopo la morte.

Versamenti endocavitari

Lo studio citogenetico diretto si può rivelare utile nei versamenti della cavità pleurica o di quella peritoneale quando se ne sospetti la natura neoplastica. Molto spesso infatti questa citologia mostra aberrazioni cromosomiche numeriche e/o strutturali. Non si ottengono però sempre risultati soddisfacenti per la quantità e anche per la qualità delle mitosi. Può essere impiegata con successo la citometria a flusso per una valutazione della quantità del DNA cellulare (poliplodia; iperdiploidia; ipodiploidia).

Biopsie ovariche e testicolari

Le biopsie ovariche e testicolari sono eseguite per lo studio delle meiosi.

Liquido amniotico (amniocentesi)

In epoca prenatale la più diffusa coltura è quella degli amniociti che si ottengono dal liquido amniotico (l.a.). Nel l.a. si trovano cellule di varia provenienza: epidermide del feto, cellule delle mucose dell'apparato respiratorio e di quello digerente, cellule delle vie genitourinarie e della membrana amniotica. Le cellule di esfoliazione provenienti dagli strati più superficiali non sono vitali, mentre invece lo sono quelle provenienti dallo strato basale. A seconda delle caratteristiche citomorfologiche che assumono durante la crescita, sono state suddivise in tre tipi:

Fibroblast-like o *tipo F* perché molto simili agli espianti primari cutanei;

Epithelial-like o *tipo E* con scarsa capacità di crescita e con cellule a forma rotondeggianti o poligonali;

Amniotic Fluid o *tipo AF*, con caratteri intermedi tra le due precedenti. Le cellule si presentano allungate alla periferia e rotondeggianti all'interno delle colonie. Esse rappresentano la maggioranza delle cellule che crescono in coltura.

Il numero di cellule vitali nel liquido amniotico si va progressivamente riducendo con il proseguire della gravidanza; *il periodo più adatto per l'amniocentesi è la 16° settimana*. ma molti preferiscono anticipare questa data. Il volume di l.a. da prelevare è circa 20 mL, e va distribuito in aliquote eguali in due diversi contenitori sterili a fondo conico.

Durante il primo trimestre della gravidanza la quantità del l.a.. non supera i 25 mL. per raggiungere i 250 mL alla XVI settimana di gestazione; la maggiore quantità (1000 mL) viene raggiunta verso la 34° settimana, per poi decrescere (circa 700 mL) al termine della gravidanza.

La tecnica di prelievo più adoperata è l'aspirazione transaddominale sotto controllo ecografico.

La coltura deve essere avviata il più presto possibile. Comunque *campioni conservati a temperatura ambiente per 1-2 giorni sono ancora utilizzabili*. Per il trasporto del liquido vanno adoperati contenitori sterili a base conica, così da potere centrifugare direttamente il campione senza ulteriori trasferimenti. Va ricordato che le basse temperature danneggiano le cellule, per cui se necessita la spedizione del campione, questo *non va posto in ghiaccio*.

Il colore è di norma giallo-paglierino; un colore tendente al rosa indica la presenza di sangue materno. Se presenti, i coaguli vanno rimossi. Un colore brunastro indica emolisi non recente. *La presenza di sangue non pregiudica l'esito della coltura, ma ne può ritardare la crescita*. Comunque le colture con presenza di sangue vanno egualmente utilizzate, purché sterili. È buona norma tenere informato l'ostetrico della paziente sullo stato non ottimale del materiale pervenuto. Le complicazioni secondarie alle manovre cruente di prelievo hanno una incidenza stimata dello 0.5%. Anche il rischio di contaminazione da parte di cellule di provenienza materna raggiunge questa percentuale.

Le cellule presenti nel sacco amniotico sono eterogenee (cute, cellule dell'apparato respiratorio e urinario) e variano con lo stadio della gravidanza: pur se il numero varia da 10^3 a 10^6/mL solo poche cellule sono in grado di formare colonie. Va tenuto presente che le cellule aumentano progressivamente durante la gravidanza, ma in contemporanea aumenta la percentuale delle cellule morte (verso la 20° settimana le cellule morte sono la maggioranza). Per una dettagliata descrizione delle caratteristiche del l.a. si rimanda a trattati specialistici (A. Milunsky, 1992; J. E. Dimmick, 1992). È stato da tempo notato nei difetti di chiusura del tubo neurale una precoce e più rapida adesione degli amniociti, al punto da potere essere considerato un elemento di sospetto per difetti neurali (C. M. Gosden, 1977). È stato anche segnalato un aumento nella incidenza (1.4% contro l'atteso 0.2%) di piede equino-varo nei casi di amniocentesi anticipate (prima della 14° settimana). Il difetto è però quasi sempre lieve e necessita raramente di trattamenti correttivi (E. C. Roper, 1999).

Villi corionici (villocentesi)

Sono utilizzate anche, per l'esame diretto o per la coltivazione, le cellule dei villi corionici dove il citotrofoblasto contiene molte cellule in spontanea divisione.

Il prelievo da villi coriali, che è eseguito intorno alla 10° settimana, va preferito quando il rischio di trovare anomalie cromosomiche è elevato (per esempio se uno dei genitori è portatore di traslocazione bilanciata) o quando è utile conoscere in tempi brevi il sesso del nascituro, per malattie *sex-linked* o *sex-limited*. Ad eccezione di poche altre indicazioni, è preferibile l'esame da liquido amniotico, sia per la semplicità della tecnica di prelievo (amniocentesi), sia per la maggiore affidabilità dei risultati.

È stato notato che la percentuale di patologie cromosomiche fetali è più elevata nei campioni ottenuti da villocentesi che da amniocentesi. Ciò in quanto la prima modalità di prelievo anticipa la diagnosi di feti che terminerebbero in aborto spontaneo prima che sia effettuata l'amniocentesi.

Sangue fetale (funicolocentesi)

Sul feto possono essere eseguiti prelievi attraverso funicolocentesi (*cordocentesi, percutaneous umbilical blood sampling*). Si ricorre a questa tecnica solo in casi particolari: qualche volta, ad esempio, per confermare un mosaicismo. Vanno tenuti presenti i rischi maggiori che comporta questa procedura invasiva.

Le cellule nucleate (comprensive di granulociti ed eritroblasti) che si ottengono da cordocentesi hanno, a differenza delle post-natali, un indice mitotico spontaneo che consente lo studio citogenetico anche da coltura condotta per sole 12h-24h, facendo naturalmente uso di un inibitore metafasico (colchicina). Nelle colture a più breve termine, si raccomanda di usare come mitogeno PHA molto purificata.

Nati morti e aborti

L'analisi dei cromosomi può essere effettuata anche su morti alla nascita o su feti morti in utero (dopo la 14°-16° settimana): in questi casi il tessuto di scelta è il sangue prelevato dalla cavità cardiaca. Nelle morti intrauterine il sangue si presenta molto spesso lisato, ma ciò non pregiudica il risultato dello studio. Altri tessuti utilizzabili, in queste circostanze, sono la placenta e la cute. Il tessuto placentare è indicato nei casi in cui la morte del feto risale anche a 2-3 giorni (attenzione però alla facile contaminazione da parte delle cellule materne!).

Biopsia placentare (placentocentesi)

Poco praticata è la biopsia placentare per l'acquisizione di sangue fetale, mentre è impiegata per il prelievo dei villi placentari nel II e anche III trimestre della gravidanza. Sono tecniche cui si ricorre di rado, e solo per poche specifiche indicazioni.

Sangue circolante materno

Da alcuni anni si fanno tentativi per ottenere cellule fetali con procedure incruente: sono stati applicati metodi diversi per isolarle durante il primo trimestre della gravidanza (Durrant LG, 1996; Steele CD, 1996; Sitar G, 1997): difficoltà sono rappresentate, tra l'altro, dalla bassissima percentuale delle cellule che si possono isolare e dal prezzo elevato delle procedure, per cui è ancora prematuro pensare ad un'applicazione pratica del metodo.

Canale cervicale

Una tecnica egualmente non invasiva consiste nel prelevare cellule con sistemi di raccolta diversi (lavaggio, aspirazione, raschiamento) tra la 6° e la 13° settimana di gestazione (Adinolfi M, 1995; Clerici G, 1997). I nuclei in interfase delle cellule così ottenute possono essere analizzate applicando la FISH ed usando sonde specifiche per le più comuni cromosomopatie (aneuploidie del cromosoma X e Y, trisomia 21, 13, 18, poliploidie). Il metodo, che dà risultati ritenuti soddisfacenti, si è rivelato utile anche per lo studio molecolare mediante PCR.

ICSI (intracytoplasmic sperm injection)

In alcuni casi di infertilità maschile viene da qualche anno effettuata la fertilizzazione mediante iniezione degli spermatozoi negli ovociti. La tecnica, nota come ICSI è il mezzo di scelta nei casi di grave infertilità maschile (Bowen JR, 1998). Dal follow-up su oltre 800 nati da gravidanze così ottenute, è risultato un aumento, però non significativo, di aberrazioni cromosomiche de-novo o familiari, di provenienza sempre paterna. Anche la percentuale di malformazioni congenite osservate non si discosterebbe da quelle attese (M. Bonduelle, 1996).

Blastocisti

Dal 1990 sono ricercate anomalie cromosomiche su blastocisti (*) in fase di *preimpianto*, applicando la FISH e sonde specifiche per singoli cromosomi. L'applicazione è rivolta però principalmente a malattie genetiche con riconoscibili difetti molecolari (Harper JC, 1996; Prenat. Diagn. 19(13), 1999).
Usando il metodo della ibridazione genomica comparativa (Comparative Genomic Hybridization, CGH) è possibile scoprire aneuploidie anche su un piccolissimo numero di cellule, o addirittura su singola cellula amplificando il DNA con DOP-PCR (degenerate oligo-nucleotide-primed PCR) (Voullaire L, 1999).

(*) Richiami embriologici. Dalla cellula fecondata (zigote) inizia la moltiplicazione cellulare per successive divisioni delle cellule; queste divisioni costituiscono altrettanti stadi di sviluppo che riconoscono una definita cronologia:
in seconda giornata dall'avvenuta fecondazione, lo zigote si divide; durante la terza giornata il prodotto del concepimento acquista già l'aspetto definito morula (8-16 cellule); in quarta giornata si ha la blastocisti precoce, caratterizzata dall'inizio di una cavità nell'interno della sfera di cellule; in quinta giornata questa cavità si fa più ampia (blastocisti avanzata) (64 cellule). Dalla blastocisti derivano sia le cellule che costituiranno il feto, sia quelle dei tessuti extra-embrionali.
Se la blastocisti ha un mosaicismo e la cellula o le cellule anomale sono quelle che contribuiranno alla produzione dei tessuti extra-embrionali, non vi saranno ripercussioni sul feto; se invece le linee cellulari anomale sono destinate alla formazione dell'embrione, possono derivare danni al fenotipo (al paragrafo 13.8.2 sono riportate le possibili conseguenze derivanti da un mosaicismo confinato ai tessuti extra-embrionari).
Alla fine della prima settimana di gestazione inizia l'impianto sull'endometrio.
Durante la seconda settimana il trofoblasto inizia ad invadere l'epitelio endometriale e a differenziarsi in citotrofoblasto (trofoblasto cellulare o interno) e sinciziotrofoblasto (trofoblasto sinciziale o esterno). Tra i due strati che compongono il citotrofoblasto si differenzia il mesoderma extraembrionale. Dal sinciziotrofoblasto inizia la formazione dei villi primari.
La cavità amniotica compare al polo embrionale, tra il citotrofoblasto e il disco embrionale (massa cellulare interna).
Già verso la fine della seconda settimana, l'embrione umano induce un sollevamento di qualche millimetro della superficie epiteliale dell'endometrio in cui affonda.

Primo corpuscolo polare

Limitatamente ad alcune malattie genetiche e disordini citogenetici, viene anche eseguito lo studio molecolare o citogenetico sul polar body. La tecnica consente il riconoscimento di disordini genetici di origine materna prima della fertilizzazione dell'ovocita (Flaherty S. P., 1995; Dyban A., 1996). È stata applicata anche alla diagnosi precoce di aneuploidie in donne a rischio per l'età (Y. Verlinsky, 1996).

Tessuti abortivi

Possono essere prelevati diversi tessuti fetali (cute, sangue prelevato dalla cavità cardiaca, ecc).
Anche i condrociti fetali hanno trovato utilizzo in caso di particolari displasie dello scheletro (Prenat. Diagn. 16:165-168, 1996).

13.3 Rischi professionali nei laboratori di citogenetica e mezzi di prevenzione

Nei laboratori di citogenetica sono usate molte sostanze chimiche potenzialmente dannose, per cui è richiesta l'applicazione di idonee norme protettive e preventive.
Non solo devono essere prese adeguate misure protettive per tutelare la sicurezza degli operatori, ma devono anche essere messe in atto le procedure idonee alla conservazione come alla eliminazione delle sostanze adoperate.
Si consiglia al riguardo la lettura dei regolamenti e direttive pubblicati per conto della HMSO (HSE, 1993) e quanto pubblicato sulla sicurezza degli operatori e la prevenzione dalle infezioni in laboratorio (HSC, 1991).
Le cappe a flusso laminare (*laminar flow cabinet*) più sicure per l'operatore, in quanto offrono una protezione completa da contaminanti provenienti dai campioni, sono quelle fornite di portello frontale e dotate di doppio filtro, uno di aspirazione e l'altro di emissione.
Esistono cappe a *flusso orizzontale* ed a *flusso verticale*. Entrambe sono idonee ai laboratori di citogenetica, per quanto le seconde sono più adeguate poichè non espongono l'operatore a rischio di infezioni, specie quando si devono trattare campioni potenzialmente rischiosi (infetti o neoplastici).
Ci limitiamo in questa sede a ricordare i principali tipi di potenziali rischi.
Sono dannosi per inalazione: acido acetico, xylene, formamide, glutaraldeide, etanolo, metanolo.
Anche le operazioni necessarie alla preparazione della soluzione solfocromica (talvolta usata per la pulizia dei vetrini) (J. de Grouchy, 1984) richiedono particolari cautele, per la pericolosità della inalazione durante la preparazione della miscela.
Sono citotossiche molte sostanze chimiche usate come coloranti, clastogeni, bloccanti delle mitosi, fissativi. Tra i più usati: l'actinomicina D, il colcemid, la fluorodeossiuridina, la bromodeossiuridina, la distamicina A, l'isotiocianato di fluoresceina, l'arancio di acridina, e diverse altre.
Alcune sostanze citotossiche hanno anche proprietà mutageniche, cancerogeniche, teratogeniche: rientrano in questa categoria i fluorocromi, la formamide, gli agenti che inducono rotture dei cromosomi (clastogeni), quali la bleomicina, il diepossibutano, l'adriamicina. Particolare attenzione meritano i trattamenti volti al riconoscimento delle malattie da instabilità cromosomica (v. paragrafo 13.16).
Gli *agenti alchilanti* che reagiscono principalmente con le basi timina e guanina del DNA inducono danni cromosomici e mutazioni geniche; hanno effetti mutageni gli *analoghi delle basi del DNA*, perché ne compromettono la stabilità; egualmente nocive sono le sostanze ad *effetto sincronizzante* sul ciclo cellulare, e che trovano applicazione nei bandeggi ad alta risoluzione. Particolare osservanza alle norme di sicurezza si impone alle operatrici in stato di iniziale gravidanza.

13.4 Le tecniche di bandeggio più in uso

Sono qui riportate le tecniche di bandeggio più in uso; seguirà nel paragrafo successivo la descrizione di quelle che trovano meno frequente impiego.
GAG (G, Acetic saline, Giemsa)
GTG (G, Tripsina, Giemsa)
QFQ (Q, Fluorescenza, Quinacrine)
RHG (R, Heat, Giemsa)
RFA (R, Fluorescenza, Acridine)
CBG (C, Bario, Giemsa)
NOR Ag-As (Nucleolar Organizer Regions)
DA/DAPI
Chinacrina/Actinomicina D.
Va sottolineato che per tutte le metodiche riportate è necessario che ogni laboratorio proceda ad una fase di ottimizzazione, in quanto i risultati sono influenzati da un numero notevole di variabili.

GAG (G-Acetic saline-Giemsa)

I vetrini seccati all'aria si lasciano per una notte a 55°-60° (in alternativa per 1h a 80°-90° in stufa a secco). Se non si attua il preriscaldamento, i vetrini si lasciano invecchiare a temperatura ambiente per 5-7 giorni.

Soluzioni:
1) citrato di sodio 0.9% e cloruro di sodio 1.8% in parti eguali
2) Giemsa 5% in NaCl 0.9%
3) colorante Giemsa:
4) Giemsa 5 mL
5) KH_2PO_4 0.025M 45 mL
6) portare a pH 6.8 con NaOH al 50%.

Procedura:
a) porre i vetrini nella soluzione preriscaldata a 56°C per tempi variabili da meno di 30' a 60' in base allo stato dei vetrini (età, modo di conservazione). È consigliabile pertanto seguire al microscopio i preparati a fresco per evitare di arrestare il bandeggio in tempi troppo brevi (bande poco visibili) o troppo lunghi (cromosomi denaturati);
b) sciacquare in acqua corrente e lasciare asciugare all'aria;
c) colorare per una diecina di minuti con soluzione di Giemsa *preparata al momento*.

Un altro protocollo prevede l'impiego combinato della tripsina e di tampone caldo:

Soluzioni:
1) Giemsa 1 g in 66 mL di metanolo e 66 mL di glicerina, lasciato mescolare con agitatore magnetico per 2 giorni a temperatura ambiente;
2) Tampone fosfato pH 6.8 (KH_2PO_4 0.025M portato a pH 6.8 con NaOH al 50%);
3) Tripsina (1:250)-EDTA (5 g/L di tripsina e 2 g/L di EDTA).

Soluzione di lavoro (da preparare al momento):

Tampone fosfato	26 mL
Giemsa-metanolo-glicerina	7 mL
Tripsina-EDTA	1 mL
Giemsa	0.8 mL

Procedura:
a) incubare per 8' in tampone fosfato a 56°C
b) lavare i vetrini con acqua distillata
c) ricoprire i vetrini con la soluzione di lavoro
d) dopo 8' lavare con acqua distillata.

GTG (G-Trypsin-Giemsa)

È una delle tecniche più largamente applicate. Consiste nel trattare i cromosomi con un enzima proteolitico, la tripsina. In questo modo sono digerite le proteine istoniche, ciò che consente la visualizzazione delle bande G. Si ottiene infatti un bandeggio sovrapponibile al QFQ, con il vantaggio di una migliore risoluzione e permanenza dei risultati. Le bande G (come le bande Q) corrispondono ad eterocromatina dispersa, ricca in sequenze A+T e corrispondono solo ad un limitato numero di geni attivi, a differenza delle bande R; hanno tempo di replicazione più tardivo rispetto alla cromatina costitutiva delle bande R e corrispondono ai cromomeri che si osservano in fase di pachitene. Specifico delle sequenze A+T è il fluorocromo Hoechst 33258 (v. paragrafo 13.5).

Sono proposti due metodi alternativi.

(A)

Soluzioni:
a) PBS (pH 7) (*)
b) soluzione di tripsina 0.05% (tripsina 1:250 mg 35 in 70 mL di PBS) (preparata al momento)
c) colorante Giemsa:
Giemsa 5 mL
KH_2PO_4 0.025M 45 mL
(portare a pH 6.8 con NaOH al 50%).

Procedura:
a) incubare i vetrini nella soluzione di tripsina per tempi che possono essere variabili (da 10" a più di 30")
b) lavare i vetrini immediatamente dopo il tempo di incubazione in PBS fredda
c) colorare con soluzione di Giemsa per 5-10' (seguire al microscopio la colorazione a fresco, prima cioè di procedere al lavaggio dei vetrini); sciacquare con acqua distillata e lasciare asciugare all'aria.

(*) PBS (phosphate-buffered saline):

NaCl	8 g
KCl	0.2 g
Na_2HPO_4 anidro	0.92 g
KH_2PO_4 anidro	0.2 g
acqua distillata	1L

(B)

Soluzioni:
1) Dulbecco's PBS-CMF:
2) soluzione di tripsina (0.05%):
tripsina (1:250) 50 mg
soluzione di Dulbecco 100 mL
(preparare al momento. Usare a temperatura ambiente per non più di 3h-4h)
3) soluzione tampone di Gurr (Gurr's buffer solution) (pH 6.8):

Gurr's buffer solution	1 compressa
acqua distillata	1000 mL |("...

colorante Giemsa (Giemsa staining solution 5%):

acqua distillata	42.5 mL
Gurr's buffer solution (pH6.8)	5.0 mL
Giemsa	2.5 mL

(preparare al momento ed usare entro 3h).

Procedura:
I vetrini seccati all'aria si lasciano per una notte a 55°C-60°C (in alternativa per 1h a 80°C-90°C in stufa a secco). Se non si attua il preriscaldamento, i vetrini si lasciano invecchiare a temperatura ambiente per 5-7 giorni.
Si procede quindi come segue:
a) porre i vetrini per 5'-10' in soluzione di tripsina
b) sciacquare in PBS-CMF freddo (4°C)
c) colorare con Giemsa per 5'-10'
d) sciacquare con acqua distillata e lasciare asciugare all'aria.

La sensibilità alla digestione con tripsina è variabile; i tempi di trattamento possono essere più brevi per i linfociti e per le cellule midollari in confronto a quelli necessari per i fibroblasti. È consigliabile pertanto, come sopra detto, seguire al microscopio i preparati a fresco per evitare di arrestare il bandeggio in tempi troppo brevi (bande poco visibili) o troppo lunghi (cromosomi denaturati). La tecnica di digestione al calore offre il vantaggio di avere un range di tempo più lungo

Il bandeggiamento G offre rispetto al Q il vantaggio di dare preparati permanenti. A differenza di quest'ultimo però richiede diversi tentativi prima di giungere ad ottimizzare la tecnica.

QFQ (Q-Fluorescence-Quinacrine)

Caratteristiche sovrapponibili a quelle riferite per la GTG. La mostarda di chinacrina, come il suo analogo diidrocloridrato, si lega al DNA indipendentemente dalla prevalenza delle coppie AT o GC. Tuttavia mostra predilezione per le sequenze AT ed inoltre è sensibile anche al contenuto in proteine dei cromosomi. Il bandeggiamento è analogo a quello G rispetto al quale consente una più fine analisi delle regioni eterocromatiche dei cromosomi n.1, 9, 16 e Yq, delle regioni pericentriche dei cromosomi n.3, 4, e dei satelliti degli acrocentrici. Può inoltre evidenziare le eventuali differenze nelle regioni eterocromatiche degli omologhi.

Soluzioni:
1) Tampone di McIlvaine (McIlvaine's buffer) (pH 5.4):

acido citrico ($H_3C_6H_5O_7$)	2.1 g
Na_2HPO_4	3.9 g
acqua distillata	500 mL

2) soluzione colorante di chinacrina (Quinacrine staining solution):

Atabrine	100 mg
McIlvaine's buffer (pH 5.4)	200 mL

(dissolvere e filtrare. Conservare al riparo dalla luce o in recipiente scuro a 4°C).

Procedura:
a) colorare i vetrini per 10'-15' in soluzione di chinacrina (al riparo dalla luce!)
b) lavare sotto acqua corrente per rimuovere l'eccesso di fluorocromo
c) porre in McIlvaine's buffer per 1'-2'
d) montare con lo stesso buffer, rimuovendo l'eccesso di tampone
e) esaminare i vetrini usando lunghezze d'onda tra 450 e 500 nm.

La durata della fluorescenza è breve e decade già durante l'osservazione al microscopio!

Sui cromosomi appaiono bande più o meno brillanti. Particolarmente intensa è la luminescenza nel tratto distale del cromosoma Y.

È una tecnica dai risultati facili ad ottenere e si rivela utile nella interpretazione di alcuni eteromorfismi cromosomici. Lo svantaggio viene dal fatto che la fluorescenza, come già detto, decade rapidamente per cui il bandeggio è temporaneo; il contrasto inoltre è inferiore a quello ottenibile con il bandeggio G.

RHG (R-Heat-Giemsa)

Le regioni cromosomiche R-positive sono ricche di sequenze GC, hanno tempo di replicazione più precoce rispetto alle regioni che formano le bande G/Q e contengono inoltre un numero di geni attivi maggiore.

Il calore (non superiore a 85°C) denatura le regioni ricche di sequenze AT, risparmiando quelle GC che offrono per questo motivo un bandeggiamento definito R o *"reverse G bands"*

Oltre al calore, esistono molte altre sostanze che denaturano selettivamente il DNA e che possono essere adoperate per individuare tratti selettivi. Ad esempio colorando i vetrini con arancio di acridina dopo esposizione ai raggi UV (che denaturano le sequenze con pirimidine adiacenti) si ottiene un bandeggio R. È una tecnica però che non trova molta applicazione. Sostanze denaturanti più usate allo scopo sono invece alcune soluzioni alcaline (idrossido di bario) (v. bandeggiamento CBG).

Soluzioni:
1) tampone di Sorensen (Sorensen's buffer) (0.06 M, pH 6.5)
   KH$_2$PO$_4$ 5.60 g
   Na$_2$HPO$_4$ 2.64 g
   acqua distillata   1 L
2) soluzione Giemsa (5%)
   acqua distillata   42.5 mL
   tampone di Sorensen   5.0 mL
   Giemsa   2.5 mL
   (preparare la soluzione fresca, da usare entro 2h-3h).

Procedura:
a) lasciare invecchiare i vetrini per almeno una settimana a temperatura ambiente (per vetrini di recente preparazione i tempi di trattamento devono essere molto prolungati).
b) preriscaldare il tampone Sorensen in bagnomaria a 85° C (questa temperatura è critica!);
c) incubare i vetrini nel tampone per tempi molto variabili a seconda dello stato dei vetrini (da meno di 15' a circa un'ora). I tempi sono inversamente proporzionali all'invecchiamento dei vetrini. È consigliabile pertanto standardizzare bene la durata del bandeggio per evitare di arrestarlo in tempi troppo brevi (bande poco visibili) o troppo lunghi (cromosomi denaturati).
d) lavare i vetrini in tampone;
e) colorare con Giemsa per 6'-10', quindi lavare in acqua distillata e lasciare asciugare all'aria
f) montare in Permount.

È stata impiegata, come tecnica alternativa, la soluzione tamponata di Earle priva di bicarbonato.
Il bandeggio R può essere usato per esami citogenetici di routine. Uno dei principali vantaggi nei confronti del bandeggio G è che le regioni telomeriche appaiono colorate in maniera più evidente; le regioni eterocromatiche per contro non vengono di solito colorate. Nella maggioranza dei laboratori viene preferito il bandeggio G.

RFA (R-Fluorescence-Acridine)

Soluzioni:
1) tampone di Sorensen (Sorensen's buffer) (0.06 M, pH 6.5):
   KH$_2$PO$_4$ 5.60 g
   Na$_2$HPO$_4$ 2.64 g
   acqua distillata   1 L
2) Soluzione colorante di arancio di acridina (0.01%):
   acridine orange   10 mg
   Sorensen's buffer   100 mL
   dissolvere il colorante in tampone e filtrare. Conservare al riparo dalla luce a 4°C.

Procedura:
a) lasciare invecchiare i vetrini a temperatura ambiente per 2-3 settimane
b) preriscaldare il tampone a bagnomaria a 85°C (la temperatura è critica!)
c) incubare i vetrini in tampone per 8' (per i vetrini che hanno avuto un maggior tempo di invecchiamento il tempo di trattamento va di poco ridotto)
d) lavare i vetrini in tampone a temperatura ambiente
e) colorare per 4'-5' in soluzione colorante di arancio di acridina
f) lavare per 1' in tampone, montare in tampone ed esaminare usando lunghezze d'onda tra 450 e 500 nm.

CBG (C-Barium-Giemsa)

L'eterocromatina costitutiva è rappresentata da sequenze ripetitive del DNA. Il bandeggio C consente la colorazione selettiva di questo DNA; inoltre colora il DNA satellite (che si separa mediante centrifugazione in gradiente di CsCl ed è altamente ripetitivo), le regioni cromosomiche pericentromeriche eterocromatiche e il tratto Yq distale. È la tecnica di elezione per il riconoscimento dei cromosomi dicentrici e pseudodicentrici. Va ricordato che Hoechst 33258, DAPI e DIPI sono fluorocromi con elettività per le sequenze AT, per cui le regioni pericentromeriche eterocromatiche, che sono ricche in AT, si avvalgono di questi coloranti. Le regioni con sequenze altamente ripetitive mostrano in fase S tempi tardivi di replicazione.

Soluzioni:
1) Ba(OH)$_2$ al 5%:
   Ba(OH)$_2$ 5 g
   acqua distillata   100 mL
   (va preparata di fresco prima dell'uso con l'ausilio di un agitatore magnetico, e filtrata).
2) 2xSSC
   sodio cloruro   17,5g
   sodio citrato, 2 idrato   8,82g
   acqua distillata   1L
   (aggiustare il pH a 7.0 con 1N NaOH)
3) HCl (0.2 N):
   2N HCl   10 mL
   acqua distillata   100 mL
4) tampone Sorensen (Sorensen's buffer) (pH 7.0):
   KH$_2$PO$_4$ 5.26 g

Na$_2$HPO$_4$	8.65 g
acqua distillata	1L

5) soluzione colorante Giemsa al 5%:

tampone Sorensen	47.5 mL
colorante Gurr's Giemsa	2.5 mL

oppure:
Giemsa soluzione al 5% in NaCl 0.9%
(le soluzioni coloranti vanno preparate subito prima dell'uso).

Procedura:
a) trattare i vetrini lasciati invecchiare per 1-2 settimane con HCl 0.2 N per 30'-40' a temperatura ambiente
b) lavare due volte i vetrini in acqua deionizzata e lasciare asciugare
c) immergere i vetrini per 5'-15' in soluzione Ba(OH)$_2$ in bagnomaria a 50°C (oppure per 30'-40' a temperatura ambiente).
d) lavare più volte i vetrini in acqua deionizzata, quindi eseguire una serie di passaggi in alcohol: 70°-90°-95°- alcohol assoluto
e) asciugare all'aria
f) incubare in 2xSSC a 60°-65° per 2h
g) lavare i vetrini in acqua deionizzata e lasciare asciugare
h) colorare con Giemsa.

Una procedura leggermente diversa e che fa ottenere, per nostra esperienza, buoni risultati è la seguente:

A) vetrini per la diagnosi prenatale:
Soluzioni:

1) Ba(OH)$_2$ — 2 gr.
   Acqua distillata — 100 mL
   (preparare al momento, dissolvere con l'ausilio di un agitatore magnetico.
2) 2xSSC:

sodio citrato biidrato	17,64 gr.
sodio cloruro	35,06 gr.
acqua distillata	2 L

3) HCl 0.5 N:

HCl 1N	50 mL
acqua distillata	50 mL

4) Colorante di Leishman (soluzione madre):

Leishman in polvere	1 gr.
Metanolo	500 mL

5) Tampone Leishman (disponibile in fiale da diluire)

soluzione di lavoro:

Colorante di Leishman	20 mL
Tampone Leishman	100 mL.

Procedura:
a) lasciare invecchiare i vetrini per 2 giorni
b) immergere i vetrini per 10' in HCl 0.5 N
c) lavare con acqua distillata e lascare asciugare
d) immeregere i vetrini per 2' nella soluzione di Ba(OH)$_2$ in bagnomaria a 50°C
e) lavare i vetrini con acqua distillata
f) incubare per 1h a 58°C in 2xSSC
g) lavare i vetrini con acqua distillata
h) colorare per 5' con colorante di Leishman.

B) vetrini per la diagnosi post-natale
Soluzioni come sopra. La soluzione di Ba(OH)$_2$ va però preparata al 5% (anziché al 2%) e richiede filtrazione. I vetrini, dopo il trattamento con HCl sopra indicato, si incubano nella soluzione di Ba(OH)$_2$ per 15'-20' in bagnomaria a 50°C. Dopo lavaggio con acqua distillata si incubano per 45' a 58°C in 2xSSC. Lavare con acqua distillata e colorare con colorante Giemsa per circa 15'. È opportuno seguire al microscopio la denaturazione e le colorazioni, che potrebbero richiedere tempi leggermente diversi da quelli indicati.

NOR (Ag-As)(Nucleolar-Organizer-Regions)

Sono NOR positive le regioni che contengono una proteina adiacente alle regioni dell'organizzatore nucleare, localizzate sui bracci corti dei cromosomi acrocentrici. Includono geni per l'rRNA 18S e 28S.
Riportiamo due diversi protocolli.

Colorazione con nitrato di argento.
Soluzioni:
Soluzione di nitrato d'argento (AgNO$_3$) al 50%:

AgNO$_3$	5 g
acqua bidistillata	10 mL

(conservare in contenitori scuri a 4°; non usare se nella soluzione si formano precipitati neri)

Procedura
a) disporre sul fondo di una capsula di Petri della carta da filtro bagnata, come umidificante
b) poggiare i vetrini sulla carta inumidita e versare sopra la soluzione di nitrato di argento; coprire con vetrino coprioggetto
c) incubare, al riparo dalla luce, per 24 h a 37°C
d) lavare i vetrini sotto acqua corrente.

Colorazione con argento ammoniacale.
Soluzioni:
1) soluzione di nitrato d'argento (AgNO$_3$) al 50%:
   AgNO$_3$ — 5 g

acqua bidistillata   10 mL

2) soluzione ammoniacale:
   AgNO$_3$ 4 g
   idrossido di ammonio concentrato   5 mL
   acqua distillata (va aggiunta lentamente)   7.5 ml
   (tenere al riparo dalla luce in frigoriero)

3) soluzione di sviluppo (formalina 3%):
   Formalina   3 mL
   acqua distillata   97 mL
   Portare la soluzione di sviluppo a pH 7 con sodio acetato 1 M e poi aggiustare a pH 4.5 *con acido formico concentrato* (conservare in frigorifero).

Procedura:

a) porre sul vetrino poche gocce della soluzione di nitrato di argento, coprire con coprioggetto e porre a 60°C fino alla cristallizzazione del sale
b) lavare con acqua distillata
c) porre sul vetrino 3 gocce di formalina al 3% e un paio di gocce di soluzione di argento ammoniacale, e ricoprire con coprioggetto (24x50 mm)
d) seguire al microscopio la colorazione che avviene di solito entro un minuto; montare con Permount.

L'impregnazione argentica dà luogo a sferette circolari di varia grandezza, che corrispondono agli *stalks* che sono le costrizioni secondarie (non i satelliti) dei bracci corti dei cromosomi acrocentrici.

Il numero, l'intensità e la grandezza di queste strutture *dot-like* NOR-positive, varia da una coltura all'altra, e in una stessa coltura da una cellula all'altra (v. paragrafo 2.9).

I NOR hanno trovato utile applicazione nell'identificazione dei piccoli metacentrici sopranumerari bi- o tetrasatellitati (v. paragrafo 4.8).

Altri bandeggi con l'uso dei fluorocromi

I fluorocromi sono largamente impiegati per ottenere bandeggi colorati. Alcuni fluorocromi (come il DAPI) hanno affinità per le coppie di basi AT; altri per le coppie GC. In conformità a queste proprietà i primi producono un bandeggio G, i secondi un bandeggio R.
Sono qui riportate le tecniche DA/DAPI e Chinacrina/Actinomicina D.

DA/DAPI (dystamicin A-4'-6-diamidino-2-phenylindole)

Quando il fluorocromo è usato in combinazione con altro colorante, può ottenersi contemporaneamente una doppia colorazione (*counter staining techniques*).

Il DAPI (4'-6-diamidino-2-phenylindole) è una sostanza che dà un bandeggio Q-simile e una brillante fluorescenza delle regioni di costrizione secondaria dei cromosomi n.1, 9 e 16.

Facendo precedere al DAPI un trattamento con DA (Distamicina A), si ottiene un modello di colorazione definito DA/DAPI. Sia DA che DAPI hanno affinità per le sequenze ricche in AT.

I cromosomi esposti alla sola distamicina A mostrano una brillante fluorescenza delle regioni eterocromatiche.

In sostituzione del DA-DAPI possono essere usati anche altri composti (methyl-green e Hoechst 33258) con risultati pressoché analoghi.

Soluzioni:

1) tampone MacIlvaine (MacIlvaine's buffer) pH 7.0:
   acido citrico (H$_3$C$_6$H$_5$O$_7$)   0.63 g
   Na$_2$HPO$_4$ 6.19 g
   acqua distillata   500 mL

2) DAPI (soluzione madre):
   DAPI   1 mg
   acqua distillata   5 mL
   (si conserva per qualche mese in congelatore, al riparo dalla luce)
   DAPI soluzione diluita per l'uso (soluzione di lavoro):
   DAPI   50 µL
   MacIlvaine's buffer   15 mL
   (preparare la soluzione al momento dell'uso)

3) soluzione DA:
   Distamicina A   2 mg
   MacIlvaine's buffer   20 mL
   (preparare la soluzione fresca e conservare in congelatore al riparo dalla luce. Quando scongelata, va usata nelle 24h).

4) soluzione di cloruro di magnesio:
   MgCl$_2$·6H$_2$O   100 mg
   acqua distillata   10 mL

5) soluzione di montaggio:
   glicerolo   5 mL
   McIlvaine's buffer   5 mL
   soluzione di cloruro di magnesio   50 µL

Procedura:

a) porre poche gocce di soluzione DA su un vetrino e coprire con coprioggetto; colorare per 10'-15' al riparo della luce, quindi lavare in acqua distillata e lasciare seccare all'aria
b) coprire il vetrino con poche gocce di soluzione DAPI e coprire con coprioggetto per 20'-30' al riparo dalla luce

c) lavare in acqua distillata e seccare all'aria; quindi applicare la soluzione di montaggio
d) tenere al riparo dalla luce a temperatura ambiente per 24h-72h
e) osservare in fluorescenza a lunghezza d'onda tra 360 e 390 nm.

in alternativa:
a) porre per 5' i vetrini in PBS pH 7
b) colorare per 10' con soluzione di Hoechst 33258 (*)
c) lavare ripetutamente in PBS e quindi in acqua distillata e poi lasciare asciugare all'aria
d) porre 3 gocce di DA, coprire con coprioggetto e lasciare a temperatura ambiente per 3'-5'
e) lavare in tampone MacIlvaine e fare asciugare all'aria
f) montare i vetrini in glicerolo diluito ed osservare in fluorescenza.

(*) soluzione madre: 50 µg/mL in H_2O
soluzione di lavoro:
diluire la soluzione madre 1:100 in PBS.

Il metodo DA/DAPI si è dimostrato utile per il riconoscimento dei punti di rottura quando questi si trovano in regioni identificabili con questa colorazione; è utile anche per i piccoli markers soprannumerari che derivano da cromosomi acrocentrici. *In particolare è il metodo di elezione per il riconoscimento dei markers formati da una parte del cromosoma n.15*. Infatti solo questo cromosoma offre, alla colorazione DA/DAPI, una fluorescenza altamente significativa nel tratto prossimale dei bracci corti.
Presentano però brillante fluorescenza anche le costrizioni secondarie dei cromosomi n.1, 9, 16 ed il tratto distale Yq (Figura 2.8.1).
Fluorescenza di intensità variabile è offerta dalle regioni pericentriche dei cromosomi n. 4, 7, 10, 19 e di alcuni cromosomi acrocentrici.

Chinacrina/Actinomicina D

Consente di ottenere un bandeggio Q-simile.
Soluzioni:
1) tampone McIlvaine (McIlvaine's buffer) pH 5.5:
   acido citrico ($H_3C_6H_5O_7$)   4.13 g
   Na_2HPO_4 8.08 g
   acqua distillata   1L
2) soluzione colorante di Quinacrina (Quinacrine staining solution):
   Atabrina   100mg
   McIlvaine's buffer diluito 1:5   200 mL

(dissolvere e filtrare. Conservare al riparo dalla luce a 4°.
3) soluzione di Actinomicina D:
   Actinomycina D   1 mg
   McIlvaine's buffer diluito 1:5   25 mL
Conservare congelato in recipienti scuri.

Procedura:
a) colorare i vetrini, al riparo dalla luce, per 10'-15' in soluzione di chinacrina
b) lavare in acqua deionizzata e seccare all'aria
d) porre sui vetrini poche gocce di soluzione di actinomicina D e coprire con coprioggetto; quindi colorare per 10'-15' a temperatura ambiente al riparo dalla luce
e) lavare in acqua deionizzata e seccare all'aria; quindi montare in tampone McIlvaine. Esaminare i vetrini usando lunghezza d'onda tra 450 e 500 nm.

13.5 Le tecniche di bandeggio meno in uso

Vengono in questo paragrafo riportate le seguenti tecniche:
MG/DAPI
Hoechst 33258/DA
Tripla colorazione (Triple Staining Method)
G-11
Cd
N
T

MG/DAPI

Verde di metile/DAPI (methyl-green/DAPI)
È una tecnica sovrapponibile al DA/DAPI, solo che al posto della distamicina è adoperato il verde metile (MG)
Soluzioni:
1) tampone McIlvaine (McIlvaine's buffer) pH 4.0:
   acido citrico ($H_3C_6H_5O_7$)   2.94 g
   Na_2HPO_4 2.74 g
   acqua distillata   500 mL
2) tampone McIlvaine (McIlvaine's buffer) pH 7.0:
   acido citrico ($H_3C_6H_5O_7$)   0.63 g
   Na_2HPO_4 6.19 g
   acqua distillata   500 mL
3) MG (soluzione madre):
   methyl green   1.76 g

| McIlvaine's buffer pH4 | 100 mL |

4) soluzione colorante MG:

| MG soluzione madre | 1 mL |
| McIlvaine's buffer (pH 7.0) | 50 mL |

Preparare al momento dell'uso.

5) DAPI (soluzione madre):

| DAPI | 1 mg |
| acqua distillata | 5 mL |

Può essere conservata congelata in contenitori scuri per qualche mese.

DAPI (soluzione di lavoro):

| DAPI soluzione madre | 50 µL |
| McIlvaine's buffer pH 7.0 | 15 mL |

Preparare al momento dell'uso.

6) soluzione di montaggio:

glicerolo	5 mL
tampone di McIlvaine pH 7.0	5 mL
cloruro di magnesio	50 µL

Procedura:

a) colorare i vetrini per 20'-30' con soluzione colorante MG a temperatura ambiente;
b) lavare con McIlvaine's buffer pH 7.0 e lasciare essiccare;
c) coprire i vetrini con poche gocce di soluzione DAPI con coprioggetto per 20'-30' al riparo dalla luce;
d) lavare con acqua distillata e fare asciugare all'aria
e) montare i vetrini con soluzione di montaggio rimuovendo l'eccesso
f) conservare al riparo dalla luce a temperatura ambiente per più di 24h-72h
g) osservare alla fluorescenza a lunghezza d'onda tra 360 e 390 nm.

Risultati:

valgono le considerazioni fatte per il metodo DA/DAPI (v. paragrafo 13.4).

Hoechst 33258/DA

Hoechst 33258 (2'-hydroxyphenyl-5-methyl-piperazinyl-2,5'bi-1H-benzimidazole) è un fluorocromo con elettività per le sequenze AT ed offre un bandeggio Q-simile. Come il MG/DAPI è in parte sovrapponibile al DA/DAPI.

Soluzioni:

1) soluzione DA:

| Distamicina A | 2 mg |
| tampone McIlvaine pH 7.0 | 20 mL |

(tenere in congelatore, in contenitori scuri). Una volta scongelata, va usata in giornata.

2) soluzione colorante Hoechst 33258:

| Hoechst 33258 (soluzione madre) | 0.5 mL |
| acqua distillata | 49.5 mL |

Conservare in contenitori scuri, in congelatore. Usare entro 30 giorni dalla preparazione.

3) McIlvaine's buffer (pH 7.0):

acido citrico ($H_3C_6H_5O_7$)	0.63 g
Na_2HPO_4	6.19 g
acqua distillata	500 mL

Procedura:

a) ricoprire i vetrini con soluzione DA
b) colorare per 10'-15' al riparo dalla luce; quindi lavare in acqua distillata e seccare all'aria
c) colorare con soluzione Hoechst per 10'-15' al riparo dalla luce; quindi lavare con acqua distillata e seccare all'aria
d) montare in tampone McIlvaine, rimuovendo l'eccesso. Osservare alla fluorescenza a lunghezza d'onda tra 360 e 390 nm.

Tripla colorazione

(triple staining method: chromomycin A3/DA/DAPI)

Questa tecnica consente di ottenere un bandeggio R con colorazione DA/DAPI.

Soluzioni:

1) tampone McIlvaine (McIlvaine's buffer) pH 7.0:

acido citrico ($H_3C_6H_5O_7$)	0.63 g
Na_2HPO_4	6.19 g
acqua distillata	500 mL

2) soluzione di cloruro di magnesio (50 mM):

| $MgCl_2 \cdot 6H_2O$ | 100 mg |
| acqua distillata | 10 mL |

3) McIlvaine's/$MgCl_2$:

McIlvaine's buffer pH7.0	5 mL
soluzione di cloruro di magnesio (50mM)	0.1 mL
acqua distillata	4.9 mL

4) soluzione di chromomycin A3 (0.5 mg/mL):

| chromomycin A3 | 1 mg |
| McIlvaine's/$MgCl_2$ | 2 mL |

(sciogliere lentamente, senza agitare, la chromomycin A3 in tampone McIlvaine's/$MgCl_2$ e lasciare quindi per una notte in frigo). Può essere conservata per qualche mese al riparo dalla luce a 4°. Le soluzioni più vecchie rendono colorazioni migliori.

5) soluzione DAPI (soluzione madre):

| DAPI | 1 mg |
| acqua distillata | 5 mL |

Conservare in congelatore al riparo dalla luce. Utilizzabile per qualche mese.

soluzione DAPI di lavoro:
    DAPI stock solution   50 μL
    McIlvaine's buffer   15 mL
    (da preparare prima dell'uso).
6) soluzione DA:
    Dystamicyn A   2 mg
    McIlvaine's buffer   20 mL
    Preparare la soluzione prima dell'uso. Si conserva in congelatore al riparo dalla luce e va usata nelle 24h.
7) soluzione di montaggio:
    Glicerolo   5 mL
    McIlvaine's buffer (pH 7) 5 mL
    cloruro di magnesio (50mM) 50 μL.

Procedura:
a) 0.3 mL di chromomycin A3 su un vetrino e coprire con coprioggetto
b) colorare (al riparo dalla luce!) in camera umida per 1h-3h a temperatura ambiente (evitare che il vetrino si essicchi)
c) lavare delicatamente in acqua deionizzata e lasciare asciugare
d) porre su un vetrino alcune gocce di soluzione DA e coprire con coprioggetto; lasciare per 10'-15' al riparo dalla luce a temperatura ambiente; quindi lavare delicatamente in acqua deionizzata e lasciare asciugare
e) coprire il vetrino con poche gocce di soluzione DAPI e coprire con coprioggetto; lasciare per 20'-30' al riparo dalla luce a temperatura ambiente; quindi lavare delicatamente in acqua deionizzata e lasciare asciugare
f) montare con liquido di montaggio, eliminando l'eccesso e lasciando i vetrini al riparo dalla luce a temperatura ambiente per 24h-72h (oppure per 1-2 giorni a 37°C).

Esaminare a lunghezza d'onda tra 435 e 450 nm per visualizzare un bandeggio R (chromomycin A3) e tra 360 e 370 nm per bandeggio Q-simile (DA/DAPI).

G-11

È un bandeggio adatto alla colorazione selettiva di alcune regioni eterocromatiche dei cromosomi, utilizzando soluzioni con pH fortemente alcalino (pH 11) (M.Bobrow M., 1972). I tratti che vengono così colorati contengono DNA satellite.

Soluzioni:
1) soluzione NaOH:
    NaOH   0.4 g
    acqua distillata   100 mL
2) soluzione pH 11:
    100 mL di acqua distillata
    (portare a pH 11.0 con NaOH)
3) soluzione colorante NaOH-Giemsa:
    soluzione pH 11   49 mL
    colorante Gurr's Giemsa 1 mL
    Preparare al momento dell'uso.

Procedura:
a) usare vetrini preparati 7-10 giorni prima
b) colorare per 10'-13' con soluzione Giemsa, seguendo al microscopio l'estensione della colorazione, giudicando la visualizzazione delle costrizioni secondarie dei cromosomi n.1 e n.9, che prendono *un colore rosso, a differenza del colore blu dei bracci*
c) montare con Permount.

La tecnica non ha trovato molta diffusione, anche perché non è priva di inconvenienti.
Si è rivelata comunque utile per differenziare cromosomi specie-specifici, come nello studio di ibridi uomo-topo. Nei roditori i cromosomi si colorano in magenta scuro, mentre i centromeri appaiono blu chiaro, al contrario di quanto avviene nei cromosomi umani. Infine si è rivelata utile anche per dimostrare alcuni tipi di eteromorfismi, incluso quello riguardante l'inversione pericentrica del cromosoma n.9. La regione sottocentromerica del cromosoma n.9 infatti dà una colorazione rosso-porpora che contrasta con quella blu di altri cromosomi. I cromosomi con regioni G-11 positive sono: 1, 3, 5, 7, 9, 10, 12, Y.
La regione eterocromatica del cromosoma 1 (1qh) fa rivelare due sottoregioni: una G-11 positiva e una G-11 negativa.
Il G-11 ha vaga somiglianza con il bandeggio C, ma non è del tutto sovrapponibile a questo.

Cd *(Centromeric dots-bands, Kinetochore staining)*

Su ogni cromosoma appaiono come due piccole sferette o punti (*dotlike*) in corrispondenza delle costrizioni primarie, sede dei cinetocori (*kinetochores*).
La colorazione si rivela utile quando si devono studiare i cromosomi dicentrici stabili dove solo il centromero attivo è Cd positivo (H.Eiberg,1974).
A differenza del bandeggio C, quello Cd non mostra la diversità di estensione che possono invece presentare le regioni eterocromatiche dei cromosomi n.1, 9, 16 e Yq. Per facilitare l'identificazione del cromosoma trattato per il bandeggio Cd, la metafase può essere anche osservata dopo pretrattamento con bandeggio Q.

Soluzioni:
1) soluzione basica salina di Earle (Earle's basic salt solution, BSS) pH 8.5-9:

$CaCl_2$	0.20 g
KCl	0.40 g
$MgSO_4 \cdot 7H_2O$	0.20 g
NaCl	6.80 g
$NaHCO_3$	2.20 g
$NaH_2PO_4 \cdot H_2O$	0.14 g
acqua distillata	1 L

(portare a pH con 0.1 M NaOH).

2) Tampone Sorensen (Sorensen's buffer) pH 6.5:

KH_2PO_4	9.32 g
Na_2HPO_4	4.39 g
acqua distillata	1 L

3) soluzione Giemsa 5%:

Sorensen's buffer	47.5 mL
colorante Gurr's Giemsa	2.5 mL.

Procedura:
a) dopo il trattamento ipotonico usuale, le cellule vanno sottoposte ad una serie di passaggi in fissativo preparato con rapporti crescenti dei due componenti:
   primo fissaggio: metanolo/acido acetico 9:1
   secondo fissaggio: metanolo/acido acetico 5:1
   terzo fissaggio: metanolo/acido acetico 3:1
b) lasciare invecchiare i vetrini a temperatura ambiente per 7-10 giorni
c) incubare per 45' in Earle's BSS preriscaldato a 85°C lavare i vetrini in acqua deionizzata e lasciare asciugare; quindi colorare con soluzione Giemsa 5% per 10'-15' (monitorando al microscopio l'intensità della colorazione).

Un metodo alternativo dà contemporaneamente bandeggio NOR e Cd (T. E. Denton, 1977):
i vetrini vengono trattati per 30"-40" con soluzione di NaOH 0.01% prima di essere colorati con la tecnica riportata per i NOR.

N

Al pari della tecnica NOR il bandeggio N è utile per evidenziare le costrizioni secondarie degli acrocentrici.
Soluzioni:
1) TCA (soluzione madre):

acido tricloroacetico (TCA)	500 g
acqua distillata	227 mL
soluzione TCA (soluzione di lavoro):	
TCA (soluzione madre)	5 mL
acqua distillata	100 mL

2) soluzione di HCl:

2.0 N HCl	5 mL
acqua distillata	100 mL

3) tampone Sorensen (Sorensen's buffer) pH 7.0:

KH_2PO_4	5.26 g
Na_2HPO_4	8.65 g
acqua distillata	1 L

4) soluzione colorante Giemsa:

Sorensen's buffer	45 mL
colorante Gurr's Giemsa	5 mL.

Procedura:
a) trattare i vetrini in TCA working solution a 85°-90° per 30'
b) lavare brevemente in acqua deionizzata
c) incubare in soluzione di HCl a 60° per 30'
d) lavare in acqua deionizzata e colorare in soluzione Giemsa per 60'-90'; quindi risciacquare in Sorensen's buffer e lasciare seccare
e) montare i vetrini con Permount.

Esaminare i vetrini preferibilmente in contrasto di fase. Per facilitare l'identificazione del cromosoma trattato per il bandeggio N, la metafase può essere anche osservata dopo pretrattamento con bandeggio Q.

Risultati:
le costrizioni secondarie dei bracci corti degli acrocentrici danno luogo a uno o due tratti colorati di grandezza variabile. Questi *spots* rappresentano il residuo di proteine non-istoniche probabilmente legate specificamente alle regioni NOR.
Le bande N rivelano la localizzazione di tutti i NORs, sia quelli con siti attivi che inattivi, a differenza del metodo al nitrato di argento che rivela soltanto i NORs attivi.

T

Il bandeggio T è così definito in quanto colora le regioni telomeriche dei cromosomi (Telomere banding) (B. Dutrillaux, 1973) e si ottiene applicando parte del protocollo del bandeggio RHG.
Soluzioni:
soluzione salina di Earle (oppure PBS o tampone fosfato pH 5.1).
Procedura:
a) riscaldare il tampone a 87°C. (la temperatura è critica!)
b) immergere i vetrini per 20'-60'
c) colorare con Giemsa o con arancio di acridina (5 mg/100 mL di tampone fosfato pH 6.7).

Nota: i tempi di incubazione variano con lo stato dei vetrini; valgono al proposito le avvertenze fatte per il bandeggio RHG.

Una visualizzazione ottimale dei tratti terminali si ottiene con la FISH analysis, usando primers specifici per le sequenze telomeriche (v. Figura 13.14b).

13.6 I bandeggi ad alta risoluzione

Per ottenere cromosomi allungati (su cui evidenziare sottobande e bande delle sottobande) e al tempo stesso disporre di un alto indice mitotico, è necessario *sincronizzare* la crescita delle cellule ed arrestarle in profase e prometafase. I tempi di esposizione alla colchicina devono poi essere molto brevi.

Si usano sostanze che provocano un *blocco chimico prima della metafase* (in fase S). Il blocco va quindi rimosso (con l'uso della BrdU o di timidina) ed i preparati vengono raccolti subito dopo la sua rimozione.

Sono molti i protocolli disponibili, basati sull'utilizzo di specifiche sostanze (metotrexato, actinomicina D, timidina, bromuro di etidio, bromodeossiuridina) in grado di soddisfare ai requisiti sopra indicati.

La qualità di un bandeggiamento è data dal numero di bande che è possibile individuare su ciascuno dei cromosomi. Sono state indicate 4 diversi gradi di bandeggiamento (ISCN, 1985):

Grado 1 (bande visibili circa 150)
Grado 2 (bande visibili circa 400)
Grado 3 (bande visibili circa 550)
Grado 4 (bande visibili circa 850).

Va aggiunto che negli anni successivi al 1985 l'indice di risoluzione è stato ulteriormente migliorato (ISCN, 1995).

L'uso della timidina triziata ha contribuito a far conoscere le modalità della divisione cellulare stimolata dalla PHA. Come già detto (v. paragrafo1.2) la sintesi del DNA prende inizio dopo 24 ore di una coltura cui si è aggiunta PHA; dopo altre 24 ore è possibile raccogliere un apprezzabile numero di mitosi sincronizzate; nelle successive 24 ore termina il ciclo di divisione. Bloccando quindi la coltura dopo 48 ore con eccesso di timidina o di metotrexato, si può ottenere il massimo numero di mitosi sincronizzate. È quanto viene fatto per lo studio dei cromosomi ad alta risoluzione.

Riportiamo 5 diverse tecniche, tutte aventi in comune la proprietà di sincronizzare le colture:
Timidina;
Bromuro di etidio

Metotrexato/timidina;
Metotrexato/bromodeossiuridina;
Fluorouracile/timidina/bromuro di etidio.

Timidina (Thymidine Tecnnique)

Soluzioni:
1) terreno RPMI 1640 (Dutch modification)
2) Fetal calf serum 10%
3) PHA 2.5%
4) L-glutamina (200 mM) 1%
5) Penicillina (10.000 U/mL) e Streptomicina (10 mg/mL) 1%
6) thymidine: 1g in 67 ml di Dulbecco's PBS
7) soluzione ipotonica di KCl 0.075 M.

Procedura:
a) incubare 0.5 mL di sangue intero in 7 mL di terreno a 37° per 48 h
b) aggiungere 0.2 mL di soluzione di timidina e incubare a 37° per altre 16 h
c) centrifugare per 10' a 800 rpm
d) rimuovere il sopranatante e risospendere in 7-8 mL di PBS preriscaldato
e) ripetere le operazioni c) e d)
f) incubare a 37°C per 3h e 45'
g) aggiungere 0.2 mL di soluzione di colcemid e incubare a 37°C per 15'
h) centrifugare per 10' a 800 rpm, rimuovere il supernatante e risospendere in 7-8 ml di soluzione ipotonica di KCl
i) incubare a 37°C per 5', quindi centrifugare per 10' a 800 rpm
j) rimuovere il sopranatante e aggiungere, goccia a goccia, 5 mL di fissativo fresco
k) effettuare per due volte il cambio del fissativo.

Le cellule in sospensione di fissativo possono essere mantenute per lungo periodo a –20°C prima di essere usate.

Bromuro di etidio (ethidium bromide method)

Si procede alla coltura dei linfociti come da protocollo riportato al paragrafo 13.7 con la seguente modifica: dopo un normale tempo di coltura di 48-72 h, aggiungere 0.2 ml di bromuro di etidio (soluzione madre 500 µg/ml) per raggiungere la concentrazione di 10 µg/mL e colchicina in concentrazione di 0.02 µg/mL. Dopo due ore procedere come indicato al paragrafo 13.7 dal punto d) in poi.

Il bromuro di etidio può essere mantenuto a temperatura ambiente, in contenitori scuri.

Metotrexato/timidina (MTX/Thymidine technique)

Soluzioni:

1) Metotrexato (soluzione madre) $1x10^{-3}$ M:
   MTX(con ametopterina)   1 mg
   acqua distillata   2.2 mL
   Soluzione di lavoro $1x10^{-5}$ M:
   soluzione madre   0.1 mL
   acqua distillata   9.9 mL
   La soluzione madre va sterilizzata usando filtri appositi. Conservare in freezer, in contenitori scuri. Stabilità non superiore a poche settimane.
   La soluzione di lavoro va preparata al momento dell'uso.

2) soluzione di timidina (thymidine solution) $1x10^{-3}$ M:
   thymidine   2.5 mg
   acqua distillata   10 mL

Sterilizzare con filtro e conservare in freezer in piccole aliquote. Stabilità di qualche mese.

Procedura:

a) 0.5 mL della sospensione di linfociti nel plasma si aggiungono a 10 mL di terreno contenente 0.2 mL di PHA e pH tra 7.4 e 7.6
b) incubare a 37° (tenere i contenitori inclinati, onde ottenere una maggiore superficie di contatto del liquido con l'atmosfera dell'incubatore)
c) in terza giornata aggiungere in ciascuna coltura 0.1 mL della soluzione di lavoro di MTX (la concentrazione finale di MTX deve essere di $1x10^{-7}$ M)
d) lasciare le colture così trattate per almeno 12 ore in incubatore quindi centrifugare <1000 rpm per 10'
e) aspirare il sopranatante e lavare il cell pellet un paio di volte con semplice terreno di coltura (senza calf serum). Questi lavaggi sono necessari per rimuovere ogni traccia di MTX
f) sospendere le cellule in terreno di coltura completo di calf serum e di antibiotici, ed aggiungere 0.1 mL di soluzione di timidina in concentrazione finale di $1x10^{-5}$ M in coltura
g) incubare a 37° per un periodo variabile da 5 a 10 ore
h) aggiungere 0.02 mL di colcemid (10 microgrammi per mL di terreno di coltura) ed incubare per non oltre 10-15 minuti) arrestare la coltura e procedere ai bandeggi, come da protocolli.

Potrebbe essere utile prolungare di poco il trattamento ipotonico rispetto ai tempi soliti.

Metotrexato/bromodeossiuridina (MTX/BrdU technique)

Soluzione:
BrdU:
   BrdU   3 mg (10^{-2} M)
   FUdR (*)   0.1 mL ($4x10^{-5}$ M)
   Uridina (**)   0.2 mL ($6x10^{-4}$ M)
   acqua distillata   0.9 mL

Conservare in freezer, in contenitori scuri. Stabilità per circa 2 settimane.

(*) fluorodeoxyuridine (FUdR):
   FudR (soluzione madre) $4x10^{-4}$ M   1 mg
   acqua distillata   10 mL

Conservare in freezer, in contenitori scuri.

(**) uridina:
   uridina (soluzione madre) $3x10^{-3}$ M   1 mg
   acqua distillata   1 mL

Conservare in freezer in piccoli campioni.

Procedura:

a) 0.5 mL della sospensione di linfociti nel plasma si aggiungono a 10 mL di terreno contenente 0.2 mL di PHA e portato a pH tra 7.4 e 7.6
b) incubare a 37° (tenere i contenitori inclinati, onde ottenere una maggiore superficie di contatto del liquido con l'atmosfera dell'incubatore)
c) in terza giornata aggiungere in ciascuna coltura 0.1 mL della soluzione di lavoro di MTX (la concentrazione finale di MTX deve essere di $1x10^{-7}$ M)
d) lasciare le colture così trattate per almeno 12 ore in incubatore quindi centrifugare <1000 rpm per 10'
e) aspirare il sopranatante e lavare il cell pellet un paio di volte con semplice terreno di coltura (senza calf serum). Questi lavaggi sono necessari per rimuovere ogni traccia di MTX
f) sospendere le cellule in terreno di coltura completo di calf serum e di antibiotici, aggiungere ad ogni coltura 0.1 mL di BrdU ed incubare per 5-6 ore
g) aggiungere 0.02 mL di colcemid (10 mg per mL di terreno di coltura) ed incubare per non più di 10-15 minuti
h) arrestare la coltura e procedere ai bandeggi, come da protocolli.

Al fine di facilitare l'osservazione della composizione dei cromosomi poco condensati, potrebbe essere utile prolungare *di poco* il trattamento ipotonico rispetto ai tempi soliti.

Fluorouracile/timidina/bromuro di etidio (Fluorouracil/Thymidine/EthidiumBromide)

Soluzioni:

1) fluorouracile:
   prima soluzione (10^{-1} M)
      fluorouracile   130 mg

acqua distillata 10 mL
seconda soluzione (10^{-3} M)
100 µL della prima soluzione
acqua distillata 9.9 mL
terza soluzione (10^{-4} M)
1 mL della soluzione seconda
acqua distillata 9 mL
Conservare in freezer in contenitori scuri.

2) timidina: (1×10^{-3} M)
timidina 2.5 mg
acqua distillata 10 mL
Sterilizzare con filtro e conservare in freezer in piccole aliquote. Stabilità 2-3 mesi.

3) bromuro di etidio (ethidium bromide):
prima soluzione (2.5×10^{-2} M):
bromuro di etidio 100 mg
acqua distillata 10 mL
seconda soluzione (2.5×10^{-3} M)
1 mL della prima soluzione
acqua distillata 9 mL
Conservare in freezer in contenitori scuri. Stabilità 2-3 mesi.

Procedura

a) 0.5 mL della sospensione di linfociti nel plasma si aggiungono a 10 mL di terreno contenente 0.2 mL di PHA e pH tra 7.4 e 7.6
b) incubare a 37° (tenere i contenitori inclinati, onde ottenere una maggiore superficie di contatto del liquido con l'atmosfera dell'incubatore)
c) in terza giornata aggiungere 0.1 mL di fluorouracile (soluzione terza) in ciascuna coltura. e lasciare incubare per circa 18 ore
d) aggiungere 0.1 mL di timidina e incubare per 2h e 45'
e) aggiungere 0.2 mL di bromuro di etidio (soluzione seconda) e incubare per 2h
f) aggiungere 0.02 mL di colcemid e lasciare incubare per 30', quindi arrestare la coltura e procedere ai bandeggi come da protocolli.

13.7 Diagnosi citogenica postnatale

13.7.1 - Coltura di linfociti

Il sangue va prelevato in siringa sterile eparinata (l'eparina sodica è l'anticoagulante di scelta). Se il campione è stato raccolto in EDTA vanno eseguiti almeno tre lavaggi in terreno di coltura senza siero, per rimuoverne le tracce; si aggiungono quindi al sangue un paio di gocce di eparina e si procede come di seguito spiegato. È sempre preferibile usare prelievi freschi, ma anche campioni di 3-4 giorni (conservati a +4°) sono idonei alla crescita. Anche su prelievi che giungono con parziali coaguli, si può tentare la disaggregazione meccanica in terreno sterile eparinato.

La quantità di sangue indicato per 10 mL di terreno di coltura può leggermente variare con l'età del soggetto, con la gravidanza, in corso di infezioni ed in ogni altra condizione che modifichi la percentuale di linfociti circolanti. In un adulto normale la percentuale dei linfociti è meno del 40% dei globuli bianchi (distribuiti in linfociti T e B. I primi rappresentano i 2/3 di tutta la popolazione linfocitaria, mentre quelli B sono circa il 30%). Nei bambini, e ancor più nei neonati e nella vita fetale, prevale la popolazione linfocitaria.

Per l'allestimento di microcolture (da feti o da neonati) si utilizzano da 5 a 10 gocce di sangue eparinato. Va ricordato che un eccesso di globuli rossi è dannoso per la qualità e la quantità delle metafasi.

Per le prime età e per il feto, sono proposte le seguenti quantità di sangue intero (Gosden CM, 1992):

cordone ombelicale	0.3 mL
feto	0.2 mL
neonato	0.1 mL
<5 anni	0.5 mL
>5 anni	0.8 mL

Per l'adulto si usa normalmente una quantità di 0.8 mL. Per prelievi di 5-10 ml raccolti in siringa si consiglia di lasciare sedimentare *per 1-2 ore* nella stessa siringa tenuta in posizione verticale. Si formerà uno strato di 1-2 mL di plasma ricco di linfociti (che sedimentano più lentamente dei globuli rossi). Se trascorre più tempo, la parte sovrastante di plasma inizia ad impoverirsi di linfociti, per cui, per ottenere un numero adeguato di cellule, occorre servirsi anche del sottile strato cellulare che sedimenta all'interfaccia con i globuli rossi (*buffy coat*) o procedere a lieve rimescolamento del plasma sovranatante. Con una pinza sterile si dà all'ago una angolazione di poco più di 90°, per consentire, senza capovolgere la siringa, di versare nei contenitori per la coltura il plasma leggermente rimescolato (1-2 mL di plasma contengono solitamente un numero adeguato di linfociti). La sedimentazione può essere ottenuta anche con breve centrifugazione a 1000 rpm, trasferendo il campione di sangue in provetta sterile. È però preferibile evitare questo passaggio.

Se la sedimentazione è avvenuta in provetta, si prelevano con pipetta sterile i primi 1-2 mL di plasma che vengono trasferiti nei contenitori per la coltura.

Le colture vengono protratte per 48-72 ore. Va ricordato però che i cloni anomali possono presentare cicli più lenti delle cellule normali.

Soluzioni:
1) Terreno di crescita (growth medium):
   TC199 o altro tipo (*)   100 mL
   Fetal calf serum   25 mL
   L-glutamina (29.2 mg/ml)   1.3 mL
   Penicillina (10.000 U/mL) e
   Streptomicina (10 mg/mL)   1.3 mL
   Fitoemagglutinina (PHA-M) (liofilizzata si conserva in frigo per diversi mesi. La soluzione va preparata con acqua distillata sterile ed è utilizzabile per alcune settimane)
2) Colcemid   10 µg/mL
3) Fissativo: metanolo e acido acetico glaciale (3:1) (da preparare al momento dell'uso).
4) Soluzione ipotonica 0.075 M:
   KCl   5,6 g
   acqua distillata   1L

I contenitori per colture possono avere formati e capacità diverse:
Provette (capacità 15 ml) preferiti per sistema di crescita chiuso;
Fiaschette (capacità da 50 ml) preferiti per sistema di crescita aperto;
Tubi Leighton che hanno ridotto volume e più limitata superficie, adatti per piccoli campioni o quando si debbono allestire in parallelo più di due-tre colture.
(*) Altri terreni adoperati sono: Ham's F10; RPMI 1640; RPMI 1630; McCoy 5A; MEM.

Procedura:
Allestire non meno di due colture per campione.
a) In ogni provetta o fiaschetta versare: da 5 ml a 10 ml di terreno di crescita (a seconda del tipo di contenitore adoperato), 0.2 ml di PHA, da 0.3 a 1ml della sospensione di linfociti, a seconda della quantità di terreno;
b) incubare a 37°, per 48-72 ore. Cellule non linfocitarie richiedono trattamenti e tempi alquanto diversi. Il sistema chiuso richiede la chiusura del tappo e un pH del terreno leggermente alcalino (pH 7.4-7.6). Le provette vanno lasciate inclinate, onde aumentare la superficie di contatto del liquido con l'atmosfera. Controllare ogni giorno il colore del terreno: se appare troppo acido, il tappo va allentato per consentire la fuoriuscita dell' eccesso di CO_2.
Il sistema aperto richiede l'uso di incubatori a CO_2.
c) 1-3 ore prima dell'arresto della cultura e della raccolta delle cellule (harvest), aggiungere 0.1 mL di soluzione di colcemid (concentrazione finale di 0.1 mg/mL);
d) trasferire in provette da centrifuga e centrifugare per 8'-10' a <1000 rpm;
e) rimuovere il sopranatante, aggiungere soluzione ipotonica preriscaldata ed incubare a 37° per 10';
f) centrifugare per 8'-10' a <1000 rpm;
g) rimuovere il sopranatante, mescolare e aggiungere lentamente, goccia a goccia, 10 mL di fissativo preparato di fresco;
h) ripetere f) e g) due volte;
i) centrifugare per 10' a <1000 rpm;
j) risospendere il pellet di cellule in piccolo volume di fissativo.

La sospensione di cellule così ottenuta non va utilizzata subito, ma solo dopo permanenza a +4° almeno per 30'. In queste condizioni può essere conservata anche per 2-3 settimane.

Preparazione dei vetrini

Lasciare cadere su vetrini freddi (conservati in cellette con acqua distillata a 4°) una o due gocce della sospensione di cellule e lasciare asciugare all'aria.
È importante che i vetrini da utilizzare siano molto puliti e sgrassati (v. paragrafo 13.1).
La temperatura, l'umidità ed altre condizioni esterne possono avere effetti negativi sullo spreading dei cromosomi. Le migliori espansioni si ottengono a circa 20°C con una umidità relativa di 50%-60%. Prima di eseguire il bandeggio G, è utile tenere i vetrini per una notte in stufa a 60°.

13.7.2 - Studio citogenetico da cellule del midollo osseo

La concentrazione ottimale di cellule da coltivare è di circa 1×10^6/ml.
Si può procedere all'esame diretto delle mitosi, essendo nel midollo l'indice mitotico abbastanza elevato. È necessario al tempo stesso allestire anche colture a breve e medio termine. Per valutare la densità cellulare del campione si rivela utile l'uso di un emocitometro o di un Coulter counter. La cellularità infatti è molto variabile in base al diverso tipo di emopatia, alla fase evolutiva della malattia, ai trattamenti citostatici, ecc.
Si preferisce eseguire la coltivazione in fiaschette a

larga superficie di contatto (ad esempio di 25 cm²).
Il campione va centrifugato al momento dell'arrivo (800 rpm per 10') ed il pellet di cellule rimosso e trasferito in una o più fiaschette, ciascuna con 5 ml di terreno di coltura completo, per giungere ad una concentrazione cellulare di 1x10⁶/ml.

Esame diretto
Si aggiunge subito al terreno colchicina in concentrazione di 0.02 mg/ml, si incuba a 37°C e dopo 1h si procede alla raccolta e al trattamento secondo le tecniche abituali.

Colture a breve e medio termine
Il terreno completo da utilizzare può essere quello adottato per i linfociti (senza aggiunta di PHA).
Il tempo di coltivazione è rispettivamente di 24h e 45-48h.
In entrambi i casi la colchicina si aggiunge non prima di 1h dall'arresto.

13.7.3 - Studio citogenetico da versamenti endocavitari

Questo studio è confinato quasi esclusivamente ai versamenti di natura neoplastica, accertata o sospetta.
Il liquido va posto in provette sterili contenenti un paio di gocce di eparina. Si procede a centrifugazione a basso numero di giri e la sospensione cellulare è trasferita in terreno di coltura completo (del tipo di quelli indicati per la coltura dei linfociti) a concentrazione di circa 1x10⁶/ml. Dopo incubazione a 37°C si aggiunge il colcemid e si arresta dopo 1h.
Conviene allestire anche colture a breve e medio termine (24h e 48h), così come suggerito per il midollo.

13.8 Diagnosi citogenetica prenatale

Linee-guida all'analisi citogenetica prenatale

La Association of Cytogenetic Technologists (ACT) ha tracciato le seguenti linee guida per l'analisi dei cromosomi.

Liquidi amniotici

a) metodo in fiaschetta (flask method):
   conta dei cromosomi su 15-20 cellule di almeno due colture separate; *analisi* di 4-5 cellule; *cariotipo* di due cellule. In caso di mosaicismo, un cariotipo per linea cellulare.

b) crescita *in situ* (in situ method):
   conta dei cromosomi su 10-15 colonie di almeno due colture indipendenti; *analisi* di 4-5 cellule prese da differenti colonie, per ciascuna delle colture; *cariotipo* di due cellule. In caso di mosaicismo, un cariotipo per linea cellulare.

Villi corionici

a) preparazioni dirette: *conta* dei cromosomi su 15-20 cellule (se possibile); *analisi* di 4-5 cellule (se possibile); *cariotipo* di due cellule. In caso di mosaicismo, un cariotipo per linea cellulare.

b) coltura cellulare: *conta* dei cromosomi su 15-20 cellule di due colture indipendenti; *analisi* di 4-5 cellule; *cariotipo* di due cellule. In caso di mosaicismo, un cariotipo per linea cellulare.

È sempre utile ripetere l'analisi citogenetica alla nascita e sui prodotti abortivi. Nei mosaicismi può essere opportuno esaminare più di un tessuto.
I tempi massimi di consegna di una analisi prenatale non dovrebbero superare le tre settimane; di regola, i risultati si ottengono in due settimane.
Trova impiego in diversi laboratori, anche come analisi di routine, la FISH analysis che utilizza sonde specifiche per una rapida diagnosi (2-3 giorni) delle aneuploidie dei cromosomi sessuali e delle più frequenti trisomie degli autosomi (trisomie 21, 13 e 18) (L.M.Meyer, 2000). Il metodo di fluorescenza contemporanea (multicolor fluorescent in situ hybridisation) con sonde specifiche per le regioni centromeriche (alpha satellite centromeric-specific regions) permette il riconoscimento su uno stesso vetrino di questi disordini (B.Thilagana, 2000).
Quando viene notato il fallimento di una coltura o si ravvede la necessità di ulteriore indagine su altro campione (ad esempio in caso di ritrovamento 46,XX/46,XY che lascia supporre inquinamento da cellule materne) il medico deve esserne immediatamente informato (possibilmente non oltre 10-15 giorni dal primo prelievo).

I terreni di coltura di più frequente impiego nella diagnosi prenatale

(a)
Ham's F10:

Ham's F10 (terreno base) (*)	100 mL
Fetal calf serum	10-20 mL
L-glutamine (200mM)	1 mL
Penicillina/streptomicina	1mL
Nystatin (1 mg/mL)	0.1 mL
Hepes buffer (per colture chiuse)	1 mL

(b)
Chang's medium D.
Il terreno è già pronto per l'uso. Va conservato in freezer.

I terreni Chang sono i più largamente usati, anche per coltura di villi corionici e non hanno necessità del supplemento di siero o suoi sostituti.

(*) in sostituzione di Ham's F10 sono disponibili altri terreni egualmente rispondenti: RPMI 1640, McCoys, MEM.

13.8.1 - Colture cellulari da liquido amniotico

Pervengono di solito al Laboratorio 20 ml di liquido amniotico, che viene distribuito in due provette e centrifugato per 10' a <800 rpm. Il sopranatante va raccolto ed usato per il dosaggio della AFP e della acetilcolinesterasi. Una parte va sempre conservata in freezer per eventuali altre analisi.

Lasciare circa 0.5 mL del liquido al di sopra del pellet ed avviare le colture come indicato qui di seguito. Al momento della raccolta si possono impiegare due diverse procedure: *in sospensione o in situ*. A ciascuno dei procedimenti è stata apportata negli anni più di una modifica.

Metodo in sospensione

Il metodo richiede la tripsinizzazione, che consente di rimuovere, dopo la crescita, le cellule aderenti al fondo. Prima della tripsinizzazione viene eseguito lavaggio con Versene.

Soluzioni:
1) colcemid (soluzione madre)   10 µg/mL
2) tripsina (1:250) (soluzione madre)   0.25%
3) versene (soluzione madre)   1:5000

Procedura:
a) In fiaschette da 25 cm^2 si pongono (in rapporto 1:3) liquido amniotico non centrifugato e terreno di coltura; in alternativa, in capsule di Petri da 35 mm, dove il rapporto deve essere però di 1:2
b) incubare per 4-5 giorni a 37° in incubatore a CO_2 5% provvisto di sorgente di umidificazione (*) e procedere a un primo cambio del terreno
c) procedere ad ulteriori cambi di terreno due volte la settimana
d) dopo due settimane si controlla la crescita delle cellule al fondo dei contenitori. Le cellule sono pronte per la raccolta (harvest) quando si osserva la loro sub-confluenza e molte di esse si trovano in fase di divisione (appaiono rotondeggianti, per cui sono agevolmente riconoscibili frammiste allo strato più numeroso di cellule irregolari e appiattite che aderiscono al fondo (v. Figura 13.8.1).

A questo punto si può procedere ad una *subcoltura*, 24h prima della raccolta.

(*) per umidificare un incubatore si può usare un vassoio sterilizzato in autoclave in cui va messa acqua distillata sterile e un poco di benzoato di sodio. Il vassoio va collocato sul piano inferiore dell'incubatore e l'acqua va sostituita settimanalmente.

Raccolta dopo subcoltura

Soluzioni:
1) tripsina (1:250) (soluzione madre)   0.25%
2) versene (soluzione madre)   1:5000
3) Ham's F10 (*)   1x
4) colcemid (soluzione madre)   10 µg/mL
5) soluzione ipotonica (0.075 M KCl)   5.5 g/L
6) fissativo (acido acetico glaciale/metanolo 1:3) da preparare al momento dell'uso.

(*) Ham's F10 (soluzione madre)   100 mL
     Fetal calf serum   10-20 mL
     L-glutamine (200mM)   1 mL
     Penicillina/streptomicina (10.000U/ mg)   1mL
     Nystatin (1 mg/mL)   0.1 mL
     Tampone Hepes (per colture in giara)   1 mL.

Procedura
a) rimuovere il terreno di coltura
b) lavare con 1.0 mL di Versene
c) rimuovere la soluzione di Versene ed aggiungere 0.5 mL di soluzione di tripsina, agitando per consentire alle cellule di staccarsi dal fondo. Verificare che vi siano cellule rotondeggianti distaccate dal fondo: in poco più di un minuto le cellule si vedranno galleggiare liberamente nel terreno
d) aggiungere 2 mL di terreno, raccogliere la sospensione di cellule e distribuirla in due due nuovi recipienti di coltura
e) dopo 2h aggiungere altri 4 mL di terreno fresco e incubare a 37° C per 24h
f) procedere come dal punto b) della metodica successiva

Raccolta senza subcoltura

Dopo avere constatato che il numero delle cellule in mitosi è soddisfacente, si può procedere anche direttamente alla raccolta, senza subcoltura.

Soluzioni:
1) tripsina (1:250) (soluzione madre)   0.25%

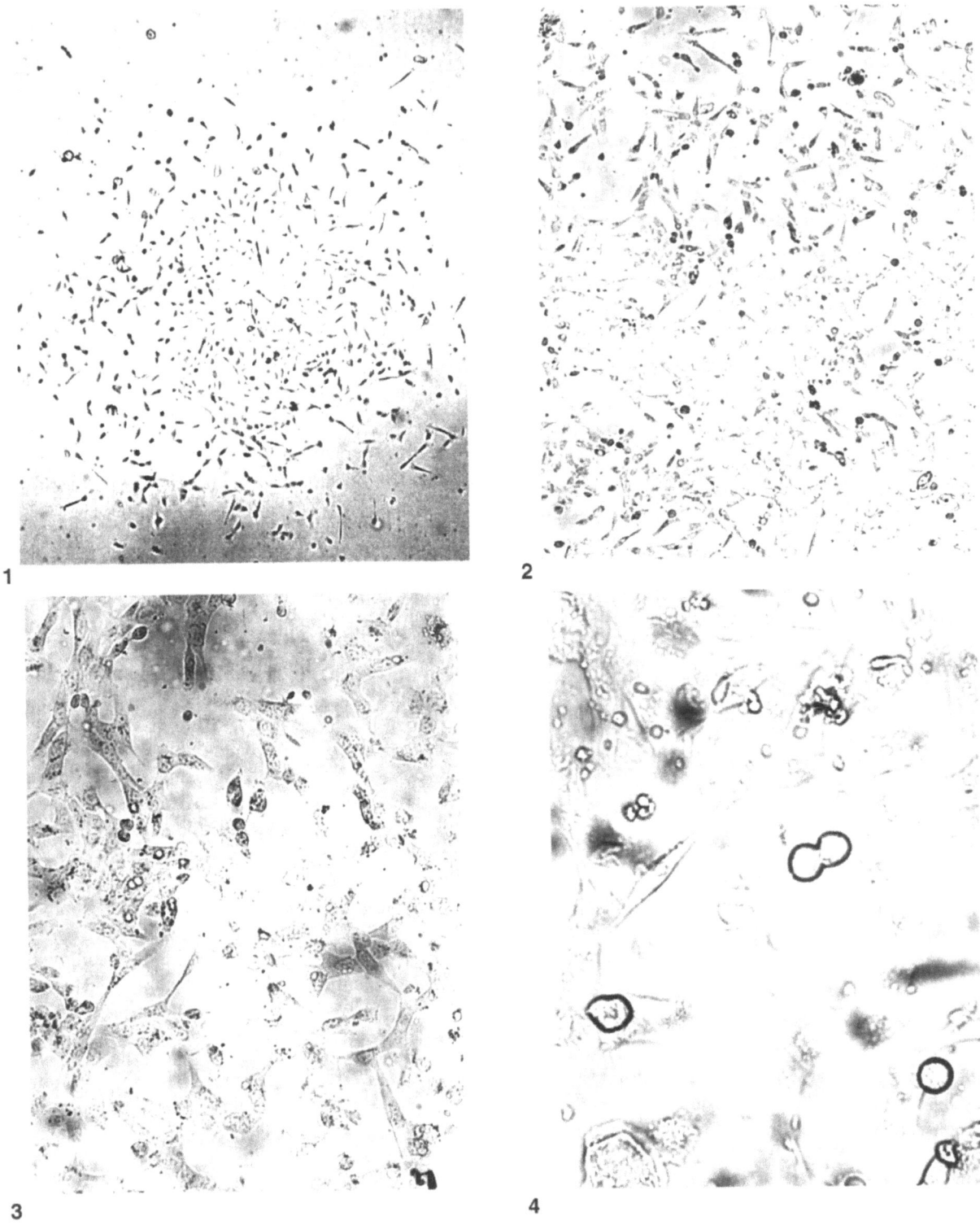

Fig. 13.8.1. Cloni di amniociti dopo circa due settimane di coltivazione, a diversi ingrandimenti. Le cellule rotondeggianti, frammiste a quelle aderenti al fondo, irregolari e confluenti, si trovano in divisione mitotica e quindi sono utilizzabili per lo studio citogenetico

2) versene (soluzione madre)   1:5000
3) colcemid (soluzione madre)   10 mg/mL
4) soluzione ipotonica (0.075 M KCl)   5.5 g/L
5) fissativo (acido acetico glaciale/metanolo 1:3) da preparare al momento dell'uso.

Procedura:
a) trasferire il materiale in nuove capsule con aggiunta di terreno fresco ed incubare a 37° per una notte (le capsule precedenti, potendo avere ancora cellule vitali, si riutilizzano con aggiunta di terreno fresco)
b) aggiungere colcemid e incubare per un periodo massimo di 3-4h
c) rimuovere il terreno, lavare con 1 mL di soluzione di versene
d) rimuovere la soluzione di versene ed aggiungere 0.5 mL di soluzione di tripsina, agitando per consentire alle cellule di staccarsi dal fondo. Verificare che vi siano cellule rotondeggianti distaccate dal fondo: in poco più di un minuto le cellule si vedranno galleggiare liberamente nel terreno
e) aggiungere 2 mL di soluzione ipotonica, trasferire la sospensione in tubo da centrifuga ed aggiungere 2 mL di Ham's F10 (o altro terreno non supplementato)
f) incubare a 37°C per 20'
g) aggiungere lentamente circa 10 gocce di fissativo fresco
h) centrifugare per 10' a 800 rpm
i) rimuovere il supernatante ed aggiungere 2 mL di fissativo fresco
j) ripetere tre volte

Preparazione dei vetrini come al paragrafo 13.7.1.

Cloni in situ

Soluzioni:
1) colcemid (soluzione madre)   10 µg/mL
2) soluzione ipotonica (0.075 M KCl)   5.5 g/L
3) terreno Chang   100 mL
4) fungizone   250 µg/mL
5) penicillina   5000 U/mL
6) streptomicina   5 mg/mL
7) fissativo (acido acetico glaciale/metanolo 1:3) da preparare al momento dell'uso.
8) liquido di montaggio (Xam).

Procedura:
Per assicurare un buon risultato di crescita, è utile allestire sempre due (o anche tre) colture, usando preferibilmente terreni di differente composizione.

a) dopo centrifugazione, sospendere il pellet in 6-9 mL di terreno e distribuire in recipienti di coltura contenente vetrini coprioggetto; incubare a 37° in atmosfera di CO_2 al 5%. Alternativamente, tubi Leighton o fiaschette possono essere direttamente gassati con miscela aria-CO_2; possono anche essere utilizzate capsule aperte collocate in box con tappo adesivo (giare) e gassate con miscela aria-CO_2
b) lasciare crescere le colture indisturbate per almeno una settimana, controllando la crescita cellulare al microscopio invertito.
c) Se dopo otto giorni la crescita si mostra soddisfacente, rimuovere la metà del primo terreno e sostituirlo con eguale quantità di terreno fresco; il terreno rimosso (avendo in sospensione molte cellule libere) va utilizzato per una nuova coltura
d) ripetere l'operazione precedente ogni 3-4 giorni, fino a quando si ritiene che la coltura sia pronta per la raccolta (harvest).
e) trasferire i vetrini coprioggetto in altre capsule, aggiungere terreno fresco e lasciare incubare a 37°C per 24 h
f) aggiungere 0.05 mL di colcemid e lasciare incubare per non più di 2-4 h
g) rimuovere il terreno ed aggiungere 2 mL di soluzione ipotonica
h) dopo 30' aggiungere delicatamente 2 mL di fissativo fresco
i) rimuovere la metà della mistura precedente (formata da soluzione di fissativo e soluzione ipotonica) ed aggiungere 1 mL di fissativo fresco
l) rimuovere tutta la mistura ed aggiungere 2 mL di fissativo fresco
m) dopo 30' sostituire con altro fissativo
n) con una pinzetta estrarre i coprioggetto dalle capsule e lasciarli seccare inclinati a 45° su foglio assorbente
o) montare con liquido di montaggio.

Nota: Una iniziale stentata crescita non deve fare necessariamente sospettare il fallimento della coltura, in quanto questa molto spesso migliora dopo il primo cambio del terreno.
Se dopo due settimane si osserva stentata o assente crescita, deve essere informato l'ostetrico, per un nuovo prelievo. Va però ricordato che potrebbe trattarsi solo di un ritardo nella crescita. Colture che stentano a crescere in un terreno, possono avvantaggiarsi di terreno di

diversa composizione (ad esempio Chang in sostituzione di Ham's F10 o viceversa). Il nuovo prelievo *non autorizza comunque ad eliminare la prima coltura*, che può talvolta riuscire anche dopo due settimane di insuccesso.

Le colture infette vanno subito scartate ed inviate al laboratorio di microbiologia. Si può però talvolta ancora tentare di recuperarle, lavando ripetutamente con PBS arricchito di antibiotici e sostituendo naturalmente il terreno. È preferibile in questi casi servirsi di altro incubatore.

La commissione AICM (Diagnostica Citogenetica. Consensus 1995) dà i seguenti suggerimenti:

Metodo "in situ":

Per il controllo della ploidia: osservare almeno 1 metafase per clone da non meno di 10 colonie ottenute da due colture indipendenti (fiasche o Petri).

Per l'appaiamento degli omologhi: studiare 4 cellule (due delle quali dalla loro stampa, con composizione del cariotipo).

In caso di mosaicismo: comporre almeno un cariotipo per linea cellulare; se si ha una terza coltura, è bene utilizzarla per aumentare il numero delle metafasi esaminate.

Metodo "in piastra":

Per il controllo della ploidia: osservare 16 cellule da un minimo di 2 colture (fiasche o Petri) con non meno di 10 cloni

Per l'appaiamento degli omologhi: studiare 4 cellule (due delle quali dalla loro stampa, con composizione del cariotipo).

In caso di mosaico: comporre almeno un cariotipo per linea cellulare.

13.8.2 - Diagnosi citogenetica prenatale dei mosaicismi veri, degli pseudomosaicismi e dei mosaicismi confinati alle strutture extra-embrionarie

Non è raro osservare discordanza tra i dati citogenetici trovati in corso di diagnosi prenatale e quelli che si osservano alla nascita. Il dato può costituire motivo di malintesi anche spiacevoli, se non trova opportuno chiarimento. La discordanza può essere dovuta, a *mosaicismi confinati alla placenta* oppure *ai villi coriali*.

Si tratta naturalmente sempre di eventi post-zigotici. Questi mosaicismi sono veri e non vanno naturalmente confusi con gli *pseudomosaicismi* che sono dovuti ad aberrazioni in vitro delle cellule coltivate e quindi privi di significato patologico. È ancora controverso il significato prognostico della trisomia del cromosoma n.20 a mosaico. Nel 15% dei casi questo mosaicismo produce anomalie fetali.

Il fatto che mosaicismi cromosomici possano essere confinati alla placenta, deriva dal fatto che solo poche cellule della blastocisti (2 o 3 cellule su 64) danno origine all'embrione; tutte le altre formano tessuto extra-embrionario. Se la mutazione cromosomica avviene in una cellula in stadio molto precoce dopo la fecondazione, possono essere previste due evenienze: o la cellula è destinata a dare origine all'embrione oppure al tessuto placentare: nel primo caso si avrà un mosaicismo vero nel feto, che non appare nel citotrofoblasto (risultato falso negativo); nel secondo caso invece l'anomalia riscontrata nelle cellule corioniche non è presente nel feto (risultato falso positivo). Da quanto detto la percentuale di falsi positivi è prevalente (1%-2% contro 0.04%) (Diagnostica Citogenetica. Consensus 1995). Si ritiene infatti che la percentuale di falsi negativi non sia superiore a 1:2000 gravidanze.

Nel caso di false positività (cariotipo del feto normale/anomalie cromosomiche confinate ai tessuti extra-embrionari) gli effetti sul feto di un tale mosaicismo sono in genere del tutto trascurabili. Ciò è vero quando le anomalie sono trovate solo nel citotrofoblasto con il metodo diretto. Quando invece le anomalie citogenetiche riguardano la componente mesenchimale del villo (scopribili mediante colture a lungo temine), è possibile l'associazione, se pur rara, di ritardo dell'accrescimento intrauterino. Nel caso di linea cellulare anomala presente sia nel citotrofoblasto che nel mesenchima, la possibilità di iposviluppo e perfino morte del feto è elevata (fino al 50%) (Diagnostica Citogenetica. Consensus 1995).

Nella citogenetica prenatale, essendo limitato il numero di cellule disponibili all'analisi, non si possono adottare le stesse regole ricordate per la ricerca dei mosaicismi da sangue periferico (v. paragrafo 4.6).

Differenziare un mosaicismo vero da uno pseudomosaicismo riesce difficile nelle colture ottenute in monostrato mentre si rende facile con l'applicazione della tecnica dei cloni in situ.

Sono stati comunque suggeriti diversi accorgimenti, che qui vengono brevemente riportati:

1) le colture devono essere condotte sempre in doppio;

2) se un' anomalia strutturale è presente in una cellula su 10 di una coltura ed assente su 10 cellule di una seconda coltura, vanno analizzate altre 10 cellule della seconda coltura: la presenza della stessa anomalia *anche in una sola cellula della seconda coltura* depone per mosaicismo vero; in altre parole, l'assenza di una stessa anomalia su 20 cellule della seconda coltura, depone per pseudomosaicismo, che può presentarsi sia come "single cell pseudomosaicism" che come "multiple cells pseudomosaicism".

Il protocollo adottato dal <u>Laboratorio di Diagnosi Prenatale di New York City (PDL)</u> ricalca quanto già esposto, in quanto stabilisce che può essere avanzata diagnosi di mosaicismo vero solo *quando una stessa anomalia è presente in due o più differenti colture cellulari*.

In pratica suggerisce di procedere come segue:
Si allestiscono due colture primarie e si esaminano dieci cloni per fiaschetta (una terza fiaschetta può essere tenuta di riserva).

Possibili risultati:

a) Prima coltura : un clone con anomalia numerica
   Seconda coltura: un clone o più cloni con la stessa anomalia numerica: *mosaicismo vero*.

b) Prima coltura : un clone con anomalia numerica
   Seconda coltura: tutti cloni normali: si procede all'esame da una terza coltura con due possibili risultati: clone o cloni con la stessa anomalia: mosaicismo vero; tutti cloni normali: *single cell pseudomosaicism*

c) Prima coltura: più cloni con anomalie numeriche;
   Seconda coltura : tutti cloni normali.
   Si procede all'esame da una terza coltura con due possibili risultati: clone o cloni con la stessa anomalia: mosaicismo vero; tutti cloni normali: *multiple cell pseudomosaicism*.

Quasi la metà dei mosaicismi veri sono dei cromosomi del sesso e solo raramente si accompagnano ad anomalie esterne dei genitali (v. paragrafo 4.4).
Oltre ai mosaicismi degli autosomi n. 13, 18, 20 e 21, se ne conoscono di più rari, con conseguenze spesso dannose per il feto. Particolare attenzione meritano i mosaicismi dei cromosomi n. 2, 5 e 16. Il mosaicismo per il cromosoma n.2 comporta quasi costantemente (>90% dei casi) malformazioni nel feto (LYF Hsu, 1997). Anche il mosaicismo per il cromosoma n. 16 comporta alto rischio (>70%) (Hsu 1998), mentre per il cromosoma n.5 il numero di osservazioni è ancora troppo limitato per consentire una valutazione prognostica. Tra i mosaicismi confinati ai tessuti extra-embrionari va ricordato che la trisomia per il cromosoma n.2, pur se confinata alla placenta, non è sempre priva di pericolo per il feto, che può presentare sensibile ritardo di crescita (Ariel I, 1997; Webb AL, 1996). Una trisomia confinata alle strutture extra-embrionarie può qualche volta essere causa di disomia uniparentale (v. paragrafo 7.14). I mosaicismi possono anche rendere una coppia di cromosomi disomici per geni soggetti ad imprinting: quando vi è questo sospetto, occorre stabilire l'origine parentale delle disomia. Si conoscono più di una ventina di malattie genetiche con imprinting genomico e per le quali i geni responsabili hanno trovato assegnazione cromosomica (v. paragrafo 7.13).

Alla luce di queste recenti acquisizioni si è ritenuto utile per i Laboratori di citogenetica un aggiornamento delle linee-guida per il riconoscimento e il significato prognostico dei diversi tipi di mosaicismo negli amniociti.

Nelle linee-guida per la diagnostica citogenetica (Diagnostica Citogenetica. Consensus 1995) sono stati individuati 3 livelli di mosaicismo:

I°) mosaicismo di I livello:
una singola metafase con anomalia strutturale o numerica. Ha significato di pseudomosaicismo. È tuttavia raccomandabile estendere l'osservazione a tutte le colture disponibili, se l'anomalia è di un cromosoma del sesso o di uno degli autosomi: 21, 18, 13, 8, 9.

II°) mosaicismo di II livello:
più metafasi con la stessa anomalia in una o più colonie di *una stessa coltura*. Non va abitualmente considerato mosaicismo vero; un approfondimento diagnostico, mediante studio da un secondo campione di liquido amniotico, è spesso consigliabile, specie in caso di coinvolgimento di un cromosoma del sesso o di uno degli autosomi: 21, 18, 13, 8, 9.

III°) mosaicismo di III livello:
più metafasi con la stessa anomalia in colonie di *almeno due colture indipendenti*. Questo riscontro è espressione di mosaicismo vero. Potrebbe essere opportuno in questi casi estendere l'indagine ad un campione di sangue fetale prelevato mediante cordocentesi. Va tenuto presente il rischio aggiuntivo che il prelievo comporta sia per la gravidanza che per il feto. In base sempre al tipo di ulteriori indagini che possono seguire al ritrovamento di un mosaicismo, sono

state formulate anche altre classificazioni che suddividono i mosaicismi in tre categorie, che richiedono un approfondimento diagnostico *standard, moderato o estensivo* (Prenat. Diagn. 19:1081, 1999).

Per colture in situ con numero non sufficiente di colonie da contare o da analizzare, è stata realizzato un metodo che informa sul numero di cellule che vanno analizzate dopo tripsinizzazione per assicurarsi che è stata studiata almeno una cellula per ogni colonia. Il metodo richiede naturalmente la conoscenza del numero di colonie su cui è stata eseguita la tripsinizzazione. Ad esempio, in una coltura si sono sviluppate 18 colonie: lo studio di 6 cellule sul tripsinizzato equivale allo studio di 4 cloni primari; lo studio di 30 cellule equivale allo studio di 13 colonie; studiando 67 cellule si hanno informazioni su 17 dei 18 cloni originari (v. Claussen et al, 1984).

13.8.3 - Colture cellulari da villi corionici

I campioni per l'esame citogenetico provengono dal *corion frondoso* con ben sviluppata vascolarizzazione. Nei villi sono presenti tre tipi di cellule: citotrofoblasti (*cytotrophoblasts*), sinciziotrofoblasti (*syncytiotrophoblasts*) e cellule del mesenchima (*mesenchime core*).

Le prime si presentano anche spontaneamente in mitosi, così che è possibile ottenere metafasi mediante raccolta diretta di queste cellule. Per l'ultima categoria di cellule invece, per ottenere le mitosi si devono allestire colture in vitro.

Almeno 10 mg of villi sono necessari per un esame diretto, o una cultura a breve o a lungo termine. Il campione deve essere subito posto in terreno contenente eparina, fetal calf serum, L-glutamina, antibiotici e Mycostatin.

Il tessuto estraneo ai villi va rimosso ed i villi vanno posti in una capsula di Petri.

Non sono rare le discrepanze tra il cariotipo ottenuto dagli amniociti o dal sangue fetale o neonatale e quello dei villi corionici. Non concordanza si può altresì osservare tra il metodo diretto (analisi del citotrofoblasto) e le colture (cellule del mesenchima). Ciò va tenuto sempre presente, e dipende dal fatto che il *mesenchime core* è rappresentativo non solo delle cellule mesodermiche embrionali ma anche di quelle extraembrionali (v. paragrafo 13.8.2). In caso di prelievo di villo molto piccolo (inferiore a 10 mg), tra il metodo di analisi diretto e quello colturale, è preferibile il primo, perché vi è minore rischio di contaminazione da parte delle cellule materne.

A) Metodo diretto

(La procedura può essere applicata anche al cosiddetto "metodo semi-diretto", che consiste nello studio dei villi dopo incubazione a 37°C per 12h in terreno di coltura).

Soluzioni:
1) soluzione salina bilanciata di Hank's (Hank's balanced salt solution)(HBSS)
2) terreno: F10 (senza supplemento)
3) colcemid (stock solution) 10 µg/mL
4) soluzione di sodio citrato 1%
5) fissativo metanolo/acido acetico 3:1 (da preparare al momento dell'uso)
6) acido acetico 60% (da preparare al momento dell'uso)
7) pipette Pasteur con estremità ricurva.

Procedura:
a) porre il campione in capsula di Petri, aggiungere 3 mL di HBSS e 3mL di terreno senza siero
b) aggiungere 0.3 mL di colcemid e incubare a 37°C per 1h o 2h
c) rimuovere il terreno completamente e aggiungere 3 mL di sodio citrato 1%; lasciare 10' (*) a temperatura ambiente, quindi rimuovere il citrato e aggiungere 3 mL di fissativo fresco lavando i villi due volte nel fissativo
d) preparare soluzioni decrescenti di metanolo: 70%, 50%, 20%
e) rimuovere il fissativo e sostituire con metanolo assoluto
f) rimuovere immediatamente e sostituire con metanolo 70%, 50%, 20% e quindi con acqua deionizzata
g) rimuovere tutta l'acqua e raccogliere i frammenti di villi in capsula di Petri
h) dissociare lo strato di cellule più esterne con poche gocce di acido acetico 60% e agitare leggermente la capsula; dopo 2'-3' la sospensione dovrebbe essere pronta per la preparazione dei vetrini (i frammenti di villi appaiono translucenti)
i) porre un vetrino su piastra calda a 40°C; porre qualche goccia della sospensione sul vetrino diffondendola con una Pasteur ricurva.

(*) come soluzione ipotonica si può anche adoperare KCl 0.075 M, rimuovendolo dopo 20'-30'.

Nota: dopo il punto c) si può anche procedere come segue (Martuzzi M e Dallapiccola B, 1990):
1) rimuovere la soluzione ipotonica e aggiungere fissativo (alcol etilico-acido acetico in rapporto 3:1) per 10'

2) trasferire il materiale in capsula di Petri contenente 0.5 mL di acido acetico glaciale al 60%
3) strisciare i frammenti con una pipetta Pasteur ricurva a L, su vetrino preriscaldato a 40°.

I problemi connessi all'analisi diretta dei villi corionici sono rappresentati dallo scarso indice mitotico e dalla non sempre buona qualità delle metafasi, per cui, ove possibile, va preferito il metodo della coltivazione delle cellule. Va aggiunto che, pur se con frequenza non superiore a 1%, il metodo diretto evidenzia mosaicismi che non fanno parte delle cellule fetali, perché appartenenti al tessuto trofoblastico, come dimostra il follow-up (successivo esame su coltivazione degli amniociti). Alle volte è il tipo stesso del mosaicismo riscontrato che consente di sospettarne la provenienza extraembrionaria, in quanto non conosciuto nei neonati (tetraploidie, trisomie dei cromosomi n.1, 2, 3, 4, 5, 16).

Le trisomie dei cromosomi n.7, 8, 9, 20, complete o a mosaico, riscontrate con esame diretto o dopo coltura, richiedono conferma con successivi esami da eseguire sugli amniociti o da prelievo di sangue fetale. Lo stesso vale per i markers soprannumerari e per le triploidie a mosaico.

Molto spesso (>90% dei casi) un mosaicismo per i cromosomi sessuali non trova successiva conferma sugli amniociti e alla nascita. Questo dato va tenuto presente onde evitare ingiustificata apprensione nella gestante. Di converso sindromi di Patau e di Edwards possono presentare normale cariotipo oppure mosaicismo nelle cellule del citotrofoblasto e trisomia dei cromosomi rispttivamente 13 e 18 negli amniociti (D. K. Kalousek, 1989).

La trisomia del cromosoma n.15 merita però attenzione particolare, in quanto la perdita di uno dei cromosomi n.15 porterebbe a disomia uniparentale con conseguente sindrome di Prader-Willi o di Angelman, a seconda che la disomia sia paterna o materna (v. paragrafo 7.13).

B) Coltura a lungo termine

Esistono due metodi per ottenere dai villi corionici materiale idoneo alla coltivazione: la macerazione fisica e la dissociazione enzimatica.

Soluzioni:
1) terreno di coltura:
   mistura di RPMI 1640 e Ham's F10 (1:1) oppure Chang medium
   L-glutamina (2 mM)
   penicillina 50 U/mL e streptomicina 50 µg/mL
   Ultroser G 3%
   fetal calf serum 4%
   tripsina 0.05% e EDTA 0.02% in Puck's salina
   soluzione di sodio citrato 1%.
2) terreno con collagnasi tipo IV.

Procedura:
a) trasferire il campione in tubi sterili (Nunc cryotubes) di 4.5 mL contenenti 0.0625% di tripsina-EDTA in 4 mL di HBSS e incubare per 60' su agitatore ascillante (rocking mixer)
b) centrifugare a 800 rpm per 5', rimuovere il supernatante e risospendere il pellet in 2 mL di soluzione di collagenase (100 U/mL in MEM)
c) incubare per 30' su agitatore oscillante, quindi centrifugare ed aspirare il sopranatante fino a 0.5 mL
d) pipettare ripetutamente e delicatamente la sospensione ed aggiungere 5 mL di terreno
e) trasferire in aliquote di 0.5 mL in capsule di Petri sterili contenenti vetrini coprioggetti sterilizzati alla fiamma
f) incubare a 37°C per 24h e quindi aggiungere 2 mL di terreno
g) dopo 2-3 giorni di incubazione controllare che sia avvenuta la crescita delle cellule sul vetrino; cambiare quindi il terreno
h) dopo circa 5-7 giorni i vetrini dovrebbero essere pronti per la raccolta. Aggiungere 10 microlitri di colcemid ed incubare per 2 h; rimuovere il terreno ed aggiungere 3 mL di soluzione ipotonica di citrato di sodio e incubare per 20'
i) aggiungere 2 mL di fissativo freddo, lasciandolo agire per 2'
j) rimuovere la soluzione ed aggiungere 2 mL di fissativo freddo
k) ripetere due volte quest'ultima operazione, a distanza di 20'
l) rimuovere l'ultimo fissativo, esporre i vetrini, uno per volta, ad una sorgente di calore per qualche secondo per poi proseguire l'essiccamento possibilmente con l'uso di una pompa ad aria.

Il protocollo riportato da M.Martuzzi e B.Dallapiccola è il seguente:
a) assicurarsi anzitutto che il materiale da porre in coltura non contenga decidua materna contaminante
b) porre i frammenti in soluzione fisiologica per 10'
c) trasferire in soluzione di tripsina 0.25% in PBS per 15'-20'
d) raccogliere il materiale digerito in provetta contenente 1 mL di terreno completo

e) centrifugare a 800 rpm per 10'
f) allontanare il sopranatante, seminare il pellet in 5 mL di Chang addizionato di 8 mL di calf serum, in bottiglie in cui sono stati introdotti due o più vetrini coprioggetto
g) incubare a 37° e controllare dopo qualche giorno la crescita.
h) Se pronte per la raccolta, proseguire le operazioni successive secondo i protocolli soliti.

Riportiamo alcuni dei parametri suggeriti dalla Commissione AICM (Diagnostica Citogenetica. Consensus 1995) per l'analisi da cellule dei villi corionici:

Per il metodo diretto:
a) per il controllo della ploidia: osservare 16 cellule, se il cariotipo è omogeneo;
b) per l'appaiamento degli omologhi: analizzare 4 cellule (due delle quali su stampa, con composizione del cariotipo);
c) in caso di mosaico: almeno un cariotipo per linea cellulare, confrontato se possibile con il cariotipo ottenuto da cellule del mesenchima coltivate.

Per il metodo della coltivazione:
a) per il controllo della ploidia: osservare 16 cellule da diverse aree di crescita di due o più colture indipendenti, se il cariotipo è omogeneo;
b) per l'appaiamento degli omologhi: analizzare 4 cellule (due delle quali su stampa, con composizione del cariotipo);
c) in caso di mosaico: almeno un cariotipo per linea cellulare, confrontato se possibile con il cariotipo ottenuto da cellule col metodo diretto.

Per il metodo combinato: diretto e della coltivazione:
a) per il controllo della ploidia: se il cariotipo è omogeneo, osservare 16 cellule da diverse aree di crescita di due o più colture indipendenti; almeno la metà delle cellule deve provenire da preparati ottenuti con metodo "diretto";
b) per l'appaiamento degli omologhi: osservare 4 cellule (due delle quali su stampa, con composizione del cariotipo);
c) in caso di mosaico: almeno un cariotipo per linea cellulare, confrontando i risultati ottenuti con i due metodi.

13.8.4 - Riconoscimento prenatale del fra(x) da amniociti o villi coriali

Metodo con FUdR/eccesso di timidina

Per la ricerca del fra(X) sugli amniociti può essere adottato il seguente protocollo:
Soluzioni:
1) Terreno di crescita e soluzione FUdR come al paragrafo 13.15
2) terreno con eccesso di timidina: addizionare al terreno 75 mg di timidina e sterilizzare su filtro.
La soluzione si mantiene stabile per 2-3 settimane a 4°C.

Procedura:
a) procedere come di norma alla coltura di amniociti (v. paragrafo 13.8). Se le colture sono state avviate con terreno particolare (ad esempio Chang), sostituirlo con il terreno sopra indicato
b) incubare per 4-7 giorni, quindi sostituire il terreno con 5 mL di medium con eccesso di timidina
c) aggiungere 50 microlitri di FUdR (soluzione madre) a ciascuna coltura, ed incubare per 24h a 37°C al riparo dalla luce.

Le procedure per la raccolta sono le stesse riportate al paragrafo 13.8.1.
Anche dai villi coriali, oltre che dagli amniociti è possibile eseguire la ricerca del fra(X) con eccesso di timidina. Va però tenuto presente, come già detto, che qualunque metodica non è esente dal rischio di dare falsi negativi, considerata l'espressività variabile del fra(X) anche nei maschi affetti. L'analisi diretta molecolare, possibile già da diversi anni (I.Oberlé,1991), dovrebbe sempre affiancare quella citogenetica.

13.8.5 - Diagnosi prenatale nelle malattie da instabilità cromosomica

Vedi paragrafo 13.16

13.8.6 - Piccoli cromosomi metacentrici soprannumerari

Sulla origine e le caratteristiche dei cromosomi marker sopranumerari vedi quanto esposto al paragrafo 4.8.
Un cromosoma marker può essere ereditato oppure può essere il risultato di una nuova mutazione. È importante, al fine della valutazione del rischio per il nascituro, sapere se il caso è familiare o "de novo". La probabilità che possano derivare conseguenze al feto è infatti diversa: mentre è trascurabile nei casi familiari (<1%), si eleva a 10%-20% per le forme "de novo". Né sempre l'ecografia può essere di aiuto. Il ritardo mentale infatti

potrebbe non essere associato a malformazioni riconoscibili in utero. Si ritiene però che il danno cerebrale possa difficilmente rappresentare l'unica conseguenza di un marker, per cui l'assenza di segnali ecografici anomali autorizza quanto meno a ridurre, nei casi "de novo", la percentuale di rischio, pur non potendo dare alla gestante completa assicurazione.

Va aggiunto che si può incorrere nell'errore di considerare come "de novo" casi che in realtà non lo sono. Ciò può accadere se l'analisi del cariotipo dei genitori non è condotta su un numero elevato di cellule (almeno 50). È possibile infatti che il genitore abbia un mosaicismo per quel cromosoma marker, che può sfuggire alla osservazione se il conteggio viene limitato (come spesso accade) a poche cellule. Questa negligenza è spiegata (ma non giustificata) dal fatto che si ritiene improbabile un mosaicismo parentale. L'evento è invece possibile, e non va interpretato sempre come mutazione post-zigotica, bensì come perdita, nel corso degli anni, del cromosoma soprannumerario. Un mosaicismo parentale, abitualmente trascurato, comporterebbe una diversa valutazione prognostica con ripercussioni differenti sulle decisioni della gestante.

Quanto al possibile riconoscimento dell'origine del marker, va ricordato che sono disponibili sonde proprie per la regione centromerica dei diversi cromosomi, per cui con la FISH è possibile risalire alla sua origine. Una volta riconosciuto il cromosoma di provenienza, si può con l'uso di sonde specifiche stabilire la presenza o meno di materiale eucromatico. Va detto che non sempre si riesce però ad avere dati adeguati per la valutazione prognostica.

Il tentativo di riconoscere l'origine di un marker dovrebbe però essere sempre effettuato, per il motivo che sono stati delineati particolari fenotipi almeno per cinque di essi:

dic(22)(pter→q11::q11→pter);
iso 18p;
der(22) da t(11;22)(q23;q11);
psu dic(15)(pter→q12::q12→pter);
iso 12p (delinea la sindrome di Pallister-Killian).

13.9 Il significato dell'alfa-fetoproteina (AFP) nella diagnosi prenatale

Uno studio che quasi sempre accompagna quello citogenetico, è il dosaggio dell'alfa-fetoproteina (AFP) nel liquido amniotico.

La AFP è una proteina specifica del feto, nel cui sangue è presente nell'ordine di milligrammi/mL, mentre nel liquido amniotico i valori si esprimono in microgrammi e nel sangue materno in nanogrammi (A. Milunsky, 1992 pag. 513).

Si conosce la localizzazione cromosomica del gene che la codifica (braccio lungo del cromosoma n. 4) (M.E. Harper, 1983). Nonostante però sia nota da oltre 50 anni e se ne conoscano le proprietà chimiche e fisiche, le sue specifiche funzioni nel feto sono ancora ignote. Molte gravidanze accompagnate da anomalie del feto, cromosomiche e non, si accompagnano a modificazioni della sua concentrazione nel liquido amniotico, ma il suo dosaggio ha importanza secondaria nel caso di anomalie del feto altrimenti diagnosticabili (L. E. Shieds, 1996).

I livelli di AFP nel liquido amniotico seguono una curva con un picco più elevato tra la 12° e la 14° settimana di gestazione, per poi decrescere progressivamente. Uno studio per determinare il normale range di livelli tra 8° e 18° settimana di gestazione, ha dimostrato, un andamento che si discosta alquanto da quello abitualmente riportato, poiché appaiono nel monitoraggio due picchi: un primo a 8 settimane (mediana: 83.0 kU/mL); vi è poi caduta della concentrazione fino alla 11° settimana (mediana: 19.9 kU/mL); in 13° settimana viene raggiunto un secondo picco (mediana di 30.7 kU/mL) e quindi vi è un progressivo decrescere fino alla 18° settimana (N. C Wathen, 1993).

Il valore dell' AFP va quindi interpretato solo tenendo conto anche della età gestazionale.

Le tecniche per il dosaggio sono basate su metodi radio-immunologici, immunoelettroforetici e immunoenzimatici, ai quali si rimanda (D. Maestri; N.C.Wathen; J.Vince).

I valori sono espressi in UI/mL (1UI=1.09 ng) o in kUI/mL (1 kUI= 1000 UI).

Le mediane in kUI/mL sono distribuite come segue (D. Maestri, 1998)):

Settimana di gestazione	Valore in kUI/mL
14°	16,32
15°	14,36
16°	13,43
17°	10,93
18°	8,22
19°	7,35
20°	5,62
21°	4,47

Il più comune impiego di questa analisi è per escludere nel feto la spina bifida, che assieme alla anencefalia rientra nel gruppo dei difetti di chiusura del tubo neurale (NTD).

I valori di AFP in questi disordini raggiungono livelli molto alti, che sono però di difficile interpretazione prima della 13° settimana di gestazione (Wathen NC, 1993). Va tenuto anche presente che la spina bifida *coperta*, cioè con cute sovrastante integra, può accompagnarsi a valori anche normali di AFP, non passando in questo caso la proteina dal feto al liquido amniotico.

I NTD non sono però le sole condizioni con aumento dell'AFP nel liquido amniotico. Numerosi disordini genetici possono infatti determinarlo; minori sono invece le patologie genetiche che ne comportano la riduzione (v. Tabelle 13.9.1 e 13.9.2).

Esistono anche rare condizioni genetiche con congenita deficienza di AFP (Faucett WA,1989; F. Greenberg, 1992) ed altre caratterizzate da persistenza elevata della proteina nel siero (Ferguson-Smith MA, 1984): queste condizioni sono tutte prive di significato patologico.

Valori elevati di AFP si riscontrano anche nei casi di grave sofferenza fetale o morte del feto.

13.9.1 - Malattie con alti livelli di AFP

da Genus: Clinical Database for over 5.000 Genetic Disorders

Malattia:	Eredità:	Sintesi semeiologica:	Bibliografia[OMIM]:
acardia	sporadic	absent cardiac motion in one of the fetus and cardiomegaly in the pump twin, hydropic changes, single umbilical artery, polyhydramnios.	Teratology 30, 311-318, 1984
acrania	sporadic	polydramnios; partial or complete absence of the cranial vault, presence of brain protruding into the amniotic cavity, occasionally consequence of an amniotic band sequence.	Developmental Pathology of the Embryo and Fetus. Dimmick J.E. Ed.1992
amniotic bands sequence	genetic heterogeneity sporadic supposed autosomal recessive undefinable	extremely varied disruptions, amputations, ring constrictions involving digits with distal fusion limbs, facial clefts, calvarial defects, internal anomalies, short umbilical cord. Usually ruptures before 45 days of gestation are imcompatible with life.	217100 Smith's Recognizable Patterns of Human Malformation. 5th Edition,p.636
anencephaly	autosomal recessive genetic heterogeneity multifactorial sporadic	polyhydramnios; congenital cranial vault deficiency/absence, exposed neural tissue, small orbits with eyes protrusion.	206500
anencephaly-spina bifida syndrome	X-linked recessive sporadic	kindred showing affected males having either anencephaly or spina bifida.	301410
anophthalmia-neural tube defect		bilateral anophthalmia, open spina bifida.	Proc.Gr.Genet. Center 7,55,1988
aplasia cutis congenita	autosomal dominant genetic heterogeneity supposed autosomal recessive	defect in the scalp and underlying calvaria, thin skin, transparent membrane through which the skull may be seen.	107600 207700
aplasia cutis congenita-gastrointestinal atresia syndrome	autosomal recessive	extensive aplasia cutis congenita, pyloric atresia, axillary pterygia, bilateal lower lid ectropion.	207730
Bendon syndrome	autosomal recessive	polydramnios, hydranencephaly, kidney agenesis/malformations, thymus hypoplasia, lung hypoplasia, other clinical findings.	236500

bladder exstrophy	autosomal dominant sporadic supposed autosomal dominant	Defect due to abnormal development of the cloacal membrane. Urinary tract is open anteriorally from the urethral meatus to the umbilicus, epispadias, separated pubic bones, anus anteriorally displaced.	B.D.Encyclopedia 3015, p.226 600057 Smith's Recognizable Patterns of Human Malformation. 5th Edition, p.626
bronchial atresia	sporadic	segmental bronchus atresia, associated emphysema, recurrent pulmonary infections, cardiac displacement.	B.D.Encyclopedia 0120, p.247
Dandy-Walker malformation	autosomal recessive	cystic enlargement of the fourth ventricle due to posterior fossa cyst continuous with the IV ventricle; agenesis of cerebellar vermis and Magendie/Luschka foramina; facultative hydrocephalus, bulging occiput, mental retardation.	220200
Dandy-Walker polydactyly syndrome	supposed autosomal recessive	posterior fossa cyst continuous with the IV ventricle, Magendie/Luschka foramina and cerebellar vermis agenesis, facultative hydrocephalus, postaxial polydactyly.	220220
Drash syndrome	supposed autosomal dominant supposed contiguous genes	sexual ambiguity, male pseudoermaphroditism, glomerulopathy due to diffuse mesangial sclerosis, hypertension, Wilms tumor. May be part of the WAGR syndrome.	194080 Hum.Mut. 9(3),209-225,1997
duodenal atresia	supposed autosomal recessive	abdominal distension soon after birth, bile-stained emesis, "double bubble" sign on X-ray. Occasionally associated with oesophageal atresia.	223400
encephalocele	sporadic undefinable	midline mass parietal/occipital/frontal/nasopharynx region, skin-covered, with underlying bony defect.	B.D.Encyclopedia 0343, p.614
epidermolysis bullosa dystrophica Bart type	autosomal dominant	congenital skin defects, blistering, mucous membranes involvement, nails absence/deformity.	132000
epidermolysis bullosa dystrophica Fine-Osment-Gay type	supposed autosomal recessive	hands/feet blisters, dystrophic nails, lesions involving knees/elbows with well-demarked border, uninvolving trunk and mucosae.	Dermatology 121,1014-1017,1985
epidermolysis bullosa dystrophica inversa	autosomal recessive	blistering/skin atrophy on the trunk, neck, thighs legs, and sparing hands/feet; oral-esophageal-perianal involvement.	226450
epidermolysis bullosa dystrophica Pasini type	autosomal dominant	first week life onset, generalized serous sanguineous blisters, leaving large red atrophic areas on the extremities, involving ears/face/buttocks, oral blistering, dystrophic nails.	131750 Prenat.Diagn. 20,618-622,2000
epidermolysis bullosa Hallopeau-Siemens type	autosomal recessive	severe destructive skin lesions, at birth or in infancy, involving mucosal surfaces, fingers fusion, severe contractures, ocular changes.	226600
epidermolysis bullosa simplex Fisher type	supposed autosomal dominant	recurrent blistering, birth onset, hyper/hypopigmented spots, giving the skin a dirty appearance, punctate palmoplantar keratoses.	131960

epidermolysis bullosa simplex Koebner type	autosomal dominant	generalized serous non-scarring blisters, increasing in the warm season, mainly involving soles/toes, fingers, heels; normal teeth and nails, onset at birth or first months of life.	131900 Prenat.Diagn. 20,371-377,2000
epidermolysis bullosa simplex Ogna type	autosomal dominant	generalized epidermal fragility, serous seasonal hands/feet blistering.	131950
erythroblastosis fetalis	autosomal dominant	congenital hemolytic disease, anemia, reticulocytosis, erythroblastemia, unconjugated hyperbilirubinemia; hydrops fetalis.	111700
esophageal atresia	sporadic	congenital, excessive salivation/regurgitation with feedings/dehydration and starvation, noted shortly after birth, due to esophagus atresia. Occasionally associated with duodenal atresia/stenosis.	B.D.Encyclopedia 0364,p.641
esophageal fistula atresia	multifactorial supposed autosomal dominant	excessive salivation, choking/coughing/regurgitation on feeding, associated or not with cardiac anomalies.	189960
fetal cytomegalovirus syndrome	no genetic	prenatal growth retardation, hepatosplenomegaly, purpura, jaundice, hemolytic anemia, microcephaly, neuro-ocular involvement including cataract. Occasionally hydrops fetalis. Teraroma, leukemia tendency.	B.D.Encyclopedia 0381, p.691 Prenat. Diagn. 18,1186-1190, 1998 Prenat.Diagn. 19,314-317, 1999 Prenat.Diagn. 20,333-336, 2000
fetal herpes simplex virus 1 syndrome	no genetic	vesicular rash at birth/other skin lesions, microcephaly, intracranial calcification, hydranencephaly, chorioretinitis, microphthalmia, other lesions.	B.D.Encyclopedia 2988, p.713
fetal parvovirus syndrome	no genetic	polyhydramnios, hydrops fetalis, severe apalstic/non-immunologic hemolytic anemia, erythroblastic inclusions, hepatosplenomegaly, fever, generalized rash, ocular lesions including anterior segment malformations, occasionally myocardial necrosis; usually elevated maternal serum AFP.	B.D.Encyclopedia 2980, p.719 Prenat.Diagn. 19,389-390,1999
hydranencephaly	sporadic	progressive head enlargment, large fontanels,increasing blindness, pale optic disks with presence of optic nerve, seizures, absence of cerebral cortex with low electrical activity on EEG, due to congenital carotid vessels lesions.	B.D.Encyclopedia 0480, p.885
hydrocephalus	genetic heterogeneity multifactorial sporadic supposed autosomal recessive	congenital/primitive enlarged head, distended scalp veins and fontanels, due to ventricular dilatation.	236600
hydrocephalus-cerebellar agenesis	supposed X-linked recessive	hydrocephalus, cerebellar agenesis, absence of the foramina of Luschka and Magendie.	307010
hydrops fetalis idiopathic	genetic heterogeneity supposed autosomal recessive	generalized fetal edema, cystic hygromas of the neck, thick skin, pleural/pericardial/peritoneal effusion, heart failure, hepatomegaly, intrapericardial teratoma hydramnios, large placenta, fetal large for gestational age.	236750

hydrops lethal-chondrodystrophy Greenberg syndrome	autosomal recessive	marked hydrops fetalis, extreme shortness of limbs, platyspondyly, unusual ossification centers, extramedullary erythropoiesis.	215140
iniencephaly	sporadic	occipital bone defect with enlarged foramen magnum, cervico-thoracic vertebral anomalies with spina bifida or rachiscisis, extreme retroflexion of the head, additional anomalies including encephalocele.	Weaver D.D.:Catalog Prenatally Diagnosed Conditions. J.Hopkins U.P. p.67 1992 Smith's Recognizable Patterns of Human Malformation. 5th Edition, p.608
intestinal atresia multiple	autosomal recessive	hydramnios, vomiting at birth, no meconium passagge, multiple intestinal atresia from stomach to anus.	243150
laryngeal atresia-encephalocele syndrome	sporadic	occipital encephalocele, laryngomalacia, urogenital malformations, other defects.	Am.J.Med.Genet.Supp. 3:311-321,1987
lung cystic adenomatoid III	sporadic	congenital lung malformation, consisting in a firm, echogenic, homogeneous mass of evenly spaced microscopic cysts. Poor prognosis in presence of hydrops.	B.D.Encyclopedia 2501, p.1082 Prenat.Diagn. 20,459-464,2000
lung cystic lymphangiectasis	supposed autosomal recessive	acute respiratory distress, due to disseminated pulmonary cystic lymphangiectasis, other visceral involvement.	265300
Meckel syndrome type 1	autosomal recessive	occipital encephalocele, microcephaly, Potter-like facies, oral-oculo-neural defects, kidneys/liver cysts, polydactyly, ambiguous genitalia, single umbilical artery, spleen acessory, other anomalies; occasionally Horner syndrome.	249000 Smith's Recognizable Patterns of Human Malformation. 5th Edition, p.184
Meckel syndrome type 2		occipital encephalocele, microcephaly, Potter-like facies, oral-oculo-neural defects, kidneys/liver cysts, polydactyly, ambiguous genitalia, single umbilical artery, spleen acessory, other anomalies; occasionally Horner syndrome. MKS2 locus on 11q13.	Am.J.Hum.Genet. 63,1095-1101,1998 603194
Meckel-like syndrome	supposed autosomal recessive	cebocephaly, hydrocephalus, polydactyly, cortical renal cysts, other anomalies resembling Meckel syndrome.	Proc.Gr.Genet.Center 7,64-65,1988
nephrosis congenita Finnish type	autosomal recessive	congenital edema, hypoproteinemia, proteinuria, abdominal distension, respiratory distress, renal failure, infections, electrolyte imbalance, cystic dilatation of proximal tubules.	256300 Prenat.Diagn. 19,489,1999 Prenat.Diagn. 21,81-84,2001
nuchal cysts fetal type	chromosomic genetic heterogeneity supposed autosomal recessive	fetal cervical septated fluid-filled mass, without brain communication, usually associated with Turner syndrome, occasionally associated with hydrops fetalis.	257350
omphalocele	genetic heterogeneity multifactorial supposed autosomal dominant	transparent umbilical sac, containing umbilical cord/ abdominal viscera, frequently associated anomalies.	164750
omphalocele with gastroschisis	multifactorial supposed autosomal recessive	protruding stomach trough congenital fissure of the abdominal wall, covered by thin, transparent membrane,	230750

pilonidal sinus	supposed autosomal dominant	coccygeal sinus or fistula, without lombosacral vertebral anomalies, occasionally elevated AFP. Common in 0.1% of healthy newborns.	173000
polycystic kidney infantile-juvenile type	autosomal recessive	infantile/juvenile onset; renal enlargement, renal failure, nephronophthisis, hypertension, heart failure, hepatic fibrosis, portal hypertension.	263200
polycystic kidney perinatal-neonatal type	autosomal recessive	perinatal/neonatal onset; oligohydramnios, Potter facies, massive palpable enlarged kidneys, nephronophthisis, distended abdomen, hematuria, oliguria, pulmonary hypoplasia, liver enlargement.	263200
prune-belly syndrome	multifactorial supposed autosomal dominant undefinable	present at birth abdominal skin prune-like appearance, due to absence of abdominal musculature, urinary tract malformations, hydro-ureter, enlarged bladder, progressive renal failure, cryptorchidism, Harrison's groove, other associated findings.	100100 Smith's Recognizable Patterns of Human Malformation. 5th Edition, p.622
pseudohermaphroditism prune-belly syndrome	sporadic	abdominal muscle hypoplasia, inducing characteristic prune appearance of the abdominal skin, genital ambiguity, urinary tract anomalies, skeletal defects, female 46,XX, pseudohermaphroditism.	Am.J.Med.Genet. 6,123-136,1980
renal agenesis Potter type	autosomal dominant	oligohydramnios, Potter facies, redundant dehydrated skin, auricular cartilage defect, urine output absence, bilateral renal agenesis, single umbilical artery, ocular cysts, other associated findings.	191830
sacral dysgenesis/agenesis	sporadic supposed autosomal dominant	lower trunk, marked tapering hypoplastic lower limb defects, paraplegia, lumbosacral vertebral/CNS anomalies, urinary/anal incontinence, neurogenic bladder.	B.D.Encyclopedia 2380,p.1505
spina bifida	genetic heterogeneity genomic imprinting supposed autosomal dominant supposed autosomal recessive	transluced skin-covered mass, over the medline of the vertebral column or cranium, usually in the lumbar area, with/without meninges/nerve tissue herniation, and nervous system complication; occasionally Arnold-Chiari malformation. Sacral nevus flammeus and sacral skin tag considered marker for spina bifida occulta. Potentially maternal imprinting.	206500 182940 601634
teratoma oral and cleft palate	sporadic	teratomas arising in the Rathke's pouch, projecting into oral cavity, protruding from the mouth; occasionally hydramnios.	D.B.OAS VII (7),33-34,1971
teratoma presacral-sacral dysgenesis	autosomal dominant	presacral mass, sacral dimple, anal stenosis, constipation, neurogenic bladder, other meningospinal anomalies.	176450
teratoma sacrococcygeal	sporadic	tumor lobulated mass in presacral area, pelvic-abdominal region, derived by ecto-, endo- and mesodermal totipotent cells.	B.D.Encyclopedia 0877,p.1656 Prenat.Diagn. 20,51-55,2000

twins conjoined	sporadic undefinable	*Product of a single fetilized ovum, with partial fusion of monoovular or monozygotic twins, inducing varying visceral conjunctions, symmetric and asymmetric (parasitic). Encapsulated calcified cystic mass in a fetus (fetus in fetu).*	B.D.Encyclopedia 0202,p.1719 Prenat.Diagn. 17,384-388,1997 Smith's Recognizable Patterns of Human Malformation. 5t Edition, p.652
ventriculomegaly-cystic kidney syndrome	autosomal recessive	*hydrocephaly due to lateral cerebral ventricles dilatation, renal tubules cystic dilatation.*	219730

13.9.2 - Malattie con bassi livelli di AFP

da Genus: Clinical Database for over 5.000 Genetic Disorders

Malattia	Eredità	Sintesi semeiologica:	Bibliografia[OMIM]:
47,XYY male	chromosomic	*fertile man of normal intelligence and Clin phenotype. Tendency to tall stature; acne; increased occurrence of minor anomalies. Predisposition towards aggressive behaviour and/or poor social integtation, not confirmed.*	Clinical Atlas of Human Chromosomes. J.Wiley&Sons Ed. 1984, p..398.
alpha-fetoprotein congenital deficiency	supposed autosomal dominant	*asymptomatic congenital deficiency of alpha-fetoprotein in maternal serum during pregnancy, in fetal serum and amniotic fluid.*	104150
chromosomal abnormalities-unspecified type	chromosomic	*prenatal growth failure, low birth weight, plurimalformations including dysmorphic face, microcephaly, mental retardation, cardiopathy, other visceral/urogenital anomalies, skeletal changes, numerical/structural chromosome aberrations, frequent*	B.D.Encyclopedia pp.325-404
Cornelia de Lange syndrome	supposed autosomal dominant	*mental retardation, hirsutism, synophrys, microcephaly, long philtrum, anteverted nostrils, thin lips, limb defects, ocular changes.*	122470 Prenat.Diagn. 19,706-708,1999
diaphragm eventration	multifactorial supposed autosomal recessive	*unilateral agenesis of the diaphragm, dyspnea, cyanosis, misplaced viscera in the chest, cardiopulmonary compression.*	222400
diaphragm eventration X-linked	supposed X-linked recessive	*anterior diaphragmatic hernia*	306950
diaphragmatic defects-limb anomalies syndrome	sporadic multifactorial	*diaphragmatic hernia, limb anomalies characterized by terminal defects.*	J.Clin.Dysmorph. 2(3),13-15,1984
diaphragmatic hernia, congenital	supposed autosomal dominant	*congenital diaphragmatic defect.*	142340 Prenat.Diagn. 18,1138-1142, 1998
Down syndrome	chromosomic	*epicanthic folds, small nose, oblique palpebral fissures, speckled iris, cataract, flat occiput, short limbs, broad hands, mental retardation, simian line, cardiac defects, other clinical data.*	190685
Edwards syndrome trisomy 18	chromosomic	*mental retardation, failure to thrive, cryptochidism, heart defects, hypotonia, dysmorphic face, prominent occiput, micrognathia, overlapped fingers, prominent calcaneus, neurovisceral*	B.D.Encyclopedia 0160 p.385

fetal maternal diabetes syndrome	no genetic	large for dates, obesity, plethory, cushingoid appearance, visceromegaly with small head, cataract, other ocular defects, metabolic disorders, hypoglycemia. vascular/neuroskeletal/oculovisceral/ genital disorders. Duplicated hallux; microtia, anotia.	B.D.OAS XVIII(3A),55-57,1982 601759 J.Med.Genet. 34,261-263,1997
Klinefelter syndrome	chromosomic	Tendency from childhood toward long limb, tall stature, small penis and testes, occasionally gynecomastia. Infertility, azospermia; osteoporosis. Behaviour problems such as insecurity, shyness, decreased ability to spell; intention tremor.	B.D.Encyclopedia 0556, p.1014
male-determining factor defect autosomal recessive	autosomal recessive	sex reversal male 46,XX, resembling Klinefelter syndrome. 46,XY karyotype or Y-X translocation or Y-autosome translocation.	278850
moles hydatidiform, incomplete	chromosomic supposed autosomal recessive	vaginal bleeding, abnormal uterine enlargment, high beta-hCG serum levels, due to mass of villuos structures with occasionally modified karyotype; in place of placental and fetal development, complete or partial mole may be observed, easily detectable in the first than in the second or third trimester. Karyotype 69,XXX or 69,XXY (less frequently 69,XYY). Diandric or diginic origin of the extra set of the chromosomes.	231090 Am. J. Obstet. Gynecol. 127:167,1997
Patau syndrome	chromosomic	microphthalmos, other ocular defects, dysmorphic face, cleft lip/palate, polydactyly, multiple visceral defects, hypotonia.	B.D.Encyclopedia 0168, p.368
triple X syndrome	chromosomic	female generally without problems. Tall stature, normal puberta development and menarche. Occasionally delay in verbal learning and expressive language, mild depression.	Clinical Atlas of Human Chromosomes. J.Wiley&Sons Ed. 1984, p.384.
Turner syndrome	chromosomic	short stature, congenital lymphsedema of the dorsal hands-feet surfaces, short neck, 4th and 5th metacarpals shortness, cardiac defects, high archepalate, widely spaced nipples, sterility, ovarian failure, other clinical data. Complete or partial monosomy for X-p. Critical region in Xp11.2-p22.1. Possible pregnancy and spontaneous menstruations depending on specific karyotype. High maternal levels of inhibin A in Turner with hydrops.	Prenat.Diagn. 20,680-682,2000 Am.J.Hum.Genet. 63,1757-1766,1998

13.10 Colture da tessuti solidi

Fibroblasti

Tutte le operazioni vanno effettuate in condizioni di massima sterilità.
Tutti i tessuti solidi per il trasporto al Laboratorio, devono essere posti in soluzione salina sterile, cui è preferibile aggiungere antibiotici.
I frammenti da biopsie cutanee devono avere spessore di circa 1 mm e diametro di circa 2-3 mm. Prelievi ottenuti da feti morti o persona deceduta da poche ore possono egualmente essere utilizzati, e la grandezza della biopsia può raggiungere ma non superare i 5-6 mm di diametro.
I metodi di dissociazione sono il meccanico e l'enzimatico.

Metodo di dissociazione meccanica

I prelievi vanno sminuzzati in capsula di Petri, immersi nel terreno, con l'ausilio di un bisturi o di forbici e pinze. Ulteriore frammentazione si ottiene con ripetute aspirazioni in siringa senza ago. I frammenti possono essere distribuiti nei pozzetti d'apposite piastre e coperti con vetrino coprioggetto, in modo da ottenere un *sandwich*. Ogni pozzetto deve essere riempito con terreno di coltura.
Si procede per 5-7 giorni alla incubazione in incubatore a CO_2. Si controlla quindi se vi è inizio di crescita, nel qual caso si procede al cambio del terreno; altrimenti si attende ancora qualche giorno. I terreni vanno sostituiti, nel corso della coltura, ogni 3-4 giorni.
A questo punto le colture possono essere arrestate e si procede quindi alla raccolta delle cellule, oppure si distaccano dal pavimento mediante tripsinizzazione (tripsina 0.2% pH 7.6), si raccolgono e suddividono in altri contenitori. Dopo il distacco delle cellule, che avviene in qualche minuto e va seguito al microscopio, si procede all'arresto dell'azione della tripsina mediante aggiunta di terreno arricchito di siero (il siero contiene α-1-antitripsina).
Se invece si vuole procedere alla raccolta (harvest) per l'analisi citogenetica, si introduce nel pozzetto la soluzione di colchicina lasciando agire per 3-4 ore. Segue il trattamento con la soluzione ipotonica per 30' e quindi si procede al fissaggio con fissativo fresco. Prima della preparazione dei vetrini occorre effettuare a due-tre cambi di fissativo.

Metodo di dissociazione enzimatica

Soluzioni:
1) Ham's F10 (*)
2) collagenase tipo 1 125 U/mL
   Aggiungere a 12.5 mL di terreno 100 mg di collagenasi.
   Filtrare sterilmente e distribuire in tubi da 0.5 mL. Conservare fino all'uso in congelatore.

Procedura:
a) porre i frammenti di circa 1-2 mm^2 in 0.5 mL di collagenasi
b) incubare a 37°C per 1h
c) trasferire la sospensione in tubo da centrifuga a base conica ed aggiungere 5 mL di terreno
d) centrifugare per 10' a 800 rpm
e) rimuovere il sopranatante, aggiungere terreno di coltura
f) proseguire la coltura, controllando la crescita delle cellule ogni 3-4 giorni, precedendo alla tripsinizzazione e alla raccolta come indicato per gli amniociti.

(*) Ham's F10:

nutrient mixture Ham's F10	100 mL
fetal calf serum	20 mL
Ultroser G	2 mL
L-glutamina (200 mM)	1 mL
penicillina(10000 U/mL)/ streptomicina(10 mg/mL)	1 mL
Nystatin (1 mg/mL)	0.1 mL
Hepes buffer 1M (per sistemi non aperti)	1 mL

Linfonodi

I linfonodi vanno preliminarmente ripuliti dal connettivo, dal grasso e dalle eventuali parti necrotiche. Si procede quindi a sminuzzare il tessuto come indicato in precedenza per i fibroblasti. Allontanati i frammenti più grossi mediante centrifugazione a basso numero di giri (500 rpm per 5') la sospensione fine di cellule del sopranatante si adopera per esame diretto o per colture a breve o medio termine. La concentrazione cellulare deve essere di circa 1×10^6/ml di terreno. I successivi procedimenti sono gli stessi indicati per il midollo (v. paragrafo 13.7.2).
Come già detto al paragrafo 10.5 molti linfomi, come pure la maggior parte delle leucemie linfatiche croniche, sono da linfociti B che richiedono stimolazione da parte di mitogeni diversi dalla PHA. La stimolazione, infatti, dei linfociti midollo-dipendenti (popolazione

B) richiede l'uso di sostanze specifiche, come ad esempio LPS (lipopolisaccaride estratto da Escherichia coli 055 B5), oppure il sopranatante di una linea cellulare infettata con EBV (virus di Epstein-Barr), o anche TPA. La sostanza più usata è però un antigene vegetale, la concanavalina A (ConA). Il suo impiego si è rivelato particolarmente utile anche nello studio citogenetico delle leucemie linfatiche croniche.

Tumori solidi

Per il trattamento dei frammenti vale quanto detto a proposito dei fibroblasti e dei linfonodi.
Per tessuti particolarmente resistenti si può facilitare la dissoluzione con l'uso della collagenasi.
Si possono allestire colture cellulari con la tecnica degli espianti in fiasca o su vetrino coprioggetto.

Soluzioni:
1) terreno di cultura:
   - RPMI 1640 — 100 mL
   - fetal bovine serum (FBS) — 20 mL
   - L-glutamina (200 mM) — 1.3 mL
   - penicillina — 10000 U/mL
   - streptomicina — 10 mg/mL
2) collagenase (0.8%)
   - collagenase II — 120 mg
   - desossiribonucleasi I (DNase I) — 0.3 mg
   - terreno di coltura — 15 mL

   Sterilizzare per filtrazione e conservare congelato in piccole aliquote. Validità di circa tre mesi.
3) soluzione di insulina:
   - insulina — 5 mg
   - terreno di coltura — 10 mL

   Sterilizzare per filtrazione e conservare in frigorifero.
4) soluzione di glutatione:
   - glutatione — 10 mg
   - terreno di coltura — 10 mL

Sterilizzare per filtrazione e conservare in frigorifero.

Procedura:
a) 5-10 mL di tessuto tumorale asettico in PBS o in soluzione sterile salina. Opportuno lavare il campione più volte per pochi minuti in terreno di coltura con aggiunta di antibiotici
b) in una capsula di Petri, senza terreno, si pone il campione dal quale vanno eliminati il grasso, le regioni necrotiche ed il tessuto circostante non patologico
c) circa 0.5 g di tessuto tumorale va frammentato in pezzetti di 2-3 mm, con una forbicetta
d) aggiungere la soluzione dell'enzima collagenasi e incubare a 37°C in incubatore a 5% CO_2 da 1h a 3h, secondo il tipo di tessuto
e) trasferire in provetta contenente 5-10 mL di terreno di coltura e disaggregare il campione attraverso aspirazioni ripetute con siringa priva di ago
f) centrifugare per 10' a 800 rpm
g) scartare il sopranatante e sospendere in circa 10 mL di medium più 0.1 mL di soluzione di insulina e 0.1 mL di glutatione; distribuire la sospensione in due colture e incubare per un giorno a 37°C
h) scartare il terreno e il materiale rimasto in sospensione e aggiungere terreno fresco
i) a giorni alterni rinnovare il terreno
j) in quarta giornata esaminare il risultato della crescita usando il microscopio invertito: se le colonie sono abbastanza grandi e proliferanti, aggiungere il colcemid (0.01 mg/mL) per 12-15 h.

Coltura con raccolta in situ (harvesting in situ cultures)

Invece della tecnica degli espianti in fiaschette, come sopra descritta, si può effettuare l'espianto su vetrini coprioggetto, seguendo una tecnica in uso anche nelle colture degli amniociti (v. paragrafo 13.8.1).

Procedura:
a) trattare il materiale da porre in coltura come già sopra indicato
b) sul fondo di una capsula di Petri porre 2-3 coprioggetto sui quali si depone il materiale sminuzzato e ricoprire subito con qualche goccia di terreno
c) porre sul vetrino un altro coprioggetto esercitando sopra una lieve pressione
d) aggiungere nella capsula alcuni ml di terreno e incubare a 37°C in incubatore a CO_2
e) dopo una settimana controllare la crescita e cambiare il terreno
f) se la crescita è stata soddisfacente i vetrini sovrapposti sono staccati e ciascuno trasferito, con le cellule rivolte in alto, in altre capsule cui si aggiunge nuovo terreno
g) controllare ogni paio di giorni la crescita, fino a quando non si ritenga soddisfacente
h) cambiare terreno e dopo 24 h aggiungere colchicina
i) dopo 1-2 h aspirare completamente il medium ed aggiungere 2 mL di soluzione ipotonica
j) dopo 20' rimuovere la soluzione ipotonica il più possibile ed aggiungere 2 mL di fissativo fresco
k) dopo 5' scartare il primo fissativo e aggiungere 2 mL di altro fissativo; ripetere l'operazione per due volte.

Preparazione dei vetrini secondo i protocolli già indicati.

13.11 Colture da tessuti abortivi

Per l'analisi citogenetica su materiale abortivo si possono utilizzare cellule provenienti dal sacco amniotico, dal trofoblasto, da tessuti propri del feto.
Si è rivelata particolarmente utile la disaggregazione dei tessuti ottenuta con la collagenasi (Fisher AM, 1996).
Su tessuti abortivi in paraffina e sulle sospensioni nucleari si possono riconoscere molte aberrazioni numeriche usando sonde specifiche per il DNA centromerico (Baretton GB, 1998).
Nel caso di feti intatti, per le analisi citogenetiche si possono prelevare frammenti dalla cute, da altri tessuti (cordone ombelicale, muscolatura) o anche da organi (cuore, fegato, rene). Nel caso di feti macerati, va tenuto presente che il tessuto placentare potrebbe essere ancora utilizzabile, se però la morte risale a non più di un paio di giorni. È comunque sempre preferibile che venga inviato tutto il materiale abortivo estratto, in modo da potere scegliere in laboratorio i frammenti ritenuti più idonei alla coltivazione. Va tenuto anche presente che le cellule delle cartilagini fetali rispondono alla crescita meglio che non altre.
Lo studio citogenetico su materiali abortivi delle prime settimane di gestazione non è esente da difficoltà, rappresentate principalmente dal facile inquinamento batterico e dalla possibile contaminazione da parte delle cellule materne. Lo studio delle mitosi spontanee di tessuto trofoblastico (tecnica diretta) è spesso preferita in quanto riduce il rischio di contaminazione materna. L'ibridazione comparativa genomica (CGH, comparative genomic hybridization) si è dimostrato un metodo complementare utilizzabile per il riconoscimento di anomalie del cariotipo sugli aborti spontanei precoci (Daniely M, 1998).
Utilizzando sonde per l'identificazione molecolare del cromosoma Y è risultata discordanza con il cariotipo in un terzo dei casi studiati (riconosciuti XY e segnalati invece come XX)(Bell KA, 1999). L'errore sarebbe dovuto quasi sicuramente a contaminazione da parte di cellule materne.
Sarebbe utile che l'esame del cariotipo di tessuti abortivi o del sangue di nati plurimalformati, venisse accompagnato anche, quando possibile, a quello sulla placenta (v. quanto detto al paragrafo 13.8.2).
Quando pervengono per le analisi feti intatti e si sospetta un mosaicismo, è opportuno che il cariotipo sia eseguito su più organi o tessuti.

Riportiamo la tecnica di coltura dei tessuti abortivi utilizzata presso il Laboratorio di Citogenetica Montevergine-Malzoni di Avellino:
Soluzioni:
1) collagenasi IA (Sigma)
2) terreno Chang

Procedura:
a) selezionare più campioni, una piccola aliquota dei quali va inviata alla Sezione di Anatomia Patologica per accertare la provenienza fetale. Fino alla messa in coltura, il campione va tenuto in Ham's sterile
b) da ogni campione selezionato porre due frammenti in provetta sterile contenente 1 ml di Collagenasi-A in concentrazione di 500 U/ml di soluzione tampone di Hanks
c) incubare per 1h a 37°C, mescolando la sospensione ogni 5'
d) centrifugare a 800 rpm per 10'
e) aspirare il sopranatante ed aggiungere 4.5 ml di Chang arricchito di antibiotici, Fungizone e glutamina (lo stesso usato per la coltura degli amniociti)
f) ricoprire con la sospensione di cellule di ogni provetta 2 vetrini coprioggetti 22x22 mm posti in piastre di Petri 60x15
g) incubare a 37° in incubatore a CO_2 5% provvisto di sorgente di umidificazione
h) dopo 4-5 giorni procedere al primo cambio del terreno
i) dopo 3-4 giorni procedere ad un secondo cambio di terreno
j) dopo altri 3-4 giorni dovrebbero essere visibili molte cellule rotondeggianti; prima che la crescita sia confluente si provvede alla raccolta.

Le operazioni successive sono quelle indicate per gli amniociti.

13.12 Tecniche per la lunga conservazione e la immortalizzazione delle cellule umane

È spesso utile potere disporre di cellule in grado di riprendere la crescita anche a distanza di anni dal loro prelievo.
Esistono a questo scopo metodiche di congelamento in grado di non arrecare gli inevitabili ed irreversibili danni provocati da un forte abbassamento della temperatura. È stato in tal modo possibile allestire in molti

laboratori di citogenetica "banche di cellule" utili anche per scambi di materiale di studio. Ogni laboratorio che dispone di una banca di cellule deve possedere un registro in cui vanno riportate tutte le notizie relative alle peculiarità del campione (provenienza, dati citogenetici, diagnosi clinica del paziente, ecc.): il riavvio delle colture può avvenire infatti anche dopo alcuni anni!

13.12.1 - Metodo per la conservazione

La conservazione delle cellule per periodi anche molto lunghi si realizza utilizzando l'azoto liquido che consente di raggiungere temperature fino a -130°C. La procedura non è complicata (Martuzzi M e Dallapiccola B, 1990).

Materiali:
Ham's F10 con 10% di glicerolo o 14% di dimetilsulfossido (DMSO) (filtrare sterilmente), azoto liquido.

Procedura:
a) tripsinizzare la coltura quando le cellule mostrano di trovarsi in crescita logaritmica (subconfluenti)
b) trasferire in tubo da centrifuga a base conica, aggiungere 5 mL di terreno e centrifugare
c) aspirare il sopranatante ed aggiungere 5 mL di Ham's e glicerolo o DMSO
d) agitare bene la sospensione e verificare che la concentrazione delle cellule sia di circa 5×10^5/mL di terreno
e) distribuire in aliquote da 1 mL in tubi da 2 mL idonei al congelamento (cryogenetic freezing tubes), tappare bene e congelare a -70°C per 1 h
f) trasferire in contenitori di azoto liquido.

Quando si vogliono utilizzare i campioni tenuti in azoto liquido, bisogna evitare che in fase di scongelamento si formino nelle provettine cristalli di ghiaccio.
Si usa la seguente procedura:
a) porre subito la provettina in un bagnomaria a 37°C con agitatore; preferibile tenere la provettina sotto acqua corrente calda, agitandola continuamente fino a che il terreno è del tutto scongelato
b) passare immediatamente la sospensione delle cellule scongelate in un tubo che contiene 8 mL di terreno completo Ham's F10
c) centrifugare, rimuovere il sopranatante e risospendere in terreno completo fresco
d) allestire le colture come dai protocolli abituali e controllare dopo 1-2 giorni l'andamento della crescita.

13.12.2 - Metodo di immortalizzazione

Unitamente a queste procedure, sono oggi disponibili tecniche idonee ad ottenere linee vitali permanenti, sia dai fibroblasti sia dai linfociti umani. Si dice che le cellule vengono *immortalizzate*, per usare una iperbolica ma suggestiva espressione.

La *immortalizzazione* consiste nella trasformazione delle cellule, che consente loro di crescere per un tempo praticamente illimitato.

Per i linfociti T (timo-dipendenti) si fa uso della interleuchina-2.

Soluzioni:
Terreno di coltura:
 RPMI 1640
 Siero AB
 PHA 50 mg/mL
 Interleuchina-2.

Procedura:
a) separare i linfociti dal sangue, in gradiente di densità (Lymphoprep o Fycoll-Hypaque)
b) sospendere i linfociti così ottenuti in RPMI 1640 in concentrazione di 1×10^6
c) incubare a 37°C in incubatore a CO_2 per 48-72 h
d) lavare tre volte le cellule con RPMI 1640, centrifugando ogni volta a basso numero di giri; sospendere i linfociti in RPMI 1640 arricchito di siero AB (10%) e di interleuchina-2 (10%) in modo da ottenere una densità cellulare di circa $1-3 \times 10^5$/mL
e) incubare per 4-5 giorni a 37°C
f) controllare la crescita delle cellule (devono trovarsi aumentate fino a 10 volte i valori iniziali)
g) ogni 4-5 giorni controllare il numero delle cellule e diluirle in terreno fresco (sempre arricchito di siero AB e di interleuchina-2) in modo da mantenerne una densità cellulare di circa 2×10^5/mL.

Per i linfociti B si preparano linee linfoblastoidi infettandole con il virus Epstein-Barr (EBV).
La sospensione di EVB si procura da una precedente coltura linfoblastoide stabilizzata e filtrata su Millipore 0.22 mm.

Procedura:
a) e b) come da protocollo precedente.
c) porre il pellet in fiaschetta da 25 mL contenente terreno di coltura arricchito di calf serum al 20% e PHA (1 mg/mL)
d) incubare 48 h in incubatore a CO_2
e) centrifugare a basso numero di giri e risospendere il pellet in terreno fresco con aggiunta di calf serum

(senza PHA) e di 0.5 mL di una sospensione di EVB
f) incubare per una settimana
g) sostituire settimanalmente il terreno con metà di terreno fresco ed allestire subcolture, senza tripsinizzare.

13.12.3 - "Flow cytometry" e librerie di cromosomi umani

Alcune patologie sono caratterizzate da cariotipi complessi per la presenza di uno o più cromosomi (interi o frammentati) di cui non è possibile riconoscere l'origine, neppure con l'impiego delle diverse tecniche di bandeggiamento. È quanto accade non di rado nello studio citogenetico delle leucemie e di molti tumori solidi. Un ausilio in questi casi può venire dalla applicazione di una tecnica, in uso già da diversi anni (Krumlauf R, 1982), nota col nome di *flow cytometry*. Si utilizza a questo scopo un particolare apparecchio detto citometro (*flow cytometer*) attraverso cui viene fatta passare la sospensione dei cromosomi da studiare.

Occorre quindi anzitutto ottenere una sospensione di cromosomi. A questo scopo esistono due metodi: uno utilizza le poliamine e un secondo impiega il solfato di magnesio. Entrambi sfruttano buffer particolari per l'isolamento dei cromosomi (CIB1 e CIB2, *chromosome isolation buffer 1 e chromosome isolation buffer 2*). La prima tecnica dà anche migliore qualità del DNA cromosomiale. Le sospensioni di cromosomi ottenute con queste metodiche possono essere conservate a 4°C anche per alcune settimane (per i protocolli v. Verma RS e Babu A: Human Chromosomes. Priciples and Techniques 1995, pag. 177). In breve, la sospensione viene colorata con bromuro di etidio (un colorante non base-specifico) e ciascun cromosoma viene quindi fatto attraversare da un raggio laser che invia un segnale diverso a seconda della quantità di DNA contenuto nel cromosoma. Si ottiene così un istogramma rappresentato da una serie di picchi specie-specifici, in base all'intensità della fluorescenza (*univariate flow karyotype*). Se il bromuro di etidio è sostituito con una coppia di fluorocromi di differente capacità di legame alle basi (Hoechst 33258 e cromomicina A, che mostrano rispettivamente preferenza per le coppie AT e CG) si ottiene una distribuzione bidimensionale su due istogrammi (*bivariate flow karyotype*) dove ogni singolo cromosoma dà origine ad un picco separato.

Oggi si dispone di librerie costruite per ciascun cromosoma.

Poiché ogni cromosoma ha, sotto questo aspetto, caratteristiche specifiche proprie, è possibile riconoscere l'origine di un marker dalla collocazione che questo assumerà nel *flow karyotype*.

Questo originale e talvolta molto utile tipo di analisi ha trovato però limitata applicazione, non soltanto perché costoso, ma anche perché non esente da difficoltà interpretative.

La possibilità di disporre di cromosomi isolati, interi oppure di loro frammenti, ha rapidamente spostato il campo di interesse applicativo alla genetica molecolare. Ciò è stato favorito dalla introduzione della PCR che, consentendo di ottenere sonde per dimensioni anche piccolissime di DNA, facilita moltissimo il lavoro di assegnazione cromosomica dei geni.

Esistono librerie dei diversi cromosomi umani, per cui si può oggi disporre di molti frammenti di derivazione nota, su cui l'applicazione di sonde specifiche consente la localizzazione di geni (Fuscoe JC, 1989; Van Dilla MA e Deaven LL, 1990; Burns J, 1990).

Per l'analisi del genoma umano sono infatti adoperate librerie di cosmidi costruite da cromosomi ottenuti con le procedure sopra ricordate (Nizetic D, 1991). I cosmidi sono plasmidi usati come vettori, in quanto capaci di ospitare inserti di DNA estraneo: iniettati in cellule ospiti (batteri) il materiale inserito può replicare anche milioni di volte. Formano quindi una sorgente importante per l'analisi del DNA umano.

Per costruire una libreria occorre un grande numero di cromosomi, e la sorgente migliore in questo senso è rappresentata da linee linfoblastoidi. Va però ricordato che molto spesso nelle cellule trasformate in vitro si sviluppano aberrazioni cromosomiche che non erano presenti nel tessuto di provenienza.

Cromosomi con conosciute anomalie strutturali possono facilitare l'analisi genotipica o la mappatura genica sul cromosoma.

13.13 Studi meiotici

Le tecniche sono limitate quasi esclusivamente all'analisi delle meiosi maschili. Le indicazioni sono la infertilità e la sterilità. Il materiale *deve essere prontamente utilizzato*. Si ottiene con intervento eseguito in anestesia locale, attraverso una piccola incisione del testicolo.

Al paragrafo 1.3 sono riportate le varie fasi della divisione meiotica, maschile e femminile ed al paragrafo

1.5.1 è riportata la terminologia adottata per i cromosomi meiotici.

Morfologia e numero dei cromosomi che si ottengono per lo studio meiotico sono diversi da quelli delle mitosi (v. Figura 13.13a e b).

In tarda profase-prima metafase i bivalenti possono essere raggruppati per lunghezza e la coppia di cromosomi n.9 è riconoscibile per la costrizione secondaria. I cromosomi meiotici assumono lo stesso bandeggiamento di quelli mitotici. I cromosomi Y e X si trovano associati per i bracci corti (regione pseudoautosomale).

13.13.1 - "Air-drying technique" per le cellule testicolari

Le biopsie testicolari devono essere raccolte in provette contenenti Ham's F10 medium con sodio bicarbonato.

Soluzioni:
1) soluzione ipotonica: sodio citrato 1%
2) fissativo: metanolo, acido acetico glaciale e cloroformio (30:10:1).

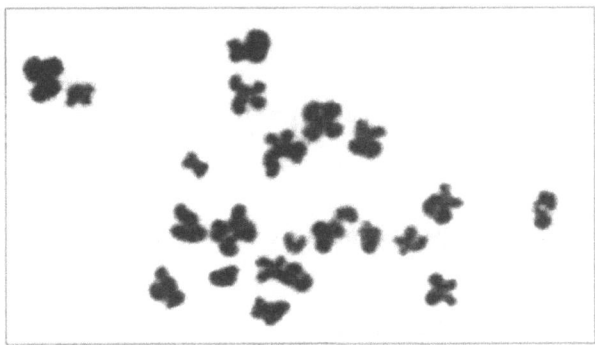

Fig. 13.13b. Aspetto dei cromosomi in II metafase meiotica (23,X). In questa fase ciascuno dei cromosomi è costituito dai due cromatidi, ancora uniti al centromero. (da: Verma RS e Babu A, p. 50, 1995)

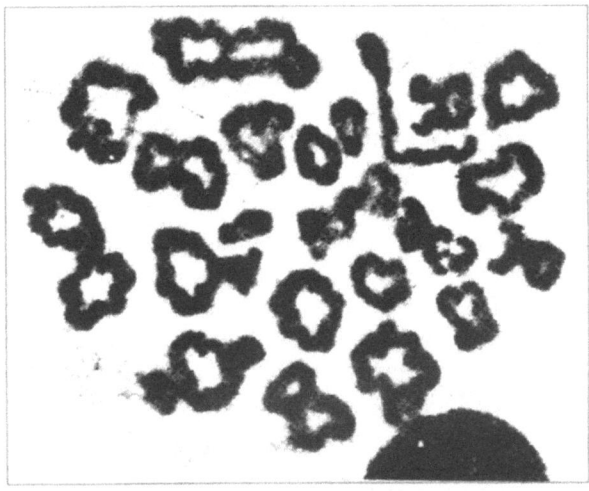

Fig. 13.13a. Da spermatocita primario a spermatocita secondario. Aspetto dei cromosomi di spermatocita in I metafase meiotica: i cromosomi omologhi sono appaiati e formano figure irregolarmente circolari, con punti di contatto che rappresentano i chiasmi in cui avvengono gli scambi. I cromosomi sessuali appaiono come un unico filamento non circolare. Il numero di figure è 23, includendo il filamento X-Y. Si noti come i centromeri dei cromosomi omologhi restano, in questa fase, separati. I cromosomi della cellula a questo punto sono 46,XY ma, essendovi l'appaiamento tra gli omologhi, danno origine a 23 separate formazioni. Nella fase successiva (ana-telofase) i componenti di ogni coppia di omologhi si dirigeranno ciascuno verso uno dei poli della cellula dando origine a due cellule aploidi (23,X e 23,Y). È questa la vera divisione riduzionale

Procedura:
a) porre il campione in capsula di Petri contenente 3 mL di soluzione ipotonica
b) frammentare con una forbicetta tagliente i tubuli seminiferi
c) schiacciare il contenuto dei tubuli con sottili pinzette, tenendo sollevato il tubulo con un ago
d) trasferire il materiale in provetta di 10 mL ed agitare con una pipetta

Tutte queste procedure devono avvenire entro 15'

e) Lasciare riposare per non più di 2'-3'
f) trasferire il sopranatante in 2 provette di vetro da 5 mL
g) centrifugare a 800 rpm per 7', scartare il sopranatante e risospendere le cellule in 2-3 mL di fissativo fresco, agitando la provetta mentre si aggiunge il fissativo
h) centrifugare, dopo 5', le provette a 1000 rpm per 10', scartare il sopranatante, e risospendere in nuovo fissativo
i) centrifugare, dopo 10', a 1000 rpm per 10', scartare il sopranatante, e risospendere le cellule in piccola quantità di fissativo senza cloroformio
j) se necessario, rinnovare il fissativo anche più di una volta
k) preparare una serie di vetrini con la sospensione e lasciare asciugare
l) Colorare con le tecniche usuali, o applicare le tecniche di FISH

I vetrini possono essere conservati in ultracongelatore a -70°C.

I tubuli testicolari contengono cellule interstiziali (*cel-*

lule di Sertoli e di Leydig) e cellule germinali *(spermatogoni, spermaciti, spermatidi e spermatozoi), che possono essere osservate in varie fasi.*

Metafasi di spermatogoni (spermatogonial metaphases)

Non sono frequenti e la qualità delle metafasi è spesso scadente perché i cromosomi appaiono contratti; si trovano di solito cellule diploidi e qualche tetraploide.

Pachitene (pachytene)

Durante questo stadio profasico, gli omologhi sono appaiati in figure di bivalenti, mentre i cromosomi X e Y sono condensati nella cosiddetta "vescicola sessuale", spesso localizzata alla periferia del nucleo. In questo stadio la cellula ha un numero diploide di cromosomi.
I bivalenti autosomici mostrano un pattern di bande spontanee chiamate cromomeri (v. paragrafo 2.7). È in questo stadio che avvengono i crossing-over, però i siti di scambio non si possono osservare nelle preparazioni dei cromosomi.

Diacinesi/prima metafase (diakinesis/first metaphases)

La diacinesi è l'ultimo stadio della profase. Non può essere differenziata dalla metafase iniziale (first metaphase). La morfologia è tipica, in quanto i bivalenti formano una sorta di anelli di grandezza variabile con una o più anse *(loops)* che mostrano la localizzazione dei chiasmi (v. Fig. 13.13.a).
Nelle traslocazioni reciproche si osservano figure trivalenti o tetravalenti. I cromosomi X e Y possono trovarsi separati, ma di solito sono uniti a livello dei bracci corti, dove si ritiene che avvengano scambi.
Con la tecnica del *block-staining* si riconoscono tanto il bivalente XY che il cromosoma n.9 (identificabile quest'ultimo per la prominenza delle costrizioni secondarie).
In condizioni normali si osservano poche variazioni nella distribuzione e nel numero dei chiasmi. Chiasmi inferiori a 44 o superiori a 56 si considerano patologici, allontanandosi dalla media di tre deviazioni standard.
Le condizioni di azoospermia o oligospermia mostrano un numero basso di chiasmi.

Seconda metafase

In questo stadio la cellula è aploide. La configurazione dei cromosomi è quella tipica della metafase; l'analisi è però ostacolata dalla notevole contrazione dei cromosomi e la frequente separazione a livello centromerico. È pertanto difficile eseguire un cariotipo; lo studio si avvale delle tecniche di ibridazione in situ e di sonde specifiche per i centromeri.

13.13.2 - "Air-drying technique" per gli ovociti

Procedura:
a) porre subito il campione (raccolto in Hank's BSS or Ham's F10) in fissativo fresco (3:1 metanolo:acido acetico glaciale)
b) frantumare il tessuto
c) trasferire in provette
d) trasferire l'eccesso di fissativo in una provetta a fondo conico
e) aggiungere al rimanente 10 gocce di acido acetico 45%, agitare e lasciare 3'-4'
f) versare su vetrino freddo e umido, e lasciare asciugare
g) centrifugare l'eccesso di fissativo posto nella provetta a fondo conico a 1000 rpm per 8'
h) rimuovere il supernatante e sospendere il pellet in poche gocce di acido acetico 45%
i) versare su vetrino freddo e umido, e lasciare asciugare.

In alternativa: aggiungere poche gocce di metanolo alla sospensione e quindi versare su vetrini asciutti.

13.14 Le tecniche di citogenetica molecolare

La citogenetica tradizionale, pur utilissima per individuare un gran numero di anomalie numeriche e strutturali dei cromosomi, è necessariamente limitata nelle sue possibilità diagnostiche dal potere di risoluzione del microscopio ottico e dalla difficoltà a distinguere tra di loro tratti cromosomici molto vicini o molto simili per colorazione. Si è cercato pertanto di applicare ai cromosomi tecniche diagnostiche proprie della genetica molecolare, che si basano sulla capacità delle sequenze nucleotidiche di riconoscere le sequenze complementari e di legarsi ad esse, formando molecole *ibride*. I primi esperimenti risalgono al 1969, e sono stati condotti per individuare sequenze geniche ribosomiali nelle cellule (Gall JG e Pardue ML, 1969). Inizialmente le sonde usate erano radioattive (marcate in genere con tritio o con iodio 125) ed il metodo di rilevazione dell'avvenuta ibridazione era l'autoradiografia (vedi paragrafo 2.3). Negli anni successivi queste tecniche hanno conosciuto una

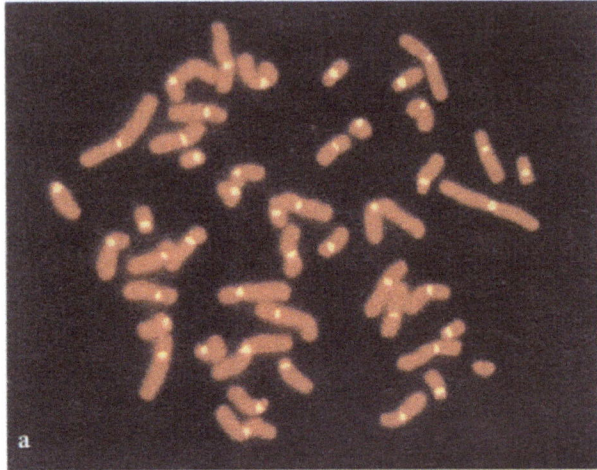

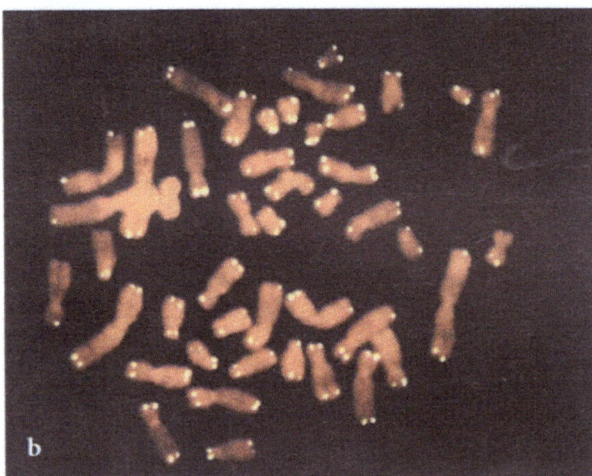

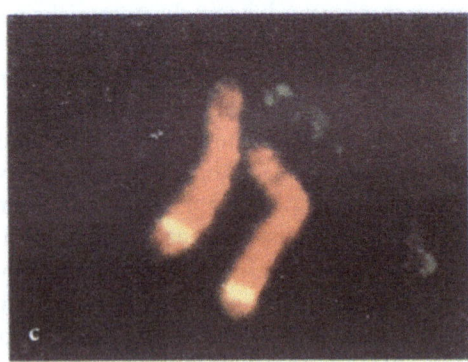

Fig. 13.14. Tecnica FISH applicata alla colorazione selettiva delle regioni centromeriche (**a**), di quelle telomeriche (**b**) e di una specifica banda cromosomica, nell'esempio 8q24 (**c**). (da: Verma RS e Babu A, 1995)

rapida evoluzione, e si è passati ad utilizzare metodiche di ibridazione che si basano sulla fluorescenza o su metodi enzimatici (ibridazione non-isotopica) (Lichter P et al., 1988; Lichter P et al., 1990; Trask B, 1990). Queste tecniche presentano numerosi vantaggi rispetto alle precedenti, come un'alta sensibilità e specificità, risultati rapidi, stabilità delle sonde e visualizzazione diretta della mappatura senza necessità di tediosi e complessi calcoli statistici. Indipendentemente dal metodo di rilevazione utilizzato, l'obiettivo di queste tecniche è quello di individuare specifiche sequenze di DNA direttamente su una regione cromosomica in preparati fissati su vetrino (ibridazione *in situ*). La sensibilità oggi raggiunta consente di localizzare tratti anche molto piccoli (0,5 – 1 kb) ed in singola copia. L'ibridazione *in situ* non isotopica rappresenta uno strumento utilissimo per studiare le anomalie numeriche e strutturali dei cromosomi non solo nelle piastre metafasiche, ma anche direttamente nei nuclei interfasici (citogenetica interfasic) (Cremer T et al, 1986). Ciò è di grande importanza in quanto è possibile effettuare l'analisi anche nei casi in cui non si riescono ad ottenere metafasi in numero sufficiente e/o di qualità adeguata; a differenza delle tecniche di citogenetica tradizionale, è inoltre possibile esaminare anche cellule che non si dividono, preparati istologici, ecc.

L'avvento della citogenetica molecolare ha determinato quindi una vera e propria rivoluzione, sia nella clinica che nella ricerca, rivitalizzando un settore che con le tecniche di bandeggio più sofisticate e con gli studi ad alta risoluzione su cromosomi prometafasici sembrava aver già raggiunto il massimo delle possibilità. La sua influenza si è resa evidente nella valutazione delle aberrazioni cromosomiche somatiche delle neoplasie, nello studio delle anomalie costituzionali su sangue periferico, su liquido amniotico, su villi coriali, su cellule fetali isolate dal canale cervicale e dal sangue materno, su cellule embrionali prima dell'impianto, nella localizzazione dei geni.

13.14.1 - La FISH (Fluorescent In Situ Hybridization)

Tra le varie tecniche, quella che finora ha avuto l'impatto maggiore è stata senz'altro la FISH. Nell'analisi dei cromosomi metafasici è stata usata per:
- individuare o confermare la presenza di microdelezioni;
- caratterizzare cromosomi con anomalie strutturali;
- definire l'origine di cromosomi marker (v. paragrafo 4.8); mappare geni.

Nei nuclei interfasici l'applicazione principale è la diagnosi prenatale delle aneuploidie. Oggi è possibile individuare le anomalie numeriche dei cromosomi 13, 18, 21, X ed Y con una precisione molto alta: i lavori più recenti riportano una concordanza tra FISH e citogenetica fino al 99,8%, con un tasso di falsi positivi fino allo 0,003% ed un tasso di falsi negativi fino allo 0,024% (Tepperberg et al., 2001).

La FISH prevede fondamentalmente quattro tappe:
- la preparazione della sonda;
- il pretrattamento dei campioni;
- l'ibridazione;
- la visualizzazione del segnale.

Le sonde

La FISH utilizza sonde di DNA marcate mediante incorporazione di nucleotidi modificati, che possono essere essi stessi fluorescenti, oppure evidenziabili mediante legame con molecole fluorescenti. Si possono distinguere in:

- *sonde alfoidi*, costituite da brevi sequenze di DNA ripetute in tandem (DNA alfa-satellite), che sono specifiche delle regioni centromeriche di ciascun cromosoma. Queste sonde producono segnali intensi sia sui cromosomi metafasici che nei nuclei interfasici, consentendo così l'identificazione dei singoli cromosomi ed il loro conteggio;

- *sonde per painting*, in cui viene usato come sonda il DNA estratto da ciascun cromosoma; i cromosomi vengono isolati mediante citometria di flusso (flow sorting), oppure da ibridi di cellule somatiche contenenti un solo cromosoma umano. Queste sonde sono in grado di legarsi all'elemento corrispondente sia in metafase che in interfase, "verniciandolo", da cui il termine di painting;

- *sonde locus-specifiche*, di dimensioni variabili da meno di 1 kb a più di 1 Mb, ottenute mediante clonaggio di segmenti di DNA in fagi o YAC, oppure amplificando il DNA con la PCR. I cosmidi contenenti frammenti di DNA di 25-40 kb sono sonde molto efficienti, con percentuali di ibridazione generalmente superiori al 90%; con sonde più piccole (circa 2 kb) la percentuale di ibridazione scende al 40-50%.

- *sonde da microdissezione*, ottenute da piastre metafisiche in cui vengono "graffiati via" specifici frammenti cromosomici che poi vengono sottoposti ad amplificazione mediante PCR (Lengauer C et al, 1991; Muller-Navia J et al, 1996). In questo modo si ottengono in tempi rapidi sonde in grado di riconoscere un tratto specifico di un cromosoma, senza la necessità di utilizzare procedure di clonaggio.

La maggior parte delle sonde usate nella diagnostica citogenetica molecolare sono ormai disponibili in commercio. Molte sono marcate con biotina, che, in combinazione con sistemi di rilevazione basati sulla streptavidina, consente di ottenere una sensibilità molto alta; purtroppo, però, vi è nei tessuti un'ampia distribuzione di biotina endogena, che può determinare difficoltà nell'interpretazione dei risultati (falsi positivi). Sono stati pertanto messi a punto numerosi sistemi per bloccare in qualche modo la biotina endogena (Wood e Warnke, 1981; Matsumoto, 1985) ma non sempre i risultati sono soddisfacenti. Si è quindi diffuso l'utilizzo di altre sostanze, come la digossigenina, che insieme ad un sistema di rilevazione enzimatico consente di ottenere una sensibilità uguale se non superiore alla biotina, con un background aspecifico molto ridotto. Un'altra sostanza che si può utilizzare è la fluoresceina, che consente di abbreviare i tempi dell'esame, essendo già fluorescente di per sé. I metodi principali che si possono utilizzare per marcare le sonde sono la *nick traslation* (spostamento progressivo del taglio) ed il *random priming* (innesco casuale); per gli oligonucleotidi si può utilizzare la deossinucleotidil transferasi, che consente di aggiungere code di nucleotidi marcati alle estremità 3' delle sonde.

La preparazione dei campioni

Si possono utilizzare campioni preparati in vario modo, purché i vetrini siano puliti bene prima dell'uso (v. paragrafo 13.1).

È possibile pretrattare i vetrini per ridurre il background dovuto a legami aspecifici; questi trattamenti possono però ostacolare la corretta apertura delle piastre metafisiche. Può essere utile preparare i vetrini come al solito, e poi coprirli con un film proteico protettivo, immergendoli, ad esempio, nella seguente soluzione:

Siero fetale bovino contenente l'1% di formalina	2,5 mL
Acido acetico	22,5 mL
Metanolo	75 mL

Dopo aver immerso i vetrini nella soluzione, lasciarli asciugare in posizione verticale per almeno 3 o 4 ore prima dell'uso o della conservazione.

In alternativa, i vetrini preparati come al solito vanno deidratati mediante passaggio in una serie di alcol (etanolo al 70%, 90% e 100%, 10 minuti per ogni passaggio, a temperatura ambiente); vanno quindi asciugati all'aria e tenuti a temperatura ambiente se devono essere usati dopo poco tempo, oppure a –20°C o a –70°C in contenitori sigillati (contenenti un agente deidratante) per una conservazione a lungo termine. I vetrini conservati in questo modo possono essere usati anche dopo un anno senza alcuna perdita di qualità, ma una volta scongelati non vanno più ricongelati.

I vetrini appena preparati non danno buoni risultati; se è necessario usarli al più presto, è possibile utilizzare metodiche di invecchiamento rapido, come la seguente:

Soluzioni
1) Etanolo 70%
2) Etanolo 90%
3) Etanolo 100%
4) HCl 0.01M
5) $MgCl_2$ 0.5M
6) Paraformaldeide 8%
7) Paraformaldeide 4%:

PBS 10x	5 mL
$MgCl_2$ 0.5M	5 mL
H_2O	15 mL
Paraformaldeide 8%	25 mL

8) Pepsina (0.005% in HCl 0.01M)
9) PBS 1x
10) PBS 10x
11) Tampone:

PBS 10x	5 mL
$MgCl_2$ 0.5M	5 mL
H_2O	40 mL

Procedura
a) Incubare i vetrini per un'ora e mezza a 90°C in stufa.
b) Incubare per 30 minuti a 37°C in soluzione di pepsina.
c) Lavare per 5 minuti a temperatura ambiente in PBS 1x.
d) Incubare per 5 minuti a temperatura ambiente in paraformaldeide 4%
e) Lavare per 5 minuti a temperatura ambiente in PBS 1x.
f) Deidratare mediante passaggi in etanolo a concentrazione crescente (70%, 90% e 100%).
g) Lasciare asciugare all'aria.

Il pretrattamento

Serve a minimizzare il background e ad assicurare l'adesione dei cromosomi al vetrino. Include un trattamento con ribonucleasi per eliminare le molecole di RNA presenti sui preparati cromosomici; questo RNA può ibridare con la sonda dando un segnale di fondo aspecifico, oppure può competere per il legame della sonda con la sequenza da ricercare, determinando in questo caso una riduzione del segnale. Altro passaggio volto alla riduzione del background è l'acetilazione dei vetrini, che determina una riduzione della carica positiva netta dei preparati attraverso l'acetilazione dei gruppi amminici. Il metodo è il seguente:

Soluzioni:
1) Etanolo 70%
2) Etanolo 90%
3) Etanolo 100%
4) SSC 2x
5) Ribonucleasi Tipo IIIA soluzione stock (20 mg/ml in acqua)
6) Ribonucleasi Tipo IIIA soluzione di lavoro (20 µg/ml in SSC 2x)
7) Tampone trietanolamina HCl (pH 8,0)
8) Anidride acetica

Procedura:
a) Se i vetrini sono stati conservati in congelatore, lasciarli a temperatura ambiente per diverse ore prima di usarli. Quindi deidratarli attraverso la serie alcolica (70, 90 e 100%, con permanenza di 10 minuti in ogni alcol); lo stesso trattamento di deidratazione va fatto ai vetrini freschi.
b) Per migliorare l'adesione delle metafasi sui vetrini, incubare in SSC 2x a 70°C per 30 minuti; in alternativa, i vetrini possono essere asciugati in stufa a 60°C per una notte.
c) Trattare con la soluzione di ribonucleasi A per un'ora a 25°C.
d) Lavare mediante due passaggi in SSC 2x.
e) Trasferire i vetrini nel tampone, ed aggiungere l'anidride acetica (0,25% v/v); agitare vigorosamente ed incubare per 10 minuti a 25°C.
f) Deidratare attraverso la serie alcolica (come sopra) e lasciare asciugare all'aria.

L'ibridazione

Scopo dell'ibridazione è di ottenere il miglior legame possibile della sonda con la sequenza bersaglio, con un livello minimo di legami non specifici. Questo risultato si ottiene mediante un controllo preciso di tutte le variabili, raggiungendo un buon equilibrio tra i vari componenti della miscela di ibridazione, ed ibridando ad una temperatura ottimale per il tempo giusto.

Prima di procedere all'ibridazione è necessario denaturare sia i campioni che la sonda, in modo da separare i due filamenti della doppia elica del DNA e consentire il riconoscimento delle sequenze complementari tra sonda e sequenza bersaglio. La denaturazione del preparato si può ottenere mediante trattamento con basi, acidi e con le alte temperature. La scelta del metodo dipende dal tipo di ibridazione che si deve realizzare; per la localizzazione sui cromosomi di sequenze singole, ad esempio, è necessario un metodo ad alta efficienza, per cui si utilizza la formamide al 70% a 70-80°C. la denaturazione della sonda si esegue di solito mediante un trattamento a 80-97°C per 8-10 minuti, seguito da un rapido raffreddamento in ghiaccio.

Soluzioni:
1) Destran solfato (50% in H_2O bidistillata, autoclavato o sterilizzato mediante passaggio attraverso un filtro di microcellulosa)
2) DNA umano Cot-1
3) DNA da sperma di salmone
4) Etanolo 70%
5) Etanolo 90%
6) Etanolo 100%
7) CH_3COONa 3M
8) SSC 20x
9) SSC 2x pH 7.0
10) SSC 0.1x
11) Formamide deionizzata*
12) Mastice (si può usare quello che serve a riparare le camere d'aria dei pneumatici)
13) Soluzione denaturante per i vetrini (200 mL per vetrino):

Formamide deionizzata	70%
SSC 2x	30%

14) Soluzione di ibridazione (10 μL per vetrino):

Formamide deionizzata	5 μL
Destran solfato**	2 μL
H_2O distillata	2 μL
SSC 20x	1 μL

15) Soluzione di lavaggio:

Formamide	50%
SSC 2x	50%

16) Sonda marcata

*La formamide va utilizzata sotto una cappa aspirante.
**Il destran solfato va pipettato con attenzione perché è molto viscoso

Procedura:
a) Precipitare la sonda marcata con 10 μg di DNA Cot-1 (non usarlo per le sonde di DNA ripetitivo), 3 μg di DNA da sperma di salmone, 1/10 di volume di Na acetato 3M e tre volumi di etanolo assoluto a −20°C. Lasciare a −80°C per 15 minuti. Centrifugare per 15 minuti a 14000 rpm a 4°C. Lasciare asciugare il pellet completamente.
b) Risospendere il pellet in 10 μL della soluzione di ibridazione, agitando su vortex per 10 minuti.
c) Denaturare ad 80°C per 8 minuti; trasferire a 37°C per 20 minuti per effettuare il preannealing (questo passaggio va omesso per le sequenze ripetitive); tenere in ghiaccio fino al momento dell'uso.
d) Preriscaldare i vetrini (deidratati ed asciugati come detto sopra) su piastra termostatica a 60°C.
e) Porre 200 μL di soluzione denaturante su ciascun vetrino ed incubare per 2 minuti su piastra termostatica ad 80°C (il tempo e la temperatura sono critici!).
f) Lavare i vetrini per due minuti in 2xSSC pH 7.0 (in ghiaccio).
g) Deidratare i vetrini mediante passaggi di 3 minuti ciascuno in etanolo 70% (a −20°C), 90% e 100%.
h) Lasciare asciugare i vetrini all'aria (se la sonda non è ancora pronta, i vetrini possono essere lasciati in etanolo 100%).
i) Dispensare 10 μL di sonda risospesa nella soluzione di ibridazione.
j) Coprire con un vetrino coprioggetto 24x24 mm evitando la formazione di bolle d'aria; sigillare con mastice.
k) Incubare per una notte in camera umida (ottenuta imbevendo della carta da filtro con formamide 70% in 2xSSC); per le sonde più corte (<4 bp) la temperatura di incubazione consigliata è 37°C, per quelle più lunghe è preferibile incubare a 42 °C.
l) Rimuovere i coprioggetto e lavare i vetrini tre volte per 5 minuti in soluzione di lavaggio preriscaldata utilizzando una Choplin jar in agitatore termostatato a 42 °C (questo primo lavaggio può anche essere omesso).
m) Lavare tre volte per 5 minuti in 0.1xSSC in bagnomaria a 60°C.

È molto importante che dal momento dell'ibridazione i vetrini non si asciughino mai. Il numero di lavaggi, la loro durata, la percentuale di formamide nella soluzione di lavaggio, l'uso della soluzione a basso sale (SSC 0.1x), sono tutti fattori che influenzano la *stringenza*, determinando una maggiore o minore selettività dei legami che si formano tra sonda e preparato; pertanto agendo su queste variabili si può giungere ad un compromesso ideale tra la sensibilità e la specificità dell'ibridazione.

La visualizzazione del segnale

Le procedure cambiano a seconda del tipo e della lunghezza della sonda, e del tipo di marcatura.
Per i sistemi di rilevazione indiretta (sonde non fluorescenti) la procedura inizia con il blocco dei vetrini con una

soluzione contenente BSA e Tween 20; si procede quindi incubando con una miscela di anticorpi e fluorocromi.
Per i sistemi di rilevazione diretta i vetrini vengono montati ed osservati direttamente, oppure dopo una controcolorazione.
Per sonde biotinilate:
Soluzioni:
1) Anticorpo anti-biotina (IgG di capra) alla concentrazione di 5 µg/mL in PBST
2) Anticorpo anti-IgG di capra coniugato con FITC alla concentrazione di 60 µg/mL in PBST (va conservato al buio)
3) Ioduro di propidio alla concentrazione di 1-5 µg/mL
4) PBS
5) P-fenilendiamina
6) Soluzione di blocco (PBST):
   BSA   0.4%
   Tween 20 0.1%
   PBS   99.5%

Procedura:
a) Dopo i lavaggi post-ibridazione mettere i vetrini direttamente (senza farli asciugare) in PBST per 5 minuti.
b) Sostituire il PBST con altro fresco. Rimuovere i vetrini uno ad uno e aggiungere ad ogni vetrino 100 µL di anticorpo anti-biotina.
c) Coprire con un vetrino coprioggetto ed incubare in camera umida per 45 minuti a 37°C.
d) Lavare i vetrini per 5 minuti in PBST a temperatura ambiente, rimuovendo il coprioggetto.
e) Sostituire il PBST. Rimuovere i vetrini uno ad uno ed aggiungere ad ogni vetrino 100 µL di anticorpo anti-IgG di capra coniugato con FITC.
f) Coprire con un vetrino coprioggetto ed incubare in camera umida al buio per 45 minuti a 37°C.
g) Aggiungere 100µL di ioduro di propidio, senza rimuovere l'anticorpo fluorescinato.
h) Rimuovere il coprioggetto e lavare i vetrini due volte con circa 1 mL di PBS, usando una pipetta Pasteur.
i) Mettere alcune gocce di PBS sul vetrino e coprire con un coprioggetto per evitare che il vetrino si asciughi. Conservare a 4°C al buio.
j) Per osservare i campioni, rimuovere il coprioggetto, aggiungere 10-20 µL di p-fenilendiamina e coprire con un vetrino coprioggetto.

In alternativa possono essere utilizzati numerosi altri sistemi di rilevazione commerciali, che utilizzano fluorocromi più stabili ed in grado di determinare un segnale molto più intenso (ad esempio Cy3)
Per l'osservazione al microscopio dei preparati vedere al Capitolo 14.

13.14.2 - La FISH multicolor (M-FISH) ed il cariotipo "spettrale" (Spectral Karyotyping)

La naturale evoluzione delle tecniche di FISH è stata l'introduzione di più fluorocromi diversi sullo stesso vetrino. Sono state prima messe a punto tecniche che utilizzano contemporaneamente tre colori; per poter evidenziare la colorazione data dai fluorocromi senza sovrapposizioni è necessario utilizzare specifici filtri di eccitazione e di sbarramento a banda stretta, e specchi dicroici. Per aumentare la capacità di identificare attraverso il colore sequenze diverse è stato quindi sviluppato un approccio di marcatura combinatoria che consente di visualizzare anche sette diverse sonde contemporaneamente (Ried et al, 1992). Ma l'interesse maggiore delle tecniche di marcatura multicolor è dato dalla possibilità di colorare ciascuna coppia cromosomica con un colore diverso. Ciò è possibile con la tecnica detta *multiplex-fluorescence in situ hybridization* (M-FISH), che, utilizzando una miscela di fluorocromi il cui spettro di emissione spazia dall'ultravioletto all'infrarosso, consente di visualizzare 27 sonde diverse ibridate contemporaneamente (Speicher et al, 1996); usando varie combinazioni di filtri vengono quindi catturate 6-7 immagini della stessa metafase, che vengono poi elaborate al computer con un apposito software, che è in grado di differenziare il pattern di fluorescenza dei singoli cromosomi, assegnando appunto ad ogni coppia cromosomica un diverso colore (vedi Fig 14.4 g-l). Un approccio analogo è quello detto *spectral karyotyping system* (SKY), che si basa sull'uso di una serie di sonde specifiche, ciascuna contenente quantità variabili dei fluorocromi, e di uno strumento denominato interferometro, simile a quelli usati dagli astronomi per misurare lo spettro luminoso emesso dalle stelle (Schrock et al, 1996). Lievi variazioni di colore, indistinguibili dall'occhio umano, vengono rilevate da un programma computerizzato, che anche in questo caso assegna a ciascuna coppia di cromosomi un diverso colore (*classification color*), che consente una facile differenziazione.

Queste metodiche consentono di identificare con facilità anche dei riarrangiamenti che non sarebbe possibile diagnosticare con le tecniche tradizionali; ciò si rivela utile particolarmente nelle aberrazioni cromosomiche complesse e nella patologia oncologica (Schrock e Padilla-Nash, 2000). Anche queste metodiche così sofisticate presentano però delle limitazioni, che riguardano principalmente l'incapacità di evidenziare i riarrangiamenti intracromosomici, e le anomalie che riguardano il braccio corto degli acrocentrici e le regioni cromosomiche ricche di DNA altamente ripetitivo (Jalal e Law, 1999).

13.14.3 - La CGH (Comparative Genomic Hybridization)

Una tecnica alternativa alla FISH classica e multi-color per individuare le anomalie cromosomiche sbilanciate è la *comparative genomic hybridization* (CGH). Messa a punto inizialmente per lo studio delle cellule tumorali (Kallionemi et al, 1992), ha dimostrato di poter essere utilizzata convenientemente anche nella diagnosi delle aberrazioni cromosomiche costituzionali, sia in epoca postatale che prenatale (Lapierre et al, 1998). Il principale punto di forza è la capacità di combinare i vantaggi della citogenetica interfasica, che non necessita di cellule in divisione e di preparati cromosomici, con quelli della M-FISH e della SKY, che consentono di rilevare le anomalie citogenetiche senza la necessità di sapere in anticipo cosa cercare. Inoltre, utilizzando la CGH e la PCR è possibile studiare anche piccole quantità di DNA estratto da pochissime cellule.

La metodica si basa su questo principio: se l'intero DNA genomico di una specie viene ibridato su piastre metafasiche complete ottenute da cellule normali di individui della stessa specie, tutti i cromosomi presentano più o meno la stessa intensità di colorazione. Se invece nelle cellule alcuni cromosomi, o segmenti cromosomici, sono sottorappresentati, le corrispondenti regioni bersaglio nella metafase presentano un segnale più debole perché su di esse si lega una minore quantità di sonda. Se al contrario nelle cellule da cui è estratto il DNA vi sono regioni cromosomiche sovrarappresentate, nella metafase le zone corrispondenti risultano colorate con maggiore intensità.

Il DNA da analizzare è marcato con un fluorocromo ed ibridato insieme ad un campione di DNA normale, a sua volta marcato con un diverso fluorocromo. È quindi possibile confrontare l'intensità della fluorescenza data su una metafase dal DNA da testare con quella data dal DNA di controllo; la presenza di un controllo interno è necessaria perché l'intensità del segnale lungo ciascun cromosoma è influenzata da molti fattori (denaturazione differenziale di regioni cromosomiche con una diversa composizione in basi GC ed AT, variazioni nella condensazione della cromatina, ibridazione non uniforme per la differente composizione ed accessibilità delle sequenze bersaglio da una zona all'altra dei cromosomi). È inoltre necessario sopprimere completamente il segnale proveniente dalle regioni di DNA ripetitive distribuite lungo il DNA (*interspersed ripetitive sequences*, o IRS); ciò si ottiene mediante l'uso di alte dosi di DNA umano Cot1. La valutazione dei risultati può essere fatta mediante l'osservazione diretta dei preparati con un microscopio dotato di apparato di epifluorescenza, oppure mediante una misurazione quantitativa dell'intensità della fluorescenza mediante analisi d'immagine computerizzata. La scelta del metodo dipende dal livello di accuratezza e di risoluzone richiesto, nonché dalle risorse disponibili. In situazioni in cui ci si aspetta grossolani sbilanciamenti, come nello screening di sequenze di DNA possibilmente amplificate in un tumore, può essere sufficiente la valutazione diretta al microscopio; altre applicazioni richiedono in genere un livello di precisione maggiore, che può essere ottenuta solo mediante analisi computerizzata. L'apparecchiatura è in grado di misurare la fluorescenza generata dai due fluorocromi lungo i singoli cromosomi pixel per pixel; provvede quindi a calcolare il rapporto tra le due intensità ed a costruire un profilo di ciascun cromosoma, che viene disposto vicino all'ideogramma corrispondente per poter mappare in maniera precisa le zone di sovrarappresentazione e di sottorappresentazione del segnale (vedi Fig 14.4 f). Gli stessi dati possono essere anche trasformati in colore e visualizzati in una piastra metafasica o in un cariotipo: le regioni cromosomiche normorappresentate possono ad esempio essere colorate in bianco, quelle sovrarappresentate in verde, quelle sottorappresentate in rosso.

13.15 Le tecniche per la evidenziazione del fra(X)(q27.3)

Ha molta importanza il riconoscimento del sito fragile Xq27.3 per la diagnosi della malattia di Martin Bell (vedi paragrafo 5.14), che dopo la sindrome di Down è il più frequente ritardo mentale nel maschio. Tra gli affetti la percentuale delle cellule fra(X) positive è molto variabile, e ciò in ragione anche delle diverse tecniche applicate; devono perciò essere esaminate *non meno di 100 cellule* perché un risultato possa ritenersi attendibile. Le portatrici obbligate mostrano abitualmente bassa positività (2-3%), e possono risultare fra(X) negative. La ricerca del fra(X) senza applicare gli indicati protocolli può portare a rischiose conclusioni

di false negatività. Va tenuto presente che il siero normalmente contiene folati in quantità sufficiente ad inibire la espressività del sito fragile. È indispensabile quindi l'uso di terreni o poveri di folati oppure ricchi dei suoi antagonisti (fluorodeossiuridina o metotrexato). I migliori risultati si ottengono però con l'uso di terreni con eccesso di timidina la quale, al pari della FdU, inibisce la timidilato sintasi (thymidylate synthase). In questo caso non va usato il tereno di Chang.
Prima di eseguire la ricerca per il fra(X) è opportuno assicurarsi che il paziente non stia assumendo farmaci (vitamine) contenenti folati.
La percentuale di fra(X) tende di solito a discostarsi di poco tra gli affetti della stessa fratria.
Sugli amniociti e sui tessuti fetali, il sito fragile in terreni con deficienza di folati è meno espresso di quanto non avviene con altri sistemi di induzione del fenomeno. Si raccomanda perciò di *usare sempre più di un sistema di induzione*, considerata la importanza dell'analisi in epoca prenatale, ciò che non è sempre attuabile quando l'esame va fatto sul sangue fetale.
I siti fragili si evidenziano meglio su piastre non bandeggiate; si corre però il rischio di assegnare il cromosoma con il sito fragile a qualcuno dei cromosomi del gruppo C facilmente confondibile con il cromosoma X. Si può ovviare a questo rischio, facendo seguire il bandeggio sulla piastra su cui in precedenza sia stato individuato il sito fragile.
Deve essere fatta attenzione a non confondere il fra(X)(q27.3), proprio della malattia di Martin-Bell, con il fra(X)(q27.2) che è invece privo di qualsiasi significato patologico. Questa distinzione non riesce però facile su metafasi poco despiralizzate.
Va infine ricordato che l'assenza di fra(X) nel maschio non esclude la malattia; sono documentati infatti esempi di maschi affetti fra(X) negativi.
Allo studio citogenetico dovrebbe essere sempre associato anche quello molecolare, che consente di riconoscere la specifica mutazione della malattia, che consiste nella espansione di triplette ripetute CGG nel gene FMR1.
Per la individuazione dei maschi affetti è stata di recente eseguita la diagnosi molecolare anche su preimpianto (K. Sermo, 1999).

Terreni poveri di folati

Soluzioni:
terreno di cultura:
  terreno 199 (HEPES buffered) 100 mL
  fetal bovine serum 3 mL
  penicillina e streptomicina 1 mL
  L-glutamina 1 mL
Conservare la soluzione a 4°C. Utilizzabile per non più di 2-3 settimane.

Procedura:
è la stessa riportata per la coltura dei linfociti (v. paragrafo 13.7) con la differenza che il tempo di incubazione viene prolungato per 92 h e la colchicina va aggiunta 1 h prima della raccolta, in dose di 0.1 µg/mL.

Inibitori della timidilato sintetasi

Soluzioni:
1) terreno di coltura:
   RPMI 1640-Earle's base 100 mL
   fetal bovine serum 20 mL
   penicillina(10.000 U/mL) e
   streptomicina(10 mg/mL) 1.3 mL
   L-glutamina (29.2 mg/mL) 1.3 mL
   (stabile per 2-3 settimane a 4°)
2) soluzione inibente la timidilato sintetasi:
   soluzione MTX:
   MTX 10 mg
   acqua distillata 10 mL
   oppure:
   FUdR (soluzione madre) 1mM:
   FUdR 1 mg
   acqua distillata 4 mL
(conservare in congelatore in contenitori scuri).
   FUdR (soluzione di lavoro) 10 µM:
   FUdR soluzione madre 0.1 mL
   acqua distillata 9.9 mL
Usare entro una settimana dalla preparazione.

Procedura:
a) preparazione come per le colture dei linfociti (v. paragrafo 13.7)
b) incubare per 72 h a 37°, quindi aggiungere 0.1 mL di FUdR (soluzione di lavoro); incubare per altre 24 ore *al riparo dalla luce!* (avvolgendo i contenitori in carta scura), quindi aggiungere il colcemid 1h prima della raccolta
c) preparazione dei vetrini secondo i protocolli noti.

Accorgimenti necessari:
assicurarsi che il pH del terreno si mantenga leggermente alcalino (tra pH 7.2 e 7.6) durante tutto il periodo della coltura, ma specialmente nel periodo finale.
Evitare di porre in coltura un numero elevato di linfociti. Una bassa densità di cellule consente infatti di ritrovare un maggior numero di cellule che esprimono il sito fragile.

13.16 Le tecniche per le sindromi da instabilità cromosomica

Alcune patologie genetiche, pur diverse tra loro da un punto di vista clinico, sono accomunate dalla presenza di un alto numero di anomalie cromosomiche spontanee e di scambi intercromatidici (SCE), che aumentano ulteriormente sotto l'azione di agenti detti clastogeni; inoltre sono presenti riarrangiamenti cromosomici stabili, clonali o ricorrenti (vedi anche paragrafo 5.13).

13.16.1 - Atassia-teleangectasia (AT) o sindrome di Louis-Bar

È caratterizzata da atassia cerebellare progressiva, che insorge di solito nella prima infanzia, aprassia oculomotoria, dilatazioni anomale dei capillari e delle arteriole (teleangectasie oculocutanee), immunodeficienza con infezioni broncopolmonari ricorrenti, aumentata sensibilità alle radiazioni e predisposizione allo sviluppo di neoplasie, soprattutto linfomi e leucemie.

La trasmissione ereditaria è di tipo autosomico recessivo (OMIM *208900), con eterogeneità genetica (si conoscono almeno 5 gruppi di complementazione). Sembra però che l'eterogeneità sia intragenica piuttosto che intergenica, in quanto nella maggior parte dei casi è possibile dimostrare che la patologia è causata da una mutazione del gene ATM, che è stato identificato sul cromosoma 11 (q22.3); l'esistenza di numerose mutazioni rende però questo approccio diagnostico piuttosto laborioso.

Nei preparati cromosomici frequentemente si osservano gaps e rotture cromatidiche, cromosomi dicentrici e frammenti; diverse metafasi (fino al 10%) presentano traslocazioni ed inversioni stabili, che spesso coinvolgono i cromosomi 7 e 14: inv(7)(p13q35), t(7;7)(p13;q35), t(7;14)(p13;q11), t(7;14)(q35;q11), t(X;14)(q28;q11), t(14;14)(q11;q32), inv(14)(q11q32).

Colture di linfociti di pazienti affetti irradiate nella fase G_2 del ciclo cellulare mostrano un incremento delle rotture di tipo cromatidico molto maggiore rispetto ai controlli (da 10 a 20 volte). Se l'esposizione alle radiazioni avviene invece nella fase G_0, la differenza risulta molto minore, ma le cellule degli affetti presentano un livello molto più alto di rotture di tipo cromosomico, cosa che solitamente non si osserva nei controlli.

La frequenza di SCE, sia spontanei che indotti, è invece normale.

Procedura

La risposta alla PHA nei pazienti di solito è ridotta, quindi ci si deve aspettare un indice mitotico basso. È sempre utile studiare sia le anomalie spontanee che quelle indotte, perché in alcuni casi (circa il 10%) la risposta all'irradiazione non è molto diversa dai controlli, mentre il livello di aberrazioni spontanee è alto.

Generalmente si esaminano 50 metafasi bandeggiate per identificare le tipiche traslocazioni ed inversioni che coinvolgono i cromosomi 7 e 14, e 50 cellule dalle colture irradiate del paziente e dei controlli per i danni indotti.

Protocollo 1 (raggi X in fase G2)

Incubare colture standard del paziente stimolate con PHA e colture di soggetti sani di sesso corrispondente per 72 h a 37°C.

Esporre le colture a 0,5-1,0 gray (Gy) di raggi X (245 keV, 12 mA, filtri di rame da 1mm, distanza tra filtro ed oggetto di circa 30 cm ed erogazione di circa un Gy al minuto). L'irradiazione deve essere effettuata il più rapidamente possibile, senza far raffreddare le colture.

Incubare le colture per altre 3 h, aggiungere colcemid per 1 h e processare come una normale coltura di linfociti.

Oltre ai raggi X, possono essere usate diverse sostanze ad azione radiomimetica (bleomicina, neocarcinostatina, streptonigrina, tallysomicina). Queste sostanze manifestano un effetto clastogeno 2-5 volte superiore nelle cellule AT rispetto ai controlli, per cui sono meno efficaci rispetto ai raggi X, oltre ad essere molto tossiche (vedi paragrafo 13.3).

Si riporta, comunque, un protocollo che prevede l'uso della bleomicina.

Protocollo 2 (bleomicina)

Incubare colture standard del paziente stimolate con PHA e colture di soggetti sani di sesso corrispondente per 72 h a 37°C.

Aggiungere 2,5 mL di acqua distillata ad un flaconcino da 15 mg di bleomicina (soluzione madre).

Aggiungere 5 µL di questa soluzione per ogni mL di coltura di linfociti, in modo da avere una concentrazione finale di 30 µg/mL. La soluzione madre può essere suddivisa in piccole aliquote e conservata in congelatore.

Incubare le colture per altre 3 h, aggiungere colcemid per 1 h e processare come una normale coltura di linfociti.

Diagnosi prenatale

Il metodo più attendibile è quello di misurare la radiosensibilità degli amniociti o delle cellule coriali. È indispensabile avere una buona conoscenza della radiosensibilità di base delle cellule che intendiamo impiegare, per poterla confrontare con quella delle cellule da esaminare; è inoltre sempre indispensabile testare contemporaneamente cellule a rischio e controlli. Altro elemento importante è la conoscenza del livello di radiosensibilità di un soggetto affetto della famiglia (propositus), in quanto la diagnosi prenatale citogenetica dovrebbe essere offerta solo nei casi in cui la radiosensibilità è alta, e quindi è possibile distinguere bene le cellule positive da quelle negative.

13.16.2 - Sindrome di Bloom (BS)

Molto rara, è caratterizzata da ritardo di crescita ad insorgenza prenatale con altezza sempre inferiore al 3° centile, volto allungato con eritemi teleangectasici localizzati soprattutto sul ponte nasale, sulle guance e sulle labbra, che si accentuano dopo l'esposizione alla luce solare (raggi UV). Di solito i pazienti presentano anche una severa immunodeficienza ed una predisposizione allo sviluppo di neoplasie, soprattutto leucemie acute.
La trasmissione ereditaria è di tipo autosomico recessivo (OMIM #210900). In passato si riteneva che la patologia fosse dovuta ad un difetto della DNA ligasi I, un enzima coinvolto nella replicazione dei cromosomi. La causa è stata invece identificata in una mutazione del gene per la DNA elicasi RecQ protein-like-2 (RECQL2), localizzato sul cromosoma 15 (q26.1). Oggi si ritiene che la mancata funzione di questo enzima possa destabilizzare altri enzimi che partecipano alla replicazione ed al riparo del DNA.
La caratteristica citogenetica principale delle cellule di pazienti affetti da BS è l'elevata frequenza di SCE, che risultano essere in numero 6-10 volte maggiore che nei controlli (il numero medio di SCE in una cellula normale è 10). Sono inoltre presenti riarrangiamenti cromosomici caratteristici, con formazione di elementi acentrici, dicentrici e figure quadriradiali.
Il test diagnostico più rapido ed attendibile consiste nella valutazione degli scambi intercromatidici. Può essere utilizzata qualsiasi metodica che preveda l'incorporazione di BrdU per due cicli cellulari completi.
La crescita delle cellule BS è piuttosto lenta, per cui può essere utile allestire più colture ed allungare i tempi di coltivazione delle cellule.

Procedura

Allestire delle colture in terreno contenente una concentrazione standard di PHA e 10 µg/mL di BrdU
Incubare per 3, 4 e 5 giorni
Bloccare con colcemid e processare come di routine
Preparare i vetrini e colorare come indicato nel paragrafo 13.17.

Diagnosi prenatale

Data la rarità della sindrome, la diagnosi prenatale è molto poco richiesta; essa può comunque essere effettuata mediante lo studio degli SCE in colture di amniociti o di villi coriali. Siccome le cellule BS crescono molto lentamente, per essere sicuri di trovare cellule che hanno completato due cicli cellulari completi in presenza di BrdU, essa va aggiunta a più colture 2, 3 e 4 giorni prima dell'arresto (alla concentrazione finale di 10 µg/mL).

13.16.3 - Anemia di Fanconi (FA)

È caratterizzata da una ipoplasia generalizzata del midollo osseo, con pancitopenia (inizialmente può anche essere presente solo una piastrinopenia), malformazioni congenite multiple, tra cui ipoplasia o aplasia del radio con pollice ad impianto prossimale o assente, ipogonadismo, cardiopatie, ipoplasia renale. La frequenza di neoplasie (soprattutto leucemia mieloide acuta) è alta.
La trasmissione ereditaria è di tipo autosomico recessivo, con eterogeneità genetica. Sono noti almeno 7 gruppi di complementazione): FANCA (OMIM *227650), FANCB (OMIM *227660), FANCC (OMIM *227645), FANCD (OMIM *227646), FANCE (OMIM *600901), FANCF (OMIM *603467), FANCG (OMIM *602956). Alcuni dei geni responsabili delle varie forme sono stati identificati.
I preparati cromosomici mostrano rotture e riarrangiamenti cromatidici in un'alta percentuale di metafasi (15-50%); talvolta sono presenti anche cromosomi dicentrici e ad anello. Può essere osservata anche una prematura condensazione dei cromosomi (PCC) e la formazione di micronuclei.
Le cellule FA esposte ad agenti alchilanti bifunzionali, come la mitomicina C (MMC), la mostarda azotata (HN2), ma soprattutto il diepossibutano (DEB), mostrano, già ad una concentrazione tale da indurre danni minimi alle cellule normali, numerose aberrazioni dello stesso tipo di quelle che si osservano spontaneamente (vedi paragrafo 13.3 per le norme di sicurez-

za nell'impiego di queste sostanze).

La frequenza di scambi intercromatidici spontanei è normale; di solito non si evidenzia un comportamento significativamente diverso rispetto ai controlli sotto l'azione degli agenti alchilanti, anche se la risposta può variare a seconda della durata dell'esposizione e del momento del ciclo in cui essa avviene.

Nell'analisi dei risultati si possono utilizzare due approcci diversi (anche in combinazione tra loro): il primo consiste nel confrontare l'entità delle aberrazioni con la frequenza di SCE indotti nella stessa coltura del paziente in esame; il secondo consiste nel confrontare la frequenza delle aberrazioni indotte nelle colture del paziente con quelle indotte nelle colture di un soggetto normale dello stesso sesso. Nei controlli si osservano generalmente da 0 a 0,7 aberrazioni per cellula, con rarissimi scambi cromatidici, mentre i pazienti affetti hanno poche cellule senza danni, molte delle cellule danneggiate hanno più di una aberrazione, e molte delle aberrazioni sono scambi cromatidici.

Gli eterozigoti hanno una frequenza di aberrazioni indotte leggermente superiore alla media, ma le differenze non sono tali da conferire al test un valore diagnostico.

Le metodiche in uso prevedono il trattamento con gli agenti alchilanti in momenti differenti, con effetti diversi sulla frequenza di SCE e di aberrazioni.

Protocollo 1 *(trattamento pulsato in Go)*

a) preparare:
   1) 4 recipienti da coltura standard (provette o fiaschette) con terreno completo e BrdU alla concentrazione di 10 μg/mL
   2) 2 provette da coltura con 2,0 mL di PBS e 0,3 mL di sangue intero (in una sangue del paziente, nell'altra sangue di controllo)
b) aggiungere al sangue in PBS il clastogeno desiderato, alle seguenti concentrazioni finali:
   1) MMC 3×10^{-6} M
   2) HN2 5×10^{-6} M
   3) DEB 5×10^{-6} M
c) incubare per 1 h a 37°C
d) centrifugare e lavare due volte le cellule con PBS a 37°C
e) aggiungere il sangue così trattato a 2 delle 4 provette preparate in precedenza; aggiungere alle altre 2 provette 0,3 mL di sangue non trattato del paziente e del controllo
f) incubare per tre giorni a 37°C al buio, quindi bloccare con colcemid e processare come di routine

Protocollo 2 *(trattamento durante la fase finale del ciclo cellulare)*

a) preparare 4 colture standard con sangue intero (due per il paziente, due per il controllo) in 5 mL di terreno completo al quale è stato aggiunto BrdU alla concentrazione di 10 μg/mL
b) incubare al buio per 48 h a 37°C
c) aggiungere il clastogeno desiderato, alle seguenti concentrazioni finali:
   MMC 10^{-6} M
   HN2 10^{-7} M
   DEB 10^{-6} M
d) incubare overnight, bloccare con colcemid e trattare come di routine

Diagnosi prenatale

La diagnosi prenatale viene richiesta molto di rado; essa può comunque essere effettuata mediante lo studio dei danni indotti dal DEB in colture di amniociti o di villi coriali. Un metodo è il seguente:

Protocollo 3 *(esposizione al DEB di colture in monostrato)*

a) far crescere una coltura primaria finchè è pronta per essere subcolturata 1:3
b) 24 h dopo la subcoltura aggiungere DEB alla concentrazione finale di 10^{-7} M
c) incubare per altre 48 h
d) subcolturare 1:3 in terreno senza DEB
e) dopo 24-48 h (a seconda della crescita cellulare) bloccare e trattare come di routine.

È consigliabile inserire nel test anche la valutazione degli SCE; a tale scopo è possibile aggiungere alle colture BrdU alla concentrazione finale di 10 μg/mL per le ultime 48-72 h.

In alternativa, l'esame può essere condotto su sangue fetale con le metodiche viste precedentemente (protocollo 1 e 2).

13.16.4 - Xeroderma pigmentoso (XP)

È caratterizzato da un'estrema sensibilità all'esposizione ai raggi UV e da un aumento della probabilità di sviluppare precocemente neoplasie cutanee nelle aree esposte alla luce solare.

La trasmissione ereditaria è di tipo autosomico recessivo, con eterogeneità genetica: sono noti almeno 8 gruppi di complementazione, i più frequenti dei quali sono il gruppo A (OMIM *278700) ed il gruppo C (OMIM *278720).

I linfociti ed i fibroblasti dei pazienti mostrano un normale livello di aberrazioni cromosomiche spontanee; l'esposizione ai raggi UV determina un aumento di SCE e di riarrangiamenti, soprattutto di tipo cromatidico.

I metodi per la diagnosi citogenetica non sono ben codificati.

13.17 Scambi tra cromatidi fratelli (sister chromatid exchanges, SCE) e colorazione differenziale

L'autoradiografia aveva già molti anni fa dimostrato che uno dei due cromosomi X, come pure le differenti regioni degli autosomi, replicano in tempi differenti (J. H. Taylor, 1958) (v. paragrafo 2.3).

La introduzione della BrdU ha notevolmente migliorato i risultati al punto da soppiantare quasi del tutto la tecnica autoradiografica (S. A. Latt, 1976). Oggi costituisce la tecnica di elezione per studiare la replicazione tardiva del cromosoma X, le traslocazioni che coinvolgono questo cromosoma e per evidenziare gli scambi cromatidici.

La 5-bromodeossiuridina (BrdU) è un analogo della timina che viene incorporato dal DNA nel periodo di sintesi e poi degradato alla luce in presenza di arancio di acridina o di Hoechst 33258. Modificando i tempi di esposizione alla sostanza, è possibile ottenere dati indicativi della dinamica del processo di moltiplicazione della cellula, nel senso che si può risalire ai tempi di replicazione che, come già detto, non sono uguali per le varie regioni di un cromosoma nè tra cromosomi di coppie diverse.

La colorazione dei preparati può essere effettuata con Hoechst 33258 (un composto che si lega alle basi A+T del DNA). Alternativamente i preparati possono essere esposti alla luce (per avere un effetto fotolitico) e colorati successivamente con Giemsa (tecnica FPG).

Quando la BrdU si aggiunge nell'ultima fase del ciclo cellulare (*B-pulse*), le regioni cromosomiche che replicano più precocemente acquistano colorazione brillante (bande R) (J. L. Antoine e B. Dutrillaux, 1984). Se si aggiunge BrdU nella prima parte del ciclo (*T-pulse*) saranno le regioni a replicazione più tardiva ad assumere aspetto brillante, dando un modello di bandeggio G. Ad eccezione della coppia degli X, i cromosomi omologhi presentano identico bandeggiamento.

In breve:
a) la incorporazione della BrdU fatta all'inizio della coltura (T-pulse) dà un bandeggio G;
b) 12-15 h di incorporazione danno un bandeggio intermedio tra G e R;
c) la incorporazione condotta 6-8 ore prima dell'arresto della coltura (pulse-B) fa ottenere un bandeggio R;
d) la incorporazione 4 h prima dell'arresto mette in evidenza soltanto il cromosoma X a replicazione tardiva (che appare il meno bandeggiato di tutti e scarsamente colorato);
e) 48-72 ore di incorporazione fanno evidenziare gli scambi cromatidici.

Incorporazione della BrdU nella ultima fase del ciclo cellulare (B-pulse)

Soluzioni:
1) soluzione di BrdU:
   30.7 mg di BrdU in 10 mL di H_2O bidistillata. Filtrare sterilmente su micropore e conservare in congelatore.
2) soluzione di deossicitidina:
   28 mg di deossicitidina idrocloridrato in 10 mL di H_2O bidistillata. Filtrare sterilmente su micropore e conservare in congelatore.
3) terreno di coltura come riportato al paragrafo 13.7
4) Hoechst 33258 (soluzione madre)
   50 µg/mL in H_2O bidistillata
   Hoechst 33258 (soluzione di lavoro):
   1 mL di soluzione madre in 100 mL di PBS
5) tampone di McIlvaine pH 7.5 (80 mL di soluzione A e 920 mL di soluzione B) (*)
6) 2xSSC
7) soluzione Giemsa 5%-10% in tampone fosfato pH 6.8.

(*) Soluzione A:
acido citrico anidro 0.2 M (19.2 g/L)
Soluzione B:
Na_2HPO_4 0.2 M (28.4 g/L).

Procedura:
a) 6 ore prima dell'arresto della coltura aggiungere 0.1 mL di BrdU e 0.1 mL di deossicitidina alla concentrazione finale di 10^{-4} M
b) aggiungere la colchicina 1 h prima dell'arresto in concentrazione di 10 µg/mL
c) raccolta e trattamento delle cellule fino alla preparazione dei vetrini, come al paragrafo 13.7
d) porre per 5' i vetrini in PBS
e) colorare con Hoechst 33258 per 10', lavare più volte in PBS, quindi con acqua distillata

f) montare in tampone MacIlvaine e osservare in fluorescenza.

In alternativa:
a) irradiare i vetrini montati in tampone per 30' sotto lampada a UV (300 W).
b) rimuovere il coprioggetto, lavare con acqua distillata
c) incubare per 15' in soluzione 2xSSC preriscaldata a 65°C (v. bandeggio CBG) e quindi colorare con Giemsa

Incorporazione della BrdU nella fase iniziale del ciclo cellulare (T-pulse).

Procedura:
1) aggiungere 0.1 mL di BrdU e 0.1 mL di soluzione di deossicitidina fin dall'inizio della coltura
2) dopo 42 ore rimuovere il terreno, lavare le cellule in terreno arricchito di siero e trasferirle in terreno con siero e 0.1 mL di timidina (*)
3) dopo 6 h aggiungere la colchicina ed arrestare dopo 1 h la coltura. Procedere quindi come indicato in precedenza.

Per ottenere migliori risultati, alla BrdU si può aggiungere fluorodeossiuridina (FdU) che, inibendo l'enzima timidilato sintetasi, consente un migliore utilizzo della BrdU.

(*) Soluzione di timidina:
2,42 g di timidina in 10 mL di acqua bidistillata
Sterilizzare e conservare in frigo.

Scambi cromatidici

Quando la BrdU è presente per due interi cicli cellulari, un cromatide conterrà una sola catena polinucleotidica con la incorporazione, mentre l'altro avrà incorporato su entrambe le catene. La differente colorazione che ne deriva consente di distinguere i due cromatidi fratelli e di riconoscere gli eventuali scambi.

Il numero degli scambi nelle cellule normali varia da un minimo di 2 ad un massimo di 20. L'età del soggetto influenza la frequenza, ma non in proporzione diretta, in quanto il maggior numero si osserva in individui adulti tra 30 e 40 anni (M.A.De Arce, 1981).

Alcuni agenti clastogeni sono in grado di aumentare in vitro la frequenza degli scambi. Va notato, a questo proposito, che gli stessi agenti non sono responsabili di un aumento di aberrazioni strutturali indotte. Analogamente le sostanze mutagene capaci di indurre anomalie strutturali nei cromosomi, non incidono contemporaneamente sulla frequenza degli scambi.

La malattia genetica autosomica recessiva con il maggior numero di scambi cromatidici è la sindrome di Bloom, (v. paragrafo 5.13.1 e 13.16.2).

Nella Figura 13.17a viene schematizzato il principio su cui si fonda la tecnica.

È evidente che scambi, anche multipli, tra cromatidi fratelli, non comportano modifiche nella normale morfologia del cromosoma, a differenza di quanto può accadere nel caso di un cromosoma ad anello (v. paragrafo 5.11).

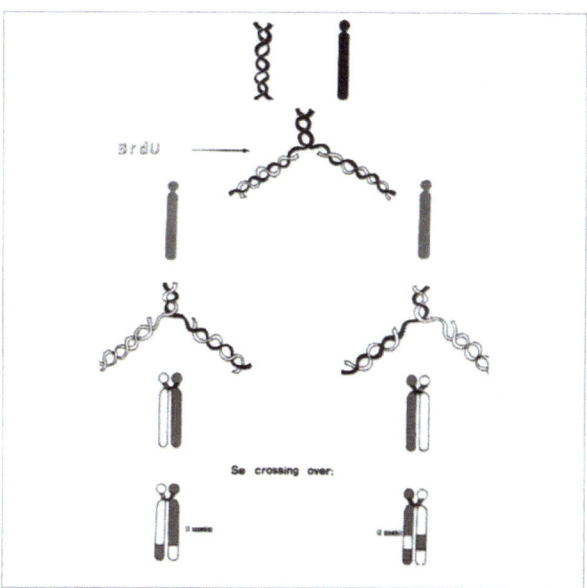

Fig. 13.17a. Schema del procedimento atto ad evidenziare nella cellula gli scambi tra cromatidi fratelli

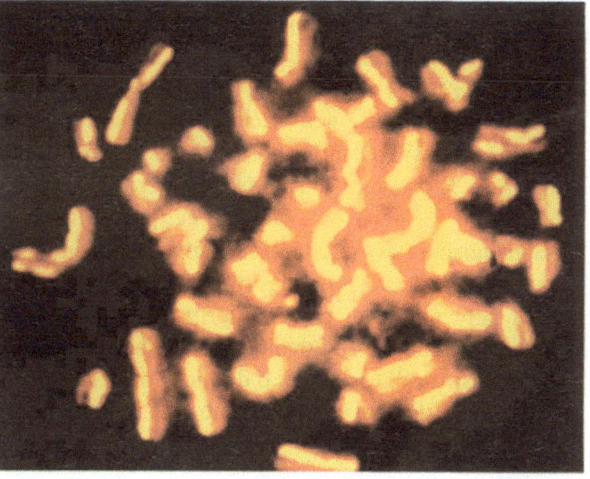

Fig. 13.17b. Cellula in metafase che mostra diversi scambi cromatidici (arresto della cultura dopo 48 ore dalla incorporazione con BrdU)

13.18 La cromatina sessuale

Corpo di Barr (Barr body)

Al paragrafo 2.2 si è detto del significato di questa struttura e del principio su cui si basa la sua ricerca.
Procedura:
Si utilizzano le cellule di sfaldamento della mucosa orale: dopo aver fatto sciacquare bene la bocca, pulire con garza la superficie interna delle guance e poi prelevare le cellule grattando (delicatamente!) con una spatola. Il materiale raccolto viene strisciato (delicatamente!) su più vetrini che vanno immediatamente fissati in alcol/etere etilico (1:1). Sui vetrini si può anche in precedenza distendere un sottile strato di glicerina o albume d'uovo, per facilitare la distensione dei nuclei. Infatti le cellule non soddisfacentemente distese non sono utilizzabili e vanno scartate dal conteggio. Dopo 30' si provvede al passaggio ripetuto e rapido in una soluzione di acido acetico (0.3 mL di acido acetico glaciale in 100 mL di H_2O). Intervallare le immersioni con rapido passaggio in H_2O. Si passano quindi in concentrazioni crescenti di alcol etilico: 70°, 80°, 95°, alcol assoluto e infine in xilolo.
La colorazione va effettuata con Giemsa, anche se da alcuni si ritiene che i risultati migliori si ottengano con l'impiego della orceina acetica al 2%.
Va tenuto presente che il corpo di Barr in una femmina con normale assetto diploide non è presente in tutti i nuclei (è infatti quasi sempre inferiore a 50%) per cui all'indagine possono sfuggire i mosaicismi del cromosoma X. Una presenza molto bassa di corpi di Barr (10%-20%) deve fare avanzare il sospetto di un mosaicismo 45,X/46,XX.
Bisogna prestare attenzione a non confondere i corpi di Barr con addensamenti della cromatina nel nucleo che sono quasi costanti e possono indurre facilmente in errore. Il corpo di Barr è sempre periferico (v. Fig. 2.2). Solo l'esperienza vale ad evitare confusioni. Buona norma è di esercitarsi su campioni dei quali non è riferita all'esaminatore la provenienza, onde verificare la percentuale di errori interpretativi. Un occhio bene esercitato riesce talvolta a sospettare anche anomalie strutturali (delezioni o duplicazioni). I nuclei da conteggiare devono essere almeno 100.

Y body

La cromatina sessuale maschile corrisponde al tratto terminale Yq e si colora elettivamente con la chinacrina.
Procedura:
a) fissare i vetrini in metanolo per alcuni minuti
b) dopo lavaggio in H_2O colorare per qualche minuto come per il bandeggio QFQ
c) lavare dapprima con acqua e successivamente con tampone MacIlvaine a pH 5.6
d) montare con tampone ed osservare alla fluorescenza.
La regione Yq12 dà luogo ad una masserella brillante riconoscibile nei nuclei in interfase (v. Fig. 2.2.4).
Va però considerato che la regione, essendo polimorfica, può avere dimensioni più piccole della norma per cui può confondersi con altre masserelle fluorescenti presenti nel nucleo; potrebbe anche trovarsi duplicata e traslocata su altri cromosomi (specie sul cromosoma n.15 o altri acrocentrici), con possibilità quindi di segregare anche nelle femmine, senza avere per questo alcun significato patologico.
Le metodiche riportate hanno perso non poco del loro valore originario, in quanto soppiantate dalle più precise tecniche di FISH.

13.19 I dermatoglifi nei disordini citogenetici

I dermatoglifi sono particolari configurazioni che si osservano sulla cute dei polpastrelli e sul palmo delle mani e dei piedi. Sono stati oggetto di attento studio fin da quando Galton ne fece le prime dettagliate descrizioni, indicandone l'utilizzo in criminologia. Rappresentano uno dei più classici modelli di eredità multifattoriale, e sono presenti solo nell'uomo e negli altri primati. L'importanza del loro studio non è venuta meno nel tempo, se si considera che ancora oggi esiste tra gli Antropologi la *American Dermatoglyphics Association* che conta iscritti in tutto il mondo.
Per quanti volessero approfondire le conoscenze si rimanda alla lettura di testi completi sull'argomento (B.H. Sarah, 1968), inclusa la prima monografia italiana, oggi difficilmente reperibile (B. Dallapiccola, 1968).
Ci limitiamo qui a riportare le anomalie più frequenti in alcune aberrazioni cromosomiche. Va inoltre ricordato che anche in sindromi genetiche non cromosomiche si possono osservare tipiche modifiche nei dermatoglifi (come nella sindrome di Sotos, nella sindrome di Cornelia De Lange, nella sindrome di Rubinstein-Taybi, e in numerose altre).

Procedura:

Un metodo molto semplice e pratico per il rilevamento delle impronte è quello suggerito da Ventruto (Ventruto V, 1986) che prevede l'uso di lastre radiografiche (anche scadute) e di un normale liquido di sviluppo e fissaggio fotografico; le immagini riprodotte possono essere osservate anche a forti ingrandimenti utilizzando un comune ingranditore fotografico (v. Figura 13.19a e 13.19b).

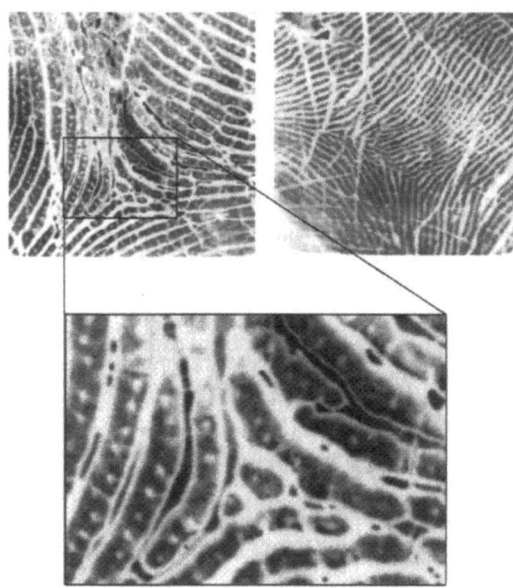

Fig. 13.19a. In alto a sinistra: triradio assiale palmare dove nelle creste cutanee sono bene evidenti i pori sudoripari che appaiono come una serie di punti bianchi. In basso: area del triradio palmare a più forte ingrandimento. In alto a destra: assenza completa dei pori sudoripari (bambino affetto da displasia anidrotica ectodermica). (Osservazione personale)

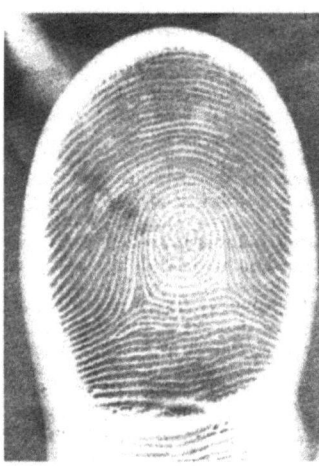

Fig. 13.19b. Figura a vortice (W) su un polpastrello. Notare i due triradi che caratterizzano questo tipo di configurazione

I dermatoglifi in alcune delle più comuni sindromi cromosomiche

Sindrome di Down

Lo studio dei dermatoglifi ha trovato nella sindrome di Down l'impiego più frequente in assoluto. Pattern che sono del tutto particolari autorizzano infatti a sospettare la sindrome con altissima probabilità (>80%), ancor prima del riscontro citogenetico. I più comuni sono rappresentati da: creste frastagliate, anse ulnari verticalizzate, spostamento distale del triradio assiale, linea unica palmare mono- o bilaterale, piega di flessione unica al quinto dito (da brachimesofalangia). Sono stati al proposito costruiti nomogrammi che prendono in considerazioni più variabili (G. F. Smith, 1976).

Sindrome di Wolf (4p-)

Non frequente linea unica palmare; spiccata ipoplasia delle impronte; radiante palmare A spesso verticalizzato (terminante in 1 anziché 3); triradio assiale spostato distalmente (at'd).

Sindrome del cri-du-chat (5p-)

Normale la cresta di flessione prossimale, interrotta al II° spazio interdigitale quella distale; linea unica palmare monolaterale; triradio assiale spostato distalmente (at'd).

Trisomia del cromosoma n.8

Frequente linea unica palmare; triradio assiale spostato distalmente (at'd; at''d); configurazioni atipiche in regioni tenare e ipotenare; prevalenza di archi; solchi cutanei profondi, bene evidente tra I° e II° dito dei piedi.

Sindrome di Rethoré (9p+)

Palmo allungato; frequente linea unica palmare; caratteristica fusione dei triradi digitali b-c e riduzione delle configurazioni interdigitali; radiante palmare D in 11; aumento di archi sui polpastrelli; configurazioni atipiche in regione tenare.

Sindrome di Patau (trisomia 13)

Costante linea unica palmare; triradio assiale molto spostato distalmente (at''d; at'''d); prevalenza di anse radiali e di archi; ansa radiale sul I° dito; configurazioni atipiche in regione tenare e in aree interdigitali.

Sindrome di Edwards (trisomia18)

Frequente linea unica palmare; altissimo numero di archi (spesso su tutti i polpastrelli); triradio assiale spostato distalmente (at'd).

I dermatoglifi nelle anomalie numeriche dei cromosomi del sesso

Vi è correlazione inversa tra numero di creste sui polpastrelli e numero di cromosomi X. Molto ridotte di numero sono infatti le creste nelle sindromi 48,XXXX; 49,XXXXY; 49,XXXXX mentre nella sindrome di Turner (45,X) il numero è significativamente più elevato della media. Non è ancora chiaro il motivo di questo comportamento, pur se diverse ipotesi sono state avanzate.
Nella sindrome di Turner, oltre l' aumento delle creste cutanee, va segnalato quanto segue:
il triradio assiale (atd) non è spostato distalmente;
configurazioni atipiche sono in regione tenare;
il triradio digitale *b* è spesso spostato dal lato ulnare;
il radiante palmare A è spesso verticalizzato (terminazione a 1 anziché a 3)
il radiante D può terminare a 11 anziché a 13.

13.20 Bibliografia

Adinolfi M et al (1995) Prenat Diagn 15(10):943
Anastasi J et al (1991) Blood 77:1087
Antoine JL, Dutrillau B (1984) Mutat Res 129:173
Ariel I et al (1997) Prenat Diagn 17:180
Autio K et al (1979) Cancer Genet Cytogenet 1:147
Baretton GB et al (1998) Pathologe 19(2):120
Bell KA et al (1999) Fertil Steril 71(2):334
Bobrow M et al (1972) Cytogenetic Cell Genet. Nature New Biol 238:122
Bonduelle M et al (1996) Human Reprod, Vol II, Suppl 4
Bowen J R et al (1998) Lancet 351:1529
Burns J et al (1990) Human Genet 85:151
Chromosome Analysis Guidelines (1991) Am J Med Genet 41:566
Claussen U et al (1984) Hum Genet 67:23
Clerici G et al (1997) Eur J Hum Genet 5 (1):42
Cremer T et al (1986) Hum Genet 74:346
Dallapiccola B (1968) I dermatoglifi della mano. Collana monografica Zambon, vol 11
Daniely M et al (1998) Hum Reprod 13(4):805
De Arce MA (1981) Hum Genet 57:83-85
de Grouchy J, Turleau C (1984) Clinical Atlas of Human Chromosomes. Wiley, New York
Denton T et al (1977) Stain Technol 52:311
Diagnostica Citogenetica Consensus (1995). A cura di Segreteria AICM
Dimmick J, Kalousek DK (1992) Develomental Pathology of the Embryo & Fetus. JB Lippincott Company, New York, London Hagerstown
Durrant LG et al (1996) Early Hum Dev 47 (Suppl) S79
Dutrillaux B (1973) Chromosoma 41:395
Dyban A et al (1996) J Assist Reprod Genet 13 (1):73
Eiberg H (1974) Nature 248:55
Faucett WA et al (1989) Am J Hum Genet 45 (Suppl):A259
Ferguson-Smith MA et al (1984) Cytogenet Cell Genet 37:469
Fisher AM et al (1996) Prenat Diagn 16:615
Flaherty SP et al (1995) Hum Reprod 10:2623
Fourth International Workshop on Chromosomes in Leukemia (1984) Cancer Genet Cytogenet 33:254
Fuscoe JC et al (1989) Cytogenet Cell Genet 50:211
Gahrton G et al (1979) New Engl J Med 301:438
Gall JG, Pardue ML (1969) Proc Natl Acad Sci USA 63, 378
Gosden CM et al (1977) Lancet 1:919
Gosden CM et al (1992). In: Rooney DE, Czepulkowski BH (eds) Human Cytogenetics, Vol I. IRL Press Oxford, New York,Tokyo, p. 37
Greenberg F et al (1992) Am J Obstet Gynec 167:509
Harper JC, Delhanthy JD (1996) J Assist Reprod Genet 13 (Suppl 2):137
Held KR, Sonnichsen S (1984) Prenat Diagn 4:171
Howell RT, Roberts SH (1994). Essential Data. Health and Safety Data. In: Rooney DE, Czepulkowski BH (eds) Human Cytogenetics. John Wiley & Sons Ed, p 111
Safe working and the prevention of infection in clinical laboratories (1991) HMSO, London
HSE (1993) Management of Health and Safety at work, Approved Code of Practice. HMSO, London
HSE (1993) Information Approved for the Classification and Labelling of Substances and Preparations Dangerous for Supply. HMSO, London
HSE (1993) Dysplay Screen Equipment Work, Guidance on Regulations. HMSO, London
Hsu LYF et al (1997) Prenat Diagn 17:201
Hsu LYF et al (1998) Am J Med Genet 80:473
Hsu LYF, Benn PA (1999) Prenat Diagn 19:1081
Huber K et al (2000) Prenat Diagn 20:479-486
Hunter AGW et al (1985) Clin Genet 28:47
ISCN (1985) An International System for Human Cytogenetic Nomenclature
Jalal SM, Law ME (1999) Genet Med 1:181-186
Kallionemi A et al (1992) Science 258:818-821
Kalousek DK et al (1989) Am J Hum Genet 44:338
Krawczun MS et al (1986) Am J Med Genet 23:467
Krumlauf R et al (1982) Proc Natl Acad Sci USA 78:2971
Lapierre JM et al (1998) Ann Genet 41:133-140
Latt SA (1976) Annu Rev Biophys Bioeng 5:1

Lengauer C et al (1991) Hum Evol 6:67
Lichter P et al (1988) Hum Genet 80:224-234
Lichter P et al (1990) Science 247:64-69
Lubs HA (1969) Am J Hum Genet 21:231
Lundsteen C, Lind A (1985) Clin Genet 28:260
Maestri D et al (1998) Rev Assoc Med Bras 44:273
Matsumoto Y (1985) Histochemistry 83:325-330
Martuzzi M, Dallapiccola B (1990) Citologia Diagnostica e Citogenetica. USES Ed, p 222
Meyer LM et al (2000) Obstet Gynecol 4(Suppl 1):95
Milunsky A (1992) Genetic Disorders and the Fetus. 3rd Ed. The Johns Hopkins University Press, Baltimore and London
Moorhead et al (1960) Exp Cell Res 20:613
Muller-Navia J et al (1996) Prenat Diagn 16:915-922
Neitzel H (1986) Hum Genet 73:320
Nizetic D et al (1991) Proc Natl Acad Sci USA 88:3233
Oberlé I et al (1991) Science 252:1097
Prenat Diagn (1999) Special Issue: Preimplantation Genetics and Diagnosis 19(13)
Ried T et al (1992) Proc atl Acad Sci USA 89:13
Rooney DE, Czepulkowski BH (1992) Human Cytogenetics. A Practical Approach. Oxford University Press
Roper EC et al (1999) Prenat Diagn 19:803
Ross FM, Stockdill G (1987) Cancer Genet Cytogenet 25:109
Sarah BH (1968) The Genetics of Dermal Ridges. Charles C Thomas Publisher. Springfield, Illinois, USA
Sermon K et al (2000) Prenat Diagn 19(13):1223
Shields LE et al (1996) J Ultrasound Med 15 (11):735
Schrock E et al (1996) Science 273 (5274):494
Schrock E, Padilla-Nash H (2000) Semin Hematol 37:334-347
Sikkema-Raddatz B et al (1997) Prenat Diagn 17(2):115
Sitar G et al (1997) Haematologica 82(1):5
Smith GF et al (1976) Down's anomaly, 2nd Edition. Churchill Livingstone, Edimburgh London and New York
Speicher MR et al (1996) Nat Genet 12:368-375
Steele CD et al (1996) Clin Obstet Gynecol 39(4):801
Taylor JH (1958) Genetics 43:515
Tepperberg J et al (2001) Prenat Diagn 21:293-301
Trask B (1990) Trends Genet 7:149-154
Thilaganathan B et al (2000) Br J Obstet Gynaecol 107:262
Van Dilla MA, Deaven LL (1990) Cytometry 11:208
Ventruto V (1986) Clin Genet 30:525
Verlinsky Y et al (1996) J Assist Reprod Genet 13(2):157
Verma RS, Babu A (1995) Human Chromosomes. Priciples and Techniques. Mc Graw-Hill, Inc
Vince JD et al (1975) Br J Obstet Gynaecol 82:718
Voullaire L et al (1999) Prenat Diagn 19:846
Wathen NC et al (1993) Br J Obstet Gynaecol 100(4):380
Wathen NC et al (1993) Br J Obstet Gynaecol 100(4):380
Webb AL et al (1996) Prenat Diagn 16:958
Wood GS and Warnke R (1981) J Histochem Cytochem 29:1196-1204

CAPITOLO 14

Microscopia e analisi di immagini nella citogenetica

14.1 Il microscopio

Il microscopio ha giocato un ruolo fondamentale nella esplorazione del microcosmo sin dalla sua invenzione circa 400 anni fa. Oggi questo dispositivo è uno strumento tanto versatile, quanto indispensabile in un laboratorio di citogenetica.

Dai primi modelli con singola lente realizzati nel 1600–1670 dai fratelli Janssen e da Antony van Leeuwenhoek, il microscopio ha subito delle significative evoluzioni, diventando oggi il cuore di sistemi per l'analisi ed elaborazione delle immagini, in grado di assistere il ricercatore ed il biologo nell'osservazione, analisi, documentazione e refertazione dei preparati esaminati.

La conoscenza delle componenti essenziali di questi strumenti è necessaria per una corretta scelta ed ottenere il massimo dei risultati. *L'indagine citogenetica richiede il massimo sfruttamento delle caratteristiche del microscopio ai limiti della risoluzione ottica.*

Lo scopo di questo capitolo è quello di fornire in modo sintetico le nozioni fondamentali per la messa a punto e l'impiego dei sistemi di microscopia senza addentrarsi troppo nelle nozioni fisico-matematiche di base.

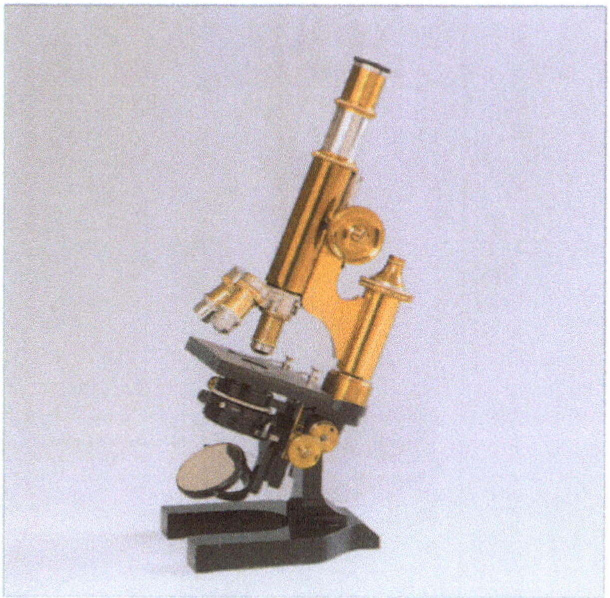

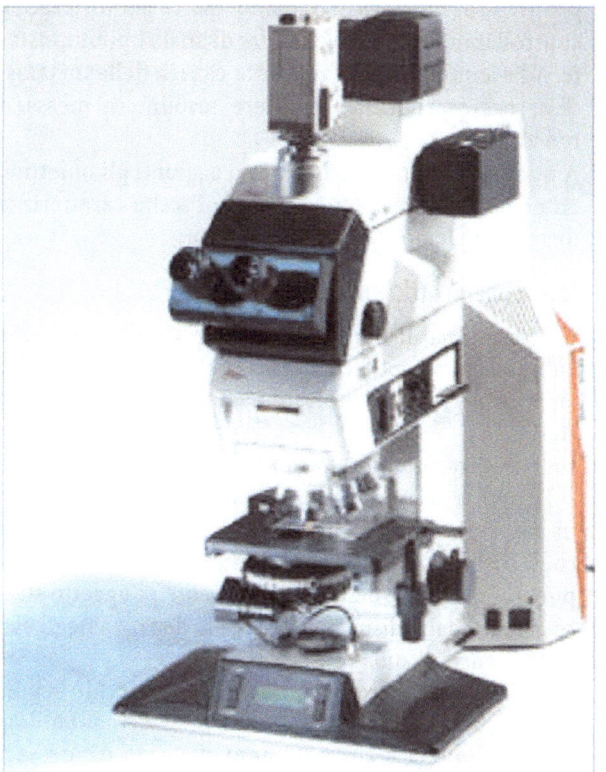

Fig. 14.1a. Produzione Leitz dei primi anni 900

Fig. 14.1b. Fotomicroscopio da ricerca Leica DM RXA

14.1.1 - I componenti del microscopio

Il microscopio è uno strumento per l'osservazione di dettagli che non possono essere "risolti" ad occhio nudo. I componenti base di un microscopio idoneo per la citogenetica sono:

- Uno *stativo* contenete, oltre al sistema di movimento micro-macrometrico per la messa fuoco, il sistema d'illuminazione (interno od esterno) ed il relativo alimentatore. Sulla parte superiore si trovano gli attacchi meccanici per i tubi e per i revolver porta obiettivi.
- Un *tubo bino o trioculare* corredato degli eventuali raccordi per il collegamento di un sistema fotografico o di una telecamera.
- Un *revolver porta obiettivi* da 4 a 7 posizioni
- Un *tavolino portaoggetti*, con dispositivo coassiale per la movimentazione ortogonale del preparato.
- Un *sistema d'illuminazione* con lampade a bassa tensione da 30 a 100W.

Qualora il microscopio costituisca parte integrante di un sistema per l'analisi delle immagini alcuni dei dispositivi sopradescritti possono essere motorizzati e controllabili mediante sequenze di analisi preimpostate. Ad esempio un sistema per la ricerca delle metafasi deve necessariamente muovere tavolino e messa a fuoco.

A questi componenti base vanno aggiunti gli obiettivi, gli oculari ed il condensatore la cui scelta caratterizza fortemente le prestazioni del sistema.

I componenti ottici principali

Il diagramma di funzionamento di un microscopio è abbastanza semplice. A differenza di una semplice lente di ingrandimento l'immagine è formata in due stadi.

Nell'osservazione diretta un oggetto viene riprodotto sulla retina secondo le leggi dell'ottica geometrica; al di sotto di un determinato angolo fisiologico limite, che è di circa 1' con buona illuminazione, l'occhio non può più percepire dettagli dell'oggetto o l'oggetto stesso a causa della disposizione e della distanza degli elementi sensibili sulla retina.

Per il limitato potere di adattamento dell'occhio la possibilità di ingrandire l'angolo visivo avvicinando l'oggetto e limitata a circa 200 mm, distanza di messa a fuoco minima a cui il cristallino assume la curvatura massima.

Utilizzando una lente di ingrandimento (con l'oggetto nel punto focale anteriore) è possibile ridurre questa distanza e vedere pertanto l'oggetto ingrandito, ma solo con un sistema composto da più lenti è possibile ridurla considerevolmente e "avvicinare" l'oggetto.

I componenti ottici responsabili della formazione dell'immagine in un microscopio sono l'*obiettivo* e l'*oculare*. Nel primo stadio l'obiettivo proietta un'immagine ingrandita dell'oggetto illuminato in una posizione predefinita nel percorso ottico. Anziché osservare l'immagine in questo punto (immagine reale), l'immagine viene osservata nel secondo stadio con un oculare, una sofisticata lente di ingrandimento, che proietta l'immagine sulla retina.

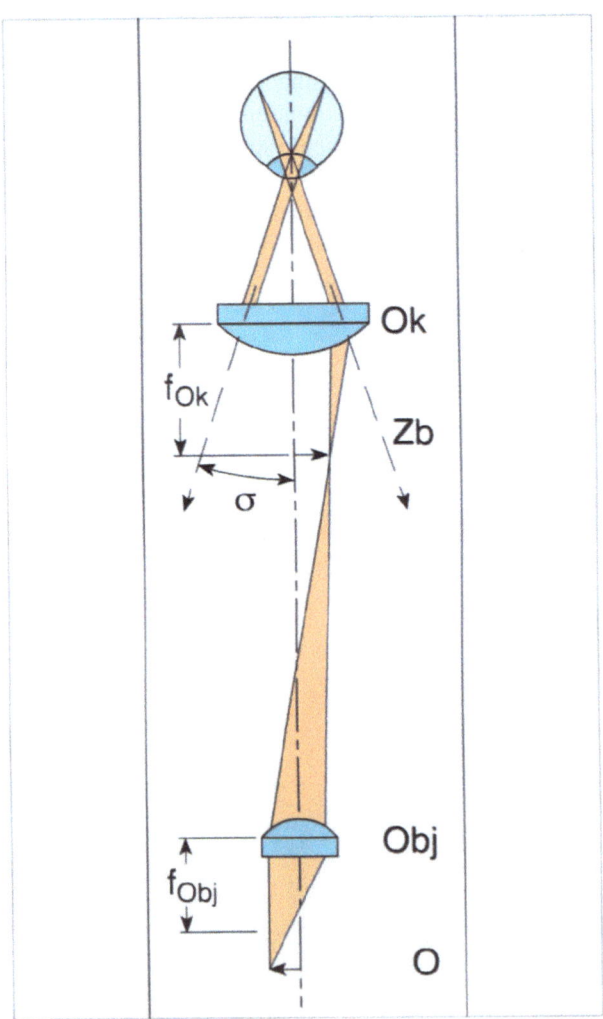

Fig. 14.1.1a. Diagramma di funzionamento del microscopio: O oggetto; Obj obiettivo; ZB immagine intermedia; Ok oculare

La nitidezza e le caratteristiche dell'immagine sono influenzate in modo notevole dall'illuminazione del microscopio. Il condensatore ed il collettore sono i componenti che permettono di raccogliere la massima quantità di energia luminosa emessa dalla sorgente e di fornire un'illuminazione omogenea del preparato.

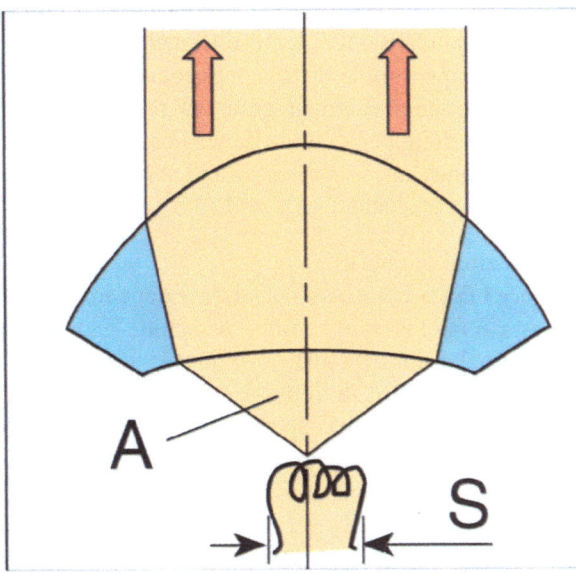

Fig. 14.1.1b. Il collettore raccoglie e convoglia la luce della lampada

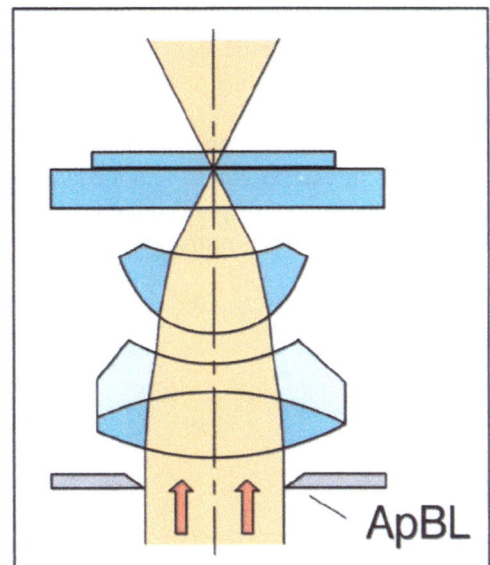

Fig. 14.1.1c. Il condensatore illumina il preparato in modo uniforme

La sorgente di illuminazione

Nella scelta di una sorgente luminosa spesso si considera come parametro discriminatorio esclusivamente la potenza della lampada, tralasciando aspetti caratteristici determinanti per una buona resa. Il modo in cui la luce viene raccolta ed inviata sul percorso ottico può valorizzare o compromettere la qualità dell'immagine prodotta dal microscopio. Se si costruisse un microscopio privo dell'ottica di illuminazione non si potrebbe sfruttare la sorgente luminosa in maniera ottimale, né illuminare uniformemente.

Grazie al collettore, un sistema di lenti posto in prossimità della lampada, la sorgente luminosa (filamento o arco) viene sfruttata pienamente producendo un fascio di illuminazione intenso ed omogeneo, ad onta delle zone chiare e scure tipiche delle sorgenti luminose. Uno specchio parabolico posto dietro alla lampada permette inoltre di recuperare parte dell'emissione posteriore. Per applicazioni avanzate in fluorescenza esistono dispositivi di illuminazione (edicole) contenenti collettori a 4 o 6 lenti, in grado di migliorare notevolmente l'efficienza e omogeneità di illuminazione.

Il condensatore

L'illuminazione di un microscopio deve fornire un fascio ottimale per ogni combinazione obiettivo-oculare.
Nel principio di illuminazione Koehler (Figg. 14.1.1d e 14.1.1e) i *diaframmi di apertura e di campo* vengono utilizzati rispettivamente per allargare o restringere i coni di luce che emergono dai punti dell'oggetto e per variare la sezione del fascio luminoso sul piano dell'oggetto.
Lo scopo del *condensatore,* componente ottica interposto tra collettore-diaframmi e preparato, è quello di creare un'immagine omogenea dell'illuminazione del collettore sull'oggetto e di focalizzare all'infinito l'immagine dei punti di illuminazione della sorgente luminosa. Ogni punto dell'oggetto viene pertanto illuminato da un cono di fasci luminosi aventi asse parallelo a quello dei punti adiacenti e ortogonale all'oggetto stesso.
Nei condesatori di buona qualità (Aplan), mediante l'impiego di una lente condensatrice supplementare inseribile e disinseribile a piacimento è possibile variare la lunghezza focale e l'apertura del condensatore al fine di adattare rapidamente l'illuminazione ad obiettivi con differente fattore di ingrandimento ed apertura numerica.
La corretta regolazione dei diaframmi di campo e di apertura e l'accurato centraggio e posizionamento verticale del condensatore sono di fondamentale importanza nella citogenetica.

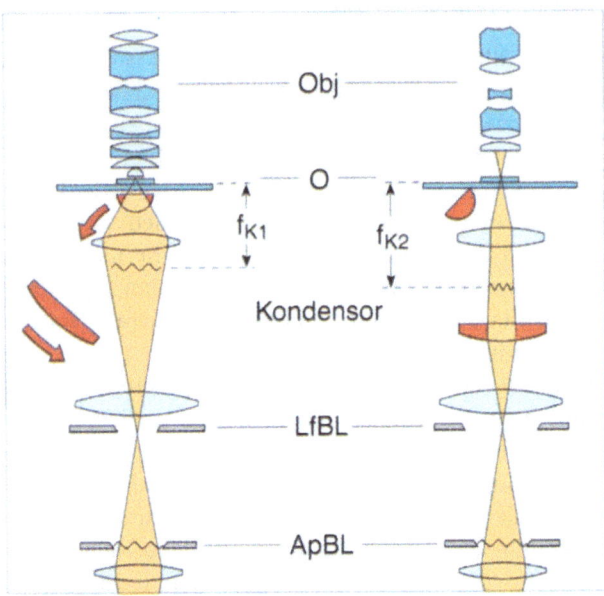

Fig. 14.1.1d. Condensatore per illuminazione Khoeler. Inserendo e disinserendo la lente condensatrice è possibile modificare il fuoco dell'illuminazione da fk1 a fk2, adattandolo all'obiettivo in uso

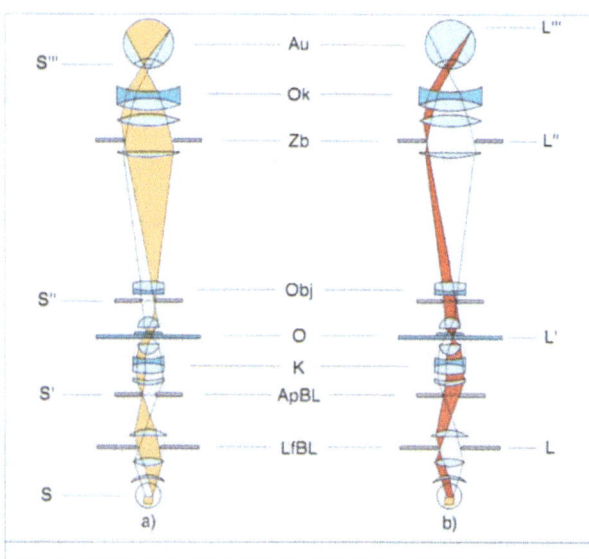

Fig. 14.1.1e. Illuminazione Khoeler. Il cammino della luce in un microscopio con illuminazione secondo il principio Khoeler è caratterizzato dalla visualizzazione simultanea di due insiemi di piani coniugati, S e L. a) illuminazione: S sorgente luminosa; S' immagine S nel piano focale del condensatore, limitata dal diaframma di apertura ApBL; S" immagine di S' nel piano focale dell'obiettivo; S''' immagine di S" nella pupilla di uscita dell'oculare. b) Formazione dell'immagine: L campo di illuminazione, limitato dal diaframma di campo LfBL; L' immagine di L nel piano dell'oggetto; L" immagine di L' e dell'oggetto nel piano di immagine intermedio dell'oculare; L''' immagine di L' e dell'oggetto sulla retina

L'obiettivo

Il primo responsabile della buona prestazione di un microscopio è l'obiettivo. La forma e le caratteristiche fisiche delle lenti utilizzate nei sistemi ottici è causa di aberrazioni sferiche e cromatiche che possono produrre distorsioni geometriche di vario tipo, sfrangiature di colore ai bordi del campo di osservazione o variazioni del punto di fuoco per differenti colori (osservabile soprattutto in fluorescenza).

Normalmente gli obiettivi di qualità oggi in commercio impiegano sistemi di lenti convergenti e divergenti tali da compensare le distorsioni geometriche tipiche delle lenti semplici ed in grado di renderli planari all'interno di un ben definita dimensione del campo di osservazione (indice di campo). Tali obiettivi vengono indicati con la sillabe PLAN o PL.

Aberrazioni cromatiche

La luce bianca impiegata nell'osservazione in luce trasmessa al microscopio è composta da tutte le lunghezze d'onda nel visibile fra 400 e 650 nm (nanometri). Se la luce viene a cadere su di una lente con un angolo non perpendicolare alla sua superficie, si scompone nei singoli colori per il fenomeno della rifrazione (Fig. 14.1.1f). L'angolo di rifrazione è inversamente proporzionale alla lunghezza d'onda per cui all'uscita della lente la luce si presenta con una serie di punti di fuoco, con il violetto più vicino alla lente ed il rosso più lontano.

Oltre che per le caratteristiche di planarità gli obiettivi sono pertanto classificati per il loro livello di correzione cromatica.

Negli obiettivi *Acromatici* il punto di fuoco è coincidente per due lunghezze d'onda dello spettro visibile (rosso e blu) e il verde è nel punto di fuoco più vicino alla lente. Questi obiettivi (*C-PLAN; N-PLAN*) sono normalmente utilizzati in citogenetica per tecniche di osservazione in campo chiaro (colorazione Giemsa), utilizzando un filtro verde per la microfotografia o con sistemi per l'analisi delle immagini.

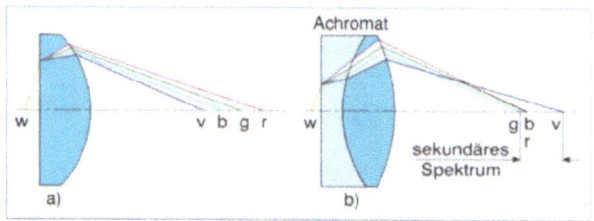

Fig. 14.1.1f. Aberrazione cromatica. La luce bianca è scomposta in rossa, verde, blue e violetta (a). Mediante la combinazione di lenti realizzate con speciali materiali, la posizione di due (acromatici, b) o tre (apocromatici) colori viene fatta coincidere.

La semplice correzione per due colori degli obiettivi *Acromatici*, normalmente presenta uno spettro secondario, che negli obiettivi Semi Apocromatici viene ridotto considerevolmente impiegando, per alcune lenti, del vetro alla fluorite (PL Fluotar) (Fig. 14.1.1g). L'elevata correzione geometrica, associata alla migliore correzione cromatica ed all'impego di lenti con maggiore apertura, rende gli obiettivi *Semi Apocromatici* particolarmente indicati per le tecniche in fluorescenza (FISH), oltre che per quelle in campo chiaro.

Con gli obiettivi *Apocromatici* si ottiene una perfetta sovrapposizione di tre colori dello spettro. Lo spettro secondario è completamente eliminato e la differenza dei punti di fuoco è praticamente nulla nello spettro visibile. Tali obiettivi, come ad esempio i Leica *PLAN APO*, hanno una correzione geometrica e cromatica eccellente con un potere risolutivo ai limiti teorici dell'ottica.

Le nuove applicazioni della citogenetica molecolare (M-FISH), o le tecniche di co-localizzazione impiegate nella microscopia confocale richiedono l'impiego di obiettivi ancora più sofisticati in grado di garantire la correzione cromatica ben oltre lo spettro visibile. Pur appartenendo alla classe degli obiettivi apocromatici, gli obiettivi Leica PL APO, certificati singolarmente, hanno elevatissima trasmittanza e una correzione dall'ultravioletto all'infrarosso, permettendo una perfetta co-localizzazione da 300 a 900 nm.

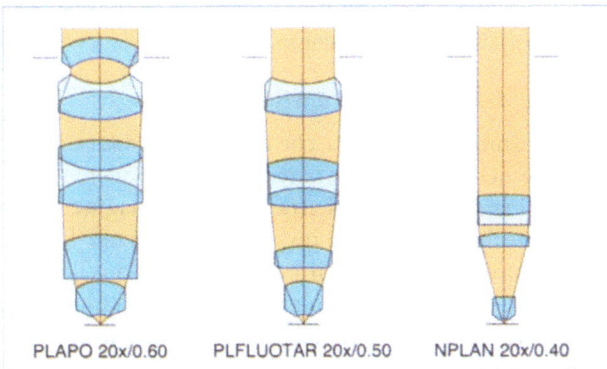

Fig. 14.1.1g. Le differenti classi di obiettivi sono caratterizzati da una maggiore complessità costruttiva, oltre che dal maggiore costo dei materiali impiegati per realizzare le lenti

Obiettivi ad immersione

Il potere risolutivo di un obiettivo non dipende solamente dal suo fattore di ingrandimento, ma anche dalla sua apertura numerica, cioè dalla sua capacità di raccogliere quanto più possibile la luce diffratta da un punto (Fig. 14.1.1h).

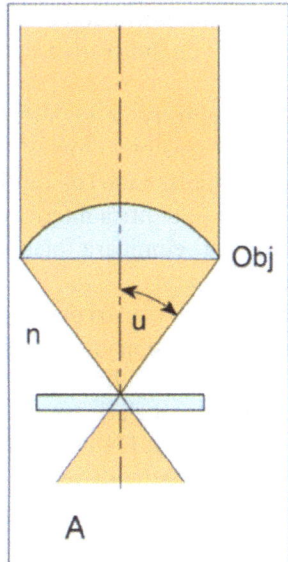

Fig. 14.1.1h. L'apertura numerica dell'obiettivo determina il potere risolutivo e la luminosità dell'obiettivo

Per ottenere un più elevato potere risolutivo (distanza minima per la quale due punti vicini sono distinguibili distintamente) si utilizzano speciali obiettivi ad immersione in olio o in acqua. Il menisco di liquido che si forma tra la lente frontale dell'obiettivo ed il preparato funge anch'esso da lente, raccogliendo con un angolo di apertura maggiore i fasci di luce uscenti dal punto. In citogenetica, dove è necessario lavorare sempre al massimo potere risolutivo, per l'osservazione ad alti ingrandimenti si usano esclusivamente obiettivi ad olio denotati dal suffisso Oil. Inoltre, per non pregiudicare il risultato finale, è necessario impiegare obiettivi specifici per vetrini con coprioggetto o senza. Le diciture "0,17", "0", "-" normalmente indicano obiettivi da utilizzarsi rispettivamente con coprioggetto, senza o universali.

L'oculare

L'obiettivo riproduce un'immagine intermedia capovolta, reale, nella scala del suo ingrandimento in un piano coincidente con il piano di messa a fuoco dell'oculare. Quest'ultimo provvede ad ingrandirla ulteriormente e a proiettarla lontano consentendo di osservarla con l'occhio focalizzato all'infinito e posto nel piano della pupilla di uscita dell'oculare. Ad ogni singolo punto dell'oggetto corrisponde quindi un sottile fascio di raggi paralleli che l'occhio provvede a focalizzare, formando sulla retina l'immagine di questo punto oggetto.

L'oculare standard ha normalmente un fattore di ingrandimento 10x ed un indice di campo di 20-22 o 25 mm.

L'oculare gioca anche un ruolo importantissimo nella correzione delle aberrazioni cromatiche dell'intero sistema. Oculari di qualità sono costituiti da sistemi di lenti in grado, insieme all'ottica intermedia posta al di sopra dell'obiettivo, di eliminare totalmente l'aberrazione cromatica residua.

Un indice di campo degli oculari elevato risulta comodo nella ricerca di metafasi ma non ha alcuna influenza nella analisi a forte ingrandimento. Va inoltre ricordato che l'impiego di oculari aventi un fattore di ingrandimento superiore a 10x non aumenta il potere risolutivo cioè non permette di vedere con maggiore risoluzione bande o sonde molto piccole.

14.1.2 - Condizioni ottimali di lavoro al microscopio

Innanzi tutto è opportuno ricordare che la stanza di microscopia non deve essere troppo luminosa né ricevere luce solare diretta soprattutto quando si lavora in fluorescenza. Laboratori ove siano presenti vapori intensi o corrosivi sono ovviamente sconsigliabili per l'installazione di un microscopio. La polvere, ineliminabile, può compromettere tanto la qualità dell'immagine quanto il funzionamento meccanico del microscopio: è buona abitudine coprire sempre il microscopio dopo l'uso e di mantenere gli obiettivi non adoperati nelle apposite custodie.

Maneggiando gli obiettivi si deve fare attenzione a non toccare la lente frontale con le mani: già una leggera impronta digitale può sbiadire l'immagine.

Dovendo restare parecchio tempo al lavoro, la postura è della massima importanza: si scelga un tavolo da lavoro ben solido e non troppo alto, in modo tale da restare seduti in comoda posizione, con il busto leggermente inclinato; sono particolarmente indicati sgabelli e poltroncine regolabili in altezza.

È particolarmente importante lavorare con gli occhi rilassati, altrimenti ci si stancherà presto la vista. Utilizzando un tubo binoculare è indispensabile impostare la giusta distanza interpupillare. Eventuali insufficienze della vista non disturbano, nella maggior parte dei casi, l'osservazione al microscopio. L'osservatore miope, presbite o non eccessivamente astigmatico, può infatti mettere a fuoco l'immagine anche senza occhiali correttivi mediante oculari provvisti di lente regolabile. Sono inoltre disponibili oculari che consentono di osservare nel microscopio senza dover togliere gli occhiali.

Per una corretta compensazione di eventuali/differenze di diottrie tra i due occhi dell'operatore che osserva al microscopio, si deve procedere come segue: Posizionare la ghiera di regolazione delle diottrie dell'oculare in cui osserverà l'occhio "dominante" sulla posizione di 0. Nel caso si disponga di un solo oculare regolabile l'occhio "dominante" deve utilizzare l'oculare sprovvisto di regolazioni. Osservare al microscopio soltanto con questo occhio e mettere a fuoco il preparato agendo sul dispositivo micro-macrometrico del microscopio. Chiudere l'occhio "dominante" e osservare nell'altro oculare con l'altro occhio, mettendo a fuoco il preparato a mezzo della ghiera di regolazione delle diottrie dell'oculare stesso, senza agire sul dispositivo micro-macrometrico del microscopio.

Impiego del diaframma di campo

Il diaframma di campo, solitamente posto nella base dello stativo, consente all'osservatore di variare la sezione di illuminazione sul piano oggetto. Mediante il diaframma di campo si può quindi diaframmare il campo luminoso sull'oggetto, fino a farlo coincidere con il campo visivo del microscopio. È cosi possibile risparmiare all'oggetto riscaldamenti inutili o sovrairradiazioni dannose. Il diaframma di campo va quindi aperto soltanto quanto basta a farlo scomparire dal campo visivo del microscopio.

Impiego del diaframma di apertura

Il diaframma di apertura, che è posto nel condensaore oppure nella base dello stativo, è un componente dell'illuminatore e serve a diaframmare l'immagine della sorgente luminosa ed a inviare così al piano focale posteriore dell'obiettivo il necessario fascio d'illuminazione. Se si apre completamente il diaframma di apertura e lo si chiude poi lentamente guardando dentro il tubo, dopo aver tolto l'oculare, l'immagine del diaframma diventerà ad un certo punto visibile nella lente posteriore dell'obiettivo. A questo punto l'apertura d'illuminazione è uguale all'apertura dell'obiettivo. Con questa posizione del diaframma, definita piena apertura d'illuminazione, si vedono le strutture che si differenziano con potere risolutivo ottimale. Chiudendo ulteriormente il diaframma si aumenta il contrasto evidenziando anche le strutture meno differenziate. Questa tecnica di contrasto è molto usata in citogenetica con l'utilizzo anche di speciali obiettivi che incorporano un diaframma ad iride supplementare. E' però necessario non esagerare nella chiusura del diaframma, in quanto se è vero che si vedono più 'cose', si ottengono anche frange di diffrazione che alterano l'immagine stessa peggiorandone la qualità con una effettiva perdita del potere risolutivo.

Anche l'eccessiva apertura d'illuminazione è dannosa poiché causa una sovrapposizione d'illuminazione in campo chiaro ed una in campo scuro: bordi ed altre strutture analoghe, che sono particolari diffusori di luce, verranno schiariti ed il contrasto dell'immagine sensibilmente ridotto. Si raccomanda pertanto di non regolare mai l'apertura d'illuminazione in modo che risulti maggiore dell'apertura dell'obiettivo.

Oltre che sulla risoluzione e sul contrasto, il diaframma d'apertura influisce anche sulla profondità di campo. Infatti, a misura che l'apertura del diaframma viene ridotta, il fascio ottico di formazione dell'immagine diventa sempre più stretto facendo crescere la profondità dello spessore oggetto che viene riprodotto nitidamente. D'altra parte però, si riduce la risoluzione e per questo il diaframma d'apertura può essere impiegato per aumentare la profondità di campo, ma con un certo raziocinio.

14.1.3 - Gli errori più diffusi nella microscopia

Prima di iniziare a lavorare al microscopio, effettuare i seguenti controlli:
- Accertarsi che l'illuminazione sia efficiente.
- Verificare che la lampada sia centrata, che il diaframma di campo e quello di apertura siano correttamente regolati, che nel percorso ottico non siano inseriti filtri, vetri smerigliati non necessari, ecc.
- Controllare che il revolver portaobiettivi sia correttamente posizionato. Verificare che il tubo binoculare sia stato regolato sulla giusta distanza interpupillare e che le lenti dell'oculare regolabile siano state opportunamente posizionate.
- Controllare che le ottiche siano perfettamente pulite.

Illuminazione non uniforme

L'illuminazione non uniforme può essere dovuta a diversi tipi di errore. Prima di tutto controllare:
- L'inserimento a fondo del revolver e del condensatore.
- La regolazione della centratura ed altezza del condensatore.
- Che l'obiettivo sia scattato in posizione.
- La centratura ed il corretto posizionamento della lampada.

Immagini qualitativamente insufficienti a causa di obiettivi danneggiati o sporchi

Se gli obiettivi sono difettosi non si ottiene alcuna immagine o si hanno immagini annebbiate, che si spostano quando si effettua la messa a fuoco. Negli obiettivi ad olio, si scopre spesso che questi problemi sono dovuti alla lente frontale danneggiata, nonostante le montature molleggiate offrano una protezione notevole. Molto spesso capita che le lenti frontali non siano pulite ed in alcuni casi presentano anche strati essiccati di olio tali da richiedere l'intervento di un tecnico qualificato.

Se l'immagine risulta poco contrastata occorre controllare che la lente frontale sia pulita. Conviene usare una lente d'ingrandimento ed un pennello morbido, per tutte le altre superfici esterne delle lenti dell'obiettivo. Altri tipi di sporcizia si tolgono con acqua distillata, xilolo o benzina. Di tanto in tanto bisogna pulire anche le lenti oculari sulle quali si deposita, dalle ciglia dell'osservatore, uno strato sottilissimo di corpi estranei. Ricordate che il fumo è dannoso anche per le ottiche.

Mancanza di risoluzione perché è stato superato l'ingrandimento utile

Usando degli oculari a forte ingrandimento si ottengono ingrandimenti complessivi elevati che possono avere per conseguenza degli ingrandimenti in cui l'immagine manca completamente di risoluzione. In citogenetica non ha senso superare i 1.250 ingrandimenti totali (obiettivo 100x e oculari 12.5x).

Sfocatura massima in seguito al cambio dell'obiettivo

Talvolta può succedere che gli obiettivi non siano stati avvitati a fondo sui revolver. Ne deriva una forte sfocatura all'atto dell'utilizzo dell'obiettivo. Inoltre potrà verificarsi che un particolare dell'oggetto che si trova in prossimità del centro, cambiando l'obiettivo, non verrà più riprodotto al centro, ma in una posizione periferica.

La sfocatura può anche essere causata dall'impiego di un obiettivo per preparati senza coprioggetto quando impiegato con vetrini con coprioggetto.

Particelle in movimento sul piano immagine

La cosiddetta "apparizione di moscerini" disturba l'osservatore quando si usano forti ingrandimenti. Si tratta di un fenomeno endoptico, condizionato dalla conformazione anatomica dell'occhio, che soggettivamente si manifesta nell'ambiente esterno. Tale fenomeno è dovuto a lievi opacità dell'umore vitreo oppure da sospensioni nell'umore acqueo che provocano delle ombreggiature sulla retina. Spesso basta riposare l'occhio per porvi rimedio.

A volte invece si tratta di sporcizia soprattutto impiegando vetrini senza coprioggetto con obiettivi ad immersione.

Macchie sfocate nell'immagine microscopica.

Le macchie sfocate che, spostando il preparato, non si spostano, sono causate da depositi di polvere o pelucchi sulle lenti e sulle altre superfici ottiche. Per l'identificazione esatta si girano e si spostano successivamente l'oculare, il condensatore, lo specchio riflettente, il collettore, il filtro, ecc., controllando se le macchie si spostano durante queste operazioni. Con un po' di esperienza si può stabilire l'esatta posizione della polvere. Anche in questo caso, si elimina la polvere con un pennello o un panno morbido pulito.

Immagini annebbiate o presenza di striature nel caso di immersioni in olio

Nella maggior parte dei casi si sarà dimenticato di inserire l'olio. Se si aggiunge dell'olio fresco ad un immersione in olio fatta riposare per una notte, per poi proseguire le osservazioni, si possono formare all'interno dell'olio delle fastidiose striature. Può anche succedere che sulla lente frontale vi siano depositi di olio secco oppure che l'olio contenga delle bolle d'aria. Accertarsi che per gli obiettivi a immersione ad elevata apertura numerica venga sempre usato l'olio prescritto.

Contrasto anormale in seguito ad un'erronea regolazione del diaframma di apertura

In caso di sostituzione dell'obiettivo, si dimentica spesso di regolare il diaframma di apertura. La conseguenza è un diaframma di apertura troppo aperto o troppo chiuso. Le immagini saranno quindi o annebbiate o troppo contrastate, con scarsa risoluzione. Perciò bisogna sempre controllare la corretta posizione del diaframma di apertura e di campo. *Non regolare mai la luminosità con l'aiuto del diaframma di apertura.* Fare attenzione alla posizione del diaframma ad iride inserito nell'obiettivo.

14.1.4 - La manutenzione dell'ottica

Le parti ottiche del microscopio devono essere tenute accuratamente pulite. Si tenga presente che le ottiche interne degli obiettivi, degli oculari e dei condensatori hanno trattamenti antiriflesso il cui strato è molto sottile e delicato.

Le superfici esterne dell'ottica del microscopio hanno, al contrario, strati della durezza del vetro, ma molto sottili. Durante la pulizia si deve quindi procedere con la dovuta cautela. I sistemi ottici che compongono gli obiettivi non devono essere svitati. Se si notano guasti all'interno dell'ottica, o se a seguito di un accurata pulizia l'immagine risultasse ancora sfuocata, è bene rispedirla in fabbrica per l'opportuna messa a punto.

Pulizia delle ottiche

Oculari e Condensatori - La polvere va tolta con un pennellino morbido e asciutto. Le impronte digitali si tolgono immediatamente con un panno umido, di lino, di pelle di daino o in microfibra; se necessario, usare xilolo o benzina. Lo sporco resistente si toglie con panno di lino o pelle di daino inumiditi; eventualmente si può usare xilolo o benzina. Non usare mai l'alcool. Superfici esterne delle lenti frontali negli obiettivi planari - Per le lenti con superficie concava è bene usare un cottonfioc, inumidendolo se necessario con acqua, xilolo o benzina. Per gli obiettivi ad immersione ad olio un panno in microfibra dà ottimi risultati.

14.2 La microscopia in fluorescenza

Fino alla fine degli anni 60, la fluorescenza veniva poco utilizzata nella ricerca. Nella diagnostica, le poche metodiche utilizzate erano esclusivamente in luce trasmessa utilizzando sempre il condensatore per campo oscuro (o paraboloide).

Da quando è stata introdotta da Leitz la fluorescenza in luce incidente si è avuta una crescita continua di metodiche ed applicazioni nei più svariati campi (microbiologia, ematologia, immunologia, genetica ecc,).

Quando un preparato irradiato ad una determinata lunghezza d'onda la assorbe e ri-emette luce ad una lunghezza d'onda superiore, questo fenomeno si chiama fluorescenza.

Alcuni preparati emettono luce fluorescente autonomamente quando sono eccitati con luce monocromati-

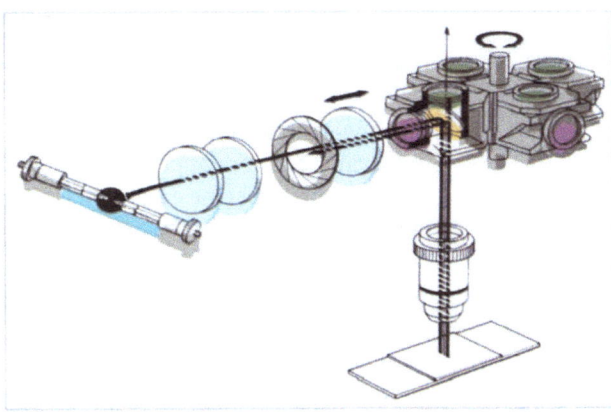

Fig. 14.2a. Illuminazione riflessa in fluorescenza

ca. Si tratta di preparati autofluorescenti ed il fenomeno viene chiamato "fluorescenza primaria".

La maggior parte dei preparati non sono autofluorescenti. Poiché lo scopo della microscopia in fluorescenza è di rendere visibili determinate strutture nel preparato evidenziando particolari che devono essere analizzati specificatamente, è necessario usare sonde autofluorescenti (direct labelling) o legare le sonde a sostanze chimiche dette "fluorocromi" (indirect labelling).

Oggi sono disponibili sonde legate ad un elevato numero di differenti fluorocromi e naturalmente un elevato numero di combinazioni di filtri di eccitazione per le diverse lunghezze d'onda.

Le combinazioni di filtri

Le combinazioni di filtri (chiamate anche blocchetti) sono così composte:

- un filtro di eccitazione seleziona la lunghezza d'onda che serve per l'eccitazione del preparato;
- una lamina dicromatica riflette totalmente la luce di eccitazione, mentre è permeabile alle radiazioni in fluorescenza emesse dal preparato stesso;
- un filtro di sbarramento ha la massima trasparenza per la specifica radiazione di fluorescenza, mentre blocca la luce di eccitazione dispersa dal preparato ed entrata nell'obiettivo.

Questa combinazione ottimale di filtri riuniti in un unico blocchetto facilmente intercambiabile, rappresenta un criterio essenziale per la standardizzazione nella lettura di preparati FISH.

Sorgenti di luce

Condizione indispensabile per ottenere una buona eccitazione del preparato in fluorescenza è quella di poter disporre di sorgenti luminose adeguate, aventi la massima intensità nel campo UV e nel visibile ad onde corte.

A queste esigenze rispondono pienamente le lampade a vapori di mercurio (HBO) e le lampade allo Xenon.

Le lampade a vapori di mercurio ad altissima pressione hanno uno spettro lineare caratteristico con elevata intensità di emissione in alcune bande spettrali (ultravioletto, blu e verde). Grazie a questa caratteristica vengono generalmente preferite a quelle allo Xenon in applicazioni come FISH (Fluorescent in Situ Hibridization) e CGH (Comparative Genomic Hibridization).

Le lampade allo Xenon emettono invece nel campo visibile uno spettro continuo con un'intensità media costante, mentre presentano intensi picchi di emissione nell'infrarosso. Per questo motivo le lampade allo Xenon sono indispensabili per eccitare adeguatamente fluorocromi come il CY5.5 ed il CY7 normalmente utilizzati in applicazioni M-FISH (Multiplex FISH)

Le sorgenti di luce standard per la microscopia in fluorescenza sono le lampade a vapori di mercurio HBO 50 W e HBO 100 W e la lampada Xenon XE 75W. È da notare che la potenza della lampada non è indicativa di una maggiore intesità di illuminazione. Infatti nelle lampade a 50W la distanza tra gli elettrodi è inferiore rispetto a quella delle lampade a 100 W e l'intensità di luce prodotta è di poco inferiore. Impiegando ottiche molto luminose appositamente progettate per applicazioni avanzate in fluorescenza, come l'ottica Leica HC, si arriva al caso limite di avere la stessa intensità di illuminazione rispetto ad un buon microscopio da ricerca con ottica "universale".

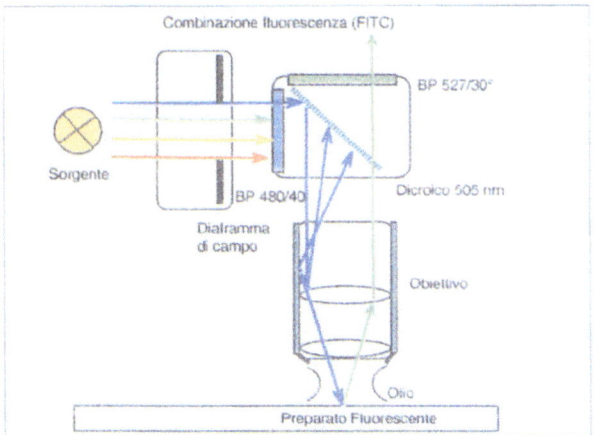

Fig. 14.2b. Principio di funzionamento della combinazione filtri. La lamina dicromatica (filtro dicroico) riflette la luce di eccitazione e lascia passare la luce emessa

Nome della combinazione	Eccitazione	Dicroico	Emissione	DM LS, DM IL, DM IRB, DM R (RF8)	DM LB, DM R (RF4)	Fluorocromo
A	BP 340 - 380	400	LP 425	11513824	11513804	DAPI
A4	BP 360/40	400	BP 470/40	11513848	11513839	DAPI
D	BP 355 - 425	455	LP 470	11513825	11513805	
E4	BP 436/7	455	LP 470	11513826	11513806	
H3	BP 420 - 490	510	LP 515	11513827	11513807	FITC
I3	BP 450 - 490	510	LP 515	11513828	11513808	FITC
K3	BP 470 - 490	510	LP 515	11513829	11513809	FITC
L5	BP 480/40	505	BP 527/30	11513849	11513840	FITC (Selective)
M2	BP 546/14	580	LP 590	11513831	11513811	TRITC, XRITC
N2.1	BP 515 - 560	580	LP 590	11513832	11513812	TRITC, XRITC, Propidium (PI)
N3	BP 546/12	565	BP 600/40	11513850	11513841	TRITC, XRITC
G/R	BP 490/20	505	BP 525/20	-	-	FITC / TX or PI
	BP 575/30	600	BP 635/40	11513834	11513803	
TX2	BP 560/40	595	BP 645/75	11513851	11513843	Texas Red (TX)
B/G/R	BP 420/30	415	BP 465/20	-	-	DAPI / FITC / TX or PI
	BP 495/15	510	BP 530/30			
	BP 570/20	590	BP 640/40	11513838	11513836	
Y3	BP 535/50	565	BP 610/75	11513855	11513837	CY3
Y5	BP 620/60	680	BP 700/75	11513856	11513844	CY5
Y7	BP 710/75	750	BP 810/90	11513857	11513845	CY7
FITC	BP 485/15	500	520/25	-	-	FITC (MFISH only)

Fig. 14.2c. Caratteristiche delle combinazioni di filtri e principali fluorocromi impiegati in citogenetica

14.3 La microfotografia

In citogenetica l'impiego della microfotografia è ancora apprezzato per la qualità dell'immagine e l'elevata risoluzione anche se i sistemi per l'analisi ed elaborazione digitale delle immagini stanno ormai diventando gli strumenti più comuni per la loro semplicità d'uso e la velocità di documentazione.

A parte le macchine fotografiche Reflex, connesse mediante adattatori al microscopio, sono disponibili sistemi fotografici progettati appositamente per la microscopia e fotomicroscopi, microscopi di caratteristiche elevate che integrano sistemi microfotografici a doppia uscita, con sistemi DATA BACK, zoom motorizzati, ecc.

Nel caso che per la ripresa dell'immagine venga utilizzata una telecamera collegata ad un sistema di elaborazione digitale delle immagini è addirittura preferibile utilizzare una lampada HBO a 50W, in grado di preservare maggiormente i preparati da un intenso (e superfluo) irraggiamento causando il fastidioso effetto di fading.

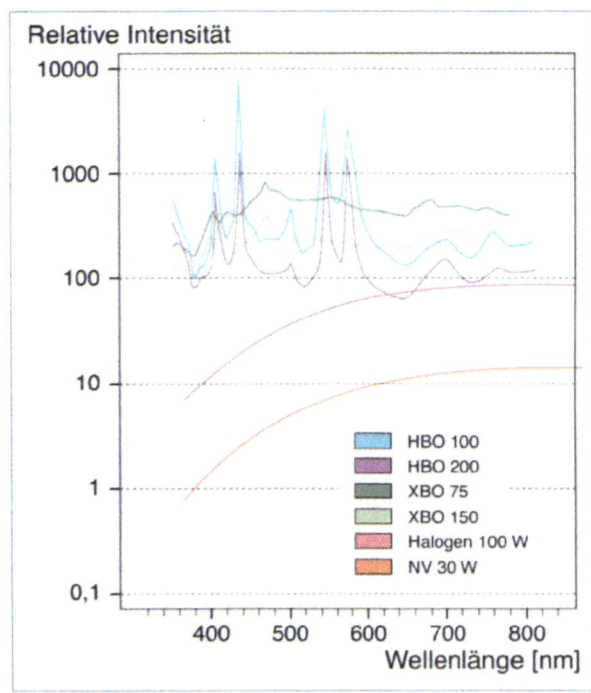

Fig. 14.2d. Risposta spettrale delle sorgenti di illuminazione per microscopia

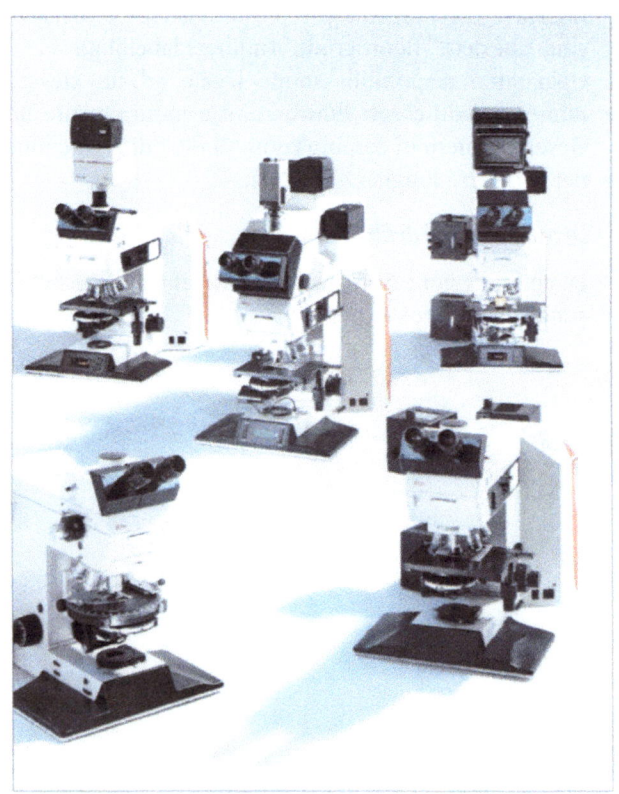

Fig. 14.3a. Differenti sistemi fotografici e telecamere possono essere collegati alle apposite uscite fotografiche

I sistemi fotografici totalmente automatici sono gestiti da microprocessori che rilevano i tempi d'esposizione utilizzando fotodiodi o fotomoltiplicatori – più precisi e lineari dei precedenti.

Caratteristiche delle pellicole

Oggi in commercio si trovano innumerevoli tipi di pellicole, ciascuna delle quali si presta ad un preciso tipo di ripresa
I criteri di classificazione delle pellicole sono quattro:
1. Struttura: rotoli, filmpack, pellicola piana, lastre.
2. Sensibilità cromatica: pellicola orthocromatica sensibile al blu (non vede il rosso), pancromatica (sensibile a tutti i colori), sensibile alle variazioni infrarosse.
3. Sensibilità luminosa: bassa, media, alta, altissima.
4. Grana: fine, media, grossa.

La pellicola perfetta non esiste. L'adattabilità, il dettaglio di percezione e la sensibilità del nostro sistema visivo (occhio) fa apparire qualsiasi mezzo per la registrazione dell'immagine limitato al confronto. La scelta della pellicola è pertanto di fondamentale importanza per la metodica in uso.

Bisogna sempre tenere presente che pellicole ad elevata sensibilità permettono di ridurre i tempi d'esposizione, ma presentano una grana più grossolana e hanno una capacità di contrasto inferiore rispetto alle pellicole a bassa sensibilità.

Microfotografia in campo chiaro

Se l'importanza della ripresa e basata sulla gradazione di grigio offerta dal bandeggio dei cromosomi, bisogna combinare la pellicola, lo sviluppo, e il filtro al fine di standardizzare il tipo di ripresa. Le pellicole utilizzate, monocromatiche, devono essere ad alto contrasto, quindi a bassissima sensibilità. Generalmente le pellicole impiegate hanno una sensibilità compresa tra 25/50 ASA le quali hanno una grana molto fine, ideale per ottenere ingrandimenti d'ottima qualità. Con la colorazione Giemsa l'impiego di un filtro verde interferenziale a stretta banda passante (546 nm) o di un VG9 permette di eliminare eventuali sfuocature dovute ad aberrazioni cromatiche e di aumentare drasticamente il contrasto delle bande.

Microfotografia in fluorescenza

Per ottenere buoni risultati nel campo della microfotografia in fluorescenza a luce incidente (epifluorescenza) occorre:

Preparare con accuratezza il microscopio controllando che la lampada sia adatta al tipo di fluorescenza utilizzato, che sia perfettamente centrata con il percorso ottico e fornisca un'illuminazione omogenea in modo da sfruttare al massimo il suo potere energetico
Usare obiettivi ad alta apertura numerica possibilmente ad immersione in olio.
Scegliere filtri di eccitazione e sbarramento specifici per il fluorocromo utilizzato.
Passare dall'osservazione alla microfotografia rapidamente per evitare il decadimento della fluorescenza.
Per la microfotografia di preparati in bandeggio Q, se la fluorescenza è abbastanza stabile (20 sec.) si può utilizzare una pellicola monocromatica con sensibilità compresa tra 100 e 400 ASA, trattata con il rilevatore consigliato.
Per la citogenetica molecolare (FISH), usare una pellicola a colori per luce diurna ad elevata sensibilità da 200 a 800 ASA. La scelta definitiva deve essere fatta sperimentalmente poiché sono molti i fattori che intervengono:
La lampada utilizzata
La luminosità delle ottiche del microscopio
L'efficienza dei fluorocromi impiegati
La velocità di fading degli stessi

14.4 Analisi di immagini

L'impiego dei sistemi per l'analisi ed elaborazione digitale delle immagini nella citogenetica ha subito negli ultimi anni una larghissima diffusione grazie anche ai

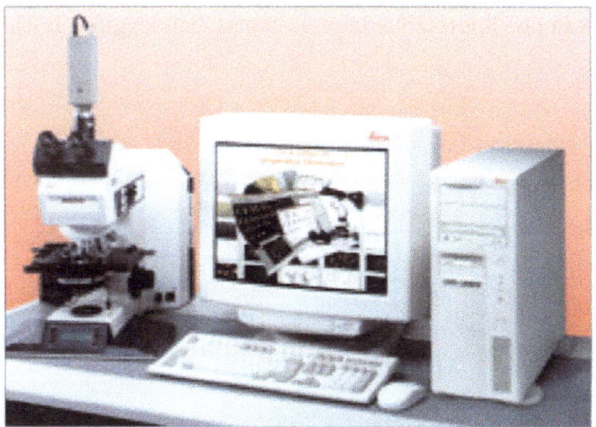

Fig. 14.4a. Il sistema per citogenetica Leica Q550 CW

progressi della tecnologia dei semiconduttori ed alla riduzione dei costi conseguente allo sviluppo del mercato di massa delle tecnologie digitali.

I vantaggi nell'impiego di un sistema sono molteplici e ben noti agli utilizzatori e responsabili dei laboratori:
- eliminazione del processo fotografico con conseguente riduzione dei costi e dei tempi di risposta
- possibilità di elaborazione dei contrasti
- rapidità nell'analisi
- archiviazione digitale e gestione elettronica dell'archivio pazienti
- controllo qualità e didattica
- analisi quantitativa (CGH)
- visualizzazione simultanea e documentazione di marcature multiple (M-FISH)

La telecamera

Un analizzatore di immagini per citogenetica è collegato al microscopio per mezzo di una telecamera B/N o fotocamera digitale e di un raccordo ottico. Come per la microfotografia, la scelta di una telecamera dipende dall'applicazione tenendo presente le seguenti caratteristiche principali:
- numero di pixel;
- tipo di CCD: interline transfer, scientific grade; raffreddato o no;
- tipo di collegamento al sistema di analisi: analogico o digitale.

In generale una buona telecamera analogica con CCD a trasferimento di interlinea (di derivazione televisiva) è sufficiente per applicazioni di cariotipizzazione e FISH. Telecamere come la Sony XC 77 o la COHU 4910 hanno un'eccellente risposta nella gamma UV-Visibile, un basso rumore di fondo e una risoluzione adatta.

La prima può essere impiegata esclusivamente in campo chiaro (colorazione Giemsa, bandeggio G o R), mentre la COHU è molto più versatile poiché permette di controllare il tempo di integrazione (equivalente all'esposizione in microfotografia) e di registrare segnali fluorescenti anche molto deboli mantenendo un basso livello di rumore anche a 6-8 secondi di integrazione. Tali valori la rendono idonea anche per analisi CGH se impiegate con un buon microscopio da ricerca.

Le telecamere Photometrics (oggi Roper Scientific), considerate per anni il "Golden Standard" nelle applicazioni di citogenetica molecolare, impiegano un sensore della Kodak (KAF400 o KAF 1400) di tipo scientific grade. L'alto costo, l'elevata sensibilità, la relativa lentezza di trasferimento dell'immagine all'elaboratore e la presenza di un otturatore meccanico sconsigliano l'impiego di queste telecamere in campo chiaro. La presenza di un elemento raffreddante sul sensore, l'ampiezza della gamma spettrale, il bassissimo livello di rumore e l'ampia gamma dinamica sono invece caratteristiche indispensabili per l'M-FISH.

Conseguenza del boom digitale, nell'ultimo anno sono cominciate ad apparire delle fotocamere digitali di nuova concezione, come la Leica DC 250, le quali impiegano un CCD con tecnologia a scansione progressiva. L'elevata risoluzione e la possibilità di lavorare con tempi di esposizione dai 25 ms ai 20 s le rendono ideali per tutte le applicazioni in citogenetica. Seppur ancora poco diffuse tali telecamere promettono di diventare lo standard industriale grazie alla loro enorme versatilità ed alla eccellente qualità di immagine.

Il sistema di elaborazione

La telecamera è collegata ad un sistema di elaborazione mediante una scheda digitalizzatrice o di un interfaccia digitale. In passato, visti gli alti costi delle tecnologie informatiche e la relativa lentezza dei processori il sistema di elaborazione era considerato un componente fondamentale nella scelta di un sistema. Oggi un qualsiasi PC con una discreta scheda grafica può essere tranquillamente usato per la cariotipizzazione. Nelle applicazioni di citogenetica molecolare, poiché è necessario effettuare elaborazioni di immagini a colori è consigliato richiedere al fornitore un PC con una sufficiente quantità di RAM (64-128 MByte con Windows 98), una buona scheda grafica ed un monitor di almeno 17 pollici. Anche la tecnologia dei sistemi di stampa si è evoluta moltissimo, al punto che è possibile ottenere eccellenti stampe a colori utilizzando una stampante a getto d'inchiostro con kit fotografico, il

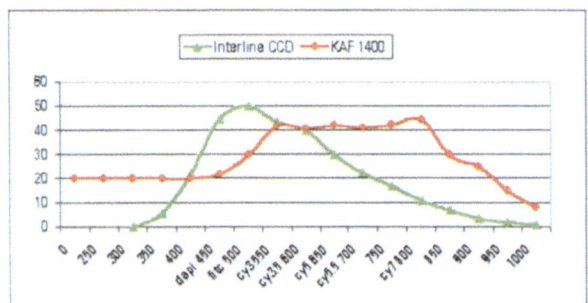

Fig.14.4b. Risposta spettrale. Il chip KAF 1400 (Photometrics) è caratterizzato da una risposta molto lineare nell'infrarosso

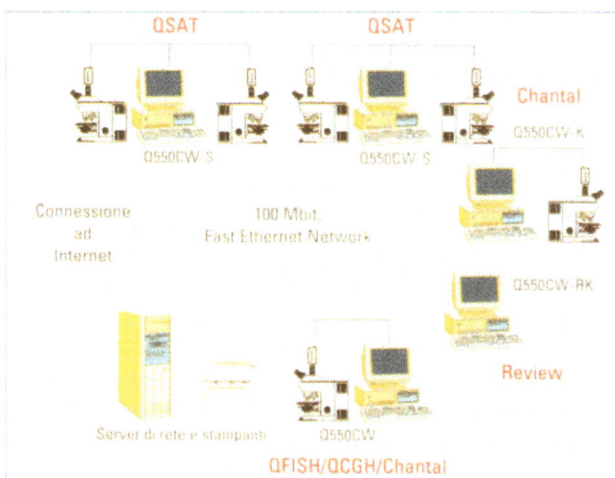

Fig.14.4c. In una architettura di rete possono essere collegate workstation dedicate a diverse applicazioni che condividono le stesse periferiche di stampa e di archiviazione (nastri, dischi ottici, masterizzatori)

cui costo è 20-25 volte più basso di quello delle stampanti a sublimazione di colore impiegate fino a qualche anno fa. Per le stampe bianco e nero, per ragioni di economia, sono consigliabili le stampanti laser dell'ultima generazione aventi una risoluzione di 1200 dpi (punti per pollice).

Molto spesso in un laboratorio vi sono più sistemi collegati in rete tra loro. In questo caso è consigliabile:
Utilizzare una rete ad alta velocità (100 Mbit) con un hub o uno switch adeguato.
Installare software applicativi della stessa versione.
Avere un server di rete dedicato al quale collegare i dischi rimovibili (JAZ, masterizzatore) e le stampanti e sul quale deve essere installato il database, copie di backup dei software delle stazioni collegate e l'eventuale modem per l'assistenza remota.
Avere un gruppo di continuità in grado di alimentare tutti gli elaboratori in caso di assenza di corrente per il tempo necessario a effettuare i salvataggi dei dati.

Il software applicativo

Il software è il componente che fa la differenza. I produttori di sistemi hanno sviluppato programmi applicativi molto evoluti, dedicati ad applicazione specifiche. A seconda dell'applicazione, oltre ad effettuare analisi ed elaborazione di immagini, gestiscono le funzioni del microscopio in quelle applicazioni dove è richiesta l'automazione di una sequenza di operazioni. Di seguito sono illustrate le applicazioni principali ed alcune caratteristiche dei software disponibili in commercio cercando di identificare soprattutto quegli aspetti che possono essere considerati innovativi rispetto ai prodotti di generazione precedente.

Ricerca delle metafasi

I primi sistemi per la ricerca delle metafasi risalgono a 15-20 fa, molto prima dell'avvento dell'imagine digitale (Leitz TAS+). Effettivamente, non entrando in gioco alcuna elaborazione di immagine, le capacità di calcolo richieste sono relativamente modeste. Oggi questo tipo di sistemi integrano anche il software per la cariotipizzazione, ma non sono molto popolari a causa dei notevoli errori commessi nelle operazioni di ricerca. La criticità di questi programmi si manifesta soprattutto in quelle analisi (midollo, villi) dove l'esigenza della ricerca automatica è maggiore, ma la qualità delle immagini non ottimale. Infatti, gli algoritmi di classificazione delle metafasi, cui è richiesto di escludere eventuali artefatti, tendono, in preparati ematologici, ad evidenziare le piastre normali, non assolvendo alla funzione per cui sono stati progettati.
Se la qualità di preparazione è molto standardizzata, il funzionamento è ottimale con sangue periferico o liquido amniotico, ma il costo non è giustificato vista la ricchezza di metafasi presenti sui vetrini

Cariotipizzazione

È sicuramente il sistema di analisi più diffuso nella citogenetica. I vantaggi sono notevoli rispetto al modo di lavoro tradizionale:
Foto immediata, nessun processo fotografico.
Riduzione dei tempi globali di consegna del referto.
Abbattimento dei costi di sviluppo e stampa.
Intensificazione dei contrasti e dei dettagli.
Conteggio a video.
Separazione automatica dei cromosomi a contatto e sovrapposti senza dover sviluppare due foto.
Pulizia del fondo e equalizzazione dei toni di grigio tra il centro e la periferia dell'immagine.
Classificazione assistita automaticamente.
Stampa del referto e delle immagini in formati definibili liberamente.
Visualizzazione degli ideogrammi (per didattica e per documentazione).
Gestione integrata di tutte le immagini riferite ad un del caso clinico.
Archiviazione digitale, controllo qualità.
La qualità di immagine è garantita da avanzate funzioni di elaborazione per la riduzione del fondo e il miglioramento del bandeggio, mentre i recenti pro-

gressi compiuti nello sviluppo delle funzioni per la separazione di cromosomi e per la classificazione automatica rendono il software applicativo molto semplice all'uso.

Il miglioramento del bandeggio può essere ottenuto con metodi tradizionali (aumento del contrasto, aumento del dettaglio) o con funzioni selettive, come l'"Unsharp Mask", in grado di identificare e contrastare solo i toni di grigio delle bande. Oltre a prevedere la separazione automatica di cromosomi a contatto per accelerare il lavoro di preparazione, esistono sofisticate funzioni che permettono di eliminare sovrapposizioni con un semplice click del mouse. Per la classificazione automatica il metodo attualmente più avanzato è quello della rete neurale, un sofisticato programma di intelligenza artificiale. Al contrario dei metodi tradizionali che effettuano un confronto con valori statistici di parametri morfologici e densitometrici dei cromosomi, la rete neurale basa la propria capacità decisionale sull'esperienza. È infatti sufficiente mostrare al programma delle immagini di mitosi e dei relativi cariotipi per migliorare le prestazioni del classificatore. Più le differenze tra le immagini sono accentuate e più raffinati saranno i criteri di similitudine che il software sarà in grado di identificare. L'accuratezza di classificazione migliora rapidamente con l'uso, adattandosi in pochi giorni agli standard qualitativi del laboratorio.

Al software di cariotipizzazione sono normalmente associati altri componenti per la gestione, l'archiviazione, la formattazione e la stampa dei referti che possono essere condivisi anche in una rete di sistemi.

FISH imaging

la tecnica FISH permette la visualizzazione e la localizzazione di sequenze target di DNA a livello di cromosoma o nucleo. La visualizzazione avviene in fluorescenza rappresentando i segnali rispetto alla controcolorazione (DAPI o PI).

L'osservazione avviene pertanto con un minimo di due colori. Controllando la motorizzazione del sistema di filtri in un microscopio robotizzato ed il tempo di integrazione della telecamera, è possibile realizzare in pochi secondi una documentazione digitale dell'immagine. Con la microfotografia si utilizza normalmente un fil-

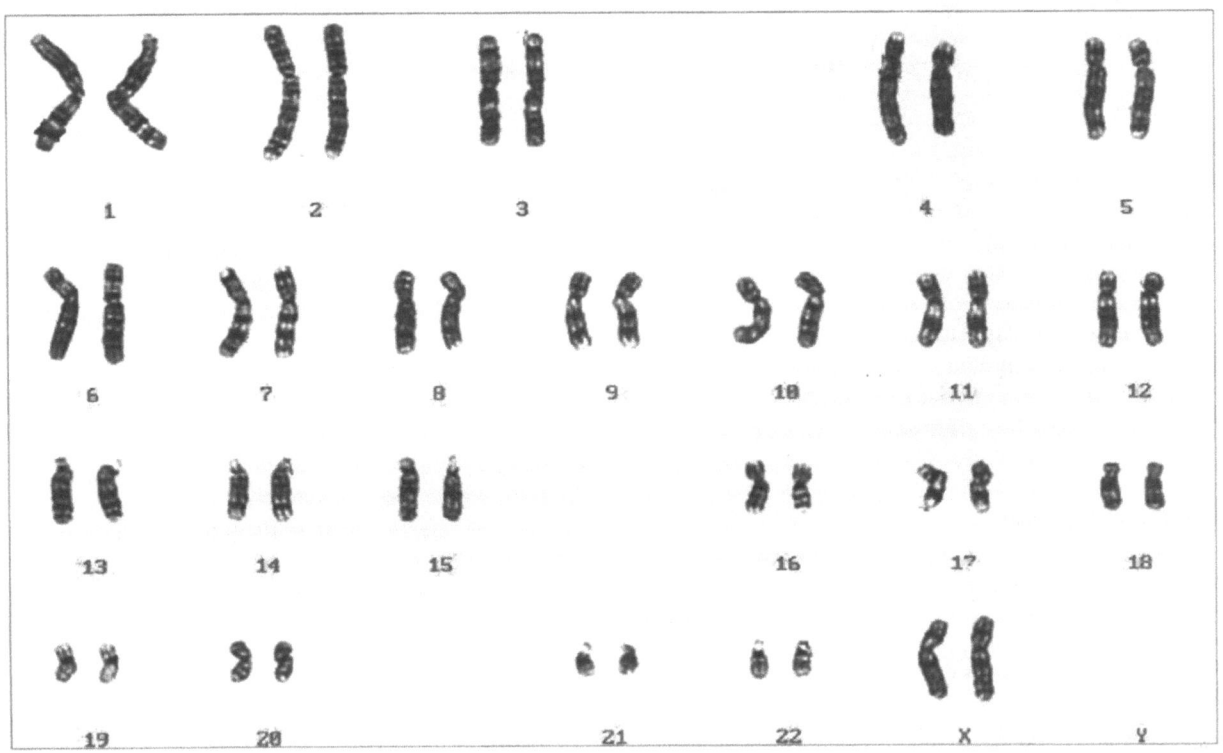

Fig.14.4d. Leica Chantal – Software per la cariotipizzazione automatica in bandeggio G,Q,R

tro a doppia o tripla banda ed una pellicola a colori. Con un sistema di analisi si preferisce lavorare con filtri a singola banda ed acquisire le immagini (segnali e controcolorazione) ad una ad una utilizzando una telecamera monocromatica; questo presenta innumerevoli vantaggi:

- è possibile selezionare il filtro più adatto per ogni singolo fluorocromo
- i filtri singoli sono molto più luminosi dei filtri a doppia o tripla banda
- è possibile adattare l'esposizione ad ogni singolo fluorocromo, migliorando la qualità di immagine dei segnali deboli e preservando il campione dal fastidioso effetto fading
- le singole immagine possono essere contrastate elettronicamente ed indipendentemente

CGH

A differenza delle precedenti applicazioni, che si occupano prevalentemente di elaborazione di immagine, nascondendo all'utente i complessi calcoli effettuati, ad esempio, per la classificazione automatica, la scopo della Comparative Genomic Hybridization (CGH) è quello di effettuare un'analisi quantitativa differenziale di DNA normale e DNA target. I due DNA sono co-ibridizzati simultaneamente su piastre normali e colorati rispettivamente in rosso e verde. La CGH permette di identificare velocemente variazioni del contenuto di DNA (amplificazioni, delezioni), "mappando" il risultato su un immagine di metafase (colorata in DAPI).

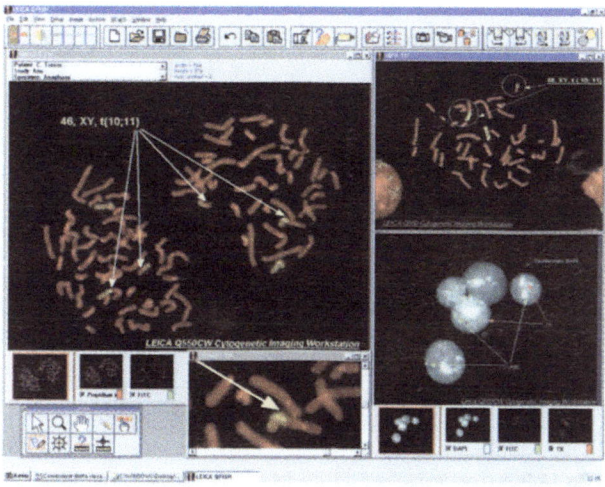

Fig. 14.4e. Visualizzazione dei singoli probe e loro sovrapposizione nell'immagine d'insieme con annotazioni di tipo testuale e grafico. La sequenza di elaborazione controlla l'esposizione della telecamera e le funzioni motorizzate del microscopio

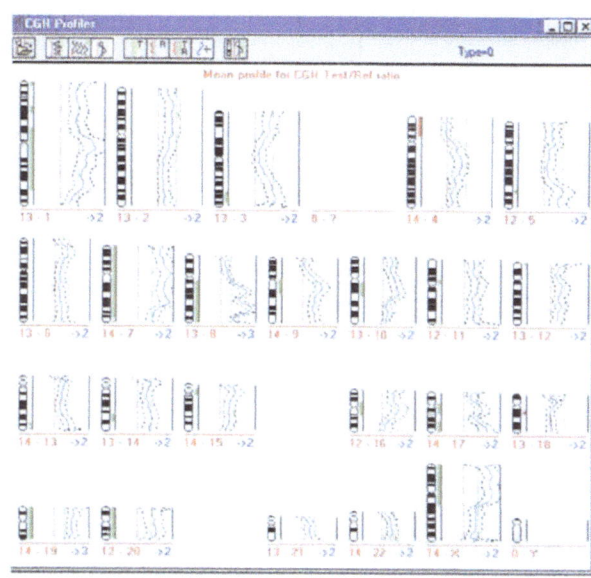

Fig. 14.4f. Leica QCGH.I profili del rapporto tra DNA normale e target vengono comparati. È possibile studiare più casi a confronto

I software disponibili permettono di automatizzare completamente tutta la sequenza di acquisizione (AcapS-Automated Capturing Sequence), di elaborazione dell'immagine, di archiviazione e di stampa. Grazie all'impiego di innovativi algoritmi di deconvoluzione la visualizzazione delle più piccole sonde cosmidiche è nitida ed il potere risolutivo del microscopio è spinto al limite teorico dell'ottica convenzionale. I più aggiornati includono anche funzioni specifiche per il "combinatorial labelling" che permette l'analisi automatica di immagini prodotte con i kit a test multipli.

L'ottimizzazione di un analisi CGH comincia sin dall'acquisizione. Il software permette di analizzare l'omogeneità di illuminazione per una perfetta centratura della lampada ed ottenere misure densitometriche attendibili e ripetibili. Viene analizzato il rapporto del profilo densitometrico del DNA target rispetto il normale per un certo numero di metefasi ed i risultati sono plottati su grafici posti a fianco di ideogrammi. L'analisi comparata permette di identificare le posizioni e l'ampiezza delle regioni e di conoscere il valore di variazione.

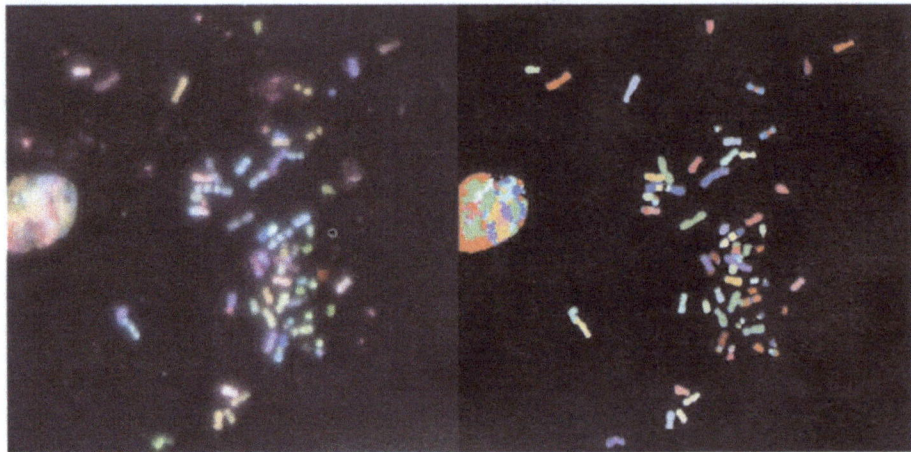

Fig. 14.4g. MFISH: Assegnando un colore diverso a tutti i cromosomi, nella citogenetica dei tumori, si visualizano con maggiore semplicità riarrangiamenti complessi e poliploidie. Adeno-carcinoma del polmone. Immagine per gentile concessione del Dr. Michael Speicher, Istituto di Antropologia, Università di Monaco

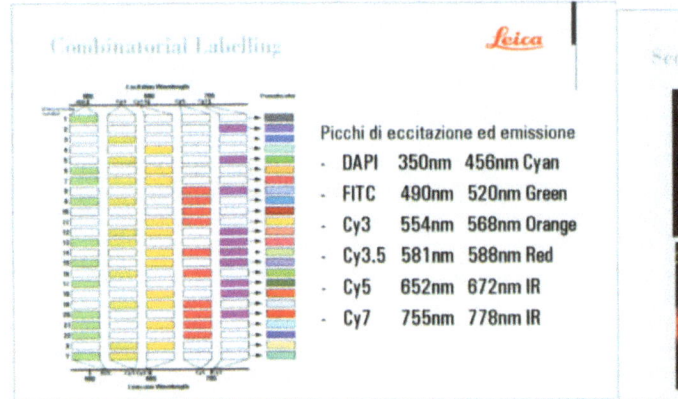

Fig. 14.4h. Combinatorial labelling - 5 fluorocromi consentono di avere fino a 32 diversi colori

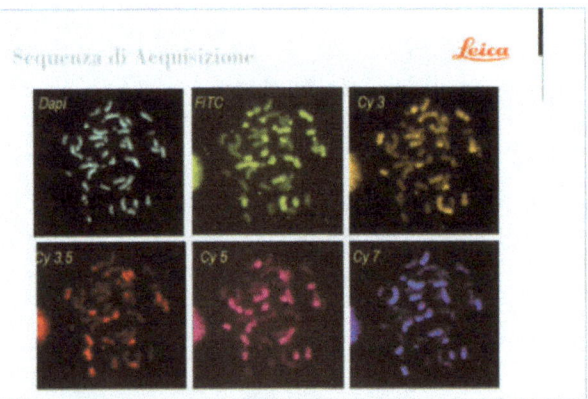

Fig. 14.4i. Per ogni immagine il sistema determina il migliore tempo di integrazione ed il contrasto

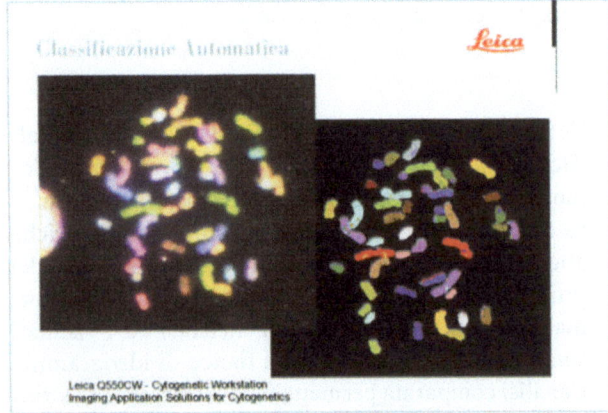

Fig. 14.4l. Le 6 immagini vengono miscelate ed i cromosomi sono classificati automaticamente in base alle regole combinatorie impostate

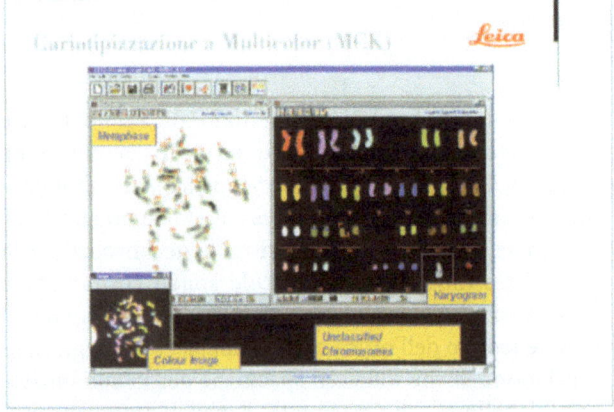

Fig. 14.4m. Il software permette la cariotipizzazione e la identificazione automatica di traslocazioni e poliploidie

M-FISH

L'analisi di immagini M-FISH è dopo la CGH la più sofisticata applicazione realizzata per un sistema di analisi automatica.

Questa tecnica, nata con lo scopo di assegnare un colore diverso a tutti i cromosomi per facilitare la classificazione automatica, ha ben presto dimostrato la sua validità nella citogenetica dei tumori perché permette di identificare con grande facilità riarrangiamenti complessi e poliploidie.

In questo caso per ottenere un buon risultato il sistema deve avere il completo controllo delle funzioni del microscopio e della telecamera. Alto punto importante è quello di utilizzare un microscopio con percorso ottico apocromatico al fine di evitare aberrazioni cromatiche. Infatti per ottenere 24 colori simultaneamente (multicolor fluorescent in situ hybridisation) è necessario utilizzare un cocktail di fluorocromi che vanno dal DAPI (UV) al Cy5.5 o Cy7 (IR). Il sistema di filtri deve essere motorizzato ed integrato nello stativo così come la messa a fuoco.

La sequenza completa di acquisizione (6-7 immagini) dura circa 20 secondi e l'elaborazione per la classificazione automatica, a seconda dell'accuratezza dell'algoritmo prescelto, può durare da pochi secondi ad un minuto.

14.5 Bibliografia

Determan H, Lepusch F (1983) Il microscopio e le sue applicazioni. Leitz GMBH, Wetzlar

DuManoir et al (1993) Detection of complete and partial chromosome gains and losses by comparative genomic in situ hybridization. Human Genet 90:590

Errington P, Graham J (1993) Application of Artificial Neural Networks to Chromosome Classification. Cytometry 14:627

Kallioniemi et al (1992) Optimizing Comparative Genomic Hybridization for Molecular Cytogenetic Analysis of Solid Tumors. Science

Monk AJ (1992) Microscopy, Photography, and Computerized Image Analysis. In: Rooney DE, Czepulkoswski BH (eds) Human Cytogenetics: A Practical Approach. IRL Press Oxford University Press Oxford New York Tokyo

Muttoni C (1997) Il Microscopio: la microfotografia. Manuale di Tecnica Cito-Istologica. Denominazione Scientifica Editrice, Bologna, pp. 75-113

Ried T et al (1997) Tumor cytogenetics revisited comparative genomic hybridization and spectral karyotyping. J Mol Med 75:801

Speicher MR et al (1996) Karyotyping human chromosomes by combinatorial multi-fluor FISH. Nat Genet 12:368

Speicher MR et al (1996) The coloring of cytogenetics. Nature Medicine 2(9):1046

The Element of Optics (1999) Leica Microystems Inc, Buffalo NY USA

The Theory of the Microscope (1999) Leica Microsystems Inc, Buffalo NY USA

Glossario

A:
cromosomi delle coppie 1,2 e 3 secondo la classificazione di Denver.
ABERRAZIONE CROMOSOMICA (chromosomal aberration):
anomalia dei cromosomi. Le aberrazioni possono riguardare il numero (aberrazioni numeriche: mosaicismo, trisomie, monosomie, poliploidie, ecc.) o la struttura (aberrazioni strutturali: delezioni, duplicazioni, traslocazioni, ecc.).
Le aberrazioni cromosomiche sono dette costituzionali se presenti già nell'embrione, oppure acquisite, come ad esempio quelle delle cellule tumorali.
ACENTRICO, FRAMMENTO ACENTRICO (acentric fragment):
frammento di cromosoma privo di centromero e destinato pertanto ad essere perduto, non potendosi replicare.
ACROCENTRICO (acrocentric):
cromosoma con centromero in posizione subterminale. Nell'uomo sono acrocentrici 11 cromosomi: i 6 del gruppo D, i 4 del gruppo G, e il cromosoma Y.
ADIACENTE 1, ADIACENTE 2 (adjacent 1, adjacent 2): v. segregazione.
ANAFASE (anaphase):
stadio nella divisione cellulare in cui i cromosomi, separati nei due omologhi (prima divisione meiotica) o nei due cromatidi fratelli (seconda divisione meiotica e divisione mitotica), migrano verso i poli della cellula.
ANAFASE RITARDATA (anaphase lagging):
condizione in cui, per il ritardato movimento dall'equatore ai poli, un cromosoma si trova escluso da entrambi i nuclei figli. Può accadere in meiosi (seconda divisione) o in mitosi, e può essere responsabile di mosaicismo (al tempo stesso cellule normali euploidi e cellule monosomiche).
ANDROGENESI (andrognesis):
concepimento che avviene solo con i cromosomi paterni (a differenza di quanto avviene nella partenogenesi).
Nel 90% dei casi il cariotipo è 46,XX (per duplice assetto aploide paterno X) e solo nel 10% delle volte è 46,XY (per fecondazione da parte di due spermatozoi, 23,X̄ e 23,Y di una cellula uovo il cui nucleo va incontro a degenerazione).
Questi concepimenti possono indurre nel I trimestre della gravidanza una mola vescicolare (che evolve nel 10% dei casi in tumore maligno).
ANELLO (ring):
riarrangiamento strutturale che fa seguito a rottura di entrambe le estremità di un cromosoma, con successiva ricongiunzione dei tratti terminali e perdita dei frammenti acentrici. Alla replicazione, a seconda o meno di crossing-over intracromatidici, la grandezza e la forma dell'anello possono variare. Cromosomi ad anello sono stati riscontrati sia negli autosomi sia nei cromosomi del sesso. Nella formulazione del cariotipo l'anello viene indicato con l'abbreviazione r.
ANEUPLOIDIA (aneuploidy), **ETEROPLOIDIA** (heteroploidy):
termine che indica un numero di cromosomi che non è l'esatto multiplo del numero aploide (=23). Cellule con 45 o meno oppure con 47 o più cromosomi sono definite aneuploidi: ipodiploide è una cellula con 45 cromosomi e iperdiploide una con 47.
I termini triploidia e tetraploidia indicano rispettivamente cellule con numero di cromosomi tre volte (=69) e quattro volte (=92) quello aploide.
Monosomia indica cellule con un cromosoma mancante. I termini trisomia, tetrasomia, pentasomia, si usano per indicare invece la condizione di cellule rispettivamente con uno, due, tre cromosomi extranumerari. Una cellula con un numero eccedente di omologhi si definisce polisomica. La condizione 47,+21 è una trisomia; 48,XXXX è una tetrasomia; 49,XXXXX è una pentasomia.
APLOIDE, APLOIDIA (aploidy):
numero di cromosomi contenuto in un gamete in copia singola, dopo riduzione meiotica (22+X o 22+Y).
ASINAPSI (asynapsis): v. sinapsi.
ASSOCIAZIONE (association): v. linkage.
ASSORTIMENTO (assortment):
indica nei gameti la distribuzione indipendente dei componenti di ciascuna coppia di cromosomi (uno di origine paterna, l'altro materna). Questo evento si verifica nella anafase della prima divisione meiotica. Una segregazione di omologhi diversa da quella attesa (1:1) è nota come drive meiotico (v. questo). Nell'uomo, che ha 23 paia di cromosomi, sono possibili più di otto milioni di differenti combinazioni 2^{23}, e ciò senza tenere conto delle ulteriori variazioni nel genoma prodotte dai numerosi crossing-over. Si comprende come sia in pratica impossibile, per due fratelli non monozigoti, possedere un identico genoma, pur provenendo essi dalla stessa coppia di genitori.
AUTORADIOGRAFIA (autoradiography):
metodo di identificazione del cromosoma X inattivo e di alcuni autosomi, mediante l'impiego di timidina marcata con tritio (3H).
AUTOSOMA (autosome):
cromosoma che appartiene ad una delle 22 coppie di cromosomi non sessuali.

B:
cromosomi delle coppie 4 e 5 secondo la classificazione di Denver.
BANDA (band): v. bandeggio.
BANDEGGIO (banding):
tecnica per evidenziare lungo il cromosoma una serie continua di caratteristiche aree (bande), il cui numero e la cui estensione, tipiche per ciascun cromosoma, costituiscono proprietà fisse e specifiche di essi. Il centromero e i telomeri non rappresentano né fanno parte di bande di un cromosoma e pertanto normalmente non figurano nella numerazione di esse. Il numero complessivo di bande in un modello aploide è di circa 300, se la cellula è arrestata in mesometafase. Un numero più elevato di sottobande (oltre 800) può essere realizzato in cellule arrestate in profase o premetafase, quando cioè il cromosoma è maggiormente despiralizzato.
I cromosomi non bandeggiati assumono una colorazione uniforme (block-stained, v.).

BARR BODY: v. cromatina sessuale.

BILANCIATO (balanced):
stato che viene a stabilirsi in caso di traslocazione reciproca (v. questa), tra cromosomi di una stessa coppia o di coppie diverse, senza apparente perdita di materiale genico. Per questo motivo i portatori di traslocazioni bilanciate appaiono fenotipicamente normali. Alla meiosi possono però verificarsi tipi svantaggiosi di segregazione, con sbilanciamento (monosomie e trisomie parziali).

BIVALENTE (bivalent):
figura che si determina normalmente per l'appaiamento longitudinale di cromosomi omologhi nella profase della prima divisione meiotica (stadio di zigotene); la perfetta adiacenza consente gli scambi cromatidici tra i due omologhi (crossing-over) prima della loro separazione. Nei soggetti con riarrangiamento cromosomico (ad es. traslocazioni bilanciate), l'appaiamento porta a figure più complesse (trivalente, tetravalente, ecc.)(v. queste).

BLOCK-STAINED O SOLID-STAINED:
indica la colorazione di uniforme intensità che presentano i cromosomi non sottoposti al bandeggio.

BRACCI (arms):
indicano i tratti di cromosoma compresi tra l'estremità terminale ed il centromero. Il tratto al di sopra del centromero è detto braccio corto ed è indicato con la lettera p; quello al di sotto del centromero è detto braccio lungo ed è indicato con la lettera q. Ciascun braccio è diviso in più regioni. Nei cromosomi metacentrici e negli isocromosomi, i bracci p hanno la stessa lunghezza dei bracci q. In tutti gli altri casi, i primi sono più corti dei secondi.

BREAK:
rottura trasversale di un punto del cromosoma, con spostamento del frammento dall'asse del cromatidio. Può coinvolgere un solo cromatidio (break cromatidico) o entrambi (break isocromatidico). Vanno distinti dai gaps (v. questi).

C:
cromosomi delle coppie 6-12 secondo la classificazione di Denver.

CARIOGRAMMA (karyogram): v. idiogramma.

CARIOTIPO (karyotype):
assetto cromosomico di un individuo o di una cellula. Viene analizzato secondo criteri che tengono conto della sequenza di bande, caratteristiche di ciascun cromosoma. Per il suo studio vengono utilizzate le mitosi in metafase.

CENTIMORGAN (cM): v. unità di ricombinazione e linkage.

CENTRIOLO (centriole):
formazioni che consentono la separazione dei cromosomi replicati, con una ripartizione eguale tra le due cellule figlie. Costituiscono una parte determinante del fuso. Dall'esterno della membrana cellulare, dove in profase si trovano, questi organelli si allontanano successivamente tra loro, migrando ai poli opposti della cellula durante la divisione della stessa. Sono contenuti in una zona di condensazione detta centrosoma. Ogni cellula contiene nel centrosoma due centrioli, circondati da una matrice pericentriolare. Componenti della materia pericentriolare sono la centrina e la pericentrina, proteine coinvolte nella organizzazione del centrosoma. Nelle cellule tumorali si è osservato aumento nel numero dei centrioli e alterazioni strutturali dei centromeri.

CENTROMERO (centromere):
tratto del cromosoma che in metafase si presenta come un'area non divisa, che trattiene ancora uniti i due cromatidi fratelli. Il simbolo che lo indica è cen. L'area che occupa sul braccio corto è designata p10, e quella sul braccio lungo q10. Le regioni immediatamente adiacenti sono indicate con il numero 1, sui bracci corti e su quelli lunghi. Nella nomenclatura passata veniva indicato cinetcome ocore o costrizione primaria. Secondo altre definizioni, la costrizione primaria definisce il tratto in cui i due cromatidi fratelli sono tenuti insieme ed è sede del centromero, mentre il cinetocore definirebbe il preciso punto di attacco del cromosoma al fuso mitotico.
In base alla posizione del centromero i cromosomi vengono classificati in: metacentrici o mediani, submetacentrici o submediani, acrocentrici.

CHIASMA (chiasma):
punti in cui cromatidi non fratelli di cromosomi omologhi (uno di origine paterna, l'altro materna) sono saldati per scambiarsi materiale genetico (v. crossing-over). Il numero complessivo di chiasmi in un nucleo, visibili nelle tetradi allo stadio di diplotene, varia da meno di 40 a più di 60. In due terzi delle tetradi si osservano due o tre chiasmi; in un sesto è presente un solo chiasma; nelle rimanenti coppie bivalenti (circa 10%) si possono notare quattro, cinque ed eccezionalmente anche sei chiasmi. Il numero è tanto più elevato quanto maggiore è la lunghezza del cromosoma.

CHIASMA INTERFERENCE: v. crossing-over.

CENTRINA (centrin): v. centriolo.

CENTROSOMA (centrosome) : v. centriolo.

CHIMERA, CHIMERISMO (chimaera, chimaerism):
individuo con due diversi genotipi. Di solito deriva dalla fusione di due zigoti o di due embrioni (gemelli dizigoti) in fase però precocissima dello sviluppo. L'ermafroditismo vero con cariotipo 46,XX/46,XY costituisce un modello di chimerismo per anomala fertilizzazione. Talvolta il chimerismo non interessa tutte le cellule dell'organismo, ma si limita ad un solo tessuto (per es. gruppi sanguigni), per mutuo scambio di cellule staminali emopoietiche circolanti tra gemelli dizigoti, attraverso anastomosi placentari; viene indicato come chimerismo post-zigotico, per differenziarlo da quello zigotico o dispermico (v. dispermia).

CITOCHINESI (cytokinesis): v. telofase.

CINETOCORE (kinetochore): v. centromero.

CITOGENETICA (cytogenetics):
campo di studio della genetica volto a stabilire le correlazioni tra il cariotipo di un individuo ed il suo fenotipo e genotipo. Questi rapporti sono studiati sia in condizioni di normalità sia nei casi di aberrazioni, numeriche o strutturali, dei cromosomi. Con l'applicazione nella citogenetica delle analisi molecolari, sono nate la immuno-citogenetica e la citogenetica molecolare.

CLONE (clone):
linea cellulare geneticamente identica, che deriva da una singola cellula primordiale per successive divisioni mitotiche.

COILING:
aspetto a spirale che può apparire nei cromosomi in metafase. E' costante in talune piante, ma è raramente evidente nei cromosomi umani. Non si è rivelato utile ai fini della identificazione dei singoli elementi.

COMPARATIVE GENOMIC HYBRIDIZATION (CGH):
è una tecnica che consente di scrinare l'intero genoma per aneuploidie (totali o parziali) di ogni cromosoma. Può essere applicata anche su numero limitato di celulle (per esempio su un singolo blastomero, nel caso del preimpianto).

CONDENSAZIONE CROMOSOMICA PRECOCE (premature chromosome condensation):
condizione in cui i cromosomi, ancora in stato di parziale replicazione, entrano già in metafase. La prematura condensazione, indotta da alcune sostanze mutagene, dà luogo a cromosomi polverizzati (v. polverizzazione).

COSTRIZIONE (constriction):
area ristretta del cromosoma, corrispondente al centromero (definita costrizione primaria). Altre, denominate costrizioni secondarie, sono relativamente frequenti anche se non costanti, nelle zone dove il materiale è più despiralizzato. Possono essere evidenziate su diversi cromosomi, in sedi più o meno distanti dalla area centromerica. Poiché seguono un modello mendeliano di segregazione, le costrizioni secondarie sono state utilizzate in passato come utili marcatori per la dimostrazione dell'origine, materna o paterna, di un cromosoma.

CORPO POLARE, CORPUSCOLO POLARE (polar body): v. divisione equazionale.

CORPO DI BARR (Barr body): v. cromatina sessuale.

CROMATIDIO (chromatid):
ciascuna delle due subunità di un cromosoma duplicato e diviso longitudinalmente. I due cromatidi di un cromosoma vengono definiti fratelli (sister). Nella metafase appaiono ancora uniti in regione centromerica e soltanto nello stadio successivo (anafase) si separano e migrano ciascuno ad un polo della cellula, per divenire un separato cromosoma. Scambi tra cromatidi fratelli sono stati dimostrati anche nella divisione mitotica (v. crossing-over)

CROMATINA (chromatin):
sostanza contenuta nei cromosomi e visibile in interfase con i normali metodi di colorazione. Nel nucleo appare come un reticolo non omogeneo, più condensata in alcune zone che in altre. Al pari dei cromosomi, è costituita da DNA e proteine. Una masserella molto addensata di cromatina costituisce il cromosoma X inattivo (v. cromatina sessuale).
La cromatina che durante l'interfase contiene DNA maggiormente despiralizzato, rappresenta la eucromatina, così denominata per distinguerla dalla eterocromatina che, avendo DNA più spiralizzato, offre un maggior grado di colorazione. Ad entrambe è stata riconosciuta una eguale struttura di base: l'eterocromatina ha tuttavia alcune peculiari proprietà quali la replicazione più tardiva in interfase ed un contenuto di materiale geneticamente inattivo, non trascritto con molte sequenze di DNA ripetitivo.
Eterocromatina facoltativa ed eterocromatina costitutiva definiscono rispettivamente quella peculiare del cromosoma X inattivo e quella presente, in quantità variabile, in ogni cromosoma. Eterocromatina costitutiva è materiale strutturale cromosomico che si colora sia in interfase sia durante la mitosi: include DNA poco ripetitivo, DNA satellite (quello che si separa mediante con centrifugazione in gradiente di CsCl ed è altamente ripetuto) ed anche piccola porzione di DNA non ripetitivo. Le regioni positive al bandeggio C sono molto ricche in DNA satellite.

CROMATINA SESSUALE (sex chromatin), corpo di Barr (Barr body, X-BODY)
masserella di cromatina nucleare dimostrabile in interfase nei nuclei della maggior parte delle cellule femminili, e che rappresenta un cromosoma X geneticamente inattivo. I nuclei delle femmine sono cromatina-positivi (un singolo corpo di Barr), mentre quelli dei maschi sono cromatina-negativi (nessun corpo di Barr).

CROMOCENTRO (chromocenter):
struttura visibile in interfase, costituita dalla aggregazione di eterocromatina fortemente condensata, dalla quale si diparte l'eucromatina dei bracci del cromosoma.

CROMOMERO (chromomere):
ciascun granulo di una serie, allineati lungo il cromosoma, visibili principalmente allo stadio di leptotene e di zigotene della profase meiotica.

CROMOSOMI OMOLOGHI (homologous chromosomes):
coppia di cromosomi (uno di origine paterna, l'altro materna), che contengono la stessa sequenza lineare di geni. Hanno caratteristiche morfologiche simili e si appaiano durante la meiosi scambiandosi materiale genetico con un processo definito crossing-over, in punti di scambio chiamati sinapsi (v. questa).

CROSSING-OVER:
scambio di materiale genetico attraverso segmenti cromatidici di cromosomi omologhi, durante la profase della prima divisione meiotica (v. bivalente). Possono verificarsi scambi anche nella mitosi, tra cromatidi fratelli (interscambi), come dimostrano le tecniche applicate per la dimostrazione della replicazione semiconservativa. L'appaiamento degli omologhi avviene in tratti perfettamente corrispondenti; quando ciò non accade (crossing-over non eguale o non omologo), si possono verificare condizioni di duplicazione e deficienza. La occorrenza di un crossing-over in un punto del cromosoma riduce la probabilità di un altro scambio sullo stesso cromosoma. Questo fenomeno è noto col nome di interferenza chiasmatica (chiasma interference).

D:
cromosomi delle coppie 13, 14 e 15, secondo la classificazione di Denver.

DELEZIONE (deletion):
perdita di una porzione di cromosoma, a seguito di rottura. Viene anche detta deficienza. Esistono due tipi di delezione: terminale e interstiziale. Quest'ultima richiede una duplice rottura, con perdita del frammento intermedio e ricongiungimento di quello distale al resto del cromosoma. Nella formulazione del cariotipo viene indicata con l'abbreviazione del.

DENVER CLASSIFICAZIONE (Denver classification): v. Gruppo.

DERIVATO (derivative):
si indicano quei cromosomi anomali che derivano da segregazione meiotica svantaggiosa non preceduta da crossing-over. La stessa anomalia strutturale pertanto si ritrova nel genitore, con cariotipo però bilanciato. Quanto alla differenza con i cromosomi ricombinanti, v. questi. I cromosomi derivati si indicano facendoli precedere, nella descrizione del cariotipo, dalla abbreviazione der; la descrizione termina indicando con mat o pat la provenienza, rispettivamente materna o paterna, del cromosoma.

DESINAPSI (desynapsis): v. sinapsi.
DESPIRALIZZAZIONE (despiralization): v. spiralizzazione.
DIACINESI (diakinesis):
quinto ed ultimo stadio della profase della prima divisione meiotica.
DIADRIA (diandry):
indica che un set di cromosomi extra è di origine paterna. Una triploidia può essere il risultato di diandria. Il set soprannumerario di cromosomi di origine materna è detto diginia (v.).
DICENTRICO (dicentric):
cromosoma con due centromeri. Può risultare a seguito di vari tipi di aberrazioni strutturali o numeriche. Un cromosoma dicentrico ha scarse possibilità di persistenza; la sua instabilità dipende dalla difficoltà di una corretta disgiunzione in anafase. Se però i due centromeri si trovano molto ravvicinati, come in alcune traslocazioni robertsoniane, o se una delle due regioni rimane inattiva, come è il caso di un cromosoma pseudodicentrico monocentromerico, si rende allora possibile la sua conservazione nelle successive divisioni della cellula. Nella formulazione del cariotipo un cromosoma dicentrico viene indicato con l'abbreviazione dic.
DICTIOTENE, DITIOTENE (dictyotene):
stato di arresto in profase (stadio di leptotene) dei cromosomi dell'ovocita primario. In tale fase la cellula rimane per anni, fino cioè alla ovulazione. Questa è una caratteristica peculiare degli ovociti, mancando invece negli spermatozoi.
DIGINIA (digyny):
indica che un set di cromosomi extra è di origine materna (v. anche diandria)
DIPLOIDE (diploid):
cellula con numero di cromosomi doppio (=2n) di quello che si trova nei gameti (numero aploide = n). E' proprio delle cellule somatiche. Nelle cellule umane il numero diploide è 46.
DIPLOTENE (diplotene):
è il quarto dei cinque stadi della profase della prima divisione meiotica, durante il quale gli omologhi, associati come bivalenti (tetrade), si separano.
DISOMIA UNIPARENTALE (uniparental disomy):
condizione in cui i cromosomi di una coppia, anziché essere l'uno di origine materna e l'altro di origine paterna, provengono entrambi da un solo genitore, ciò che può dar luogo ad etero-isodisomia o omo-isodisomia (v isodisomia).
DISPERMIA (dispermy):
doppia fertilizzazione da parte di due spermi, di un uovo binucleato. Si ha uno zigote singolo ma con due popolazioni cellulari geneticamente differenti, in quanto provenienti da due singoli spermatozoi. Eguale risultato si ha se due spermi fecondano contemporaneamente un uovo mononucleato ed il corpo polare, ed i due zigoti separati si fondono a formare un singolo individuo avente, anche in questo caso, due popolazioni cellulari geneticamente differenti (chimerismo dizigotico o dispermico, da distinguere da quello postzigotico)(v. chimerismo).
DIVISIONE EQUAZIONALE (equational division):
è il risultato della seconda divisione meiotica, allorché i cromatidi fratelli di ciascun cromosoma si separano nelle due cellule figlie. Alla fine delle due divisioni (riduzionale ed equazionale), da una cellula progenitrice derivano quattro cellule aploidi (gameti). Durante lo sviluppo dell'ovocita viene però persa una cellula derivante dalla prima divisione meiotica ed una derivante dalla seconda divisione meiotica (corpi polari), per cui da una cellula progenitrice (ovocita primario) deriva un solo uovo, mentre da uno spermatocita primario derivano quattro spermatozoi.
DIVISIONE RIDUZIONALE (reductional division):
avviene in prima divisione meiotica, allorché i cromosomi omologhi, ciascuno composto di due cromatidi uniti a livello centromerico, si separano (disgiunzione). Ciascuna cellula figlia avrà pertanto un numero aploide (23) di cromosomi, con un solo rappresentante per ogni coppia (o materno o paterno).
DIZIGOTE (dizygotic): v. zigosi.
DRUMSTICK:
piccola protrusione di cromatina, visibile nel 5% dei leucociti polimorfonucleati delle femmine. E' l'equivalente del corpo di Barr, ed è pertanto assente nei maschi.
DRIVE MEIOTICO (meiotic drive):
indica la condizione di segregazione meiotica di cromosomi omologhi, diversa da quella attesa (1:1).Ne consegue che nella progenie la distribuzione dei due alleli non è eguale, ma uno dei due viene ad essere maggiormente rappresentato rispetto all'altro (v. anche assortimento).
DUPLICAZIONE (duplication):
presenza di un extrasegmento di cromosoma. Quando le due coppie si trovano in sequenza diretta, si parla di duplicazione tandem. Alle volte il segmento duplicato si trova in altro punto del cromosoma di origine, o in altro cromosoma. La duplicazione si definisce diretta o inversa, a seconda dell'ordine di sequenza genica nel segmento duplicato rispetto a quello di origine. Nella formulazione del cariotipo la duplicazione viene indicata con l'abbreviazione dup.

E:
cromosomi delle coppie 16 ,17 e 18 secondo la classificazione di Denver.
EMIZIGOTE (hemizygous):
soggetto con un gene in dose singola. I maschi, avendo un solo cromosoma X, sono obbligatoriamente emizigoti per tutti i geni presenti sull'X, e per i quali manca l'allele corrispondente. Una condizione di emizigosi può verificarsi anche per i geni autosomici, in portatori di delezione (terminale o interstiziale), nelle femmine con delezione di un X e in quelle 45,X.
ENDOMITOSI (endomitosis):
duplicazione del corredo cromosomico in una cellula, senza successiva divisione. La endomitosi può dare una cellula tetraploide se si parte da un corredo diploide; la endomitosi di un uovo aploide può indurre, molto raramente, una gravidanza partenogenetica che evolve in corioncarcinoma.
ENDOREDUPLICAZIONE (endoreduplication):
condizione che indica la duplicazione del materiale cromosomico non seguita da separazione degli stessi nelle cellule figlie. La cellula pertanto sarà poliploide, con numero doppio, triplo, ecc. di quella euploide. Nella formulazione del cariotipo viene indicata con l'abbreviazione end.

ETEROCROMATINA FACOLTATIVA, COSTITUTIVA:
(heterochromatin facultative, constitutive): v. cromatina.
ETEROGAMETICO (heterogametic):
il termine si riferisce, nella specie umana, alla condizione del maschio i cui gameti differiscono per la presenza o di un cromosoma X o di un cromosoma Y. La femmina è omogametica, poiché porta in tutti i gameti lo stesso cromosoma sessuale X.
ETEROISODISOMIA (heteroisodisomy): v. isodisomia
ETEROMORFISMO (heteromorphism):
Gli eteromorfismi (chiamati anche polimorfismi o varianti) rappresentano normali variazioni della morfologia di specifiche aree di alcuni cromosomi. Sono per le loro caratteristiche utili marcatori citologici, trasmettendosi inalterati come caratteri mendeliani semplici. I più comuni eteromorfismi sono rappresentati da: l'ampiezza delle costrizioni secondarie, regioni di alcuni cromosomi che dimostrano particolare intensità di fluorescenza, grandezza e numero dei satelliti, regioni NOR (v. anche regione e marcatore).
ETEROPICNOSI (heteropycnosis):
si riferisce all'apparenza di quei segmenti di cromosoma, spiralizzati in più o in meno rispetto al rimanente genoma isopicnotico, per cui differiscono nella intensità della colorazione (eteropicnosi positiva; eteropicnosi negativa).
ETEROPLOIDIA (heteroploidy):
corredo cromosomico che devia dal numero diploide. Sono eteroploidi le aneuploidie (ipodiploidie e iperdiploidie) e le poliploidie.
ETEROZIGOTE (heterogygote):
individuo con alleli diversi allo stesso locus genico. Il termine può essere adoperato anche in citogenetica (un individuo è eterozigote per una variante posseduta su uno dei due cromosomi omologhi).
EUCROMATINA (euchromatin): v. cromatina.
EUPLOIDIA (euploidy):
numero di cromosomi esattamente multiplo di quello aploide. Le cellule normali somatiche dell'uomo sono euploidi (46 cromosomi).

F:
cromosomi delle coppie 19 e 20, secondo la classificazione di Denver.
FILADELFIA (Philadelphia): v. Ph.
FISSIONE CENTRICA (centric fission):
rottura in regione centromerica con separazione del centromero in due porzioni, ed origine di due cromosomi telocentrici stabili.
FRAMMENTO (fragment):
parte di cromosoma derivato da rottura trasversale, singola o multipla, di uno o entrambi i cromatidi. Se avviene spostamento del frammento dal punto di rottura, si parla di break; se invece il frammento resta legato al cromosoma di origine, si usa il termine gap.
FUSIONE CENTRICA (centric fusion):
riarrangiamento cromosomico ottenuto dalla fusione di due acrocentrici, dopo rottura trasversale a livello del centromero o dei bracci corti. Si forma un cromosoma traslocato con aspetto di metacentrico o di submetacentrico, a seconda degli acrocentrici coinvolti. I pezzi deleti dei bracci corti di solito si perdono nelle successive duplicazioni. La fusione di cromosomi telocentrici nel processo evolutivo delle specie ha dato origine a molti cromosomi dei primati. Il processo inverso alla fusione è la fissione centrica (v. questa) che dà luogo infatti a cromosomi telocentrici.
FUSO (spindle)
struttura microtubulare delle cellule, implicata nella disposizione dei cromosomi nella piastra in metafase e nella separazione (segregazione) degli omologhi in anafase, con migrazione verso ciascuna delle due cellule figlie.

G:
cromosomi delle coppie 21 e 22, secondo la classificazione di Denver.
GAMETE (gamete):
cellula riproduttiva matura, maschile (spermatozoo) o femminile (uovo). Il gamete possiede un corredo cromosomico aploide (=n) a seguito della divisione meiotica della cellula sessuale progenitrice (spermatocita primario e ovocita primario). La fusione del gamete maschile con quello femminile dà origine ad uno zigote con numero di cromosomi diploide (=2n).
GAP:
indica una interruzione nella continuità cromatidica, con il frammento ancora allineato lungo l'asse del cromatide. Il gap da rottura va differenziato da quello acromatico, dovuto ad una non colorazione di un segmento cromatidico, senza però frattura. Vanno anche distinti dai breaks e dai siti fragili (v.questi).
GEMELLI MONOZIGOTI, DIZIGOTI (twins, monozygotic, dizygotic): v. zigosi.
GENOMA (genome):
si indica con questo termine tutto il patrimonio genico contenuto in un singolo gamete.
GENOTIPO (genotype):
costituzione genetica di un organismo. Il termine viene talora usato anche per indicare un singolo locus genico.
GRUPPO (group):
nella nomenclatura dei cromosomi, fin dalla prima Classificazione Internazionale di Denver (1960), i cromosomi sono stati divisi in 7 gruppi, indicati con le lettere maiuscole (dalla A alla G) e definiti in base alla lunghezza e alla posizione del centromero.
G1, G2:
termini usati per designare, nello stato di interfase della cellula, due distinti periodi di crescita, separati dal periodo di sintesi denominato periodo S. L'evento mitotico segue al periodo G2.(G=gap).

IBRIDIZZAZIONE GENOMICA COMPARATIVA: (v. comparative genomic hybridization).
IDIOGRAMMA (idiogram):
rappresentazione diagrammatica del cariotipo, basata sulla misurazione dei cromosomi. Si ricava dalla osservazione di una popolazione e non di una singola cellula.
IMMUNO-CITOGENETICA: v. citogenetica
INDICE BRACHIALE (arm index):
indica il rapporto tra braccio lungo e braccio corto. Nei cromosomi metacentrici l'indice è uguale all'unità; nei submetacentrici ed acrocentrici è sempre superiore a 1.

INDICE CENTROMERICO (centromeric index):
indica la posizione del centromero sul cromosoma, ed è ottenuto dal rapporto tra la lunghezza del braccio corto e la lunghezza totale del cromosoma.

INSERZIONE (insertion):
indica il trasferimento di un frammento di un cromosoma in un altro cromosoma. Si definisce inserzione diretta o inserzione inversa a seconda che l'ordine di sequenza genica originaria rispetto al centomero venga conservato oppure invertito. Nella formulazione del cariotipo viene indicata con l'abbreviazione dir ins o inv ins.

INSTABILITÀ (instability):
condizione che indica una aumentata fragilità dei cromosomi responsabile di fratture e riarrangiamenti vari. È proprio il riscontro di instabilità (oltre quella indotta da fattori mutageni) la caratteristica di alcune sindromi genetiche, tra cui la sindrome di Fanconi, la malattia di Louis-Bar, la sindrome di Bloom.

INTERCROMOSOMICO, INTRACROMOSOMICO: (interchromosomal, intrachromosomal):
termini che si riferiscono a traslocazioni o duplicazioni che coinvolgono o cromosomi diversi (inter), o lo stesso cromosoma (intra).

INTERFASE, INTERCINESI (interphase, interkinesis):
tempo che intercorre, in una cellula, tra una mitosi e l'altra. Comprende tre distinti periodi (G1, S, G2) durante i quali inizia e si completa la replicazione del DNA. Nei linfociti umani, coltivati in vitro, l'interfase dura circa 24 ore, laddove le fasi della mitosi richiedono, per realizzarsi, non più di un'ora.

INTERSCAMBIO, INTRASCAMBIO (interchange, intrachange):
indica scambi di pezzi tra cromatidi di cromosomi omologhi (interscambio) o tra cromatidi fratelli (intrascambio). (v. anche bivalente e crossing-over).

INVERSIONE (inversion):
si verifica per duplice rottura seguita da rotazione di 180° del frammento compreso tra i punti di rottura, e reinserimento dello stesso nel cromosoma. L'ordine dei geni nel tratto reinserito risulta pertanto invertito. Se la regione compresa tra i due punti di rottura non include il centromero, l'inversione è detta paracentrica; se invece comprende anche la regione centromerica, l'inversione si definisce pericentrica. Nella formulazione del cariotipo, una inversione viene indicata con l'abbreviazione inv tanto se pericentrica che paracentrica.

IPERPLOIDIA, IPERDIPLOIDIA (hyperploidy, hyperdiploidy):
condizione in cui il numero di cromosomi è superiore (ma non multiplo) di quello normale diploide. Il termine si usa pertanto per indicare cellule che possiedono un corredo di 47 o più cromosomi.

IPOPLOIDIA, IPODIPLOIDIA (hypoploidy, hypodiploidy):
numero di cromosomi inferiore a quello diploide. Il termine si applica pertanto a cellule che possiedono un corredo di 45 cromosomi, o anche meno.

ISOCROMOSOMA (isochromosome):
cromosoma metacentrico costituito da due bracci identici (o corti o lunghi). Origina da un errore di divisione centromerica (che in questo caso è orizzontale anziché verticale). Può però anche originare da rottura telomerica e ricongiungimento terminale dei due bracci: in questo caso l'isocromosoma è isodicentrico o pseudoisodicentrico, ed è costituito dai bracci corti o da quelli lunghi, due volte rappresentati. Nella formulazione del cariotipo l'isocromosoma viene indicato con l'abbreviazione i.

ISODICENTRICO (isodicentric): v. isocromosoma

ISODISOMIA (isodisomy):
condizione che si determina a seguito di disomia uniparentale (v. questa), per cui vengono ereditati entrambi i cromosomi di una coppia da un unico genitore, senza rappresentanza di quello dell'altro genitore. Se l'errore si verifica in prima divisione meiotica, la coppia di cromosomi (entrambi materni o entrambi paterni) avrà l'intera sequenza di alleli diversi (etero-isodisomia). Se l'errore avviene invece in seconda divisione meiotica, si avrà una condizione di omozigosi per la serie di alleli colineari (omo-isodisomia). In quest'ultimo caso può emergere uno stato di omozigosi per un carattere che era presente in eterozigosi nel genitore.

LAGGING:
si indica il ritardo nella migrazione dei cromatidi verso i poli del fuso, nell'anafase. Il disordine può essere causa di aneuploidia.

LANDMARKS:
punti di riferimento convenzionali, individuabili lungo il cromosoma e che delimitano una regione. Il centromero, le estremità telomeriche, le costrizioni secondarie ed alcune bande, sono altrettanti landmarks.

LEPTOTENE: (leptotenes):
primo stadio profasico della prima divisione meiotica, cui fa seguito lo zigotene. E' la prima fase in cui la struttura di una entità cromosomica diviene otticamente visibile, come un nastro allungato su cui è possibile osservare una serie lineare di granuli (cromomeri).

LINKAGE:
associazione di due o più geni sullo stesso cromosoma. I geni tendono ad essere ereditati insieme, quanto più sono vicini tra loro. La capacità di geni associati di segregare nella meiosi è proporzionale alle distanze che li tengono separati sui bracci, distanze che si misurano in unità di ricombinazione (Morgan). Un Morgan (M) contiene cento milioni di paia di basi (bp). Tutto il genoma umano è formato da 50 M nella femmina e 30 M nel maschio.
Se due punti sono distanti 1.000.000 bp, a loro distanza è 1cM. Il cM si usa per definire la probabilità per un dato gene, durante la meiosi, di ricombinarsi con un marcatore noto. È un valore inversamente proporzionale alla distanza dei due caratteri in studio. Se un gene dista 1 cM da un marcatore noto, vuol dire che nell'evento meiotico quel gene ha probabilità 1% di ricombinare con il marcatore; se dista 5 cM, avrà probabilità 20% di ricombinare; se dista 1/5 cM la probabilità di ricombinazione si riduce a 1/500. In altre parole: se due punti sono distanti tra loro un milione di bp (1 cM) lo scambio lungo quel tratto avviene con frequenza di una meiosi su cento. Se un marcatore dista da un gene 0.01 cM tra il marcatore ed il gene vi sono 10.000 bp. Su una distanza di 10.000 bp (0.01 cM) lo scambio lungo quel tratto avviene con frequenza di una meiosi su diecimila. Un linkage si definisce stretto quando la distanza è compresa tra 0.02 cM e 0.06 cM (cioè quando il numero di bp tra due punti è tra 20.000 bp e 60.000 bp). Su un tratto di 20.000 bp si può verificare uno scambio ogni cinquemila meiosi (2/10.000), mentre per uno di

60.000 bp la probabilità è superiore a uno ogni 1.500 meiosi (6/10.000). Le frazioni di ricombinazione vengono indicate con la lettera greca theta =0.1 indica distanza di 0.1 cM con probabilità di ricombinazione pari a 1 ogni 1000 meiosi. L'attendibilità dei risultati di un'analisi di linkage si esprime con un punteggio chiamato LOD score (v. questo).

LOD score (z):
è il punteggio (score) in base alla probabilità (odd) logaritmica (L) che un certo dato ottenuto sia attendibile. Uno score negativo significa non attendibilità del risultato. z=1 significa 10 probabilità a una che il dato sia attendibile, z=2 significa che la probabilità è 100:1, z=3 indica 1000:1, z=4 10.000:1, e così via. Un risultato è significativo per z eguale o superiore a tre. Il LOD score è usato nelle analisi di linkage genetico, per verificare l'attendibilità di un risultato (v. linkage).

MARCATORE (marker):
si indicano con questo termine un cromosoma abnorme in cui nessuno dei suoi tratti può essere identificato; nella formulazione del cariotipo è indicato con l'abbreviazione mar. preceduta dal segno +. Un comune marker è rappresentato dai piccoli metacentrici soprannumerari, spesso satellitati. Indicati come markers sono anche i cromosomi, anche di grande taglia, che si trovano spesso nelle linee cellulari tumorali e dei quali non si riconosce la provenienza. Marcatori, con diverso significato del termine, sono definiti anche le varianti stabili, proprie di alcuni cromosomi (v. anche regione ed eteromorfismo)

METACENTRICO, MEDIANO (metacentric; median):
cromosoma con area centromerica nel tratto centrale della sua lunghezza. I due bracci, p e q, risultano pertanto di eguale lunghezza. Sono metacentrici i cromosomi delle seguenti coppie: 1, 3, 16, 19, 20, nonché gli isocromosomi e i cromosomi derivanti da traslocazioni robertsoniane tra omologhi (v. questi).

METAFASE (metaphase):
fase di divisione meiotica o mitotica di una cellula, in cui i cromosomi sono spiralizzati al massimo grado ed allineati sul piano equatoriale, attaccati alle fibre del fuso e pronti a migrare ai poli della cellula (ciò che avviene nello stadio successivo di anafase). In metafase i cromatidi fratelli sono ancora uniti, ma soltanto in corrispondenza dell'area centromerica.

MIXOPLOIDIA (mixoploidy): v. mosaicismo.

MODALE (modal):
numero modale di cromosomi si riferisce al numero più rappresentato in una popolazione cellulare che ha più cloni aneuploidi. (v. anche euploidia).

MOLA IDATIDIFORME, MOLA VESCICOLARE (hydatidiform mole): v. androgenesi

MONOCINETICI (monocynetics): v. olocinetici

MONOZIGOTE (monozygotic): v. zigosi.

MORGAN: v. linkage.

MOSAICISMO (mosaicism):
presenza di due o più linee cellulari, discendenti da una comune cellula zigote, e differenti tra loro per variazioni cromosomiche, numeriche o strutturali.

MUTAZIONE CROMOSOMICA (chromosome mutation):
modificazione permanente nel numero (mutazione genomica) o nella struttura di uno o più cromosomi. Il cambiamento è ereditabile e può insorgere spontaneamente oppure essere indotto da sostanze mutagene (radiazioni ionizzanti, sostanze chimiche, ecc).

N:
lettera che definisce per convenzione il numero modale euploide dei 23 cromosomi umani. La cellula mitotica, avendo 46 cromosomi, è 2n. In fase di mitosi, allorché ogni cromosoma si trova duplicato nei due cromatidi, la cellula è 4n.

NONDISGIUNZIONE (nondisjunction):
consiste nella mancata segregazione, per cui i componenti di una coppia di cromosomi omologhi, oppure i due cromatidi di un cromosoma, non migrano ciascuno in una delle due cellule figlie, dopo la separazione in anafase. La non disgiunzione cromosomica può verificarsi nel primo stadio della meiosi, dando luogo in tal caso a due gameti, uno disomico (24) e l'altro nullisomico (22). La non disgiunzione cromatidica può però anche avvenire nella seconda fase della divisione meiotica o nella mitosi. Una non disgiunzione, meiotica o postmeiotica, è la causa più frequente della trisomia 21. Una non disgiunzione può anche verificarsi in entrambe le divisioni meiotiche, come accade talvolta per i cromosomi del sesso: in tal caso si determinano forme particolari di iperploidia (48,XXYY; 48,XXXX, ecc).
Con i termini di nondisgiunzione selettiva e non disgiunzione obbligata si indica la condizione in cui i soggetti iperploidi (2n+1) segregano in meiosi in modo da aversi o soltanto gameti euploidi (non disgiunzione obbligata) oppure, accanto a questi, gameti iperploidi (non disgiunzione selettiva). Nei soggetti con cariotipo 47,XXX e in quelli con cariotipo 47,XYY i gameti risultano euploidi, per la perdita del cromosoma soprannumerario durante la meiosi (nondisgiunzione selettiva); al contrario, donne con trisomia 21 hanno gameti euploidi (22 cromosomi) e gameti iperploidi (22 cromosomi + il cromosoma 21 soprannumerario) e pertanto opera in questi soggetti una nondisgiunzione obbligata.

NORs:
regioni organizzatrici nucleolari (v. organizzazione nucleolare e satelliti) evidenziabili sui cromosomi acrocentrici con colorazione al nitrato di argento bande N.

NULLISOMIA (nullisomy):
mancanza di un cromosoma a seguito di non disgiunzione meiotica o di anafase ritardata. Ne derivano un gamete nullisomico ed uno disomico per quel cromosoma: il primo, se fecondato, darà origine ad uno zigote monosomico (2n-1) mentre il secondo ad uno trisomico (2n+1). (v. anche disomia uniparentale). Nullisomia significa pure l'assenza della coppia di omologhi e si osserva solo in alcune patologie acquisite (tumori).

OLOCINETICI, OLIGOCINETICI (olocynetics):
si definiscono i cromosomi che hanno centromeri multipli, a differenza dei cromosomi monocinetici che possiedono un unico centromero e che sono propri di specie più evolute. Si trovano infatti nel corredo cromosomico di alcune piante ed animali filogeneticamente lontani dai primati.

OMOGAMETICO (homogametic):
il termine si riferisce, nella specie umana, alla femmina in quanto portatrice in tutti i gameti dello stesso cromosoma del sesso (X). Il maschio, possedendo gameti X e gameti Y, è invece, sotto questo aspetto, eterogametico.

OMOISODISOMIA (homoisodisomy): v. isodisomia

OMOZIGOTE (homozygote):
individuo che porta alleli identici su loci genici corrispondenti di cromosomi omologhi. In citogenetica il termine può essere impiegato per definire individui che portano su una coppia di cromosomi omologhi uno stesso carattere riconoscibile (ad esempio, una variante dell'eterocromatina).

ORGANIZZAZIONE NUCLEOLARE (v. anche satelliti).

P: v. bracci.

PACHITENE (pachytene):
terzo stadio profasico della prima divisione meiotica, cui fa seguito il diplotene. In questa fase i cromosomi appaiono più spessi e corti rispetto al precedente stadio di zigotene. Ciascun cromosoma della coppia mostra i due cromatidi uniti a livello del centromero. Gli scambi tra cromatidi omologhi richiedono uno stretto appaiamento dei due cromosomi, ciò che dà luogo a figure a quattro cromatidi, definite tetradi.

PARTENOGENESI (parthenogenesis):
gravidanza ottenuta con soli cromosomi materni (a differenza di quanto avviene nell'androgenesi). Può originare per endomitosi di un uovo aploide oppure per fusione dell'uovo col globulo polare.

PARZIALE MONOSOMIA, PARZIALE TRISOMIA (monosomy, partial; trisomy, partial):
si definisce monosomia parziale la deficienza di una parte di un cromosoma; un tratto di cromosoma extranumerario produce invece una condizione di trisomia parziale per quel cromosoma. Entrambe le aberrazioni possono avere origine da diversi modelli di riarrangiamento strutturale (traslocazioni, inserzioni, ecc). Queste situazioni non necessariamente inducono modifiche al numero diploide (2n) della cellula.

PERICENTRINA (pericentrin): v. centriolo

POLIPLOIDIA (poliploidy):
presenza in un singolo nucleo di un numero di cromosomi multiplo di tre o più (3n;4n) rispetto al corredo aploide (n). Può essere la conseguenza di più replicazioni endonucleari dell'intero corredo cromosomico non seguite dalla divisione nucleare (endoreduplicazione), oppure è il risultato della fusione di più nuclei (sincizio). (v. anche aneuploidia).

Ph': (Philadelphia):
cromosoma marker della leucemia mieloide cronica, costituito da un cromosoma 22 deleto nei bracci lunghi, con traslocazione del frammento su un altro cromosoma, di solito sul cromosoma 9. L'interesse storico per questo marker sta nel fatto che ha rappresentato il primo esempio nell'uomo di una specifica aberrazione cromosomica associata ad un tumore.

POLIMORFISMO (polymorphism): v. eteromorfismo
POLIRADIALE (polyradial): v. radiale.
POLISOMIA (polysomy): v. aneuploidia.

POLVERIZZAZIONE (pulverization):
indica la condizione di multiple, piccole fratture, per cui nel nucleo i cromosomi appaiono come una massa di frammenti. Può essere provocata da agenti mutageni, e naturalmente provoca la morte della cellula.
È dovuta a condensazione cromosomica prematura (v. condensazione).

PROFASE (prophase):
primo stadio della divisione cellulare, mitotica o meiotica, durante il quale la cromatina nucleare diviene visibile come specifica struttura cromosomica addensata. Nella profase ciascun cromosoma appare duplicato (due cromatidi tenuti uniti in corrispondenza della regione centromerica), mentre nucleolo e membrana nucleare cessano di esistere come strutture visibili.
La profase meiotica si realizza, a differenza di quella mitotica, attraverso una serie di eventi suddivisi in cinque stadi sequenziali: leptotene, zigotene, pachitene, diplotene, diacinesi. Nel corso di queste fasi o stadi, avviene, tra l'altro, lo scambio di materiale cromatidico tra cromosomi omologhi (crossing-over).

PSEUDOAUTOSOMALE (pseudoautosomal region):
i tratti pter dei cromosomi X e Y contengono sequenze geniche comuni. Questa caratteristica rende questa regione simile a quelle di tutti gli autosomi (da cui il termine adoperato per indicarla). Le omologie lasciano prevedere possibilità di scambi meiotici.

PSEUDODICENTRICO (pseudodicentric):
cromosoma con due centromeri, uno dei quali è inattivo. Tutti i cromosomi dicentrici, se stabili, sono in realtà pseudodicentrici, vale a dire dicentromerici ma monocentrici (v. anche isocromosoma).

PSEUDODIPLOIDE (pseudodiploid):
cellula monosomica e polisomica al tempo stesso, ma con anomalie in combinazione tale che il numero complessivo di cromosomi resta diploide (2n); lo è, ad esempio, una cellula che possiede un cromosoma soprannumerario del sesso ed al tempo stesso un autosoma mancante.

Q: v. bracci.
QUADRIRADIALE (quadriradial): v. radiale.
QUADRIVALENTE (quadrivalent): v. traslocazione reciproca.

RADIALE, FORMAZIONI RADIALI (radial formations):
riarrangiamenti strutturali tra due o più cromosomi, che danno luogo a bizzarre figure a tre, quattro o più raggi (triradiali, quadriradiali, poliradiali). Sono tipici di alcune malattie genetiche con instabilità cromosomica (malattia di Fanconi, sindrome di Bloom) (v. anche instabilità).

REGIONE (region):
tratto di cromosoma riconoscibile sui bracci e compresa tra due landmarks. È costituita da una serie di bande e sottobande. In alcuni cromosomi l'intero braccio può corrispondere ad una sola regione. Regioni variabili di un cromosoma sono rappresentate dai centromeri, dai satelliti e bracci corti degli acrocentrici e dal braccio lungo del cromosoma Y. Queste regioni rappresentano altrettanti stabili varianti facilmente riconoscibili e che si trasmettono

come modelli mendeliani semplici; per queste loro caratteristiche costituiscono utili marcatori (v. anche marcatore e eteromorfismo).
REPLICAZIONE (replication):
processo di duplicazione del DNA che precede la mitosi e che si realizza nel periodo S della interfase. La replicazione si definisce semiconservativa. Questa proprietà è dimostrabile, tra l'altro, utilizzando nelle culture cellulari la bromodiossiuridina (BrdU).
RICOMBINANTE (recombinant):
si indicano i cromosomi anomali che derivano, nei gameti di portatori di riarrangiamenti bilanciati, da segregazione meiotica svantaggiosa preceduta da crossing-over. La differenza con i cromosomi derivati sta nel fatto che, a seguito del crossing-over, originano cromosomi strutturalmente diversi da quelli parentali. Un ricombinante è indicato facendo precedere al cromosoma, nella descrizione del cariotipo, l'abbreviazione rec.

S:
si indica con la lettera S il periodo di sintesi o duplicazione del DNA, compreso tra gli stadi G1 e G2 della interfase cellulare. (S=synthesis).
SATELLITI (satellites):
formazioni proprie dei cromosomi acrocentrici, di cui costituiscono il segmento distale separato dal resto dei bracci corti da un filamento di cromatina non addensato (costrizione secondaria) implicato nella organizzazione nucleolare. Oltre che sugli acrocentrici, sono stati riscontrati talvolta satelliti anche sui bracci corti del cromosoma 17. Tanto il numero quanto la grandezza dei satelliti possono variare (satelliti doppi, satelliti giganti), potendo in tal caso costituire un utile marker genetico; la caratteristica è infatti ereditata secondo i modelli mendeliani di trasmissione. I satelliti dei cromosomi non vanno confusi con il DNA satellite che è una porzione del DNA ottenibile mediante centrifugazione separativa in gradiente di CsCl. I satelliti sono separati dalla eterocromatina dei bracci corti da un peduncolo (stalk).
SCAMBIO (change): v. crossing-over.
SEGREGAZIONE (segregation):
separazione, alla meiosi, dei cromosomi omologhi di ciascuna coppia, in due gameti. Il fenomeno si verifica nell'anafase della prima divisione meiotica preceduta, nello stadio profasico di zigotene, dall'appaiamento degli stessi (sinapsi) con formazione di figure bivalenti. È in questo stadio che si verificano i crossing-over. Il termine segregazione si usa pure per indicare la migrazione verso i poli delle due cellule figlie, nell'anafase mitotica.
Si indicano con i termini di segregazione adiacente 1 e segregazione adiacente 2 tipi peculiari di segregazione che possono verificarsi, alla meiosi, nei portatori di traslocazioni bilanciate, e che sono all'origine di sbilanciamento gametico. Un altro modello di segregazione, proprio delle traslocazioni bilanciate, è definita alternata e consente la formazione di gameti del tutto normali accanto a gameti bilanciati.
SEX CHROMATIN: v. cromatina sessuale.
SEX VESICLE: v. vescicola sessuale.
SHIFT:
scivolamento di un segmento lungo il cromosoma con sua inserzione in altra posizione. Può pertanto essere definita una inserzione intracromosomica.

SINAPSI (synapsis):
appaiamento dei cromosomi omologhi durante la profase meiotica, nello stadio di zigotene (synaptonemal complex).
Asinapsi: mancato appaiamento degli omologhi.
Desinapsi: si indica la condizione per cui, per mancata formazione del chiasma, non segue la normale separazione degli omologhi dopo il loro appaiamento nello stadio di zigotene. Tanto la asinapsi che la desinapsi possono essere causa di gameti rispettivamente disomici e nullisomici.
SINCIZIO (syncytium): v. poliploidia.
SINGAMIA (syngamy):
fusione dei nuclei dei due gameti (maschile e femminile) da cui origina lo zigote, dopo la fecondazione.
SITI FRAGILI (fragile sites):
sono gaps evidenziabili in particolari condizioni di coltura e si indicano con l'abbreviazione fra. Alcuni, come il fra(X)(q27.3), si associano a anomalie fenotipiche.
SPIRALIZZAZIONE, DESPIRALIZZAZIONE (spiralization, despiralization):
indica il grado di addensamento della cromatina, per cui un cromosoma in prometafase è molto più despiralizzato di uno che si trova in metafase tardiva.
SOTTOBANDE (sub-bands):
specifiche aree in cui può essere suddivisa una banda di un cromosoma. Si evidenziano soltanto sui cromosomi più despiralizzati.
SPINDLE: v. fuso.
STALKS:
sono indicati i peduncoli che nei cromosomi acrocentrici uniscono i satelliti alla regione eterocromatica dei bracci corti. Contengono geni che codificano per RNA ribosomale e sono evidenziati con colorazioni elettive (NOR). Non è raro trovare nelle piastre in metafase due o più cromosomi acrocentrici associati in gruppo per i bracci corti: questa associazione (definita satellite association) è in realtà una nucleolar association.
SUBMETACENTRICO, SUBMEDIANO (submetacentric, submedian):
cromosoma con area centromerica non equidistante dalle due estremità. I due bracci risultano pertanto di ineguale lunghezza (p minore di q). Sono submetacentrici i cromosomi delle coppie 2, 4, 5, 6, 7, 8, 9, 10, 11, 12, 17, 18, X.

TELOCENTRICO (telocentric):
Non esistono nel cariotipo umano cromosomi telocentrici, con centromero cioè all'estremo terminale. Sono invece conseguenti a fissione centrica (v. questa).
TELOFASE (telophase):
ultimo stadio della divisione cellulare, in cui i cromosomi, separati, raggiungono le due cellule figlie che completano la loro divisione anche citoplasmatica (citochinesi), per entrare quindi nella interfase successiva.
TELOMERI (telomeres):
parti terminali (dei bracci corti e lunghi) di un cromosoma.
TRASLOCAZIONE COMPLESSA (complex translocation):
riarrangiamento strutturale tra tre o più cromosomi.

TRASLOCAZIONE RECIPROCA (reciprocal translocation):
scambio di materiale tra due cromosomi, a seguito di rottura e reciproco trasferimento del segmento sulla estremità deleta del cromosoma ricevente. La traslocazione può avvenire tanto tra cromosomi omologhi che non. La prima non va confusa con il crossing-over, in cui lo scambio è tra tratti corrispondenti della coppia. Quando il segmento proveniente da un cromosoma non si trasferisce all'estremità deleta di un altro, ma si inserisce lungo uno dei bracci, si parla di inserzione. Le traslocazioni reciproche alla meiosi dan o luogo a figure quadrivalenti con possibilità alternative di segregazione. Nella formulazione del cariotipo sono indicate con l'abbreviazione t rcp.

TRASLOCAZIONE ROBERTSONIANA (Robertsonian translocation):
si definisce con questo termine la fusione centrica tra i bracci lunghi di due cromosomi acrocentrici. La traslocazione richiede una rottura a livello dei bracci lunghi nell'uno ed una sui bracci corti dell'altro col risultato di due cromosomi anomali, di solito monocentromerici, l'uno stabile, costituito dai bracci lunghi dei due cromosomi di aspetto metacentrico o submetacentrico (a seconda che la traslocazione coinvolga cromosomi dello stesso gruppo (D o G), o di diverso gruppo (D e G); l'altro, minuto, formato dalla fusione dei bracci corti, tende a perdersi nelle successive divisioni della cellula. Le traslocazioni robertsoniane alla meiosi danno luogo a figure trivalenti, che comportano diversi modi alternativi di segregazione, non tutti vantaggiosi. Nella formulazione del cariotipo, le traslocazioni robertsoniane sono indicate con l'abbreviazione t rob.

TRASPOSIZIONE (transposition):
sinonimo di inserzione o di shift.

TRISOMIA (trisomy):
consiste nella presenza di un cromosoma soprannumerario in una coppia di omologhi (trisomia primaria), oppure di un isocromosoma soprannumerario (trisomia secondaria).

TRISOMIA TERZIARIA (tertiary trisomy) e **TRISOMIA DA INTERSCAMBIO** (interchange trisomy):
modificazione numerica (2n+1), oltre che strutturale, che deriva da una segregazione meiotica 3:1 in portatore di traslocazione reciproca bilanciata, rispettivamente senza e con crossing-over.

TRIRADIALE (triradial): v. radiale.

TRIVALENTE (trivalent): v. traslocazione robertsoniana.

UNITA' DI RICOMBINAZIONE: v. linkage.

VESCICOLA SESSUALE (sex vesicle):
è una formazione rotondeggiante facilmente visibile durante la profase, nello stadio di leptotene, ed è formata dalla precoce condensazione dei cromosomi sessuali X e Y. In questa struttura i due cromosomi si trovano legati per le estremità, sede di segmenti omologhi.

YAC (cromosomi artificiali di lievito) (yeast artificial chromosome):
vettori usati per clonare ampie regioni genomiche, di diverse kb. Sono come dei minicromosomi in grado di replicare e segregare nella cellula ospite

ZIGOTE (zygote):
cellula fertilizzata diploide (2n), proveniente dalla fusione di un gamete maschile (spermatozoo) con una femminile (uovo) e che dà inizio ad un nuovo individuo. Il termine è usato anche per indicare l'organismo che si sviluppa dalla cellula zigote.

ZIGOTENE (zygotene):
secondo stadio profasico della prima divisione meiotica, in cui i cromosomi di ciascuna coppia si appaiano consentendo successivamente gli scambi (crossing-over) e la formazione dei chiasmi (v. sinapsi).

ZIGOSI, ZIGOSITÀ (zygosis):
indica il tipo di gemelli. La zigosità della coppia è definita, monozigote o dizigote, a seconda che i gemelli derivino dalla fecondazione di un singolo uovo da parte di uno spematozoo (gemelli identici, monozigoti), oppure da due separati ovociti fecondati da due spermatozoi (gemelli fratelli, dizigoti). Il genotipo dei gemelli monozigoti è identico, come testimonia lo studio dei polimorfismi. L'aspetto della placenta e delle membrane fetali nei gemelli non consente di trarre deduzioni sulla zigosità della coppia. Soltanto una placenta monocoriale indica che i gemelli sono monozigoti; tutte le altre situazioni relative all'assetto della placenta, dell'amnios e del corion, possono riscontrarsi, anche se con frequenze differenti, in entrambi i tipi di gemelli.

Indice analitico

18S, 66; 232
28S, 66; 232
2xSSC, 231; 232; 269; 276; 277
A (gruppo), 5; 7; 8; 67; 301; 305
aberrazioni citogenetiche criptiche, 147
aberrazioni cromosomiche, 98; 145; 147; 151; 169; 170; 171; 177; 195; 217; 225; 227; 263; 266; 270; 271; 276; 278; 301; 308
ABL, 26
aborti , 95; 119; 137; 144; 169; 170; 171; 226; 261
aborto, 169; 171; 226
AcapS-Automated Capturing Sequence, 297
ace, 11
acentrico, 156
acido citrico, 230; 233; 234; 235; 276
acido folico, 136
acido formico, 233
acido tricloroacetico, 237
acridine orange, 231
acrocentrici, 7; 28; 66; 69; 70; 124; 301; 302; 309; 310
ACT, 242
actinomicina D, 228; 234; 238
add, 10; 11; 14; 215
addensamento cromatinico, 68
adiacente 1, 151
adiacente 2, 151; 156
adriamicina, 228
AFP, 95; 141; 243; 251; 252; 257
agenti alchilanti, 228; 274; 275
AgNO3, 232; 233
Ag-NOR, 36
AI, 11; 23
AICM, 246; 250; 280
albume d'uovo, 278
alfa-fetoproteina, 251
algoritmi di deconvoluzione, 297
ALL, 191; 192
allele, 123; 145; 162; 186; 304; 305; 306; 308; 304
alpha satellite centromeric-specific regions, 242
alpha-satellite-regions, 145
alternata, 152; 156; 309
ambiguità dei genitali, 100; 109
American Dermatoglyphics Association, 278
ametopterina, 239

AML, 189; 190; 191; 194
amniocentesi, 225; 226
amniociti, 222; 225; 244; 250
amp, 25
amplified signal, 25
anafase, 5; 11; 23; 101; 102; 301
anafase ritardata, 102; 307
anafase prematura, 170
analisi delle meiosi, 263
analizzatore di immagini, 294
anastomosi placentari, 101; 302
androgenesi, 307; 308
anello (vedi ring)
anello pirimidinico, 38
anencefalia, 143; 252
aneuploidia, 36; 95; 98; 99; 147; 148; 153; 171; 227; 228; 242; 267; 303; 305; 306; 308
aneuploidia fetale, 148
aneusomie de recombinaison, 160
anfibi, 30
Angelman, 27; 113; 162; 163; 249
anomalie numeriche, 11; 36; 95; 98; 99; 147; 169; 191; 247; 265; 266; 267; 280
anomalie strutturali, 5; 11; 22; 35; 36; 97; 99; 100; 101; 109; 111; 119; 123; 132; 141; 143; 147; 151; 170; 171; 192; 193; 263; 266; 277; 278; 301; 304
ansa, 126; 156; 158; 160; 161; 279
aphidicolin, 136
Aplan, 285
aplasia congenita dei deferenti, 170
aploide, 4; 7; 30; 95; 97; 145; 170; 265; 301; 304; 305; 308
arancio di acridina, 36; 228; 230; 231; 237; 276
archiviazione digitale, 294
area paracentromerica, 68; 69
arm index, 7; 28; 305
asinapsi, 309
assegnazione cromosomica, 30; 217; 247; 263
Association of Cytogenetic Technologists, 242
associazione, 21; 171; 193; 246; 306; 309
assortimento, 5; 304
AT, 35; 59; 230; 231; 233; 235; 263; 271
Atassia-Teleangectasia: vedi Louis-Bar
autofluorescenti, 291

autoradiografia, 38; 67; 68; 69; 70; 265; 276
autosoma, 36; 100; 104; 117; 123; 124; 171; 308
AZF, 171
azoospermia, 145; 173; 174; 175; 265
azoospermic factor, 171
azoto liquido, 262
b (break), 12
B, (gruppo), 5; 12; 67; 301
Ba(OH)2, 231; 232
banche di cellule, 262
banda, 10; 35; 112; 217; 301
bande delle sottobande, 35; 42; 238
bande C, 36; 59; 104; 126; 231; 236; 303
bande G, 35; 36; 42-55; 56; 229; 230
bande N, 35; 36; 66; 307
bande Q, 29; 35; 36; 59; 228; 229; 230; 236; 237; 293
bande R, 35; 36; 228; 229; 230; 231; 233; 235; 236; 276; 294
bande T, 21; 35; 36; 234; 237; 310
bande spettrali, 291
bandeggi ad alta risoluzione, 112; 228; 238
bandeggi generali, 35
bandeggi particolari, 35
bandeggi sequenziali, 35
bandeggio, 7; 35; 36; 228-240; 301
bandeggio CBG, 36; 228; 230; 231; 277
bandeggio GTG, 36; 228; 229; 230
bandeggio QFQ, 36; 41; 228; 229; 230; 278
bandeggio RHG, 39; 40; 237; 238
Barr body (vedi corpo di Barr)
B-cell-ALL, 192
BCR, 26
beads, 56
beta-hCG, 95; 258
bidirectional chromosome painting, 30
bilanciato, 14; 123; 152; 156; 303
biopsia placentare, 227
biopsie ovariche, 225
biopsie testicolari, 264
biotina, 267; 270
bisatellitati, 69; 104
bivalente, 11; 24; 25; 161; 171; 264; 265; 302; 303; 304; 306
bivariate flow karyotype, 263
blastizzazione, 222
blastocisti, 227; 246
blastomero, 97; 303
bleomicina, 228; 273
blocchetti, 291
blocco chimico prima della metafase, 238
block-staining, 28; 265; 302
Bloom, 134; 172; 274
bone-marrow dipendenti, 192
Bovidi, 30
bp, 269; 306
B-pulse, 276
bracci, 7; 28; 35; 217; 302

braccio corto, 7; 8; 302
braccio lungo, 7; 8; 302
BrdU, 36; 134; 136; 238; 239; 274; 275; 276; 277; 309
break, 10; 12; 132; 302; 305
bromuro di etidio, 238; 239; 240; 263
BSS, 237; 265
buffy coat, 240
c (costituzionale)., 12; 98
C, (gruppo), 5; 67; 302
c.i., 28
CaCl2, 237
capra, 30; 270
Carassius auratus, 30
cariogramma, 7
cariotipo, 7; 8; 39; 141; 223; 224; 246; 302
Catarrhini, 30
catene leggere, 192
catene pesanti, 192; 193
CCD, 294
Cd, 234; 236; 237
Cebidi, 30; 32
Cebus capucinus, 30
cellula, 4; 5
cellule B, 192; 193; 274
cellule di sfaldamento della mucosa orale, 278
cellule gonadiche, 224
cellule interstiziali, 264
cellule mesodermiche embrionali, 248
cellule staminali emopoietiche circolanti, 101; 302
cellule T, 192; 193
cen, 8; 25; 26; 130; 302
centrina, 302
centriolo, 302; 308
centro di inattivazione, 36; 124
centromeri latenti, 32
centromeric dots, 59
centromero, 7; 8; 28; 35; 302; 303
centrosoma, 302
Cercopitecidi, 32
CGH, 227; 261; 271; 291; 294; 297; 299; 303
CGL, 191
Chang, 222; 243; 246; 249; 250; 261; 272
chi, 12; 59; 221
chiasma, 5; 11; 15; 18; 19; 21; 24; 25; 30; 265; 302; 303; 309; 310
chiasma interference, 303
chimera, 9; 12; 100; 101; 102; 302; 304
chimerismo post-zigotico, 100; 302
chimerismo zigotico, 100
chinacrina, 230; 234; 278
chr, 8
chromatid break, 12; 132
chromatid exchange, 12
chromatid gap, 12; 132
chromatid puffing, 137
chromomycin A3, 235; 236

Indice analitico

cht, 8; 12
chtb, 12; 13; 213
chte, 12; 13; 20; 22
chtg, 12; 13
CIB1, 263
CIB2, 263
cinetocori, 59; 236; 302
citochinesi, 309
citogenetica, 7-33; 302
citotrofoblasto, 226; 246; 248; 249
citrato di sodio, 229; 249
classificazione automatica, 296; 297; 299
clastogeni, 132; 228; 273; 275; 277
Clinical Database GENUS, 217
clone, 101-103; 245-247; 302
cloni in situ, 246
cloroformio, 264
cluster di geni S100, 31
cM, 302; 306
CML, 191; 194
CMML, 189; 191
colcemid, 228; 238; 239; 240; 241; 242; 243; 245; 248; 249; 260; 272; 273; 274; 275
colchicina, 223; 226; 238; 242; 259; 260; 272; 276; 277
collagenasi, 259; 260; 261
collagenasi IA, 261
collagenasi II, 260
collagenasi IV, 249
coloboma dell'iride, 104
colon, 9; 10
colorazione cromosomica reciproca o bidirezionale, 30
coltura linfoblastoide, 262
colture asincrone, 223
colture in giara, 243
colture monolayer, 222
combinazioni di filtri, 270; 291
con, 25; 26
concanavalina A, 260
concepimento, 101; 141; 156; 169; 170; 301
condensatore, 284; 285; 289; 290
condensazione cromosomica prematura, 19; 308
connected signals (segnali adiacenti), 25
conservazione delle cellule, 262
cordone ombelicale, 240; 261
coriocarcinoma fetale, 97
corion frondoso, 248
corionepitelioma, 95
corpo di Barr (Barr-body), 70; 278; 303; 304
corpo polare, 5; 95; 228; 304
costrizione, 8; 59; 68; 69; 137; 233; 264; 302; 303; 309
costrizione primaria, 59; 302; 303
costrizione secondaria, 8; 35; 59; 67; 68; 69; 70; 233; 234; 236; 237; 264; 265; 303; 305; 306; 309
Coulter counter, 241
counter staining techniques, 233

cp, , 13
cresta di flessione, 279
creste cutanee, 280
cri-du-chat, 111; 279
crisi blastica, 191
cromatidi, 4; 5; 6; 12; 13; 21; 25; 126; 127; 130; 131; 132; 276; 277; 301; 302; 303; 304; 305; 306; 307; 308
cromatina, 36; 59; 70; 229; 271; 278; 302; 303; 304; 305; 308; 309
cromatina pericentromerica, 59
cromatina sessuale, 36; 278; 302; 303; 309
cromomeri, 30; 56; 229; 265; 306
cromosoma, 3; 67-93; 303
cromosoma ad anello: vedi ring
cromosoma n. 1, 39; 42; 67; 71
cromosoma n.10, 39; 49; 68; 80
cromosoma n.11, 39; 50; 68; 81
cromosoma n.12, 39; 50; 68; 82
cromosoma n.13, 39; 51; 69; 83
cromosoma n.14, 39; 51; 69; 84
cromosoma n.15, 39; 52; 69; 85
cromosoma n.16, 39; 52; 69; 86
cromosoma n.17, 39; 53; 69; 87
cromosoma n.18, 39; 53; 69; 88
cromosoma n.19, 39; 53; 69; 89
cromosoma n.2, 39; 43; 67; 72
cromosoma n.20, 39; 54; 69; 90
cromosoma n.21, 39; 54; 70; 91
cromosoma n.22, 39; 54; 70; 91
cromosoma n.3, 39; 44; 67; 73
cromosoma n.4, 39; 45; 67; 74
cromosoma n.5, 39; 46; 67; 75
cromosoma n.6, 39; 47; 67; 76
cromosoma n.7, 39; 48; 68; 77
cromosoma n.8, 39; 48; 68; 78
cromosoma n.9, 39; 49; 68; 79
cromosoma Ph', 26; 191
cromosoma soprannumerario, 10; 15; 104; 251; 307; 308; 310
cromosoma soprannumerario metacentrico, 104
cromosoma tetrasatellitato pseudodicentrico, 104; 105
cromosoma tricentrico, 22
cromosoma X, 39; 55; 70; 92
cromosoma Y, 39; 55; 70; 93
cromosomi ad alta risoluzione, 238
cromosomi artificiali di lievito, 310
cromosomi meiotici, 23; 264
cromosomi mitotici, 23
cromosomi non omologhi, 30; 120; 134; 151; 160
cromosomi omologhi, 4; 5; 9; 31; 117; 125; 134; 156; 276; 302; 303; 304; 305; 306; 307; 308; 309; 310
cromosomi sessuali, 4; 7; 21; 22; 24; 26; 27; 29; 98; 102; 129; 242; 249; 310
cromosomi telocentrici, 16; 130; 214; 305; 309
crossing-over, 5; 20; 29; 111; 117; 126; 131; 147; 151; 152; 153; 156; 158; 160; 162; 186; 265; 301; 302; 303; 306; 308; 309; 310

crossing-over ineguale, 111; 117; 162
crossing-over meiotico, 117; 126; 186
crossing-over mitotico, 186
CsCl, 231; 303; 309
ctb, 13
cte, 13
ctg, 13
cx, 12; 13
D, (gruppo) , 5; 66; 69; 124; 156; 303; 310
DA/DAPI, 228; 233; 234; 235; 236
DAPI, 59; 104; 231; 233; 234; 235; 236; 296; 297; 299
de novo, 13; 14; 66; 112; 123; 141; 147; 151; 170; 250; 251
DEB, 274; 275
del, 13; 111; 303
delezione, 8; 10; 13; 14; 17; 27; 100; 104; 111; 112; 120; 129; 130; 131; 147; 161; 171; 190; 193; 213; 214; 278; 297; 301; 303; 304;
delezione interstiziale, 13; 111; 120; 213
delezione terminale, 13; 111; 161; 213; 214
delezioni,
delezioni interstiziali, 13; 111; 112; 190
delezioni terminali, 10; 111
Denver, 7; 33; 194; 301; 302; 303; 304; 305
der, 9; 11; 14; 15; 17; 19; 20; 21; 24; 104; 125; 127; 152; 213; 215; 216; 251; 303
derivative, 14; 21; 303
derivativo, 14; 15; 17; 127; 213
derivato, 5; 14; 32; 305
dermatoglifi, 278; 279; 280
desinapsi, 309
desossiribonucleasi I, 260
dia, 11; 25; 225
diacinesi, 5; 11; 23; 24; 25; 265; 308
diaframma di apertura, 288; 290
diaframma di campo, 288; 289
diagnosi prenatale, 104; 119; 162; 232; 242; 246; 251; 267; 274; 275
diandria, 95; 97; 304
dic, 15; 20; 125; 126; 127; 156; 251; 304
dicentrico, 15; 17; 20; 21; 100; 125; 126; 131; 156; 171; 213; 304
dicentromerico pseudodicentrico, 17
diepossibutano, 228; 274
difetti di chiusura del tubo neurale, 226; 252
DiGeorge, 27; 114
diginia, 97; 304
dim, 25; 175
diminished signal intensity, 25
dip, 11
DIPI, 231
diploide, 4; 10; 11; 12; 95; 97; 189; 278; 304; 305; 306; 308; 310
diplotene, 5; 11; 302; 304; 308
dir, 15; 16; 17; 18; 117; 120; 215; 306
direct labelling, 291
dis, 11; 15
disgiunzione, 98; 128; 147; 304; 307
disgiunzione meiotica, 147

dislocazioni centromeriche, 31
disomia uniparentale, 22; 97; 124; 143; 156; 162; 167; 247; 249; 306; 307
dispermia, 95; 97; 302
dissociazione enzimatica, 249; 259
dissociazione meccanica, 259
distamicina A, 136; 228; 233
distamicina/DAPI, 104
dit, 11
divisione equazionale, 303
divisione euploide, 102
divisione meiotica, 4; 5; 98; 147; 148; 167; 263; 301; 302; 303; 304; 305; 306; 307; 308; 309; 310
divisione mitotica, 4; 95; 301; 303
divisione postzigotica, 101; 102; 103
divisione riduzionale, 145
dizigote, 310
dmin, 16; 20
DMSO, 262
DNA, 4; 29; 32; 35; 38; 59; 95; 132; 136; 224; 225; 227; 228; 230; 231; 236; 238; 261; 263; 266; 267; 268; 269; 271; 274; 276; 296; 297; 303; 306; 309
DNA centromerico, 261
DNA ripetitivo, 269; 303
DNA satellite, 59; 231; 236; 303; 309
DNA satellite altamente ripetitivo, 59
DOP-PCR, 227
doppia fertilizzazione, 95; 304
dotlike, 69; 236
double minute, 16
Down, 99; 101; 102; 104; 110; 125; 145; 192; 257; 279; 281
drive meiotico, 301
Dulbecco, 229; 238
dup, 8; 14; 16; 22; 117; 158; 160; 186; 304
duplicazione, 8; 16; 21; 27; 98; 104; 117; 127; 129; 131; 152; 161; 186; 303; 304; 309
duplicazione diretta, 117
duplicazione tandem, 186; 304
e (exchange, scambio) , 16
E (gruppo) , 5; 69; 304
Earle (EBSS), 221; 222; 231; 237; 272
EBV, 192; 224; 225; 260; 262
EDTA, 221; 229; 240; 249
Edwards, 249; 257; 280
embrione, 36; 100; 144; 145; 147; 169; 246; 301; 302
emizigosi, 123; 304
end, 16; 174; 304
endomitosi, 304; 308
endoreduplicazione, 16; 308
enh, 25
enhanced signal intensity, 25
eparina, 221; 224; 240; 242; 248
epifluorescenza, 271; 293
Epstein-Barr virus, 225
equazionale, 4; 5; 304

Equus caballus, 30
errori da non disgiunzione, 103; 147
errori più diffusi nella microscopia, 289
eterocromatina, 8; 23; 32; 59; 66; 104; 127; 137; 169; 229; 231; 303; 308; 309
eterocromatina centromerica, 23
eterocromatina costitutiva, 8; 23; 104; 127; 137; 169; 231; 303
eterogametico, 308
eteroisodisomia, 22; 59; 66; 167; 230; 236; 304; 306
eteromorfismo, 22; 59; 307; 308; 309
eteropicnosi, 305
eterozigote, 97; 145; 167; 305
ethidium bromide, 238; 240
eucromatina, 32; 104; 303
euploidia, 307
eventi mutazionali a cascata, 193
evolutionary rate units, 31
evoluzione dicotomica, 30
extended chromatin/DNA fiber in situ hybridization, 25
extracromosoma, 27; 104
f (frammento), 16
F (gruppo), 5; 69; 305
F10, 222; 241; 242; 243; 245; 246; 248; 249; 259; 262; 264; 265
F12, 222
FAB (French-American-British system), 189; 190
fagi, 267
fase S, 4; 231; 238
fattore AZF, 171
fem, 16; 25
fenotipo, , 36; 70; 98; 100; 101; 102; 104; 109; 111; 117; 119; 123; 124; 125; 127; 130; 131; 133; 141; 142; 143; 151; 156; 162; 167; 302
fertilità, 100
fertilizzazione, 4; 95; 97; 227; 228; 302
fertilizzazione dispermica, 95
fetal bovine serum, 222; 260; 272
fetal calf serum, 222; 248; 249; 259
fib ish, 25
fibroblasti, 101; 129; 222; 225; 230; 259; 260; 262; 276
fibrosi cistica, 145; 167
figura bivalente, 5; 151; 160; 309
figura tetravalente, 151
figura triradiale, 171
filtri, 221; 223; 239; 270; 273; 289; 291; 293; 296; 297; 299
filtri di eccitazione, 270; 293
fis, 16; 130; 215
FISH, 4; 26; 104; 145; 225; 227; 238; 242; 251; 264; 266; 267; 270; 271; 278; 287; 291; 293; 294; 296; 299
fissativo, 223; 237; 238; 241; 243; 245; 248; 249; 259; 260; 264; 265
7; 16; 127; 130; 305; 309
fissione centrica, 7; 16; 127; 130; 305; 309
fitoemoagglutinina, 95; 222
flow cytometry, 95; 263
flow karyotype, 263

fluorescence in situ hybridization, 25; 270
fluorescenza, 22; 23; 29; 36; 38; 59; 100; 230; 233; 234; 235; 242; 263; 266; 270; 271; 277; 278; 285; 286; 287; 288; 290; 291; 293; 296; 305
fluorocromi, 59; 228; 231; 233; 263; 270; 271; 291; 293; 299
fluorodeoxyuridine (FUdR), 239
fluorouracile, 239; 240
folati, 136; 272
formalina, 233; 267
formamide, 228; 269
FPG, 276
fra, 12; 16; 134; 136; 137; 171; 213; 214; 224; 250; 271; 272; 286; 309
fra(X)(q27.2), 272
fra(X)(q27.3), 12; 134; 137; 271; 272; 309
frammento, 11; 12; 16; 22; 104; 111; 120; 123; 130; 215; 301; 302; 303; 305; 306; 308
frammento acentrico, 11; 12
frazioni di ricombinazione, 307
FUdR, 136; 239; 250; 272
fungizone, 245
funicolocentesi, 226
fusione centrica, 32; 124; 310
fusioni centriche, 31; 99
fuso, 302; 306; 307; 309
Fycoll-Hypaque, 262
g (gap), 16
G (gruppo), 5; 7; 8; 66; 69; 70; 124; 156; 124; 156; 191; 305; 310
G1, 4; 19; 305; 306; 309
G-11, 234; 236
G2, 4; 19; 273; 305; 306; 309
Gallus domesticus, 30
gameti, 5; 152; 301; 304; 305; 307; 308; 309; 310
gap, 12; 13; 16; 132; 305
GC, 35; 230; 233; 271
gemelli, 100; 101; 302; 310
gemelli dizigoti, 100; 101; 302
gemelli monozigoti, 310
gene FMR1, 272
geni contigui, 113
geni myc, 192
genoma, 30; 32; 263; 301; 303; 305; 306
genotipo, 109; 171; 302; 310
genotossici, 144
germinal cells, 110
ghiandola disgenetica., 100
Giemsa, 36; 224; 228; 229; 230; 231; 232; 236; 237; 276; 277; 278; 286; 293; 294
glicerina, 229; 278
glicerolo, 233; 234; 235; 262
glioma maligno, 137
Gorilla, 30; 32
gradi di bandeggiamento, 238
Gurr, 229; 230; 232; 236; 237
h, 8

Hanks (HBSS), 222
harvest, 241; 243; 245; 259
harvesting in situ cultures, 260
HBO, 291; 292
HBSS, 248; 249
hCG, 141
herpes simplex, 132; 254
herpes zoster, 132
Hoechst 33258, 36; 136; 229; 231; 233; 234; 235; 263; 276
Hoechst 33258/DA, 234; 235
Homo, 30; 32
Homo Sapiens, 30
homogeneously staining region, 16
hsr, 16; 17
i, 17; 127; 306
ibridazione, 4; 25; 104; 147; 222; 227; 242; 243; 245; 246; 248; 261; 265; 266; 267; 268; 269; 270; 271; 299
ibridi uomo-topo, 236
ICSI, 145; 227
ideogramma, 22; 271
ider, 17
idic, 17; 126; 127; 215
idiogramma, 7; 22; 272; 302
idrossido di ammonio, 233
idrossido di bario, 36; 230
immortalizzazione, 261; 262
immunità cellulare, 192
immunità umorale, 192
immuno-citogenetica, 302
immunoelettroforetici, 251
immunoenzimatici, 251
imprinting genomico, 27; 143; 162; 163; 167; 247
inc, 17
indice brachiale, 7; 69; 119
indice centromerico, 7; 28; 67; 68; 69; 70
indirect labelling, 291
infertilità, 66; 104; 129; 141; 145; 169; 170; 171; 172; 227; 263
infezioni virali, 95
ingranditore fotografico, 279
inibitore metafasico, 226
inibitori della timidilato sintetasi, 136
inquinamenti, 221
ins, 10; 15; 17; 18; 120; 127; 215; 216; 306
inserzione, 11; 15; 17; 18; 111; 117; 120; 127; 160; 213; 214; 215; 216; 306; 309; 310
inserzione diretta, 15; 306
inserzione intracromatidica, 117
inserzione intracromosomica, 309
inserzione inversa, 18; 214; 306
instabilità cromosomica, 98; 133; 134; 143; 169; 224; 273; 308
intensità di luminescenza, 59
interchange trisomy, 152; 310
intercinesi, 5
intercromosomico, 120
interfase, 4; 5; 25; 26; 36; 70; 225; 227; 267; 278; 303; 305; 306; 309

interleukin-2, 222
International System for Human Cytogenetic Nomenclature, 7; 33; 66; 280
interscambio, 12; 153; 306
interstiziale, 111; 112; 120; 161; 303; 304
intracromatidico, 120
intracytoplasmic sperm injection, 145; 227
intrascambio, 12; 306
inv, 16; 17; 18; 22; 117; 118; 119; 120; 126; 156; 158; 159; 190; 194; 213; 215; 216; 224; 231; 268; 273; 306
inv ins, 17; 18; 120; 159; 215; 216; 306
inversione, 18; 32; 67; 112; 117; 118; 119; 156; 158; 160; 169; 213; 236; 306
inversione paracentrica, 119; 156; 213
inversione pericentrica, 31; 32; 112; 117; 119; 158; 160; 169; 236
iperploidia (iperdiploidia), 95; 98; 225; 307
ipertetraploide, 97
ipertriploide, 95
ipodiploidia, 16; 98; 124; 225
ipotetraploide, 97
ipotriploide, 95
IRS, 271
ISCN, 7; 33; 35; 66; 93; 238; 280
ish, 25; 26; 27
iso 12p, 251
iso 18p, 251
isocromatidica, 111; 120
isocromosoma, 17; 19; 104; 111; 127; 128; 129; 130; 171; 183; 184; 191; 306; 308; 310
isoderivativo, 17
isodicentrico, 17; 126; 128; 306
isodisomia, 162; 167; 304; 305; 308
isodisomia uniparentale, 162; 167
isotiocianato di fluoresceina, 228
isotopo radioattivo, 38
ittiosi X-linked, 145
jumping translocation, 123
kb, 266; 267; 310
KCl, 223; 229; 237; 238; 241; 243; 245; 248
KH2PO4, 224; 229; 231; 237
kinetochore, 302
Klinefelter, 16; 36; 100; 109; 171; 174; 175; 258
Koehler, 285
L 1, 192
L 2, 192
L 3, 192
labio-palatoschisi, 147
lagging, 301
laminar flow cabinet, 228
lampada a UV, 277
lampade a vapori di mercurio, 291
landmarks, 35; 306; 308
Leibovitz L-15, 222
Leighton, 241; 245
Leishman, 232

Lemur fulvus, 30
lep, 11
leptotene, 5; 11; 303; 304; 308; 310
leucemia a plasmacellule, 193
leucemia cronica mielomonocitica (CMML), 189
leucemia mieloide acuta (AML), 189
leucemia mieloide cronica, 26; 143; 189; 308
leucemia mieloide cronica (CML), 143; 189
leucemie acute linfoblastiche (ALL), 189
leucemie linfatiche, 189; 193; 259; 260
L-glutamina, 222; 238; 241; 242; 243; 248; 249; 259; 260; 272
librerie di cromosomi umani, 263
linea unica palmare, 279; 280
linee linfoblastoidi, 225; 262; 263
linfociti, 4; 95; 97; 101; 191; 192; 222; 224; 225; 230; 238; 239; 240; 241; 242; 259; 262; 272; 273; 276; 306
linfociti B, 191; 192; 259; 262
linfociti midollo-dipendenti (popolazione B), 222
linfociti T, 192; 222; 224; 262
linfoma di Burkitt, 192; 194
linfoma di Hodgkin, 192
linfomi, 133; 189; 192; 193; 259; 273
linfomi non-Hodgkin, 192; 193
linfonodi, 192; 225; 259; 260
linkage, 217; 301; 302; 306; 307; 310
lipopolisaccaride (LPS), 222
liquido amniotico, 36; 95; 141; 222; 225; 226; 243; 247; 251; 252; 266; 295
loci genici, 100; 308
LOD score, 307
loops, 265
Louis-Bar, 134; 273; 306
lymphokinesis, 222
M1, 190; 191
M2, 190; 191; 194
M3, 190; 194
M4, 190; 194
M5, 190
M6, 190
M7, 190
mal, 18; 25
malattie da geni contigui, 112; 147
malattie da imprinting genomico, 162
malattie da instabilità cromosomica, 133; 228; 250
Mandrillus sphinx, 30
manutenzione dell'ottica, 290
mappa cromosomica, 7
mappaggio genico, 30
mar, 15; 16; 17; 18; 20; 99; 126; 213; 216; 307
marcatori, 26; 27; 145; 192; 217; 303; 305; 306; 307; 309
marker (cromosoma marcatore), 18; 104; 151; 166; 214; 250; 251; 256; 263; 266; 307; 308; 309
markers citologici, 59
markers soprannumerari, 234; 249
mat, 8; 14; 18; 22; 23; 152; 158; 167; 303

materiale abortivo, 261
materiale eterocromatico, 32
McCoy 5A, 241
McIlvaine, 230; 233; 234; 235; 236; 276
MDS, 189; 190; 191
med, 11; 18; 24
median, 307
megacariociti, 95
meiosi I, 5
meiosi II, 5
MEM, 222; 241; 243; 249
MEM (Eagle), 222
mesenchime core, 248
mesometafase, 301
metacentrici soprannumerari, 69; 250; 307
metacentrico, 19; 32; 67; 69; 124; 127; 128; 305; 306; 310
metafase, 4; 5; 7; 11; 16; 19; 23; 24; 25; 27; 137; 195; 223; 236; 237; 246; 247; 264; 265; 267; 270; 271; 297; 302; 303; 305; 307; 309
metafase di spermatogonio, 11
metafase tardiva, 309
methyl-green, 233; 234
methyl-green/DAPI, 234
metodo diretto, 246; 248; 249; 250
metodo in fiaschetta, 242
metodo semi-diretto, 248
metotrexato, 238; 272
M-FISH, 270; 271; 287; 291; 294; 299
MG/DAPI, 234; 235
MgCl2, 233; 235; 268
MgSO4, 237
MI, 11; 23; 24; 25
microdelezione, 112; 113; 162; 171; 266
microfotografia, 286; 292; 293; 294; 296; 299
microfotografia in fluorescenza, 293
microgrammi, 239; 251
microscopia in fluorescenza, 290; 291
microscopio, 6; 223; 224; 229; 230; 232; 233; 236; 237; 245; 259; 260; 265; 271; 283; 284; 285; 286; 288; 289; 290; 291; 292; 293; 294; 295; 296; 297; 299
microscopio elettronico, 6
midollo osseo, 95; 98; 189; 191; 224; 241; 242; 259; 274; 295
mielobiopsia, 189
mielodisplasie (MDS), 189
mielofibrosi, 225
mieloma multiplo, 193
MII, 11; 23; 25
milligrammi, 251
Millipore, 262
min, 11; 18
minuto, 124; 221; 233; 243; 245; 259; 273; 278; 299; 310
miscela solfocromica, 223
mitogeno, 222; 226
mitomicina C, 274
mixoploidie, 101; 102

MMC, 274; 275
MO, 190; 305
modale, 193; 307
mola idatidiforme, 95; 97; 167
mola vescicolare, 301
monocentrico, 105; 117; 131
monocinetici, 32; 307
mononucleosi, 132
monosomia, 9; 11; 98; 99; 125; 129; 151; 156; 170; 190; 301; 302; 308
monozigote, 301; 310
morbillo, 132
morbo di Cooley, 167
Morgan, 306
mos, 18
mosaicismi confinati alla placenta, 246
mosaicismo, 9; 97-103; 109; 130; 148; 169; 170; 225; 226; 242; 246-249; 251; 261; 278; 301; 307
mosaicismo di I livello, 247
mosaicismo di II livello, 247
mosaicismo di III livello, 247
mosaico, 12; 18; 100; 101; 102; 128; 246; 249; 250
mostarda azotata, 274
moved signal, 25
MTX/BrdU technique, 239
MTX/Thymidine technique, 239
mucca, 30
mucosa orale, 36
multicolor fluorescent in situ hybridisation, 242; 299
multiple cell pseudomosaicism, 247
Mus musculus, 31
mutageni, 144; 170; 228; 306; 308
mutazione cromosomica, 246
mutazione genomica, 307
mutazioni in vitro, 95; 101
mycostatin, 222
N (bandeggio), 36; 66; 307
n (numero aploide) , 307
Na2HPO4, 229; 230; 231; 232; 233; 234; 235; 237; 276
NaCl, 229; 232; 237
NaHCO3, 237
nanogrammi, 251
nanometri, 286
NaOH, 224; 229; 231; 236; 237
National Insitute of Health and Institute of Molecular Medicine Collaboration, 147
NCS, 222
neoplasie, 11; 266; 273; 274; 275
nitrato d'argento, 232
nitrato di argento, 66; 232; 233; 237; 307
nm, 224
nomogrammi, 279
non disgiunzione, 98; 101; 102; 104; 137; 148; 307
NOR, 36; 66; 69; 104; 228; 232; 233; 237; 305; 309
NOR Ag-As, 228
normali variazioni, 59; 305
NORs, 237; 307
NTD, 252
nuc ish, 25; 26
nuclear in situ hybridization, 25
nuclear or interphase in situ hybridization, 25
nucleo, 4; 19; 265; 278; 296; 301; 302; 303; 308
nucleolar association, 309
Nucleolar Organizer Region, 66; 228
numero aploide, 7; 30; 301; 304
numero diploide, 4; 7; 265; 304; 305; 308
Nystatin, 222; 242; 243; 259
obiettivi ad immersione, 287; 290
obiettivi apocromatici, 287
obiettivo, 223; 284; 285; 286; 287; 288; 289; 290; 291
oculare, 284; 285; 287; 288; 289; 290
odd, 307
oligoidramnios, 141; 147
oligospermia, 145; 265
olocinetici, 32; 307
Ominidi, 30
omoisodisomia, 167; 304; 306
omozigote, 97; 167
oncogene c-m, 192
oogonio, 5
oom, 11
or, , 10; 12; 18; 19
Orango, 30
orceina, 224; 278
orceina acetica, 278
organizzazione nucleolare, 307; 309
osservazione al microscopio, 230; 270; 288
ovocellula, 97
ovocita, 5; 56; 145; 228; 304; 305
ovocita primario, 5; 30; 145; 169; 227; 265; 304; 305; 310
p, , 7; 8; 35; 302; 308
pac, 11
pachitene, 5; 11; 30; 56; 171; 229; 308
Pallister-Killian, 129; 225; 251
Pan troglodita, 30; 32
pancromatica, 293
PAPP-A, 95
paraffina, 261
Parascaris equorum, 32
partenogenesi, 301; 308
partial chromosome paint, 25
parziale monosomia, 14; 124; 145
parziale trisomia, 14; 145
pat, 8; 14; 19; 22; 23; 167; 303
Patau, 249; 258; 279
PBS (phosphate-buffered saline), 222; 229
PBS-CMF, 229; 230
pcc, 19
pcd, 19; 137
pcp, 25

PCR, 227; 263; 267; 271
pecora, 30
peduncoli, 8; 66; 309
pellet, 239; 241; 242; 243; 245; 249; 250; 262; 265; 269
pellicole, 293
pentasomie, 100
percutaneous umbilical blood sampling, 226
pericentrina, 302
periodo di sintesi, 4; 276; 305; 309
periodo G2, 305
periodo mitotico, 4
periodo S, 305; 309
PHA, 191; 222; 224; 226; 238; 239; 240; 241; 242; 259; 262; 263; 273; 274
PHA-M, 241
Philadelphia, 19; 191; 305; 308
phytohaemagglutinin, 222
PI, 11; 23; 296
piccolo metacentrico soprannumerario, 104
piede equino-varo, 226
PL, 66; 286; 287
PL Fluotar, 287
placenta, 95; 97; 226; 246; 247; 254; 261; 310
plasmidi, 263
Platyrrhini, 30
ploidia, 9; 10; 95; 246; 250
plurimalformati, 95; 97; 141; 147; 169
Pokeweed Mitogen (PWM), 222
polar body, 145; 228; 303
poliabortività, 141
polidattilia post-assiale, 147
polidramnios, 141
polimorfismi, 22; 59; 68; 69; 70; 100; 131; 186; 305; 310
poliploide, 95; 98; 304
poliploidia, 95; 97; 192; 227; 299; 301; 305; 309
pollo, 30; 32
polverizzazione, 19; 303
Pongo, 30
postzigosi, 98
potere risolutivo, 287; 288; 289; 297
Prader-Willi, 27; 112; 116; 162; 165
pregnancy associated plasma protein A, 95
preimpianto, 144; 145; 227; 272; 303
prematura divisione centromerica, 19; 170
premature chromosome condensation, 303
premetafase, 301
preparazione dei vetrini, 223; 259; 272; 276
Primati, 30; 31
primo corpuscolo polare, 145
probes, 168
profase, 5; 11; 23; 238; 264; 265; 301; 302; 303; 304; 308; 309; 310
prometafase, 35; 238; 309
prx, 11; 19; 24
pseudodicentrici, 126; 231; 308
pseudodicentrico, 19; 104; 117; 123; 126; 128; 181; 304

pseudodiploidia, 193; 308
pseudoermafroditismo, 137
pseudomosaicismo, 95; 101; 103; 246; 247
pss, 19
psu, 19; 126; 215; 251
psu dic, 19; 126; 215; 251
pter, 8; 13; 186; 213; 308
pvz, 19
q, , 7; 8; 35; 302; 308
qdp, 19; 20; 22
qr, , 12; 20
qter, 8; 120; 186; 214
quadriradiale, 20
quadrivalente, 24; 160; 310
quinacrina, 29; 35; 36
quinacrina mustard, 35
r (ring), 20; 131; 301
raccolta in situ, 260
radiale, 279; 308; 310
radiante D, 280
radiante palmare, 279; 280
radiazioni ionizzanti, 95; 132; 144; 273; 291; 307
radice dei capelli, 36
radio-immunologici, 251
random inactivation, 36
rcp, 20; 123; 310
rec, 20; 158; 186; 309
reciprocal chromosome painting, 30
regione, 8; 36; 39; 308
regione eterocromatica, 8; 59; 236; 309
regione pericentrica, 104
regione pseudoautosomale, 70; 264
regioni pericentromeriche eterocromatiche, 231
regolazione genica, 162
replicazione, 4; 19; 35; 36; 38; 59; 67; 69; 70; 126; 224; 229; 230; 231; 274; 276; 301; 303; 306; 309
replicazione semiconservativa, 303
replicazione tardiva, 35; 36; 38; 59; 69; 70; 276
Rethoré, 279
rev ish, 25
reverse G bands, 230
reverse in situ hybridization, 25
revolver porta obiettivi, 284
RFA, 228; 231
R-Fluorescence-Acridine, 231
RH, 36
RHG, 36; 228; 230
riarrangiamenti, 9; 14; 20; 30-32; 112; 120; 123-126; 131-136; 147; 152; 169-171; 182; 189; 190- 193; 270; 273; 274; 276; 299; 301; 302; 306; 308; 309
riarrangiamenti strutturali, 9; 20; 32; 66; 123; 301; 308; 309
riarrangiamento terminale, 123; 126
ricerca delle metafasi, 284; 295
ricombinante, 20; 29; 156; 158; 303; 309
riconoscimento di paternità, 59

riduzionale, 4; 5; 304
riduzione meiotica, 98; 301
ring (cromosoma ad anello), 20; 27; 100; 111; 117; 131; 181; 183; 186; 214; 252; 277; 301
rischi professionali, 221
ritardi mentali X-linked, 134
ritardo di crescita intrauterina, 147
rob, 17; 20; 124; 125; 156; 310
rosso fenolo, 221
RPMI 1630, 241
RPMI 1640, 222; 238; 241; 243; 249; 260; 262; 272
rRNA, 66; 232
satellite association, 309
satelliti, 7; 8; 19; 23; 59; 66; 69; 70; 104; 145; 151; 230; 233; 305; 307; 308; 309
scambi cromatidici, 5; 13; 16; 21; 120; 126; 133; 265; 275; 276; 277; 302; 303; 308; 310
scambio intercromatidico, 13
SCE, 273; 274; 275; 276
Sciurinae, 31
score, 307
sct, 8
secondo corpo polare, 5
segmento eterocromatico, 23
segregazione, 104; 120; 145; 147; 151; 152; 153; 156; 301; 302; 303; 304; 305; 307; 309; 310
segregazione adiacente 1, 152; 309
segregazione adiacente 2, 309
segregazione meiotica, 147; 151; 303; 304; 309; 310
segregazione meiotica svantaggiosa, 147; 151; 303; 309
sep, 25
separated signals, 25
sequenze nucleotidiche, 31; 36; 265
Sertoli cells, 110
sesso genotipico, 36
sex chromatin, 303
sex determining region, 171
sex reversal, 109; 110; 170; 171; 174; 175; 258
sex vesicle, 310
sex-chromatin, 36
sex-limited, 113; 114; 163; 172; 173; 175; 226
sex-linked, 226
sfocatura, 289
shift, 310
siero antilinfociti, 222
siero umano AB, 222
simbologia, 8; 11; 17; 27
Simiformi, 30; 32
Simiidi, 32
sinapsi, 161; 301; 303; 304; 309; 310
sincizio, 308
sindrome di Angelman, 112; 162
sindrome di Bloom, 277; 306; 308
sindrome di Cornelia De Lange, 278
sindrome di Down, 12; 98; 99; 134; 141; 144; 156; 192; 271; 279

sindrome di Edwards, 98
sindrome di Kallman, 27; 145
sindrome di Kartagener, 145
sindrome di Louis-Bar, 273
sindrome di Martin-Bell, 134
sindrome di Patau, 98; 147; 156
sindrome di Prader-Willi, 156; 162; 249
sindrome di Roberts, 137; 170
sindrome di Rubinstein-Taybi, 278
sindrome di Sotos, 278
single cell pseudomosaicism, 247
sistema d'illuminazione, 284
sistema abbreviato, 111
sistema dettagliato, 111
sistema di elaborazione, 292; 294
sistemi aperti, 222
sistemi chiusi di crescita, 222
sister chromatid exchanges, 21; 276
siti fragili, 16; 134; 136; 137; 169; 171; 271; 272; 305
software applicativo, 295; 296
sonde, 25; 26; 27; 36; 104; 227; 242; 251; 261; 263; 265; 266; 267; 269; 270; 288; 291; 297
soprannumerario, 8; 16; 17; 20; 24; 97; 151; 214; 304; 307; 310
Sorensen, 231; 232; 237
sorgente di illuminazione, 285
sostanze ad effetto sincronizzante, 228
sostanze citotossiche, 228
Sostanze mitogeniche, 222
sostanze mutagene, 277; 303; 307
sottobanda, 10; 24; 35; 42; 112; 217; 238; 301; 308
sp, , 25; 115; 176; 255; 258
spermatide, 5; 145; 265
spermatocita, 5; 11; 24; 56; 304; 305
spermatocita primario, 5; 24; 304; 305
spermatociti secondari, 5
spermatogonial metaphases, 265
spermatogonio, 5
spermatozoo, 5; 145; 305; 310
spina bifida coperta, 252
spina bifida occulta, 166
spindle, 305
spiralizzazione, 223; 304
split signal, 25
spm, 11
st, , 25
stalk, 8; 309
stalks, 23; 66; 69; 233
stationary signal, 25
stativo, 284; 288; 299
stelo, 69; 70
sterilità, 100; 129; 169; 170; 171; 172; 259; 263
stk, 8
strutture dot-like NOR-positive, 233
strutture extra-embrionarie, 246; 247
subcultura, 243

submetacentrico, 67; 68; 70; 124; 305; 310
synaptonemal complex, 309
t, , 21; 123
TAM, 192
Tampone di McIlvaine, 230
tampone di Sorensen, 231
tampone fosfato, 224; 229; 237; 276
tampone McIlvaine, 234; 235
tan, 21; 117; 186
tas, 21; 216
tavolino portaoggetti, 284
TCA, 237
T-cytotoxic, 192
TDF, 171
tecniche densitometriche, 29
telecamera, 284; 292; 294; 296; 297; 299
telocentrico, 31; 130; 305
telofase, 5; 302
telomeri, 31; 301
ter, 8; 11; 19; 21; 24; 70; 123
ter rea, 21; 123
teratoma, 254; 256
terminale, 7; 8; 11; 19; 21; 26; 111; 120; 123; 125; 129; 191; 214; 215; 278; 302; 303; 304; 306; 309
terreno Chang, 245; 261
tessuti abortivi, 177; 261
tessuti extra-embrionari, 246; 247
tessuti solidi tumorali, 225
tessuto emopoietico, 36
tessuto trofoblastico, 249; 261
tetradecanoilforbolo (TPA), 222
tetradi, 302; 308
tetraploide, 95; 97; 265; 304
tetrasatellitato, 69; 104; 117; 126
tetrasomia, 99; 129; 190; 225; 301
tetrasomia 12p, 225
tetravalenti, 5; 152; 265
T-helper, 192
thymidine, 238; 239
timidilato sintetasi, 272; 277
timidina, 38; 136; 238; 239; 240; 250; 272; 277; 301
timidina triziata, 238
topo, 30; 31; 32
T-pulse, 276; 277
transient abnormal myelopoiesis (TAM), 192
trapianti midollari, 101
trasfusione materno-fetale, 101
traslocazione, 8; 9; 11; 12; 14; 17; 19-21; 24; 26; 31; 36; 59; 69; 99; 102; 104; 112; 117; 120; 123; 124-126; 128; 130; 134; 141; 144; 145; 147; 148; 151-153; 156; 162; 169; 171; 184; 190-193; 213; 214; 216; 217; 226; 265; 273; 276; 301; 302; 308; 310
traslocazione bilanciata, 99; 112; 145; 148; 156; 214; 226
traslocazione reciproca, 20; 24; 117; 123; 124; 147; 151; 152; 156; 191; 214; 302; 308; 310
traslocazione robertsoniana, 20; 99; 104; 125; 126; 128; 156; 310

traslocazione X/autosoma, 123
traslocazioni complesse, 123
traslocazioni D/D, 156
trattamento ipotonico, 237; 239
tri, 22
triplette ripetute CGG, 272
triplicazione, 22; 214
triplo X, 98; 99; 171
triploidia, 8; 9; 95; 97; 147; 161; 170; 249
tripsina, 36; 229; 230; 243; 245; 249; 259
tripsina-EDTA, 249
triradiale, 22
triradio assiale, 279; 280
triradio digitale, 280
trisomia, 10; 11; 24; 98; 99; 102; 104; 117; 125; 129; 141; 147; 148; 151; 152; 153; 156; 167; 170; 186; 190; 191; 192; 193; 227; 246; 247; 249; 279; 301; 307; 308; 310
trisomia 13, 98; 147; 279
trisomia 18, 98
trisomia 21, 10; 11; 24; 99; 102; 104; 141; 148; 156; 186; 192; 227; 307
trisomia da interscambio, 152; 153
trisomia libera, 99
trisomia terziaria, 152; 153; 156
trisomie parziali, 170; 302
trivalente, 24; 25; 302
trivalenti, 5; 24; 156; 265; 310
trofoblasto, 97; 224; 261
trp, 20; 22; 216
T-suppressor, 192
tubercolina, 222
tubuli testicolari, 264
Tumore di Wilms, 194
tumori, 12; 13; 95; 133; 136; 137; 143; 189; 192; 193; 194; 263; 299; 307
tumori solidi, 13; 95; 189; 193; 263
tumorigenesi, 193
Turner, 36; 100; 109; 110; 171; 176; 255; 258; 280
Turner-like, 100
uE3, 141
ultracongelatore, 264
Ultroser G, 222; 249; 259
unità di ricombinazione, 302; 306
univalenti, 24
univariate flow karyotype, 263
uovo, 5; 95; 97; 101; 144; 301; 304; 305; 308; 310
uovo diploide, 95
Uridina, 239
UV, 221; 230; 274; 275; 276; 291; 294; 299
v (var), 8
variable charge X/Y, 29
variante, 9; 22; 23; 59; 66; 134; 190; 191; 305; 308
variante eterocromatica, 59
varianti cromosomiche., 134
VCX/Y, 29

versamenti endocavitari, 242
versene, 243; 245
vescicola sessuale, 265; 309
villi corionici, 222; 226; 243; 248; 249; 250
villocentesi, 226
virus di Epstein-Barr, 222; 260
wcp, 25; 27
whole chromosome paint, 25; 27
Wolf, 279
x, , 8; 25
X (raggi), 273
X-body, 36
Xenon, 291
Xeroderma pigmentoso, 134; 275
xma, 11; 18; 19; 21; 24; 25
X-Y pairing, 70
YAC, 267; 310
Y-body, 36; 70
zigosi, 304; 305; 307
zigosità, 310
zigote, 4; 101; 102; 304; 305; 307; 309; 310
zigotene, 5; 11; 302; 303; 306; 308; 309
zigoti monosomici, 98; 125
zigoti tetraploidi, 95
zyg, 11

Questionnaire per il lettore

Quali argomenti ritiene che siano stati meglio trattati?
_____
_____
_____

Quali capitoli andavano invece più curati?
_____
_____
_____

Altri suggerimenti / altre osservazioni
_____
_____
_____

La assegnazione cromosomica delle malattie genetiche (**Capitolo 12**, *vedi dischetto allegato al volume*) sarà presto ulteriormente arricchita, per quanto attiene le eredopatie più comuni, di ulteriori informazioni sulla localizzazione genica (regioni, bande e sottobande del cromosoma).

Per venire in possesso degli aggiornamenti, il lettore è pregato di inviare la presente scheda agli autori (IIGB – CNR, Via P. Castellino 111, 80131 Napoli, e-mail: ventruto@area.na.cnr.it Fax 081-5607593).

SONO INTERESSATO A RICEVERE GLI AGGIORNAMENTI PREVISTI

Nome - Cognome _____

Indirizzo _____

Data, Firma _____

Valerio Ventruto - Gianfranco Sacco - Fortunato Lonardo

Testo Atlante di Citogenetica Umana

Guida al riconoscimento e alla interpretazione delle anomalie cromosomiche in età prenatale e postnatale

© Springer-Verlag Italia, Milano 2001

Ideogramma dei cromosomi umani al bandeggio G.
Risoluzione ~550 e 400 bande.

Schemi di Giulio Attilio Rossi

MIX
Papier aus verantwortungsvollen Quellen
Paper from responsible sources
FSC® C105338

If you have any concerns about our products,
you can contact us on
ProductSafety@springernature.com

In case Publisher is established outside the EU,
the EU authorized representative is:
**Springer Nature Customer Service Center GmbH
Europaplatz 3, 69115 Heidelberg, Germany**

Printed by Libri Plureos GmbH
in Hamburg, Germany